Wärme- und Stoffübertragung

Herausgegeben von Ulrich Grigull

Günter P. Merker

Konvektive Wärmeübertragung

Mit 175 Abbildungen und 27 Tabellen

Springer-Verlag Berlin Heidelberg New York
London Paris Tokyo 1987

Prof. Dr.-Ing. Günter P. Merker
Institut für Technische Thermodynamik
und Kältetechnik
Universität Karlsruhe
Richard-Willstätter-Allee 2
7500 Karlsruhe 1

Herausgeber

Prof. Dr.-Ing. Ulrich Grigull
Lehrstuhl A für Thermodynamik
TU München
Arcisstr. 21
8000 München 2

ISBN-13: 978-3-540-16995-6   e-ISBN-13: 978-3-642-82890-4
DOI: 10.1007/978-3-642-82890-4

CIP-Kurztitelaufnahme der Deutschen Bibliothek
Merker, Günter P.:
Konvektive Wärmeübertragung/Günter Merker. – Berlin; Heidelberg; New York; London; Paris; Tokyo:
Springer, 1987
(Wärme- und Stoffübertragung)
ISBN-13: 978-3-540-16995-6

Texterfassung: Mit einem System der Springer Produktions-Gesellschaft, Berlin
Datenkonvertierung: Brühlsche Universitätsdruckerei, Gießen

2160-543210

für
Maxi

Vorwort

Dieses Buch behandelt die Lehre von der konvektiven Wärmeübertragung in laminaren und turbulenten Strömungen sowie bei erzwungener und freier Konvektion und setzt zugleich die „Grundgesetze der Wärmeübertragung" von U. Grigull, H. Gröber und S. Erk in einer Reihe fort, deren erster Band „Wärmeleitung" von U. Grigull und H. Sandner bearbeitet und 1979 erschienen ist. Der Band „Stoffübertragung" wurde von A. Mersmann verfaßt und ist 1986 erschienen. Das Buch wendet sich in erster Linie an Studierende der Fachrichtungen Maschinen- und Chemieingenieurwesen, Verfahrens- und Energietechnik sowie Elektrotechnik an einer Technischen Universität. Es werden keine über das Vordiplom hinausgehenden speziellen Vorkenntnisse vorausgesetzt; die verwendeten mathematischen Methoden werden, soweit wie erforderlich, ausführlich erläutert. Das Buch ist als Lehrbuch konzipiert und zum Gebrauch neben den Vorlesungen wie auch als Repetitorium vor Prüfungen gedacht. Neben den reinen Grundlagen werden auch eine Reihe von Gebrauchsformeln angegeben. Dadurch sollen in keiner Weise bekannte Nachschlagewerke wie z.B. der VDI-Wärmeatlas ersetzt werden. Vielmehr soll dem Studierenden, aber auch dem in der Praxis tätigen Ingenieur gezeigt werden, wie man zu diesen Gebrauchsformeln kommt, d.h. auf welchen Annahmen ihre Herleitung beruht und wo die Grenzen ihrer Anwendbarkeit liegen.

Das Buch ist in drei Teile gegliedert. Im ersten Teil werden die *Grundgleichungen der Thermofluiddynamik*, insbesondere die allgemeinen Grundgleichungen, die Reynoldsschen Gleichungen für den turbulenten Austausch und die Grenzschichtgleichungen für den laminaren und turbulenten Transport hergeleitet. Diese Darstellung ist relativ breit angelegt, denn insbesondere die Entwicklung von numerischen Lösungsalgorithmen erfordert ein gründliches Verständnis der physikalischen Grundlagen. Im zweiten Teil wird die *erzwungene Konvektion* bei laminarer und turbulenter Rohrströmung sowie der Wärmeübergang an der horizontalen Platte und an umströmten Körpern behandelt. Dabei werden sowohl die auf Ähnlichkeitsansätzen beruhenden strengen Lösungen als auch Näherungslösungen auf der Basis von Integralverfahren ausführlich erläutert. Im dritten Teil wird die *freie Konvektion* an der vertikalen Platte, an umströmten Körpern sowie der Wärmetransport in Behältern untersucht.

Skizzen und Interferenzbilder sollen eine anschauliche Vorstellung von den nicht immer einfachen Strömungsverhältnissen vermitteln. Dem Anwender soll desweiteren das theoretische Rüstzeug für eigene, d.h. im zunehmenden Maße wohl numerische, Untersuchungen an die Hand gegeben werden. Um beim Leser eine

Vorstellung von der Qualität theoretischer Lösungen zu entwickeln, wurde auf den Vergleich mit experimentellen Untersuchungen großen Wert gelegt.

Das Buch behandelt den Stoff, der an einer Technischen Universität gelehrt wird, wenn auch einzelne Kapitel deutlich den üblichen Stoffumfang überschreiten. Das Buch kann deshalb neben der Grundvorlesung auch für weiterführende bzw. den Stoff vertiefende Vorlesungen verwendet werden. Im Hinblick auf die Literatur habe ich mich bemüht, grundlegende Arbeiten, Übersichtsartikel und einschlägige Bücher zu zitieren. Infolge der kaum noch zu überschauenden Anzahl von Veröffentlichungen zu diesem Thema wird dies jedoch nur unvollkommen gelungen sein. (Über neue Ergebnisse wird fortlaufend in Advances in Heat Transfer, Academic Press, und in Progress in Heat and Mass Transfer, Pergamon Press, berichtet.) Den Kritiker bitte ich dafür um Verständnis. Hinzufügen möchte ich, daß ich bewußt „ältere" Originalliteratur zitiert habe, um dem studentischen Leser damit ein Gespür für die „geschichtliche Entwicklung" der konvektiven Wärmeübertragung zu vermitteln.

Besonderen Dank schulde ich meinem akademischen Lehrer, Professor Dr.-Ing. Dr.-Ing. E.h. U. Grigull, der mich ermutigt hat, dieses Buch zu schreiben und der die Entwicklung mit großem Interesse und viel Geduld verfolgt hat. Ihm bin ich zudem zu tiefem Dank für die kritische Durchsicht des Manuskripts und für viele wertvolle Ratschläge verpflichtet. Mein besonderer Dank gilt ferner Frau Neumann und Frau Stockhoff, die das Manuskript mit Geduld und Ausdauer geschrieben haben und dies nicht nur einmal, sowie Frau Urbanek für das sorgfältige Zeichnen der Diagramme. Meinem Mitarbeiter, Dipl.-Ing. St. Mey danke ich für die kritische Durchsicht des Manuskripts und der Druckfahnen. Dank gebührt auch Professor Dr. K. Bier für seine großzügige Förderung der notwendigen Schreib- und Zeichenarbeiten. Professor van Dyke, Professor Eckert, Professor Grigull, Professor Johannesen und Professor Mayinger sowie Dr. Hauf und Dr. Panknin danke ich für die zur Verfügung gestellten Interferenzbilder. Nicht zuletzt bedanke ich mich beim Springer-Verlag für die stets gute Zusammenarbeit.

Karlsruhe, im Januar 1987   Günter P. Merker

Inhaltsverzeichnis

Symbolverzeichnis

a) Formelzeichen, lateinische Buchstaben

Symbol	Einheit	Erläuterungen
A	m^2	Fläche
$A = H/L$	—	Seitenverhältnis
A	K/m	Temperaturgradient
a	m^2/s	Temperaturleitfähigkeit
$B = \dfrac{1}{\eta}\dfrac{dp}{dx}$	$1/sm$	Parameter
$B(x)$	—	Nachlauffunktion
C	kg/m^3	Konzentration
$\dot{C}$	J/s	Wärmekapazitätsstrom
c	m/s	Schallgeschwindigkeit
c_f	—	Reibungskoeffizient
c_w	—	Widerstandskoeffizient
c_p	J/kgK	spez. Wärme $(p=\text{const})$
c_v	J/kgK	spez. Wärme $(v=\text{const})$
D	m^2/s	Diffusionskoeffizient
$D = \dfrac{d}{dz}$	$1/m$	Differential
D_{hyd}	m	hydraulischer Durchmesser
d	m	Durchmesser
E	J	Gesamtenergie
E_i	J	innere Energie
e	J/kg	spez. Gesamtenergie
e_i	J/kg	spez. innere Energie
F	N	Kraft
$F(\Lambda)$	—	Formfunktion
$F''(0)$	—	dimensionslose Wandschubspannung
$F(\infty)$	—	dimensionslose Entrainmentfunktion
F, f	—	Funktionszeichen
f	—	Druckverlustkoeffizient nach Fanning
f_i	—	Maxwellsche Verteilungsfunktion
$f(\eta)$	—	Ähnlichkeitsfunktion
g	m/s^2	Erdbeschleunigung
$g(\eta)$	—	Transformationsfunktion
H	J	Enthalpie
H	m	Höhe
$H(\Delta,\Lambda)$	—	universelle Geschwindigkeitsfunktion
h	J/kg	spez. Enthalpie
I	Ns	Impuls

Symbol	Einheit	Erläuterungen
$K = \dfrac{\delta_2^2}{\nu}\dfrac{du_\delta}{dx}$	—	zweiter Formparameter
K	—	Wandspeicherzahl
$K(\infty)$	—	Korrekturterm für den Druck
$K^* = \dfrac{\xi Re}{Nu_\infty}$	—	Gütezahl
K_a	—	dimensionsloser Stoffwert zweiter Art
k	W/m²K	Wärmedurchgangskoeffizient
k	m	Rohrrauhigkeit
k	m²/s²	kinetische Turbulenzenergie
k	—	Separationsparameter
L	m	Länge
L_{hyd}	m	Länge des hydraulischen Einlaufs
L_{th}	m	Länge des thermischen Einlaufs
l	m	Prandtlscher Mischungsweg
M	kg	Masse
M_i	kg	Molekülmasse
$\dot M$	kg/s	Massenstrom
m	—	Exponent
$\dot m$	kg/m²s	Massenstromdichte
$N(\infty)$	—	Korrekturterm für die Nußeltzahl
N_i	—	Zahl der Moleküle
n	—	Exponent
n	1/m³	Moleküldichte
p	Pa	Druck
p'	Pa	Schwankungswert des Drucks
Δp	Pa	Druckdifferenz
Δp	Pa	Druckverlust
Q	J	Wärmemenge
$\dot Q$	W	Wärmestrom
q	W/m²	Wärmestromdichte
R	J/(kg	Gaskonstante
R	m	Rohrradius
R	—	Parameter
r	m	Radius
S	—	dimensionsloser Temperaturgradient
T	K	Temperatur
T'	K	Schwankungswert der Temperatur
Tu	—	Turbulenzgrad
t	s	Zeit
U	m	Umfang
$U(x)$	m/s	Maßstabsfaktor für die Geschwindigkeit
u	m/s	Geschwindigkeit (x-Komponente)
u'	m/s	Schwankungswert der Geschwindigkeit (x-Komponente)
u_∞	m/s	Freistromgeschwindigkeit
u_δ	m/s	Tangentialgeschwindigkeit am Rand der Grenzschicht
u_τ	m/s	Schubspannungsgeschwindigkeit
$\boldsymbol{u}$		Geschwindigkeitsvektor
$\varrho u_i' u_j'$	Pa	Reynoldsscher Spannungstensor
$\varrho c_p u' T$	W/m²	Reynoldsscher Wärmestromvektor
V	m³	Volumen
$\dot V$	m³/s	Volumenstrom

Symbol	Einheit	Erläuterungen
v	m/s	Geschwindigkeit (y-Komponente)
v'	m/s	Schwankungswert der Geschwindigkeit (y-Komponente)
v	m³/kg	spez. Volumen
W	J	Arbeit
$\dot{W},P$	W	Leistung
w	m/s	Geschwindigkeit (z-Komponente)
w'	m/s	Schwankungswert der Geschwindigkeit (z-Komponente)
$w(\eta)$	—	Nachlauffunktion
x	m	karthesische Koordinate
$x^+ = \dfrac{x}{ReD_{\mathrm{hyd}}}$	—	dimensionslose Länge für den hydraulischen Einlauf
$x^* = \dfrac{x}{RePrD_{\mathrm{hyd}}}$	—	dimensionslose Länge für den thermischen Einlauf
y	m	karthesische Koordinate
$z = \dfrac{\delta_2^2}{v}$	s	Variable
z	m	karthesische Koordinate

b) Formelzeichen, griechische Buchstaben

Symbol	Einheit	Erläuterungen
α	W/m²K	Wärmeübergangskoeffizient
α	°	Winkel
β	1/K	isobarer thermischer Volumenausdehnungskoeffizient
β	m/s	Stoffübergangskoeffizient
β	°	Winkel
β	°	Keilwinkel
γ	—	Faktor
γ	1/Pa	isothermer Kompressibilitätskoeffizient
$\gamma = K_\eta \cdot \varepsilon$	—	Parameter
$\gamma = b/a$	—	Seitenverhältnis
$\Delta = \dfrac{\delta_\mathrm{T}}{\delta_\mathrm{s}}$	—	Grenzschichtdickenverhältnis
δ	m	Grenzschichtdicke
δ	—	Formänderung
δ	m	Molekülabstand
δ_s	m	Dicke der Strömungsgrenzschicht
δ_T	m	Dicke der Temperaturgrenzschicht
δ_1	m	Verdrängungsdicke
δ_2	m	Impulsverlustdicke
δ_3	m	Energieverlustdicke
δ_4	m	Wärmeleitungsdicke
ε	—	Emissionskoeffizient
ε	—	Störungsparameter
$\varepsilon = \dfrac{T - T_0}{T_0}$	—	Temperaturverhältnis
ε	1/s	Formänderungsgeschwindigkeit
ε	J	Dissipationsenergie

Symbol	Einheit	Erläuterungen
ε_q	m^2/s	Wirbeldiffusion
ε_τ	m^2/s	Wirbelviskosität
ζ	–	Ähnlichkeitsvariable
η	Pa s	dynamische Viskosität
$\eta = \dfrac{x}{L}$	–	dimensionslose Länge
$\eta(x,y)$	–	Ähnlichkeitsvariable
ϑ	°C	Celsiustemperatur
θ	–	dimensionslose Temperatur
$\theta'(0)$	–	dimensionsloser Temperaturgradient
$\varkappa$	–	Konstante im Mischungswegansatz
$\Lambda = \dfrac{\delta^2}{v}\dfrac{du_\delta}{dx}$	–	erster Formparameter
λ	W/mK	Wärmeleitfähigkeit
λ	Pa s	Volumenviskosität
λ	m	mittlere freie Weglänge
λ	–	Rohrreibungszahl
λ	–	Konstante im Mischungswegansatz
v	m^2/s	kinematische Viskosität
ξ	–	dimensionslose Länge
ξ	–	Druckverlustkoeffizient
π	–	Kreiszahl, $\pi = 3,14159$
π	–	dimensionsloser Druck
ϱ	kg/m^3	Dichte
σ	W/m^2K	Strahlungskonstante
σ	–	Eigenwert
τ	–	dimensionslose Zeit
τ	Pa	Schubspannung
τ_{ij}	Pa	Schubspannungstensor
Φ	W	Wärmestrom
$\Phi(x)$	–	Separationsfunktion
Φ_{Diss}	N/s	Dissipationsfunktion
φ	°	Neigungswinkel
$\psi(r)$	–	Separationsfunktion
ψ	m^2/s	Stromfunktion
Ω	–	Winkel
ω	–	Wirbelfunktion
ω_i	–	Frequenz

c) Kennzahlen

$$Bi = \frac{\alpha L}{\lambda_s}$$ Biotzahl

$$Br = \frac{\eta u_m^2}{q_w D_{hyd}}$$ Brinkmannzahl

$$j = St\,Pr^{2/3} = \frac{Nu}{Re\,Pr^{1/3}}$$ Colburnzahl

$$Ec = \frac{u_\infty^2}{c_p \Delta T}$$ Eckertzahl

$$Fo = \frac{at}{L^2}$$ Fourierzahl

$$Gz = \frac{wd^2}{aL} = Re\,Pr\,\frac{d}{L}$$ Graetzzahl

$$Gr = \frac{gL^3}{v^2}\,\beta\Delta T$$ Grashofzahl

$$Kn = \frac{\lambda}{L}$$ Knudsenzahl

$$Le = \frac{a}{D}$$ Lewiszahl

$$Ma = \frac{w}{c}$$ Machzahl

$$Nu = \frac{\alpha L}{\lambda}$$ Nußeltzahl

$$Pe = \frac{wL}{a} = Re\cdot Pr$$ Pécletzahl

$$Pr = \frac{v}{a}$$ Prandtlzahl

$$Ra = \frac{gL^3}{av}\,\beta\Delta T = Gr\,Pr$$ Rayleighzahl

$$Re = \frac{wL}{v}$$ Reynoldszahl

$$Sc = \frac{v}{D}$$ Schmidtzahl

$$St = \frac{\alpha}{\varrho w c_p} = \frac{Nu}{Re\cdot Pr}$$ Stantonzahl

d) Indices

a	außen
aus	austretend
b	kalorischer Mittelwert (bulk)
bez	Bezugszustand
c	kritisch
c.p.	konstante Stoffwerte (constant properties)
Diss	Dissipation
d	auf den Durchmesser bezogen
dyn	dynamisch
ein	eintretend
eff	effektiv
f	Filmtemperatur
ges	gesamt
hyd	hydraulisch
i	innen
i,j,k	Tensorindices
kal	kalorisch
L	auf die Länge bezogen
l	laminar
m	Mittelwert
min	Minimum
max	Maximum

q	der Fall $q=$const
R	Raum
ref	Referenzzustand
S	Strömungsfeld
stat	statisch
T	Temperaturfeld
T	der Fall $T=$const
t	turbulent
th	thermisch
u	Umgebung
v	Verlust
w	Wand
x,y,z	in Richtung der kartesischen Koordinate
δ	Grenzschichtrand
0	Anfangszustand $(t=0)$
∞	Endzustand $(t=\infty)$
∞	im Unendlichen
$'$	Schwankungswert (u')
$-$	Mittelwert $(\bar{u})$
$\sim$	Störgröße $(\tilde{u})$
$+$	dimensionslose Größe (u^+)
$*$	bestimmter Ort (x_*)
$*$	dimensionslose Länge (x^*)
1	Oberseite der viskosen Unterschicht (y_1)
$\cdot$	auf die Zeit bezogen

e) Mathematische Zeichen

Δ	Differenz
ΔV	Volumen eines Fluidelementes
$\dfrac{D}{Dt}$	totales Differential
$\dfrac{\partial}{\partial t}$	partielles Differential
$\nabla=\left(\dfrac{\partial}{\partial x},\dfrac{\partial}{\partial y},\dfrac{\partial}{\partial z}\right)$	Nabla-Operator
$\nabla^2=\Delta=\dfrac{\partial^2}{\partial x^2}+\dfrac{\partial^2}{\partial y^2}+\dfrac{\partial^2}{\partial z^2}$	Laplace-Operator
$\text{grad}\,p=\nabla p$	Gradient von p
$\text{div}\,u=\nabla u$	Divergenz von u
$\text{rot}\,u=\nabla\times u$	Rotation von u
$\lim\limits_{\varepsilon\to 0}$	Grenzwert für $\varepsilon\to 0$
$\delta_{ij}=\begin{cases}1 \text{ für } i=j\\ 0 \text{ für } i\neq j\end{cases}$	Kroenecker Symbol
$0(\varepsilon)$	von der Ordnung ε
Σ	Summe

1 Einleitung

1.1 Zum Begriff der Wärme

Unter „Wärme" versteht man einen Energietransport über die Grenzen eines thermodynamischen Systems. Wir betrachten ein einfaches thermodynamisches System, s. z.B. Grigull (1977), und setzen voraus, daß keine Arbeit übertragen wird. Durch Wärmeübertragung wird dann beim *geschlossenen* System die *innere Energie* E_i und beim *offenen* System die *Enthalpie H* des Systems geändert. Unter dem *Wärmestrom* Φ (SI-Einheit W = J/s) versteht man einen Energiestrom über die Systemgrenzen, dessen Ursache ausschließlich Temperaturgradienten im Bereich der Systemgrenze sind, s. Bild 1.1. Unter der *Wärmemenge Q* (SI-Einheit J = Ws)

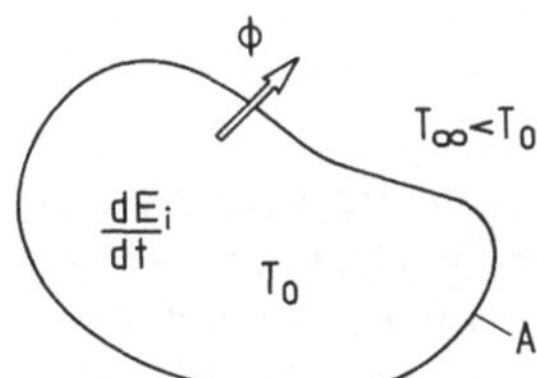

Bild 1.1. Zur Definition des Wärmestroms Φ

versteht man dann den über ein Zeitintervall dt integrierten Wärmestrom Φ. Für den allgemeinen Fall, daß der Wärmestrom Φ, häufig auch mit $\dot{Q}$ bezeichnet, zeitlich nicht konstant ist, gilt somit

$$Q(t) = \int_{t=0}^{t} \Phi(t)\,\mathrm{d}t. \tag{1.1}$$

Der Wärmestrom pro Flächeneinheit wird als *Wärmestromdichte q* (SI-Einheit W/m²), entsprechend

$$q(t) = \frac{\Phi(t)}{A} = \frac{1}{A}\frac{\partial Q}{\partial t} \tag{1.2}$$

bezeichnet.

1.2 Wärmetransportmechanismen

Die Wärmeübertragung kann auf drei ihrem Wesen nach gänzlich verschiedenen Mechanismen erfolgen; nämlich durch reine Wärmeleitung, durch konvektive Übertragung in einem strömenden Fluid und durch Temperaturstrahlung.

Unter *Wärmeleitung* versteht man einen Energietransport infolge atomarer und molekularer Wechselwirkung unter dem Einfluß eines Temperaturgradienten. Zwischen der Wärmestromdichte q und dem Temperaturfeld $T(x,y,z)$ eines homogenen und isotropen Körpers gilt allgemein der Zusammenhang

$$q = -\lambda \cdot \nabla T, \tag{1.3a}$$

woraus man für den eindimensionalen Fall

$$q_x = -\lambda \frac{\partial T}{\partial x} \tag{1.3b}$$

erhält.

Dieser sog. *Fourierscher Wärmeleitungsansatz* geht auf Biot (1804, 1816) und Fourier (1822) zurück. Der Proportionalitätsfaktor λ in dieser Beziehung wird als *Wärmeleitfähigkeit* (SI-Einheit W/Km) bezeichnet. Wärmetransport durch reine Wärmeleitung tritt vorwiegend in Festkörpern auf; dies wird ausführlich von Grigull und Sandner (1979) behandelt.

Unter *konvektiver Wärmeübertragung* versteht man den Energietransport durch Fortführung von Wärme mittels einer Strömung. Dieser Vorgang findet in strömenden Fluiden (Flüssigkeiten und Gase) statt und ist stets von einem Energietransport durch Wärmeleitung begleitet. Je nach den Eigenschaften des Fluids und der Art der Strömung kann der eine oder andere Vorgang überwiegen, jedoch ist die Wärmeübertragung in bewegten Medien nicht von der Flüssigkeitsbewegung selbst zu trennen. Nur das Studium der strömungsmechanischen Grundlagen und der hydrodynamischen Vorgänge führt zu einer vertieften Kenntnis der konvektiven Wärmeübertragung.

Als *Wärmeübergang* bezeichnet man die Wärmeübertragung von einer festen Wand an ein strömendes Medium. Dabei interessiert insbesondere die Frage, welcher Wärmestrom Φ unter bestimmten Bedingungen übertragen werden kann. Bei der konvektiven Wärmeübertragung wird die Wärmestromdichte q_w an der Wand durch die Beziehung

$$q_w = \alpha(T_w - T_\infty) \tag{1.4}$$

ausgedrückt, wobei T_w die Temperatur der Wand und T_∞ die Temperatur des Fluids in hinreichend großem Abstand von der Wand ist. Der Proportionalitätsfaktor α wird *Wärmeübergangskoeffizient* (SI-Einheit W/Km^2) genannt. Die Beziehung (1.4) geht auf Newton (1701) zurück, s. Grigull (1984) und wird als *Newtonsches Abkühlungsgesetz* bezeichnet. Sie ist letztlich nichts anderes als eine Definitionsgleichung für den Wärmeübergangskoeffizienten α. Lange Zeit hindurch ist sie allerdings als Naturgesetz angesehen worden, d.h. man betrachtete α als

Stoffkonstante, die nur von der Natur des Fluids und der Wand abhängt. [Einen Überblick über den Stand des Wissens um die Jahrhundertwende gibt R. Mollier (1897). Im Hinblick darauf sind auch die Arbeiten von Nußelt von Interesse, vgl. auch G. Kling (1952) und Grigull (1983)]. In Wirklichkeit ist sie aber allgemein weder von $(T_w - T_\infty)$ noch von der Gestalt der Oberfläche A unabhängig, und es ist gerade die Aufgabe der konvektiven Wärmeübertragung, diese komplizierte Abhängigkeit zu bestimmen. Dies kann sowohl *experimentell* als auch *theoretisch* durch analytische oder auch numerische Integration der das Problem beschreibenden Differentialgleichungen geschehen. Unter der Voraussetzung, daß das Fluid an der Wand haftet, erfolgt der Wärmetransport von der Wand an wandnahe Fluidteilchen eines strömenden Fluids durch reine Wärmeleitung, s. Abschn. 1.4. Deshalb kann die Wärmestromdichte an der Wand mit (1.3b) aus dem Temperaturgradienten des Fluids an der Wand berechnet werden. Andererseits gilt für den konvektiven Wärmeübergang die Beziehung (1.4). Setzt man diese beiden Ausdrücke gleich und dividiert beide Seiten durch eine für das Problem charakteristische Länge X so folgt

$$\frac{\alpha X}{\lambda} = - \left\{ \frac{\partial(T/(T_w - T_\infty))}{\partial(x/X)} \right\}_w .$$ (1.5a)

Der Ausdruck auf der linken Seite wird zu Ehren von Wilhelm Nußelt als *Nußeltzahl* bezeichnet. Mit der dimensionslosen Temperatur θ und der dimensionslosen Länge ξ entsprechend

$$\theta = \frac{T - T_\infty}{T_w - T_\infty}, \; \xi = \frac{x}{X}$$

erhält man schließlich

$$Nu = \frac{\alpha X}{\lambda} = - \left(\frac{\partial \theta}{\partial \xi} \right)_w .$$ (1.5b)

Die Nußeltzahl ist damit gleich dem negativen dimensionslosen Temperaturgradienten an der Wand. Es sei ausdrücklich darauf hingewiesen, daß dies sowohl für erzwungene als auch für freie Konvektion gilt. Eine wesentliche Aufgabe der konvektiven Wärmeübertragung ist damit die Ermittlung von Nußeltzahlen bzw. von Beziehungen für die Nußeltzahl.

Unter *Temperaturstrahlung* versteht man einen Energietransport durch Phononen und Photonen zwischen Körpern als Ursache ihrer unterschiedlichen Temperaturen. Dieser Vorgang findet in der Regel zwischen den Oberflächen fester Körper statt und ist meistens vollkommen unabhängig von der Temperatur des Mediums zwischen den Körpern. Für die von der Oberfläche eines Körpers durch Strahlung abgegebene Wärmestromdichte gilt das *Stefan-Boltzmannsche-Gesetz*

$$q = \varepsilon \sigma T^4 .$$ (1.6)

$\sigma = 67032 \cdot 10^{-8}$ W/Km^2 ist die Strahlungskonstante des schwarzen Körpers, auch Stefan-Boltzmann-Konstante genannt, und ε ist der Emissionskoeffizient. Das

Stefan-Boltzmann-Gesetz gilt streng nur für schwarze ($\varepsilon=1$) und graue ($\varepsilon<1$) Strahler, mit genügend großer Annäherung jedoch auch für alle festen Körper mit Ausnahme der Metalle, bei denen die abgestrahlte Energie mit einer höheren als der vierten Potenz der Temperatur zunimmt. Wärmeübertragung durch reine Strahlung soll in einem weiteren Band dieser Buchreihe behandelt werden.

1.3 Wärmedurchgang

Wir stellen uns vor, daß das in Bild 1.1 skizzierte thermodynamische System ein Wohnraum sei. Die Systemgrenzen werden dann durch Begrenzungen dieses Raums, d.h. durch Wände, Fußboden, Decke, Türen und Fenster gebildet. Wir nehmen nun weiter an, daß bis auf das Fenster, alle Begrenzungen dieses Wohnraums vollkommen isoliert (adiabat) seien; d.h. ein Wärmeaustausch mit der Umgebung findet nur durch das Fenster statt, s. Bild 1.2. Ist die Raumtemperatur T_R höher als die Umgebungstemperatur T_∞ so fließt, da sich nach dem 2. Hauptsatz der Thermodynamik Temperaturunterschiede mit der Zeit ausgleichen, ein Wärmestrom Φ_V vom Wohnraum durch das Fenster an die Umgebung. Die dadurch bedingte Auskühlung des Wohnraums soll durch eine Heizung verhindert werden. Soll die Raumtemperatur T_B zeitlich konstant (stationär) bleiben, so muß $\Phi_\mathrm{V}=\Phi_\mathrm{H}$ sein, d.h. der vom Heizkörper an den Wohnraum abgebebene Wärmestrom Φ_H ist gleich dem Wärmestrom Φ_V von Wohnraum an die Umgebung. Der Wärmestrom Φ_V läßt sich nun formal darstellen als

$$\Phi_\mathrm{V}=kA(T_\mathrm{R}-T_\infty)\,.\tag{1.7}$$

Der Proportionalitätsfaktor k wird als *Wärmedurchgangskoeffizient* (SI-Einheit W/Km^2) bezeichnet. Verfolgen wir nun den Wärmestrom auf seinem Weg vom Wohnraum (Temperaturstrahlung soll vernachlässigbar sein) an die Umgebung so sieht man, daß zunächst eine konvektive Wärmeübertragung von der Raumluft an die Innenseite des Fensters, anschließend Wärmeleitung von der Innen- zur

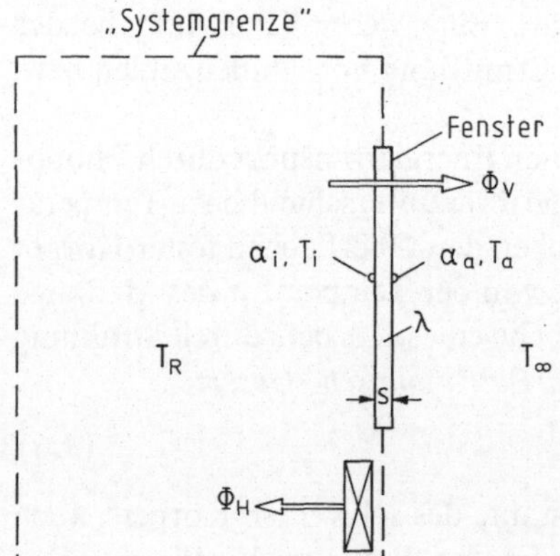

Bild 1.2. Wärmedurchgang durch ein Fenster eines Wohnraumes

Außenseite des Fensters (das hier eine einfache Glasscheibe sei) und schließlich wieder konvektive Wärmeübertragung von der Außenseite des Fensters an die Umgebung stattfindet. Im stationären Fall sind diese drei Ströme gleich groß und gleich dem resultierenden Wärmestrom durch das Fenster.

Mit den Ausführungen in Abschn. 1.2 erhält man somit

$$\Phi_V = \alpha_i A (T_R - T_i) = \lambda A \frac{T_i - T_a}{s} = \alpha_a A (T_a - T_\infty) \ .$$

Eliminiert man aus diesen Gleichungen die Temperaturen der inneren und äußeren Oberfläche des Fensters und vergleicht das Ergebnis mit (1.7), so erhält man für den Wärmedurchgangskoeffizienten k die bereits im Band „Wärmeleitung" abgeleitete Beziehung

$$\frac{1}{kA} = \frac{1}{\alpha_i A} + \frac{s}{\lambda A} + \frac{1}{\alpha_a A} \ , \tag{1.8a}$$

die als *Pécletgleichung* bezeichnet wird.

Beim Wärmestrom durch eine Zylinder- oder Kugelschale sind die Innen- und Außenfläche im Gegensatz zur hier diskutierten ebenen Wand nicht mehr gleich groß. Nach einem Vorschlag von Hausen (1951) kann man für diese drei Geometrien einen einheitlichen Ausdruck für den Wärmedurchgang

$$\frac{1}{kA} = \frac{1}{\alpha_i A_i} + \frac{s}{\lambda A_m} + \frac{1}{\alpha_a A_a} \tag{1.8b}$$

angeben, worin $s = (d_a - d_i)/2$ die Wandstärke bedeutet. Für die mittlere Fläche A_m gilt dann:

für die ebene Wand:
$$A_m = A_i = A_a = A, \tag{1.9a}$$

für die Zylinderschale:
$$A_m = \frac{A_a - A_i}{\ln \frac{A_a}{A_i}} = \frac{d_a - d_i}{\ln \frac{d_a}{d_i}} \pi L, \tag{1.9b}$$

für die Kugelschale:
$$A_m = \sqrt{A_a A_i} = \pi d_a d_i. \tag{1.9c}$$

War schon der Wärmeübergangskoeffizient α kein Stoffwert, so ist es der Wärmedurchgangskoeffizient k noch viel weniger, da in ihm drei Teilvorgänge enthalten sind. Er ist trotzdem bei der Berechnung von Wärmeübertragern unentbehrlich und hat auch meßtechnisch eine erhebliche Bedeutung, da viel häufiger Fluid- als Wandtemperaturen gemessen werden. Ersteres ist meist ohne Eingriff in den zu untersuchenden Apparat möglich. Mit Hilfe von (1.8b) läßt sich dann aus dem gemessenen Wert für den Wärmedurchgangskoeffizienten k z.B. der Wert des Wärmeübergangskoeffizienten α_i bestimmen, wenn α_a und s/λ bekannt sind. Die Beziehung (1.8b) gibt weiterhin Aufschluß darüber, welcher der drei Teilvorgänge für die gesamte Wärmeübertragung maßgebend ist und wo Verbesserungen am ehesten lohnen. Desweiteren läßt sich die Verschlechterung des Wärmedurchgangs durch Ablagerungen auf der Heiz- bzw. Kühlfläche mit der Beziehung (1.8b) abschätzen.

Die einzelnen Terme in (1.8) haben die SI-Einheit K/W und lassen sich damit als *thermische Widerstände* interpretieren. Sinngemäß unterscheidet man deshalb zwischen den folgenden Widerständen:

Wärmeübergangswiderstand $\quad R_{th,\alpha} = \dfrac{1}{\alpha A}$,   (1.10a)

Wärmeleitungswiderstand $\quad R_{th,\lambda} = \dfrac{s}{\lambda A}$,   (1.10b)

Wärmedurchgangswiderstand $\quad R_{th,ges} = \dfrac{1}{kA}$.   (1.10c)

Diese Bezeichnungen haben sich jedoch nicht überall eingebürgert, so anschaulich die Analogie zum elektrischen Feld auch sein mag.

Das soweit diskutierte Wärmeübergangsproblem ist ein *stationäres* Problem; d.h. neben der als konstant vorausgesetzten Temperatur der Umgebung ist auch die Raumtemperatur T_R zeitlich konstant. Schaltet man nun die Raumheizung aus, so wird sich der Wohnraum abkühlen und die Raumtemperatur T_R sinkt schließlich bis auf die Umgebungstemperatur ab, das Problem wird damit *instationär*. Der Einfachheit halber nehmen wir wieder an, daß der Wohnraum durch das in Bild 1.1. skizzierte einfache System beschrieben wird. Die Wände sind dabei unendlich dünn und haben gegenüber dem System selbst eine vernachlässigbar geringe Wärmekapazität. Nach dem 1. Hauptsatz der Thermodynamik ist die Änderung der inneren Energie dE_i des Systems (Wohnraum) gleich der abgeführten Wärmemenge dQ. Mit der inneren Energie, s. z.B. Baehr (1978)

$$dE_i = mc_v dT,$$

mit m als der Masse der Luft im Wohnraum und c_v als der Wärmekapazität der Luft bei konstantem Volumen, und dem Wärmestrom

$$dQ = -\Phi dt = -kA(T - T_U)dt$$

folgt damit die Differentialgleichung

$$\frac{dT}{dt} = -\frac{kA}{mc_v}(T - T_U),\tag{1.11}$$

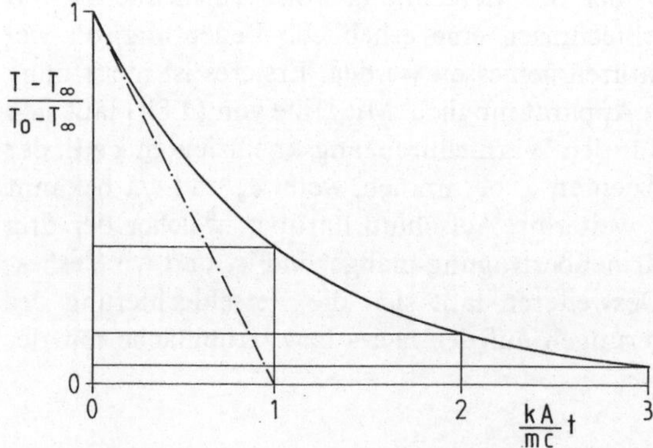

Bild 1.3. Zur Abkühlung von Behältern

die die Auskühlung des Wohnraums beschreibt. Mit der Anfangstemperatur T_0 zum Zeitpunkt $t=0$ folgt schließlich für den Temperaturverlauf

$$\frac{T-T_{\mathrm{U}}}{T_0-T_{\mathrm{U}}}=\exp\left(-\frac{kA}{mc_{\mathrm{v}}}t\right), \tag{1.12}$$

der in Bild 1.3 qualitativ dargestellt ist. Ein weiterer Aspekt der konvektiven Wärmeübertragung besteht somit in der Ermittlung der Abkühl- bzw. Aufheizzeit von Behältern mit flüssigem oder gasförmigem Inhalt. Dabei soll darauf hingewiesen werden, daß die sog. „black-box“-Thermodynamik nur aussagt, *daß* sich der Wohnraum abkühlt. Eine Aussage über die Geschwindigkeit dieses Abkühl- (Temperaturausgleich-) Vorgangs dagegen ist nur mit Hilfe der kinetischen Ansätze (1.3), (1.4) und (1.6) der Wärmeübertragung möglich!

1.4 Die Wirkung der Zähigkeit

Wir betrachten das in Bild 1.4 dargestellte System. Ein Fluid befindet sich zwischen zwei horizontalen Platten, wobei die untere ruht und die obere mit konstanter Geschwindigkeit w parallel zur unteren bewegt wird. Fluidteilchen, die sich unmittelbar an der oberen Platte befinden, werden ebenfalls mit der Plattengeschwindigkeit w bewegt, dagegen sind Fluidteilchen, die sich unmittelbar an der unteren Platte befinden in Ruhe. Dieses „Haften“ der Fluidteilchen an festen Wänden wird auch als *Haftbedingung*:

$$w(y)=0 \text{ für } y=0, \tag{1.13}$$

bezeichnet. Im vorliegenden Beispiel nimmt die Geschwindigkeit mit der Höhe y linear zu; d.h. zwei unmittelbar übereinanderliegende Fluidschichten bewegen sich mit um dw unterschiedlichen Geschwindigkeiten. Zur Überwindung der dadurch bedingten „Reibung“ zwischen diesen beiden und letztlich allen Fluidschichten zwischen $y=0$ und $y=H$ ist die Kraft F zur Bewegung der oberen Platte erforderlich. Diese Kraft ist proportional dem Geschwindigkeitsgradienten in der Fluidschicht an der Wand und proportional der benetzten Oberfläche der Platte,

$$F=\eta A\left(\frac{\mathrm{d}w}{\mathrm{d}y}\right)_{y=H}.$$

Der Proportionalitätsfaktor η wird als *dynamische Viskosität* (SI-Einheit kg/sm) bezeichnet, und ist bei sog. „normalen“ Fluiden (z.B. Gase und Flüssigkeiten wie

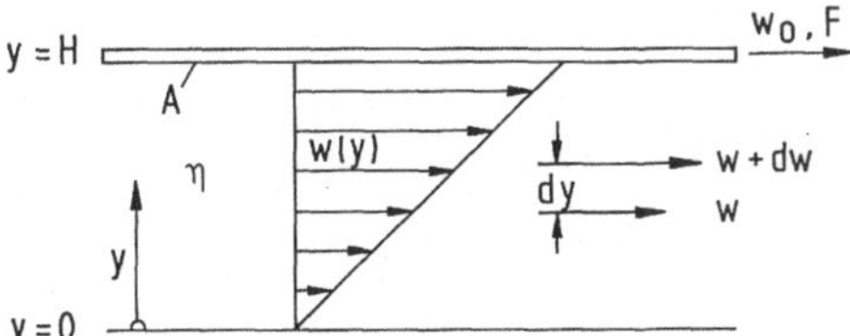

Bild 1.4. Zur Wirkung der Zähigkeit

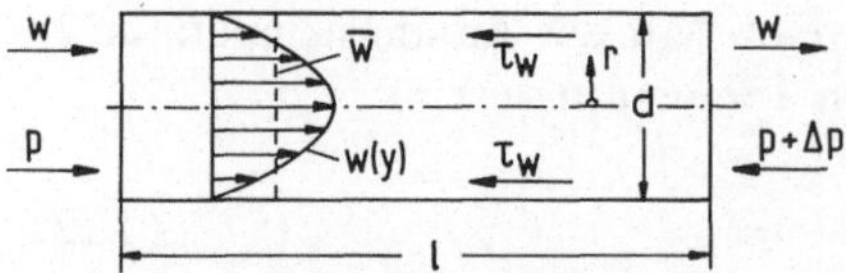

Bild 1.5. Druckverlust bei der Rohrströmung

z.B. Wasser) ein reiner Stoffwert, während er bei „rheologischen" Substanzen (z.B. Pasten) zusätzlich zum Druck und der Temperatur auch noch von der Vorbehandlung und dem Wert der Geschwindigkeitsgradienten abhängen kann. Dividiert man die dynamische Viskosität durch die Dichte ϱ des Fluids, so erhält man die *kinematische Viskosität v* (SI-Einheit m^2/s), die, wie später noch gezeigt wird, die Transportgröße für den Impuls ist. (Die Bezeichnung kinematische Viskosität rührt daher, daß in der Dimension der kinematischen Zähigkeit die Masse fehlt.) Die auf die Fläche A bezogene Kraft F wird als *Schubspannung τ* (SI-Einheit N/m^2) bezeichnet. Für die vom Fluid auf die Platte ausgeübte Schubspannung folgt damit

$$\tau_w = -\eta \left(\frac{dw}{dy} \right)_w . \tag{1.14}$$

Dieser Ausdruck geht auf Newton zurück; weshalb Fluide, die streng diesem Ansatz folgen auch als *Newtonsche Fluide* bezeichnet werden.

Wir betrachten die stationäre Strömung einer inkompressiblen Flüssigkeit in einem Rohr konstanten Querschnitts, Bild 1.5. Die Strömung kommt unter der Wirkung eines Druckgefälles Δp zustande. Auf die Stirnflächen des Flüssigkeitszylinders vom Radius R und der Länge l wirkt die resultierende *Druckkraft* $R^2\pi(-\Delta p)$, während auf seiner Mantelfläche die *Reibungskraft* $2R\pi l\tau_w$ angreift. Für die stationäre Strömung in einem horizontalen Rohr muß Gleichgewicht zwischen der treibenden Druckkraft und der hemmenden Reibungskraft herrschen, somit gilt

$$R^2\pi(-\Delta p) - 2R\pi l\tau_w = 0 . \tag{1.15}$$

Mit $R = d/2$ folgt daraus für den Druckabfall im Rohr

$$\Delta p = -\frac{4l}{d}\tau_w . \tag{1.16}$$

Zur Berechnung des Druckabfalls bei der Rohrströmung ist somit die Kenntnis der Wandschubspannung τ_w bzw. die Kenntnis des Geschwindigkeitsfelds notwendig. Für die laminare Strömung gilt nach dem „Hagen-Poisseuilleschen Gesetz" die parabolische Geschwindigkeitsverteilung,

$$w(r) = 2w_m \left[1 - \left(\frac{r}{R} \right)^2 \right] \tag{1.17}$$

mit w_m als der mittleren Geschwindigkeit im Rohr entsprechend

$$\dot{m} = \frac{d^2\pi}{4}\varrho w_m . \tag{1.18}$$

Mit der Definition für den Druckverlust

$$-\Delta p = c_f \frac{4l}{d} \frac{\varrho w_m^2}{2} \,, \tag{1.19}$$

der Wandschubspannung

$$\tau_w = \frac{4\eta w_m}{R}$$

aus (1.14) mit (1.17) und der Reynoldszahl $Re = w_m d/\nu$ erhält man schließlich für den *Widerstandsbeiwert* c_f der vollausgebildeten laminaren Rohrströmung

$$c_f = \frac{16}{Re} \,. \tag{1.20}$$

Die üblicherweise verwendete Rohrreibungszahl λ ist 4 mal größer als der so definierte Druckverlustbeiwert c_f. Um jedoch eine Verwechslung mit der Wärmeleitfähigkeit λ auszuschließen, wird im Folgenden stets c_f verwendet. In der englischsprachigen Literatur wird dieser Druckverlustbeiwert als „Darcy friction factor" bezeichnet.

Für einen beliebigen Radius r erhält man andererseits mit dem Schubspannungsansatz (1.14) aus (1.16) und (1.17)

$$\frac{dw}{dr} = - \frac{\Delta p}{2\eta l} r$$

und daraus nach Integration über den Radius r für das Geschwindigkeitsprofil im Rohr

$$w(r) = \frac{\Delta p}{4\eta l} R^2 \left[1 - \left(\frac{r}{R} \right)^2 \right] \,. \tag{1.21}$$

Nach Elimination von $w(r)$ durch Vergleich von (1.17) und (1.21) und Auflösung nach w_m folgt damit aus (1.18) für die Durchflußmenge

$$\dot{m} = \frac{\pi R^4}{8\nu} \frac{\Delta p}{l} \,. \tag{1.22}$$

Diese nach ihrem Entdecker benannte „Hagen-Poiseuillesche" Gleichung hat für die Entwicklung der Strömungsmechanik in mehrfacher Beziehung Bedeutung erlangt; da sie eine exakte Lösung der Navier-Stokesschen Gleichungen (s. Kap. 2) darstellt, läßt sich an ihr sowohl die Zulässigkeit des Newtonschen Reibungsansatzes als auch die Gültigkeit der Haftbedingung an der Wand nachprüfen. Beide Annahmen werden durch eine Fülle von Versuchen bestätigt.

1.5 Erzwungene und freie Konvektion

Ein Beispiel für die *erzwungene Konvektion* ist die im vorhergehenden Abschnitt betrachtete Rohrströmung. Die Strömung im Rohr wird z.B. durch eine Pumpe erzwungen; treibende Kraft ist damit der Druckgradient im Rohr bzw. die Druckdifferenz zwischen Ein- und Austrittsquerschnitt.

Wir betrachten als weiteres Beispiel für die *erzwungene Konvektion* den Wärmeübergang an einer beheizten und parallel zu ihrer Oberfläche angeströmten ebenen Platte, Bild 1.6. Oberhalb der Platte ist das Temperaturprofil und unterhalb der Platte das Geschwindigkeitsprofil in der Strömung in der Nähe der Platte qualitativ angegeben. Die Strömungsgeschwindigkeit an der Plattenoberfläche (Wand) selbst ist infolge der Haftbedingungen (1.13) gleich Null. Wärme kann deshalb nur durch Wärmeleitung (Diffusion) von der Plattenoberfläche an das umgebende Fluid gelangen. In einer wandnahen Schicht sinkt die Temperatur von der Wandtemperatur T_w bis auf die Umgebungstemperatur T_∞ ab, die Strömungsgeschwindigkeit steigt bis auf den Wert der Anströmgeschwindigkeit w_∞ an. Man erkennt, daß Temperatur- und Geschwindigkeitsunterschiede auf eine relativ dünne Randschicht an der Plattenoberfläche begrenzt sind. Es ist das Verdienst von Ludwig Prandtl, für diese *Grenzschichten*, die thermische und hydrodynamische (auch Temperatur- und Strömungs-) Grenzschicht mit der Dicke δ_{th} und δ_{hyd}, eine besondere mathematische Behandlung eingeführt zu haben, die zu exakten Lösungen (im Sinne der Grenzschichttheorie 1. Ordnung) führt. Wir werden in Teil II darauf zurückkommen.

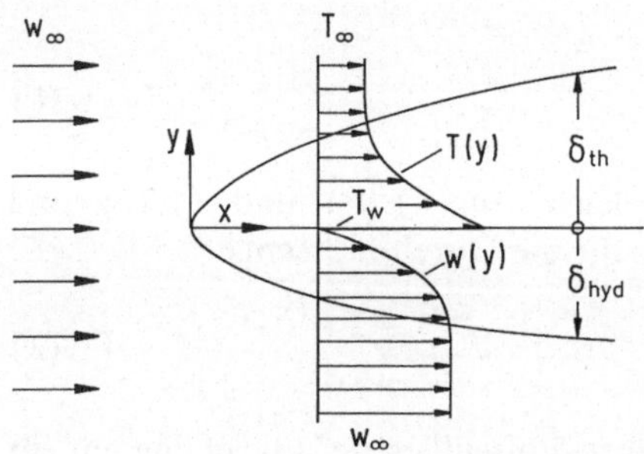

Bild 1.6. Erzwungene Konvektion an der ebenen Platte

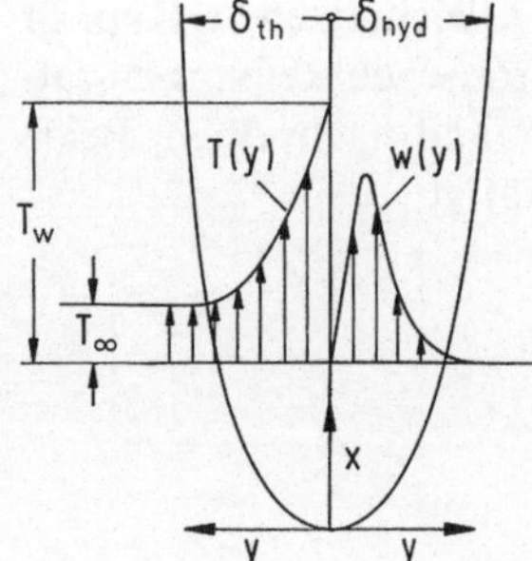

Bild 1.7. Freie Konvektion an der senkrechten Platte

Im Gegensatz dazu betrachten wir nun die *freie Konvektion* an einer beheizten senkrechten Platte, s. Bild 1.7. Bei der freien Konvektion fehlt das von außen aufgeprägte Geschwindigkeitsfeld, die Geschwindigkeit außerhalb der Grenzschicht ist hier gleich Null! Die Strömung innerhalb der Grenzschicht kommt ausschließlich durch Dichte- bzw. Temperaturunterschiede zustande. An der Wand selbst ist die Strömungsgeschwindigkeit wegen der Haftbedingung wieder gleich Null. Durch die Wärmeleitung von der Wand an das Fluid erwärmen sich die Fluidteilchen in Wandnähe. Infolge der damit verbundenen Abnahme der Dichte entsteht ein Auftrieb; die Fluidteilchen strömen in der Grenzschicht der Schwerkraft entgegen nach oben. Die Strömungsgeschwindigkeit nimmt zunächst mit dem Wandabstand zu. Mit zunehmendem Wandabstand wird dadurch immer mehr Wärme mit der Strömung fortgeführt und immer weniger Wärme durch Leitung in die äußeren Bereiche der Grenzschicht transportiert. Die Dicke der thermischen und der hydrodynamischen Grenzschicht stellen sich nun so ein, daß die gesamte von der Platte abgegebene Wärmemenge innerhalb der hydrodynamischen Grenzschicht durch Konvektion fortgeführt wird. Da die Strömungsgeschwindigkeit an der Plattenoberfläche und außerhalb der hydrodynamischen Grenzschicht gleich Null ist, muß innerhalb der Grenzschicht zwangsläufig ein Maximum auftreten. Im Teil III werden wir auf dieses Problem zurückkommen.

Bild 1.8 zeigt eine Interferenzaufnahme der freien Konvektion an der senkrechten Platte. Die Linien entsprechen mit guter Näherung Linien gleicher Dichte bzw.

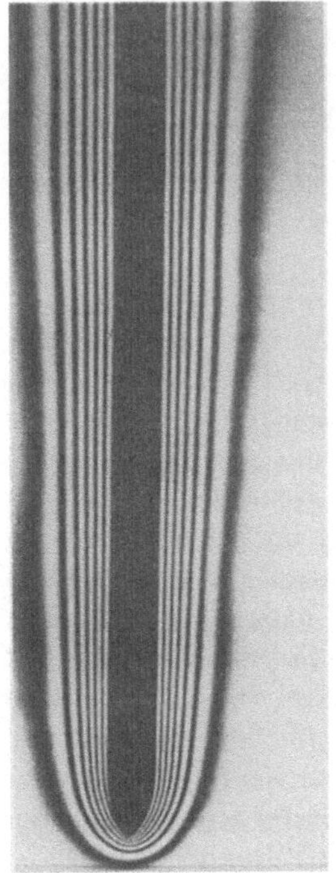

Bild 1.8. Interferenzaufnahme der freien Konvektion an der senkrechten Platte [nach Eckert und Soehngen (1948), entnommen aus van Dyke (1982)]

gleicher Temperatur und können damit als Isothermen interpretiert werden. Man erkennt deutlich, daß sich das wesentliche bei der Wärmeübertragung in einer relativ dünnen Schicht, der Grenzschicht, unmittelbar an der Körperoberfläche abspielt. Dieses Bild wurde mit einem Mach-Zehnder Interferrometer aufgenommen. Näheres über diese Meßtechnik findet der interessierte Leser bei Hauf und Grigull (1970).

1.6 Laminare und turbulente Strömung

Die Beziehung (1.22) läßt erkennen, daß der Druckverlust proportional der ersten Potenz der Strömungsgeschwindigkeit ist. Dies gilt jedoch nur für mäßige Geschwindigkeiten und Rohre mit nicht zu großen Durchmessern. Osborne Reynolds (1883,1894) machte als erster die Beobachtung, daß bei höheren Geschwindigkeiten und größeren Durchmessern diese Beziehung durch eine annähernd quadratische Abhängigkeit des Druckverlusts von der Strömungsgeschwindigkeit zu ersetzen ist. Dabei stellte er fest, daß die Flüssigkeit bei kleinen Geschwindigkeiten in parallelen Bahnen und geordneter *laminarer* Strömung durch das Rohr floß, daß aber ab einer bestimmten Geschwindigkeit zusätzlich *Querbewegungen* auftraten. Mit steigender Strömungsgeschwindigkeit wurden diese Querbewegungen stärker und nach Durchlaufen eines sog. *Übergangsbereichs* war aus der ursprünglich vollkommen geordneten *laminaren* Strömung eine vollkommen ungeordnete *turbulente* Strömung geworden, Bild 1.9. Reynolds ermittelte auch experimentell die Bedingungen für den Umschlag von laminarer in turbulente Strömung und fand, daß dafür der Zahlenwert der dimensionslosen Größe wd/v maßgebend ist. Diese dimensionslose Größe wurde später zu seinen Ehren als Reynoldszahl benannt. Spätere Untersuchungen haben das Ergebnis von Reynolds bestätigt und gezeigt, daß die Rohrströmung für

$$Re = \frac{wd}{v} \leqq 2\,320$$

stets laminar ist

Wir betrachten als weiteres Beispiel den aufsteigenden Rauch einer brennenden Zigarette, Bild 1.10. Im Gegensatz zur Rohrströmung kommt hier die Bewegung durch Dichte- bzw. Temperaturunterschiede zwischen der Zigarettenglut und der umgebenden Luft zustande. Durch die Rauchentwicklung bei der Verbrennung wird die aufsteigende warme Luft dabei sehr deutlich sichtbar. Die aufsteigenden Rauchpartikel strömen zunächst vollkommen geordnet nach oben. Ab einer bestimmten Höhe treten erste Störungen in den laminaren Strombahnen auf. Mit zunehmender Höhe wachsen die Querbewegungen dann sehr schnell an und nach Durchlaufen des Übergangsbereichs ist die Strömung schließlich vollkommen ungeordnet und turbulent. Im Gegensatz zur erzwungenen Konvektion bei der Rohrströmung wird der Umschlag von laminarer zu turbulenter Strömung bei der freien Konvektion durch die Rayleighzahl beschrieben. Nach Saunders (1939) ist

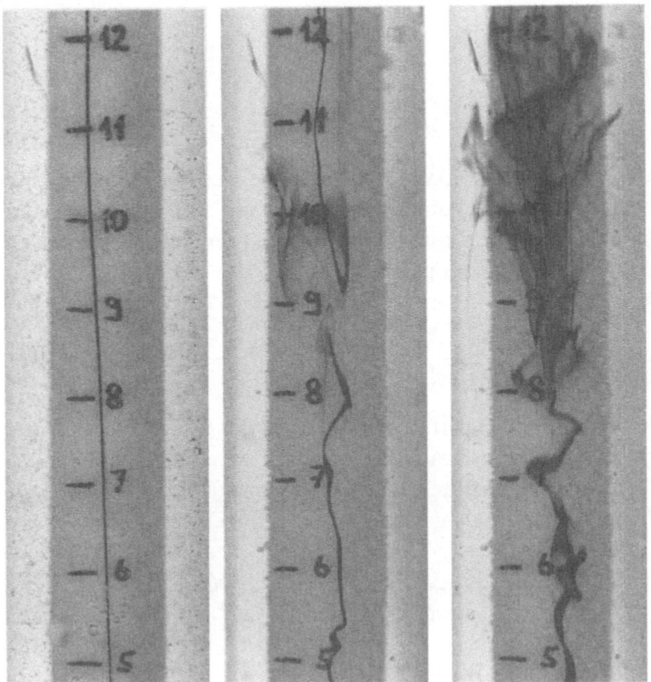

Bild 1.9. Übergang von laminarer zu turbulenter Rohrströmung. Das Bild zeigt die mit einem Tintentracer sichtbar gemachte Strömung im zylindrischen Ringspalt für die Reynoldszahlen **a** 146; **b** 808 und **c** 1150 [nach Knaff (1986)]

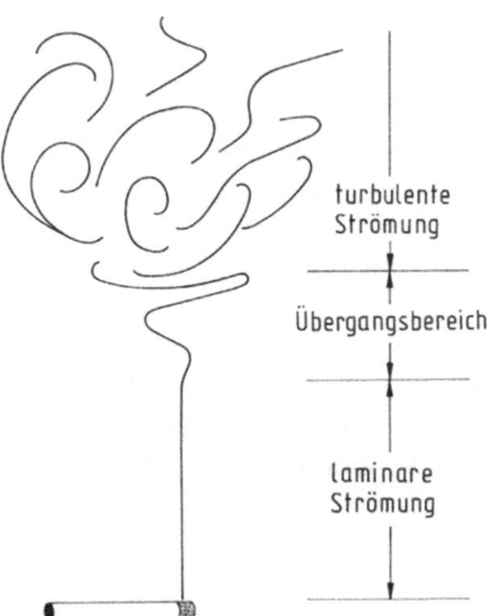

Bild 1.10. Übergang von laminarer zu turbulenter freier Konvektion

die freie Konvektion für

$$Ra = \frac{gl^3}{av}\,\beta\,(T - T_\infty) \leqq 2\cdot10^9$$

immer laminar.

Die beschriebenen experimentellen Ergebnisse legen die Vermutung nahe, daß der Übergang von laminarer zu turbulenter Strömung eng mit der Frage der Stabilität der laminaren Strömung verbunden ist. Wir werden in den folgenden Kapiteln näher auf diese Problematik eingehen.

1.7 Stoffübertragung

Im Gegensatz zum molekularen Wärmeleitungsvorgang ist der Stofftransport, hier Diffusion genannt, ein molarer Übertragungsvorgang, da stets Fluidteilchen bewegt werden, d.h. diffundieren. Während das Temperaturfeld das treibende Potential für den Wärmetransport ist, ist es das Konzentrationsfeld beim Stofftransport.

Die Massenstromdichte (SI-Einheit kg/m^2s) infolge Diffusion ist proportional dem Konzentrationsgradienten und wird in Analogie zu (1.3b) durch den *Fickschen Ansatz*

$$\dot{m} = -D\,\frac{\partial C}{\partial y} \tag{1.23a}$$

beschrieben, wobei die *Konzentration C* (SI-Einheit kg/m^3) die Menge des diffundierenden Stoffs in der Volumeneinheit des Gemisches angibt. Die Proportionalitätskonstante D wird als *Diffusionskoeffizient* (SI-Einheit m^2s) bezeichnet.

Die Stoffmenge, die von einer festen Oberfläche durch Konvektion an ein Fluid übertragen werden kann, wird analog zu (1.4) durch den Ansatz

$$\dot{m}_w = \beta\,(C_w - C_\infty) \tag{1.24a}$$

beschrieben. Dabei bedeuten C_w und C_∞ die Konzentrationen an der festen Oberfläche und in der ungestörten Strömung. Die Proportionalitätskonstante β (SI-Einheit $m^3/m^2s = m/s$) wird analog zum Wärmeübergang als *Stoffübergangskoeffizient* bezeichnet. Die Beziehung (1.24a) ist nichts anderes als eine Definitionsgleichung für den Stoffübergangskoeffizienten β.

Die Ansätze (1.23a) und (1.24a) können verwendet werden, solange im Konzentrationsfeld keine oder keine nennenswerten Temperaturgradienten auftreten. Finden jedoch Stoff- und Wärmetransport im gleichen Feld und unter erheblichen Temperaturdifferenzen statt, so muß da auch C von der Temperatur abhängen kann, die Konzentration mit Hilfe der Beziehung

$$C = \frac{p}{RT}$$

durch den Partialdruck p und die Temperatur T ausgedrückt werden. Damit erhält man

$$\dot{m} = -\frac{D}{RT}\frac{\partial p}{\partial y}\,, \tag{1.23b}$$

$$\dot{m}_\mathrm{w} = \frac{\beta}{RT}\,(p_\mathrm{w}-p_\infty)\,. \tag{1.24b}$$

Auch beim konvektiven Stoffübergang ist die Strömungsgeschwindigkeit infolge der Haftbedingung an einer festen Oberfläche gleich Null, ein Stoff kann deshalb nur durch Diffusion in ein Fluid gelangen. An einer festen Oberfläche kann deshalb der Stoffübergangskoeffizient β aus dem Partialdruck- bzw. Konzentrationsgradienten an der „Wand" berechnet werden,

$$-\frac{D}{RT}\left(\frac{\partial p}{\partial y}\right)_\mathrm{w} = \frac{\beta}{RT}\,(p_\mathrm{w}-p_\infty)\,. \tag{1.25}$$

Der Stoffaustausch geht immer in Richtung des Partialdruckgefälles vor sich und kann bei gleichzeitigem Auftreten von Konzentrations- und Temperaturgradienten sogar in Richtung steigender Konzentration verlaufen.

Mit einer für das entsprechende Problem charakteristischen Länge X läßt sich der Wandabstand y auf dimensionslose Form bringen. Damit und mit dem dimensionslosen Druck $\pi = (p-p_\infty)/(p_\mathrm{w}-p_\infty)$ erhält man aus (1.25) in Analogie zur Nußeltzahl den Ausdruck

$$Sh = \frac{\beta X}{D} = -\left(\frac{\partial \pi}{\partial \xi}\right)_\mathrm{w}. \tag{1.26}$$

Für diese Kennzahl hat sich der Name *Sherwoodzahl* eingebürgert, sie ist gleich dem negativen Konzentrationsgradienten bzw. Partialdruckgradienten an der festen Oberfläche.

Die bisherigen Ausführungen legen den Schluß nahe, daß Wärme- und Stoffübertragung analog verlaufen. Für weitere Details sei auf den in dieser Reihe erschienenen Band „Stoffübertragung" von Mersmann (1986) verwiesen.

1.8 Zur Geschichte der Wärmeübertragung

Die Gebrauchsformeln der Wärme- und Stoffübertragung werden meist in dimensionsloser Form geschrieben, wobei die auftretenden dimensionslosen Gruppen nach hervorragenden Forschern benannt sind. Während die Namen dieser Forscher, wie z.B. Nußelt oder Reynolds jedem geläufig sind, ist über das Leben und Schaffen der Betreffenden oft wenig bekannt. Um dem abzuhelfen, wird im folgenden ein kurzer Abriß der Lebensläufe derjenigen Forscher gegeben, nach denen dimensionslose Kennzahlen benannt sind. Diese Darstellung beruht weitgehend auf einer Zusammenstellung von Grigull et al. (1982).

Bild 1.11. Baron Jean Baptiste Joseph Fourier, 1768—1830

Baron Jean Baptiste Joseph Fourier
Bild 1.11, französischer Mathematiker und Physiker, bekannt für seine grundlegenden Arbeiten zur Darstellung von Funktionen durch trigonometrische Reihen, wurde am 21. März 1768 als Sohn eines Schneiders in Auxere geboren. 1784 wurde er Lehrer für Mathematik an der Militärschule in seiner Heimatstadt. Er lehrte an der „École Normale" in Paris seit ihrer Gründung im Jahre 1795. Aufgrund seiner erfolgreichen Arbeiten wurde er auf den Lehrstuhl für Analysis an der „École Polytechnique" in Paris berufen. Im Jahre 1807 wurde er Mitglied der Akademie der Wissenschaften. Fouriers erfolgreichste Arbeit war seine mathematische Theorie der Wärmeleitung, dargelegt in „Théorie analytique de la chaleur" (1822), einem der wichtigsten im 19ten Jahrhundert veröffentlichten Bücher. Es kennzeichnet einen wesentlichen Zeitabschnitt in der Geschichte der reinen und der angewandten Mathematik, da Fourier in ihm die nach seinem Namen bekannten Reihenentwicklungen darlegt und sie auf die Lösung von Randwertproblemen bei partiellen Differentialgleichungen anwendet. Diese Arbeit beendete einen langen Meinungsstreit und von da an war man sich einig, daß nahezu jede Funktion einer realen Variablen durch eine unendliche Reihe, bestehend aus sinus- und cosinus-Funktionen, dargestellt werden kann. Fourier starb am 16. März 1830 in Paris.

Jean Baptiste Biot
Bild 1.12, französischer Physiker, besonders bekannt für seine Arbeiten zur Polarisation des Lichts, wurde am 21. April 1774 in Paris geboren. Auf Empfehlung von Laplace, dessen Druckfahnen des Werks „Mécanique Céleste" er lesen durfte, wurde er 1800 Professor für Physik am „Collège de France". Biot, obwohl jünger als Fourier, arbeitete bereits im Jahre 1802 oder 1803 an einer Theorie der Wärmeleitung. Im Jahre 1804 versuchte er, allerdings ohne Erfolg, den Einfluß der Konvektion in die Theorie der Wärmeleitung mit einzubeziehen. Fourier las die Arbeit von Biot und löste das Problem im Jahre 1807. 1806 begleitete er Gay-Lussac

Bild 1.12. Jean Baptiste Biot, 1774—1862

beim ersten für wissenschaftliche Zwecke unternommenen Ballonaufstieg und im Jahre 1820 entdeckte er zusammen mit Felix Savart das nach beiden benannte „Biot-Savartsche Gesetz". Für seine Arbeiten zur Polarisierung des Lichts wurde er 1840 mit der „Rumford Medal of the Royal Society" ausgezeichnet. Biot starb am 3. Februar 1862 in Paris.

Jean Claude Eugene Péclet
Bild 1.13, französischer Physiker, am 10. Februar 1793 in Bésançon geboren, war einer der ersten Schüler an der „École Normale" in Paris, wo Gay-Lussac und Dulong seine Lehrer waren. Péclet wurde 1816 Professor am „Collège de Marseille" und unterrichtete dort Physik. 1827 kehrte er nach Paris zurück, wo er zum „Maître de Conférences" an der „École Normale" und zum Professor an der bedeutenden

Bild 1.13. Jean Claude Eugene Péclet, 1793—1857

„École Centrale des Arts et Manufactures" ernannt wurde. 1840 wurde er „Inspecteur Général de l'Instruction Publique". 1852 trat Péclet in den Ruhestand und widmete sich von da an ausschließlich der Lehre. Seine Veröffentlichungen waren bekannt für ihre Klarheit im Ausdruck, für scharfsinnige Überlegungen und für exzellent durchgeführte Experimente. Sein berühmtes Buch „Traité de la chaleur at de ses applications aux arts et aux manufactures" (Paris 1829), das weltweit bekannt wurde, wurde ins Deutsche übersetzt. Péclet unterrichtete bis zu seinem Tode am 6. Dezember 1857 in Paris.

Franz Grashof
Bild 1.14, deutscher Ingenieur, am 11. Juli 1826 in Düsseldorf geboren, verließ mit 15 Jahren die Schule, um als Mechaniker zu arbeiten. Er besuchte die Berufsschule in Hagen und anschließend die Oberschule in Düsseldorf. Von 1844 bis 1847 studierte Grashof Mathematik, Physik und Maschinenwesen an der Königlichen Technischen Hochschule in Berlin. Nach einer Weltreise von nahezu drei Jahren, die ihn bis nach Holländisch-Indien und nach Australien führte, setzte er sein Studium in Berlin fort. Grashof war einer der Gründer des Vereins Deutscher Ingenieure, VDI, und bewältigte ein enormes Arbeitspensum als Autor, Herausgeber und Korrektor. 1863 wurde Grashof als Nachfolger von Redtenbacher als Leiter der Ingenieurabteilung der Technischen Hochschule in Karlsruhe berufen. Er wurde desweiteren zum Professor für Angewandte Mechanik und Maschinenwesen ernannt und hielt Vorlesungen über Festigkeitslehre, Hydraulik, Wärmetheorie und über Grundlagen des Ingenieurwesens. Nach seinem Tode am 26. Oktober 1893 ehrte der Verein Deutscher Ingenieure sein Andenken durch Einführung der nach ihm benannten „Grashof-Gedenkmünze", die höchste Auszeichnung, die der Verein für besonders hervorragende Leistungen auf dem Gebiet der Ingenieurwissenschaften zu vergeben hat.

Bild 1.14. Franz Grashof, 1826–1893

Bild 1.15. Josef Stefan, 1835—1893

Josef Stefan
Bild 1.15, österreichischer Physiker, bekannt für grundlegende Arbeiten zur kinetischen Theorie der Gase, zur Strömungsmechanik und insbesondere zum Wärmetransport durch Temperaturstrahlung, wurde am 24. März 1835 in St. Peter bei Klagenfurt geboren. Stefan studierte an der Universität in Wien, promovierte dort 1858 zum Doktor der Philosophie und wurde anschließend Privatdozent für Theoretische Physik. 1863 wurde er zum Ordinarius für Physik und 1866 zum Direktor des Physikalischen Instituts berufen. Von der Akademie der Wissenschaften in Wien, deren Mitglied er war, wurde er 1875 zum Sekretär bestellt. Bereits vor Stefan hat Kirchhoff den perfekten Strahler als einen „vollkommenen schwarzen Körper" beschrieben. Stefan konnte 1879 empirisch zeigen, daß die Strahlung des schwarzen Körpers proportional der vierten Potenz der absoluten Temperatur des Körpers ist. Diese Beziehung wurde als Stefan-Boltzmann-Gesetz bekannt, nachdem es Boltzmann 1884 streng anhand thermodynamischer Überlegungen abgeleitet hatte. Im Jahre 1891 veröffentlichte Stefan eine Arbeit zur Entstehung von Eis im Polarmeer und gibt damit eine spezielle Lösung des nichtlinearen Wärmeleitungsproblems mit Phasenänderung an (eine allgemeinere Lösung wurde später von F. Neumann angegeben). Stefan starb am 7. Januar 1893 in Wien.

Ernst Mach
Bild 1.16, österreichischer Physiker und Philosoph, wurde am 18. Februar 1838 in Turas in Mähren geboren. Mach studierte in Wien und war Professor für Physik in Graz von 1864 bis 1867 und in Prag von 1867 bis 1895. Von 1895 bis 1901 war Mach Professor für induktive Philosophie in Wien. 1901 wurde er Mitglied des österreichischen Oberhauses. Mach war absoluter Positivist und vertrat den Standpunkt, der heute von den meisten Wissenschaftlern geteilt wird, daß im Bereich der Naturwissenschaften eine Aussage erst dann „richtig" ist, wenn sie experimentell bewiesen wurde. Seine Beiträge zur Physik und zur Philosophie

Bild 1.16. Ernst Mach, 1838–1916

hatten einen großen Einfluß auf das Denken seiner Zeit. Seine Kritik des Newtonschen Weltbilds ebnete Albert Einstein den Weg für seine Relativitätstheorie. Machs Name ist mit der Machzahl verbunden, die das Verhältnis der lokalen Geschwindigkeit zur lokalen Schallgeschwindigkeit darstellt. Mach starb am 19. Februar 1916 in München.

Joseph Valentin Boussinesq

Boussinesq wurde als Sohn kleiner Bauern am 15. März 1842 bei Saint-André-de-Sangonis geboren. Er ging dort in die Dorfschule und wurde zusätzlich von seinem Onkel, einem Priester, unterrichtet. Anschließend besuchte er das Seminar in Montpellier und legte dort die Reifeprüfung (baccalaureat) ab. Nach Erhalt seiner „licence es sciences" im Jahre 1851 unterrichtete er am Collége d'Agde, dann in Le Vigan, später in Gap. Obwohl er in wissenschaftlichen Dingen ein Autodidakt war, präsentierte er 1865 der „Academie des Sciences" eine Arbeit über Kapillarität. 1867 promovierte er mit einer theoretischen Untersuchung über die Ausbreitung von Wärme zum „docteur des sciences". Diese Arbeit brachte ihm das Wohlwollen des Mathematikers und Akademiemitglieds Barré de Saint-Venant ein. Boussinesq wurde 1873 Professor an der „Faculté des Sciences" in Lille, später wurde er zunächst auf den Lehrstuhl für „Theoretische und experimentelle Mechanik", dann auf den für „Theoretische Physik" und für „Wahrscheinlichkeitstheorie" in Paris berufen. 1866 wurde er zum Mitglied der „Académie des Sciences" gewählt.

Boussinesq beschäftigte sich mit wissenschaftlichen, philosophischen und religiösen Problemen, insbesondere mit der Vereinbarkeit von Determinismus und freiem Willen. Er lieferte, mit Ausnahme des Elektromagnetismus, wesentliche Beiträge zu allen Zweigen der theoretischen Physik. Im Zusammenhang mit dem Studium des Äthers beschäftigte er sich zunehmend mit der experimentellen Strömungsmechanik. Seine Beiträge zur Hydraulik, in denen er sich mit der Strömung von Fluiden, mit Oberflächenwellen, dem Widerstand eines einzelnen Körpers in einer Strömung und der Kühlung von strömenden Flüssigkeiten beschäftigte, waren grundlegend für das Verständnis dieser Phänomene. 1880 entdeckte Boussinesq nichtanalytische Integrale der hydrodynamischen Grundgleichungen. Er fand desweiteren asymptotische Lösungen von Differentialgleichungen für physikalisch unbestimmte Fälle.

Boussinesq hat über 100 wissenschaftliche Arbeiten sowie mehrere Bücher, darunter auch eine „Théorie analytique de la Chaleur" (2 Bände, Paris 1901 und 1903) veröffentlicht, die voll von originellen, aber oft abwegigen Ideen sind. Insgesamt könnte er als letzter Vertreter der klassischen Wissenschaft des 19ten Jahrhunderts gesehen werden. Er ist am 19. Februar 1929 in Paris gestorben.

Osborne Reynolds
Bild 1.17, englischer Ingenieur und Physiker, bekannt für seine grundlegenden Arbeiten im Bereich der Strömungsmechanik, wurde am 23. August 1842 in Belfast geboren. Nach frühen Erfahrungen als Handwerker und nach Abschluß seiner Studien am Queens College in Cambridge im Jahre 1867 wurde Reynolds 1868 der erste Professor für Ingenieurwissenschaften am Owens College in Manchester. Im Jahre 1868 wurde er zum „Fellow of the Royal Society" und 1888 zum „Royal Medallist" gewählt. Reynolds Beiträge zur Kondensation und zur Wärmeübertragung zwischen festen Oberflächen und Fluiden führten zu einem radikalen Umdenken bei der Auslegung von Verdampfern und Kondensatoren. Er formulierte die Theorie der Spaltströmung (1886); in seiner klassischen Arbeit zum Widerstandsgesetz in parallelen Kanälen (1883) untersuchte er den Übergang von der laminaren zur turbulenten Strömung und später (1889) entwickelte er die mathematischen Grundlagen der turbulenten Strömung, die als die sog. Reynoldsgleichungen heute noch von grundlegender Bedeutung sind. Sein Name ist mit der Reynoldszahl verbunden, die ein Kriterium für dynamische Ähnlichkeit darstellt und somit für Modelluntersuchungen in der Strömungsmechanik von grundlegender Bedeutung ist. Reynolds trat 1905 in den Ruhestand und starb am 21. Februar 1912 in Watchet, Somerset.

Bild 1.17. Osborne Reynolds, 1842–1912

Bild 1.18. Lord Rayleigh, 1842—1919

Lord Rayleigh
Bild 1.18, englischer Physiker, erhielt 1904 den Nobelpreis für Physik für seine,
zusammen mit Sir William Ramsay gemachte Entdeckung des Edelgases Argon. Er
wurde am 12. November 1842 in der Nähe von Maldon in der Grafschaft Essex
geboren. Rayleigh beendete sein Studium am Trinity College in Cambridge im
Jahre 1865. Von 1879 bis 1884 war er als Nachfolger von James Clerk Maxwell
Leiter des „Cavendish Laboratoriums in Cambridge", und 1887 wurde er Professor
für Naturphilosophie an der „Royal Institution of Great Britain". Er wurde 1873
zum Mitglied der Royal Society gewählt und war von 1905 bis 1908 deren Präsident.
Rayleigh's Beiträge betreffen das gesamte Feld der Physik, einschließlich Akustik,
Optik, Elektrodynamik, Elektromagnetismus, Lichtstreuung, Strömungsmecha-
nik, Strömung der Flüssigkeiten, Viskosität, Dichte der Gase, Kapillarität,
Photographie, Elastizitätstheorie und Elektrotechnik. Seine Untersuchungen zur
Akustik fanden ihren Niederschlag in seinem Werk „Theory of Sound" und seine
übrigen umfangreichen Untersuchungen zur Physik erschienen in seinen „Scientific
Papers". Rayleigh starb am 30. Juni 1919 in Witham in der Grafschaft Essex.

Leo Graetz
Bild 1.19, deutscher Physiker, wurde am 26. September 1856 in Breslau geboren. Er
studierte Mathematik und Physik in Breslau, Berlin und Straßburg. 1881 wurde er
Assistent bei A. Kundt in Straßburg, 1883 ging er an die Universität in München,
wo er 1908 Professor für Physik wurde und neben Röntgen den zweiten Lehrstuhl
für Physik innehatte. Er beschäftigte sich zunächst mit Problemen der Wärmeleitung, Strahlung, Reibung und Elastizität, und nach 1890 mit dem Problem
elektromagnetischer Wellen und der Kathodenstrahlung. Graetz war mit 23
Ausgaben seiner „Elektrizität und ihre Anwendungen" und seinem fünfbändigen
Werk „Handbuch der Elektrizität und des Magnetismus" ein produktiver techni-
scher Schriftsteller. Insbesondere das letzte Werk trug wesentlich zur Verbreitung

Bild 1.19. Leo Graetz, 1856 — 1941

der Grundlagen der Elektrotechnik, die damals noch in den Kinderschuhen steckte, bei. Graetz starb am 12. November 1941 in München.

Sir Thomas Edward Stanton
Bild 1.20, englischer Ingenieur, wurde am 12 Dezember 1865 in Atherstone in Warwickshire geboren. 1888 ging er ans Owens College in Manchester und belegte den Ingenieurkurs am Whitworth Laboratorium unter Osborne Reynolds. Nachdem er 1891 von der Victoria Universität den Bachelor of Science erhalten hatte, arbeitete er bis 1896 weiter in Reynolds' Laboratorium, zunächst als Junior- und später als Senior-Demonstrator. Von 1892 bis 1896 war er daneben auch Resident Tutor für Mathematik und Ingenieurwissenschaften an der Hume Hall of Residence in Manchester. Im Juni 1896 nahm Stanton die Stelle als Senior Assistant Lecturer bei Professor Hele-Shaw am University College in Liverpool an. Im

Bild 1.20. Sir Thomas Edward Stanton, 1865 — 1931

Dezember 1899 ging er als Professor für Ingenieurwissenschaften an das Bristol University College. Im Juli 1901 wurde er Leiter der Abteilung für Ingenieurwesen am National Physical Laboratory in Bristol. Stanton beschäftigte sich hauptsächlich mit dem Impuls- und Wärmetransport in Strömungen mit Reibung. Von 1902 bis 1907 führte er ein umfangreiches Forschungsprogramm über Windkräfte an Gebäuden, vornehmlich an Brücken und Dächern durch. Nach 1908, das Jahr, in dem die Gebrüder Wright ihren ersten Flug in Europa durchführten, beschäftigte sich Stanton vorwiegend mit Problemen der Luftfahrt und der Flugzeugkonstruktion sowie mit der Wärmeabfuhr bei luftgekühlten Motoren. Stanton trat im Dezember 1930 in den Ruhestand und starb im Dezember 1931 in Bristol.

Ludwig Prandtl
Bild 1.21, deutscher Physiker, bekannt für seine grundlegenden Arbeiten auf dem Gebiet der Strömungsmechanik, wurde am 4. Februar 1875 in Freising bei München geboren. Er promovierte 1900 mit einer Arbeit über elastische Stabilität zum Doktor der Philosophie an der Universität München. Von 1904 bis zu seinem Tode war Prandtl Professor für Angewandte Mechanik in Göttingen. 1925 wurde Prandtl Direktor des Kaiser Wilhelm Instituts für Strömungsmechanik. Seine Entdeckung der Grenzschicht führte zu einem grundlegenden Verständnis des Reibungswiderstands an Tragflügeln und an anderen bewegten Körpern. Seine Arbeiten zur Theorie der Tragflügel, die in den Jahren 1918 bis 1919 veröffentlicht wurden und unabhängig von F. W. Lanchester (1902 bis 1907) entstanden, waren der Strömung an Tragflügeln endlicher Länge gewidmet. Prandtl trug entscheidend zum Fortschritt der Grenzschicht- und Tragflügeltheorie bei und seine Arbeiten lieferten die Grundlagen der Theorie der Luftfahrt. Darüber hinaus lieferte Prandtl wesentliche Beiträge zur Theorie der Überschallströmung und zum Verständnis turbulenter Strömungen. Prandtl entwickelte ferner die Seifenhautanalogie und schrieb über Plastizitätstheorie und über Meteorologie. Prandtl starb am 15. August 1953 in Göttingen.

Bild 1.21. Ludwig Prandtl, 1875–1953

Bild 1.22. Max Jakob, 1899—1955

Max Jakob
Bild 1.22, deutscher Physiker, wurde am 20. Juli 1899 in Ludwigshafen geboren. Er studierte Elektrotechnik an der Technischen Hochschule in München. Von 1903 bis 1906 war er Assistent bei O. Knoblauch am Laboratorium für Technische Physik. Nach einigen Jahren Industrietätigkeit ging Jakob 1910 zur Physikalisch-Technischen Reichsanstalt in Berlin-Charlottenburg und beschäftigte sich dort mit Thermodynamik und Wärmeübertragung. Er untersuchte die Zustände von Dampf und Luft bei hohen Drücken, entwickelte Apparate zur Messung der Wärmeleitfähigkeit, untersuchte die Grundlagen des Siedens und Kondensierens, die Strömung in Kanälen und Düsen und vieles andere mehr. 1936 emigrierte er in die Vereinigten Staaten und wurde Research Professor am Illinois Institute of Technology und Berater für Wärmeübertragung der Armour Research Foundation. 1952 wurde ihm durch die „American Society of Mechanical Engineers" die „Worchester Reed Warner Medal" verliehen. Jakob hat viele grundlegende Beiträge auf seinem Gebiet verfaßt und insgesamt etwa 500 Arbeiten veröffentlicht. Jakob verstarb 1955 völlig unerwartet.

Wilhelm Nußelt
Nußelt (s. auch E. Schmidt (1957)), Bild 1.23, wurde am 25. November 1882 in Nürnberg geboren. Er studierte Maschinenwesen an den Technischen Universitäten Berlin-Charlottenburg und München. Anschließend wurde er Assistent bei O. Knoblauch am Laboratorium für Technische Physik, wo er 1907 unter Verwendung der „Nußelt-Kugel" seine Doktorarbeit über die Wärmeleitung in Isolationsmaterial abschloß. Von 1907 bis 1909 arbeitete er als Assistent von Mollier in Dresden. Von 1920 bis 1925 war Nußelt Professor an der Technischen Hochschule in Karlsruhe und von 1925 bis zu einer Emeritierung im Jahre 1952 an der Technischen Hochschule in München. 1915 veröffentlichte Nußelt seine grundlegende Arbeit „Die Grundgesetze der Wärmeübertragung", in der er erstmals dimensionslose Gruppen als Parameter, die heute als die sog. Kenngrößen der

Bild 1.23. Wilhelm Nußelt, 1882—1957

Ähnlichkeitstheorie bekannt sind, verwendete. Weitere bedeutende Arbeiten waren der Filmkondensation von Dampf an senkrechten Wänden, der Verbrennung von Kohlenstaub und der Analogie zwischen Wärme- und Stoffübertragung bei der Verdunstung gewidmet. Unter den grundlegenden mathematischen Arbeiten von Nußelt sollen besonders die bekannte Lösung für den Wärmeübergang im Einlaufbereich laminar durchströmter Rohre, der Wärmeaustausch in Kreuzströmern und die theoretischen Grundlagen der Berechnung von Regeneratoren erwähnt werden. Nußelt war Inhaber der Gauß-Medaille und der Grashof-Gedenkmünze. Er starb am 1. September 1957 in München.

Ernst Schmidt

Schmidt (s. auch U. Grigull (1975)), Bild 1.24, deutscher Wissenschaftler und Pionier auf dem Gebiet der Technischen Thermodynamik, insbesondere der Wärme- und Stoffübertragung, wurde am 11. Februar 1892 in Vögelsen bei Lüneburg geboren. Er studierte zunächst Bauingenieurwesen, wechselte aber bald zur Elektronik an den Technischen Hochschulen in Dresden und München über. 1919 ging er als Assistent zu O. Knoblauch an das Laboratorium für Angewandte Physik der Technischen Hochschule in München. Eine seiner ersten Arbeiten war die gründliche Untersuchung der Strahlungseigenschaften von Festkörpern. Darauf aufbauend entwickelte er seinen Vorschlag der Verwendung von Aluminiumfolie als einen besonders effektiven Strahlungsschirm. 1925 wurde Schmidt Professor und Direktor des Labors für Ingenieurwesen der Technischen Hochschule Danzig. Hier veröffentlichte er seine grundlegenden Arbeiten zur graphischen Lösung der instationären Wärmeleitungsgleichung (Binder-Schmidt-Verfahren) und zum Schatten- und Schlierenverfahren zur Sichtbarmachung thermischer Grenzschichten und zur Messung lokaler Wärmeübergangskoeffizienten. Er untersuchte als erster experimentell die Geschwindigkeits- und Temperaturfelder in der Grenzschicht bei freier Konvektion und den Wärmeübergang bei Tropfenkondensation. In einer Arbeit zur Analogie zwischen Wärme- und Stoffübertragung verwendete er

Bild 1.24. Ernst Schmidt, 1892—1975

erstmals die dimensionslose Gruppe von Transportgrößen, die heute unter dem Namen Schmidtzahl bekannt ist. In jenen Danziger Jahren entstand auch sein bekanntes Lehrbuch „Technische Thermodynamik", das mehr als eine Studentengeneration während der Ausbildung begleitete. 1937 wurde Schmidt als Leiter des Instituts für Motorenforschung an der neugegründeten Luftfahrtforschungsanstalt in Braunschweig berufen. Nach dem Zusammenbruch lehrte er zunächst an der Technischen Hochschule Braunschweig, 1952 folgte Schmidt als Nachfolger von Nußelt einem Ruf auf den Lehrstuhl für Thermodynamik an der Technischen Hochschule in München. In München widmete er sich insbesondere der Wasserdampfforschung und der Herausgabe der internationalen Wasserdampftafeln. In Anerkennung seiner Arbeiten wurden Schmidt hohe und höchste Auszeichnungen verliehen. Er war Mitglied der Bayerischen Akademie der Wissenschaften und der Braunschweigischen Wissenschaftlichen Gesellschaft und Ehrendoktor der Technischen Hochschule Aachen und der University of Glasgow. Desweiteren wurden ihm der Leibniz-Preis, die Grashof-Gedenkmünze, die Eucken-Medaille, der Ludwig-Prandtl-Ring und der Max Jakob-Award verliehen. Von 1956 bis 1958 stellte er sich der Technischen Hochschule München als Rektor zur Verfügung. Schmidt blieb auch nach seiner Emeritierung im Jahre 1961 bis zu seinem Tode am 22. Januar 1975 der internationalen Wasserdampfforschung eng verbunden.

Thomas Kilgore Sherwood

Sherwood, einer der großen amerikanischen Chemieingenieure, wurde am 25. Juli 1903 in Columbus, Ohio geboren. Er ging 1923 an das Massachussetts Institute of Technology (M.I.T.) und promovierte 1929 bei Warren K. Lewis im Chemical Engineering Department mit einer Arbeit über „The Mechanism of the Drying of Solids". Von 1930 bis 1969 war Sherwood Professor am M.I.T. Seine grundlegenden Arbeiten sind dem Stofftransport in Verbindung mit Strömungsfeldern und mit chemischen Reaktionen sowie der industriellen Prozeßtechnik, bei der diese Phänomene eine grundlegende Rolle spielen, gewidmet. Durch sein 1937 veröffentlichtes Buch „Absorption and Extraction", der ersten grundlegenden Arbeit zu diesem Thema, ist er weltweit bekannt geworden. Zusammen mit Pigford und Wilke wurde das Buch vollständig überarbeitet und ist 1974 unter dem Titel „Mass Transfer" erschienen. Dieses Buch hat die weitere Entwicklung auf diesem Gebiet grundlegend beeinflußt. Die Sherwoodzahl, die dimensionslose Stoffübergangsgröße, ist nach ihm benannt. Neben drei Ehrendoktortiteln wurden Sherwood viele Auszeichnungen verliehen, darunter die amerikanische Verdienstmedaille im Jahre 1948 und der Lewis-Award im Jahre 1972. Sherwood starb am 14. Januar 1976.

Allan Philip Colburn
Bild 1.25, amerikanischer Ingenieur, wurde am 8. Juni 1904 in Madison, Wisconsin geboren. Er studierte Chemieingenieurwesen an der University of Wisconsin. 1927 erhielt er den Master of Science und 1929 den Doctor of Philosophy. Seine Arbeiten sind der Kondensation von Wasserdampf gewidmet, ein Thema, dem er letztlich bis an sein Lebensende verbunden blieb. Als erster verwendete er die Grundlagen des Impuls-, Wärme- und Stofftransports zusammen mit den Grundgesetzen der Thermodynamik zur theoretischen Behandlung dieses komplexen Problems. Obwohl formal nicht als dimensionslose Kennzahl benannt, wird doch der sog. Colburn j-Faktor sehr häufig verwendet. 1938 ging Colburn an das Chemical Engineering Department der University of Delaware. 1947 wurde er als Assistent des Präsidenten der Universität berufen, 1950 zum Präsidenten und 1955 zum Vorsteher und Koordinator für wissenschaftliche Forschung gewählt. Diese Position hatte er bis zu seinem Tode im Jahre 1955 inne.

Bild 1.25. Allan Philip Colburn, 1904—1955

Teil 1
Grundgleichungen der Thermofluiddynamik

2 Impuls- und Wärmetransport in Fluiden

2.1 Grundlagen der Kontinuumsmechanik

2.1.1 Zum Begriff des Kontinuums

Der Kontinuumsmechanik liegen idealisierte mathematische Modelle für das mechanisch-thermodynamische Verhalten der Materie zugrunde. Diese Modelle gehen davon aus, daß Materie *gleichmäßig* im Raum verteilt ist und ihr Zustand durch *Felder* beschrieben werden kann. Geschwindigkeit u, Druck p, Temperatur T und Dichte ϱ der das Kontinuum konstituierenden materiellen „Raumpunkte" werden damit als stetige Funktionen des Orts und der Zeit vorausgesetzt, s. Becker und Bürger (1975).

Im Gegensatz zu diesem Modell besteht die Materie jedoch aus Molekülen, wobei die Eigenbewegung (Braunsche Bewegung) der Moleküle der makroskopischen Bewegung überlagert ist. Die Moleküle selbst sind aus Atomen aufgebaut und die Masse eines Atoms ist im wesentlichen im Atomkern, der aus Protonen und Neutronen besteht, konzentriert. Die Masse ist also keineswegs gleichmäßig über den Raum und die Zeit verteilt. Die Angabe einer Geschwindigkeit eines bestimmten „Raumpunkts" ergibt somit vom Standpunkt der Moleküle aus betrachtet keinen Sinn.

Trotz dieses offensichtlichen Widerspruchs ist es jedoch in vielen Fällen möglich, die Materie als Kontinuum zu betrachten. Wir wollen dies am Beispiel der Dichte erläutern. Die Dichte ist definiert durch die Beziehung

$$\varrho(x,t) = \lim_{\Delta V \to 0} \left(\frac{\Delta M}{\Delta V} \right),$$

wobei ΔM die Masse eines Volumenelements der Größe ΔV ist. Nehmen wir der Einfachheit halber an, daß das betrachtete Medium aus lauter gleichen Molekülen besteht, so ist die Masse ΔM gleich dem Produkt aus der Zahl der Moleküle N_i und der Molekülmasse M_i, also

$$\varrho(x,t) = \lim_{\Delta V \to 0} \left(\frac{\sum N_i M_i}{\Delta V} \right).$$

Beim Grenzübergang $\Delta V \to 0$ ist nun Vorsicht geboten. Das Volumenelement ΔV muß hinreichend klein sein, so daß der Ausdruck $\sum N_i M_i / \Delta V$ konstant wird. Im

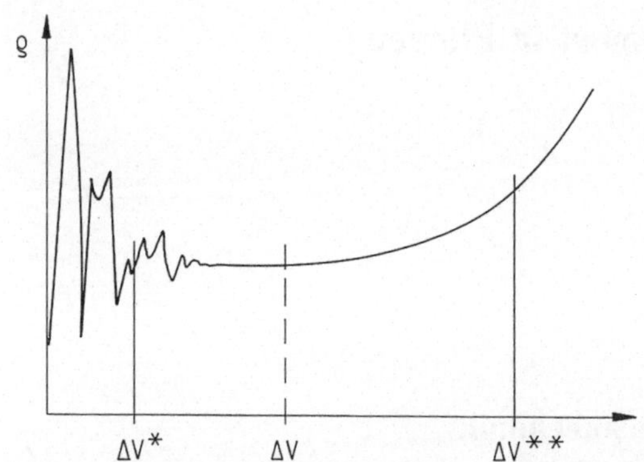

Bild 2.1. Zur Größe des Volumenelements

Innern des Volumenelements treten damit keine räumlichen Unterschiede in der Dichte auf; d.h. die Materie ist *lokal im Gleichgewicht*. Andererseits muß das Volumenelement noch so groß sein, daß es hinreichend viele Moleküle enthält und damit keine statistischen Schwankungen der Dichte berücksichtigt werden müssen. Die Zusammenhänge sind in Bild 2.1, das den momentanen Wert der Dichte in Abhängigkeit der Größe des gewählten Volumenelements zeigt, verdeutlicht. Das Volumenelement ΔV^{*} ist zu klein; es enthält zu wenige Moleküle. Die mittlere freie Weglänge, d.h. der Weg, den ein Molekül zwischen zwei Stößen zurücklegt, ist von der gleichen Größe wie die Abmessungen des Volumenelements. Die Beschreibung des Verhaltens der Moleküle in diesem System ist nur mit Hilfe der Gaskinetik möglich. Das Volumenelement ΔV^{**} ist zu groß; die Dichte innerhalb dieses Elements ist nicht an jeder Stelle gleich groß und räumliche Schwankungen müssen deshalb berücksichtigt werden.

Nach dem oben Gesagten kann ein Fluid (Gas oder Flüssigkeit) demnach als Kontinuum betrachtet werden, wenn das Verhältnis aus mittlerer freier Weglänge λ und charakteristischer Länge L des Systems wesentlich kleiner als Eins ist. Dieses Verhältnis wird auch als Knudsenzahl bezeichnet. Damit gilt

$$Kn = \frac{\lambda}{L} \ll 1 \, .$$

Zum Schluß sei noch auf folgendes hingewiesen. Die gaskinetische Betrachtung ist grundsätzlich die allgemein gültigere. Dabei ist es jedoch notwendig, den Weg eines jeden Moleküls zu beschreiben, d.h. Ort und Impuls zu jedem Zeitpunkt anzugeben. Wegen der großen Zahl der Moleküle in einem endlichen System ist diese Aufgabe jedoch praktisch nicht lösbar. Andererseits ist eine so ins Detail gehende Aussage meist gar nicht erforderlich; es genügt dann mit Mittelwerten zu rechnen. Zwischen beiden Betrachtungen besteht folgender Zusammenhang: Aus der Kenntnis des gaskinetischen Zustands können die für die Kontinuumsmechanik wichtigen Felder berechnet werden. Im Gegensatz dazu kann jedoch aus der Kenntnis der Felder nicht auf den Zustand der Moleküle im Detail geschlossen werden.

2.1.2 Kinematische Eigenschaften

Bei der Ableitung der Grundgleichungen der Thermofluiddynamik stehen uns zwei unterschiedliche Formulierungen zur Verfügung, die Lagrangesche und die Eulersche. Bei der Lagrangeschen-Formulierung bewegt sich der „Beobachter" mit den Fluidteilchen mit, bei der Eulerschen dagegen wird der „Beobachter" als ortsfest betrachtet. Beide Betrachtungen führen zu denselben Gleichungen. Wir werden das kurz zeigen.

Dazu betrachten wir ein dreidimensionales Strömungsfeld, das durch die Angabe des Geschwindigkeitsvektors

$$\boldsymbol{u}(\boldsymbol{x},t) = \boldsymbol{u}(x,y,z,t) = \begin{matrix} u(x,y,z,t) \\ v(x,y,z,t) \\ w(x,y,z,t) \end{matrix} \tag{2.1}$$

vollständig beschrieben ist, wobei mit x,y und z die Komponenten des Ortsvektors $\boldsymbol{x}$ und mit u,v und w die Komponenten des Geschwindigkeitsvektors $\boldsymbol{u}$ bezeichnet werden. Wird mit diesem Strömungsfeld irgendeine Eigenschaft (extensive Zustandsgröße) $F = F(x,y,z,t)$ des Fluids, z.B. die Enthalpie, transportiert, so gilt für das vollständige Differential dieser Eigenschaft

$$dF = \frac{\partial F}{\partial x}dx + \frac{\partial F}{\partial y}dy + \frac{\partial F}{\partial z}dz + \frac{\partial F}{\partial t}dt . \tag{2.2}$$

Ein Fluidteilchen (materieller Raumpunkt) bewegt sich nun im Zeitintervall dt um die Strecke $dx = u\,dt$ mit der Strömung weiter. Der Ort $\boldsymbol{x}$, an dem sich ein Fluidteilchen befindet, ist somit über die Strömungsgeschwindigkeit $\boldsymbol{u}$ mit der Zeit t gekoppelt. Damit lassen sich die Strecken dx durch die Geschwindigkeit $\boldsymbol{u}$ ausdrücken und man erhält

$$\frac{dF}{dt} = u\frac{\partial F}{\partial x} + v\frac{\partial F}{\partial y} + w\frac{\partial F}{\partial z} + \frac{\partial F}{\partial t} . \tag{2.3}$$

Die ersten drei Terme auf der rechten Seite beschreiben den *konvektiven* Transport der Eigenschaft F infolge der Strömungsgeschwindigkeit $\boldsymbol{u}$, der vierte Term beschreibt die *lokale* zeitliche Änderung F an einer bestimmten Stelle.

Das Differential auf der linken Seite ist die totale Änderung von F, die auch als *substantielle* Änderung bezeichnet wird. Ein Lagrangescher (mitbewegter) Beobachter würde die lokale zeitliche Änderung $\partial F/\partial t$ beobachten, ein Eulerscher (ruhender) dagegen die totale Änderung dF/dt. Um den Unterschied zwischen diesen beiden Betrachtungen klar hervorzuheben, wird das totale Differential im folgenden mit DF/Dt (statt dF/dt) bezeichnet.

In Vektorschreibweise erhalten wir damit für die totale Änderung der Eigenschaft F im Strömungsfeld $\boldsymbol{u}$

$$\frac{DF}{Dt} = \frac{\partial F}{\partial t} + (\boldsymbol{u}\nabla)F . \tag{2.4}$$

Eine kurze Einführung in die Vektoranalysis befindet sich in Anhang A.
Wenn nicht ausdrücklich angegeben, verwenden wir immer das kartesische Koordinatensystem.

Aus dieser Beziehung lassen sich zwei grundsätzlich verschiedene Sonderfälle ableiten, nämlich der *stationäre Vorgang* für den $\partial F/\partial t = 0$ ist und der *ideale Rührkessel*, in dem keine Gradienten auftreten und für den deshalb $\nabla F = 0$ gilt.

2.1.3 Die Erhaltungssätze

Unter der Voraussetzung, daß das Fluid in dem zu untersuchenden System als Kontinuum betrachtet werden kann, lassen sich aus den Erhaltungssätzen für Masse, Impuls und Energie Differentialgleichungen zur Berechnung des Strömungs-, Temperatur- und Druckfelds ableiten, da weder Masse noch Impuls noch Energie entstehen oder vergehen können; s. dazu auch Bird u.a. (1960), White (1974) und Schlichting (1982).

Zur Formulierung der Erhaltungssätze betrachten wir das in Bild 2.2 dargestellte Volumenelement $\Delta V = \mathrm{d}x\mathrm{d}y\mathrm{d}z$, das wir uns als offenes thermodynamisches System vorstellen. Dafür lautet der *Massenerhaltungssatz: Die zeitliche Änderung der Masse im Volumenelement ist gleich der Differenz der ein- und austretenden Massenströme.* Formal läßt sich dafür schreiben:

$$\frac{\partial M}{\partial t} = \dot{M}_{\mathrm{ein}} - \dot{M}_{\mathrm{aus}} \, . \tag{2.5}$$

Der *Impulserhaltungssatz* sagt aus: *Die zeitliche Änderung des Produkts aus Masse und Geschwindigkeit,* $I = M \cdot u$ (*seit Newton als Bewegungsgröße oder Impuls bezeichnet*), *die das Volumenelement im Zeitintervall* $\mathrm{d}t$ *erfährt, ist gleich der Differenz der ein- und austretenden Impulsströme,* $\dot{I}_{\mathrm{ein}}$ *und* $\dot{I}_{\mathrm{aus}}$, *und der am Volumenelement wirkenden Kräfte* F, formal also:

$$\frac{\partial I}{\partial t} = \dot{I}_{\mathrm{ein}} - \dot{I}_{\mathrm{aus}} + F \, . \tag{2.6}$$

Die Änderung des Impulses resultiert somit aus Masse-, Geschwindigkeits- und Kraftänderungen. Die zeitliche Änderung der Geschwindigkeit ist die Beschleunigung, und das Produkt aus Masse und Beschleunigung ist die Trägheitskraft.

Der *Energieerhaltungssatz* sagt aus: *Die zeitliche Änderung der Energie im Volumenelement ist gleich der Summe der ein- und austretenden Energieströme,* $\dot{E}_{\mathrm{ein}}$ und $\dot{E}_{\mathrm{aus}}$, sowie der zugeführten (bzw. abgeführten) Arbeit $\dot{W}$ und Wärme $\dot{Q}$ pro Zeiteinheit, d.h.

$$\frac{\partial E}{\partial t} = \dot{E}_{\mathrm{ein}} - \dot{E}_{\mathrm{aus}} + \dot{W} + \dot{Q} \, . \tag{2.7}$$

$\partial E/\partial t$ ist dabei die Änderung der Gesamtenergie des Volumenelements im Zeitintervall $\mathrm{d}t$ infolge der durch die Oberflächen tretenden Energieströme (konvektiver Transport) $\dot{E}_{\mathrm{ein}}$ und $\dot{E}_{\mathrm{aus}}$, des durch die Oberflächen fließenden Wärmestroms (molekularer Transport) $\dot{Q}$ und der durch Oberflächen- und Volumenkräfte am Volumenelement verrichteten Leistung $\dot{W}$.

Der Impulserhaltungssatz führt wegen des vektoriellen Charakters der Strömungsgeschwindigkeit zu einer Vektorgleichung, also zu insgesamt drei Gleichun-

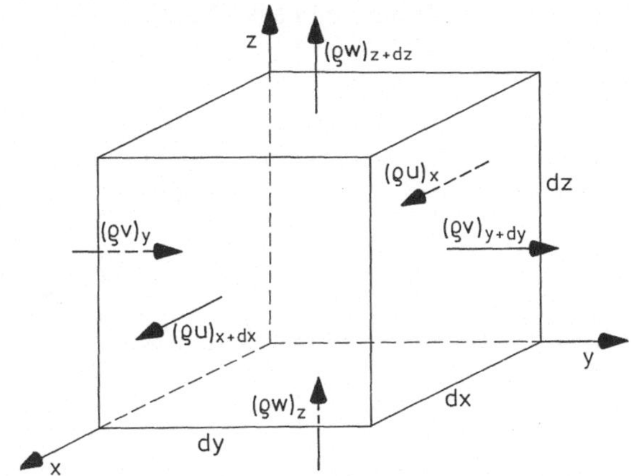

Bild 2.2. Massenströme am Volumenelement

gen für die drei Komponenten des Geschwindigkeitsvektors. Mit dem Massen- und Energieerhaltungssatz erhält man damit fünf Gleichungen für die fünf Unbekannten: Geschwindigkeit (3), Druck und Temperatur. Wir wollen im Folgenden kurz zeigen, wie man diese Grundgleichungen aus den Erhaltungssätzen gewinnt.

2.2 Allgemeine Grundgleichungen

2.2.1 Kontinuitätsgleichung

Wir betrachten nochmals das in Bild 2.2 skizzierte Volumenelement. An der Stele x tritt durch die Fläche $dydz$ die Massenstromdichte $\dot{m}_x = (\varrho u)_x$ in das Volumenelement ein, an der Stelle $x+dx$ tritt durch die gleiche große Fläche $dydz$ die Massenstromdichte $(\varrho u)_{x+dx}$ aus. Analoges gilt für die beiden zur y-Achse senkrechten Flächen $dxdz$ und für die zur z-Achse senkrechten Flächen $dxdy$. Die Massenstromdichte an der Stelle $x+dx$ kann aus einer Taylorreihenentwicklung um die Stelle x berechnet werden. Man erhält daraus

$$(\varrho u)_{x+dx} = (\varrho u)_x + \frac{\partial(\varrho u)}{\partial x}\,dx + \frac{1}{2}\,\frac{\partial^2(\varrho u)}{\partial x^2}\,dx^2 + \dots . \tag{2.8}$$

Für die Differenz der ein- und austretenden Massenströme können die Terme zweiter und höherer Ordnung in der Taylorreihe vernachlässigt werden, da sie gegenüber dem Term der ersten Ordnung um eine oder mehrere Größenordnungen kleiner sind.

Mit der Bilanz der Massenströme folgt damit aus dem Massenerhaltungssatz

$$dzdy\left[-\frac{\partial(\varrho u)}{\partial x}\,dx\right] + dxdz\left[-\frac{\partial(\varrho v)}{\partial y}\,dy\right]$$
$$+ dxdy\left[-\frac{\partial(\varrho w)}{\partial z}\,dz\right] = \frac{\partial}{\partial t}(\Delta V\cdot\varrho)$$

und daraus unter Beachtung von $\Delta V = \mathrm{d}x\mathrm{d}y\mathrm{d}z$ die Kontinuitätsgleichung

$$-\frac{\partial(\varrho u)}{\partial x} - \frac{\partial(\varrho v)}{\partial y} - \frac{\partial(\varrho w)}{\partial z} = \frac{\partial \varrho}{\partial t}\,. \tag{2.9}$$

Der Ausdruck auf der linken Seite ist die Divergenz (s. Anhang A) des Massenstromvektors $\varrho\boldsymbol{u}$. Für (2.9) erhält man somit in Vektorschreibweise

$$\frac{\partial \varrho}{\partial t} + \nabla(\varrho\boldsymbol{u}) = 0\,. \tag{2.10a}$$

Wir bezeichnen (2.10a) als die *1. Formulierung* der Kontinuitätsgleichung. Mit der Identität

$$\nabla(\varrho\boldsymbol{u}) \equiv (\boldsymbol{u}\nabla)\varrho + \varrho(\nabla\boldsymbol{u})$$

und der kinematischen Beziehung (2.4) folgt aus (2.10a) die sog. *2. Formulierung* der Kontinuitätsgleichung,

$$\frac{\mathrm{D}\varrho}{\mathrm{D}t} + \varrho(\nabla\boldsymbol{u}) = 0\,. \tag{2.10b}$$

Gleichung (2.10a) entspricht der Eulerschen Betrachtung (feststehender Beobachter) und (2.10b) der Lagrangeschen Betrachtung (bewegter Beobachter). Je nach dem zu untersuchenden Problem mag es vorteilhafter sein, die eine oder andere Beziehung (2.10) zu verwenden. So erhält man aus (2.10a) für *stationäre Probleme*

$$\frac{\partial}{\partial t} = 0: \ \nabla(\varrho\boldsymbol{u}) = 0 \tag{2.11a}$$

und aus (2.10b) für *Fluide mit konstanter Dichte*

$$\frac{\mathrm{D}\varrho}{\mathrm{D}t} = 0: \ \nabla\boldsymbol{u} = 0\,. \tag{2.11b}$$

Gleichung (2.11a) beschreibt z.B. die Erhaltung der Masse bei der Strömung eines Gases in einem Rohr unter Wärmezufuhr. Dagegen werden Fluide, die (2.11b) gehorchen, auch als inkompressibel bezeichnet.

Im folgenden wollen wir den Begriff *inkompressibel* etwas näher erläutern. Wir betrachten dazu zunächst ein isothermes, ruhendes und stationäres System endlicher Größe, in dem sich die Masse $M = V\varrho$ befindet und dessen Systemgrenzen masseundurchlässig seien. Die zeitliche Änderung der Masse dieses Systems ist Null und man erhält damit die Aussage

$$\frac{\partial}{\partial t}(V\varrho) = V\frac{\partial \varrho}{\partial t} + \varrho\frac{\partial V}{\partial t} = 0\,,$$

bzw.

$$\frac{\mathrm{d}\varrho}{\varrho} = -\frac{\mathrm{d}V}{V} = -\frac{\mathrm{d}v}{v}\,,$$

d.h. nimmt das Volumen des Systems um $-dV$ ab, so muß die Dichte um $d\varrho$ zunehmen, damit die Masse im System konstant bleibt. Diese Volumenänderung soll nun ausschließlich durch die Wirkung äußerer Druckkräfte hervorgerufen werden. Mit dem isothermen Kompressibilitätskoeffizienten

$$\gamma = -\frac{p}{v}\left(\frac{\partial v}{\partial p}\right)_{\mathrm{T}} \quad \text{und mit} \quad v = v(p)$$

erhält man dann für die erforderliche Druckänderung

$$\frac{dp}{p} = -\frac{1}{\gamma}\frac{dV}{V} = \frac{1}{\gamma}\frac{d\varrho}{\varrho}\;.$$

Der Kompressibilitätskoeffizient γ beträgt für Wasser $\gamma = 45{,}4\cdot 10^{-6}$ und für ein ideales Gas $\gamma = 1$. Ein Fluid wird als inkompressibel bezeichnet, wenn sich bei noch so großer Druckerhöhung das Volumen bzw. die Dichte des Systems nicht ändert, d.h.

$$d\varrho = 0 \quad \text{für} \quad dp \to \infty$$

ist. Wasser kann demnach gegenüber Luft (näherungsweise ein ideales Gas) als inkompressibel betrachtet werden.

Wir wollen nun abschätzen, unter welcher Bedingung ein strömendes Fluid näherungsweise als inkompressibel betrachtet werden kann. Wir gehen dazu von der *Bernoulligleichung*

$$p + \frac{\varrho w^2}{2} = \text{const}$$

für die eindimensionale Strömung in einem horizontalen Rohr und von der Definition für die *Schallgeschwindigkeit*

$$c^2 = \left(\frac{dp}{d\varrho}\right)_{\mathrm{s}}$$

aus, s. z.B. White (1974).

Das vollständige Differential der Bernoulligleichung liefert

$$dp + \frac{1}{2}w^2 d\varrho + \frac{1}{2}\varrho\, d(w^2) = 0\;.$$

Eliminiert man daraus die Druckänderung dp durch Einsetzen der Definition für die Schallgeschwindigkeit, so folgt mit Verwendung der Machzahl $Ma = w/c$ die Dichteänderung

$$\frac{d\varrho}{\varrho} = -\frac{1}{2}\frac{d(w^2)}{c^2 + \dfrac{w^2}{2}} = -\frac{1}{2}\frac{d(Ma^2)}{1 + \dfrac{1}{2}Ma^2}\;.$$

Für die Unterschallströmung und nicht zu große Machzahlen folgt daraus näherungsweise

$$\frac{\mathrm{d}\varrho}{\varrho} \approx -\frac{1}{2}\mathrm{d}(Ma^2)\ .$$

Ein Fluid kann demnach als inkompressibel betrachtet werden, wenn die Änderung der Machzahl bzw. die Machzahl selbst hinreichend klein ist. d.h.

$$\mathrm{d}\varrho \to 0 \ \text{für} \ Ma \to 0\ .$$

Nach Schlichting (1982) können Fluide als inkompressibel betrachtet werden, solange $Ma^2/2 < 1$ ist. Da die Schallgeschwindigkeit in Luft bei Standardbedingungen 330 m/s beträgt, kann diese demnach bis zu Geschwindigkeiten von etwa 100 m/s als inkompressibel betrachtet werden. Da die bei der Wärmeübertragung auftretenden Geschwindigkeiten in der Regel erheblich kleiner sind, ist diese Vereinfachung somit nicht nur für Flüssigkeiten sondern weitgehend auch für Gase zulässig.

2.2.2 Bewegungsgleichung

Wir betrachten das in Bild 2.2 und 2.3 dargestellte Volumenelement. Durch die Fläche $\mathrm{d}y\mathrm{d}z$ tritt der Massenstrom $\mathrm{d}y\mathrm{d}z\,(\varrho u)_x$ und damit der Impulsstrom

$$\mathrm{d}y\mathrm{d}z\,(\varrho u)_x u_x$$

an der Stelle x in das Volumenelement ein. Durch die Fläche $\mathrm{d}z\mathrm{d}x$ tritt der Massenstrom $\mathrm{d}z\mathrm{d}x(\varrho v)_y$ an der Stelle y ein. Da an der Stelle y in x-Richtung die Komponente u_y der Strömungsgeschwindigkeit herrscht, wird mit diesem Massenstrom der Impuls

$$\mathrm{d}z\mathrm{d}x\,(\varrho v)_y u_y$$

in das Fluidelement transportiert. Analoges gilt für den durch die Fläche $\mathrm{d}y\mathrm{d}x$ transportierten Impuls. Damit erhält man für den pro Zeiteinheit $\mathrm{d}t$ in das

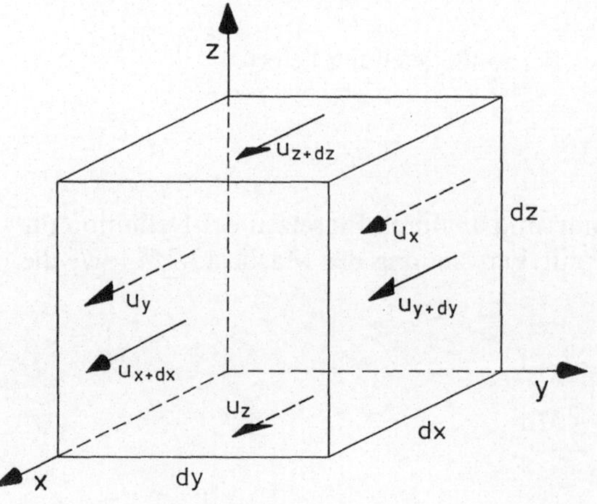

Bild 2.3.
Geschwindigkeitskomponenten
$u(x,y,z)$ am Volumenelement

Volumenelement transportierten und in x-Richtung gerichteten Impuls

$$\dot{I}_{x,\text{ein}} = \mathrm{d}y\mathrm{d}z\,(\varrho u)_x u_x + \mathrm{d}z\mathrm{d}x\,(\varrho v)_y u_y + \mathrm{d}x\mathrm{d}y\,(\varrho w)_z u_z \,.$$

Analog dazu folgt für den durch die Flächen an den Stellen $x+\mathrm{d}x$, $y+\mathrm{d}y$ und $z+\mathrm{d}z$ in x-Richtung austretenden Impulsstrom

$$\dot{I}_{x,\text{aus}} = \mathrm{d}y\mathrm{d}z\,(\varrho u)_{x+\mathrm{d}x} u_{x+\mathrm{d}x} + \mathrm{d}z\mathrm{d}x\,(\varrho v)_{y+\mathrm{d}y} u_{y+\mathrm{d}y} + \mathrm{d}x\mathrm{d}y\,(\varrho w)_{z+\mathrm{d}z} u_{z+\mathrm{d}z} \,.$$

Mit Taylorentwicklungen für die entsprechenden Massenströme und für die Geschwindigkeitskomponenten an den Stellen $x+\mathrm{d}x$, $y+\mathrm{d}y$ und $z+\mathrm{d}z$ erhält man daraus für die Differenz der ein- und austretenden Impulsströme in x-Richtung

$$
\begin{aligned}
\dot{I}_{x,\text{ein}} - \dot{I}_{x,\text{aus}} \quad &= -\mathrm{d}V\Big[u\frac{\partial(\varrho u)}{\partial x} + u\frac{\partial(\varrho v)}{\partial y} + u\frac{\partial(\varrho w)}{\partial z} \\[2mm]
&\quad + u\varrho\frac{\partial u}{\partial x} + v\varrho\frac{\partial u}{\partial y} + w\varrho\frac{\partial u}{\partial z}\Big] \\[2mm]
&= -\mathrm{d}V\big[u\nabla(\varrho \boldsymbol{u}) + (\varrho\boldsymbol{u})\nabla u \big].
\end{aligned}
\tag{2.12a}
$$

Analog dazu lassen sich die Differenzen der in y- und z-Richtung ein- und austretenden Impulsströme $\dot{I}_{y,\text{ein}} - \dot{I}_{y,\text{aus}}$ und $\dot{I}_{z,\text{ein}} - \dot{I}_{z,\text{aus}}$ bilden. Man erhält damit schließlich für die Differenz des ein- und austretenden Impulsstroms

$$\dot{I}_{\text{ein}} - \dot{I}_{\text{aus}} = -\mathrm{d}V\big[\boldsymbol{u}\nabla(\varrho\boldsymbol{u}) + \varrho\boldsymbol{u}\nabla\boldsymbol{u} \big]\,.
\tag{2.12b}
$$

Formal folgt (2.12b) aus (2.12a) durch Ersetzen der Geschwindigkeitskomponente u durch den Geschwindigkeitsvektor $\boldsymbol{u}$.

Der Impuls, der infolge der Strömungsgeschwindigkeit $\boldsymbol{u}$ mit dem Volumenelement transportiert wird, ist gleich

$$\boldsymbol{I} = \varrho\Delta V\boldsymbol{u}\,.$$

Für die zeitliche Änderung dieses Impulses gilt

$$\frac{\partial \boldsymbol{I}}{\partial t} = \Delta V\left(\boldsymbol{u}\frac{\partial\varrho}{\partial t} + \varrho\frac{\partial\boldsymbol{u}}{\partial t} \right)\,.
\tag{2.13}
$$

Mit (2.12b) und (2.13) erhält man aus dem Impulssatz (2.6)

$$\Delta V\left[\boldsymbol{u}\frac{\partial\varrho}{\partial t} + \varrho\frac{\partial\boldsymbol{u}}{\partial t} + \boldsymbol{u}\nabla(\varrho\boldsymbol{u}) + \varrho\boldsymbol{u}\nabla\boldsymbol{u} \right] = \boldsymbol{F}\,.$$

Durch Umordnen der Terme auf der linken Seite folgt schließlich

$$\Delta V\left[\boldsymbol{u}\left\{ \frac{\partial\varrho}{\partial t} + \nabla(\varrho\boldsymbol{u}) \right\} + \varrho\left\{ \frac{\partial\boldsymbol{u}}{\partial t} + \boldsymbol{u}\nabla\boldsymbol{u} \right\} \right] = \boldsymbol{F}$$

Der Ausdruck in der ersten geschweiften Klammer ist aufgrund der Kontinuitätsgleichung (2.10a) identisch Null, der Ausdruck in der zweiten geschweiften Klammer ist wegen der kinematischen Bedingung (2.4) gleich der totalen Änderung des Geschwindigkeitsvektors.

Für den Impulserhaltungssatz (2.6) folgt damit die Formulierung: *Masse des Volumenelements $\varrho\Delta V$ mal totale Änderung des Geschwindigkeitsvektors $\mathrm{D}\boldsymbol{u}/\mathrm{D}t$ ist gleich der Summe der am Volumenelement wirkenden Kräfte $\boldsymbol{F}$,*

$$\varrho\Delta V\frac{\mathrm{D}\boldsymbol{u}}{\mathrm{D}t}=\boldsymbol{F}\,. \tag{2.14}$$

Diese Kräfte lassen sich aufspalten in Massen- und Oberflächenkräfte, s. Bild 2.4. Die Oberflächenkräfte spalten wir auf in Druckkräfte $\boldsymbol{F}_\mathrm{p}$ infolge des Fluiddrucks p und in Scher- und Normalkräfte $\boldsymbol{F}_\tau$ infolge der Scher- und Normalspannungen. Damit läßt sich für (2.14) auch schreiben

$$\varrho\Delta V\frac{\mathrm{D}\boldsymbol{u}}{\mathrm{D}t}=\boldsymbol{F}_\mathrm{g}+\boldsymbol{F}_\mathrm{p}+\boldsymbol{F}_\tau, \tag{2.15}$$

wobei von Ausnahmen abgesehen, z.B. elektrische und magnetische Kräfte, aber auch Fliehkräfte, Corioliskräfte usw., die Schwerkraft $\boldsymbol{F}_\mathrm{g}=\varrho\Delta V\boldsymbol{g}$ die einzig wirksame Massenkraft ist.

Wir betrachten zunächst die resultierende Druckkraft in x-Richtung. Aus Bild 2.4 folgt dafür

$$F_\mathrm{p,x}=\mathrm{d}y\mathrm{d}z\left[(p_\mathrm{x})_\mathrm{x}-(p_\mathrm{x})_\mathrm{x+dx}\right]\,.$$

Wir berechnen den Druck an der Stelle $x+\mathrm{d}x$ wieder aus einer Taylorreihenentwicklung um die Stelle x und erhalten damit für die resultierende Druckkraft in x-Richtung

$$F_\mathrm{p,x}=-\mathrm{d}y\mathrm{d}z\left(\frac{\partial p_\mathrm{x}}{\partial x}\right)_\mathrm{x}\mathrm{d}x=-\Delta V\left(\frac{\partial p_\mathrm{x}}{\partial x}\right)_\mathrm{x}\,.$$

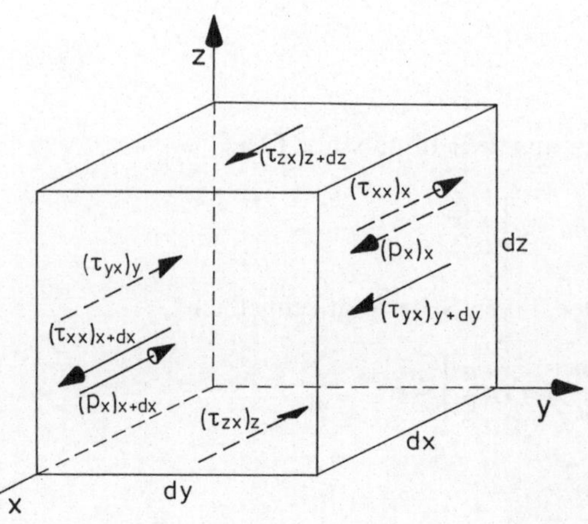

Bild 2.4. Oberflächenkräfte (x-Komponenten) am Volumenelement

Analog dazu lassen sich die weiteren beiden Komponenten der Druckkraft, $F_{p,y}$ und $F_{p,z}$ darstellen. Da das Fluid als homogen und isotrop vorausgesetzt wird, also

$$p_x = p_y = p_z = p$$

ist, erhält man für die Druckkraft

$$F_p = -\Delta V \left(\frac{\partial p}{\partial x}, \frac{\partial p}{\partial y}, \frac{\partial p}{\partial z} \right) = -\Delta V (\nabla p) \, . \tag{2.16}$$

Wir betrachten nun die aus der Wirkung der Scher- und Normalspannungen in x-Richtung resultierende Oberflächenkraft $F_{\tau,x}$. Anhand von Bild 2.4 erhalten wir dafür

$$F_{\tau,x} = \mathrm{d}y\mathrm{d}z[-(\tau_{xx})_x + (\tau_{xx})_{x+\mathrm{d}x}] + \mathrm{d}z\mathrm{d}x[-(\tau_{yx})_y + (\tau_{yx})_{y+\mathrm{d}y}]$$
$$+ \mathrm{d}x\mathrm{d}y[-(\tau_{zx})_z + (\tau_{zx})_{z+\mathrm{d}z}] \, .$$

Entwickelt man die Spannungen an den Stellen $x+\mathrm{d}x$, $y+\mathrm{d}y$ und $z+\mathrm{d}z$ wieder in Taylorreihen um die Stellen x,y und z so folgt

$$F_{\tau,x} = \Delta V \left(\frac{\partial \tau_{xx}}{\partial x} + \frac{\partial \tau_{yx}}{\partial y} + \frac{\partial \tau_{zx}}{\partial z} \right) \, . \tag{2.17}$$

Der erste Index bei den Spannungen bezeichnet die Fläche an der die Spannung angreift (der Index y bedeutet die zur y-Achse senkrechte Fläche der Größe $\mathrm{d}z\mathrm{d}x$) und der zweite Index gibt die Richtung der aus der Wirkung dieser Spannung resultierenden Kraft an. Die gesamte in x-Richtung wirkende Kraft entsteht somit durch Summation der an den sechs Oberflächen des Volumenelements in x-Richtung wirkenden Kräfte. Die resultierenden Oberflächenkräfte $F_{\tau,y}$ und $F_{\tau,z}$ lassen sich in analoger Weise ermitteln. Mit (2.16) und (2.17) erhält man damit aus (2.15) für die Impulsänderungen in den drei Koordinatenrichtungen x,y und z,

$$\varrho \frac{Du}{Dt} = -\frac{\partial p}{\partial x} + \left(\frac{\partial \tau_{xx}}{\partial x} + \frac{\partial \tau_{yx}}{\partial y} + \frac{\partial \tau_{zx}}{\partial z} \right) , \tag{2.18a}$$

$$\varrho \frac{Dv}{Dt} = -\frac{\partial p}{\partial y} + \left(\frac{\partial \tau_{xy}}{\partial x} + \frac{\partial \tau_{yy}}{\partial y} + \frac{\partial \tau_{zy}}{\partial z} \right) , \tag{2.18b}$$

$$\varrho \frac{Dw}{Dt} = -\frac{\partial p}{\partial z} + \left(\frac{\partial \tau_{xz}}{\partial x} + \frac{\partial \tau_{yz}}{\partial y} + \frac{\partial \tau_{zz}}{\partial z} \right) - \varrho g \, . \tag{2.18c}$$

Die Wirkung der Erdbeschleunigung wurde dabei parallel zur z-Achse angenommen, weshalb die Schwerkraft nur in (2.18c) auftritt. Die Gleichungen (2.18) werden als *Impuls- oder Bewegungsgleichungen* bezeichnet.

Diese Gleichungen lassen sich zu einer einzigen Vektorgleichung zusammenfassen. Um dies zu zeigen, werden die Ortskoordinaten mit x_1, x_2 und x_3 bzw. allgemein mit x_i statt mit x,y und z bezeichnet, wobei $i = 1, 2$ oder 3 sein kann. Unter Beachtung der Summationskonvektion, s. Anhang A, läßt sich für (2.18a) damit formal auch schreiben

$$\varrho\frac{Du}{Dt} = -\frac{\partial p}{\partial x} + \frac{\partial \tau_{x_ix}}{\partial x_i} \; ; \; i = 1,2,3.$$

Faßt man nun alle drei Komponenten der Bewegungsgleichung zusammen, so erhält man zunächst

$$\varrho\frac{D\boldsymbol{u}}{Dt} = -\nabla p + \left(\frac{\partial \tau_{x_ix}}{\partial x_i}, \frac{\partial \tau_{x_iy}}{\partial x_i}, \frac{\partial \tau_{x_iz}}{\partial x_i}\right) + \varrho\boldsymbol{g},$$

wobei u,v und w die Komponenten des Geschwindigkeitsvektors $\boldsymbol{u}$ sind.

Der erste Term auf der rechten Seite ist der bereits in (2.16) eingeführte Druckgradient ∇p. Nach dem obengesagten dürfte klar sein, wie die formale Schreibweise des zweiten Terms zu interpretieren ist, der sich formal auch als Produkt des Nabla-Operators mit dem Schubspannungstensor

$$\tau_{ij} = \begin{pmatrix} \tau_{xx} & \tau_{yx} & \tau_{zx} \\ \tau_{xy} & \tau_{yy} & \tau_{zy} \\ \tau_{xz} & \tau_{yz} & \tau_{zz} \end{pmatrix} \tag{2.19}$$

darstellen läßt. Damit erhält man schließlich für die gesuchte Vektorgleichung

$$\varrho\frac{D\boldsymbol{u}}{Dt} = -\nabla p + \nabla\tau_{ij} + \varrho\boldsymbol{g} \tag{2.20}$$

mit $\boldsymbol{g} = (0,0,-g)$.

Um die Darstellung möglichst anschaulich zu halten, wurde auf eine strenge Ableitung der Vektorgleichung (2.20) aus den Komponentengleichungen (2.18a,b und c) bewußt verzichtet. Dies ist jedoch mit Hilfe der Vektorrechnung, z.B. Bird et al. (1960) oder der Tensorrechnung, z.B. Jischa (1982), in aller Strenge möglich.

2.2.3 Energiegleichung

Wir betrachten wieder ein ortsfestes und differentiell kleines Volumenelement, $dV = dxdydz$, dessen Größe zeitlich konstant ist. Die Grenzflächen dieses Elements seien für Masse, Wärme und Arbeit durchlässig. Die gesamte Energie E des Fluids im Volumenelement läßt sich darstellen als Summe der entsprechenden Teilenergien. Chemische, elektrische und magnetische Energie spielen bei der Wärmeübertragung in einem Einphasenfluid in der Regel keine Rolle. Deshalb sind diese Teilenergien die innere (thermische) Energie $\Delta V\varrho e_i$, (um eine Verwechslung mit der Geschwindigkeitskomponente u zu vermeiden, bezeichnen wir die innere Energie nicht wie üblich mit u sondern mit e_i), die kinetische Energie $\Delta V\varrho u^2/2$ und die potentielle Energie $\Delta V\varrho g$,

$$E = \varrho\Delta V\left(e_i + \frac{\boldsymbol{u}^2}{2} + g\right) = \varrho\Delta V e. \tag{2.21}$$

Dem Volumenelement wird durch die Flächenelemente an den Stellen x,y und z durch konvektiven Transport Energie zu und durch die Flächenelemente an den Stellen $x+\mathrm{d}x$, $y+\mathrm{d}y$ und $z+\mathrm{d}z$ abgeführt. Für die Differenz dieser ein- und austretenden Energieströme erhält man

$$\sum\dot{E}_{\mathrm{ein}}-\sum\dot{E}_{\mathrm{aus}}=\mathrm{d}y\mathrm{d}z\,(\varrho u e)_{\mathrm{x}}+\mathrm{d}z\mathrm{d}x\,(\varrho v e)_{\mathrm{y}}+\mathrm{d}x\mathrm{d}y\,(\varrho w e)_{\mathrm{z}}$$

$$-\mathrm{d}y\mathrm{d}z\,(\varrho u e)_{\mathrm{x}+\mathrm{dx}}-\mathrm{d}z\mathrm{d}x\,(\varrho v e)_{\mathrm{y}+\mathrm{dy}}-\mathrm{d}x\mathrm{d}y\,(\varrho w e)_{\mathrm{z}+\mathrm{dz}}.$$

$$(2.22)$$

Mit (2.21) und (2.22) erhält man aus dem Energieerhaltungssatz (2.7)

$$\Delta V e\frac{\partial\varrho}{\partial t}+\varrho\Delta V\frac{\partial e}{\partial t}=\mathrm{d}y\mathrm{d}z[(\varrho u e)_{\mathrm{x}}-(\varrho u e)_{\mathrm{x}+\mathrm{dx}}]$$

$$+\mathrm{d}z\mathrm{d}x[(\varrho v e)_{\mathrm{y}}-(\varrho v e)_{\mathrm{y}+\mathrm{dy}}]$$

$$+\mathrm{d}x\mathrm{d}y[(\varrho w e)_{\mathrm{z}}-(\varrho w e)_{\mathrm{z}+\mathrm{dz}}]$$

$$+\dot{Q}+\dot{W}.$$

Entwickelt man die Ausdrücke für den konvektiven Transport an den Stellen $x+\mathrm{d}x,y+\mathrm{d}y$ und $z+\mathrm{d}z$ wieder in Taylorreihen um die Stellen x,y und z, so erhält man nach Anwendung der Kettenregel auf die konvektiven Terme

$$\Delta V\left[e\frac{\partial\varrho}{\underline{\partial t}}+\varrho\frac{\partial e}{\partial t}+\varrho u\frac{\partial e}{\partial x}+\varrho v\frac{\partial e}{\partial y}+\varrho w\frac{\partial e}{\partial z}\right.$$

$$\left.+e\frac{\partial(\varrho u)}{\underline{\partial x}}+e\frac{\partial(\varrho v)}{\underline{\partial y}}+e\frac{\partial(\varrho w)}{\underline{\partial z}}\right]=\dot{Q}+\dot{W}.$$

Die Summe der unterstrichenen Terme ist aufgrund der Kontinuitätsgleichung (2.10a) identisch Null. Unter Beachtung der kinematischen Bedingung (2.4) folgt schließlich

$$\varrho\Delta V\frac{\mathrm{D}e}{\mathrm{D}t}=\dot{Q}+\dot{W}.$$

$$(2.23)$$

Die Masse des Volumenelements mal der totalen Änderung der spezifischen Gesamtenergie e ist gleich dem übertragenen Wärmestrom und der Leistung der Oberflächen- und Volumenkräfte.

Der in x-Richtung zugeführte Wärmestrom ergibt sich aus der Differenz des an der Stelle x durch das Flächenelement $\mathrm{d}y\mathrm{d}z$ eintretenden Wärmestroms $\mathrm{d}y\mathrm{d}z\,(q_{\mathrm{x}})_{\mathrm{x}}$ und des an der Stelle $x+\mathrm{d}x$ durch das gleichgroße Flächenelement $\mathrm{d}y\mathrm{d}z$ austretenden Wärmestroms $\mathrm{d}y\mathrm{d}z\,(q_{\mathrm{x}})_{\mathrm{x}+\mathrm{dx}}$. Analoges gilt für die Wärmeströme in y- und z-Richtung.

Faßt man diese drei Wärmeströme zusammen, so folgt unter Beachtung der für die Ströme an den Stellen $x+\mathrm{d}x, y+\mathrm{d}y$ und $z+\mathrm{d}z$ bereits mehrfach verwendeten Taylorreihenentwicklung

$$\dot{Q} = -\mathrm{d}y\mathrm{d}z\,\frac{\partial q_x}{\partial x}\,\mathrm{d}x - \mathrm{d}z\mathrm{d}x\,\frac{\partial q_y}{\partial y}\,\mathrm{d}y - \mathrm{d}x\mathrm{d}y\,\frac{\partial q_z}{\partial z}\,\mathrm{d}z\ .$$

Die Summe der drei Ableitungen der Wärmestromdichte ist die Divergenz des Vektors q. Damit erhält man in Vektorschreibweise

$$\dot{Q} = -\Delta V \mathrm{div}\,q = -\Delta V\,(\nabla q)\ . \qquad (2.24)$$

Wir betrachten nun die Arbeit pro Zeiteinheit, die die Volumen- und Oberflächenkräfte am Volumenelement leisten; im einzelnen sind das die Leistung der Schwerkraft $\dot{W}_g$, der Druckkraft $\dot{W}_p$ und der Scher- und Normalkräfte $\dot{W}_\tau$ infolge der Spannungen τ_{ij}.

Zur Berechnung der *Leistung der Schwerkraft* $\dot{W}_g$ denkt man sich die Masse des Volumenelements in seinem Schwerpunkt vereinigt. Die Kraft F, die dadurch auf das Volumenelement ausgeübt wird, ist gleich der Masse $\Delta M = \Delta V \varrho$ mal der Erdbeschleunigung g. Die Arbeit, die bei der Verschiebung des Volumenelements um die Strecke $\mathrm{d}x = u\mathrm{d}t$ geleistet wird, ist gleich der Kraft F mal der Verschiebung $\mathrm{d}x$. Die pro Zeiteinheit geleistete Arbeit der Schwerkraft ist somit das Produkt aus Kraft F und Geschwindigkeit u,

$$\dot{W}_g = \Delta V \varrho\,(gu)\ . \qquad (2.25)$$

Als nächstes betrachten wir die *Leistung der Druckkraft* $\dot{W}_p$. Auf das zur x-Richtung senkrechte Flächenelement $\mathrm{d}y\mathrm{d}z$ wirkt infolge des Fluiddrucks p_x die Kraft $\mathrm{d}y\mathrm{d}z p_x$. Wird das Flächenelement $\mathrm{d}y\mathrm{d}z$ im Zeitintervall $\mathrm{d}t$ um $\mathrm{d}x = u\mathrm{d}t$ verschoben, so wird dabei die Arbeit $\mathrm{d}y\mathrm{d}z\,(pu)_x$ geleistet. Mit der Arbeit der Druckkraft am Flächenelement $\mathrm{d}y\mathrm{d}z$ an der Stelle $x+\mathrm{d}x$ erhält man damit für die Arbeit pro Zeiteinheit der in x-Richtung wirkenden Druckkräfte

$$\dot{W}_{p,x} = \mathrm{d}y\mathrm{d}z\,[\,(pu)_x - (pu)_{x+\mathrm{d}x}\,]\ .$$

Mit Berücksichtigung der entsprechenden Terme in y- und z-Richtung folgt für die gesamte Leistung der Druckkräfte

$$\dot{W}_p = -\mathrm{d}y\mathrm{d}z\,\frac{\partial(pu)}{\partial x}\,\mathrm{d}x - \mathrm{d}z\mathrm{d}x\,\frac{\partial(pv)}{\partial y}\,\mathrm{d}y - \mathrm{d}x\mathrm{d}y\,\frac{\partial(pw)}{\partial z}\,\mathrm{d}z\ .$$

Analog zu (2.24) ist die Summe der drei Ableitungen die Divergenz des Produkts aus dem Druck p und dem Geschwindigkeitsvektor u.

In Vektorschreibweise erhält man somit

$$\dot{W}_p = -\Delta V \mathrm{div}\,(pu) = -\Delta V\,(\nabla pu)\ . \qquad (2.26)$$

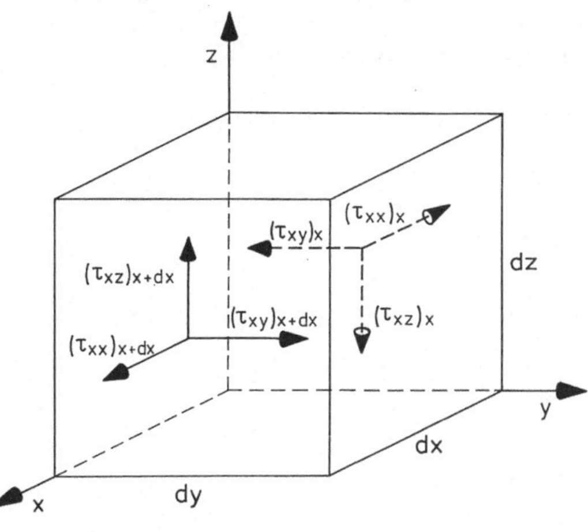

Bild 2.5. Normal- und Schubspannungen (x-Komponenten) am Volumenelement

Wir wenden uns nun der *Leistung der Schub- und Normalspannung* zu. Die in x-Richtungen wirkenden Spannungen, s. Bild 2.5, liefern den Beitrag

$$\dot{W}_{\tau,x} = dydz\left[(u\tau_{xx})_{x+dx} - (u\tau_{xx})_x\right]$$

$$+ dzdx\left[(u\tau_{yx})_{y+dy} - (u\tau_{yx})_y\right]$$

$$+ dxdy\left[(u\tau_{zx})_{z+dz} - (u\tau_{zx})_z\right].$$

Mit Berücksichtigung der in y- und z-Richtung wirkenden Kräfte und unter Beachtung der Taylorreihenentwicklung erhält man daraus schließlich

$$\dot{W}_\tau = \Delta V\left[\frac{\partial(u\tau_{xx})}{\partial x} + \frac{\partial(u\tau_{yx})}{\partial y} + \frac{\partial(u\tau_{zx})}{\partial z}\right.$$

$$+ \frac{\partial(v\tau_{xy})}{\partial x} + \frac{\partial(v\tau_{yy})}{\partial y} + \frac{\partial(v\tau_{zy})}{\partial z}$$

$$\left.+ \frac{\partial(w\tau_{xz})}{\partial x} + \frac{\partial(w\tau_{yz})}{\partial y} + \frac{\partial(w\tau_{zz})}{\partial z}\right]. \tag{2.27a}$$

Bezeichnet man die Geschwindigkeitskomponenten wieder mit u_1, u_2 und u_3 (allgemein u_i) statt mit u, v und w und die Ortskoordinaten mit x_1, x_2 und x_3 (allgemein x_i) statt mit x, y, z, so läßt sich unter Beachtung der Summationsregel (Anhang A) für (2.27a) auch schreiben

$$\dot{W}_\tau = \Delta V\left[\frac{\partial}{\partial x}(u_i\tau_{xx_i}) + \frac{\partial}{\partial y}(u_i\tau_{yx_i}) + \frac{\partial}{\partial z}(u_i\tau_{zx_i})\right]$$

$$= \Delta V\frac{\partial}{\partial x_j}(u_i\tau_{x_jx_i}).$$

Mit der partiellen Differentiation

$$\frac{\partial}{\partial x_j}(u_i\tau_{x_jx_i}) \equiv u_i\frac{\partial\tau_{x_jx_i}}{\partial x_j} + \tau_{x_jx_i}\frac{\partial u_i}{\partial x_j}$$

folgt zunächst für den ersten Term auf der rechten Seite

$$u_i \frac{\partial \tau_{xx_i}}{\partial x} \equiv u \frac{\partial \tau_{xx}}{\partial x} + v \frac{\partial \tau_{xy}}{\partial x} + w \frac{\partial \tau_{xz}}{\partial x}$$

$$u_i \frac{\partial \tau_{yx_i}}{\partial y} \equiv u \frac{\partial \tau_{yx}}{\partial y} + v \frac{\partial \tau_{yy}}{\partial y} + w \frac{\partial \tau_{yz}}{\partial y}$$

$$u_i \frac{\partial \tau_{zx_i}}{\partial z} \equiv u \frac{\partial \tau_{zx}}{\partial z} + v \frac{\partial \tau_{zy}}{\partial z} + w \frac{\partial \tau_{zz}}{\partial z}$$

und daraus durch Umordnen der Terme

$$u_i \frac{\partial \tau_{x_j x_i}}{\partial x_j} \equiv u(\nabla \tau_{x_i x}) + v(\nabla \tau_{x_i y}) + w(\nabla \tau_{x_i z})$$

$$= \boldsymbol{u}(\nabla \tau_{x_i x_j}).$$

Für die Arbeit pro Zeiteinheit der Schub- und Normalspannungen erhält man damit schließlich

$$\dot{W}_\tau = \Delta V \left[\boldsymbol{u}(\nabla \tau_{ij}) + \tau_{ij} \frac{\partial u_i}{\partial x_j} \right], \tag{2.27b}$$

wenn zur Vereinfachung $\tau_{x_i x_j} = \tau_{ij}$ gesetzt wird.

Durch Einsetzen von (2.24), (2.25), (2.26) und (2.27b) in den Energieerhaltungssatz (2.23) erhält man die allgemeine Energiegleichung

$$\varrho \frac{D}{Dt} \left(e_i + \frac{u^2}{2} + g \right) = -\nabla \boldsymbol{q} + \varrho(\boldsymbol{g} \boldsymbol{u}) - \nabla(p \boldsymbol{u})$$

$$+ \boldsymbol{u}(\nabla \tau_{ij}) + \tau_{ij} \frac{\partial u_i}{\partial x_j}. \tag{2.28}$$

Multipliziert man die Bewegungsgleichung (2.20) skalar mit dem Geschwindigkeitsvektor $\boldsymbol{u}$, so erhält man die sog. „*Energiegleichung der Mechanik*", s. Bird u.a. (1960),

$$\varrho \frac{D}{Dt} \left(\frac{u^2}{2} + g \right) = -\boldsymbol{u}\nabla p + \boldsymbol{u}(\nabla \tau_{ij}) + \varrho(\boldsymbol{g} \boldsymbol{u}). \tag{2.29}$$

Die Subtraktion der Energiegleichung der Mechanik von der allgemeinen Energiegleichung (2.28) liefert unter Beachtung der Identität

$$\nabla(p \boldsymbol{u}) \equiv (\boldsymbol{u}\nabla)p + p(\nabla \boldsymbol{u}),$$

die sog. *1. Formulierung der Energiegleichung der Thermofluiddynamik*

$$\varrho \frac{De_i}{Dt} = -\nabla \boldsymbol{q} - p(\nabla \boldsymbol{u}) + \tau_{ij} \frac{\partial u_j}{\partial x_i}. \tag{2.30}$$

Der letzte Term auf der rechten Seite ist der sog. Dissipationsterm, den wir später genauer erläutern wollen. Die Beziehung (2.30) sagt aus, daß die innere Energie des Volumenelements ΔV erhöht werden kann durch Zufuhr von Wärme, durch Zufuhr des irreversiblen Anteils $p(\nabla u)$ der Volumenarbeit $\nabla(pu)$ infolge der Verformung des Volumenelements durch die Druckkräfte und durch Dissipation, d.h. durch „irreversible" Überführung von kinetischer Energie in Wärme infolge von Reibung.

Die Energiegleichung (2.30) enthält auf der linken Seite die innere Energie e_i. Für manche Aufgabenstellungen ist es jedoch zweckmäßiger statt der inneren Energie e_i die Enthalpie h zu verwenden. Wir formen (2.30) deshalb mit Hilfe der Kontinuitätsgleichung (2.10b) um. Dazu wird (2.10b) zunächst mit p/ϱ multipliziert,

$$\frac{p}{\varrho}\frac{D\varrho}{Dt} + p(\nabla u) = 0 \, .$$

Auflösung nach $D\varrho/Dt$ und Einsetzen in die Identität

$$\frac{D}{Dt}\left(\frac{p}{\varrho}\right) \equiv \frac{1}{\varrho}\frac{Dp}{Dt} - \frac{p}{\varrho^2}\frac{D\varrho}{Dt}$$

liefert

$$p(\nabla u) = \varrho\frac{D}{Dt}\left(\frac{p}{\varrho}\right) - \frac{Dp}{Dt} \, . \tag{2.31}$$

Durch Elimination des Terms $p(\nabla u)$ in (2.30) mit Hilfe von (2.31) und unter Beachtung der Definition der Enthalpie

$$h = e_i + \frac{p}{\varrho}$$

folgt schließlich die *2. Formulierung der Energiegleichung der Thermofluiddynamik*

$$\varrho\frac{Dh}{Dt} = -\nabla q + \frac{Dp}{Dt} + \tau_{ij}\frac{\partial u_j}{\partial x_i} \, . \tag{2.32}$$

Es hängt vom jeweiligen Problem ab, welche der beiden Formulierungen zweckmäßiger ist. Der Einfluß des Dissipationsterms kann in der Regel vernachlässigt werden. Eine Ausnahme davon bilden Wärmeübertragungsprobleme bei sehr hohen Geschwindigkeiten, z.B. beim Wiedereintritt von Raumfahrzeugen in die Lufthülle der Erde, oder in sehr zähen Medien, z.B. bei der Lagerreibung.

Die innere Energie e_i und die Enthalpie h sind im allgemeinen Fall Funktion der Temperatur T und der Dichte ϱ bzw. der Tempertur T und des Drucks p,

$$e_i = e_i(T,\varrho) \quad \text{und} \quad h = h(T,p) \, .$$

Mit Hilfe von thermodynamischen Umformungen, s. Anhang B, lassen sich dafür die Ausdrücke

$$\frac{De_i}{Dt} = c_v\frac{DT}{Dt} - \frac{1}{\varrho^2}\left[T\left(\frac{Dp}{DT}\right)_v - p\right]\frac{D\varrho}{Dt}$$

und

$$\frac{\mathrm{D}h}{\mathrm{D}t} = c_\mathrm{p}\frac{\mathrm{D}T}{\mathrm{D}t} + \frac{1}{\varrho}\left[1 - \beta T\right]\frac{\mathrm{D}p}{\mathrm{D}t}$$

herleiten.

Setzt man diese Beziehungen in die Energiegleichung (2.30) bzw. (2.32) ein, so erhält man unter Beachtung der Kontinuitätsgleichung (2.10) die beiden Darstellungen

$$\varrho c_\mathrm{v}\frac{\mathrm{D}T}{\mathrm{D}t} = -\nabla q - T\left(\frac{\partial p}{\partial T}\right)_\mathrm{v}(\nabla u) + \Phi_\mathrm{Diss}\,;\tag{2.33a}$$

$$\varrho c_\mathrm{p}\frac{\mathrm{D}T}{\mathrm{D}t} = -\nabla q + \beta T\frac{\mathrm{D}p}{\mathrm{D}t} + \Phi_\mathrm{Diss}\,,\tag{2.33b}$$

wobei Φ_Diss die Dissipationsfunktion

$$\Phi_\mathrm{Diss} = \tau_\mathrm{ij}\frac{\partial u_\mathrm{j}}{\partial x_\mathrm{i}}\tag{2.33c}$$

bedeutet.

Die Kontinuitätsgleichung (2.10a) bzw. (2.10b), die Bewegungsgleichung (2.20) und die Energiegleichung (2.33a) bzw. (2.33b) stellen ein System von fünf partiellen Differentialgleichungen für die fünf unbekannten Funktionen u,p und T dar. Um dieses Gleichungssystem grundsätzlich lösen zu können, werden sog. kinetische Ansätze für den Spannungstensor (im allgemeinen Fall enthält er neun Komponenten) und den Wärmestromdichtevektor (drei Komponenten) benötigt.

2.3 Kinetische Ansätze

2.3.1 Verzerrungstensor

Analog zum Festkörperelement besteht auch beim Fluidelement ein Zusammenhang zwischen Spannung und Volumen- bzw. Formänderung. Die Verzerrung des Fluidelements setzt sich dabei rein kinematisch aus den vier Teilbewegungen: Verschiebung (Translation), Drehung (Rotation), Formänderung und Volumenänderungen zusammen. Während die Verschiebung und die Drehung keine Spannungen zur Folge haben, wird die Formänderung durch Schubspannungen und die Volumenänderung durch Normalspannung verursacht.

Für ein zweidimensionales Fluidelement sind die einzelnen Teilbewegungen in Bild 2.6 schematisch dargestellt. Die Translation verschiebt den Punkt A des Fluidelements, der der Einfachheit halber im Ursprung eines rechtwinkligen Koordinatensystems angenommen wurde, von A nach A'. Infolge der Rotation wird die Diagonale des Elementes von $\overline{AC}$ nach $\overline{A'C'}$ gedreht. Durch die Formänderung wird aus dem als Quadrat angenommenen Element ein Rhombus und die Volumenänderung führt zu einer Änderung der Größe des Fluidelements.

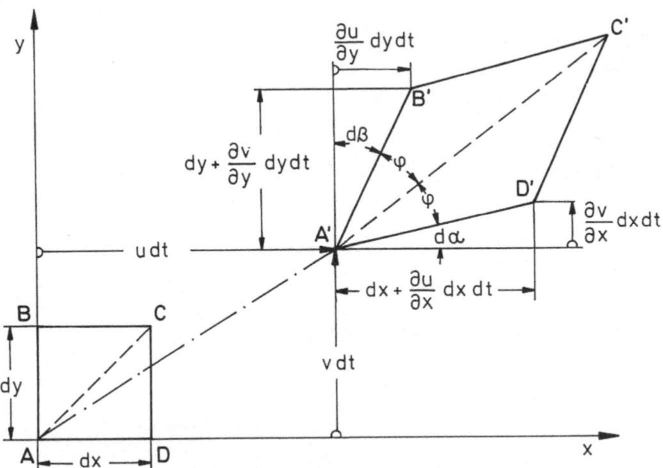

Bild 2.6. Verzerrungen am zweidimensionalen Fluidelement

Wir betrachten nun zunächst die *Drehung des Fluidelements*. Aus Bild 2.6 folgt unter Beachtung, daß das Element vor der Vorformung quadratisch war, für die Winkeländerung der Diagonalen

$$d\Omega_z = \varphi + d\alpha = 45°\,.$$

Mit der Winkelsumme

$$2\varphi + d\alpha + d\beta = 90°$$

erhält man dafür unmittelbar

$$d\Omega_z = \frac{1}{2}\,(d\alpha - d\beta)\,. \tag{2.34}$$

Die Winkeländerung $d\alpha$ läßt sich entsprechend

$$\tan(d\alpha) = \frac{\dfrac{\partial v}{\partial x}\,dxdt}{dx + \dfrac{\partial u}{\partial x}\,dxdt}$$

durch die Verschiebung des Punkts D von D nach D' infolge der Geschwindigkeitskomponenten u und v ausdrücken. Für den Grenzfall $dt \to 0$ erhält man,

$$d\alpha = \frac{\partial v}{\partial x}\,dt \ \ \text{bzw.} \ \ d\beta = \frac{\partial u}{\partial y}\,dt \tag{2.35a,b}$$

und damit für die Winkeländerung im Zeitintervall dt

$$\frac{d\Omega_z}{dt} = \frac{1}{2}\left(\frac{\partial v}{\partial x} - \frac{\partial u}{\partial y}\right)\,. \tag{2.36a}$$

Analog dazu folgt für die x- und y-Komponente

$$\frac{d\Omega_x}{dt} = \frac{1}{2}\left(\frac{\partial w}{\partial y} - \frac{\partial v}{\partial z}\right); \quad \frac{d\Omega_y}{dt} = \left(\frac{\partial u}{\partial z} - \frac{\partial w}{\partial x}\right). \tag{2.36b,c}$$

Führt man, wie in der Strömungsmechanik üblich, die Wirbelstärke ω gemäß der Definitionsgleichung

$$\omega \equiv 2\frac{d\Omega}{dt}$$

ein, so erhält man dafür mit den obigen Beziehungen

$$\omega = \nabla \times \boldsymbol{u}, \tag{2.37a}$$

was unter Zugrundelegung eines kartesischen Koordinatensystems auf

$$\omega = \left\{\left(\frac{\partial w}{\partial y} - \frac{\partial v}{\partial z}\right), \left(\frac{\partial u}{\partial z} - \frac{\partial w}{\partial x}\right), \left(\frac{\partial v}{\partial x} - \frac{\partial u}{\partial y}\right)\right\} \tag{2.37b}$$

führt. Mit dieser Beziehung kann die Bewegungsgleichung in die Wirbeltransportgleichung übergeführt werden, s. z.B. Schlichting (1983).

Wir betrachten nun die *Formänderung des Fluidelements*, die durch die Beziehung

$$d\delta = \frac{1}{2}(d\alpha + d\beta) \tag{2.38}$$

als die mittlere Winkeländerung zwischen zwei ursprünglich senkrecht aufeinanderstehenden Flächen definiert ist. Unter *Formänderungsgeschwindigkeit* versteht man die Formänderung im Zeitintervall dt,

$$\varepsilon \equiv \frac{d\delta}{dt} = \frac{1}{2}\left(\frac{d\alpha}{dt} + \frac{d\beta}{dt}\right). \tag{2.39}$$

Mit (2.35a, b) und den analogen Beziehungen für die Winkeländerungen in der x- und y-Ebene folgt für die Formänderungsgeschwindigkeiten

$$\varepsilon_{xy} = \frac{1}{2}\left(\frac{\partial v}{\partial x} + \frac{\partial u}{\partial y}\right),$$

$$\varepsilon_{yz} = \frac{1}{2}\left(\frac{\partial w}{\partial y} + \frac{\partial v}{\partial z}\right), \tag{2.40}$$

$$\varepsilon_{zx} = \frac{1}{2}\left(\frac{\partial u}{\partial z} + \frac{\partial w}{\partial x}\right).$$

Mit diesen Ausdrücken erhält man für die *Volumenänderung des Fluidelements* in x-Richtung

$$\varepsilon_{xx}dt = \frac{dx + \dfrac{\partial u}{\partial x}dxdt - dx}{dx} = \frac{\partial u}{\partial x}dt, \tag{2.41a}$$

und analog dazu für die Änderungen in y- und z-Richtung

$$\varepsilon_{yy}\mathrm{d}t = \frac{\partial v}{\partial y}\,\mathrm{d}t \quad \text{und} \quad \varepsilon_{zz}\mathrm{d}t = \frac{\partial w}{\partial z}\,\mathrm{d}t\,. \qquad (2.41\text{b,c})$$

Die Ausdrücke (2.40) und (2.41) bilden die Komponenten des Verzerrungstensors, der sich nun entsprechend

$$\varepsilon_{ij} = \begin{pmatrix} \varepsilon_{xx}\ \varepsilon_{xy}\ \varepsilon_{xz} \\ \varepsilon_{yx}\ \varepsilon_{yy}\ \varepsilon_{yz} \\ \varepsilon_{zx}\ \varepsilon_{zy}\ \varepsilon_{zz} \end{pmatrix} = \begin{pmatrix} \dfrac{\partial u}{\partial x};\ \dfrac{1}{2}\left(\dfrac{\partial v}{\partial x}+\dfrac{\partial u}{\partial y}\right);\ \dfrac{1}{2}\left(\dfrac{\partial w}{\partial x}+\dfrac{\partial u}{\partial z}\right) \\[2ex] \dfrac{1}{2}\left(\dfrac{\partial u}{\partial y}+\dfrac{\partial v}{\partial x}\right);\ \dfrac{\partial v}{\partial y};\ \dfrac{1}{2}\left(\dfrac{\partial w}{\partial y}+\dfrac{\partial v}{\partial z}\right) \\[2ex] \dfrac{1}{2}\left(\dfrac{\partial u}{\partial z}+\dfrac{\partial w}{\partial x}\right);\ \dfrac{1}{2}\left(\dfrac{\partial v}{\partial z}+\dfrac{\partial w}{\partial y}\right);\ \dfrac{\partial w}{\partial z} \end{pmatrix} \qquad (2.42)$$

darstellen läßt. Man erkennt, daß der Verzerrungstensor unter den getroffenen Voraussetzungen symmetrisch ist, d.h. $\varepsilon_{ij}=\varepsilon_{ji}$ gilt, weshalb sich die Zahl der Komponenten von ursprünglich neun auf sechs reduziert.

2.3.2 Stokesscher Schubspannungsansatz

Der Zusammenhang zwischen Spannung und Formänderung wird in der Mechanik der festen und elastischen Körper durch das Hookesche Gesetz beschrieben, das aussagt, daß die Spannungen proportional den Formänderungen (Dehnungen) sind. Eine einfache Überlegung macht deutlich, daß dieser Zusammenhang für Fluide nicht gelten kann. Ein Schwimmer, der langsam in ein Wasserbecken steigt, erfährt praktisch keine Widerstandskraft durch das Wasser im Becken. Ein zweiter dagegen, der nach einem ungeschickten Sprung vom Fünfmeterbrett „bäuchlings" auf dem Wasser landet, verspürt sehr wohl eine Widerstandskraft des Wassers. Damit wird klar, daß die bei der Verformung eines Fluidelements auftretenden Kräfte und Spannungen nicht von der Formänderung selbst, sondern von der Formänderungsgeschwindigkeit abhängig sind. Stokes setzt deshalb in Analogie zur Mechanik der festen Körper die bei der Verformung eines Fluidelements auftretenden Schubspannungen proportional zur Formänderungsgeschwindigkeit,

$$\tau_{ij} \sim \varepsilon_{ij}\,. \qquad (2.43)$$

Das Fluid wird ferner als isotrop vorausgesetzt, d.h. die Stoffeigenschaften des Fluids sollen richtungsunabhängig sein. In Gedanken drehen wir nun das Fluidelement solange, bis seine Hauptspannungsachsen mit den Flächennormalen zusammenfallen. Dann treten an den sechs Oberflächen des Fluidelements nur Normalspannungen, aber keine Schubspannungen mehr auf, s. Bild 2.7. Da die Spannungen proportional den Formänderungsgeschwindigkeiten sein sollen, läßt sich für die Normalspannung τ_{xx} schreiben

$$\tau_{xx} = C_1\varepsilon_{xx} + C_2\varepsilon_{yy} + C_3\varepsilon_{zz}\,. \qquad (2.44)$$

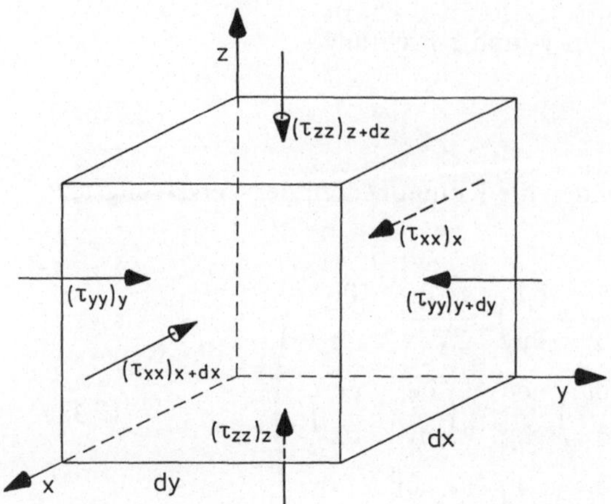

Bild 2.7. Normalspannungen am Volumenelement

Da das Fluid als isotrop vorausgesetzt wurde, gilt die Symmetriebedingung $C_2 = C_3$. Durch Erweiterung um den Term $C_2 \varepsilon_{xx}$ erhält man

$$\tau_{xx} = (C_1 - C_2)\varepsilon_{xx} + C_2(\varepsilon_{xx} + \varepsilon_{yy} + \varepsilon_{zz}),$$

wobei die Summe $(\varepsilon_{xx} + \varepsilon_{yy} + \varepsilon_{zz})$ eine der drei Invarianten des Verzerrungstensors ist (s. Anhang A).

Mit den neuen Konstanten $K = C_1 - C_2$ und $C = C_2$ sowie den entsprechenden Komponenten des Verzerrungstensors (2.42) erhält man schließlich für τ_{xx}

$$\tau_{xx} = K\varepsilon_{xx} + C\left(\frac{\partial u}{\partial x} + \frac{\partial v}{\partial y} + \frac{\partial w}{\partial z}\right) = K\varepsilon_{xx} + C\nabla u. \tag{2.45}$$

Für ein beliebig orientiertes Fluidelement gilt dann wegen der dafür noch zusätzlich auftretenden Schubspannungen

$$\tau_{xx} = K\varepsilon_{xx} + C\nabla u,$$

$$\tau_{xy} = K\varepsilon_{xy}. \tag{2.46}$$

Der Stokessche Schubspannungsansatz (2.46) enthält damit zwei Proportionalitätskonstanten. Üblicherweise wird $K = 2\eta$ und $C = \lambda$ gesetzt, wobei η die dynamische Viskosität und λ die Volumenviskosität (in Anlehnung an den Divergenzterm in (2.46)) bedeuten. Der griechische Buchstabe λ sollte dabei nicht mit der später verwendeten Wärmeleitfähigkeit verwechselt werden.

Analog zum Verzerrungstensor ist die Summe der drei Hauptspannungen eine Invariante des Spannungstensors. Durch

$$p^* = -\frac{1}{3}(\tau_{xx} + \tau_{yy} + \tau_{zz})$$

wird damit ein zusätzlicher Druck im Fluid definiert, der sich mit (2.42) und (2.46) zu

$$p^* = -\left(\frac{2}{3}\eta + \lambda\right)\nabla u \qquad (2.47)$$

ergibt.

Der Druck p in der Bewegungsgleichung (2.20) ist damit nur dann gleich dem thermodynamischen Druck, wenn der mit (2.47) definierte zusätzliche Druck p^* identisch verschwindet. Um dieses zu erreichen, hat Stokes vorgeschlagen $\lambda = -2/3 \cdot \eta$ zu setzen; man bezeichnet diese Annahme als Stokessche Hypothese (1845) s. z.B. Schlichting (1983). Weiter sei angemerkt, daß für ein inkompressibles Fluid, für das $\nabla u = 0$ ist, der zusätzliche Druck p^* ohnehin identisch verschwindet.

Mit der Stokesschen Hypothese erhält man mit (2.42) aus (2.46) schließlich den sog. Stokesschen Schubspannungsansatz

$$\tau_{ij} = \eta\left(\frac{\partial u_i}{\partial x_j} + \frac{\partial u_j}{\partial x_i}\right) - \frac{2}{3}\eta\delta_{ij}\nabla u . \qquad (2.48)$$

(Die Schreibweise von (2.48) dürfte nach allem vorher Gesagten anschaulich und verständlich sein, auch wenn sie keine konsequente Anwendung der Tensorschreibweise darstellt (s. Anhang A)).

Die Komponenten des Spannungstensors sind nach (2.48), die auch als kinetischer Ansatz bezeichnet wird, proportional den Geschwindigkeitsgradienten. Die dynamische Viskosität ist eine Stoffwertfunktion, die im allgemeinen Fall von Druck und Temperaur abhängig ist.

2.3.3 Fourierscher Wärmeleitungsansatz

Der Term ∇q in (2.33a) bzw. (2.33b) beschreibt einen Energietransport durch Wärmeleitung (Diffusion) infolge atomarer und molekularer Wechselwirkung unter dem Einfluß eines Temperaturgradienten, s. dazu auch Grigull und Sandner (1979). Zur Beschreibung dieses Transportes haben Biot (1804,1816) und Fourier (1822) den kinetischen Ansatz

$$q = -\lambda\nabla T \qquad (2.49)$$

eingeführt, der auch als Fourierscher Wärmeleitungsansatz bezeichnet wird. Die Wärmeleitfähigkeit λ ist grundsätzlich ein Tensor mit neun Komponenten. Wird das Fluid jedoch als isotrop und homogen vorausgesetzt, so reduziert sich dieser Tensor auf einen Skalar. Die Wärmeleitfähigkeit ist damit eine Stoffwertfunktion, die im allgemeinen Fall wieder von Temperatur und Druck abhängig ist.

2.4 Grundgleichungen für Newtonsche Fluide

2.4.1 Navier-Stokes-Gleichungen

Die Gleichungen (2.10a) bzw. (2.10b), (2.20) und (2.33a) bzw. (2.33b) bilden zusammen mit dem Stokesschen Schubspannungsansatz (2.48) und dem Fourierschen Wärmeleitungsansatz (2.49) ein vollständiges System von Gleichungen zur Berechnung des Strömungs-, Temperatur- und Druckfelds. Aus Gründen der Übersichtlichkeit wollen wir diese Gleichung hier nochmals aufführen; Kontinuitätsgleichung (2.10b) oder alternativ (2.10a)

$$\frac{D\varrho}{Dt} = -\varrho\,(\nabla u)\,,$$

Bewegungsgleichung (2.20)

$$\varrho\,\frac{Du}{Dt} = -\nabla p + \nabla\tau_{ij} + \varrho g\,,$$

Energiegleichung (2.33a) oder alternativ (2.33b)

$$\varrho c_v\,\frac{DT}{Dt} = -\nabla q - T\left(\frac{\partial p}{\partial T}\right)_v (\nabla u) + \Phi_{\text{Diss}}\,,$$

Dissipationsfunktion (2.33c)

$$\Phi_{\text{Diss}} = \tau_{ij}\frac{\partial u_j}{\partial x_i}\,,$$

Schubspannungsansatz nach Stokes (2.48)

$$\tau_{ij} = \eta\left(\frac{\partial u_i}{\partial x_j} + \frac{\partial u_j}{\partial x_i}\right) - \frac{2}{3}\eta\delta_{ij}\nabla u\,,$$

Wärmeleitungsansatz nach Fourier (2.49)

$$q = -\lambda\nabla T\,.$$

Zur Lösung dieser Gleichungen benötigt man noch die vier Stoffwertfunktionen

$$\varrho = \varrho(T,p)\,,$$

$$c_v = c_v(T,p) \text{ bzw. } c_p = c_p(T,p)\,,$$

$$\eta = \eta(T,p)\,,$$

$$\lambda = \lambda(T,p)\,,$$

die jedoch als bekannt vorausgesetzt werden.

Setzt man den Schubspannungsansatz (2.48) in die Dissipationsfunktion ein, so erhält man in kartesischen Koordinaten den Ausdruck

$$\Phi_{\mathrm{Diss}} = \eta\left\{ 2\left[\left(\frac{\partial u}{\partial x}\right)^2 + \left(\frac{\partial v}{\partial y}\right)^2 + \left(\frac{\partial w}{\partial z}\right)^2\right]\right.$$

$$+\left(\frac{\partial v}{\partial x} + \frac{\partial u}{\partial y}\right)^2 + \left(\frac{\partial w}{\partial y} + \frac{\partial v}{\partial z}\right)^2 + \left(\frac{\partial u}{\partial t} + \frac{\partial w}{\partial x}\right)^2$$

$$\left. -\frac{2}{3}\left(\frac{\partial u}{\partial x} + \frac{\partial v}{\partial y} + \frac{\partial w}{\partial z}\right)^2\right\}. \tag{2.50}$$

Man erkennt sofort, daß die Dissipationsfunktion stets größer als Null (positiv definiert) ist. Sie beschreibt den Anteil der Arbeit der Oberflächenkräfte, der infolge von Reibung (Dissipation) in Wärme umgesetzt wird; d.h. den irreversiblen Anteil.

Das obige Gleichungssystem ist im allgemeinen praktisch nicht lösbar. Man ist deshalb gezwungen, durch zusätzliche Annahmen wesentliche Vereinfachungen zu erreichen. Dies ist in der Tat möglich, da bei den in der Technik vorkommenden Wärmeübergangsproblemen die auftretenden Strömungsgeschwindigkeiten in der Regel so klein sind, daß die entsprechenden Fluide mit ausreichender Näherung als inkompressibel betrachtet werden können. Für ein inkompressibles Fluid kann in der Energiegleichung (2.33a) bzw. (2.33b) der Einfluß der Dissipationsfunktion vernachlässigt werden. Setzt man unter der Annahme der Inkompressibilität (2.48) und (2.49) in (2.20) und (2.33a) ein, so erhält man

$$\varrho\frac{\mathrm{D}\boldsymbol{u}}{\mathrm{D}t} = -\nabla p + \nabla\left[\eta\left(\frac{\partial u_i}{\partial x_j} + \frac{\partial u_j}{\partial x_i}\right)\right] + \varrho\boldsymbol{g}, \tag{2.51}$$

$$\varrho c_{\mathrm{v}}\frac{\mathrm{D}T}{\mathrm{D}t} = \nabla(\lambda\nabla T) \quad \text{bzw.} \tag{2.52a}$$

$$\varrho c_{\mathrm{p}}\frac{\mathrm{D}T}{\mathrm{D}t} = \nabla(\lambda\nabla T) + \beta T\frac{\mathrm{D}p}{\mathrm{D}t} \tag{2.52b}$$

Desweiteren kann der Einfluß des Drucks in den Stoffwertfunktionen bei Flüssigkeiten ohnehin und bei Gasen meist vernachlässigt werden, da die auftretenden Druckdifferenzen in der Regel extrem klein sind. Ferner sind bei vielen Wärmeübergangsproblemen die auftretenden Temperaturdifferenzen so klein, daß die Stoffwertfunktionen auch als unabhängig von der Temperatur angenommen werden können. Für konstante Stoffwerte folgt aus (2.51) die sog. Navier-Stokes-Gleichung

$$\varrho\frac{\mathrm{D}\boldsymbol{u}}{\mathrm{D}t} = -\nabla p + \eta\nabla\boldsymbol{u} + \varrho\boldsymbol{g} \tag{2.53}$$

und aus (2.52) die Fouriergleichung

$$\varrho c_{\mathrm{v}} \frac{\mathrm{D}T}{\mathrm{D}t} = \lambda \nabla^2 T \quad \text{bzw.} \tag{2.54a}$$

$$\varrho c_{\mathrm{p}} \frac{\mathrm{D}T}{\mathrm{D}t} = \lambda \nabla^2 T \tag{2.54b}$$

Zusammen mit der Kontinuitätsgleichung (2.10) bilden diese Gleichungen die Grundlage für theoretische Lösungen von Problemen der konvektiven Wärmeübertragung.

2.4.2 Anfangs- und Randbedingungen

Die Grundgleichungen lassen sich neben den kartesischen Koordinaten auch in Zylinder- oder Polarkoordinaten, s. Anhang C, sowie für eine Reihe von Sonderfällen, z.B. stationäre, ein- und zweidimensionale Probleme angeben.

Die in diesem Kapitel hergeleiteten Gleichungen gelten grundsätzlich, (wenn dies auch gelegentlich wegen der in der Kontinuumsmechanik vorausgesetzten und für turbulente Strömungen möglicherweise nicht mehr zutreffenden Stetigkeit der Felder bezweifelt wird) und das soll hier ausdrücklich betont werden, sowohl für laminare als auch für turbulente Strömungen; wenn auch ihre unmittelbare Anwendung auf turbulente Strömungen in der Regel nicht zweckmäßig ist, s. Kap. 3.

Diese Gleichungen können nur für einige Fälle streng analytisch (nach White (1974) sind Lösungen für etwa 70 Fälle bekanntgeworden), für viele Fälle, insbesondere auch für turbulente Strömungen, numerisch, für die meisten Probleme jedoch nur durch Annahme weiterer Vereinfachungen gelöst werden. In letzter Zeit erfreuen sich numerische Lösungen zunehmender Beliebtheit. Die Entwicklung eines numerischen Lösungsalgorithmuses und dessen Umsetzung in ein Rechenprogramm erfordern jedoch ein nicht unerhebliches Maß an physikalischen, numerischen und programmtechnischen Kenntnissen, weshalb der für numerische Lösungen erforderliche Aufwand sehr leicht unterschätzt wird. Desweiteren bereitet die Interpretation und insbesondere die für das Verständnis der Zusammenhänge notwendige Aufarbeitung der vom Computer gelieferten Zahlenreihen zuweilen nicht unerhebliche Schwierigkeiten. Für weitere Ausführungen zu numerischen Lösungsverfahren sei auf Roche (1976) und Smith (1978) verwiesen.

Lösungen für das Strömungs-, Temperatur- und Druckfeld müssen den in Abschn. 2.4.1 hergeleiteten Differentialgleichungen genügen, um mit den Erhaltungssätzen der Physik im Einklang zu stehen. Diese Forderung ist für eine eindeutige Lösung jedoch noch nicht hinreichend, das ergibt sich aus der Bedeutung der Differentialgleichung. Diese sagt aus, wie die zeitliche Änderung der Felder an einer bestimmten Stelle von der Beschaffenheit (Gradienten, Krümmung) der Felder in unmittelbarer Nähe der betrachteten Stelle abhängt. Sie gibt also nur den Zusammenhang zwischen den räumlichen und zeitlichen Änderungen der Felder wieder. Um die Geschwindigkeits-, Temperatur- und Druckverteilung selbst berechnen zu können, müssen für jede Stelle des Felds die sog. *Anfangswerte* und für diejenigen Stellen des Felds, die an der Oberfläche bzw. am Rande liegen, die sog. *Randwerte* bekannt sein.

Die *Anfangsbedingungen* bestehen in der Angabe der Geschwindigkeits-, Temperatur- und Druckverteilung zu einem bestimmten Zeitpunkt. Diese Anfangsverteilungen können ganz willkürlich sowohl stetig als auch unstetig sein. In den meisten Fällen besteht dann die Aufgabe darin, den Zustand der Felder zu einem späteren Zeitpunkt zu berechnen. Diese Aufgabe ist im Prinzip immer lösbar, wenn auch die bekannten mathematischen Lösungsverfahren nicht immer ausreichen, die Lösung auch wirklich zu finden.

Die *Randbedingungen* bestehen in der Angabe von Werten für das Geschwindigkeits-, Temperatur- und Druckfeld an den Rändern (Oberflächen) des betrachteten fluiden Systems, in der Regel also an den das System begrenzenden festen Wänden. Wir werden später noch sehen, daß die Randbedingungen für das Druckfeld in der Regel unproblematisch sind und beschränken uns deshalb hier auf die Betrachtung des Geschwindigkeits- und Temperaturfelds. Dementsprechend unterscheiden wir zwischen hydrodynamischen und thermischen Randbedingungen.

a) Hydrodynamische Randbedingung

Solange das zu untersuchende System als Kontinuum betrachtet werden kann, sind Fluidteilchen, die sich unmittelbar an einer festen Wand befinden, relativ zur Wand in Ruhe, sie haften an der Wand. Damit gilt für die Strömungsgeschwindigkeit an einer *festen Wand*, die sog. *Haftbedingung*

$$[\boldsymbol{u}]_\mathrm{w} = 0, \tag{2.55}$$

d.h. sowohl die Komponente senkrecht als auch die parallel zur Wand, ist gleich Null. Aus der Strömungsmechanik ist bekannt, daß für Potentialströmungen nur die Bedingung, daß die Strömungsgeschwindigkeit senkrecht zu einer festen Wand gleich Null ist, erfüllt werden kann.

An einer *freien Oberfläche* können in der Regel keine Schubspannungen übertragen werden. Bezeichnen wir die Komponente der Strömungsgeschwindigkeit parallel zur Oberfläche mit u und senkrecht dazu mit v, so gilt dafür

$$\left[\frac{\partial u}{\partial y}\right]_\mathrm{w} = 0, \tag{2.56}$$
$$[v]_\mathrm{w} = 0.$$

b) Thermische Randbedingung

Aus der Mathematik sind drei Arten von Randbedingungen bekannt, die alle drei in der Wärmeübertragung von Bedeutung sind.

Die *Randbedingung erster Art* besteht in der Angabe der Temperaturverteilung an den Rändern des betrachteten Systems. Die Funktion selbst ist durchaus willkürlich und kann sowohl in Bezug auf den Ort als auch auf die Zeit stetig oder unstetig sein. In der Regel ist die Oberflächentemperatur jedoch örtlich konstant (isothermer Rand). Bezüglich der Zeit ist sie üblicherweise entweder konstant, linear oder periodisch veränderlich.

Die *Randbedingung zweiter Art* besteht in der Angabe einer Wärmestromdichte an den Rändern des betrachteten Systems, und zwar wieder als Funktion des Orts und der Zeit; die Funktion selbst ist dabei wieder durchaus willkürlich.

Die *Randbedingung dritter Art* besteht in der Angabe von Kopplungsbedingungen zwischen zwei Bereichen mit unterschiedlichen Medien, zum Beispiel zwischen einem Fluid und einer festen Wand. An den Berührungsflächen zwischen diesen beiden Bereichen wird in der Regel thermisches Gleichgewicht vorausgesetzt, d.h. es gilt

$$[T_1]_w = [T_2]_w . \tag{2.57}$$

Desweiteren ist die Wärmestromdichte an der Berührungsfläche zwischen den beiden Medien gleich, d.h. es gilt

$$\left[\lambda_1 \frac{\partial T_1}{\partial y} \right]_w = \left[\lambda_2 \frac{\partial T_2}{\partial y} \right]_w . \tag{2.58}$$

Statt (2.58) können an der Grenzfläche zwischen zwei Medien jedoch wesentlich kompliziertere Randbedingungen gelten, z.B. wenn neben dem Wärmetransport infolge Leitung noch Temperaturstrahlung und/oder Stofftransport (z.B. Verdunstung) mit berücksichtigt werden müssen. Probleme dieser Art werden in diesem Buch nicht besprochen; der interessierte Leser sei jedoch auf die entsprechenden Bände dieser Reihe verwiesen.

2.4.3 Gaskinetische Herleitung der Grundgleichungen

Die kinetische Theorie der Gase bzw. Gasgemische setzt die Kenntnis einer Verteilungsfunktion $f_i(x,w_i,t)$ voraus. Dabei bedeutet f_i die Zahl der Moleküle der i-ten Art, die sich zum Zeitpunkt t in einem differentiell kleinen Volumenelement um den Punkt x befinden und deren Geschwindigkeiten nur infinitesimal von w_i verschieden sind.

Die Verteilungsfunktion f_i wird im allgemeinen Fall durch die Liouvillesche Gleichung beschrieben. Diese Gleichung ist jedoch für reale Fälle praktisch nicht lösbar. Beschränkt man sich auf ein einatomiges und hinreichend verdünntes Gas, so läßt sich die Liouvillesche Gleichung vereinfachen. Dabei wird ein Gas dann als hinreichend verdünnt bezeichnet, wenn nur Zweierstöße (Stöße an denen nur zwei Moleküle beteiligt sind), aber keine Stöße zwischen drei und mehr Molekülen berücksichtigt werden müssen. Das ist dann der Fall, wenn der mittlere Molekülabstand δ wesentlich größer als der effektive Moleküldurchmesser d, also $\delta/d \gg 1$ ist. Nimmt man weiter an, daß die Wahrscheinlichkeit für einen Zusammenstoß von zwei Teilchen (d.h. die Wahrscheinlichkeit dafür, daß sich zwei Teilchen zur gleichen Zeit am gleichen Ort befinden) gleich dem Produkt der Verteilungsfunktionen zweier unterschiedlicher Teilchen ist (Prinzip des molekularen Chaos), so gewinnt man aus der Liouvilleschen Gleichung die Boltzmannsche Gleichung.

Für den Fall, daß keine Gradienten in der Dichte, Temperatur und Geschwindigkeit vorhanden und auch die zeitlichen Ableitungen gleich Null sind, das System sich also im *Gleichgewicht* befindet, läßt sich die Boltzmannsche Gleichung streng lösen und man erhält die *Maxwellsche Verteilungsfunktion* f_i^0.

Sind dagegen Gradienten und Ableitungen nach der Zeit vorhanden, das System also *nicht im Gleichgewicht*, so ist die Boltzmannsche Gleichung nicht mehr streng lösbar. Viele technische Systeme sind jedoch nur geringfügig vom Gleichgewicht entfernt; d.h. die Gradienten der Zustandsgrößen sind klein. Für solche geringfügig gestörten Gleichgewichtszustände kann die Boltzmannsche Gleichung mit einem von Chapman und Enskog entwickelten Störungsansatz gelöst werden. Dieser Störungsansatz basiert auf der Annahme, daß das System hinreichend viele Moleküle enthält bzw. die Abmessungen L des makroskopischen Systems wesentlich größer sind als der mittlere Molekülabstand δ, also $L/\delta \gg 1$ ist. Diese Annahme definiert einen kontinuierlich zusammenhängenden Bereich, ein sog. *Kontinuum* und ist gleichbedeutend mit der Aussage, daß die makroskopischen Abmessungen des Systems wesentlich größer sind als die mittlere freie Weglänge λ der Teilchen. Das Verhältnis λ/L haben wir bereits als Knudsenzahl Kn kennengelernt. Ein Kontinuum liegt also dann vor, wenn $Kn \ll 1$ ist. Chapman und Enskog entwickelten einen Störungsansatz für die Verteilungsfunktion f_i mit der Knudsenzahl als Störparameter,

$$f_i = f_i^0 + a_i(Kn)f_i^1 + \dots ,$$

wobei der erste Term auf der rechten Seite die bereits erwähnte Maxwellsche Verteilungsfunktion für den Gleichgewichtsfall ist. Die Koeffizienten $a_i(Kn)$ sind Funktionen von der Dichte, der Strömungsgeschwindigkeit und der Temperatur.

Man erhält Gleichungen für die makroskopischen Zustandsgrößen, wenn der Störungsansatz in die Boltzmannsche Gleichung eingesetzt und diese zudem mit der entsprechenden Zustandgröße multipliziert wird. Bei Multiplikation mit dem Impuls erhält man die sog. Bewegungsgleichungen. Ein Vergleich der Terme erster Ordnung $O(Kn)$ liefern dann die sog. *Navier-Stokes-Gleichungen*, ein Vergleich der Terme zweiter Ordnung $O(Kn^2)$ führt auf die sog. *Burnettgleichungen*. In den Navier-Stokes-Gleichungen sind die Änderungen der Zustandsgrößen proportional den ersten Ableitungen der Zustandsgrößen; in den Burnettgleichungen dagegen treten zweite Ableitungen und Potenzen der ersten Ableitungen auf. Wenn auch verschiedentlich Zweifel an der Konvergenz des Störungsansatzes von Chapman und Enskog geäußert wurden, so haben neuere und verbesserte Lösungsansätze die Gültigkeit der Navier-Stokes-Gleichungen vollauf bestätigt. Näheres darüber findet sich bei Hirschfelder, Curtiss und Bird (1954).

Wir fassen nochmals die Bedingungen zusammen, unter denen die Navier-Stokes-Gleichungen aus der Liouvilleschen Gleichung über die Boltzmannsche Gleichung abgeleitet werden können:

1. Das Fluid muß hinreichend verdünnt sein, d.h. der mittlere Molekülabstand δ muß wesentlich größer als der effektive Moleküldurchmesser d sein, also $\delta/d \gg 1$.

2. Statistische Schwankungen der Zustandsgrößen können unberücksichtigt bleiben, wenn das System hinreichend viele Moleküle enthält bzw. die Abmessungen L des makroskopischen Systems wesentlich größer als der mittlere Molekülabstand δ ist, d.h. $L/\delta \gg 1$.

3. Man spricht von einem kontinuierlich zusammenhängenden Bereich, wenn die Abmessung (charakteristische Länge L) des makroskopischen Systems wesentlich größer ist als die mittlere freie Weglänge λ der Moleküle, bzw. wenn $Kn \ll 1$ ist.

Um diese Bedingungen zu verdeutlichen, betrachten wir die molekularen Abmessungen von Luft unter Standardbedingungen ($0°C$, 1 atm):

Moleküldichte $\qquad\qquad\qquad n = 2,68699 \cdot 10^{25} \ m^{-3}$
effektiver Moleküldurchmesser $d = 3,7 \cdot 10^{-10} \ m$
mittlerer Molekülabstand $\qquad \delta = 3,3 \cdot 10^{-9} \ m$
mittlere freie Weglänge $\qquad \lambda = 6,1 \cdot 10^{-8} \ m$

Damit erhalten wir für die angegebenen Grenzen: $\delta/d = 8{,}9$; $Kn = \lambda/L = 0{,}06$ und $L/\delta = 303$, wenn wir als makroskopisches System einen Würfel mit der Seitenlänge $L = 1 \cdot 10^{-6} \ m = 1 \ \mu m$ zugrunde legen.

Für einen effektiven Moleküldurchmesser von $d = 3{,}7 \cdot 10^{-10}$ m sind die unter 1) bis 3) aufgezählten Grenzen in Bild 2.8 nochmals verdeutlicht (nach G.A. Bird (1976)). Für dieses Bild wurden dabei folgende Grenzen gewählt: $\delta/d = 7$, $Kn = 0{,}1$ und $L/\delta = 100$. Das Bild zeigt, daß der Bereich in dem das System mit den Navier-Stokes-Gleichungen beschrieben werden kann, immer durch die Bedingung für das verdünnte Gas und die Forderung nach einer hinreichend großen Zahl von Molekülen im System eingegrenzt wird. Für Knudsenzahlen $Kn > 0{,}1$ verliert die Haftbedingung und damit die Kontinuitätsbedingung an der Wand ihre Gültigkeit.

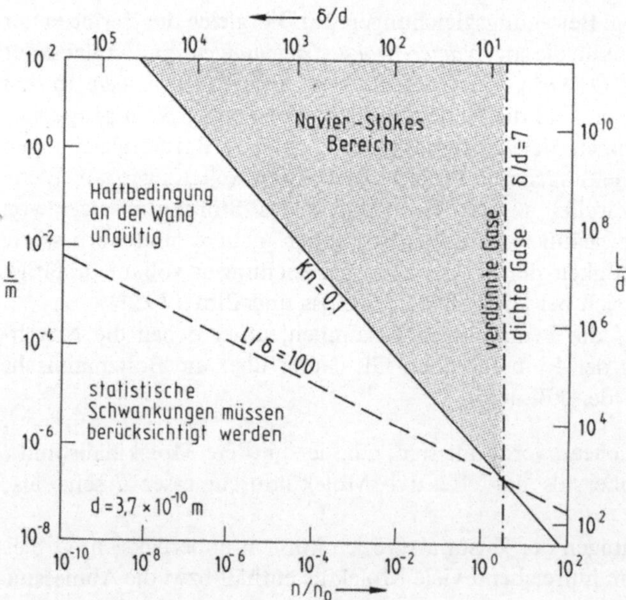

Bild 2.8. Zum Begriff des Kontinuums

3 Turbulenter Impuls- und Wärmetransport

3.1 Stabilität und Turbulenz

3.1.1 Phänomenologie

Wir haben in Kap. 1 bereits ein Beispiel einer turbulenten Strömung kennengelernt, nämlich die durch den aufsteigenden Rauch einer Zigarette sichtbar werdende freie Konvektion. Wir wollen im Folgenden zunächst zwei weitere Beispiele vorstellen.

In Bild 3.1 sind die mit zunehmender Anströmgeschwindigkeit u_∞ auftretenden Strömungsformen bei der Umströmung des horizontalen Zylinders dargestellt. Für

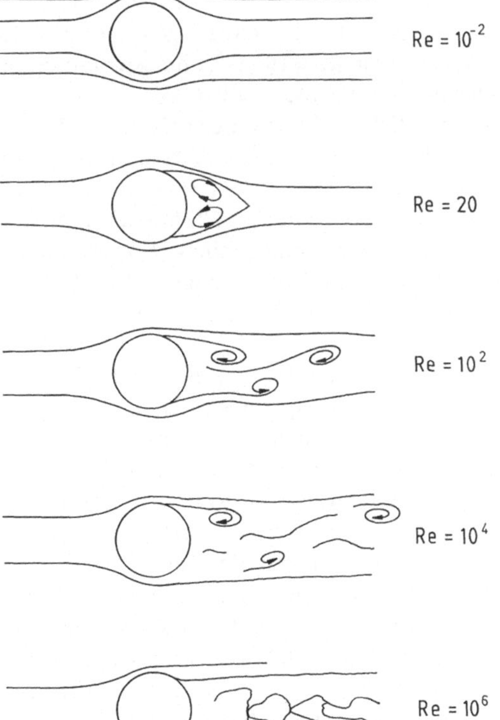

Bild 3.1. Strömungsformen am querangeströmten horizontalen Zylinder. Reynoldszahl $Re = u_\infty d/v$, gebildet mit der Anströmgeschwindigkeit u_∞, dem Durchmesser d des Zylinders und der kinematischen Viskosität v

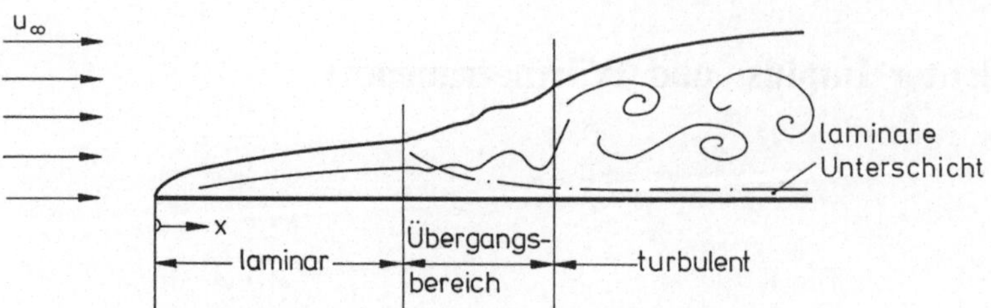

Bild 3.2. Strömungsformen an der längsüberströmten ebenen Platte

sehr kleine Anströmgeschwindigkeiten ($Re \approx 10^{-2}$) ist die Strömung vollkommen laminar; es herrscht Gleichgewicht zwischen den Druck- und Reibungskräften und die Strömung auf der Abströmseite ist ein Spiegelbild derjenigen auf der Anströmseite. Man nennt die Strömung in diesem Reynoldszahlenbereich auch „schleichende Konvektion". Mit zunehmender Reynoldszahl ändert sich das Strömungsbild allmählich. Bei etwa $Re = 20$ ist die Strömung auf der Rückseite bereits abgelöst. Im Ablösebereich haben sich zwei stationäre und symmetrische Wirbel ausgebildet. Mit steigender Reynoldszahl werden diese Wirbel instationär. Für etwa $Re = 100$ beobachtet man ein Entstehen, Anwachsen und periodisches Ablösen der beiden Wirbel – die sog. Kármánsche Wirbelstraße. Mit weiter ansteigender Reynoldszahl lösen sich die von der Strömung mitgetragenen Wirbel in kleinere (Mikro-) Wirbel auf, $Re \approx 10^4$. Die Strömung ist zwar bis zu einem gewissen Grade ungeordnet, aber noch nicht turbulent. Ab etwa $Re = 10^6$ geht die Strömung im Ablösebereich unmittelbar am Zylinder in eine turbulente über.

Wir betrachten ein weiteres Beispiel, nämlich die Strömung entlang der ebenen Platte, Bild 3.2. Wir bilden hier die Reynoldszahl Re_x mit der Plattenlänge x, also $Re_x = u_\infty x/\nu$. Vom Plattenanfang an bis zu einer bestimmten Plattenlänge bzw. bestimmten örtlichen Reynoldszahl verlaufe die Strömung vollkommen laminar. Ab dieser Reynoldszahl beobachtet man Querbewegungen eines, z.B. mit einem Tintentracer sichtbar gemachten, Stromfadens, die mit zunehmender Lauflänge x stärker werden. Nach Durchlaufen eines sog. Übergangbereichs ist die Strömung dann vollkommen ungeordnet, d.h. turbulent.

Die beobachteten Strömungsformen an der ebenen Platte legten schon früh die Vermutung nahe, daß es sich dabei um ein Stabilitätsproblem handelt. Die erste erfolgreiche Stabilitätsrechnung stammt von Tollmien aus dem Jahre 1929. Genauere numerische Untersuchungen wurden später von Wazzan et al. (1968), s. dazu White et al. (1974), sowie von Swinney und Gollub (1981), durchgeführt. In Bild 3.3 ist das Ergebnis dieser Untersuchungen qualitativ dargestellt. Aufgetragen ist die dimensionlose Wellenzahl $\alpha\delta_1$ über der mit der Verdrängungsdicke δ_1 gebildeten Reynoldszahl $Re_{\delta_1} = u_\infty \cdot \delta_1/\nu$. (Die Verdrängungsdicke δ_1 ist dabei diejenige Dicke, um welche die Potentialströmung infolge der Geschwindigkeitsminderung in der Grenzschicht nach außen abgedrängt wird.) Das Diagramm zeigt, daß die Strömung an der ebenen Platte für $Re_{\delta_1,\mathrm{krit}} = 520$ instabil wird; man bezeichnet diesen Grenzwert als kritische Reynoldszahl. Rechnet man die mit δ_1

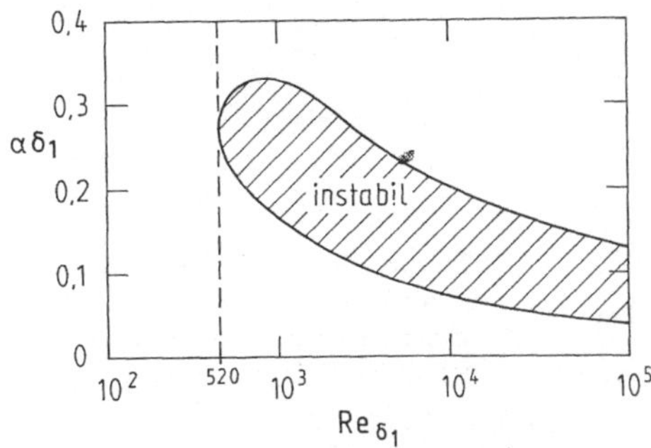

Bild 3.3. Stabilitätsdiagramm für die Grenzschichtströmung an der längsüberströmten ebenen Platte. $Re\,\delta_1 = u_\infty\delta_1/\nu$, gebildet mit der Anströmgeschwindigkeit u_∞, der Verdrängungsdicke δ_1 und der kinematischen Viskosität ν; $\alpha\delta_1$ ist die dimensionslose Wellenzahl (Störungsparameter)

gebildete Reynoldszahl in eine örtliche um (s. dazu Kap. 8), so erhält man $Re_{x,krit} \approx 9 \cdot 10^4$; experimentelle Beobachtungen dagegen zeigen, daß die Plattengrenzschicht erst ab etwa $Re_x = 3$ bis $5 \cdot 10^5$ vollkommen turbulent ist. Der theoretische Wert beschreibt dabei den sog. Indifferenzpunkt, ab dem eine „Anfachung" möglich ist (Beginn des Übergangsbereichs), der experimentelle Wert dagegen gilt für die vollturbulente Strömung, also am Ende des Übergangsbereichs. Wenn die Übereinstimmung zwischen Theorie und Experiment auch zunächst als ziemlich gut erscheint, so ist doch folgendes zu bedenken: Man hatte ursprünglich gehofft, daß Turbulenz bei einer Reynoldszahl einsetzen würde, die nur unwesentlich größer ist als die berechnete von 520; daß also ein direkter Zusammenhang zwischen linearer Stabilitätstheorie und Einsetzen der Turbulenz bestehen würde. Genauere Untersuchungen der Strömung im Übergangsbereich haben diese Vorstellung jedoch nicht bestätigt. Turbulenz setzt demnach nicht schlagartig bei einer bestimmten Reynoldszahl ein; sondern die Struktur der Strömung wird mit steigender Reynoldszahl zunehmend ungeordneter, bis sie schließlich vollkommen ungeordnet und turbulent ist.

3.1.2 Entstehung der Turbulenz

Wir wollen uns im folgenden weiter mit der Frage beschäftigen, wie eine zunächst laminare Strömung turbulent werden kann. Wir betrachten dazu einen weiteren Fall der Wärmeübertragung, nämlich eine flache, unendlich ausgedehnte Fluidschicht, die sich zwischen zwei horizontalen Platten befindet, wobei die untere Platte beheizt und die obere gekühlt sei und zwar derart, daß die Temperaturen der beiden Platten jeweils konstant aber unterschiedlich sind, s. Bild 3.4. Im Fluid bildet sich zunächst ein lineares Temperaturprofil aus, d.h. der örtliche und zeitliche Temperaturgradient ist konstant.

Die entstehende Temperatur- bzw. Dichteschichtung ist instabil, da kältere Fluidteilchen mit höherer Dichte über wärmeren mit niedriger Dichte lagern. Bei Erhöhung des Temperaturgradienten setzt deshalb bei einem sog. kritischen Temperaturgradienten eine Zellularkonvektion ein; wir werden auf dieses Einsetzen der Konvektion in Teil III zurückkommen.

Die auftretende Konvektion ist stationär und hat eine vollkommen regelmäßige und geordnete Struktur (horizontale Rollen), sie ist somit laminar. Bei Erhöhung

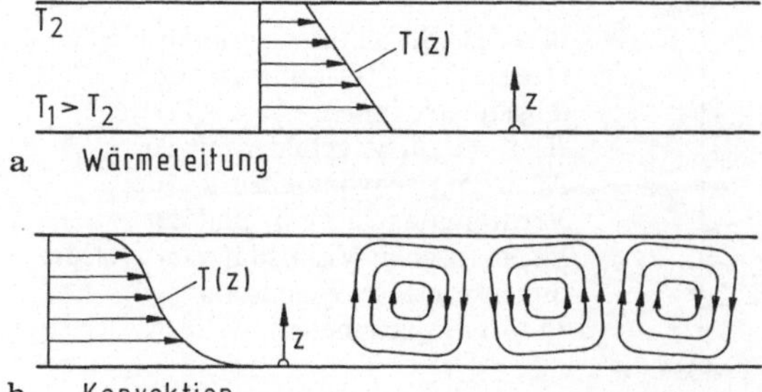

Bild 3.4. Wärmetransport durch die horizontale, von unten beheizte Fluidschicht. **a** Wärmeleitung; **b** Konvektion

der Temperaturdifferenz bleibt die Strömung zunächst zeitunabhängig und laminar. Ab einer bestimmten Temperaturdifferenz beginnt die Strömung zu pulsieren. Diese Pulsation ist jedoch zeitlich vollkommen periodisch. Damit ist die Strömung streng vorhersagbar und keineswegs turbulent. Erhöht man die Temperaturdifferenz zwischen den Platten weiter, so setzt bei einer bestimmten kritischen Temperaturdifferenz eine zweite, ebenfalls vollkommen periodische Strömung ein. Die beiden Teilströmungen beeinflussen sich gegenseitig und die gesamte Strömung ist dadurch komplizierter geworden, sie bleibt jedoch streng periodisch und ist damit keineswegs turbulent. Bei weiterer Erhöhung der Temperaturdifferenz sind nun zwei Möglichkeiten denkbar.

Die *erste Möglichkeit* ist, daß sich der bisher beobachtete Vorgang einfach fortsetzt. Bei Überschreiten bestimmter Temperaturdifferenzen überlagern sich immer neue periodische Sekundärströmungen. Die Gesamtströmung wird damit zwar zunehmend komplizierter, doch bleibt sie streng periodisch und damit — zumindest im Prinzip — vollkommen vorhersagbar. Bei entsprechend großer Temperaturdifferenz ist die Strömung schießlich so komplex, daß eine Regelmäßigkeit praktisch nicht mehr erkennbar ist. Man nennt die Strömung dann einfach turbulent, ohne daß man sagen kann, bei welcher Temperaturdifferenz sie nun eigentlich turbulent geworden ist. Dies ist die traditionelle Vorstellung von Landau und Hopf (s. Landau und Lifschitz 1971) über die Entstehung der Turbulenz. Danach geht die laminare Strömung allmählich in den turbulenten Zustand über. Der Übergang selbst besteht aus einer unendlichen Folge von quasiperiodischen Lösungen mit den entsprechenden Frequenzen ω_1 bis ω_k mit $k \to \infty$, s. Bild 3.5. Dieses Modell ist in Übereinstimmung mit der Vorstellung des Aristoteles' nach der falsch zitiert die Aussage gilt: „natura non facit saltus" (richtig muß es heißen: „natura nihil frustra facit").

Die *zweite Möglichkeit* für das weitere Verhalten der Strömung ist, daß eine bestimmte Temperaturdifferenz existiert, bei deren Überschreitung die Strömung jegliche Ordnung verliert und somit chaotisch bzw. turbulent wird. Diese Vorstellung haben Ruelle und Takens (1971), aufbauend auf einem älteren Vorschlag von Lorenz (1963) in den letzten Jahren weiterentwickelt (s. auch Mayer (1982)). Wir gehen von dem Strömungszustand mit zwei streng periodischen Teilströmungen aus. Nach Überschreiten einer weiteren kritischen Temperaturdifferenz tritt zu den zwei bereits vorhandenen eine dritte, ebenfalls periodische Sekundarströmung

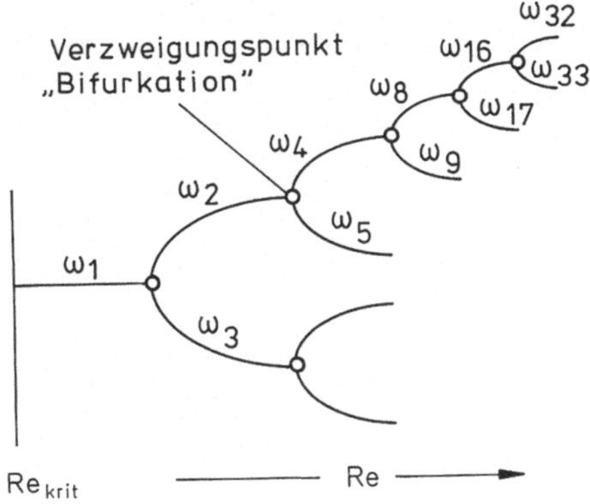

Bild 3.5. Entstehung der Turbulenz nach Landau und Hopf; s. dazu Landau und Lifschitz (1971)

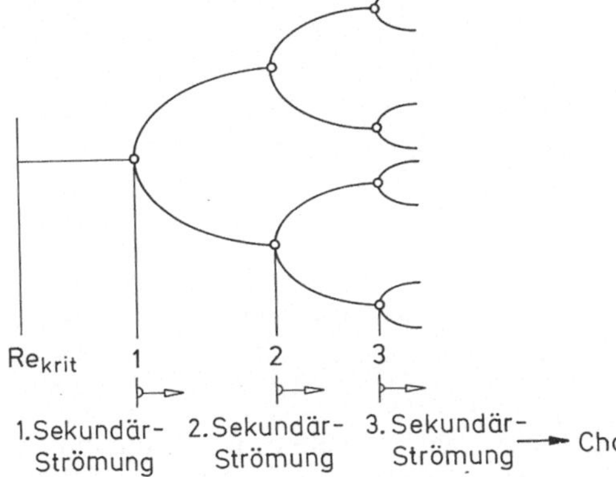

Bild 3.6. Entstehung der Turbulenz nach Ruelle und Takens (1971)

mit einer unabhängigen Frequenz hinzu. s. Bild 3.6. Diese drei Teilströmungen beeinflussen sich nun gegenseitig derart, daß jegliche Ordnung in der resultierenden Strömung verschwindet. Nach Ruelle und Takens sind quasiperiodische Bewegungen mit drei und mehr unabhängigen Frequenzen nicht stabil; d.h. mit dem Auftreten der dritten Frequenz verschwindet jegliche Ordnung in der Strömung, sie wird chaotisch und damit turbulent. (Der Vollständigkeit halber sei erwähnt, daß nach Ruelle und Takens zwar drei und mehr quasiperiodische Bewegungen immer instabil sind, der Übergang aber nicht notwendigerweise den hier dargestellten Weg nehmen muß.) Neuere experimentelle Untersuchungen des Taylor-Problems (Strömung im Ringspalt zweier mit unterschiedlicher Frequenz rotierender vertikaler konzentrischer Zylinder) von Fenstermacher, Swinney und Gollub (1979), sowie des Rayleigh-Bénard-Problems (die oben beschriebene thermische Konvektion in einer horizontalen Fluidschicht) von Gollub und Benson (1980) unterstützen die Vorstellungen von Ruelle und Takens. Für die Strömung im horizontalen Spalt sind die Ergebnisse qualitativ in Bild 3.7 dargestellt. In der linken Reihe ist die Geschwindigkeit $U(t)$ an einem bestimmten Ort in Abhängigkeit der Zeit und in der rechten Spalte die kinetische Energie $E(\omega)$ in Abhängigkeit der

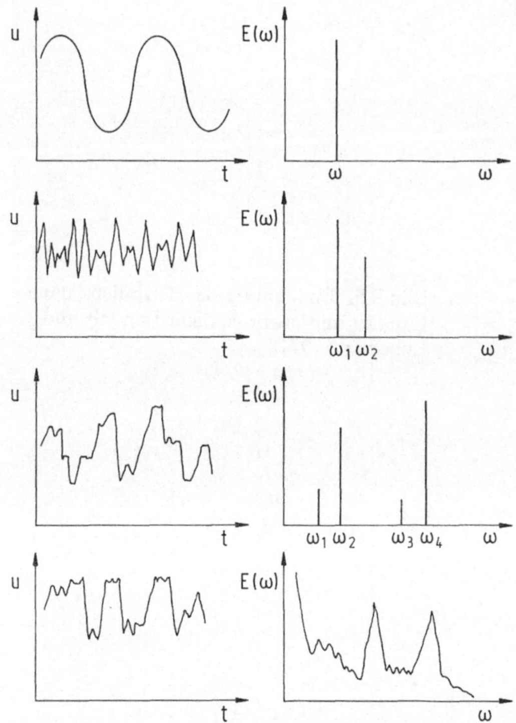

Bild 3.7. Sekundärströmungen in einer horizontalen und von unten beheizten Fluidschicht. $U(t)$ Momentangeschwindigkeit, $E(\omega)$ kinetische Energie, ω Frequenz

Frequenz dargestellt. Die oberste Reihe zeigt das Verhalten der Strömung bei Vorhandensein einer Sekundärströmung mit der Frequenz ω_1, und die zweite Reihe dasjenige mit zwei Sekundärströmungen mit den unterschiedlichen Frequenzen ω_1 und ω_2. Kommt nun eine dritte Sekundärströmung ω_3 dazu, so verschwindet die geordnete Struktur der Strömung, statt einzelner Frequenzen beobachtet man ein Frequenzband; die Strömung ist vollkommen ungeordnet und damit turbulent.

Abschließend ist festzustellen, daß der Übergang von der laminaren zur turbulenten Strömung sicher noch eine offene Frage ist und, auch wenn erste Ansätze zur Erklärung der Entstehung der Turbulenz vorhanden sind, heute noch keineswegs vollständig verstanden ist. Neben den beiden skizzierten Modellen für das Entstehen der Turbulenz sind noch weitere bekannt geworden, s. z.B. Jäger (1982). Die Situation gleicht damit immer noch der, wie sie der englische Physiker Sir Horace Lamb in einer 1932 gemachten Bemerkung beschrieben haben soll: „Ich bin ein alter Mann, und wenn ich sterbe und in den Himmel komme, so gibt es zwei Dinge, bei denen ich auf eine Erleuchtung hoffe. Das eine ist die Quantenelektrodynamik, das andere die turbulente Bewegung der Flüssigkeiten. Bezüglich des ersten Problems bin ich ganz optimistisch".

3.1.3 Beschreibung turbulenter Strömungen

Bild 3.8 zeigt schematisch den zeitlichen Verlauf des Momentanwertes in Richtung der Hauptströmung einer turbulenten Strömung und zwar für eine im Mittel stationäre und eine instationäre Strömung. Nur für den Fall, daß die turbulente Strömung im Mittel stationär ist, ist sie — zumindest im Prinzip — theoretisch erfaßbar. Dafür lassen sich die Momentanwerte der Geschwindigkeit $u(x,y,z,t)$ aufspalten in den zeitlichen Mittelwert $\bar{u}(x,y,z)$ und die Schwankungswerte $u'(x,y,z,t)$ entsprechend

$$u(x,y,z,t) = \bar{u}(x,y,z) + u'(x,y,z,t) \,, \tag{3.1}$$

wobei sowohl die zeitlichen Mittelwerte der Schwankungswerte der Geschwindigkeit als auch die des Drucks und der Temperatur gleich Null sind,

$$\bar{u}' = \bar{v}' = \bar{w}' = 0; \ \bar{p}' = 0; \ \overline{T}' = 0\,. \tag{3.2}$$

Als *Intensität* der turbulenten Strömung wird der quadratische Mittelwert

$$\sqrt{u'^2 + v'^2 + w'^2} \tag{3.3}$$

bezeichnet. Mehr praktische Bedeutung hat allerdings die kinetische Energie der Schwankungswerte (kinetische Turbulenzenergie),

$$k = \frac{1}{2}\left(\overline{u'^2} + \overline{v'^2} + \overline{w'^2}\right)\,. \tag{3.4}$$

Die Intensität einer turbulenten Strömung wird vielfach durch Angabe des Turbulenzgrads Tu beschrieben, der als das Verhältnis aus mittlerem Schwan-

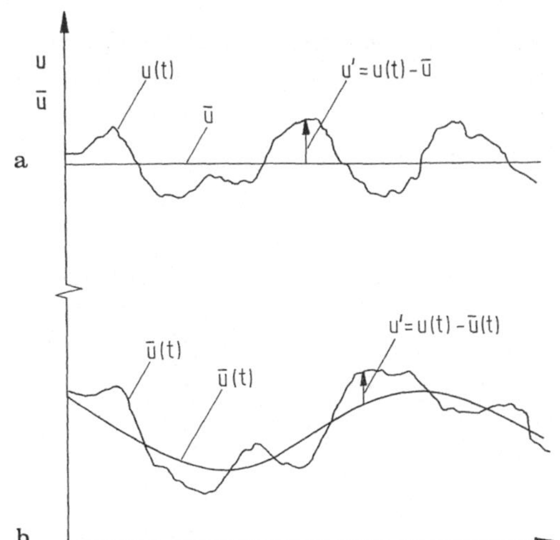

Bild 3.8. Zeitlicher Verlauf der Momentanwerte einer turbulenten Strömung in Richtung der Hauptströmung. **a** im Mittel stationär; **b** im Mittel instationär

kungswert und mittlerer Strömungsgeschwindigkeit, entsprechend

$$Tu = \frac{\sqrt{\frac{1}{3}\,(\overline{u'^2} + \overline{v'^2} + \overline{w'^2})}}{\sqrt{u^2 + v^2 + w^2}}\,, \tag{3.5a}$$

festgelegt ist.

Bei vielen technischen Problemen (z.B. bei der Kanalströmung) existiert eine ausgezeichnete Hauptströmungsrichtung. Dafür läßt sich für den Turbulenzgrad näherungsweise auch,

$$Tu \approx \sqrt{\overline{u'^2}}/\bar{u} \tag{3.5b}$$

schreiben, mit dem Schwankungswert u' in Richtung der Geschwindigkeit u der Hauptströmung und der mittleren Strömungsgeschwindigkeit $\bar{u}$.

Sind alle statistischen Eigenschaften der turbulenten Strömung unabhängig vom Ort *und* von der Richtung, gilt also

$$\overline{u'^2} = \overline{v'^2} = \overline{w'^2}\,,$$

so spricht man von *isotroper Turbulenz*. Sind die statistischen Eigenschaften dagegen nur unabhängig vom Ort, *aber* abhängig von der Richtung, also

$$\frac{\partial u'}{\partial x} = \frac{\partial v'}{\partial y} = \frac{\partial w'}{\partial z} = 0\,,$$

so liegt eine *homogene Turbulenz* vor.

Die *anisotrope* oder *Scherturbulenz* ist der für die Praxis wichtigste Fall, der mathematisch allerdings auch der schwierigste ist. Mit Hilfe der statistischen Turbulenztheorie läßt sich die isotrope Turbulenz gut und die homogene zum Teil beschreiben. Für die Praxis sind diese Ergebnisse jedoch von untergeordneter Bedeutung. Deshalb liefert die halbempirische Turbulenztheorie nach dem heutigen Stand des Wissens das einzig brauchbare Verfahren, um turbulente Strömungen für Ingenieurzwecke zu beschreiben.

Wir wollen noch kurz die Frage erörtern, ob turbulente Strömungen überhaupt die Voraussetzungen der Kontinuumsmechanik erfüllen. Dazu geben wir zunächst die molekularen Größenordnungen der Luft unter Normalbedingungen an:

mittlere freie Weglänge: $\approx 10^{-7}$ m;
mittlere Molekulargeschwindigkeit: ≈ 500 m/s;
mittlere Stoßfrequenz: $\approx 5 \cdot 10^9$ 1/s.

Wir betrachten nun den Größenbereich turbulenter Strukturen, die man sich als eine Überlagerung von Wirbeln (Eddies) unterschiedlicher Größe und Frequenz vorstellen kann. Wie wir später noch sehen werden, gibt es aufgrund der Dissipation in realen Fluiden eine kleinste Wirbelgröße. Experimentelle Untersuchungen zeigen, daß für die kleinsten turbulenten Strukturen etwa gilt:

minimale Abmessungen: $\approx 10^{-4}$ m;
größte Schwankungsgeschwindigkeit: ≈ 10 m/s;
maximale Wirbelfrequenz: $\approx 10^4$ 1/s.

Damit gelten die in Kap. 2 hergeleiteten Grundgleichungen der Kontinuumsmechanik auch für die Momentanwerte turbulenter Austauschvorgänge. Sie gelten somit für laminare *und* turbulente Strömungen. Insbesondere treten bei turbulenten Strömungen keine zusätzlichen Terme auf.

3.2 Grundgleichungen für turbulenten Austausch

3.2.1 Reynoldssche Gleichungen

Die Navier-Stokes-Gleichungen für die Momentanwerte von Geschwindigkeit, Druck und Temperatur bei turbulenter Strömung sind praktisch nicht lösbar. Bei numerischen Lösungen müßten, damit auch die kleinsten Wirbel richtig beschrieben werden, die Gitterstände von der Größenordnung der minimalen Abmessungen dieser Wirbel sein, d.h. von der Größe 10^{-4} m. Für einen Würfel der Größe 1 mm^3 wären demnach $10 \times 10 \times 10 = 10^3$ Gitterpunkte notwendig. Damit ist klar, daß eine numerische Lösung für technische Probleme wegen der immens großen Zahl der dafür notwendigen Gitterpunkte bei der zur Verfügung stehenden Speicherkapazität und Rechengeschwindigkeit auch der heutigen Großrechenanlagen praktisch ausscheidet.

Man leitet deshalb aus den Gleichungen für die Momentanwerte Bilanzgleichungen für die zeitlichen Mittelwerte her und versucht, diese zu lösen. Mit dem Reynoldsschen Ansatz (3.1) erhält man für die Geschwindigkeit, den Druck und die Temperatur

$$u(x,t) = \bar{u}(x) + u'(x,t);$$

$$p(x,t) = \bar{p}(x) + p'(x,t); \tag{3.1a}$$

$$T(x,t) = \bar{T}(x) + T'(x,t) .$$

Mit der Definition für den zeitlichen Mittelwert,

$$\bar{u}(x) \equiv \frac{1}{\Delta t} \int_{t}^{t+\Delta t} u(x,t)\,\mathrm{d}t \tag{3.6}$$

folgt damit unmittelbar

$$\frac{1}{\Delta t} \int_{t}^{t+\Delta t} u'(x,t)\,\mathrm{d}t = 0 , \tag{3.7}$$

d.h. der zeitliche Mittelwert der Schwankungswerte ist Null!

Wir machen nun eine wesentliche Einschränkung und betrachten im folgenden nur noch inkompressible Fluide, d.h. Strömungen für die

$$\nabla u = 0 \tag{3.8}$$

gilt. Setzt man den Ansatz (3.1a) in die für inkompressible Strömungen geltende Form (3.8) der Kontinuitätsgleichung ein, so folgt

$$\nabla(\bar{u} + u') \equiv \nabla\bar{u} + \nabla u' = 0 . \tag{3.9}$$

Die Kontinuitätsgleichung gilt somit in gleicher Weise für die Momentanwerte, für die zeitlichen Mittelwerte und für die Schwankungswerte der Strömungsgeschwindigkeit.

Wir betrachten als nächstes die Impulsgleichung (2.20) und zwar zunächst den konvektiven Term $\boldsymbol{u}\nabla u$. Wir formen die x-Komponente um und erhalten

$$(\boldsymbol{u}\nabla)u \equiv \frac{\partial}{\partial x}(uu) + \frac{\partial}{\partial y}(vu) + \frac{\partial}{\partial z}(wu) - \left[u\frac{\partial u}{\partial x} + u\frac{\partial v}{\partial y} + u\frac{\partial w}{\partial z} \right].$$

Der zweite Term auf der rechten Seite ist wegen der Kontinuitätsgleichung (3.8) identisch Null. Wir weisen nochmals darauf hin, daß diese Umformung nur unter der Voraussetzung einer inkompressiblen Strömung möglich ist. Die Substitution des Reynoldsschen Ansatzes führt deshalb auf

$$(\boldsymbol{u}\nabla)u \equiv \frac{\partial}{\partial x}(\bar{u}\bar{u} + \bar{u}u' + u'\bar{u} + u'u')$$

$$+ \frac{\partial}{\partial y}(\bar{v}\bar{u} + \bar{u}v' + u'\bar{v} + v'u')$$

$$+ \frac{\partial}{\partial z}(\bar{w}\bar{u} + \bar{u}w' + u'\bar{w} + w'u').$$

Die zeitlichen Mittelwerte der jeweils zweiten und dritten Terme, sind wegen $\overline{u'} = \overline{v'} = \overline{w'} = 0$ gleich Null.

Damit erhält man bei Vernachlässigung des Massenkraftterms für die x-Komponente von (2.20)

$$\varrho\left[\frac{\partial}{\partial x}(\bar{u}\bar{u}) + \frac{\partial}{\partial y}(\bar{v}\bar{u}) + \frac{\partial}{\partial z}(\bar{w}\bar{u}) \right]$$

$$= -\frac{\partial\bar{p}}{\partial x} + \frac{\partial}{\partial x_i}(\overline{\tau_{ix}}) - \varrho\left[\frac{\partial}{\partial x}(\overline{u'u'}) + \frac{\partial}{\partial y}(\overline{v'u'}) + \frac{\partial}{\partial z}(\overline{w'u'}) \right],$$

wenn man den Term mit den Schwankungswerten auf die rechte Seite schreibt. In vektorieller Schreibweise folgt damit schließlich für die Impulsgleichung

$$\varrho\bar{u}\nabla\bar{u} = -\nabla\bar{p} + \nabla(\overline{\tau_{ij}} - \varrho\overline{u_i'u_j'}). \tag{3.10}$$

Bei der Herleitung der Bilanzgleichungen für die Mittelwerte aus den Bilanzgleichungen für die Momentanwerte tritt somit auf der rechten Seite ein zusätzlicher Term auf, der sog. *Reynoldssche Schubspannungstensor*

$$(\overline{\tau_{ij}})_t = \varrho\overline{u_i'u_j'}. \tag{3.11}$$

Die Energiegleichung (2.33b) läßt sich analog zur Impulsgleichung umformen. Bei Vernachlässigung der Dissipation erhält man schließlich die Bilanzgleichung für die Mittelwerte,

$$\varrho c_p \bar{u}\nabla\bar{T} = -\nabla(\boldsymbol{q} + \varrho c_p \overline{u_i'T'}). \tag{3.12}$$

Auch hier tritt ein zusätzlicher Term auf der rechten Seite auf, nämlich der *Reynoldssche Wärmestromvektor*

$$q_t = \varrho c_p \overline{u_i' T'} \; . \tag{3.13}$$

Unter der Voraussetzung, daß ein inkompressibles Fluid vorliegt, haben wir damit aus den Navier-Stokes-Gleichungen für die Momentanwerte Bilanzgleichungen für die zeitlichen Mittelwerte abgeleitet. Diese Bilanzgleichungen stimmen formal mit den stationären Navier-Stokes-Gleichungen für die Momentanwerte überein. Auf den rechten Seiten dieser Gleichungen treten jedoch zwei zusätzliche und zunächst unbekannte Terme, nämlich der Reynoldssche Schubspannungstensor $(\overline{\tau_{ij}})_t$ und der Reynoldssche Wärmestromvektor $(q)_t$ auf. Für diese beiden unbekannten Funktionen werden zusätzliche Gleichungen, sog. Transportgleichungen, benötigt.

Um Mißverständnisse auszuschließen, möchten wir an dieser Stelle auf zwei Punkte hinweisen. Erstens sind die beiden zusätzlichen Reynoldsschen Terme primär nicht deshalb vorhanden, weil wir statt laminare jetzt turbulente Strömungen beschreiben. Wie wir gesehen haben, beschreiben die in Kap. 2 abgeleiteten Navier-Stokes-Gleichungen grundsätzlich auch turbulente Strömungen. Allerdings sind die Navier-Stokes-Gleichungen für turbulente Strömungen praktisch nicht lösbar. Deshalb leitet man aus den Navier-Stokes-Gleichungen für die Momentanwerte Bilanzgleichungen für die zeitlichen Mittelwerte ab. Bei dieser Ableitung treten zwangsläufig die beiden zusätzlichen Terme auf. Sie sind letztlich durch den Reynoldsschen Ansatz (3.1) bedingt. Und nun zum zweiten Punkt. Durch den Reynoldsschen Ansatz werden die unbekannten Funktionen für die Momentanwerte durch jeweils eine unbekannte Funktion für die Mittel- und eine für die Schwankungswerte ersetzt. Die Reynoldsschen Gleichungen, die durch einen Integrationsprozeß aus den Navier-Stokes-Gleichungen gewonnen werden, sind Beziehungen für die zeitlichen Mittelwerte, über die Schwankungswerte liefern sie keine Aussagen. Dafür müssen neue bzw. zusätzliche Gleichungen hergeleitet werden. Man könnte auch sagen, daß durch den Integrationsprozeß die ursprünglichen Gleichungen wesentlich vereinfacht wurden. Der „Preis", den wir dafür bezahlen müssen, sind zusätzliche Gleichungen für die beiden Reynoldsschen Terme.

3.2.2 Transportgleichungen für die Reynoldsschen Terme

Durch entsprechende Umformungen der Navier-Stokes- und der Energiegleichung lassen sich Transportgleichungen für den Reynoldsschen Spannungstensor und den Reynoldsschen Wärmestromvektor ableiten. Wir betrachten zunächst den Reynoldsschen Spannungstensor. Die zeitliche Mittelung der mit u' multiplizierten x-Komponenten der Navier-Stokes-Gleichung liefert eine Transportgleichung für $\overline{u'^2}$. Desweiteren erhält man durch zeitliche Mittelung der mit v' multiplizierten x-Komponente und der mit u' multiplizierten y-Komponente und anschließender Addition eine Transportgleichung für $\overline{u'v'}$. Analog dazu lassen sich Transportgleichungen für $\overline{v'^2}$ und $\overline{w'^2}$, sowie für $\overline{u'w'}$ und $\overline{v'w'}$ herleiten. Man erhält damit schließlich die Transportgleichung für den Reynoldsschen Schubspannungstensor

$$\frac{\partial}{\partial t}\,(\overline{u_i'u_j'}) + \bar{u}_k\frac{\partial}{\partial x_k}\,(\overline{u_i'u_j'}) + \underbrace{\overline{u_i'u_k'}\frac{\partial \bar{u}_j}{\partial x_k} + \overline{u_j'u_k'}\frac{\partial \bar{u}_i}{\partial x_k}}$$
$$\underbrace{}_{\text{Konvektion}} \quad \underbrace{}_{\text{Produktion}}$$

$$+ \underbrace{2v\,\overline{\frac{\partial u_i'}{\partial x_k}\frac{\partial u_j'}{\partial x_k}}}_{\text{Dissipation}} - \underbrace{\overline{\frac{p'}{\varrho}\left(\frac{\partial u_i'}{\partial x_j} + \frac{\partial u_j'}{\partial x_i}\right)}}_{\text{Druck-Scher-Korrelation}}$$

$$+ \underbrace{\frac{\partial}{\partial x_k}\left[\overline{u_i'u_j'u_k'} + v\frac{\partial}{\partial x_k}\,(\overline{u_i'u_j'}) + \overline{\frac{p'}{\varrho}\,(\delta_{kj}u_i' + \delta_{ki}u_j')}\right]}_{\text{Diffusion}} = 0. \qquad (3.14)$$

Für den Produktionsterm ergibt sich dabei der Ausdruck

$$\overline{u_i'u_k'}\frac{\partial \bar{u}_j}{\partial x_k} + \overline{u_j'u_k'}\frac{\partial \bar{u}_i}{\partial x_k}\,.$$

Die beiden Ausdrücke $\overline{u_i'u_k'}$ und $\overline{u_j'u_k'}$ sind Komponenten des Reynoldsschen Schubspannungstensors. Der Produktionsterm zeigt, daß Turbulenz nur in Scherströmungen aufrecht erhalten bzw. erzeugt werden kann. Der Geschwindigkeitsgradient ist der Generator der Turbulenz. Da die größten Geschwindigkeitsgradienten in der Regel in der Nähe fester Wände auftreten, wird auch Turbulenz in unmittelbarer Nähe fester Wände produziert.

Bild 3.9 zeigt schematisch den Verlauf des Produktions- und Disspiationsterms in Wandnähe für die turbulent überströmte ebene Platte. Die Produktion ist im Bereich hoher Schubspannungen am größten. Sie steigt zur Wand hin stark an, um nach Erreichen eines Maximums in unmittelbarer Wandnähe auf den Wert Null an der Wand selbst abzufallen. Dissipations- und Produktionsterm haben entgegenge-

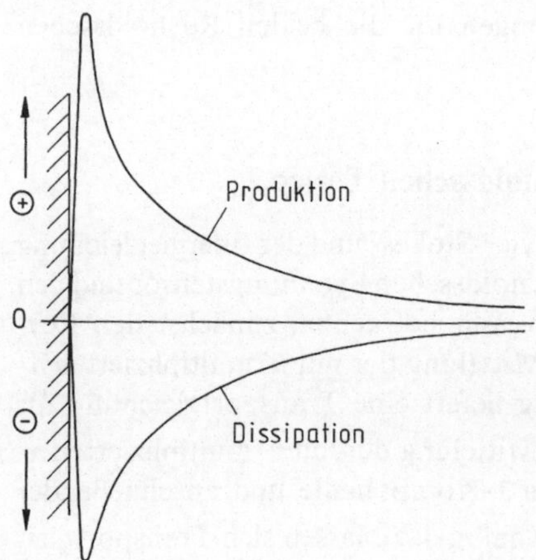

Bild 3.9. Qualitativer Verlauf des Produktions- und Dissipationsterms bei Wandturbulenz in Wandnähe

setzte Vorzeichen. Bei der Wandturbulenz ist an Orten hoher Produktion auch die Dissipation groß.

Aus der Energiegleichung erhält man durch ähnliche Umformungen schließlich eine Transportgleichung für den Reynoldsschen Wärmestromvektor

$$\underbrace{\frac{\partial(\overline{u'_j T'})}{\partial t} + \bar{u}_k \frac{\partial(\overline{u'_j T'})}{\partial x_k}}_{\text{Konvektion}} + \underbrace{\overline{u'_k T'}\frac{\partial \bar{u}_j}{\partial x_k} + \overline{u'_j u'_k}\frac{\partial \bar{T}}{\partial x_k}}_{\text{Produktion}}$$

$$+ \underbrace{(a+v)\overline{\frac{\partial u'_j}{\partial x_k}\frac{\partial T'}{\partial x_k}}}_{\text{Dissipation}} - \underbrace{\overline{\frac{p'}{\varrho}\frac{\partial T'}{\partial x_j}}}_{\text{Druck-Temperatur-Korrelation}}$$

$$+ \underbrace{\frac{\partial}{\partial x_k}\left[\overline{u'_j u'_k T'} + \frac{1}{\varrho}\delta_{jk}\overline{p'T'} - a\overline{u'_j\frac{\partial T'}{\partial x_k}} - v\overline{T'\frac{\partial u'_j}{\partial x_k}}\right]}_{\text{Diffusion}} = 0. \tag{3.15}$$

Die Transportgleichung für die Reynoldsschen Terme enthalten neue unbekannte Korrelationen, z.B. die Tripelkorrelationen $\overline{u'_i u'_j u'_k}$. Formal läßt sich auch dafür wieder eine Transportgleichung herleiten, die dann ebenfalls wieder neue unbekannte Funktionen enthält. Dieses Verfahren läßt sich prinzipiell beliebig fortsetzen, wobei die in jeder Stufe auftretenden neuen unbekannten Funktionen zunehmend komplizierter werden.

3.2.3 Das Schließungsproblem

Das Schließungsproblem, d.h. die Bestimmung der in den Bilanzgleichungen für die zeitlichen Mittelwerte auftretenden neuen unbekannten Funktionen (Reynoldsscher Spannungstensor und Reynoldsscher Wärmestromvektor) läßt sich auf die oben gezeigte Art prinzipiell nicht lösen, da in den Transportgleichungen für $(\bar{\tau}_{ij})_t$ und q_t wieder neue unbekannte Korrelationsfunktionen auftreten. Für diese neuen Korrelationen lassen sich zwar wieder neue Transportgleichungen formulieren, doch diese enthalten weitere neue unbekannte Korrelationen, i.a. Tensoren höherer Ordnung. Damit existieren immer mehr Unbekannte als Gleichungen zur Verfügung stehen. Für die Schließung des Gleichungssystems muß man deshalb auf *halbempirische Ansätze* zurückgreifen.

Wir unterscheiden zwischen Schließungsannahmen in den Reynoldsschen Gleichungen und solchen in den Transportgleichungen. Im ersten Fall sprechen wir von Schließungsmodellen *1. Ordnung* und meinen damit Annahmen für $(\bar{\tau}_{ij})_t$ und q_t. Schließungsmodelle *2. Ordnung* sind dann Annahmen für die Turbulenzenergie k und für die turbulente Dissipation ε in den Transportgleichungen für die Reynoldsschen Terme. Von den Schließungsmodellen 2. Ordnung hat das sog. $k-\varepsilon$ Modell eine größere praktische Bedeutung erlangt.

3.3 Berechnung turbulenter Transportgrößen

3.3.1 Grundkonzepte zur Lösung des Schließungsproblems

3.3.1.1 Physikalische Eigenschaften turbulenter Strömungen

Bevor wir Modelle für turbulente Transportprozesse vorstellen, ist es zweckmäßig, die Natur turbulenter Transportprozesse zu betrachten. Turbulente Strömungen sind Wirbelströmungen, welche, da meist eine hohe Reynoldszahl vorliegt, ein großes Spektrum von Wirbelgrößen und ein entsprechendes Spektrum von Schwankungsfrequenzen enthalten. Die Strömung ist immer rotationsbehaftet und kann als ein zusammenhängendes Gebilde von Wirbelelementen, deren Wirbelvektoren in beliebige Richtungen zeigen und instationär sind, gedacht werden. Die größten Wirbel, die mit den niedrigsten Fluktuationsfrequenzen verbunden sind, werden durch die Randbedingungen der Strömung festgelegt und ihre Größe ist von der gleichen Größenordnung wie die Größe des gesamten Strömungsfelds. Die kleinsten Wirbel, die mit den höchsten Fluktuationsfrequenzen verbunden sind, sind durch viskose Kräfte (Reibungskräfte) festgelegt. Die Breite des Spektrums und damit auch die Differenz zwischen den größten und den kleinsten Wirbeln nimmt mit steigender Reynoldszahl zu. Es sind im Wesentlichen die großräumigen Turbulenzstrukturen, die Impuls und Wärme transportieren und damit Beiträge zum Reynoldsschen Spannungstensor und zum Reynoldsschen Wärmestromvektor liefern. Deshalb muß in einem Turbulenzmodell zur Berechnung der Reynoldsspannungen und des Reynoldsschen Wärmestromvektors die großräumige turbulente Bewegung richtig simuliert werden.

Die großen Wirbel kommunizieren mit der Hauptströmung (weil die Abmessungen beider von gleicher Größenordnung sind), und entziehen dieser dabei kinetische Energie und überführen sie an die großräumigen Wirbelbewegungen. Die Wirbelelemente beeinflussen sich gegenseitig, wobei kinetische Energie ständig von den größeren an die kleineren Wirbel übergeführt wird, bis schließlich Reibungskräfte aktiv werden und die kinetische Energie dissipieren.

Dieser Prozeß wird „Energiekaskade" genannt. Die kinetische Energie, die von der Hauptströmung auf die turbulente Bewegung übertragen wird, ist durch die großräumige Wirbelstruktur festgelegt; nur diese Rate kann an immer kleinere Wirbel weitergegeben und letztendlich dissipiert werden. Deshalb ist auch die Menge an Energie, die schließlich dissipiert wird, durch die großräumige Wirbelstruktur festgelegt, obwohl die Dissipation letztlich ein Reibungsprozeß ist und nur auf der Ebene der kleinsten Wirbel stattfindet. Es ist wichtig festzustellen, daß die Reibung nicht die Menge an dissipierter Energie festlegt, sondern nur die Größenordnung der Wirbel, bei der Dissipation stattfindet. Je kleiner der Reibungseffekt ist (d.h. je größer die Reynoldszahl ist) desto kleiner sind die kleinsten Wirbel, die die Energie schließlich dissipieren. Falls Auftriebskräfte vorhanden sind, so findet zusätzlich auch ein Austausch zwischen der potentiellen Energie der Hauptströmung und der turbulenten kinetischen Energie statt.

Infolge ihrer Wechselwirkung mit der Hauptströmung hängt die großräumige Wirbelstruktur stark von den Randbedingungen des Problems ab. Die Hauptströmung hat oft ausgezeichnete Richtungen, welche dann auch der großräumigen Wirbelstruktur aufgezwungen werden. Diese Bewegung kann deshalb sehr stark anisotrop sein, weshalb sowohl die Intensität der Fluktuationen als auch ihre Größenordnung stark richtungsabhängig sein können. Während des Kaskadenprozesses, bei dem Energie von den großen an die mittleren und von den mittleren an die kleineren und von diesen an die kleinsten Wirbel weitergegeben wird, verschwindet allmählich die Richtungsabhängigkeit. Wenn die Reynoldszahl groß genug ist, so daß die Größenordnung der größten und kleinsten Wirbel hinreichend weit auseinander liegt, so verschwindet die Richtungsabhängigkeit vollständig und die Dissipation auf der Größenordnung der kleinsten Wirbel verläuft isotrop. Diese Eigenschaft, daß nämlich die kleinräumige Wirbelstruktur weitgehend isotrop und die großräumige dies nicht ist, wird auch als „lokale Isotropie" bezeichnet und stellt ein wesentliches Konzept für die Modulierung turbulenter Strömungen dar.

3.3.1.2 Das Wirbelviskositätsprinzip

Nach einem Vorschlag von Boussinesq (1877) wird in Analogie zur laminaren Strömung eine turbulente Viskosität, die sog. *Wirbelviskosität* ε_τ und damit der Ansatz

$$-\overline{u_i' u_j'} = \varepsilon_\tau \left(\frac{\partial \bar{u}_i}{\partial x_j} + \frac{\partial \bar{u}_j}{\partial x_i} \right) - \frac{2}{3} \delta_{ij} k \qquad (3.16)$$

für die Reynoldsspannungen eingeführt. Dieser Ansatz wird als Wirbelviskositätsprinzip bezeichnet. Für $i=j$ und anschließendem Aufsummieren verschwindet aufgrund der Kontinuitätsgleichung div $\bar{u}=0$ die Summe der Diagonalglieder und damit der erste Term auf der rechten Seite in (3.16). Andererseits sind alle Normalspannungen positiv definiert und ihre Summe ist gleich dem zweifachen der kinetischen Turbulenzenergie,

$$\overline{u'^2} + \overline{v'^2} + \overline{w'^2} = 2k \,.$$

Der zweite Term in (3.16) stellt somit sicher, daß die Summe der Normalspannung gleich $2k$ ist. Die Normalspannungen wirken wie ein Druck. Deshalb muß die kinetische Turbulenzenergie k nicht berechnet werden; bei der Substitution des Ansatzes (3.16) in die Reynoldsgleichungen wird der statische Druck einfach durch $p + \frac{2}{3} k$ ersetzt.

Im Gegensatz zur Viskosität ν ist die Wirbelviskosität ε_τ keine Stoffeigenschaft, sondern eine Eigenschaft des Strömungsfelds selbst, die von Ort zu Ort variieren kann.

3.3.1.3 Das Wirbeldiffusionsprinzip

In Analogie zum Wärmetransport durch Leitung in laminaren Strömungen bzw. zum turbulenten Impulstransport wird für den Reynoldsschen Wärmestromvektor der Ansatz

$$-\overline{u_i' T'} = \varrho c_p \varepsilon_q \frac{\partial \overline{T}}{\partial x_i} \tag{3.17}$$

eingeführt, wobei ε_q die turbulente Transportgröße für die Diffusion, die sog. Wirbeldiffusion bedeutet. Auch die Wirbeldiffusion ist im Gegensatz zur Temperaturleitfähigkeit a keine Stoffgröße, sondern eine Eigenschaft des Strömungsfelds selbst, die wieder von Ort zu Ort variieren kann.

Ebenfalls in Analogie zur laminaren Strömung wird das Verhältnis der beiden Transportgrößen ε_τ und ε_q als turbulente Prandtlzahl,

$$Pr_t = \frac{\varepsilon_\tau}{\varepsilon_q} \tag{3.18}$$

bezeichnet.

Das Schließungsproblem ist damit auf die Bestimmung der drei Größen, $\varepsilon_\tau, \varepsilon_q$ und Pr_t zurückgeführt. Wir wollen im nächsten Kapitel drei Modelle unterschiedlichen physikalischen Inhalts zur Bestimmung dieser Größen vorstellen.

3.3.2 Turbulenzmodelle [s. dazu auch Rodi (1984)]

3.3.2.1 Das Null-Gleichungs-Modell

Für die Schließung des Gleichungssystems, d.h. für die Berechnung der turbulenten Transportgrößen ε_τ und ε_q muß keine Transportgleichung gelöst werden, statt dessen wird ein algebraischer Ansatz eingebracht. Prandtl (1925) hat mit seiner *Mischungsweghypothese* einen solchen algebraischen Ansatz entwickelt. Er geht dabei davon aus, daß ein Turbulenzelement relativ zu seiner Umgebung einen seinem Durchmesser d proportionalen Weg l, die sog. *Mischungsweglänge l* zurücklegt, bevor es sich mit seiner Umbegung vermischt und dadurch seine Identität verliert. s. Bild 3.10.

Wir wollen nach Prandtl diese Mischungsweglänge abschätzen und betrachten dazu Bild 3.11. Wird ein Turbulenzelement durch die Schwankungsgeschwindigkeit

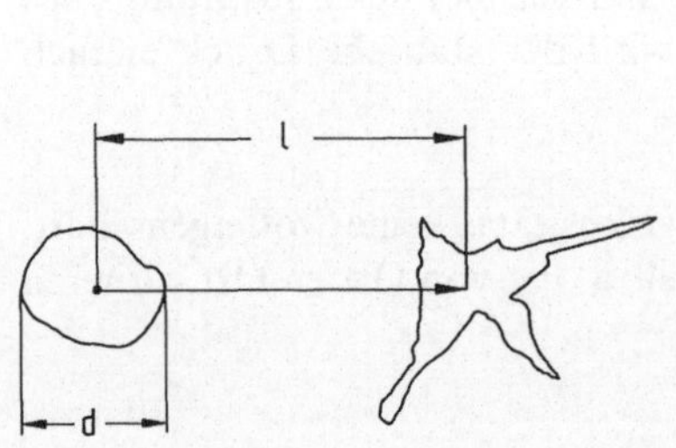
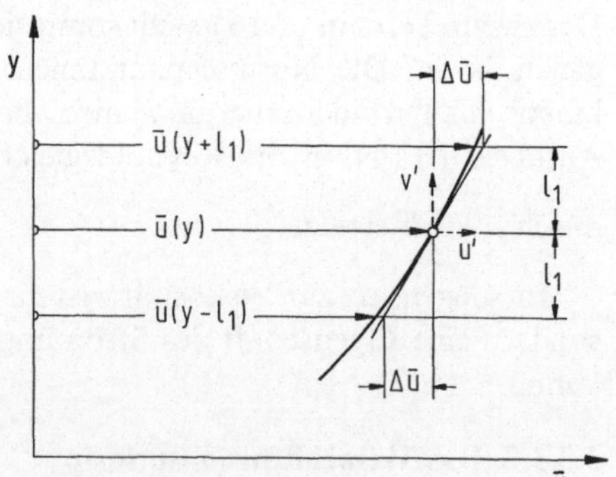

Bild 3.10. Mischungsweglänge nach
Prandtl (1925)

Bild 3.11. Mischungskonzept nach
Prandtl (1925)

v' quer zur Hauptströmung $\bar{u}$ von der Stelle y zur Stelle $y \pm l_1$ transportiert, so besitzt es dort gegenüber seiner neuen Umgebung eine Geschwindigkeitsdifferenz Δu entsprechend

$$\Delta u = \bar{u}(y \pm l_1) - \bar{u}(y) = \pm l_1 \frac{\partial \bar{u}}{\partial y} \,.$$

Durch die Verdrängungswirkung des Turbulenzelements werden Geschwindigkeiten Δv in y-Richtung hervorgerufen, die aus Gründen der Kontinuität von gleicher Größenordnung sein müssen, also

$$\Delta v = -l_2 \frac{\partial \bar{u}}{\partial y} \,.$$

Prandtl nimmt nun an, daß die Geschwindigkeitsdifferenz Δu und die daraus resultierende Geschwindigkeit Δv gleich den turbulenten Geschwindigkeitsschwankungen u' und v' sind. Damit folgt für die Komponente $\overline{u'v'}$ des Reynoldsschen Spannungstensors

$$-\overline{u'v'} = l^2 \left| \frac{\partial \bar{u}}{\partial y} \right| \frac{\partial \bar{u}}{\partial y} \,,$$

wenn $l_1 = l_2 = l$ gesetzt wird. Die Absolutstriche sind notwendig, damit die turbulente Transportgröße ε_τ entsprechend

$$\varepsilon_\tau = l^2 \left| \frac{\partial \bar{u}}{\partial y} \right| \tag{3.19}$$

positiv definiert ist. Die Beziehung (3.19) wird als *Prandtlsche Mischungsweghypothese* bezeichnet. Sie hat sich bei vielen ingenieurmäßigen Berechnungen, z.B. bei Grenzschichtströmungen hervorragend bewährt. Bei komplexen Strömungsformen versagt sie jedoch vollständig, da dafür die Mischungsweglänge l nicht mehr angegeben werden kann.

Die Mischungsweglänge selbst muß durch Anpassung an experimentelle Daten bestimmt werden. Wir wollen dazu zwei einfache Beispiele betrachten. Bild 3.12

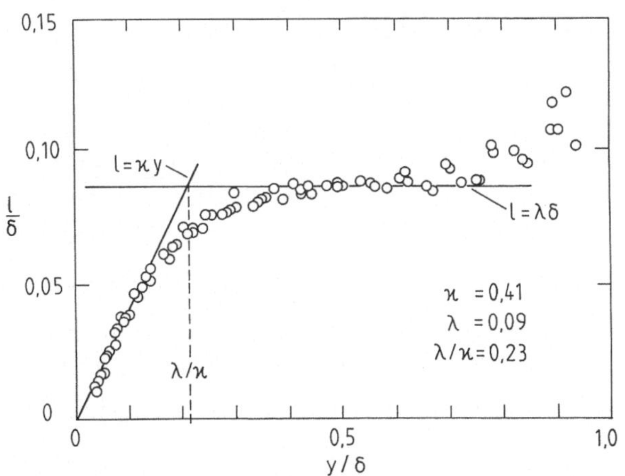

Bild 3.12. Meßwerte für die Mischungsweglänge in der Grenzschicht einer längsüberströmten ebenen Platte

zeigt Meßergebnisse für die Mischungsweglänge in der Grenzschicht entlang einer *ebenen Platte*. Danach kann die Strömung in einen inneren (wandnahen) und einen äußeren Bereich aufgeteilt werden, wobei die Mischungslänge entsprechend

$$l = \begin{cases} \varkappa y & \text{für } y/\delta \to 0 \\ \lambda \delta & \text{für } y/\delta \to 1 \end{cases} \tag{3.20}$$

im wandnahen Bereich proportional zum Wandabstand y und im äußeren Bereich proportional zur Grenzschichtdicke δ ist. Für die beiden empirischen Konstanten $\varkappa$ und λ empfehlen Patankar und Spalding (1970) die Zahlenwerte $\varkappa = 0,435$ und $\lambda = 0,09$. Der wandnahe Bereich ist demnach mit $\lambda/\varkappa = 0,23$ auf etwa 1/4 der Grenzschichtdicke begrenzt.

Für die voll entwickelte turbulente *Rohrströmung* hat Nikuradse (s. Schlichting (1982)) den Ansatz

$$\frac{l}{R} = 0,14 - 0,08 \left(1 - \frac{y}{R}\right)^2 - 0,06 \left(1 - \frac{y}{R}\right)^4, \tag{3.21}$$

mit R als dem Rohrradius vorgeschlagen. Durch Entwicklung um die Stelle $y = 0$ folgt daraus

$$l \approx 0,40\, y \quad \text{für} \quad y \to 0.$$

Auch bei der turbulenten Rohrströmung ist somit in Wandnähe die Mischungsweglänge l proportional zum Wandabstand y.

Die turbulente Transportgröße für die Wärme wird mit der Wirbelviskosität und der turbulenten Prandtlzahl aus

$$\varepsilon_q = \frac{\varepsilon_\tau}{Pr_t} \tag{3.22}$$

berechnet. Die turbulente Prandtlzahl ist dabei etwa gleich 0,9 im wandnahen Bereich und etwa gleich 0,5 im Freistrahl.

Eine wesentliche Unzulänglichkeit der Prandtlschen Mischungsweghypothese besteht darin, daß sowohl ε_τ als auch ε_q gleich Null werden, wenn der Geschwindigkeitsgradient $\partial \bar{u}/\partial y$ verschwindet. Dies steht oft im krassen Widerspruch zur Realität. So ist z.B. die Wirbelviskosität ε_τ bei der turbulenten Rohrströmung in der Achse, auf der aus Symmetriegründen $\partial \bar{u}/\partial y = 0$ ist, nur etwa 20 % kleiner als der in Wandnähe auftretende maximale Wert.

Um die Unzulänglichkeiten der Prandtlschen Mischungsweghypothese zu überwinden, wird die direkte Proportionalität zwischen der Mischungsweglänge und dem Gradienten der Mittelwerte der Strömungsgeschwindigkeiten fallengelassen.

3.3.2.2 Das Ein-Gleichungs-Modell

Die Wirbelviskosität ε_τ hat analog zur Viskosität ν die Dimension Geschwindigkeit mal Länge. Der physikalisch sinnvollste Geschwindigkeitsmaßstab ist wegen (3.4) die Wurzel aus der kinetischen Turbulenzenergie, also $\sqrt{k}$. Kolmogorov (1942) und Prandtl (1945) haben unabhängig voneinander für die Wirbelviskosität den Ansatz

$$\varepsilon_\tau = C_\tau \sqrt{k} L \qquad (3.23)$$

vorgeschlagen. Dabei ist L eine charakteristische Länge des turbulenten Transports und C_τ eine empirische Konstante.

Für die kinetische Turbulenzenergie k erhält man mit $i=j$ und einigen Umformungen aus der Transportgleichung (3.14) für die Komponenten des Reynoldsschen Schubspannungstensors die Gleichung (s. z.B. Rodi (1984))

$$\underbrace{\frac{\partial k}{\partial t} + \bar{u}_k \frac{\partial k}{\partial x_k}}_{\text{Konvektion}} + \underbrace{\overline{u'_j u'_k} \frac{\partial \bar{u}_j}{\partial x_k}}_{\text{Produktion}} + \underbrace{v \overline{\frac{\partial u'_j}{\partial x_k} \frac{\partial u'_j}{\partial x_k}}}_{\text{Dissipation}}$$

$$+ \underbrace{\frac{\partial}{\partial x_k} \left[\overline{\left(k + \frac{p'}{\varrho} \right) u'_k} \right]}_{\text{Diffusion}} = 0. \qquad (3.24)$$

Wegen der in dieser Gleichung auftretenden neuen unbekannten Korrelationen im Dissipations- und Diffusionsterm kann sie nicht exakt gelöst werden. Um dennoch zu einer Lösung zu gelangen, müssen die unbekannten Korrelationen abgeschätzt („modelliert") werden. In Analogie zum Wirbelviskositätsprinzip werden die unbekannten Korrelationen im Diffusionsterm proportional dem Gradienten der kinetischen Turbulenzenergie gesetzt,

$$\overline{\left(k + \frac{p'}{\varrho} \right) u'_k} = \frac{\varepsilon_\tau}{C_k} \frac{\partial k}{\partial x_k} .$$

Zur Abschätzung des Dissipationsterms führen wir folgende Überlegung durch. Der Widerstand, den ein Turbulenzelement in der Strömung erfährt, ist proportional dem Quadrat seiner Relativgeschwindigkeit zum umgebenden Fluid, also $\overline{u'^2}$ bzw. $\overline{v'^2}$ und $\overline{w'^2}$. Er ist weiter proportional dem mittleren Querschnitt des Turbulenzelements; also $\sim L^2$, wenn der Durchmesser des Elements $\sim L$ ist. Damit ist der Widerstand proportional $L^2 \overline{u'^2}$ und die Widerstandsleistung proportional $L^2 \overline{u'^3}$. Für die Widerstandsleistung pro Volumen erhält man damit

$$\frac{L^2 \overline{u'^3}}{L^3} \sim \frac{\overline{u'^3}}{L} \sim \frac{k^{3/2}}{L} ,$$

wenn $\overline{u'^2} \sim k$ gesetzt wird. Damit folgt für die Dissipation von kinetischer Turbulenzenergie der von Harlow und Nakagama (1967) vorgeschlagene Ansatz

$$v \overline{\frac{\partial u'_i}{\partial x_j} \frac{\partial u'_i}{\partial x_j}} = \varepsilon = C_D \frac{k^{3/2}}{L} . \qquad (3.25)$$

Mit dem Wirbelviskositätsprinzip folgt damit die modellierte Transportgleichung für die kinetische Turbulenzenergie

$$\frac{\partial k}{\partial t} + \bar{u}_k \frac{\partial k}{\partial x_k} = \varepsilon_\tau \left(\frac{\partial \bar{u}_k}{\partial x_j} + \frac{\partial \bar{u}_j}{\partial x_k} \right) \frac{\partial \bar{u}_k}{\partial x_j} - C_D \frac{k^{3/2}}{L}$$

$$+ \frac{\partial}{\partial x_k} \left(\frac{\varepsilon_\tau}{C_k} \frac{\partial k}{\partial x_k} \right), \tag{3.26}$$

wobei die Konstanten C_τ, C_k und C_D durch Anpassung an experimentelle Daten bestimmt werden müssen. Wir wollen hier auf einen entscheidenden Nachteil dieses und auch des im nächsten Kapitel behandelten Zwei-Gleichungs-Modells hinweisen. Dieser Nachteil besteht darin, daß die Konstanten C_τ, C_k und C_D nicht nur an experimentellen Daten, sondern an Daten für das jeweils zu untersuchende Problem angepaßt werden müssen. Die Konstanten sind damit problemspezifisch und es existiert kein universell gültiger Datensatz. Nach Launder und Spalding (1972) gelten für die Konstanten im Mittel die Zahlenwerte $C_\tau C_D \approx 0{,}08$ und $C_k \approx 1$.

Die Wirbeldiffusion ε_q wird wieder, wie bereits beim Null-Gleichungsmodell, aus der Wirbelviskosität ε_τ mit der turbulenten Prandtlzahl berechnet. Damit sind die charakteristische Länge L und die turbulente Prandtlzahl die beiden Unbekannten dieses Modells. Für die turbulente Prandtlzahl werden wieder konstante Werte entsprechend dem zu untersuchenden Problem und für die charakteristische Länge ein zur Mischungsweglänge analoger Ansatz angenommen.

3.3.2.3 Das Zwei-Gleichungs-Modell

In turbulenten Strömungen führen, wie bereits dargelegt, nur die allerkleinsten Wirbel kinetische Energie durch Dissipation in Wärme über. Die Menge an dissipierter Energie wird jedoch durch die größten Turbulenzelemente bestimmt, da nur diese der Hauptströmung kinetische Energie entziehen. Diese Eigenschaft führte Harlow und Nakayama zu dem bereits im Ein-Gleichungs-Modell verwendeten Ansatz für die Dissipation. Wird daraus die charakteristische Länge L in den Ansatz (3.23) von Prandtl und Kolmogorov eingesetzt, so folgt

$$\varepsilon_\tau = C_\tau \frac{k^2}{\varepsilon} . \tag{3.27}$$

Aus den Navier-Stokes-Gleichungen kann nun eine exakte Transportgleichung für die Dissipation ε abgeleitet werden. Diese Gleichung ist jedoch infolge der darin auftauchenden neuen unbekannten Korrelationen wieder nicht lösbar. Durch entsprechende Abschätzungen (Modell-Annahmen) lassen sich diese unbekannten Korrelationen auf bekannte Ausdrücke zurückführen. Man erhält schließlich die modellierte Transportgleichung für die Dissipation ε,

$$\frac{\partial \varepsilon}{\partial t} + \bar{u}_k \frac{\partial \varepsilon}{\partial x_k} = C_1 \frac{\varepsilon}{k} \left[\varepsilon_\tau \left(\frac{\partial \bar{u}_k}{\partial x_j} + \frac{\partial \bar{u}_j}{\partial x_k} \right) \frac{\partial \bar{u}_k}{\partial x_j} \right]$$

$$- C_2 \frac{\varepsilon^2}{k} + \frac{\partial}{\partial x_k} \left(\frac{\varepsilon_\tau}{C_\varepsilon} \frac{\partial \varepsilon}{\partial x_k} \right). \tag{3.28}$$

Mit (3.27) folgt aus (3.26) die modellierte Transportgleichung für die kinetische Turbulenzenergie

$$\frac{\partial k}{\partial t} + \bar{u}_k \frac{\partial k}{\partial x_k} = C_\tau \frac{k^2}{\varepsilon} \left(\frac{\partial \bar{u}_k}{\partial x_j} + \frac{\partial \bar{u}_j}{\partial x_k} \right) \frac{\partial \bar{u}_k}{\partial x_j} - \varepsilon$$

$$+ \frac{\partial}{\partial x_k} \left(\frac{\varepsilon_\tau}{C_k} \frac{\partial k}{\partial x_k} \right). \tag{3.29}$$

Für die Bestimmung der empirischen Konstanten gilt auch hier das bereits im vorigen Kapitel Gesagte. Launders und Spalding (1974) empfehlen dafür die Werte $C_\tau = 0{,}09$, $C_k = 1{,}0$, $C_\varepsilon = 1{,}3$, $C_1 = 1{,}44$ und $C_2 = 1{,}92$. Rodi (1984) hat darauf hingewiesen, daß numerische Lösung extrem empfindlich auf eine geringfügige Änderung der Konstanten C_1 und C_2 reagieren.

Mit den Transportgleichungen (3.28) und (3.29) wird die Dissipation ε und die kinetische Turbulenzenergie k und damit aus (3.27) die Wirbelviskosität ε_τ berechnet. Die Wirbeldiffusion ε_q wird auch bei diesem Modell, wie schon beim Null- und Ein-Gleichungs-Modell, mit der turbulenten Prandtlzahl aus der Wirbelviskosität ε_τ entsprechend (3.22) ermittelt. Die einzige unbekannte Größe in diesem auch als k-ε-Modell bezeichneten Zwei-Gleichungs-Modell ist damit die turbulente Prandtlzahl.

3.3.3 Die turbulente Prandtlzahl

Die Navier-Stokes-Gleichung für das Geschwindigkeitsfeld und die „thermische" Energiegleichung für die Temperatur sind *nicht ähnlich*, weshalb im allgemeinen die turbulente Prandtlzahl $Pr_t \neq 1$ ist.

Im Gegensatz dazu hat Reynolds vor etwa 100 Jahren angenommen, daß dem turbulenten Transport von Impuls und dem turbulenten Transport von Wärme der gleiche Mechanismus zugrunde liege, d.h. $\varepsilon_\tau = \varepsilon_q$ und somit $Pr_t = 1$.

Die Prandtlsche Mischungsweghypothese führt mit den Ansätzen

$$u' = \pm l_1 \frac{\partial \bar{u}}{\partial y} ,$$

$$v' = \pm l_2 \frac{\partial \bar{u}}{\partial y} ,$$

$$T' = \pm l_3 \frac{\partial \bar{T}}{\partial y} ,$$

zunächst auf die Ausdrücke

$$-\overline{u'v'} = l_1 l_2 \left| \frac{\partial \bar{u}}{\partial y} \right| \frac{\partial \bar{u}}{\partial y} ,$$

$$-\overline{u'T'} = l_1 l_3 \left| \frac{\partial \bar{u}}{\partial y} \right| \frac{\partial \bar{T}}{\partial y}$$

für die Reynoldsschen Terme. Mit $l_1 = l_2 = l_3 = l$ folgt daraus ebenfalls $Pr_t = 1$.

Experimentelle Untersuchungen haben gezeigt, daß $Pr_t = 1$ nur auf turbulente Strömungen mit sehr hohen Reynoldszahlen zutrifft. In sog. „schwach-turbulenten" Strömungen dagegen ist die turbulente Prandtlzahl deutlich größer als Eins. Diese experimentelle Beobachtung hat zu einer Reihe von Berechnungsvorschlägen für die turbulente Prandtlzahl geführt. Eine ausführliche Darstellung dieser Vorschläge findet sich bei Reynolds (1976).

Im folgenden wollen wir einen Berechnungsvorschlag von Jischa und Rieke (1979) (s. auch Jischa (1982,1983)) kurz skizzieren. Ausgehend von den Transportgleichungen für die Reynoldsschen Spannungen und den Reynoldsschen Wärmestrom erhält man die Ausdrücke

$$-\overline{u'v'} = C_\tau \sqrt{kL}\,\frac{\partial \bar{u}}{\partial y}\,,$$

$$-\overline{u'T'} = \frac{C_p}{\dfrac{C_D}{Pr\,Re_t} + C_v}\sqrt{kL}\,\frac{\partial T}{\partial y}$$

und daraus für die turbulente Prandtlzahl

$$Pr_t = \frac{C_\tau}{C_p}\left(C_D\frac{1}{Pr\,Re_t} + C_v\right).$$

Mit dem Ansatz von Rieke (1981) für die turbulente Reynoldszahl

$$Re_t = \frac{\sqrt{k\cdot L}}{v} = C\,Re^m\,,$$

erhalten Jischa und Rieke schließlich für die turbulente Prandtlzahl

$$Pr_t = K_1 + K_2\frac{1}{Pr\,Re^m}\,. \tag{3.30}$$

Für die Rohrströmung ist die Abhängigkeit der turbulenten Prandtlzahl nach (3.30) von der Prandtlzahl für drei verschiedene Reynoldszahlen in Bild 3.13 dargestellt. Man erkennt, daß diese Beziehung die experimentellen Daten für $Re = 2{,}0\cdot10^4$ und $1{,}0\cdot10^5$ im Mittel sehr gut wiedergibt. Die Konstanten K_1, K_2 und m werden für den Fall der Rohrströmung mit $K_1 = 0{,}9$, $K_2 = 182{,}4$ und $m = 0{,}888$ angegeben.

Alle bisherigen Überlegungen basierten auf dem Wirbelviskositäts- und dem Wirbeldiffusionsprinzip. Danach wird die Wirbelviskosität ε_τ mit einem der in Abschn. 3.3.2 vorgestellten Turbulenzmodelle berechnet. Die Wirbeldiffusion ε_q wird dann aus ε_τ mit Hilfe der turbulenten Prandtlzahl ermittelt. Stattdessen kann man auch direkt die Transportgleichungen (3.14) für die Komponenten des Reynoldsschen Spannungstensors und die Transportgleichung (3.15) für die Komponenten des Reynoldsschen Wärmestromvektors lösen. Jedoch auch diese Transportgleichungen müssen, da sie wegen der darin auftauchenden neuen unbekannten Korrelationen zunächst nicht lösbar sind, durch geeignete Annahmen

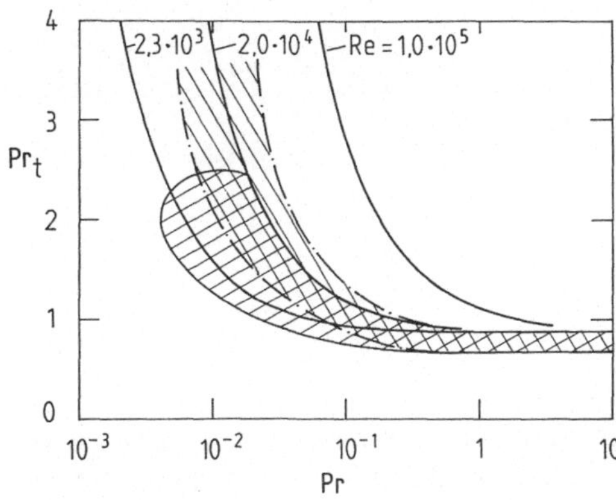

Bild 3.13. Vergleich zwischen Meßwerten und den mit einem halbempirischen Modell 2. Ordnung berechneten Werten für die turbulente Prandtlzahl bei der ausgebildeten Rohrströmung nach Jischa (1982)

„modelliert" werden. Wegen des mit diesem Vorgehen verbundenen enormen numerischen Rechenaufwands hat die *direkte numerische Integration* der Transportgleichungen für die Reynoldsschen Terme $(\overline{u_i' u_j'})$ und $(\overline{u_i' T'})$ für praktische Berechnungen bisher keine große Bedeutung erlangt. Näheres dazu findet der interessierte Leser z.B. bei Rodi (1980).

Vollständig verschieden von dem bisher Diskutierten ist die *direkte numerische Simulation* turbulenter Strömung durch numerische Integration der zeitabhängigen Navier-Stokes-Gleichungen. Wenn auch die heutigen Rechenanlagen zu langsam und bezüglich ihrer Speicherkapazität zu klein sind um auch die kleinsten, für die Dissipation jedoch entscheidenden, Wirbel zu erfassen, so läßt sich doch die großräumige turbulente Bewegung numerisch darstellen. Das Verhalten der kleinsten Wirbel wird bei diesem Vorgehen durch geeignete Modelle simuliert. Wegen der enorm langen Rechenzeit, selbst auf heutigen Großrechenanlagen, ist die direkte numerische Simulation turbulenter Strömung vorwiegend von akademischem Interesse und hat für praktische Berechnungen so gut wie keine Bedeutung erlangt.

4 Grenzschichtströmung

Bei vielen Problemen der Wärmeübertragung findet das Wesentliche in unmittelbarer Nähe von festen Wänden, innerhalb einer dünnen sog. Grenzschicht an diesen Wänden, statt. Dies trifft sowohl für laminare als auch für turbulente Strömungen zu. Ist die Dicke dieser Grenzschicht im Vergleich zu den Abmessungen des betrachteten Systems relativ klein, so lassen sich aus den in Kap. 2 und 3 gewonnenen Grundgleichungen für den laminaren und turbulenten Impuls- und Wärmetransport, die wesentlich einfacher zu handhabenden Grenzschichtgleichungen gewinnen. Dies soll im folgenden Kapitel gezeigt werden. Wir beschränken uns dabei auf stationäre, zweidimensionale und inkompressible Grenzschichtströmungen.

4.1 Grenzschichtgleichungen für den laminaren Transport

Ausgangspunkt für die folgenden Überlegungen sind die Gleichungen (2.10), (2.52) und (2.54). Diese Gleichungen bringen wir mit den charakteristischen Längen L, δ_S und δ_T, der charakteristischen Geschwindigkeit u_∞ und dem charakteristischen Druck $\varrho_0 u_\infty^2$ entsprechend

$$x^* = \frac{x}{L} \,;\; y^* = \frac{y}{\delta_\mathrm{S}} \quad \text{bzw.} \quad y^* = \frac{y}{\delta_\mathrm{T}} \,;$$

$$u^* = \frac{u}{u_\infty} \,;\; v^* = \frac{v}{u_\infty} \quad \text{und} \quad p^* = \frac{p}{\varrho_0 u_\infty^2}$$

auf eine dimensionslose Form. Bei der überströmten ebenen Platte ist L dabei die Länge der Platte, δ_S die Dicke der Strömungs- und δ_T die Dicke der Temperaturgrenzschicht und u_∞ die Anströmgeschwindigkeit, s. Bild 4.1.

Für die Kontinuitätsgleichung folgt damit aus (2.10) zunächst

$$\frac{u_\infty}{L} \frac{\partial u^*}{\partial x^*} + \frac{u_\infty}{\delta_\mathrm{S}} \frac{\partial v^*}{\partial y^*} = 0$$

und daraus

$$\frac{\partial u^*}{\partial x^*} + \frac{\partial}{\partial y^*} \left(\frac{v^* L}{\delta_\mathrm{S}} \right) = 0 \,.$$

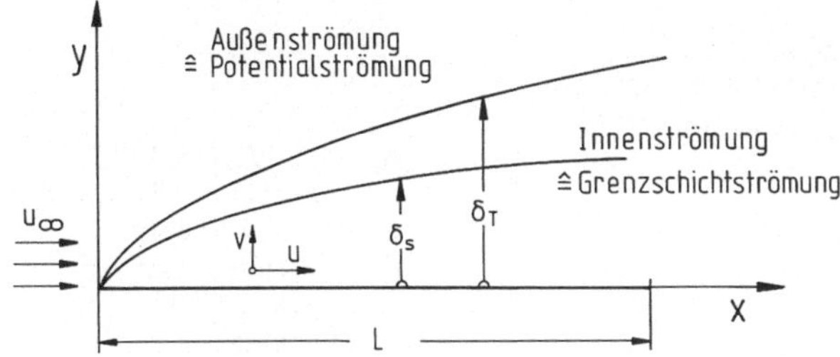

Bild 4.1. Strömungs- und Temperaturgrenzschichtdicke δ_T und δ_s bei der laminar überströmten ebenen Platte

Wegen $u^*,x^*,y^*=O(1)$ erhält man damit

$$\frac{v^*L}{\delta_S}=O(1)\,. \tag{4.1a}$$

Wir setzen voraus, daß die Grenzschichtdicke δ_S klein ist im Vergleich zur charakteristischen Länge L des Systems, und schreiben dafür,

$$\frac{\delta_S}{L}=\varepsilon\ll1\tfrac{1}{2}$$

oder mit anderen Worten: Das Verhältnis δ_S/L ist von der Größenordnung ε, d.h. $\delta_S/L=O(\varepsilon)$.

Damit folgt aus (4.1a)

$$v^*\sim\frac{\delta_S}{L}=O(\varepsilon)\,, \tag{4.1b}$$

d.h. die Geschwindigkeitskomponente v^* senkrecht zur Wand ist damit auch von der Ordnung $O(\varepsilon)$; d.h. $v^*\ll u^*$.

Aus (2.53) erhalten wir zunächst die Bewegungsgleichung für die Geschwindigkeitskomponente u parallel zur Wand,

$$\frac{u_\infty^2}{L}u^*\frac{\partial u^*}{\partial x^*}+\frac{u_\infty^2}{\delta_S}v^*\frac{\partial u^*}{\partial y^*}=-\frac{u_\infty^2}{L}\frac{\partial p^*}{\partial x^*}$$

$$+\frac{vu_\infty}{L^2}\left(\frac{\partial^2 u^*}{\partial x^{*2}}+\frac{L^2}{\delta_S^2}\frac{\partial u^*}{\partial y^*}\right) \tag{4.2a}$$

wenn wir den Massenkraftterm ϱg vernachlässigen. Mit der Reynoldszahl

$$Re=\frac{u_\infty L}{v}$$

erhält man daraus

$$u^*\frac{\partial u^*}{\partial x^*}+\frac{v^*L}{\delta_S}\frac{\partial u^*}{\partial y^*}=-\frac{\partial p^*}{\partial x^*}$$

$$+\frac{1}{Re}\frac{L^2}{\delta_S^2}\left[\frac{\delta_S^2}{L^2}\frac{\partial^2 u^*}{\partial x^{*2}}+\frac{\partial^2 u^*}{\partial y^{*2}}\right]. \tag{4.2b}$$

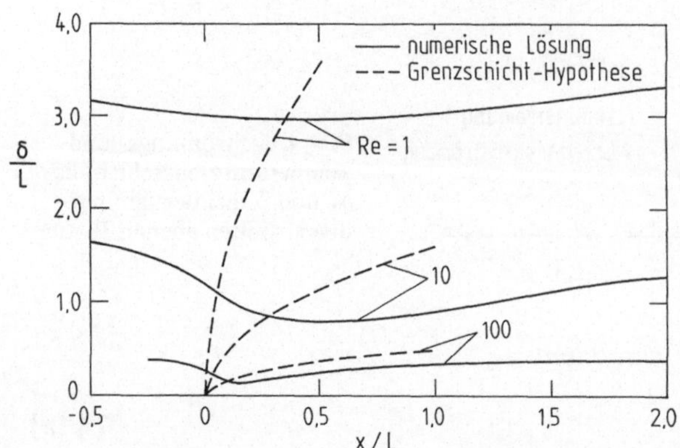

Bild 4.2. Vergleich der tatsächlichen zu der aus der Grenzschichttheorie resultierenden relativen Grenzschichtdicke δ_S/L in Abhängigkeit von x/L für die Plattenströmung bei verschiedenen Reynoldszahlen [nach Brauer und Sucker (1976)]

Mit der Forderung, daß der Trägheits- Druck- und Reibungsterm von gleicher Größenordnung sind, folgt aus (4.2b) unter Beachtung von (4.1)

$$\frac{1}{Re}\left(\frac{L}{\delta_S}\right)^2 = O(1), \tag{4.3a}$$

bzw.

$$\frac{\delta_S}{L} \sim \frac{1}{\sqrt{Re}} = O(\varepsilon). \tag{4.3b}$$

Die wesentliche Voraussetzung der Grenzschichttheorie, daß nämlich die Grenzschichtdicke δ_S klein ist im Verhältnis zur Abmessung L des Systems, ist damit nur für die $Re \gg 1$ erfüllt. Bild 4.2 zeigt einen Vergleich der tatsächlichen zu der aus der Grenzschichttheorie resultierenden relativen Grenzschichtdicke δ_S/L in Abhängigkeit von x/L für die Plattenströmung bei verschiedenen Reynoldszahlen nach Untersuchungen von Brauer und Sucker (1976). Man erkennt, daß die Übereinstimmung mit steigender Reynoldszahl besser wird, daß aber noch für $Re = 10^2$ deutliche Abweichungen im Bereich der Vorderkante zu erkennen sind.

Aus (4.2b) folgt ferner

$$\left|\left(\frac{\delta_S}{L}\right)^2 \frac{\partial^2 u^*}{\partial x^{*2}}\right| \ll \left|\frac{\partial^2 u^*}{\partial y^{*2}}\right|. \tag{4.4}$$

Diese Beziehung sagt aus, daß die „Krümmung" des Geschwindigkeitsprofils in der Grenzschicht parallel zur Wand wesentlich kleiner als senkrecht zur Wand ist. Es ist sofort einsichtig, daß auch diese Abschätzung nur dann erfüllt ist, wenn die Grenzschichtdicke hinreichend klein ist.

Wir betrachten nun die Bewegungsgleichung für die Geschwindigkeitskomponente senkrecht zur Wand. Mit den oben eingeführten dimensionslosen Größen erhalten wir dafür aus (2.53)

$$u^*\frac{\partial v^*}{\partial x^*} + \frac{v^* L}{\delta_S}\frac{\partial v^*}{\partial y^*} = -\frac{L}{\delta_S}\frac{\partial p^*}{\partial y^*} + \frac{1}{Re}\frac{L^2}{\delta_S^2}\left(\frac{\delta_S^2}{\delta_L^2}\frac{\partial^2 v^*}{\partial x^{*2}} + \frac{\partial^2 v^*}{\partial y^{*2}}\right). \tag{4.5}$$

Wegen (4.1a) und (4.1b) ist die linke Seite von (4.5) von der Ordnung $O(\varepsilon)$. Analog zu (4.4) gilt auch hier für den Reibungsterm die Abschätzung

$$\left|\left(\frac{\delta_{\mathrm{s}}}{L}\right)^2 \frac{\partial^2 v^*}{\partial x^{*2}}\right| \ll \left|\frac{\partial^2 v^*}{\partial y^{*2}}\right|. \tag{4.6}$$

Damit in (4.5) der Trägheits-, Druck- und Reibungsterm wieder von gleicher Größenordnung sind, müssen alle Terme in (4.5) von der $O(\varepsilon)$ sein. Damit folgt

$$\partial p^*/\partial y^* = O(\varepsilon^2)\ .$$

Die Druckänderung senkrecht zur Wand (Grenzschicht) ist somit um zwei Größenordnungen kleiner als die Druckänderung parallel zur Wand. Wir können uns das so vorstellen, daß die Druckänderung senkrecht zur Wand praktisch gleich Null ist und der Druck der Grenzschicht durch die Außenströmung aufgeprägt wird. Damit gilt für den Druckverlauf in der Grenzschicht

$$\partial p/\partial y = 0\ . \tag{4.7}$$

Wir leiten weiterhin aus der Energiegleichung (2.52) eine Beziehung für die „Temperaturgrenzschicht" ab. Im Gegensatz zur „Geschwindigkeis- oder Strömungsgrenzschicht" wählen wir jetzt als charakteristische Länge senkrecht zur Wand die Dicke der Temperaturgrenzschicht δ_{T}. Die Temperatur selbst beziehen wir auf eine charakteristische Temperaturdifferenz ΔT, z.B. die zwischen der Wand und der Umgebung. Damit folgt aus (2.52) die dimensionslose Darstellung

$$u^* \frac{\partial T^*}{\partial x^*} + \frac{v^* L}{\delta_{\mathrm{T}}} \frac{\partial T^*}{\partial y^*} = \frac{a}{u_\infty L} \frac{L^2}{\delta_{\mathrm{T}}^2} \left(\frac{\delta_{\mathrm{T}}^2}{L^2} \frac{\partial^2 T^*}{\partial x^{*2}} + \frac{\partial^2 T^*}{\partial y^{*2}}\right) + \beta \Delta T \frac{u_\infty^2}{c_{\mathrm{p}} \Delta T} T^* \frac{\partial p^*}{\partial x^*}. \tag{4.8a}$$

Mit den Umformungen

$$\frac{v^* L}{\delta_{\mathrm{T}}} = \frac{v^* L}{\delta_{\mathrm{s}}} \frac{\delta_{\mathrm{s}}}{\delta_{\mathrm{T}}}\ ,$$

$$\frac{a}{u_\infty L} = \frac{v}{u_\infty L} \frac{a}{v} = \frac{1}{Re\,Pr}$$

und der Eckertzahl

$$Ec = \frac{\text{kinetische Energie}}{\text{Enthalpiedifferenz}} = \frac{u_\infty^2}{c_{\mathrm{p}} \Delta T}$$

erhält man weiter

$$u^* \frac{\partial T^*}{\partial x^*} + \frac{v^* L}{\delta_{\mathrm{s}}} \frac{\delta_{\mathrm{s}}}{\delta_{\mathrm{T}}} \frac{\partial T^*}{\partial y^*} = \frac{1}{Re\,Pr} \frac{\partial^2 T^*}{\partial y^{*2}} + \frac{1}{Re\,Pr} \frac{L^2}{\delta_{\mathrm{T}}^2} \frac{\partial^2 T^*}{\partial y^{*2}} + \beta \Delta T\, Ec\, T^* \frac{\partial p^*}{\partial x^*}. \tag{4.8b}$$

Mit der Forderung, daß die Glieder für den konvektiven Transport von gleicher Größenordnung wie die Glieder für den diffusiven Transport sein sollen, folgt für den zweiten Term auf der rechten Seite in (4.8b)

$$\frac{1}{Re\,Pr}\frac{L^2}{\delta_T^2}=O(1) \tag{4.9a}$$

und daraus

$$\frac{\delta_T}{L}\sim\frac{1}{\sqrt{Re\,Pr}}\,. \tag{4.9b}$$

Analog zu (4.4) und (4.6) liefert der Vergleich der beiden „Diffusionsterme" in (4.8b)

$$\left|\left(\frac{\delta_T}{L}\right)^2\frac{\partial^2 T^*}{\partial x^{*2}}\right|\ll\left|\frac{\partial^2 T^*}{\partial y^{*2}}\right|, \tag{4.10}$$

d.h. die Krümmung des Temperaturprofils in der Grenzschicht parallel zur Platte ist ebenfalls wesentlich kleiner als senkrecht dazu.

Mit (4.3b) folgt damit aus (4.9b) für das Verhältnis der beiden Grenzschichtdicken

$$\frac{\delta_T}{\delta_S}\sim\frac{1}{\sqrt{Pr}}\,. \tag{4.11}$$

Die oben eingeführte Eckertzahl ist auch ein Maß für die Kompressibilität eines Fluids. Nach Schlichting (1982) gilt der Zusammenhang zwischen der Eckert- und der Machzahl

$$Ec=(\varkappa-1)\,\frac{T}{\Delta T}\,Ma^2,$$

d.h. für $Ma\ll1$ gilt auch $Ec\ll1$. Wir haben in Kap. 2 gezeigt, daß für die meisten technischen Probleme der Wärmeübertragung die Voraussetzung $Ma\ll1$ erfüllt ist, somit auch $Ec\ll1$. Damit kann der die Eckertzahl enthaltende Term in (4.8b) in der Regel vernachlässigt werden.

Wir fassen die gewonnenen Erkenntnisse zusammen und betrachten dazu eine laminar überströmte ebene Platte, s. Bild 4.1. Mit den durchgeführten Abschätzungen wird die Strömung um die Platte aufgeteilt in eine Außen- und eine Innenströmung, die wir als Grenzschichtströmung bezeichnen. Die Außenströmung wird dabei durch die Gleichungen für die Potentialströmung und die Innenströmung durch die Grenzschichtgleichung beschrieben. (Mit Hilfe einer asymptotischen Entwicklung für große Reynoldszahlen lassen sich die Potentialgleichungen für die Außenströmung und die Grenzschichtgleichungen für die Innenströmung formal aus den Navier-Stokes-Gleichungen ableiten, s. dazu Gersten (1982) [in Schlichting (1982)]). Mit den oben durchgeführten Abschätzungen erhalten wir die Grenzschichtgleichungen:

$$\frac{\partial u}{\partial x} + \frac{\partial y}{\partial y} = 0 \tag{4.12}$$

$$u\frac{\partial u}{\partial x} + v\frac{\partial u}{\partial y} = v\frac{\partial^2 u}{\partial y^2} - \frac{\partial p}{\partial x} \tag{4.13}$$

$$u\frac{\partial T}{\partial x} + v\frac{\partial T}{\partial y} = a\frac{\partial^2 T}{\partial y^2}. \tag{4.14}$$

Ist der Druck in der Außenströmung konstant, so folgt wegen (4.7) für die Grenzschicht:

$$p_\infty = \text{const}: \quad \frac{\partial p}{\partial x} = 0. \tag{4.15}$$

Die Grenzschichtgleichungen (4.12) bis (4.14) sind vom parabolischen Typ, d.h. sie beschreiben ein Anfangswertproblem. Eine Störung an der Stelle x hat deshalb keine Auswirkung stromaufwärts. Informationen darüber werden mit der Strömungsgeschwindigkeit u nur stromabwärts transportiert. Die Ursache dafür ist der Wegfall der beiden Diffusionsterme $\partial u^2/\partial x^2$ und $\partial T^2/\partial x^2$, die „Information", d.h. Wärme und Impuls stromaufwärts transportieren würden.

4.2 Grenzschichtgleichungen für den turbulenten Transport

Die Grenzschichtabschätzungen für turbulente Strömungen müssen direkt in den Reynoldsschen Gleichungen vorgenommen werden. Es wäre falsch, von den oben abgeleiteten laminaren Grenzschichtgleichungen auszugehen und zwar aus folgendem Grund: Die Schwankungsgeschwindigkeiten u_i' ändern sich sehr schnell bezüglich Zeit und Raum, so daß ihre Ableitungen im Vergleich zu den Ableitungen der mittleren Geschwindigkeiten $\overline{u_i}$ nicht vernachlässigt werden können, obwohl die u_i' selbst um etwa eine Größenordnung kleiner als die $\overline{u_i}$ sind. Die Ableitung der Grenzschichtgleichungen für turbulente Strömungen ist formal ähnlich der für laminare. Wir wollen deshalb im einzelnen nicht darauf eingehen und verweisen auf die ausführlichen Darstellungen bei Rotta (1972) und Jischa (1982).

Die Grenzschichtgleichungen für ein inkompressibles und turbulent strömendes Fluid ergeben sich zu

$$\frac{\partial \bar{u}}{\partial x} + \frac{\partial \bar{v}}{\partial y} = 0, \tag{4.16}$$

$$\varrho\left(\bar{u}\frac{\partial \bar{u}}{\partial x} + \bar{v}\frac{\partial \bar{u}}{\partial y}\right) = \frac{\partial}{\partial y}\left(\eta\frac{\partial \bar{u}}{\partial y} - \varrho\overline{u'v'}\right) - \frac{d\bar{p}}{dx}, \tag{4.17}$$

$$\varrho c_p\left(\bar{u}\frac{\partial \bar{T}}{\partial x} + \bar{v}\frac{\partial \bar{T}}{\partial y}\right) = \frac{\partial}{\partial y}\left(\lambda\frac{\partial \bar{T}}{\partial y} + \varrho c_p\overline{T'v'}\right). \tag{4.18}$$

Ein Vergleich von (4.16) bis (4.18) mit den Gleichungen für die laminare Strömung (4.12) bis (4.14) zeigt die große Ähnlichkeit. Statt der Momentanwerte der Geschwindigkeiten enthalten die Gleichungen für die turbulente Strömung die Mittelwerte. Desweiteren ist der Diffusionsterm in der Bewegungsgleichung um die Komponente $\varrho\overline{u'v'}$ des Reynoldsschen Schubspannungstensors und der Diffusionsterm in der Energiegleichung um die Komponente $\varrho c_\mathrm{p}\overline{T'v'}$ des Reynoldsschen Wärmestromvektors erweitert. Vom Reynoldsschen Schubspannungstensor ist somit nur die Komponente $\varrho\overline{u'v'}$ und vom Reynoldsschen Wärmestromvektor nur die Komponente $\varrho c_\mathrm{p}\overline{T'v'}$ übrig geblieben. Ein wesentliches Problem der Theorie der turbulenten Impuls- und Wärmeübertragung besteht nun darin, geeignete Ansätze für diese beiden Terme zu finden. Analog zu Abschn. 3.3 lassen sich auch für diese beiden Terme Turbulenzmodelle entwickeln. Wir wollen das im folgenden kurz skizzieren.

4.3 Turbulenzmodelle

Wir können uns bei der Darstellung der Turbulenzmodelle für Grenzschichtströmung relativ kurz fassen, da alles Wesentliche bereits in Abschn. 3.3 dargelegt wurde. Desweiteren wollen wir hier nur das Ein- und das Zwei-Gleichungs-Modell betrachten.

4.3.1 Ein-Gleichungs-Modell

Mit dem Wirbelviskositätsprinzip (3.16) erhalten wir für den Reynoldsschen Spannungsterm

$$-\overline{u'v'}=\varepsilon_\tau\frac{\partial\bar{u}}{\partial y}\ . \tag{4.19}$$

Der Ansatz von Prandtl und Kolmogorov (3.23) gilt unverändert,

$$\varepsilon_\tau=C_\tau\sqrt{k}L\ ; \tag{4.20}$$

lediglich die empirische Konstante C_τ hat jetzt einen anderen Zahlenwert. Da die Geschwindigkeitskomponente $\bar{u}$ parallel zur Wand in Grenzschichtströmungen wesentlich größer als diejenige senkrecht zur Wand ist, folgt aus (3.26) für die Transportgleichung der kinetischen Turbulenzenergie

$$\frac{\partial k}{\partial t}+\bar{u}\frac{\partial k}{\partial y}=\varepsilon_\tau\left(\frac{\partial\bar{u}}{\partial y}\right)^2-C_\mathrm{D}\frac{k^{3/2}}{L}+\frac{\partial}{\partial y}\left(\frac{\varepsilon_\tau}{C_\mathrm{k}}\frac{\partial k}{\partial y}\right)\ . \tag{4.21}$$

Die charakteristische Länge L kann nach einem Vorschlag von Prandtl mit dem Ansatz

$$L=C_1(y_{0,9}-y_{0,1}) \tag{4.22}$$

berechnet werden. Darin bedeutet $y_{0,1}$ denjenigen Wandabstand für den $\bar{u}=0{,}1\bar{u}_\infty$ und $y_{0,9}$ denjenigen für den $\bar{u}=0{,}9\bar{u}_\infty$ ist.

Die empirischen Konstanten C_τ, C_k, C_D und C_1 müssen wieder aus Meßwerten ermittelt werden. Anhand einer Literaturauswertung empfiehlt Küblbeck (1981) die Zahlenwerte $C_\tau = 0{,}09$, $C_k = 0{,}7$, $C_D = 1$ und $C_1 = 1{,}05$.

Für die Komponente $\overline{v'T'}$ des Reynoldsschen Wärmestromvektors erhält man mit dem Wirbeldiffusionsprinzip aus (3.17)

$$-\overline{v'T'} = \varrho c_p \varepsilon_q \frac{\partial \bar{T}}{\partial y} \, , \tag{4.23}$$

wobei die Wirbeldiffusion ε_q mit der turbulenten Prandtlzahl Pr_t und der Wirbelviskosität ε_τ aus (3.22) berechnet wird. Auf die Berechnung der turbulenten Prandtlzahl kommen wir in Abschn. 4.3.3 zurück.

4.3.2 Zwei-Gleichungs-Modell

Für Grenzschichtströmungen reduziert sich die Transportgleichung für die kinetische Tubulenzenergie (3.29) auf

$$\frac{\partial k}{\partial t} + \bar{u} \frac{\partial k}{\partial y} = \varepsilon_\tau \left(\frac{\partial \bar{u}}{\partial y} \right)^2 - \varepsilon + \frac{\partial}{\partial y} \left(\frac{\varepsilon_\tau}{C_k} \frac{\partial k}{\partial y} \right) , \tag{4.24}$$

und die Transportgleichung für die Dissipation (3.28) auf

$$\frac{\partial \varepsilon}{\partial t} + \bar{u} \frac{\partial \varepsilon}{\partial y} = C_1 \frac{\varepsilon}{k} \varepsilon_\tau \left(\frac{\partial \bar{u}}{\partial y} \right)^2 - C_2 \frac{\varepsilon^2}{k} + \frac{\partial}{\partial y} \left(\frac{\varepsilon_\tau}{C_\varepsilon} \frac{\partial \varepsilon}{\partial y} \right) . \tag{4.25}$$

Die Wirbelviskosität ist dabei nach (3.27) gleich

$$\varepsilon_\tau = C_D \frac{k^2}{\varepsilon} \, .$$

Der Konstantensatz muß wieder aus experimentellen Daten durch Anpassung ermittelt werden. Küblbeck (1981) empfiehlt den Konstantensatz: $C_D = 0{,}09$, $C_k = 1{,}55$, $C_1 = 1{,}0$, $C_2 = 1{,}3$ und $C_\varepsilon = 2{,}0$.

Die Berechnung der Komponente $\overline{v'T'}$ des Reynoldsschen Wärmestroms erfolgt auch hier wie bereits beim Ein-Gleichungs-Modell mit (4.23). Für die Lösung der beiden Gleichungsmodelle wird nun noch ein geeigneter Ansatz für die turbulente Prandtlzahl benötigt.

4.3.3 Turbulente Prandtlzahl

Wie bereits in Abschn. 3.3.3 ausgeführt, führt sowohl die Reynoldsanalogie als auch die Prandtlsche Mischungsweghypothese auf die Aussage $Pr_t = 1$. In turbulenten Grenzschichtströmungen ist die turbulente Prandtlzahl jedoch nur in den äußeren Bereichen der Grenzschicht näherungsweise gleich eins; im wandnahen Bereich dagegen deutlich kleiner.

Experimentelle Untersuchungen zeigen, daß die turbulente Prandtlzahl bei Grenzschichtströmungen hinreichend genau durch den empirischen Ansatz

$$Pr_t = 0.9 - 0.4 \left(\frac{y}{\delta}\right)^2 \qquad (4.26)$$

erfaßt wird. Dieser Ansatz ist sowohl für die Grenzschichtströmung an der ebenen Platte als auch für die Rohrströmung gültig.

Mit den vorgestellten Turbulenzmodellen lassen sich das Geschwindigkeits- und das Temperaturprofil und damit die Wärmeübertragung an der Wand in Grenzschichtströmungen berechnen. Für den Fall, daß die Wand massedicht ist (Ausnahme: Transpirationskühlung) und keine Druckgradienten in der Außenströmung vorhanden sind, lassen sich auf analytischem Wege sog. universelle Geschwindigkeits- und Temperaturprofile für den wandnahen Bereich in Grenzschichtströmungen ableiten. Wir wollen dies im folgenden näher erläutern.

4.4 Geschwindigkeits- und Temperaturprofil in Wandnähe bei turbulenter Strömung

4.4.1 Das universelle Geschwindigkeitsprofil

Die effektive Schubspannungsverteilung in der Grenzschicht setzt sich aus einem molekularen und einem turbulenten Anteil zusammen. Aus (4.17) erhält man mit (4.19) dafür

$$\frac{\tau}{\varrho} = (v + \varepsilon_\tau)\frac{\partial \bar{u}}{\partial y}. \qquad (4.27)$$

Das Geschwindigkeitsfeld im Grenzschichtbereich wird durch die Reynoldssche Grenzschichtgleichung (4.17) und die Kontinuitätsgleichung (4.16) beschrieben. Für den Fall, daß der Druck in der Außenströmung konstant ist, verschwindet in (4.17) der Druckgradient $d\bar{p}/dx$. Wir betrachten nun den wandnahen Bereich der Grenzschicht und nehmen an, daß in diesem der Trägheitsterm $\varrho\bar{u}\partial\bar{u}/\partial x$ gegenüber den anderen Termen vernachlässigt werden kann. Mit $\partial\bar{u}/\partial x = 0$ folgt dann aus der Kontinuitätsgleichung (4.16) $\partial\bar{v}/\partial y = 0$. Da an der Wand $\bar{v} = 0$ ist, gilt dies wegen $\partial\bar{v}/\partial y = 0$ auch noch im wandnahen Bereich. Damit reduziert sich (4.17) für den wandnahen Bereich auf

$$\partial\tau/\partial y = 0.$$

Durch Integration von $y = 0$ bis y folgt daraus

$$\int_{y=0}^{y} \frac{\partial\tau}{\partial y} dy = \tau - \tau_w = 0,$$

bzw.

$$\tau/\tau_w = 1. \qquad (4.28)$$

Die effektive Schubspannung, d.h. die Summe aus dem moleklularen und dem turbulenten Anteil ist damit in Wandnähe konstant. Mit (4.28) folgt aus (4.27)

$$\frac{\tau_w}{\varrho} = (v + \varepsilon_\tau)\,\frac{d\bar{u}}{dy} \,. \tag{4.29}$$

Aus dimensionsanalytischen Gründen muß die linke Seite von (4.29) die Dimension einer Geschwindigkeit zum Quadrat haben. Der Ausdruck $\sqrt{\tau_w/\varrho}$ wird deshalb üblicherweise als Schubspannungsgeschwindigkeit

$$u_\tau = \sqrt{\frac{\tau_w}{\varrho}} \tag{4.30}$$

bezeichnet.

Mit dieser Schubspannungsgeschwindigkeit bringen wir (4.29) auf eine dimensionslose Form und erhalten mit

$$u^+ = \frac{\bar{u}}{u_\tau} \quad \text{und} \quad y^+ = \frac{u_\tau y}{v}$$

für den dimensionslosen Geschwindigkeitsgradienten

$$\frac{du^+}{dy^+} = \frac{1}{1 + \dfrac{\varepsilon_\tau}{v}} \,. \tag{4.31}$$

Um diese Beziehung integrieren zu können, nehmen wir ein *Zwei-Schichten-Modell* für den betrachteten wandnahen Bereich an, s. Bild 4.3. Wir setzen dabei voraus, daß in einer sehr dünnen Schicht unmittelbar an der Wand der molekulare Impulstransport wesentlich größer als der turbulente ist, d.h. $v \gg \varepsilon_\tau$; und bezeichnen diese Schicht als *viskose Unterschicht*. Über dieser viskosen Unterschicht sei die Strömung voll turbulent und in dieser turbulenten Schicht sei der turbulente Transport wesentlich größer als der molekulare, d.h. $v \ll \varepsilon_\tau$. Es ist offensichtlich, daß zwischen diesen beiden Schichten eine Übergangsschicht mit $v \approx \varepsilon_\tau$ existieren muß, die wir jedoch zunächst vernachlässigen. Das Zwei-Schichten-

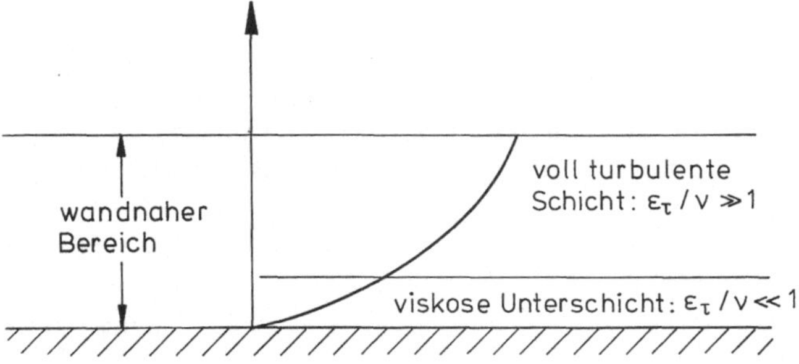

Bild 4.3. Zwei-Schichten-Modell für den wandnahen Bereich turbulenter Grenzschichten

Modell ist damit eine Näherung, wenn auch, wie sich noch zeigen wird, eine sehr gute. Aus (4.31) folgt für die viskose Unterschicht

$$\frac{\mathrm{d}u^+}{\mathrm{d}y^+} = 1 \ . \tag{4.32}$$

Mit der Randbedingung $u^+ = 0$ an der Stelle $y^+ = 0$ folgt daraus durch Integration

$$u^+ = y^+ \ . \tag{4.33}$$

Dies ist das universelle Geschwindigkeitsprofil in der viskosen Unterschicht. Wir betrachten nun die voll turbulente Schicht. Mit $\varepsilon_\tau/\nu \gg 1$ folgt dafür aus (4.31)

$$\frac{\mathrm{d}u^+}{\mathrm{d}y^+} = \frac{\nu}{\varepsilon_\tau} \ . \tag{4.34}$$

Die Wirbelviskosität ε_τ berechnen wir mit Hilfe der Prandtlschen Mischungsweghypothese und erhalten dafür

$$\varepsilon_\tau = l^2 \frac{\mathrm{d}\bar{u}}{\mathrm{d}y} \ .$$

Experimentelle Untersuchungen an ebenen turbulenten Grenzschichten liefern den bereits in Bild 3.12 dargestellten Zusammenhang zwischen der Mischungsweglänge l und dem Wandabstand y. Für die voll turbulente Schicht im wandnahen Bereich hat bereits Prandtl den Ansatz $l = \varkappa y$ für die Mischungsweglänge vorgeschlagen. Damit erhält man für die Wirbelviskosität

$$\varepsilon_\tau = \varkappa^2 y^2 \frac{\mathrm{d}\bar{u}}{\mathrm{d}y} \ .$$

Bringt man diesen Ausdruck mit den oben eingeführten dimensionslosen Größen auf eine dimensionslose Form, so erhält man

$$\frac{\varepsilon_\tau}{\nu} = \varkappa^2 y^{+2} \frac{\mathrm{d}u^+}{\mathrm{d}y^+} \ . \tag{4.35}$$

Damit folgt aus (4.34) für den Geschwindigkeitsgradienten in der voll turbulenten Schicht

$$\frac{\mathrm{d}u^+}{\mathrm{d}y^+} = \frac{1}{\varkappa y^+} \ . \tag{4.36}$$

Wir integrieren (4.36) nun von der Oberseite der viskosen Unterschicht (dafür gelte $u_*^+ = y_*^+$) bis u^+ bzw. y^+ im voll turbulenten Bereich und erhalten

$$u^+ = \frac{1}{\varkappa} \ln y^+ + C \tag{4.37a}$$

mit der Integrationskonstanten $C = y_*^+ - \frac{1}{\varkappa} \ln y_*^+$. Durch Auflösen nach y^+ folgt dann

$$y^+ = \exp(-\varkappa C) \exp(\varkappa u^+) \ . \tag{4.37b}$$

Dies ist das bereits von Prandtl (1932) angegebene *logarithmische Wandgesetz*, bzw. das universelle Geschwindigkeitsprofil für die vollturbulente Schicht im wandnahen Bereich. Für die Wirbelviskosität folgt damit aus (4.35), (4.36) und (4.37b) der lineare Ansatz

$$\frac{\varepsilon_\tau}{\nu} = \varkappa y^+ = \varkappa \exp(-\varkappa C)\exp(\varkappa u^+)\,. \tag{4.38}$$

Für die beiden Konstanten $\varkappa$ und C werden in der Literatur unterschiedliche Zahlenwerte angegeben, wobei nach Kays und Crawford (1980) die Werte $\varkappa = 0{,}4$ und $C = 5{,}5$ die Daten für die turbulente Plattenströmung und die Werte $\varkappa = 0{,}41$ und $C = 5{,}0$ die Daten für die turbulente Rohrströmung am besten wiedergeben. Im ersten Fall hat die Konstante $\exp(-\varkappa C)$ den Zahlenwert 0,1108 und im zweiten Fall 0,1287.

Wir betrachten nun statt des Zwei-Schichten- ein kontinuierliches Modell. Reichardt (1951b) hat aufgrund theoretischer Überlegungen gezeigt, daß die Mischungsweglänge in unmittelbarer Nähe der Wand nicht Null ist, sondern zur Wand hin proportional mit dem Quadrat des Wandabstands y abnimmt, also $l \sim y^2$ ist. Anstelle des linearen Ansatzes (4.38) ergibt sich damit die kubische Abhängigkeit

$$\varepsilon_\tau \sim (y^+)^3\,.$$

Die einfachste mathematische Beziehung, die in der voll turbulenten Schicht eine exponentielle und bei Annäherung an die Wand eine kubische Abhängigkeit der Wirbelviskosität ε_τ vom Wandabstand y^+ liefert ist

$$\frac{\varepsilon_\tau}{\nu} = \varkappa \exp(-\varkappa C)\left[\exp(\varkappa u^+) - 1 - \varkappa u^+ - \frac{1}{2}(\varkappa u^+)^2\right]\,. \tag{4.39}$$

$$\left(\text{Dies wird sofort aus der Reihenentwicklung für die Exponentialfunktion ersichtlich, } \exp(\varkappa u^+) = 1 + \varkappa u^+ + \frac{1}{2}(\varkappa u^+)^2 + \frac{1}{6}(\varkappa u^+)^3 + \ldots\right)\,.$$

Setzt man diese Beziehung in (4.34) ein und integriert das Ergebnis unter Beachtung der viskosen Unterschicht, so erhält man

$$y^+ = u^+ + \exp(-\varkappa C)\left[\exp(\varkappa u^+) - 1 - \varkappa u^+ - \frac{1}{2}(\varkappa u^+)^2 - \frac{1}{6}(\varkappa u^+)^3\right]\,. \tag{4.40}$$

Diese Beziehung, die zuerst von Spalding (1961) angegeben wurde, beschreibt den Geschwindigkeitsverlauf im wandnahen Bereich unter Berücksichtigung der viskosen Unterschicht und stimmt mit experimentellen Untersuchungen sehr gut überein.

Bild 4.4 zeigt den Geschwindigkeitsverlauf u^+ im wandnahen Bereich in Abhängigkeit des Wandabstandes y^+. Man erkennt, daß die viskose Unterschicht außerordentlich dünn ist und sich etwa über den Bereich $0 < y^+ \leq 5$ erstreckt. Die vollturbulente Schicht beginnt ab etwa $y^+ = 60$.

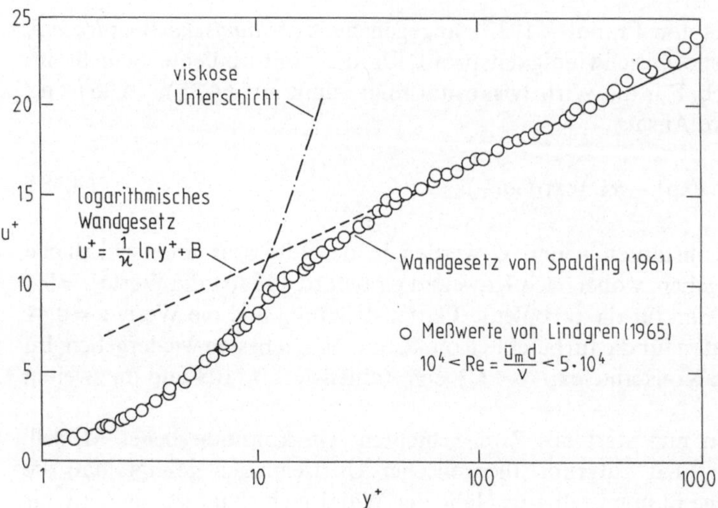

Bild 4.4. Universelles Geschwindigkeitsprofil $u^+(y^+)$ im wandnahen Bereich turbulenter Grenzschichten

Neben der Beziehung von Spalding sind noch eine Reihe weiterer mehr oder weniger theoretisch begründeter Ansätze für die Wirbelviskosität ε_τ bekannt geworden. Wir wollen hier lediglich noch den Ansatz von van Driest (1956) erwähnen, der statt der parabolischen Abhängigkeit ein exponentielles Abklingen der Wirbelviskosität zur Wand hin annimmt,

$$\frac{\varepsilon_\tau}{\nu} = \varkappa^2 y^{+2}\left[1-\exp\left(-\frac{y^+}{26}\right)\right]^2\left|\frac{\mathrm{d}u^+}{\mathrm{d}y^+}\right|. \tag{4.41}$$

Auch dieser Ansatz, der in den Rechenprogrammen von Patankar und Spalding (1967) für turbulente Grenzschichtströmungen verwendet wird, gibt die experimentellen Daten sehr gut wieder.

Obwohl mit (4.39) und (4.41) hinreichend genaue Beziehungen vorliegen, wird doch gelegentlich als Näherung das sog. „1/7-Potenzgesetz",

$$\frac{\bar{u}}{u_\delta} = \left(\frac{y}{\delta}\right)^{1/7}, \tag{4.42}$$

verwendet. Diese Näherung ist insbesondere wegen der einfachen Handhabung für Integralverfahren von Vorteil. Sie gilt zwar nicht in der viskosen Unterschicht; da diese Schicht jedoch außerordentlich dünn ist, kann sie bei Integralverfahren in der Regel ohnehin vernachlässigt werden.

Im *Außenbereich der Grenzschicht* wird das Geschwindigkeitsprofil entscheidend von den Gesetzmäßigkeiten der Außenströmung beherrscht. Coles (1956) hat das logarithmische Wandgesetz durch Einführung einer sog. „Nachlauffunk-

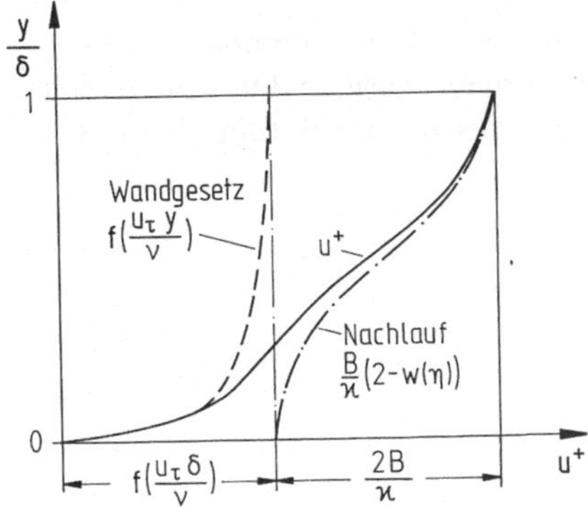

Bild 4.5. Hypothetisches Geschwindigkeitsprofil in turbulenten Grenzschichten

tion" $w(\eta)$ mit $\eta = y/\delta$ auf den äußeren Bereich der Grenzschicht entsprechend

$$u^+ = \frac{1}{\varkappa}\ln y^+ + C + \frac{B(x)}{\varkappa}w(\eta) \tag{4.43}$$

erweitert. Der Nachlaufparameter $B(x)$ ist dabei eine freie Größe, die entsprechend dem jeweiligen Problem an experimentelle Daten angepaßt werden muß. Der Ansatz ist so gewählt, daß die Funktion $w(\eta)$ die Bedingungen

$$w(\eta=0) = 0, \; w(\eta=1) = 2 \text{ und } \int\limits_0^1 w(\eta)\,d\eta = 1$$

erfüllt. Für $w(\eta)$ sind eine Reihe von empirischen Ansätzen bekannt geworden, z.B.

$$w(\eta) = \begin{cases} 2\sin^2\left(\dfrac{\pi}{2}\eta\right) & \text{Coles (1956)}, \\[2mm] 1 - \cos(\pi\eta) & \text{Hinze (1979)}, \\ 2(3\eta^2 - 2\eta^3) & \text{Moses (1964)}. \end{cases} \tag{4.44}$$

Bild 4.5 zeigt das hypothetische Geschwindigkeitsprofil in der turbulenten Grenzschicht.

4.4.2 Das universelle Temperaturprofil

Analog zum universellen Geschwindigkeitsprofil läßt sich für den wandnahen Bereich auch ein universelles Temperaturprofil angeben. Auch der effektive Wärmestrom setzt sich im wandnahen Bereich aus einem molekularen und einem turbulenten Anteil zusammen. Aus (4.18) folgt dafür mit (4.23)

$$\frac{q}{\varrho c_p} = (a + \varepsilon_q)\frac{\partial \bar{T}}{\partial y} \cdot \tag{4.45}$$

Das Temperaturfeld im Grenzschichtbereich wird durch die Reynoldssche Grenzschichtsgleichung (4.18) beschrieben. Analog zu den in Abschn. 4.4.1 angestellten

Überlegungen wird auch für die Temperaturgrenzschicht angenommen, daß der konvektive Transport $\bar{u}\partial\bar{T}/\partial x$ gegenüber den übrigen Termen im wandnahen Bereich vernachlässigt werden kann. Mit $\bar{v}=0$ für diesen Bereich folgt damit aus (4.18)

$$\partial q/\partial y = 0,$$

und daraus durch Integration von $y=0$ bis y

$$\int_{y=0}^{y} \frac{\partial q}{\partial y}\,\mathrm{d}y = q - q_\mathrm{w} = 0,$$

bzw.

$$q/q_\mathrm{w} = 1. \tag{4.46}$$

Der effektive Wärmestrom ist damit im wandnahen Bereich ebenfalls konstant. Mit (4.46) erhält man aus (4.45)

$$\frac{q_\mathrm{w}}{\varrho c_\mathrm{p}} = (a + \varepsilon_\mathrm{q})\frac{\mathrm{d}\bar{T}}{\mathrm{d}y}. \tag{4.47}$$

Um diese Beziehung wieder auf eine dimensionslose Form zu bringen, führen wir zusätzlich zu den bereits in Abschn. 4.4.1 definierten Größen noch die dimensionslose Temperatur

$$T^{+} = \frac{(\bar{T}-T_\mathrm{w})u_\tau}{\dfrac{q_\mathrm{w}}{\varrho c_\mathrm{p}}}$$

ein und erhalten damit unter Verwendung der Prandtlzahl $Pr = v/a$ aus (4.47) für den Temperaturgradienten im wandnahen Bereich den dimensionslosen Ausdruck

$$\frac{\mathrm{d}T^{+}}{\mathrm{d}y^{+}} = \frac{1}{\dfrac{1}{Pr}+\dfrac{\varepsilon_\mathrm{q}}{v}}. \tag{4.48}$$

Wir führen wieder das bereits verwendete Zwei-Schichten-Modell ein. Bei strenger Analogie mit dem Geschwindigkeitsprofil würden wir für die viskose Unterschicht $\varepsilon_\mathrm{q}/v \ll 1$ und für die voll turbulente Schicht $\varepsilon_\mathrm{q}/v \gg 1$ annehmen. Da jedoch die Prandtlzahl im Bereich $10^{-3} < Pr < 10^{3}$ variieren kann, sind diese Annahmen im allgemeinen nicht zulässig. Vernachlässigen wir trotzdem den Term ε_q/v in der viskosen Unterschicht, so ist die Gültigkeit dieser Näherung auf Prandtlzahlen $Pr < 5$ begrenzt. Wird desweiteren der Term $1/Pr$ in der voll turbulenten Schicht vernachlässigt, so wird der Gültigkeitsbereich weiter auf $Pr > 0,5$ eingeschränkt. Für die viskose Unterschicht folgt damit

$$\frac{\mathrm{d}T^{+}}{\mathrm{d}y^{+}} = Pr \tag{4.49}$$

und daraus durch Integration das universelle Temperaturprofil für die viskose Unterschicht,

$$T^{+} = Pr\,y^{+}. \tag{4.50}$$

Für die voll turbulente Schicht folgt aus (4.48) mit der turbulenten Prandtlzahl $Pr_t = \varepsilon_\tau/\varepsilon_q$,

$$\frac{dT^+}{dy^+} = \frac{1}{Pr_t}\frac{v}{\varepsilon_\tau}. \tag{4.51}$$

Für die Wirbelviskosität verwenden wir wieder den Ansatz von Prandtl und erhalten damit aus (4.51)

$$\frac{dT^+}{dy^+} = \frac{1}{Pr_t\, \varkappa y^+}. \tag{4.52}$$

Durch Integration von der Oberseite der viskosen Unterschicht, $y^+ = y_*^+$ bis in den voll turbulenten Bereich folgt daraus

$$T^+ = \frac{Pr_t}{\varkappa}\ln y^+ + C, \tag{4.53a}$$

mit $C = Pr y_*^+ - \dfrac{Pr_t}{\varkappa}\ln y_*^+$.

In Analogie zu (4.37) ist (4.53a) das logarithmische Wandgesetz für die Temperatur bzw. das *universelle Temperaturprofil* für die voll turbulente Schicht im wandnahen Bereich. Mit $Pr_t = 0{,}9$ für die voll turbulente Schicht, $y_*^+ = 13{,}2$ für die Dicke der viskosen Unterschicht und $\varkappa = 0{,}41$ nach Kays und Crawford (1980) folgt aus (4.53a) schließlich

$$T^+ = 2{,}195\ln y^+ + 13{,}2\, Pr - 5{,}66. \tag{4.53b}$$

Wir weisen hier darauf hin, daß die Dicke der viskosen Unterschicht für das Temperaturprofil wegen $\varepsilon_\tau \neq \varepsilon_q$ nicht gleich der Dicke der viskosen Unterschicht für das Geschwindigkeitsprofil sein muß.

Wird statt dem Zwei-Schichten-Modell wieder ein kontinuierliches Modell verwendet, so kann (4.48) mit dem Ansatz (4.39) von Spalding numerisch integriert werden. Die dabei ermittelten Zahlenwerte können nach White (1974) für den Bereich außerhalb der viskosen Unterschicht durch die empirische Korrelationsgleichung

$$T^+ = \frac{Pr_t}{\varkappa}\ln y^+ + C(Pr), \tag{4.54}$$

mit $C(Pr) = 12{,}8\, Pr^{0{,}68} - 7{,}3$ dargestellt werden.

Für die Funktion $C(Pr)$ gilt dabei

$$Pr \lesseqgtr 1 \Leftrightarrow C \lesseqgtr 5{,}5.$$

Auch für das Temperaturprofil gilt näherungsweise das „1/7-Potenzgesetz" in der Form

$$\frac{\overline{T} - T_w}{\overline{T}_\infty - T_w} = \left(\frac{y}{\delta}\right)^{1/7}, \tag{4.55}$$

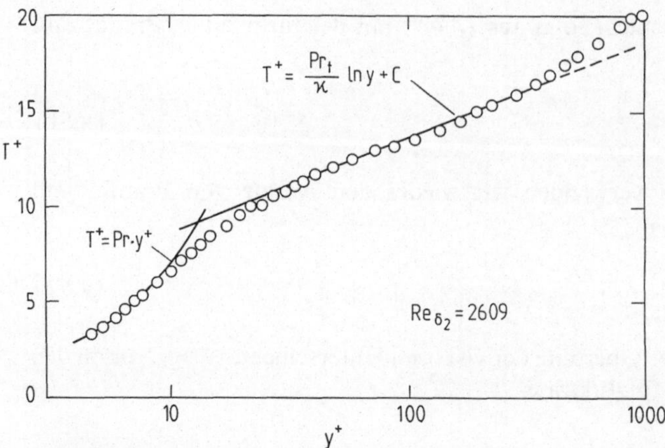

Bild 4.6. Universelles Temperaturprofil $T^+\,(y^+)$ im wandnahen Bereich turbulenter Grenzschichten

das wieder vorteilhaft und meist mit ausreichender Genauigkeit für Integralverfahren verwendet werden kann.

Das universelle Temperaturprofil nach (4.50) für die viskose Unterschicht und nach (4.53a) für den voll turbulenten Bereich ist in Bild 4.6 zusammen mit Meßwerten für die Strömung von Luft ($Pr=0,7$) über eine ebene Platte dargestellt. Man erkennt die gute Übereinstimmung zwischen Theorie und Experiment. Der Einfluß der Nachlauffunktion im Bereich $y^+ > 500$ ist dabei relativ schwach ausgeprägt.

5 Das Ähnlichkeitsgesetz der Wärmeübertragung[1]

5.1 Einführung

Der Begriff der geometrischen *Ähnlichkeit* ist z.B. aus der Geometrie geläufig; wir nennen zwei Körper einander ähnlich, wenn entsprechende Strecken beider Körper in einem konstanten Zahlenverhältnis zueinander stehen. Der Begriff der *physikalischen Ähnlichkeit* verlangt neben dem konstanten Verhältnis der Längen auch ein konstantes Verhältnis aller übrigen Größen, also z.B. der Kräfte, Geschwindigkeiten, Temperaturen usw. Der Zweck dieses Kapitels ist es, festzustellen, ob diese Forderung überhaupt erfüllbar ist und welche Vorschriften sich ggf. aus ihr für die einzelnen Maßstäbe ergeben. Solche Übertragungsregeln würden uns in die Lage versetzen, an einem Modell, z.B. im Labormaßstab, das physikalische Geschehen einer Anlage im endgültigen technischen Maßstab zu studieren. Die an diesem Modell gefundenen Gesetzmäßigkeiten würden dann aber nicht nur für die eine Hauptausführung, sondern für eine beliebige Anzahl davon gelten, soweit diese untereinander und mit dem Modell physikalisch ähnlich sind.

Wir werden im folgenden sehen, daß solche Übertragungsregeln tatsächlich existieren und ein außerordentlich nützliches Hilfsmittel für die physikalische Forschung darstellen. Das gilt umso mehr, als die früher aufgestellten Differentialgleichungen für die Wärmeübertragung nur in wenigen Fällen analytisch lösbar sind, so daß viele Probleme nur durch das Experiment oder durch numerische Integration der Grundgleichungen gelöst werden können. Während analytische Lösungen die physikalischen Gesetzmäßigkeiten in Form eines funktionellen Zusammenhangs zwischen den das Problem beschreibenden physikalischen Größen liefern, liefern sowohl numerische Integrationsverfahren als auch Experimente die Lösung nur für diskrete physikalische Größenwerte. In beiden Fällen gestattet die Ähnlichkeitslehre dann eine Verallgmeinerung der Ergebnisse mit Hilfe der Übertragungsregeln, d.h. der Modellgesetze.

Das Aufsuchen dieser Modellgesetze läuft auf die Festlegung von dimensionslosen Kenngrößen hinaus, die bei physikalischer Ähnlichkeit bei Modell und Hauptausführung den gleichen Zahlenwert haben müssen. Diese Kenngrößen werden aus Potenzprodukten der einzelnen dimensionsbehafteten Größen (z.B.

---

1 Neu bearbeitete Fassung des entsprechenden Kapitels in Gröber/Erk/Grigull: Die Grundgesetze der Wärmeübertragung. Dritte Auflage, 3. verbesserter und erweiterter Nachdruck. Springer Verlag, Berlin/Göttingen/Heidelberg (1963)

Länge, Geschwindigkeit, Temperatur usw.) gebildet, so daß sich das Aufsuchen der Modellgesetze auch so formulieren läßt: Wie müssen die dimensionsbehafteten Größen miteinander kombiniert werden, damit dimensionslose Kenngrößen entstehen?

Man kann sich auch die Frage vorlegen, welche Aussagen man über die Form der zunächst unbekannten Lösung eines Problems machen kann, wenn man nur die Forderung stellt, daß diese Lösung den Bedingungen der physikalischen Ähnlichkeit genügt, d.h. daß zwischen zwei oder mehreren Abläufen des gleichen physikalischen Geschehens konstante Proportionen aller beteiligten Größen bestehen. Physikalische Ähnlichkeit und konstante dimensionslose Kenngrößen bedeuten stets dasselbe. Bevor wir zur Ableitung dieser Kenngrößen kommen, wollen wir noch zur Frage der Dimension Stellung nehmen.

Man spricht von der „Dimension einer Größe", wenn man den Begriff dieser Größe ohne Rücksicht auf Zahlenwerte, Vektorcharakter, Vorzeichen oder andere Sachbezüge kennzeichnen möchte (DIN 1313). Man schreibt „dim l" für die Dimension einer Länge. So wie man abgeleitete Größen als Potenzprodukte der Basisgrößen bilden kann, bildet man Dimensionsprodukte aus den Basisdimensionen. Das Dimensionsprodukt der abgeleiteten Größe nennt man ebenfalls Dimension. Die Beziehung

$$\dim v = \frac{\dim l}{\dim t} = \dim \frac{l}{t}$$

heißt dann in Worten: Die Geschwindigkeit v hat die Dimension Länge l durch Zeit t.

Stehen im Zähler und Nenner eines Dimensionsprodukts gleiche Dimensionen, nimmt es den Wert Eins an. Ist z.B. eine Größe Ω definiert als Quotient aus einer Fläche A und dem Quadrat eines Radius R, gilt also $\Omega = A/R^2$, so lautet die Dimensionsbeziehung

$$\dim \Omega = \frac{\dim l^2}{\dim l^2} = \dim l^0 = \dim 1.$$

Früher wurden die Exponenten in den Dimensionsbeziehungen mit „Dimension" bezeichnet. Das erkennt man noch daran, daß eine Länge l als eindimensional, eine Fläche $A = l^2$ als zweidimensional, ein Volumen $V = l^3$ als dreidimensional angesehen wird. Daher stammt auch der Ausdruck „dimensionslose Größe" für eine Größe mit dem Dimensionsexponenten Null. Obwohl diese Bezeichnung den heutigen Definitionen nicht mehr entspricht, sei sie im folgenden beibehalten, da keine Mißverständnisse möglich sind und diese Bezeichnung auch international weit verbreitet ist (dimensionless quantity, grandeur sans dimension).

Beim Rechnen kann man die dimensionslosen Größen wie Zahlen behandeln. Wir werden im folgenden je nach dem Zusammenhang die Ausdrücke „dimensionslose Größe", „Kenngröße" oder „Kennzahl" benutzen. Die dimensionslose Größe hat übrigens in jedem Einheitensystem auch die Einheit Eins.

Es ist das Verdienst von Nußelt, die Gesetze der physikalischen Ähnlichkeit für die Wärmeübertragung als erster umfassend aufgestellt zu haben. (Einen interessanten Überblick über die geschichtliche Entwicklung hat Zlakarnik (1983) gegeben). Er benutzte dabei sowohl für die erzwungene als auch freie Konvektion jenen Weg, der am ehesten formale Strenge mit physikalischer Anschaulichkeit verbindet, nämlich die Ableitung der Kenngrößen aus den Differentialgleichungen und ihren Randbedingungen, s. Nußelt (1910, 1915).

5.2 Dimensionslose Kenngrößen aus den Differentialgleichungen

5.2.1 Erzwungene Konvektion

Wir betrachten zwei Rohre verschiedenen Durchmessers, in denen zwei verschiedene Fluide mit verschiedenen Geschwindigkeiten stationär strömen. Die Geschwindigkeiten mögen in beiden Fällen in einem solchen Bereich liegen, daß Zähigkeits- und Trägheitskräfte von der gleichen Größenordnung sind und außerdem die Flüssigkeit als inkompressibel betrachtet werden kann. Die Strömung wird durch ein Druckgefälle im Rohr aufrechterhalten, so daß Massenkräfte (z.B. die Schwerkraft) von kleinerer Größenordnung sind. Die Stoffwerte des Fluids seien konstant, also insbesondere unabhängig von der Temperatur. Durch die Rohrwand wird Wärme stationär übertragen, wobei die Richtung des Wärmestroms gleichgültig ist; das Fluid kann sowohl gekühlt als auch geheizt werden. (Diese Aussage trifft nur bei konstanten Stoffwerten zu.)

Der Impuls- und Energietransport in dieser Strömung wird durch die in Kap. 2 abgeleiteten Differentialgleichungen beschrieben, die wir hier nochmals darstellen wollen. Die beiden Rohre sollen mit den Indizes 1 und 2 berechnet werden, und wir erhalten für das Rohr 1 die Kontinuitätsgleichung

$$\frac{\partial u_1}{\partial x_1} + \frac{\partial v_1}{\partial y_1} + \frac{\partial w_1}{\partial z_1} = 0, \tag{5.1}$$

die Bewegungsgleichungen

$$u_1 \frac{\partial u_1}{\partial x_1} + v_1 \frac{\partial u_1}{\partial y_1} + w_1 \frac{\partial u_1}{\partial z_1} = -\frac{1}{\varrho_1} \frac{dp_1}{dx_1} + v_1 \left(\frac{\partial^2 u_1}{\partial x_1^2} + \frac{\partial^2 u_1}{\partial y_1^2} + \frac{\partial^2 u_1}{\partial z_1^2} \right), \tag{5.2 a}$$

$$u_1 \frac{\partial v_1}{\partial x_1} + v_1 \frac{\partial v_1}{\partial y_1} + w_1 \frac{\partial v_1}{\partial z_1} = v_1 \left(\frac{\partial^2 v_1}{\partial x_1^2} + \frac{\partial^2 v_1}{\partial y_1^2} + \frac{\partial^2 v_1}{\partial z_1^2} \right), \tag{5.2 b}$$

$$u_1 \frac{\partial w_1}{\partial x_1} + v_1 \frac{\partial w_1}{\partial y_1} + w_1 \frac{\partial w_1}{\partial z_1} = v_1 \left(\frac{\partial^2 w_1}{\partial x_1^2} + \frac{\partial^2 w_1}{\partial y_1^2} + \frac{\partial^2 u_1}{\partial z_1^2} \right), \tag{5.2 c}$$

mit der kinematischen Viskosität $v = \eta/\varrho$, und die Energiegleichung

$$u_1 \frac{\partial T_1}{\partial x_1} + v_1 \frac{\partial T_1}{\partial y_1} + w_1 \frac{\partial T_1}{\partial z_1} = a_1 \left(\frac{\partial^2 T_1}{\partial x_1^2} + \frac{\partial^2 T_1}{\partial y_1^2} + \frac{\partial^2 T_1}{\partial z_1^2} \right). \tag{5.3}$$

An der festen Rohrwand werden alle Geschwindigkeiten Null und die Temperatur gleich der Wandtemperatur. Am Eintritt des betrachteten Rohrs ist eine bestimmte

Geschwindigkeitsverteilung und damit auch der Massenstrom vorgegeben. Den Wärmestrom durch die Wand wollen wir mit dem Wärmeübergangskoeffizienten α und der Temperaturdifferenz zwischen Wandtemperatur $T_{\mathrm{w},1}$ und mittlerer Fluidtemperatur $T_{\mathrm{m},1}$ (s. dazu auch Kap. 6) durch die Gleichung

$$\alpha_1 \left(T_{\mathrm{w},1} - T_{\mathrm{m},1} \right) = -\lambda_1 \left(\frac{\partial T_1}{\partial n_1} \right)_{\mathrm{w}} , \tag{5.4}$$

die sich aus (1.3) und (1.4) ergibt, beschreiben. Die Ableitung $\partial T/\partial n$ bezeichnet dabei den Temperaturgradienten senkrecht zur Wand.

Für das Rohr 2 gelten die gleichen Differentialgleichungen und Randbedingungen, jedoch mit dem Index 2 statt 1, wobei die Zahlenwerte für Rohr 1 und Rohr 2 natürlich voneinander verschieden sein werden. Wir stellen jetzt die Forderung auf, daß die Vorgänge in Rohr 1 und Rohr 2 einander physikalisch ähnlich sein sollen, daß also zwischen den Größen 1 und 2 konstante Proportionen bestehen. Die Maßstabsfaktoren stellen wir durch folgende Proportionen dar; und zwar für

die Längen l einschließlich der
Koordinaten x, y und z: $f_l = l_2/l_1$,

die Geschwindigkeiten u, v und w: $f_u = u_2/u_1$,

die Drücke p: $f_p = p_2/p_1$,

die Dichten ϱ: $f_\varrho = \varrho_2/\varrho_1$,   (5.5)

die kinematischen Viskositäten: $f_\nu = \nu_2/\nu_1$,

die Temperaturen T: $f_T = T_2/T_1$,

die Temperaturleitfähigkeiten a: $f_a = a_2/a_1$,

die Wärmeübergangskoeffizienten α: $f_\alpha = \alpha_2/\alpha_1$,

die Wärmeleitfähigkeiten λ: $f_\lambda = \lambda_2/\lambda_1$.

Wir beschreiben jetzt die Vorgänge im Rohr 2, in dem wir die obigen Proportionen $\Phi_2 = f_i \Phi_1$ in (5.1) bis (5.4) für das Rohr 1 einsetzen, die Maßstabsfaktoren f_i können wir dann als Konstante vor die einzelnen Terme der Differentialgleichungen schreiben. Wir erhalten aus der Kontinuitätsgleichung

$$\frac{f_u}{f_l} \left(\frac{\partial u_1}{\partial x_1} + \frac{\partial v_1}{\partial y_1} + \frac{\partial w_1}{\partial z_1} \right) = 0 , \tag{5.6}$$

aus der x-Komponente der Bewegungsgleichung

$$\frac{f_u^2}{f_l} \left(u_1 \frac{\partial u_1}{\partial x_1} + v_1 \frac{\partial u_1}{\partial y_1} + w_1 \frac{\partial u_1}{\partial z_1} \right)$$

$$= -\frac{f_p}{f_l f_\varrho} \frac{1}{\varrho_1} \frac{\mathrm{d} p_1}{\mathrm{d} x_1} + \frac{f_\nu f_u}{f_l^2} \nu_1 \left(\frac{\partial^2 u_1}{\partial x_1^2} + \frac{\partial^2 u_1}{\partial y^2} + \frac{\partial^2 u_1}{\partial z^2} \right) , \tag{5.7}$$

aus der Energiegleichung

$$\frac{f_u f_T}{f_l}\left(u_1\frac{\partial T_1}{\partial x_1}+v_1\frac{\partial T_1}{\partial y_1}+w_1\frac{\partial T_1}{\partial z_1}\right)=\frac{f_a f_T}{f_l^2}a_1\left(\frac{\partial^2 T_1}{\partial x_1^2}+\frac{\partial^2 T_1}{\partial y_1^2}+\frac{\partial^2 T_1}{\partial z_1^2}\right),\tag{5.8}$$

sowie aus der Randbedingung

$$f_\alpha f_T\alpha_1(T_{w,1}-T_{m,1})=-\frac{f_\lambda f_T}{f_l}\lambda_1\left(\frac{\partial T_1}{\partial n_1}\right)_w.\tag{5.9}$$

Dieses Gleichungssystem gilt für das Rohr 2. Es entspricht bis auf die Maßstabsfaktoren völlig den Gleichungen (5.1) bis (5.4).

Damit die beiden Gleichungssysteme miteinander identisch werden, müssen die Maßstabsfaktoren folgende Bedingungen erfüllen:

$$\text{aus (5.7):}\quad \frac{f_u^2}{f_l}=\frac{f_p}{f_l f_\varrho}=\frac{f_v f_u}{f_l^2}\tag{5.10}$$

$$\text{aus (5.8):}\quad \frac{f_u f_T}{f_l}=\frac{f_a f_T}{f_l^2},\tag{5.11}$$

$$\text{aus (5.9):}\quad f_\alpha f_T=\frac{f_\lambda f_T}{f_l}.\tag{5.12}$$

Die Kontinuitätsgleichung gibt keine Bedingung, weil der Quotient f_u/f_l beliebige Werte annehmen kann. Setzen wir in (5.10) bis (5.12) die Maßstabsfaktoren nach (5.5) ein, so erhalten wir die Bedingungen, die für die physikalische Ähnlichkeit zwischen den Vorgängen in Rohr 1 und Rohr 2 zu erfüllen sind und die uns daher die Voraussetzungen für einen Modellversuch liefern:

$$\text{aus (5.10):}\quad \frac{u_1 l_1}{v_1}=\frac{u_2 l_2}{v_2}=\frac{ul}{v}=\text{const}\tag{5.13}$$

$$\text{und}\quad \frac{\varrho_1 w_1^2}{p_1}=\frac{\varrho_2 w_2^2}{p_2}=\frac{\varrho w^2}{p}=\text{const},\tag{5.14}$$

$$\text{aus (5.11):}\quad \frac{u_1 l_1}{a_1}=\frac{u_2 l_2}{a_2}=\frac{ul}{a}=\text{const},\tag{5.15}$$

$$\text{aus (5.12):}\quad \frac{\alpha_1 l_1}{\lambda_1}=\frac{\alpha_2 l_2}{\lambda_2}=\frac{\alpha l}{\lambda}=\text{const}.\tag{5.16}$$

Die entstandenen dimensionslosen Kenngrößen (5.13) bis (5.16) werden nach einem Vorschlag von Gröber (1921) mit Namen hervorragender Forscher bezeichnet. Dabei haben sich folgende Bezeichnungen eingebürgert:

Reynoldszahl $Re=\dfrac{ul}{v}$,

Pécletzahl $Pe=\dfrac{ul}{a}$,

Nußeltzahl $Nu=\dfrac{\alpha l}{\lambda}$.

Das dimensionslose Produkt $\varrho u^2/p$ nach (5.14) ergibt keine neue Kennzahl, da in einem Kanal mit bestimmten Abmessungen und Geschwindigkeiten der Druck sich von selbst nach (5.2 a) einstellt, so daß wir hinsichtlich der Strömung nur die Reynoldszahl zu berücksichtigen brauchen, natürlich immer unter der Voraussetzung geometrisch ähnlicher Berandungen. An Stelle der drei abgeleiteten Kennzahlen können wir auch jede beliebige Funktion zwischen diesen wählen, solange wir drei voneinander unabhängige dimensionslose Größen benutzen. So wird der Quotient Pe/Re üblicherweise als Prandtlzahl

$$Pr = \frac{v}{a}$$

bezeichnet, die den besonderen Vorteil besitzt, nur Stoffwerte zu enthalten.

Unsere Aufgabe ist somit gelöst: haben die drei Kennzahlen Re, Pr und Nu jeweils gleiche Zahlenwerte, so sind die Vorgänge in den beiden Rohren 1 und 2 und damit auch in allen geometrisch ähnlichen Anordnungen physikalisch ähnlich. Falls die Lösung für einen einzigen dieser Fälle bekannt ist, so muß sie sich in der Form

$$F\,(Re, Pr, Nu) = 0 \tag{5.17}$$

darstellen lassen.

Auch die Funktion F selbst ist in allen geometrisch ähnlichen Fällen die gleiche, soweit unsere Differentialgleichungen nebst Randbedingungen Gültigkeit haben. Wir können also die im Modellversuch gewonnene Funktion F auf beliebig viele geometrisch ähnliche Hauptausführungen übertragen, wobei die Kennzahlen Re, Pr und Nu immer den gleichen Zahlenwert haben müssen. Um zu Zahlenwerten für die gesuchte Größe, z.B. den Wärmeübergangskoeffizienten zu kommen, löst man (5.17) nach der entsprechenden Kenngröße auf, hier also nach

$$Nu = \frac{\alpha l}{\lambda} = f\,(Re, Pr) \tag{5.18 a}$$

und erhält daraus schließlich

$$\alpha = \frac{\lambda}{l} \cdot f\,(Re, Pr). \tag{5.18 b}$$

Die Gleichungen (5.18 a) und (5.18 b) schreiben vor, daß die Strömung unbeeinflußt von der Wärmeübertragung verläuft, wie es auch in unseren Voraussetzungen durch die Annahme konstanter Stoffwerte zum Ausdruck kam. Die vorgestellten Überlegungen ergaben zwar die dimensionslosen Kennzahlen als Argumente der Funktion F in (5.17), sagen aber nichts über die Form dieser Funktion selbst aus. Diese Funktion kann völlig beliebig sein und braucht nicht nur (wie gelegentlich behauptet wird) Potenzprodukte der Kennzahlen enthalten. Da die Funktionen F jedoch meist monoton verlaufen, können sie durch Ansätze der Form

$$Nu = \text{const } Re^m Pr^n$$

in gewissen Bereichen stückweise angenähert werden. Derartige empirische Potenzansätze sind in der Praxis sehr beliebt. Sie werden nach ihrem Urheber auch als „Nußeltsche Potenzansätze" bezeichnet.

Die durchgeführten Überlegungen zeigen weiter, daß sich die Zahl der Argumente von ursprünglich acht dimensionsbehafteten Größen in (5.1) bis (5.4) (ohne den Druck p, der in die Kennzahlen nicht eingeht) auf drei dimensionslose Kennzahlen reduziert hat; ein Zusammenhang, auf den wir in Abschn. 5.3 zurückkommen werden.

5.2.2 Freie Konvektion

Bei der freien Konvektion muß, wie in Kap. 2 gezeigt, der Auftrieb des erwärmten und spezifisch leichteren Fluids als Massenkraft in die Bewegungsgleichung eingeführt werden. Als Beispiel betrachten wir eine senkrechte Wand mit einer höheren Temperatur als die des umgebenden Fluids. Eine detailierte Beschreibung der Entstehung der Bewegung bei dieser Anordnung findet sich in Kap. 10. Die Änderung des spezifischen Volumens $v = 1/\varrho$ infolge der Erwärmung wird durch den isobaren thermischen Volumenausdehnungskoeffizienten

$$\beta = \frac{1}{v}\frac{\partial v}{\partial T} = -\frac{1}{\varrho}\frac{\partial \varrho}{\partial T}$$

angegeben. Wir müssen also für diese Betrachtung die Voraussetzung konstanter Stoffwerte aufgeben. Wir führen dazu die in Kap. 10 ausführlich diskutierte Boussinesq-Approximation ein; d.h. wir halten bis auf die Dichte im Massenkraftterm alle Stoffwerte konstant. Damit erhalten wir die x-Komponente der Bewegungsgleichung, wobei die positive x-Richtung mit der negativen Richtung des Erdbeschleunigungsvektors übereinstimmen und parallel zur Platte verlaufen soll, für den Modellversuch mit dem Index 1,

$$u_1\frac{\partial u_1}{\partial x_1} + v_1\frac{\partial u_1}{\partial y_1} + w_1\frac{\partial u_1}{\partial z_1} = -\frac{1}{\varrho_1}\frac{\partial p_1}{\partial x_1} + g_1\beta_1\vartheta_1$$

$$+ v_1\left(\frac{\partial^2 u_1}{\partial x_1^2} + \frac{\partial^2 u_1}{\partial y_1^2} + \frac{\partial^2 u_1}{\partial z_1^2}\right). \tag{5.19}$$

Zur Beschreibung der Bewegungsgleichung für die Ausführung 2 benötigen wir neben den Maßstabsfaktoren (5.5) noch

$$f_\beta = \beta_2/\beta_1 \quad \text{und}$$

$$f_g = g_2/g_1. \tag{5.20}$$

Nach dem oben dargestellten Schema erhalten wir damit für die freie Konvektion die Modellregeln:

$$\frac{f_u^2}{f_l} = \frac{f_p}{f_\varrho f_l} = f_g f_\beta f_\vartheta = \frac{f_v f_u}{f_l^2}. \tag{5.21}$$

Von der oben behandelten erzwungenen Konvektion unterscheidet sich die freie Konvektion auch dadurch, daß kein Geschwindigkeitsfeld vorgegeben ist, sondern daß unmittelbar an der Platte infolge der Haftbedingung als auch außerhalb der Grenzschicht die Geschwindigkeit null ist. Das Verhältnis f_u ist daher unbestimmt und liefert keine Kennzahl. Eliminiert man f_u aus (5.21) entsprechend

$$f_\mathrm{u} = \frac{f_\mathrm{v}}{f_\mathrm{l}} \tag{5.22}$$

und setzt diesen Ausdruck in den letzten Term von (5.21), so erhält man

$$\frac{g_1 \beta_1 \vartheta_1 l_1^3}{v_1^2} = \frac{g_2 \beta_2 \vartheta_2 l_2^3}{v_2^2} = \frac{g \beta \vartheta l^3}{v^2} = \mathrm{const}. \tag{5.23}$$

Zusammen mit (5.15) und (5.16) ergeben sich damit folgende Kennzahlen für die freie Konvektion:

$$\text{Grashofzahl} \quad Gr = \frac{g l^3}{v^2} \beta \vartheta,$$

$$\text{Prandtlzahl} \quad Pr = \frac{v}{a},$$

$$\text{Nußeltzahl} \quad Nu = \frac{\alpha l}{\lambda}.$$

Vielfach wird statt der Grashofzahl das Produkt $Gr \cdot Pr$, das als Rayleighzahl

$$Ra = \frac{g l^3}{a v} \beta \vartheta$$

bezeichnet wird, verwendet. Damit läßt sich der Wärmeübergang bei freier Konvektion durch die Gleichung

$$Nu = f(Ra, Pr) \tag{5.24}$$

darstellen.

Wenn wir in der Bewegungsgleichung (5.19) die Beschleunigungsglieder auf der linken Seite streichen, so reduziert sich (5.21) auf

$$f_\mathrm{g} f_\beta f_\vartheta = \frac{f_\mathrm{v} f_\mathrm{u}}{f_\mathrm{l}^2}. \tag{5.21 a}$$

Der Maßstabsfaktor f_u für die Geschwindigkeit ergibt sich aus (5.11) zu

$$f_\mathrm{u} = f_\mathrm{a}/f_\mathrm{l}. \tag{5.11 a}$$

Für diesen Fall der sog. „schleichenden Bewegung" ergibt sich damit neben der Nußeltzahl aus (5.21 a) und (5.11 a) nur noch eine dimensionslose Kennzahl der Form $g l^3 \beta \vartheta/(v a)$, die wir bereits als Rayleighzahl kennengelernt haben. Anstelle von (5.24) gilt damit für die schleichende Konvektion

$$Nu = f(Ra). \tag{5.25}$$

Diese Beziehung wurde bereits von Lorenz (1881) aus, wenn auch nur bedingt richtigen, theoretischen Überlegungen abgeleitet. Nimmt man dagegen an, daß in der Bewegungsgleichung (5.19) für die freie Konvektion die Zähigkeitsglieder auf der rechten Seite gegenüber den Trägheitsgliedern zu vernachlässigen sind, so reduziert sich (5.21) auf

$$\frac{f_u^2}{f_1} = f_g f_\beta f_; \, . \tag{5.21 b}$$

Eliminiert man darin den Maßstabsfaktor für die Geschwindigkeit wieder mit (5.11 a), so erhält man auch für diesen Fall neben der Nußeltzahl nur noch eine dimensionslose Kennzahl der Form $g l^3 \beta \vartheta / a^2$, die das Produkt aus Rayleigh- und Prandtlzahl darstellt. Für den Fall der sog. „reibungsfreien Strömung" erhält man damit die Beziehung

$$Nu = f\,(Ra\,Pr)\,. \tag{5.26}$$

Diese Beziehung wurde bereits von Boussinesq (1901) aufgestellt. Wir werden auf die beiden zuletzt diskutierten Fälle in Kap. 10 wieder zurückkommen.

Dimensionslose Kennzahlen haben die Eigenschaft, daß sie in allen wissenschaftlichen Maßsystemen den gleichen Zahlenwert besitzen, so daß Ergebnisse aus Arbeiten, die nicht im Internationalen Einheitensystem geschrieben sind, ohne Umrechnung übernommen werden können. Dieser Vorteil ist jedoch nicht der eigentliche Grund für die häufige Verwendung dimensionsloser Kennzahlen. Vielmehr ist es die Tatsache, daß nur die dimensionslose Kennzahl die „richtige" Verknüpfung der dimensionsbehafteten Größen ergibt. (Eine der ältesten dimensionslosen Kennzahlen dürfte die Zahl π sein. Der Umfang eines Kreises U wird nicht in Metern, sondern in einem „Eigenmaßstab", dem Durchmesser, gemessen. So entsteht $\pi = U/D$ als dimensionslose Kennzahl). Wir wollen daher im folgenden die ganz allgemeine Frage beantworten, nach welchen Regeln bestimmte, an einem Problem beteiligte Größen von ihren Dimensionen frei gemacht werden können, in dem sie zu dimensionslosen Kennzahlen zusammengesetzt werden. Im Gegensatz zu den bisherigen Ableitungen, bei denen wir für die Aufstellung der Modellgesetze die Differentialgleichungen für den Impuls- und Energietransport benutzt haben, beschreiben wir dabei einen viel allgemeineren Weg, der auch dann noch brauchbar ist, wenn für ein bestimmtes Problem die Differentialgleichungen gar nicht bekannt sind. Für dieses Vorgehen hat sich die Bezeichnung „Dimensionsanalyse" eingebürgert.

5.3 Dimensionsanalyse

5.3.1 Freie Konvektion

Wir betrachten als Beispiel wieder den Wärmeübergang bei freier Konvektion und stellen eine Liste jener Größen auf, die nach unserer Kenntnis an diesem Vorgang beteiligt sind:

Bezeichnung	Symbol	Einheit
Länge	l	m
Auftriebsbeschleunigung	$g\beta$	m/s^{2}K
Dichte	ϱ	kg/m^3
dynamische Viskosität	η	kg/s m
Wärmeleitfähigkeit	λ	W/mK
Temperaturdifferenz	ϑ	K
spezifische Wärme	c_p	J/kgK
Wärmeübergangskoeffizient	α	W/m^{2}K

Die Lösung des Problems soll dimensionslose Argumente enthalten, von denen wir nur verlangen, daß sie aus Potenzprodukten der beteiligten Größen bestehen. Weder über die Anzahl dieser Argumente noch über die funktionelle Verbindung untereinander machen wir irgendwelche Voraussetzungen. Die dimensionslosen Argumente müssen danach folgende Form haben, wenn s bis z die noch unbekannten Exponenten bedeuten:

$$l^s (g\beta)^t \varrho^u \eta^v \lambda^w \vartheta^x c_p^y \alpha^z.$$

Setzen wir für die Größen ihre Einheiten ein, so erhalten wir für die Einheit eines derartigen Arguments:

$$\text{m}^s \left(\frac{\text{m}}{\text{s}^2\text{K}}\right)^t \left(\frac{\text{kg}}{\text{m}^3}\right)^u \left(\frac{\text{kg}}{\text{sm}}\right)^v \left(\frac{\text{W}}{\text{mK}}\right)^w \text{K}^x \left(\frac{\text{J}}{\text{kg K}}\right)^y \left(\frac{\text{W}}{\text{m}^2\text{K}}\right)^z.$$

Damit das ganze Argument dimensionslos wird, muß der Exponent jeder einzelnen Grundeinheit Null werden. Entsprechend den fünf hier gewählten Grundeinheiten m, kg, s, K und J erhalten wir fünf Bestimmungsgleichungen für die acht Exponenten, nämlich:

für die Längeneinheit m: $\qquad\qquad s+t-3u-v-w-2z=0\,,$

für die Masseneinheit kg: $\qquad\qquad\quad u+v-\quad y=0\,,$

für die Zeiteinheit s: $\qquad\qquad\qquad -2t-v-w-\quad z=0\,,$

für die Temperatureinheit K: $\qquad -t-\quad w+x-y-\quad z=0\,,$

für die Einheit der Wärmemenge J: $\qquad\quad w+y+\quad z=0\,,$

wenn beachtet wird, daß 1 W = 1 J/s ist. Da in diesem Falle Wärmeenergie nicht in andere Energieformen umgewandelt wird, können wir die Größe Wärmemenge als Grundgröße und ihre Einheit Joule als Grundeinheit ansehen.

Wir können also $8-5=3$ Exponenten willkürlich festlegen und wählen dazu x, y und z, durch die wir die Exponenten s bis w ausdrücken. Setzen wir das Ergebnis in den Ansatz für die Größen ein, so erhält das Argument die Form:

$$l^{3x+z}(g\beta)^x \varrho^{2x} \eta^{-2x+y} \lambda^{-y-z} \vartheta^x c_p^y \alpha^z.$$

Über die drei Exponenten x, y und z verfügen wir in der Weise, daß wir nacheinander einen gleich Eins, die beiden anderen gleich Null setzen und erhalten damit:

$$x=1;\ y=0;\ z=0:\quad \frac{l^3 g\beta\varrho^2\vartheta}{\eta^2} = \frac{gl^3}{v^2}\,\beta\vartheta = Gr\,,$$

$$x=0;\ y=1;\ z=0:\quad \frac{\eta c_p}{\lambda} = \frac{\eta/\varrho}{\lambda/c_p\varrho} = \frac{v}{a} = Pr\,,$$

$$x=0;\ y=0;\ z=1:\quad \frac{\alpha l}{\lambda} = Nu\,.$$

Die gesuchte Funktion besteht also aus drei dimensionslosen Argumenten und hat die aus unseren früheren Überlegungen bereits bekannte Form

$$F\ (Nu,\ Gr,\ Pr) = 0 \quad bzw. \quad Nu = f\ (Gr,\ Pr)\,.$$

Dieses Ergebnis entspricht einem von Buckingham (1914) aufgestellten allgemeinen Prinzip, dem sog. *Π-Theorem*:

Eine Funktion zwischen m dimensionsbehafteten Maßgrößen, die mit n Grundeinheiten gemessen werden, besitzt $m-n$ dimensionslose Argumente (eben unsere Kennzahlen).

In dieser Verringerung der Zahl der Argumente der unbekannten Funktion liegt die große Bedeutung der Ähnlichkeitslehre. Denn eine Funktion zwischen drei Argumenten ist naturgemäß viel bestimmter als eine solche zwischen acht. Der experimentelle Aufwand zu ihrer Bestimmung ist nur noch ein Bruchteil des früheren. Die vollständige Darstellung einer Funktion zwischen acht Veränderlichen würde ein Tabellenwerk beanspruchen, drei Argumente lassen sich dagegen in einem einzigen Diagramm unterbringen.

Im folgenden wollen wir noch die bereits erwähnten beiden Sonderfälle der freien Konvektion, nämlich die schleichende Bewegung und die reibungsfreie Strömung behandeln.

5.3.2 Freie Konvektion bei schleichender Bewegung

Für die Trägheitswirkung in einem Medium ist dessen Dichte ϱ maßgebend. Wir können jedoch die Dichte nicht einfach aus unserer Aufstellung streichen, da die Dichte auch noch in der Massenkraft, in unserem Fall also im Term für den thermischen Auftrieb vorkommt. Wir verwenden deshalb anstelle der Auftriebsbeschleunigung $g\beta$ die Auftriebskraft pro Volumeneinheit $\varrho g\beta$. Wir berücksichtigen ferner, daß die Temperaturleitfähigkeit a aus $\lambda/\varrho c_p$ zusammengesetzt ist, wobei ϱc_p die spezifische Wärme je Volumenelement bedeutet. Nach diesen Überlegungen stellen wir folgende Liste der beteiligten Größen auf:

Bezeichnung	Symbol	Einheit
Länge	l	m
Auftriebskraft je Volumenelement	$\varrho g\beta$	kg/s^2m^2K
dynamische Viskosität	η	kg/sm
Wärmeleitfähigkeit	λ	W/mK
Temperaturdifferenz	ϑ	K
spezifische Wärme je Volumenelement	ϱc_p	J/m^3K
Wärmeübergangskoeffizient	α	W/m^2K

Ein dimensionsloses Argument der Lösung muß somit den Aufbau

$$l^t(\varrho g\beta)^u\eta^v\lambda^w\vartheta^x(\varrho c_p)^y\alpha^z$$

haben. Zur Messung dieser sieben Größen stehen wieder die fünf Grundeinheiten m, kg, s, K und J zur Verfügung, so daß diesmal nur $7-5=2$ dimensionslose Argumente bzw. Kennzahlen übrig bleiben. Setzen wir für die Größen wieder ihre Einheiten ein, so erhalten wir für die Einheit des Arguments den Ausdruck

$$m^t\left(\frac{kg}{s^2m^2K}\right)^u\left(\frac{kg}{sm}\right)^v\left(\frac{W}{mK}\right)^w K^x\left(\frac{J}{m^3K}\right)^y\left(\frac{W}{m^2K}\right)^z,$$

und daraus die fünf Bestimmungsgleichungen für die sieben Exponenten t bis z:

für die Längeneinheit m: $\qquad t-2u-\ v-w-3y-2z=0$,
für die Masseneinheit kg: $\qquad\qquad\qquad\qquad u+v=0$,
für die Zeiteinheit s: $\qquad\qquad\qquad -2u-v-w-z=0$,
für die Temperatureinheit K: $\qquad\qquad -u-\ w+x-y-z=0$,
für die Einheit der Wärmemenge J: $\qquad\qquad w+y+z=0$.

Wählen wir als frei verfügbar die Exponenten y und z und drücken t bis x durch y und z aus, so folgt:

$$l^{3y+z}(\varrho g\beta)^y\eta^{-y}\lambda^{-y-z}\vartheta^y(\varrho c_p)^y\alpha^z.$$

Über die beiden Exponenten y und z verfügen wir wieder in der Weise, daß wir jeweils einen gleich Eins und den anderen gleich Null setzen und erhalten damit die beiden dimensionslosen Kennzahlen,

$$y=1;\ z=0:\ \frac{l^3\varrho g\beta\vartheta\varrho c_p}{\eta\lambda}=\frac{gl^3}{av}\beta\vartheta=Ra,$$

$$y=0;\ z=1:\ \frac{\alpha l}{\lambda}=Nu$$

in Übereinstimmung mit den aus den Differentialgleichungen gewonnenen Kennzahlen, (5.25).

5.3.3 Freie Konvektion bei Vernachlässigung der Reibung

In diesem Fall braucht in der in Abschn. 5.3.1 angegebenen Liste nur die dynamische Viskosität gestrichen zu werden, da η nur in den Reibungsgliedern der Bewegungsgleichung (5.2 a—c) vorkommt. Die Zahl der Größen vermindert sich damit um eine auf sieben, so daß bei denselben fünf Grundeinheiten auch nur zwei dimensionslose Potenzprodukte übrigbleiben, und zwar

$$\frac{l^3\,(g\beta)\,\varrho^2\vartheta c_p^2}{\lambda^2} = \frac{gl^3}{v^2}\,\beta\vartheta\,\frac{\eta^2 c_p^2}{\lambda^2} = Gr\,Pr^2 = Ra\,Pr$$

und $\dfrac{\alpha l}{\lambda} = Nu.$

Auch dieses Ergebnis stimmt mit der aus den Differentialgleichungen abgeleiteten Beziehung (5.26) überein.

5.4 Physikalische Bedeutung der Kenngrößen

Die *Reynoldszahl* kann als Verhältnis der Beschleunigungs- zu den Reibungskräften aufgefaßt werden, was aus der Erweiterung

$$\frac{ud}{v} = \frac{\varrho u^2}{\dfrac{\eta u}{d}} = Re\,,$$

wobei d den Rohrdurchmesser bezeichnet, deutlich wird.

Für die *Nußeltzahl* wurde bereits in der Einleitung eine Bedeutung angegeben. Nimmt man an der Wand eine ruhende Schicht an, in der dasselbe Temperaturgefälle infolge von Wärmetransport durch Leitung auftritt als in der Grenzschicht infolge Konvektion, dann ergibt sich die Dicke dieser Schicht zu λ/α. Damit wird die Nußeltzahl

$$\frac{\alpha l}{\lambda} = \frac{l}{\lambda/\alpha} = Nu$$

das Verhältnis einer kennzeichnenden Länge l zur Dicke λ/α jener Schicht. Man kann die Nußeltzahl auch auffassen als Quotient der tatsächlichen Wärmestromdichte, die durch den Wärmeübergangskoeffizienten α bezeichnet wird zu jener, die durch reine Wärmeleitung in eine Schicht von der Dicke l auftreten würde, also

$$\frac{\alpha l}{\lambda} = \frac{\alpha}{\lambda/l} = Nu\,.$$

Aus der Randbedingung (5.9) folgt schließlich noch, daß die Nußeltzahl das Verhältnis der Gradienten zweier Temperaturprofile ist, nämlich dem des wirklichen Temperaturprofils an der Wand $-\,(\partial T/\partial n)_w$ zu dem linearen Temperaturprofil in der wärmeleitenden Schicht der Dicke l, $(T_w - T_m)/l$ nach der Gleichung

$$\frac{\alpha l}{\lambda} = \frac{-\,(\partial T/\partial n)_w}{(T_w - T_m)/l} = Nu\,.$$

Handelt es sich um den Wärmetransport durch einen ebenen Spalt der Dicke l, der mit einem Fluid mit der Wärmeleitfähigkeit λ gefüllt ist, so stellt die Nußeltzahl auch das Verhältnis der scheinbaren Wärmeleitfähigkeit $\lambda_s = \alpha l$ zu der wirklichen Wärmeleitfähigkeit λ dar und gibt so unmittelbar die Erhöhung der Wärmeübertragung durch Konvektion gegenüber der reinen Wärmeleitung (bei ruhendem Medium) an:

$$\frac{\alpha l}{\lambda} = \frac{\lambda_s}{\lambda} = Nu \,.$$

Für $Nu = 1$ wäre also in allen Fällen der Wärmeübertragungsvorgang identisch mit der Wärmeleitung in einer Schicht mit der Dicke l.

Die *Prandtlzahl* $Pr = v/a$ vergleicht zwei molekulare Transportkoeffizienten, nämlich die kinematische Viskosität v für den Impulstransport durch Reibung mit der Temperaturleitfähigkeit a für den Energietransport durch Wärmeleitung. Die Ursache für den Impulstransport ist ein Geschwindigkeitsgefälle, für den Transport von Wärme ein Temperaturgefälle. Die Prandtlzahl ist somit auch maßgebend für die Beziehungen zwischen Geschwindigkeits- und Temperaturfeld. Unter diesem Gesichtspunkt verstehen wir die Gleichung $Nu = f(Re, Pr)$ in folgendem Sinne: Die übertragene Wärme (Nu) hängt von der Ausbildung des Geschwindigkeitsfelds (Re) und seiner Beziehung zum Temperaturfeld (Pr) ab.

Zur Erklärung der *Grashofzahl* gehen wir auf ihre Ableitung aus den Differentialgleichungen zurück. Setzen wir den ersten und dritten Ausdruck in (5.21) gleich, so erhalten wir die Beziehung

$$\frac{g\beta\vartheta l}{u^2} = \frac{\varrho g\beta\vartheta}{\varrho u^2/l} = \frac{Gr}{Re^2} \,,$$

die wir als Quotienten der Auftriebskraft je Volumenelement $\varrho g\beta\vartheta$ zur Trägheitskraft je Volumenelement $\varrho u^2/l$ deuten können. Auch bei der freien Konvektion spielt also das Geschwindigkeitsfeld eine bedeutende Rolle für den Wärmeübergang, da aber keine Geschwindigkeit vorgegeben ist, sondern diese erst über den Auftrieb induziert wird, wird die Geschwindigkeit u in einer Kenngröße für die freie Konvektion nicht verwendet.

Dieses Beispiel zeigt auch, daß die genannten Kenngrößen durchaus nach praktischen Gesichtspunkten aus den verschiedenen Möglichkeiten ausgewählt wurden, und zwar so, daß gesuchte Größen möglichst nur in einer Kennzahl vorkommen, z.B. α nur in Nu. Man sollte jedoch das Verlangen nach physikalischer Anschaulichkeit nicht übertreiben und bedenken, daß auch beliebige Kombinationen der Kennzahlen neue richtige Kennzahlen ergeben.

Eine Kennzahl, die diese Eigenschaften besitzt, ist die Kombination

$$\frac{Nu}{Re\,Pr} = \frac{\alpha}{u\varrho c_p} = St \,,$$

die als Stantonzahl bezeichnet wird.

Zu ihrer Erklärung betrachten wir ein Rohrstück vom Durchmesser d und der Länge l, das von einem Fluid mit der mittleren Geschwindigkeit u durchströmt wird, wobei durch die Rohrwand Wärme zu- oder abgeführt wird. Bezeichnen wir mit T_w die Rohrwandtemperatur und mit T_m die über den Querschnitt und die Länge in geeigneter Weise gemittelte Fluidtemperatur (s. dazu Kap. 6), so wird im Falle der Heizung dem Fluid durch die Rohrwand die Wärmemenge

$$\dot{Q} = \alpha d\pi l (T_w - T_m)$$

pro Zeiteinheit zugeführt. Sind T_e und T_a die Eintritts- und Austrittstemperaturen des Fluids, so hat sich die Enthalpie des Fluids um

$$\dot{H}_a - \dot{H}_e = \frac{d^2 \pi}{4} u \varrho c_p (T_a - T_e)$$

erhöht. Aus dem 1. Hauptsatz für ein offenes System

$$\dot{H}_a - \dot{H}_e = \dot{Q}$$

folgt damit

$$\frac{(T_a - T_e)}{(T_w - T_m)} \frac{d}{4L} = \frac{\alpha}{u \varrho c_p} = St .$$

Die Stantonzahl vergleicht also die Temperaturänderung des Fluids mit dem treibenden Temperaturgefälle zur Wand und damit den Erfolg der Wärmeübertragung zu ihrer Ursache.

Zwischen Wärmeübergang und Stoffübergang in strömenden Medien läßt sich eine vollständige Analogie herstellen. An die Stelle der Wärmemenge tritt die Stoffmenge, der Temperaturunterschied als treibende Ursache wird durch die Differenz der Partialdrücke oder Konzentration ersetzt. Die maßgebende Transportgröße wird statt der Temperaturleitfähigkeit a der Diffusionskoeffizient D. Damit kann man analog zur Prandtlzahl $Pr = v/a$ die dimensionslose Kennzahl

$$v/D = Sc$$

bilden, die als *Schmidtzahl* bezeichnet wird, (der Quotient v/D wurde erstmals von E. Schmidt (1929) benutzt) und die Beziehungen zwischen dem Geschwindigkeits- und dem Partialdruck — bzw. dem Konzentrationsfeld kennzeichnet. Analog zur Prandtl- und Schmidtzahl läßt sich mit

$$a/D = Le$$

eine dritte, nur von Stoffgrößen abhängige Kennzahl bilden, die den Zusammenhang zwischen Temperatur- und Konzentrationsfeld beschreibt und als Lewiszahl bezeichnet wird.

Für diese drei nur von Stoffgrößen abhängigen Kennzahlen gilt die Beziehung

$$\frac{Pr \cdot Le}{Sc} = 1 .$$

Für die Rohrströmung wird auch die *Graetzzahl* Gz benutzt, die durch die Gleichung

$$Gz = \frac{A u \varrho c_p}{\lambda l} = \frac{A u}{a l}$$

definiert ist. Darin ist $Au\varrho$ die durch den Querschnitt A strömende Menge, l bedeutet eine kennzeichnende Länge, z.B. die Rohrlänge. Für das Kreisrohr folgt mit $A = d^2\pi/4$

$$Gz = \frac{\pi}{4}\frac{ud}{a}\frac{d}{l} = \frac{\pi}{4}\,Re\,Pr\,\frac{d}{l},$$

wenn d den Rohrdurchmesser bezeichnet.

5.5 Voraussetzungen und Grenzen der Ähnlichkeitslehre

Die Anwendung der Ähnlichkeitslehre setzt bestimmte Eigenschaften der verwendeten Einheitensysteme voraus, die meist als selbstverständlich hingenommen werden. Wenn wir zwischen Modell und Hauptausführung eines physikalischen Apparats konstante Proportionen aller Größen verlangten, ohne ein bestimmtes Einheitensystem vorzuschreiben, so war dazu nötig, daß das Verhältnis zweier Größen unverändert blieb, auch wenn die Größe der Einheit geändert wurde; d.h. das Verhältnis zweier Zeiten darf nicht davon abhängen, ob in Sekunden oder in Stunden gemessen wird. Diese Eigenschaft, die von allen wissenschaftlichen Einheitensystemen erfüllt wird, hat zur Folge, daß abgeleitete Größen nur in Potenzprodukten der Grundeinheiten gemessen werden können, da nur in diesem Fall auch das Verhältnis zweier abgeleiteter Größen von der Wahl der Grundeinheiten unabhängig bleibt, s. Bridgman (1932). Eine Nachprüfung der Einheiten der üblichen abgeleiteten Größen zeigt, daß auch diese Forderung erfüllt ist.

Eine Ausnahme machen z.B. die konventionellen Einheiten für die kinematische Zähigkeit v, etwa der Englergrad (E), wie folgendes Zahlenbeispiel zeigt: $v_1 = 1{,}00$ cSt $= 1{,}00$ E, $v_2 = 11{,}8$ cSt $= 2{,}00$ E. Der Quotient v_2/v_1 wird also gleich 11,8 bzw. gleich 2, je nachdem ob die Zähigkeit in cSt oder in E gemessen wird. In konvektionellen Einheiten gemessene Größen dürfen deshalb nie in Kennzahlen eingesetzt werden.

Da es also nur Größen gibt, die in den Grundeinheiten oder in Potenzprodukten derselben gemessen werden, müssen sich auch dimensionslose Kombinationen dieser Größen bilden lassen, ohne andere Rechenoperationen als die Multiplikation und das Potenzieren zu benutzen. Wir konnten also von unseren dimensionslosen Argumenten mit Recht voraussetzen, daß sie auch aus Potenzprodukten der Größen zusammengesetzt sind.

Die genannten Eigenschaften unserer Einheitensysteme benutzen wir ständig dadurch, daß wir Buchstabengleichungen anschreiben, ohne jemals eine Einheitenangabe zu machen. Auch dabei ist vorausgesetzt, daß die Gleichungen in allen Einheitensystemen richtig bleiben, daß es sich also um „vollständige Gleichungen" handelt.

Eine Prandtlzahl $Pr = 3600\,v/a$ bedeutet offenbar, daß v in m²/s und a in m²/h gemessen werden soll. Zwar ist auch diese Kennzahl dimensionslos, da die Zahl 3600 die Einheit s/h hat, jedoch ist sie ohne Angabe eines Einheitensystems nicht verwendbar. Diese Schreibweise verstößt gegen ein Prinzip, das für die Anwendung der Ähnlichkeitslehre vorausgesetzt ist; sie ist daher nicht zu empfehlen.

Eine weitere Eigenschaft unserer Gleichungen ist die „Homogenität in den Dimensionen", d.h., daß zu beiden Seiten des Gleichheitszeichens und hinter jedem Summanden nur gleiche Dimensionen stehen. Wird von einer dieser Vorschriften abgewichen, wie es bei sog. „Faustformeln" der Fall sein kann, so müssen die notwendigen Angaben über die vorgeschriebenen Einheiten ausdrücklich hinzugefügt werden.

Es wird gelegentlich nach der „Zuverlässigkeit" dimensionsloser Gleichungen gefragt, d.h. danach, ob bei zahlengleichen Kenngrößen wirklich die Größen beliebig verändert werden können und die Funktion zwischen den dimensionslosen Kennzahlen trotzdem gültig bleibt. Diese Frage läuft offenbar darauf hinaus, ob die physikalische Ähnlichkeit im strengen Sinne gewahrt ist, denn bei genau konstanten Übertragungsmaßstäben zwischen Modell und Hauptausführung muß auch die am Modell gewonnene Funktion für die Hauptausführung gelten. Um diese Frage zu beantworten, muß man sich daran erinnern, daß die Ähnlichkeitslehre wie die Mathematik in das Gebiet der Logik gehört. Sie *ist* also nicht richtig oder falsch, sondern kann nur richtig oder falsch *angewendet* werden. *Wie auch bei der Mathematik kann das Ergebnis nicht mehr physikalische Tatbestände als der Ansatz enthalten.*

Die abgeleiteten dimensionslosen Argumente reichen also nur unter den gemachten Voraussetzungen zur vollständigen Beschreibung eines Vorgangs aus, dann allerdings mit aller Strenge. So benutzen wir zur Beschreibung des Strömungszustands nur die Reynoldszahl, obwohl damit die Strömungsform nicht immer eindeutig bestimmt ist, z.B. die Strömung im Einlaufbereich eines Rohrs. Wir setzen also stillschweigend voll ausgebildete laminare oder turbulente Strömung voraus, die tatsächlich allein durch die Reynoldszahl gekennzeichnet ist. Im Einlaufgebiet sind also weitere Parameter erforderlich, z.B. das Verhältnis Rohrdurchmesser d zur Rohrlänge l.

Am schwersten wiegt aber die Tatsache, daß die Stoffwerte realer Fluide entgegen unserer Annahme von der Temperatur und auch vom Druck abhängen. Da diese Abhängigkeit sehr verschieden sein kann, werden u.U. eine Reihe von weiteren Parametern zur Beschreibung dieser Abhängigkeit erforderlich sein. Da insbesondere bei Flüssigkeiten die Zähigkeit stark temperaturabhängig ist, wirkt auch der Wärmeübergang auf den Strömungsvorgang zurück, wodurch eine weitere Voraussetzung nicht mehr erfüllt ist. Auch werden dadurch Heizung und Kühlung einer Flüssigkeit keine ähnlichen Vorgänge mehr bleiben. Bereits Nußelt (1915) berücksichtigte diese Temperaturabhängigkeit der Stoffwerte, indem er das Verhältnis Wandtemperatur zur Temperatur in großer Entfernung von der Wand, T_w/T_∞, als weitere Kenngröße einführte. Andere Möglichkeiten werden wir in den folgenden Abschnitten kennenlernen (s. Abschn. 5.6).

Wir setzten ferner glatte Oberflächen voraus, so daß bei rauhen Rohren ein weiterer Parameter, die „relative Rauhigkeit" nötig werden kann, nämlich das Verhältnis der mittleren Erhebung der Rauhigkeit zu einer kennzeichnenden Abmessung, etwa dem Rohrdurchmesser.

Besonders das anscheinend so einfache Verfahren der Dimensionsanalyse könnte zu dem Schluß verleiten, daß sich damit auch Probleme behandeln lassen, deren Grundlagen noch nicht oder nur ungenügend geklärt sind. Wir haben absichtlich drei eng zusammenhängende Fälle verhältnismäßig ausführlich behandelt, um zu zeigen, wie stark das Ergebnis von der Auswahl der „richtigen" Größen abhängt. Auch mußten wir öfter auf den Aufbau der Differentialgleichungen bei diesen Betrachtungen zurückkommen. Gerade für die Dimensionsanalyse ist eine beträchtliche physikalische Erfahrung über das behandelte Problem unerläßlich, wozu allerdings nicht unbedingt die Kenntnis der Differentialgleichungen gehören muß.

Die Ähnlichkeitslehre schreibt bestimmte Formen der Lösung vor. Die Vorschriften sollten auch bei Faustformeln eingehalten werden. Ist z.B. bei einem Fall erzwungener Konvektion die Beziehung

$$\alpha \sim u^{0,8}$$

gemessen worden, so ist das nur ein Teil des allgemeinen Gesetzes

$$\frac{\alpha d}{\lambda} \sim \left(\frac{\mu d}{v}\right)^{0,8} ;$$

daraus folgt aber auch sofort

$$\alpha \sim d^{-0,2} .$$

Selbst wenn im Einzelfall ein anderer Exponent für d passender wäre, ist es richtig, $d^{-0,2}$ zu benutzen und die Abweichung durch eine geeignete Korrektur, z.B. durch einen weiteren Parameter (l/d) zu berücksichtigen. Ein solches Ergebnis ist jedenfalls viel allgemeiner, als wenn ad hoc der Exponent von d geändert würde. Diese Folgerung aus der Ähnlichkeitslehre scheint nicht immer beachtet zu werden.

Die Ähnlichkeitslehre kann nur im ständigen Zusammenhang mit physikalischen Betrachtungen angewendet werden. Dabei kann sie aber auch unmittelbar zu neuen Gesetzmäßigkeiten führen. Ein derartiges Beispiel ist der Wärmeübergang bei freier Konvektion in ringförmigen Spalten, etwa in den konzentrischen Hohlräumen der Luftschichtenisolierung eines Rohrs. Sofern es sich dabei um schleichende Bewegung handelt, läßt sich der Vorgang durch die Gleichung

$$Nu = f\left(Ra, \frac{d_a}{d_i}\right)$$

darstellen. Dabei bedeuten d_a den äußeren und d_i den inneren Durchmesser des Ringraums. In der Rayleighzahl ist d_a oder d_i als charakteristische Länge eingesetzt. Die Versuchsergebnisse zeigten, daß der Parameter (d_a/d_i) zur Beschreibung ausreichte. Nun stellte Kraushold (1934) fest, daß man ohne diesen Parameter auskommt, wenn in die Kennzahlen Nu und Ra nicht der Durchmesser, sondern die Spaltweite $s = (d_a - d_i)/2$ eingesetzt wird. Sogar ebene Spalte, die dem Ringspalt nicht mehr geometrisch ähnlich sind, lassen sich dann mit gewissen Streuungen durch die gleiche Funktion

$$Nu_s = \frac{\alpha s}{\lambda} = f(Ra_s)$$

darstellen, wobei der Bereich Ra_s von 10^2 bis 10^8 reicht. Im Sinne der Dimensionsanalyse bedeutet das, daß eine Größe (nämlich d_a bzw. d_i) verschwindet und damit bei gleicher Anzahl der Grundeinheiten auch eine Kennzahl wegfällt. Es ist schwer vorstellbar, daß ein solches Ergebnis ohne Verwendung der Ähnlichkeitslehre gefunden worden wäre.

Ein ähnliches Beispiel ist die Wärmeübertragung in durchströmten Füllkörperrohren. Die Versuchsergebnisse lassen sich durch die Gleichung

$$Nu = f\left(Re, \frac{d}{D}\right)$$

wiedergeben, wobei d den Füllkörper- und D den Rohrdurchmesser bedeuten. Die Kenngrößen sind mit d zu bilden, die Strömungsgeschwindigkeit ist auf das leere Rohr bezogen. Nach einem Vorschlag von *Schuhmacher* (1949) bildet man die Kenngrößen mit dem Rohrdurchmesser D und kann dann alle Versuche durch die Funktion

$$Nu_D = f(Re_D)$$

darstellen, wenn man eine gewisse Streuung in Kauf nimmt. Diese beiden geschilderten Beispiele sind typisch dafür, wie die Ähnlichkeitslehre zusammen mit physikalischer Intuition zu fruchtbaren Ergebnissen führen kann. (Für weitere Beispiele sei auf Pawlowski (1971) und auf Zlokarnik (1985) verwiesen).

5.6 Temperaturabhängige Stoffwerte

5.6.1 Allgemeines

Falls die Temperaturabhängigkeit der Stoffwerte berücksichtigt werden muß, müssen statt der vereinfachten Navier-Stokes-Gleichungen (2.53) und (2.54) die Gleichungen (2.10 b), (2.51) und (2.52), die wir hier nochmals aufführen wollen,

$$\frac{D\varrho}{Dt} = -\varrho(\nabla u) \, ,$$

$$\varrho\frac{Du}{Dt} = -\nabla p + \nabla\left[\eta\left(\frac{\partial u_i}{\partial x_j} + \frac{\partial u_j}{\partial x_i}\right)\right] + \varrho g \, ,$$

$$\varrho c_p\frac{DT}{Dt} = \nabla(\lambda\nabla T) \, ,$$

gelöst werden.

Auch für den Fall der reinen erzwungenen Konvektion ($\varrho g = 0$) sind die Gleichungen über die Temperaturabhängigkeit der Stoffwerte miteinander gekoppelt; man spricht dabei von einer *schwachen Kopplung*. Eine *starke Kopplung* liegt bei freier Konvektion vor, bei der das Geschwindigkeitsfeld erst über das Temperaturfeld induziert wird. Auch bei schwacher Kopplung der Gleichungen können die Kontinuitäts- und Bewegungsgleichung nicht mehr unabhängig von der

Energiegleichung gelöst werden. Aus diesem Grunde sind die Gleichungen nur für einige besonders einfache Geometrien einer analytischen Lösung zugänglich. In der Regel müssen numerische Verfahren zur Lösung herangezogen werden.

Für die Darstellung des Druckverlustkoeffizienten bzw. der Nußeltzahl im Fall temperaturabhängiger Stoffwerte sind unterschiedliche Methoden bekannt geworden, die wir im folgenden kurz erläutern wollen.

5.6.2 Methode der Referenztemperatur

Dieser Methode liegt die Vorstellung zugrunde, daß auch bei temperaturabhängigen Stoffwerten Druckverlust und Wärmeübergang mit den Beziehungen für konstante Stoffwerte berechnet werden können, wenn darin die Stoffwerte bei einer für das Problem charakteristischen Referenz- bzw. Bezugstemperatur eingesetzt werden.

Wenn diese Methode auch bei vielen Wärmeübergangsproblemen, z.B. bei der Strömung längs einer ebenen Platte, hinreichend genau sein dürfte, so ist ihre Anwendung für den Fall der Rohrströmung problematisch. Man macht sich dies durch folgende Überlegung klar. Als Bezugstemperatur für die Rohrströmung wird meist der arithmetische Mittelwert

$$T_{\text{bez}} = \frac{1}{2} \left(T_{\text{ein}} + T_{\text{aus}} \right)$$

zwischen Ein- und Austrittstemperatur empfohlen. Wir stellen uns nun vor, daß wir im Fall a) das Fluid im Rohr von 20°C auf 80°C erwärmen und im Fall b) von 80°C auf 20°C abkühlen. In beiden Fällen beträgt die Bezugstemperatur für die Stoffwerte 50°C. Damit erhalten wir für beide Fälle die gleichen Zahlenwerte für den Druckverlustkoeffizienten und die Nußeltzahl, obwohl wir anhand von Bild 6.12 sehen werden, daß die Geschwindigkeitsprofile und damit auch der Wärmeübergang unterschiedlich sind.

5.6.3 Methode der Stoffwertverhältnisse

Bereits Hausen hat vorgeschlagen, den Einfluß der Richtung des Wärmestroms durch das Stoffwertverhältnis $(\eta/\eta_{\text{w}})^{\text{m}}$ zu berücksichtigen. Bezeichnen wir mit Nu_0 die Nußeltzahl für konstante Stoffwerte, so gilt demnach im Fall temperaturabhängiger Stoffwerte

$$Nu = Nu_0 \left(\frac{\eta}{\eta_{\text{w}}} \right)^{\text{m}} . \tag{5.27}$$

Dabei bedeutet η die dynamische Viskosität bei der arithmetischen Mitteltemperatur

$$T_{\text{bez}} = \frac{1}{2} \left(T_{\text{w}} + T_{\infty} \right) , \tag{5.28}$$

die gelegentlich auch als Filmtemperatur bezeichnet wird, zwischen der Wand- und einer charakteristischen Fluidtemperatur, und η_{w} diejenige bei der Wandtemperatur. Die Stoffwerte für die Nußeltzahl Nu_0 werden bei der Referenztemperatur nach (5.28) gebildet. Für den Exponenten werden für Flüssigkeiten Werte zwischen 0,11 und 0,14, für Gase dagegen wird $m=0$ empfohlen; d.h. bei Gasen hat die Richtung des Wärmestroms auf den Wärmeübergang praktisch keinen Einfluß.

Die Berücksichtigung des Einflusses der Temperaturabhängigkeit der Stoffwerte nach (5.27) ist unbefriedigend, wie die folgende Überlegung für die Rohrströmung zeigt. Bei der Heizung ist $T_w > T_m$ und damit $\eta_w < \eta$. Das Verhältnis η/η_w ist damit größer 1; d.h. bei der Heizung wird der Wärmeübergang um den Faktor $(\eta/\eta_w)^m > 1$ größer als bei konstanten Stoffwerten. Bei der Kühlung dagegen ist $T_w < T_m$ und damit $\eta_w > \eta$. Das Verhältnis (η/η_w) ist damit kleiner 1; d.h. bei der Kühlung wird der Wärmeübergang um den Faktor $(\eta/\eta_w)^m > 1$ kleiner. Setzt man nun statt η/η_w den Betrag dieses Verhältnisses in (5.27) ein, so erkennt man, daß der Exponent $m > 0$ bei Heizung und $m < 0$ bei Kühlung wird. Im Gegensatz dazu würde man jedoch erwarten, daß der Exponent in den beiden Grenzfällen Heizrate $\to 0$ und Kühlrate $\to 0$ den gleichen Wert hat.

Wir wollen im folgenden die Methode der Stoffwertverhältnisse etwas genauer untersuchen. Stellvertretend für alle Stoffwerte betrachten wir die dynamische Viskosität η. Wir nehmen an, daß η lediglich von der Temperatur T abhängt und setzen voraus, daß die Funktion $\eta(T)$ in der Umgebung der Temperatur T_0 stetig sei und dort auch stetige Ableitungen habe.

Dann kann die Funktion $\eta(T)$ in der Umgebung von T_0 durch eine Taylorentwicklung um den Punkt T_0 dargestellt werden

$$\eta(T) = \eta(T_0) + \left(\frac{\partial \eta}{\partial T}\right)_{T_0} (T-T_0) + \frac{1}{2}\left(\frac{\partial^2 \eta}{\partial T^2}\right)_{T_0} (T-T_0)^2 + \dots .$$

Für das Verhältnis $\eta(T)/\eta(T_0)$ folgt daraus durch Umformung bzw. Erweiterung mit T_0:

$$\frac{\eta(T)}{\eta(T_0)} = 1 + \left(\frac{T}{\eta}\frac{\partial \eta}{\partial T}\right)_{T_0} \cdot \varepsilon + \frac{1}{2}\left(\frac{T^2}{\eta}\frac{\partial^2 \eta}{\partial T^2}\right)_{T_0} \varepsilon^2 + \dots , \tag{5.29}$$

wobei mit ε das Temperaturverhältnis

$$\varepsilon = \frac{T-T_0}{T_0} \tag{5.30}$$

bezeichnet wird.

Man erkennt sofort, daß die Faktoren $(T^i/\eta \partial^i \eta/\partial T^i)$ dimensionslose Ausdrücke sind, die nur von der Temperatur T_0 abhängen. Nach einem Vorschlag von Gersten (1984) wollen wir sie als Stoffwerte höherer Ordnung betrachten und erhalten mit den Abkürzungen

$$K_\eta(T) = \left(\frac{T}{\eta}\frac{\partial \eta}{\partial T}\right)_T ,$$

$$K_{\eta\eta}(T) = \left(\frac{T^2}{\eta}\frac{\partial^2 \eta}{\partial T^2}\right)_T , \tag{5.31}$$

aus (5.29) schließlich

$$\frac{\eta(T)}{\eta(T_0)} = 1 + K_\eta(T_0)\varepsilon + \frac{1}{2}K_{\eta\eta}(T_0)\varepsilon^2 + \dots . \tag{5.32}$$

Der Zahlenwert der Stoffwerte K_η, $K_{\eta\eta}$ und ggf. auch derjenigen höherer Ordnung entscheidet, ob nach (5.32) eventuell sogar eine lineare Stoffwertfunktion ausreichend ist oder ob auch noch Terme höherer Ordnung mit berücksichtigt werden müssen.

Um dies zu verdeutlichen, sind in den Bildern 5.1, 5.2, 5.3 und 5.4 die Stoffwerte $K_a(T_0)$ für Luft ($Pr \sim 0{,}7$), Äthan ($Pr \sim 1$), Wasser ($Pr \sim 7{,}0$) und ein Silikonöl ($Pr \sim 70$) in Abhängigkeit der Temperatur dargestellt. Bild 5.1 zeigt, daß für Luft die Stoffwerte K_ϱ, K_η und K_λ etwa gleich groß sind. Im Gegensatz dazu ist K_{c_p} fast zwei Größenordnungen kleiner; d.h. der Einfluß von K_{c_p} wird im allgemeinen vernachlässigbar sein. Für Äthan, Bild 5.2, dagegen sind alle Stoffwerte K_a von gleicher Größenordnung. Bild 5.3 zeigt, daß bei Wasser der Stoffwert K_η dominiert. Wegen der starken Krümmung der Stoffwertfunktionen K_a müssen jedoch ggf. auch Stoffwerte zweiter Ordnung mitberücksichtigt werden. Dies gilt insbesondere bei freier Konvektion im Bereich der Dichteanomalie von Wasser bei 4°C, da die Stoffwertfunktion $K_\varrho(T)$ dort ihr Vorzeichen ändert. Bild 5.4 zeigt den Verlauf der Stoffwerte für ein Silikonöl mit $Pr \approx 70$. Dafür muß in erster Näherung lediglich der Einfluß der Zähigkeit, d.h. der Stoffwert K_η berücksichtigt werden.

Die Methode der Stoffwertverhältnisse führt zunächst auf eine Darstellung der Form

$$\frac{\xi}{\xi_{c.p.}} = 1 + \varepsilon[a_1 K_\varrho + a_2 K_\eta] + 0(\varepsilon^2), \tag{5.33}$$

$$\frac{Nu}{Nu_{c.p.}} = 1 + \varepsilon[b_1 K_\varrho + b_2 K_\eta + b_3 K_\lambda + b_4 K_{c_p}] + 0(\varepsilon^2) \tag{5.34}$$

für den Druckverlustkoeffizienten und für die Nußeltzahl, wobei der Index c.p. für „constant properties" steht. Die Koeffizienten a_1 und b_1 können noch von der Prandtlzahl abhängen, die übrigen Koeffizienten sind reine Zahlenwerte. Herwig (1985) hat gezeigt, daß sich die Beziehungen (5.33) und (5.34) derart umformen lassen, daß die rechten Seiten entsprechend

$$\frac{\xi}{\xi_{c.p.}} = \left(\frac{\varrho_w}{\varrho_\infty}\right)^{n_1}\left(\frac{\eta_w}{\eta_\infty}\right)^{n_2}, \tag{5.35}$$

$$\frac{Nu}{Nu_{c.p.}} = \left(\frac{\varrho_w}{\varrho_\infty}\right)^{m_1}\left(\frac{\eta_w}{\eta_\infty}\right)^{m_2}\left(\frac{\lambda_w}{\lambda_\infty}\right)^{m_3}\left(\frac{c_{pw}}{c_{p\infty}}\right)^{m_4} \tag{5.36}$$

als Produkte von Stoffwertverhältnissen darstellbar sind. Die Exponenten n_1 und m_1 können wieder von der Prandtlzahl abhängen, die übrigen Exponenten sind reine Zahlenwerte. Auf weitere Details werden wir jeweils in den folgenden Kapiteln eingehen.

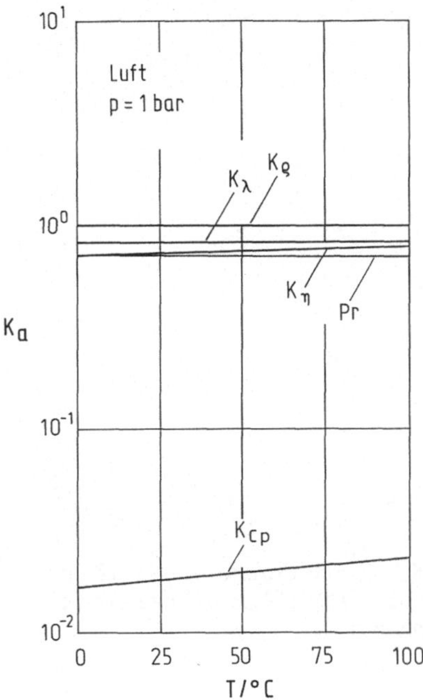

Bild 5.1. Die Stoffwerte $K_a = (T/a\,\partial a/\partial T)$ für Luft ($Pr \approx 0,7$) in Abhängigkeit der Temperatur

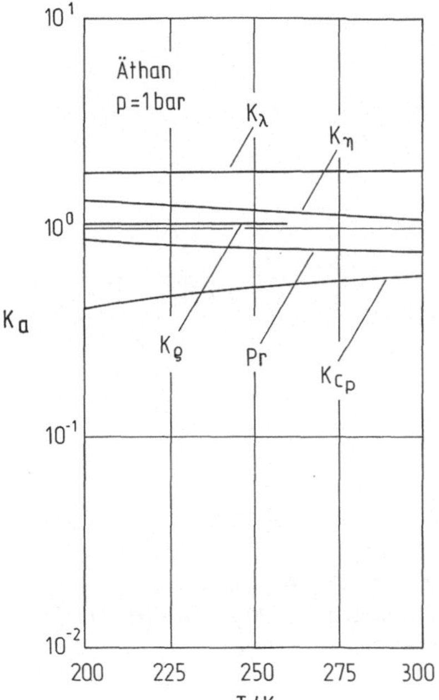

Bild 5.2. Die Stoffwerte $K_a = (T/a\,\partial a/\partial T)$ für Äthan ($Pr \approx 1$) in Abhängigkeit der Temperatur

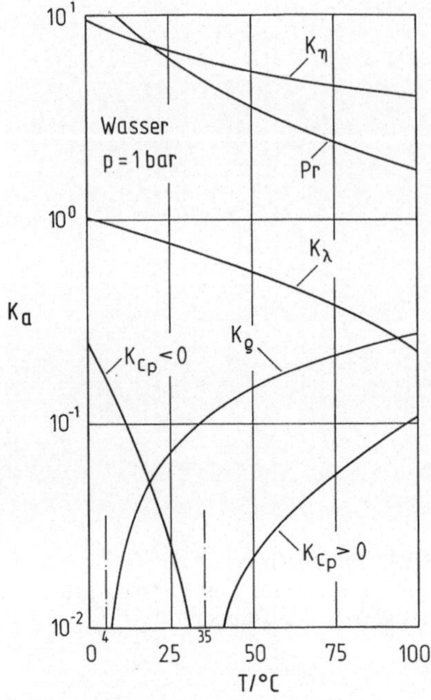

Bild 5.3. Die Stoffwerte $K_a = (T/a\,\partial a/\partial T)$ für Wasser ($Pr \approx 7$) in Abhängigkeit der Temperatur

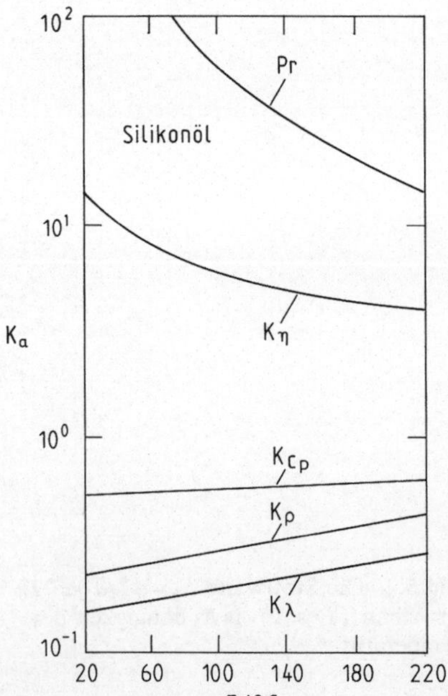

Bild 5.4. Die Stoffwerte $K_a = (T/a\,\partial a/\partial T)$ für Silikonöl ($Pr \approx 70$) in Abhängigkeit der Temperatur

Teil 2
Erzwungene Konvektion

6 Wärmeübergang bei laminarer Kanalströmung

Bei laminarer Strömung bewegen sich die Fluidelemente auf einzelnen, getrennten Bahnen, Stromfäden genannt, ohne daß von Stromfaden zu Stromfaden eine Vermischung eintritt. Lediglich durch die Zähigkeit wirken die einzelnen Stromfäden aufeinander ein, sofern sie verschiedene Geschwindigkeiten haben. Bei laminaren Strömungen vereinfachen sich die Grundgleichungen für stationäre Strömungen oder besonders einfache Geometrien so weit, daß sie exakt lösbar werden. Die Hagen-Poiseuillesche Gleichung (1.17) für die laminare Rohrströmung ist eine derartige exakte Lösung. Neben dem Geschwindigkeitsfeld läßt sich aber auch das Temperaturfeld und damit der Wärmeübergang für einige Fälle exakt berechnen.

Wir betrachten die stationäre Kanalströmung (unter Rohr wollen wir im folgenden einen Kanal mit kreisförmigem Querschnitt verstehen) und setzen voraus, daß die Strömungsgeschwindigkeit bzw. die Machzahl hinreichend klein ist, so daß das Fluid als inkompressibel betrachtet und der Dissipationsterm in der

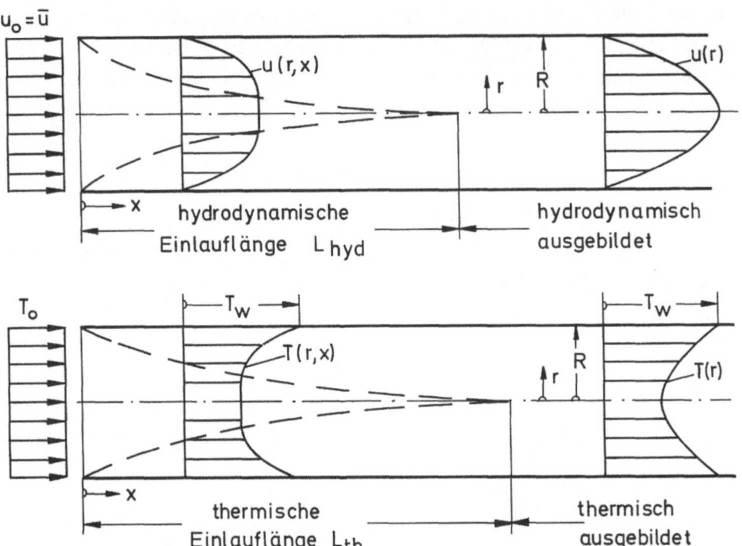

Bild 6.1. Entwicklung des Geschwindigkeits- und Temperaturprofils für $T_w = $const bei gleichzeitigem thermischen und hydrodynamischen Einlauf

Energiegleichung vernachlässigt werden kann. Wir nehmen ferner an, daß die Stoffwerte konstant sind und der Einfluß der freien Konvektion vernachlässigbar ist. Unter diesen Voraussetzungen reduzieren sich die Grundgleichungen (2.10 a), (2.53) und (2.56) auf das Gleichungssystem

$$\nabla(\varrho u) = 0, \tag{6.1}$$

$$\varrho(u\nabla)u = -\nabla p + \eta\nabla u, \tag{6.2}$$

$$\varrho c_\mathrm{p}(u\nabla)T = \lambda\nabla^2 T. \tag{6.3}$$

Bei der Kanalströmung unterscheiden wir zwei Bereiche, nämlich die Strömung im *Einlaufbereich*, innerhalb dessen sich das Geschwindigkeits- und das Temperaturprofil mit der Längskoordinate x ändert und den *Bereich der vollausgebildeten Strömung*, in dem das Geschwindigkeitsprofil unabhängig von der Längskoordinate x ist und die Nußeltzahl einen konstanten Wert Nu_∞ hat, s. Bild 6.1.

Im folgenden untersuchen wir zunächst die voll ausgebildete Strömung, die im Gegensatz zur Strömung im Einfluß auch mathematisch relativ einfach zu behandeln ist.

6.1 Voll ausgebildete Strömung

6.1.1 Mathematische Formulierung

Wir betrachten die vollentwickelte laminare Strömung in einem Kanal mit konstantem aber beliebig geformten Querschnitt. Wir legen die x-Achse parallel zur Kanalachse und die y- und z-Achse in den Kanalquerschnitt, s. Bild 6.2. Da sich das voll ausgebildete Geschwindigkeitsprofil mit der Kanallänge x vereinbarungsgemäß nicht mehr ändert, gilt dafür

$$u = u(y,z),$$

$$v = w = 0.$$

Für konstante Stoffwerte und damit auch für konstante Dichte vereinfachen sich (6.1) bis (6.3) auf

$$\frac{\partial u}{\partial x} = 0, \tag{6.4}$$

$$\frac{\partial p}{\partial x} = \eta\left(\frac{\partial u^2 u}{\partial y^2} + \frac{\partial^2 u}{\partial z^2}\right), \tag{6.5 a}$$

$$\frac{\partial p}{\partial y} = \frac{\partial p}{\partial z} = 0, \tag{6.5 b}$$

$$\varrho c_\mathrm{p} u\frac{\partial T}{\partial x} = \lambda\left(\frac{\partial^2 T}{\partial x^2} + \frac{\partial^2 T}{\partial y^2} + \frac{\partial^2 T}{\partial z^2}\right). \tag{6.6}$$

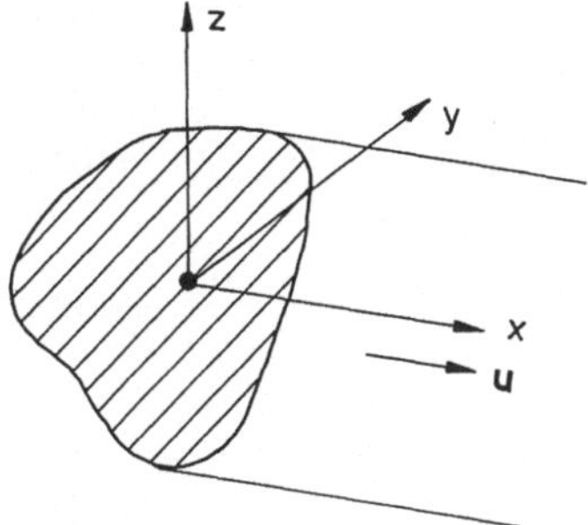

Bild 6.2. Festlegung des Koordinatensystems bei der Kanalströmung

Da das Geschwindigkeitsprofil unabhängig von der Rohrlänge x ist, haben die Ableitungen $\partial u/\partial y$ und $\partial u/\partial z$ in (6.5 a) an jeder Stelle x den gleichen Wert. Damit muß der Druckgradient $\partial p/\partial x$ ebenfalls an jeder Stelle x gleich groß bzw. unabhängig von x sein. Wegen (6.5 b) ist der Druck über den Kanalquerschnitt zudem konstant. Damit folgt aus (6.5 a) und (6.5 b)

$$\frac{\partial^2 u}{\partial y^2} + \frac{\partial^2 u}{\partial z^2} = \frac{1}{\eta}\frac{\mathrm{d}p}{\mathrm{d}x} = B = \text{const}, \tag{6.7}$$

d.h. bei der voll ausgebildeten Kanalströmung ist der Druckgradient in axialer Richtung konstant.

Wir nehmen nun weiter an, daß das Temperaturfeld in der Querschnittsebene des Kanals wesentlich stärker als in Strömungsrichtung gekrümmt ist und vernachlässigen damit den axialen Wärmetransport infolge Wärmeleitung. Die Energiegleichung (6.6 a) reduziert sich somit auf

$$\varrho c_{\mathrm{p}} u \frac{\partial T}{\partial x} = \lambda \left(\frac{\partial^2 T}{\partial y^2} + \frac{\partial^2 T}{\partial z^2} \right). \tag{6.8}$$

Da wir die Stoffwerte als konstant vorausgesetzt haben, kann (6.7) unabhängig von (6.8) gelöst werden. Mit dem aus (6.7) ermittelten Geschwindigkeitsprofil kann damit aus (6.8) das Temperaturprofil berechnet werden. Wir weisen ausdrücklich darauf hin, daß nur im Fall konstanter Stoffwerte keine Rückwirkung des Temperaturfelds auf das Geschwindigkeitsfeld stattfindet. Für die Lösung der Energiegleichung (6.8) muß die Temperatur- bzw. die Wärmestromdichte an der Kanalwand; d.h. über den Umfang und entlang des Kanals bekannt sein.

6.1.2 Rohrströmung (Kreisquerschnitt)

Zur mathematischen Behandlung der Strömung in Kreisrohren werden (6.7) und (6.8) zweckmäßigerweise in zylindrischen Koordinaten angeschrieben, s. Anhang C.

Wir erhalten dafür

$$\frac{1}{r}\frac{\mathrm{d}}{\mathrm{d}r}\left(r\frac{\mathrm{d}u}{\mathrm{d}r}\right)=\frac{1}{\eta}\frac{\mathrm{d}p}{\mathrm{d}x}=B,\tag{6.9}$$

$$u\frac{\partial T}{\partial x}=a\frac{1}{r}\frac{\partial}{\partial r}\left(r\frac{\partial T}{\partial r}\right),\tag{6.10}$$

mit der Temperaturleitfähigkeit $\lambda/\varrho c_{\mathrm{p}}$.

6.1.2.1 Druckverlustkoeffizient

Aus der Bewegungsgleichung (6.9) folgt nach zweimaliger Integration

$$u=B\frac{r^4}{4}+C\ln r+D.$$

Mit den Randbedingungen, d.h. der Haftbedingung an der Wand,

$$[u]_{r=R}=0$$

und der Symmetriebedingung in der Rohrmitte,

$$\left[\frac{\mathrm{d}u}{\mathrm{d}r}\right]_{r=0}=0$$

lassen sich die Integrationskonstanten C und D bestimmen und wir erhalten die parabolische Geschwindigkeitsverteilung

$$u(r)=-\frac{R^2}{4\eta}\left[1-\left(\frac{r}{R}\right)^2\right]\frac{\mathrm{d}p}{\mathrm{d}x}.\tag{6.11}$$

Durch Integration über den Rohrquerschnitt

$$\dot{V}=\int\limits_0^R 2\pi r u(r)\,\mathrm{d}r.$$

folgt damit für den Volumenstrom

$$\dot{V}=-\frac{R^4\pi}{8\eta}\frac{\mathrm{d}p}{\mathrm{d}x}$$

und daraus mit der Definition

$$\dot{V}\equiv R^2\pi u_{\mathrm{m}}$$

für die mittlere Strömungsgeschwindigkeit

$$u_{\mathrm{m}}=-\frac{R^2}{8\eta}\frac{\mathrm{d}p}{\mathrm{d}x}.\tag{6.12}$$

Durch Elimination des Druckgradienten aus (6.11) mit (6.12) erhalten wir schließlich für das Geschwindigkeitsprofil im Rohr

$$u(r)=2u_{\mathrm{m}}\left[1-\left(\frac{r}{R}\right)^2\right].\tag{6.13}$$

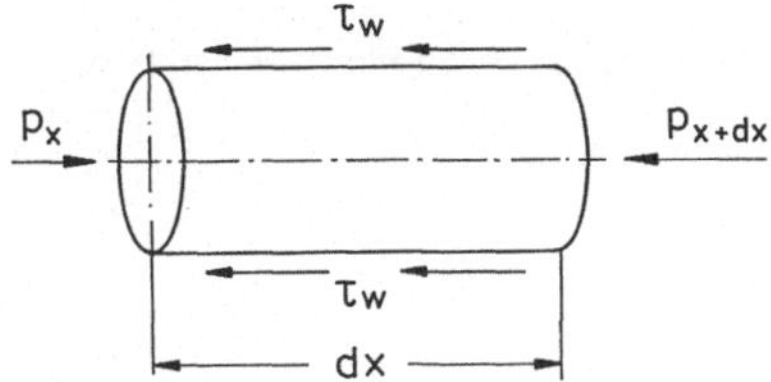

Bild 6.3. Kräftebilanz an einem Fluidelement der Länge dx bei der Rohrströmung

Wir wollen nun den Druckverlustkoeffizienten für die Strömung im Kreisrohr berechnen. Dazu betrachten wir das in Bild 6.3 dargestellte Fluidelement der Länge dx. Wir denken uns das Rohr selbst entfernt und lassen dafür die Wandschubspannung τ_w an der Mantelfläche wirken. Eine Kräftebilanz liefert unmittelbar den Zusammenhang

$$\frac{\mathrm{d}p}{\mathrm{d}x} = \frac{2}{R}\tau_\mathrm{w} \qquad\qquad (6.14)$$

zwischen dem Druckgradienten und der Wandschubspannung. Da nach (6.7) der Druckgradient konstant ist, steigt die Schubspannung τ bei voll entwickelter Strömung linear mit dem Rohrradius vom Wert Null auf der Achse bis zum Wert τ_w (Wandschubspannung) an der Rohrwand an. Durch Differentiation folgt aus (6.13) für die Wandschubspannung

$$\tau_\mathrm{w} = -\left(\frac{\mathrm{d}u}{\mathrm{d}r}\right)_{r=R} = 4\eta\,\frac{u_\mathrm{m}}{R} \qquad\qquad (6.15)$$

und damit aus (6.14) für den Druckgradienten

$$\frac{\mathrm{d}p}{\mathrm{d}x} = 8\eta\,\frac{u_\mathrm{m}}{R^2}\;. \qquad\qquad (6.16)$$

Der Druckabfall im Rohr ist demnach proportional zur Strömungsgeschwindigkeit u_m und umgekehrt proportional zum Quadrat des Rohrradius. Obwohl der Druckabfall bei der laminaren Strömung damit linear von der Strömungsgeschwindigkeit abhängt, wird der Druckgradient dp/dx in einem Rohr mit dem Druchmesser d üblicherweise proportional zum Staudruck $\varrho u_\mathrm{m}^2/2$ und umgekehrt proportional zum Durchmesser gesetzt,

$$\frac{\mathrm{d}p}{\mathrm{d}x} \equiv \zeta\,\frac{1}{d}\,\frac{\varrho u_\mathrm{m}^2}{2}\;. \qquad\qquad (6.17\,\mathrm{a})$$

Die „Konstante" ζ ist der Druckverlustkoeffizient nach Darcy, der gelegentlich auch als Rohrreibungszahl λ bezeichnet wird. Neben ζ wird in der angelsächsischen Literatur auch der Druckverlustkoeffizient f nach Fanning verwendet. Zwischen diesen beiden Koeffizienten besteht der Zusammenhang

$$\zeta = 4f\;. \qquad\qquad (6.17\,\mathrm{b})$$

Durch Vergleich von (6.17 a) und (6.14) folgt zunächst für den Druckverlustkoeffizienten

$$\xi = \frac{4\tau_{\mathrm{w}}}{\dfrac{\varrho u_{\mathrm{m}}^2}{2}}\,.$$

(6.18 a)

Mit der Wandschubspannung nach (6.15) und der Reynoldszahl $Re = u_{\mathrm{m}}d/\nu$ erhält man daraus für den Druckverlustkoeffizienten

$$\xi = \frac{64}{Re}\,,$$

(6.18 b)

d.h. bei laminarer und vollausgebildeter Strömung ist der Druckverlustkoeffizient umgekehrt proportional zur Reynoldszahl.

6.1.2.2 Wärmeübergangskoeffizient

a) Wärmestromdichte $q_{\mathrm{w}} = $ const

Setzt man die Lösung (6.13) für das Geschwindigkeitsprofil im Rohr in die Energiegleichung (6.10) ein, so folgt

$$2u_{\mathrm{m}}\left[1 - \left(\frac{r}{R}\right)^2\right]\frac{\partial T}{\partial x} = a\,\frac{1}{r}\frac{\partial}{\partial r}\left(r\frac{\partial T}{\partial r}\right).$$

(6.19)

Für den Fall, daß sich die Temperatur im Fluid und in der Rohrwand *linear* mit der Rohrlänge x ändert, ist (6.19) einfach lösbar. Die Lösung läßt sich dafür mit $A = \partial T/\partial x = $ const darstellen durch

$$T(r,x) = T_0 + Ax + T(r)\,.$$

(6.20)

Die zweimalige Integration von (6.19) führt auf

$$T(r) = \frac{2u_{\mathrm{m}}A}{a}\left(\frac{r^2}{4} - \frac{r^4}{16R^2} + C\ln r + D\right).$$

Mit der Randbedingung

$$[T(r)]_{r=R} = 0$$

und der Symmetriebedingung in der Rohrachse

$$\left[\frac{\partial T}{\partial r}\right]_{r=0} = 0$$

erhält man für die Temperaturverteilung im Fluid

$$T(r,x) = T_0 + Ax + A\frac{u_{\mathrm{m}}R^2}{8a}\left[4\left(\frac{r}{R}\right)^2 - \left(\frac{r}{R}\right)^4 - 3\right],$$

(6.21)

und daraus mit

$$q_{\mathrm{w}} = +\lambda\left[\frac{\partial T}{\partial r}\right]_{r=R}$$

für die Wärmestromdichte an der Rohrwand

$$q_{\mathrm{w}} = \frac{u_{\mathrm{m}}R}{2a}\,\lambda A\,. \tag{6.22}$$

Zur Berechnung des Wärmeübergangskoeffizienten α aus der Definitionsgleichung

$$\alpha = \frac{q_{\mathrm{w}}}{T_{\mathrm{w}} - T_{\mathrm{m}}}$$

benötigen wir eine geeignete Mitteltemperatur T_{m}.

Üblicherweise wird für T_{m} die kalorische Mitteltemperatur

$$T_{\mathrm{m}} = \frac{1}{R^2 \pi u_{\mathrm{m}}} \int_0^R 2 r \pi u(r)\, T(r)\, \mathrm{d}r \tag{6.23}$$

gewählt. Wir möchten aber darauf hinweisen, daß dies nicht notwendigerweise so sein muß, s. Grigull (1980). Aus (6.20) folgt mit $T(r=R)=0$ für die Wandtemperatur

$$T_{\mathrm{w}} = T_0 + Ax \tag{6.24}$$

und aus (6.23) und (6.20) für die kalorische Mitteltemperatur

$$T_{\mathrm{m}} = T_0 + Ax - \frac{11}{48}\frac{R^2 u_{\mathrm{m}}}{a}\,A\,. \tag{6.25}$$

Mit (6.22), (6.24) und (6.25) erhält man damit für den Wärmeübergangskoeffizienten

$$\alpha = \frac{48}{11}\frac{\lambda}{2R}\,, \tag{6.26 a}$$

bzw. mit $d = 2R$ für die Nußeltzahl

$$Nu_{\mathrm{q},\infty} = \frac{\alpha d}{\lambda} = \frac{48}{11} = 4{,}36\overline{36}\,. \tag{6.26 b}$$

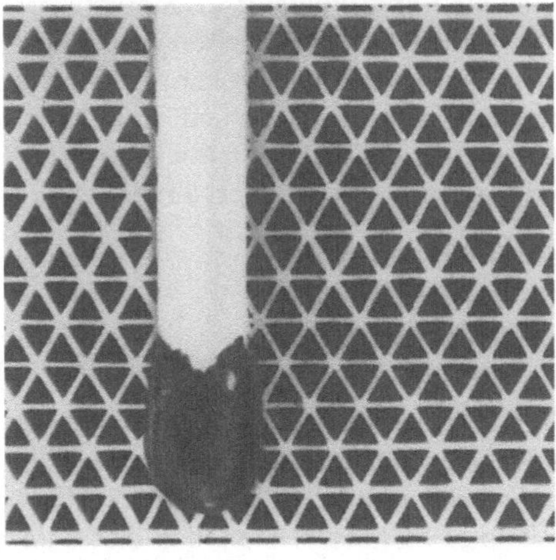

Bild 6.4. Ausschnitt aus einem keramischen Regenerator für den regenerativen Gasturbinenprozeß (hydraulischer Durchmesser der Kanäle etwa 1 mm)

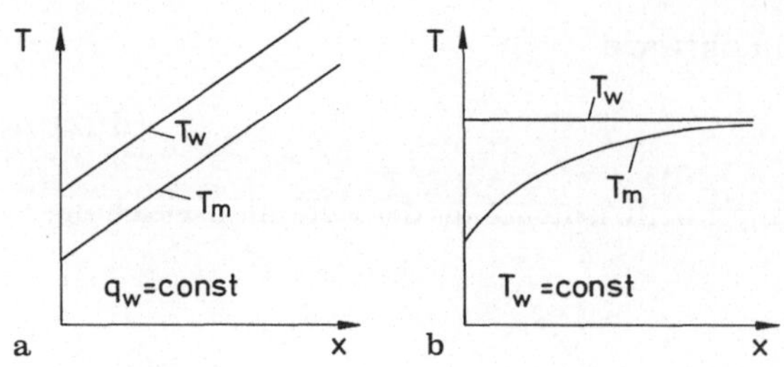

Bild 6.5. Verlauf der Wandtemperatur $T_w(x)$ und der kalorischen Mitteltemperatur $T_m(x)$ in Abhängigkeit der Rohrkoordinate x bei der Rohrströmung für **a** $q_w = $ const; **b** $T_w = $ const

Der Index ∞ bei der Nußeltzahl soll andeuten, daß sie für eine Strömung mit abgeschlossenem Einlauf, d.h. für $x \to \infty$ gilt. Der Index q steht für die Randbedingung $q_w = $ const.

Gleichung (6.26 a) zeigt, daß der Wärmeübergangskoeffizient bei laminarer Rohrströmung umgekehrt proportional dem Rohrdurchmesser ist. Dies führt bei dem in Bild 6.4 dargestellten Ausschnitt aus einem keramischen Regenerator für den regenerativen Gasturbinenprozeß [s. Münzberg und Kurzke (1977)] zu Kanaldurchmessern von weniger als 1 mm.

b) Wandtemperatur $T_w = $ const

In Bild 6.5 ist der Temperaturverlauf im Fluid und in der Wand für die beiden Fälle $q_w = $ const und $T_w = $ const skizziert. Im Fall $q_w = $ const steigt die kalorische Mitteltemperatur des Fluids linear mit der Rohrlänge x an, vgl. (6.25). Die Abhängigkeit der Temperatur vom Radius r ist an jeder Stelle x gleich und deshalb ist nach (6.22) auch der Temperaturgradient und damit die Wärmestromdichte unabhängig von x. Aus (6.19) kann dafür unmittelbar, wie gezeigt, die Lösung für die vollentwickelte Strömung gewonnen werden.

Im Gegensatz dazu steigt die kalorische Mitteltemperatur T_m im Fall $T_w = $ const exponentiell mit der Rohrlänge an und nähert sich asymptotisch der Wandtemperatur. Damit existiert für diesen Fall zunächst keine vollentwickelte Strömung. Die Lösung von (6.19) liefert für diesen Fall die Entwicklung des Temperaturprofils über die Rohrlänge x, s. Abschn. 6.2. Bemerkenswert ist dabei die Tatsache, daß sowohl die Differenz $(T_w - T_m)$ zwischen Wand- und kalorischer Mitteltemperatur als auch der Temperaturgradient des Fluids an der Wand und damit die Wandwärmestromdichte so gegen Null streben, daß das Verhältnis dieser beiden Größen, d.h. der Wärmeübergangskoeffizient einem Grenzwert zustrebt, der sich zu

$$\lim_{x \to \infty} Nu_T = Nu_{T,\infty} = 3{,}6568 \tag{6.27}$$

ergibt.

6.1.2.3 Thermohydraulische Kenngrößen

Die konvektive Wärmeübertragung in Kanälen ist zwangsläufig mit einer Impulsübertragung und damit einem Druckverlust in den strömenden Fluiden verbunden. Wärmeübertragungsapparate sind deshalb so zu konstruieren, daß dieser unvermeidliche Druckverlust möglichst gering; d.h. das Verhältnis aus „Pumpleistung" $P = \dot{V}\Delta p$ und thermischer Leistung $\dot{Q}$ des Apparats möglichst klein wird. Bei der laminaren Rohrströmung ist der Druckverlustkoeffizient ζ nach (6.18 b) umgekehrt proportional der Reynoldszahl; d.h. die eigentliche Konstante für den Druckverlust ist das Produkt aus ζ und Re. Die thermische Leistung $\dot{Q}$ ist proportional zum Wärmeübergangskoeffizienten α bzw. zur Nußeltzahl Nu_∞. Damit läßt sich als Bewertungskriterium der Quotient aus mechanischer zu thermischer Leistung, die sog. Gütezahl

$$K^* = \frac{\zeta Re}{Nu_\infty} \qquad\qquad (6.28\,\text{a})$$

einführen, die möglichst klein werden soll. Für den Fall $q_\text{w} = $ const erhält man dafür $K^* = 3{,}66$ und für den Fall $T_\text{w} = $ const folgt $K^* = 4{,}375$. Wärmeübertragung bei konstanter Wärmestromdichte ist demnach erheblich effektiver als bei konstanter Wandtemperatur.

Mit der Definition der in der angelsächsischen Literatur üblicherweise verwendeten Stantonzahl

$$St = \frac{\alpha}{\varrho u_\text{m} c_\text{p}} = \frac{Nu}{Re\,Pr} \;,$$

folgt aus (6.28 a)

$$K^* = \frac{\zeta}{St_\infty Pr} \;. \qquad\qquad (6.28\,\text{b})$$

Vergleicht man unterschiedliche geometrische Ausführungen für das gleiche Fluid, so liefert das Verhältnis aus Druckverlustkoeffizient und Stantonzahl erste Hinweise auf die Güte des Apparats.

6.1.3 Kanalströmung

Bei *turbulenter Strömung* (s. Kap. 7) in Kanälen mit beliebigem Querschnitt kann der Wärmeübergang mit den Beziehungen für das Kreisrohr berechnet werden, wenn statt dem Durchmesser d eine geeignete charakteristische Länge eingesetzt wird. Als geeignet hat sich der hydraulische Durchmesser

$$D_\text{hyd} = \frac{4 \cdot \text{durchströmte Fläche}}{\text{benetzter Umfang}} \qquad\qquad (6.29)$$

erwiesen, der so definiert ist, daß er für das Kreisrohr entsprechend $D_\text{hyd} = 4(d^2\pi/4)/(d\pi) = d$ identisch mit dem Rohrdurchmesser ist.

Bei *laminarer Strömung* ist es dagegen nicht möglich, eine einheitliche Beziehung für beliebige Kanalquerschnitte anzugeben. Man macht sich dies anschaulich durch folgende Überlegung klar. Bei laminarer Strömung folgt das Geschwindigkeitsprofil aus der Lösung von (6.7). Die Lösung dieser Potentialgleichung hängt jedoch von der Geometrie ab und es ist nicht möglich, durch Angabe einer einzigen charakteristischen Länge verschiedene Querschnitte ähnlich aufeinander abzubilden. Bei der Strömung durch Rechteckkanäle ist z.B. die Angabe einer Seitenlänge und des Seitenverhältnisses zur eindeutigen Festlegung des Geschwindigkeitsprofils notwendig. Man überlegt sich leicht, daß auch für Dreieckskanäle mindestens zwei „charakteristische Abmessungen" zur eindeutigen Beschreibung erforderlich sind, und daß darüber hinaus Rechtecke und Dreiecke nicht ähnlich sind; d.h. für jeden der beiden Querschnitte erhält man unterschiedliche Beziehungen für den Wärmeübergang und den Druckverlust.

Damit besteht zunächst keine Veranlassung bei der laminaren Kanalströmung den hydraulischen Durchmesser einzuführen. Seine Verwendung hat jedoch den praktischen Vorteil, daß zumindest *eine* charakteristische Länge eindeutig definiert ist. Damit haben von vornherein die von verschiedenen Autoren angegebenen Beziehungen eine gewisse Ähnlichkeit und lassen sich leichter miteinander vergleichen.

6.1.3.1 Randbedingungen

Bild 6.6 zeigt einen Ausschnitt aus einem Plattenwärmeübertrager. In den mit ② gekennzeichneten Kanälen ströme heißes und in den mit ① bezeichneten kaltes Fluid. Man überlegt sich anhand dieses Bilds leicht, daß die Angabe einer Randbedingung für die Wandtemperatur bzw. die Wärmestromdichte an der Wand über den *Umfang* eines einzelnen Kanals nicht einfach ist, da im allgemeinen weder die Temperatur noch die Wärmestromdichte über den Umfang konstant sein werden. Wir wollen deshalb in Anlehnung an Shah und London (1978) zwischen folgenden einfachen Randbedingungen unterscheiden:

a) Die Wandtemperatur T_w sei sowohl in axialer Richtung der Strömung als auch über den Umfang eines Kanals konstant. Wir bezeichnen diesen Fall mit dem Index T. Diese Randbedingung ist bei Kondensatoren und Verdampfern in der Regel erfüllt.

b) In axialer Richtung sei die Wärmestromdichte q_w und über dem Umfang eines Kanals sei die Temperatur T_w konstant. Wir bezeichnen diesen Fall mit dem Index q. Diese Randbedingung trifft bei *großer Wärmeleitfähigkeit des Wandmaterials* zu und ist näherungsweise bei Regeneratoren für Gasturbinen,

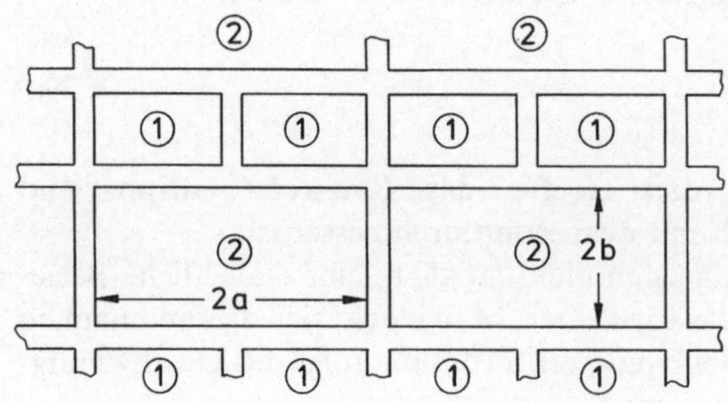

Bild 6.6. Prinzipskizze eines Plattenwärmeübertragers mit Rechteckkanälen

Gegenstrom-Wärmeübertrager mit $\dot{C}_{min}/\dot{C}_{max} \approx 1$ und elektrisch beheizten Kanälen erfüllt.

c) Die Wärmestromdichte sei sowohl in axialer Richtung als auch über den Umfang konstant. Diesen Fall bezeichnen wir mit dem Index q^*. Diese Randbedingung trifft bei *kleiner Wärmeleitfähigkeit des Wandmaterials* zu. Als Anwendungen kommen auch hier die bereits unter Punkt b) aufgezählten Fälle in Frage.

6.1.3.2 Rechteck- und Dreieckskanäle

a) Ebener Spalt

Wir betrachten die Strömung zwischen zwei unendlich ausgedehnten Platten, die sich im Abstand 2b befinden. Als charakteristische Länge wird nach (6.29) der hydraulische Durchmesser D_{hyd} eingeführt, der sich zu $D_{hyd} = b/2$ ergibt.

Für den Druckverlustkoeffizienten erhält man analog zu Abschn. 6.1.2.1 die analytische Lösung

$$\xi = \frac{96}{Re} . \tag{6.30}$$

Für die Nußeltzahl folgt analog zu Abschn. 6.1.2.2 für den mit $T_w = \text{const}$ *beidseitig* beheizten ebenen Spalt

$$Nu_{T,\infty} = 7{,}5407. \tag{6.31 a}$$

Wird dagegen nur *eine* Plate mit $T_w = \text{const}$ beheizt und die *zweite adiabat* isoliert, so erhält man

$$Nu_{T,\infty} = 4{,}861. \tag{6.31 b}$$

Für den beidseitig mit $q_w = \text{const}$ beheizten Spalt erhält man

$$Nu_{q,\infty} = 8{,}2353, \tag{6.32 a}$$

für den einseitig beheizten dagegen

$$Nu_{q,\infty} = 5{,}385. \tag{6.32 b}$$

b) Rechteckige Kanäle

Für den hydraulischen Durchmesser erhält man aus (6.29) $D_{hyd} = ab/(2a + 2b)$. Für Kanäle mit beliebigen Seitenverhältnissen $\gamma = 2b/2a$ schlagen Shah und London (1978) die Beziehung

$$\xi \cdot Re = 96 (1 - 1{,}3553\gamma + 1{,}9467\gamma^2 - 1{,}7012\gamma^3 + 0{,}9564\gamma^4 - 0{,}2537\gamma^5) \tag{6.33}$$

für den Druckverlustkoeffizienten vor, die numerisch berechnete Werte mit einer maximalen Abweichung von 0,05 % wiedergibt.

Für die Nußeltzahlen $Nu_{T,\infty}$ und $Nu_{q,\infty}$ haben Shah und London die empirischen Korrelationsgleichungen

$$Nu_{T,\infty} = 7{,}541 (1 - 2{,}610\gamma + 4{,}970\gamma^2 - 5{,}119\gamma^3 + 2{,}702\gamma^4 - 0{,}548\gamma^5) \tag{6.34 a}$$

und

$$Nu_{q,\infty} = 8,235\,(1 - 2,0421\gamma + 3,0853\gamma^2 - 2,4765\gamma^3 + 1,0578\gamma^4 - 0,1861\gamma^5)$$

$$(6.34\,b)$$

entwickelt, die numerisch berechnete Werte mit einer maximalen Abweichung von $\pm\,0,1\,\%$ bzw. von $\pm\,0,03\,\%$ wiedergeben.

c) Gleichseitige Dreieckskanäle

Für den hydraulischen Durchmesser folgt $D_{hyd} = 4b/3$. Für den Druckverlustkoeffizienten erhält man die analytische Lösung

$$\xi \cdot Re = \frac{160}{3} = 53,333. \tag{6.35}$$

Für die Nußeltzahl $Nu_{T,\infty}$ findet man unterschiedliche Werte in der Literatur. Als Mittelwert empfehlen Shah und London (1978)

$$Nu_{T,\infty} = 2,47. \tag{6.36\,a}$$

Für $Nu_{q,\infty}$ ist die analytische Lösung

$$Nu_{q,\infty} = 28/9 = 3,111 \tag{6.36\,b}$$

und für $Nu^*_{q,\infty}$ die numerische Lösung

$$Nu_{q*,\infty} = 1,892 \tag{6.36\,c}$$

bekannt geworden.

Tabelle 6.1 zeigt eine Zusammenstellung der Nußeltzahlen Nu_∞ und Druckverlustkoeffizienten ξ für die voll ausgebildete laminare Strömung in Kanälen. Zum

Tabelle 6.1. Nußeltzahlen Nu_∞ und Druckverlustkoeffizienten ξ für die voll ausgebildete laminare Strömung in Kanälen

Geometrie	$Nu_{T,\infty}$	$Nu_{q,\infty}$	$Nu_{q*,\infty}$	$\xi \cdot Re$	$\dfrac{\xi \cdot Re}{Nu_{T,\infty}}$	$\dfrac{\xi \cdot Re}{Nu_{q,\infty}}$
Kreisrohr	4,364	4,364	3,657	64	16,665	16,665
Quadrat $b/a=1$	3,608	3,091	2,976	56,908	15,773	18,411
Rechteck $b/a=1/2$	4,123	3,017	3,391	62,192	15,084	20,614
Rechteck $b/a=1/4$	5,331	2,930	4,439	72,932	13,681	24,891
Rechteck $b/a=1/8$	6,490	2,904	5,597	82,340	12,687	28,354
Rechteck $b/a=0$	8,235	8,235	7,541	96	11,658	11,658
Gleichseitiges Dreieck $b/a=\sqrt{3}/2$	3,111	1,892	2,47	53,333	17,143	28,189

Vergleich sind die Ergebnisse für das Kreisrohr mit aufgeführt. Die mit eingetragenen Zahlenwerte für die Gütezahl $K^* = \xi \cdot Re/Nu_\infty$ lassen erkennen, daß bei vorgegebener Wandtemperatur ein möglichst flacher horizontaler Kanal und bei vorgegebener Wärmestromdichte das Kreisrohr das günstigste thermohydraulische Verhalten aufweisen.

6.1.3.3 Konzentrischer kreisförmiger Ringspalt

Die Lösung für das Geschwindigkeitsprofil in einem konzentrischen Ringspalt ist seit langem bekannt, Lamb (1879). Mit dem hydraulischen Durchmesser $D_{\mathrm{hyd}} = (d_\mathrm{a} - d_\mathrm{i})/4$ und $\gamma = d_\mathrm{i}/d_\mathrm{a}$ folgt für den Druckverlustkoeffizienten

$$\xi \cdot Re = 64 \frac{(1-\gamma)^2}{1+\gamma^2 - (1-\gamma^2)/\ln(1/\gamma)} . \qquad (6.37)$$

Die von Shah und London (1978) numerisch berechneten Werte für die Nußeltzahlen am inneren und äußeren Rohr sind in Bild 6.7 in Abhängigkeit des Durchmesserverhältnisses $\gamma = d_\mathrm{i}/d_\mathrm{a}$ dargestellt. Für $\gamma \to 0$ werden am Außenrohr die Werte für das Kreisrohr und für $\gamma \to 1$ die Werte für den ebenen Spalt erreicht.

Für die Nußeltzahlen Nu_∞ bei voll ausgebildeter Strömung und konstanter Wandtemperatur hat Martin (s. Gnielinski (1984)) folgende Näherungsgleichun-

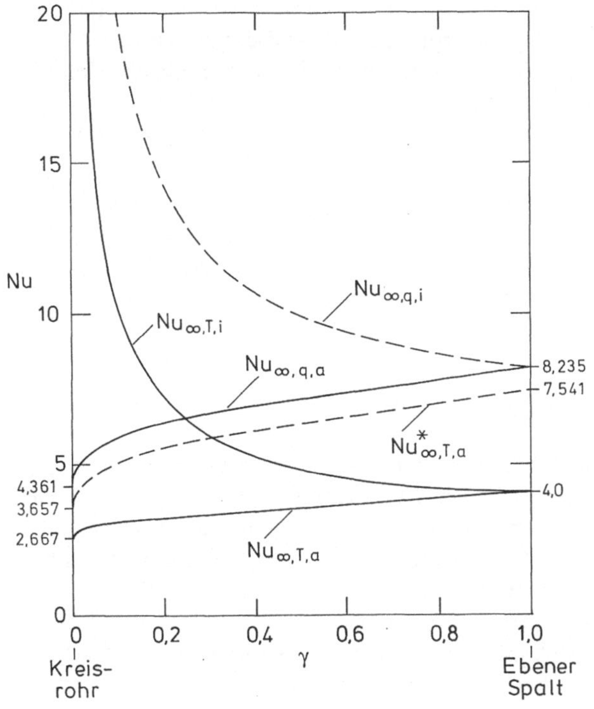

Bild 6.7. Nußeltzahlen $Nu_{\mathrm{T},\infty}$ und $Nu_{\mathrm{q},\infty}$ bei voll ausgebildeter Strömung im kreisförmigen Ringspalt in Abhängigkeit von $\gamma = d_\mathrm{i}/d_\mathrm{a}$

gen gefunden:

$$Nu_{T,\infty,i} = 3,66 + 1,2 \left(\frac{d_i}{d_a}\right)^{-0,8},$$

$$Nu_{T,\infty,a} = 3,66 + 1,2 \left(\frac{d_i}{d_a}\right)^{0,5}, \tag{6.38}$$

$$Nu_{T,\infty} = 3,66 + \left[4 - \frac{0,102}{0,02 + \dfrac{d_i}{d_a}}\right] \left(\frac{d_i}{d_a}\right)^{0,04}.$$

Der Fall konstanter Wandwärmestromdichte wurde kürzlich von Ebadian et al. (1986) untersucht.

6.2 Entwicklung der Strömung im Einlauf

6.2.1 Mathematische Formulierung

Im Einlaufbereich eines Kanals sind sowohl das Geschwindigkeits- als auch das Temperaturprofil von der Lauflänge x abhängig. Wir bezeichnen die Länge innerhalb derer sich das Geschwindigkeitsprofil vom Kolbenprofil am Kanaleintritt bis hin zum voll ausgebildeten Profil entwickelt, als hydrodynamische Einlauflänge L_{hyd} und diejenige für das Temperaturprofil als thermische Einlauflänge L_{th}. Bei Vernachlässigung der axialen Wärmeleitung wird die Strömung im Einlauf durch (6.1), (6.2) und (6.3) beschrieben.

Wir betrachten zunächst die Bewegungsgleichung (6.2) und erhalten daraus in Komponentenschreibweise

$$\frac{\partial p}{\partial x} = \eta \left(\frac{\partial^2 u}{\partial x^2} + \frac{\partial^2 u}{\partial y^2} + \frac{\partial^2 u}{\partial z^2}\right) - \varrho \left(u\frac{\partial u}{\partial x} + v\frac{\partial u}{\partial y} + w\frac{\partial u}{\partial z}\right),$$

$$\frac{\partial p}{\partial y} = \eta \left(\frac{\partial^2 v}{\partial x^2} + \frac{\partial^2 v}{\partial y^2} + \frac{\partial^2 v}{\partial z^2}\right) - \varrho \left(u\frac{\partial v}{\partial x} + v\frac{\partial v}{\partial y} + v\frac{\partial v}{\partial z}\right), \tag{6.2 a}$$

$$\frac{\partial p}{\partial z} = \eta \left(\frac{\partial^2 w}{\partial x^2} + \frac{\partial^2 w}{\partial y^2} + \frac{\partial^2 w}{\partial z^2}\right) - \varrho \left(u\frac{\partial w}{\partial x} + v\frac{\partial w}{\partial y} + w\frac{\partial w}{\partial z}\right).$$

Wenn auch die Einlaufströmung streng genommen kein Grenzschichtproblem ist, so kann sie doch näherungsweise als solches betrachtet werden. In Bild 6.1 ist deshalb auch der Verlauf der „Grenzschichtdicke" angedeutet. Im Gegensatz zur Grenzschichtströmung ist jedoch bei der Kanalströmung in unmittelbarer Nähe des Kanaleintritts der axiale Impulstransport $\eta(\partial^2 u/\partial^2 x)$ nicht vernachlässigbar, und in großer Entfernung wachsen die Grenzschichten zusammen, d.h. die Grenzschichtdicke ist nicht mehr hinreichend klein im Verhältnis zur charakteristischen Länge des Kanals, nämlich dem hydraulischen Durchmesser. Desweiteren kann möglicherweise in unmittelbarer Nähe des Eintritts der radiale Druckgradient nicht mehr vernachlässigt werden.

Obwohl die Grenzschichtvereinfachungen

$$u \gg v,w,$$

$$\frac{\partial u}{\partial y}, \frac{\partial u}{\partial z} \gg \frac{\partial u}{\partial x}, \frac{\partial v}{\partial x}, \frac{\partial v}{\partial y}, \frac{\partial v}{\partial z}, \frac{\partial w}{\partial x}, \frac{\partial w}{\partial y}, \frac{\partial w}{\partial z}$$

aus den genannten Gründen auf die laminare Kanalströmung im Einlaufbereich streng genommen nicht anwendbar sind, liefern sie doch eine ausreichend genaue Näherung. Vernachlässigt man weiter den Impulstransport ($\partial^2 u/\partial^2 x$) und nimmt an, daß der Druck über den Kanalquerschnitt konstant ist, so reduzieren sich die Gleichungen (6.2a) auf

$$\frac{1}{\varrho} \frac{\mathrm{d}p}{\mathrm{d}x} = v\left(\frac{\partial^2 u}{\partial y^2} + \frac{\partial^2 u}{\partial z^2}\right) - \left(u\frac{\partial u}{\partial x} + v\frac{\partial u}{\partial y} + w\frac{\partial u}{\partial z}\right). \tag{6.2 b}$$

Zusammen mit der Kontinuitätsgleichung (6.1) und den Randbedingungen; d.h. der Haftbedingung an der Wand

$$[u,v,w]_{\mathrm{w}} = 0$$

und der Bedingung am Eintritt

$$[u]_{x=0} = u_{\mathrm{m}},$$

können damit Geschwindigkeits- und Druckverlauf berechnet werden.

Wir bringen die Bewegungsgleichung zunächst auf eine dimensionslose Form. Als charakteristische Länge wählen wir wieder den hydraulischen Durchmesser D_{hyd}; den Druck beziehen wir auf den Staudruck $\varrho u_{\mathrm{m}}^2/2$ und die Geschwindigkeiten auf die mittlere Strömungsgeschwindigkeit u_{m}. Mit

$$x^* = \frac{x}{D_{\mathrm{hyd}}}, \, y^* = \frac{y}{D_{\mathrm{hyd}}}, \, z^* = \frac{z}{D_{\mathrm{hyd}}}, \, p^* = \frac{p}{\dfrac{\varrho u_{\mathrm{m}}^2}{2}}, \, u^* = \frac{u}{u_{\mathrm{m}}}$$

und der Reynoldszahl

$$Re = \frac{u_{\mathrm{m}} D_{\mathrm{hyd}}}{v}$$

erhalten wir aus (6.2 b)

$$\frac{\mathrm{d}p^*}{\mathrm{d}x^*} = \frac{1}{Re}\left(\frac{\partial^2 u^*}{\partial y^{*2}} + \frac{\partial^2 u^*}{\partial z^{*2}}\right) - \left(u^*\frac{\partial u^*}{\partial x^*} + v^*\frac{\partial u^*}{\partial y^*} + w^*\frac{\partial u^*}{\partial z^*}\right).$$

Im Einlaufbereich setzt sich der Druckabfall aus dem Anteil der Wandschubspannung (1. Term auf der rechten Seite) und aus dem Impulstransport durch Veränderung des Geschwindigkeitsprofils (2. Term auf der rechten Seite) zusammen. Mit zunehmender Lauflänge wird der Anteil aus dem Impulstransport immer kleiner und für die voll entwickelte Strömung ist er schließlich vollständig verschwunden. Damit folgt aus obiger Beziehung, daß das Produkt $D_{\mathrm{hyd}} \cdot Re$ die charakteristische axiale Länge für den Einlaufbereich ist. Als dimensionslose axiale Länge wird deshalb

$$x^+ = \frac{x}{D_{\mathrm{hyd}} \cdot Re} \tag{6.39}$$

definiert.

Der Druckverlust im Einlaufbereich wird zweckmäßigerweise als Summe zweier Druckverluste dargestellt, nämlich dem für die voll entwickelte Strömung $\zeta_\infty x/D_{\mathrm{hyd}}$ und einem weiteren Druckverlust $K(x)$, der durch die Änderung der Wandschubspannung als Folge der Entwicklung des Geschwindigkeitsprofils im Einlaufbereich zusätzlich auftritt. Damit folgt für den Druckabfall im Einlaufbereich

$$\frac{\Delta p}{\dfrac{\varrho u_{\mathrm{m}}^2}{2}} = \zeta \frac{x}{D_{\mathrm{hyd}}} = \zeta_\infty \frac{x}{D_{\mathrm{hyd}}} + K(x), \tag{6.40}$$

wobei die Funktion $K(x)$ für $x \to \infty$ gegen einen konstanten Wert $K(\infty)$ geht.

Mit (6.39) erhält man aus (6.40) schließlich

$$\frac{\Delta p}{\dfrac{\varrho u_{\mathrm{m}}^2}{2}} = (\zeta \cdot Re)\, x^+ = (\zeta_\infty \cdot Re)\, x^+ + K(x), \tag{6.41}$$

wobei $\zeta_\infty \cdot Re$ der in Abschn. 6.1 diskutierte Wert für die voll entwickelte Strömung ist.

Bei Vernachlässigung der axialen Wärmeleitung erhält man aus (6.3) für die Energiegleichung

$$\varrho c_{\mathrm{p}} \left(u \frac{\partial T}{\partial x} + v \frac{\partial T}{\partial y} + w \frac{\partial T}{\partial z} \right) = \lambda \left(\frac{\partial^2 T}{\partial y^2} + \frac{\partial^2 T}{\partial z^2} \right). \tag{6.3a}$$

Führt man zusätzlich zu den bereits definierten dimensionslosen Größen die dimensionslose Temperatur

$$T^* = T/T_{\mathrm{Bez}}$$

ein, wobei T_{Bez} eine nicht näher festgelegte Bezugstemperatur ist, so kann (6.3a) auf die dimensionslose Form

$$Re\, Pr \left(u^* \frac{\partial T^*}{\partial x^*} + v^* \frac{\partial T^*}{\partial y^*} + w^* \frac{\partial T^*}{\partial z^*} \right) = \frac{\partial^2 T^*}{\partial y^{*2}} + \frac{\partial^2 T^*}{\partial z^{*2}}$$

gebracht werden.

Mit zunehmender Lauflänge x^* werden die Geschwindigkeitskomponenten v^* und w^* immer kleiner, bis sie schließlich in der voll entwickelten Strömung vollständig verschwunden sind. Eine charakteristische Länge für den thermischen Einlauf ist somit das Produkt $D_{\mathrm{hyd}} \cdot Re \cdot Pr$; für die dimensionslose Länge in

Strömungsrichtung folgt damit

$$x^* = \frac{x}{D_{hyd} Re\, Pr} \; . \qquad (6.42\,\text{a})$$

Statt dem Produkt $Re \cdot Pr$ wird gelegentlich auch die Graetzzahl, die durch

$$Gz = Re \cdot Pr \frac{U}{4x} \qquad (6.43)$$

mit U als dem benetzten Umfang des Kanals, festgelegt ist, verwendet. Damit folgt aus (6.42) für die charakteristische Länge

$$x^* = \frac{U}{4 D_{hyd}} \frac{1}{Gz} \; . \qquad (6.42\,\text{b})$$

Für das Kreisrohr erhält man $x^* = \pi/(4Gz)$.

Analog zum Druckverlust (6.41) kann die Nußeltzahl im Einlaufbereich ebenfalls als Summe zweier Terme dargestellt werden,

$$Nu \cdot x^* = Nu_\infty \cdot x^* + N(x) \; . \qquad (6.44)$$

Im Einlaufbereich wird infolge des größeren Temperaturgradienten an der Wand, s. auch Bild 6.1, mehr Wärme übertragen. Dieser im Vergleich zur voll entwickelten Strömung zusätzliche Wärmestrom wird durch die Funktion $N(x)$ berücksichtigt.

Aufgrund des oben Gesagten unterscheiden wir zwischen drei verschiedenen Einlaufströmungen:

a) hydrodynamischer Einlauf, thermisch voll entwickelt
$\xi \cdot Re = \xi_\infty \cdot Re + K(x)/x^+$,
$Nu = Nu_\infty$ (Geometrie, Randbedingung);
b) thermischer Einlauf, hydrodynamisch voll entwickelt
$\xi_\infty \cdot Re = f(\text{Geometrie})$
$Nu = Nu_\infty + N(x)/\text{x}^*$;
c) gleichzeitiger thermischer und hydrodynamischer Einlauf
$\xi \cdot Re = \xi_\infty \cdot Re + K(x)/x^+$,
$Nu = Nu_\infty + N(x,Pr)/x^*$.

Im folgenden wollen wir diese drei unterschiedlichen Einlaufströmungen für das Kreisrohr näher untersuchen.

6.2.2 Strömung im Kreisrohr

6.2.2.1 Hydrodynamischer Einlauf

Die Berechnung des Geschwindigkeitsprofils und des Druckverlusts für den hydrodynamischen Einlauf ist ein rein strömungsmechanisches Problem. Wir wollen hier deshalb nur das Ergebnis mitteilen. Eine ausführliche Darstellung findet man z.B. bei Shah und London (1978).

Der Druckverlustkoeffizient ξ für „kurze Rohre" mit $x^+ \leq 10^{-3}$ kann nach Shapiro et al. (1954) aus der Beziehung

$$\xi \cdot Re = \frac{13{,}76}{\sqrt{x^+}} \tag{6.45 a}$$

berechnet werden. Für „lange Rohre" mit $x^+ \geq 0{,}06$ folgt für (6.41) mit $\xi_\infty \cdot Re = 64$,

$$\xi \cdot Re = 64 + \frac{1{,}25}{4x^+} , \tag{6.45 b}$$

wobei mit $K(\infty) = 1{,}25$ ein Mittelwert zwischen den experimentellen (1,20 bis 1,32) und den numerisch (1,08 bis 1,41) berechneten Werten verwendet wurde. Shah (1978) hat die beiden Beziehungen (6.45) zu einer einzigen zusammengefaßt und empfiehlt

$$\xi \cdot Re = \frac{13{,}76}{\sqrt{x^+}} + \frac{\xi_\infty \cdot Re + \dfrac{K(\infty)}{x^+} - \dfrac{13{,}76}{\sqrt{x^+}}}{1 + \dfrac{C}{(x^+)^2}} , \tag{6.45 c}$$

mit $\xi_\infty \cdot Re = 64$, $K(\infty) = 1{,}25$ und $C = 21 \cdot 10^{-5}$ für den gesamten Einlaufbereich. Die Abweichungen von numerisch berechneten Werten sind im gesamten Bereich kleiner als 3 %.

Für kleine Reynoldszahlen hängt $K(\infty)$ von der Reynoldszahl ab. Dafür wird die Beziehung

$$K(\infty) = 1{,}20 + \frac{38}{Re} \tag{6.46}$$

empfohlen.

Bild 6.8 zeigt die Entwicklung des Geschwindigkeitsprofils über der dimensionslosen Rohrlänge $x^+ = 1/Re_d \cdot x/d$ mit $Re_d = u_m d/v$. Als hydrodynamische Einlauflänge ist die Länge festgelegt, nach der die Geschwindigkeit in der Achse 99 % der

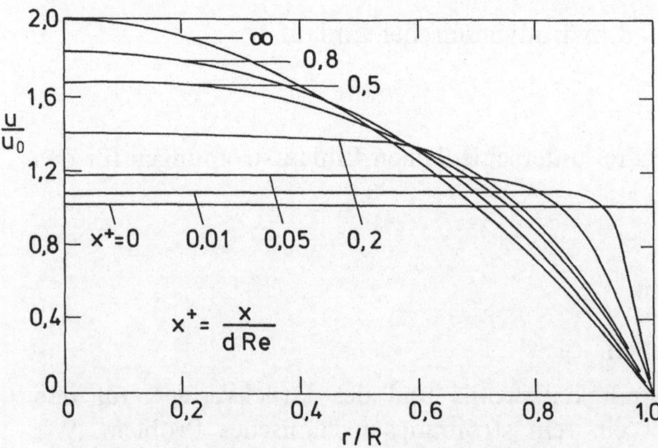

Bild 6.8. Entwicklung des Geschwindigkeitsprofils $u(r,R)/u_0$ in Abhängigkeit der dimensionslosen Länge $x^+ = x/(d\,Re)$ für die Rohrströmung

Geschwindigkeit des voll entwickelten Profils erreicht hat. Dafür wird die Beziehung

$$L_{\text{hyd}}^+ = \frac{L_{\text{hyd}}}{Re\, d} = 0{,}056 + \frac{0{,}60}{Re\,(1 + 0{,}035 \cdot Re)} \tag{6.47}$$

empfohlen.

Die Einlauflänge L_{hyd} nimmt bei laminarer Strömung nahezu linear mit der Reynoldszahl zu. Bei laminarer Strömung wird eine relativ große Strecke benötigt, um die Fluidpartikel von den Randschichten des Rohrs in die Kernströmung zu transportieren und so das Geschwindigkeitsprofil auszubilden.

6.2.2.2 Thermischer Einlauf bei hydrodynamisch ausgebildeter Strömung

a) Temperatur $T_{\text{w}} = \text{const}$

Graetz (1883) und Nußelt (1910) haben den thermischen Einlauf bei hydrodynamisch voll ausgebildeter Strömung als erste untersucht; nach ihnen wird dieses Problem auch als Graetz-Nußelt-Problem bezeichnet. Zu berechnen ist dabei die Entwicklung des Temperaturprofils vom Eintrittsquerschnitt mit $T = T_0$ bis hin zum voll ausgebildeten Profil. Dabei wird vorausgesetzt, daß das voll ausgebildete Geschwindigkeitsprofil (6.13) bereits am Eintrittsquerschnitt vorliegt. Dies ist streng dann erfüllt, wenn die Strömung im Rohr erst ab einem bestimmten Abstand vom Eintrittsquerschnitt beheizt oder gekühlt wird, der mindestens gleich der hydrodynamischen Einlauflänge (6.47) ist. Näherungsweise ist diese Voraussetzung erfüllt, wenn die hydrodynamische Einlauflänge wesentlich kleiner als die thermische ist.

Das Problem wird durch (6.10) mit $u(r)$ nach (6.13) beschrieben, d.h. durch

$$2u_{\text{m}} \left[1 - \left(\frac{r}{R} \right)^2 \right] \frac{\partial T}{\partial x} = a \left(\frac{\partial^2 T}{\partial r^2} + \frac{1}{r} \frac{\partial T}{\partial r} \right). \tag{6.48}$$

Für die Temperaturverteilung $T(x,r)$ gelten die Randbedingungen

$$T(0,r) = T_0,$$

$$T(x,R) = T_{\text{w}},$$

$$\left[\frac{\partial T}{\partial r} \right]_{r=0} = 0.$$

Die partielle Differentialgleichung (6.48) läßt sich mit dem Produktansatz

$$T(x,r) = \Phi(x)\,\Psi(r),$$

der auf die beiden gewöhnlichen Differentialgleichungen

$$\frac{\mathrm{d}\Phi}{\mathrm{d}x} + \frac{a}{2u_{\text{m}}} \varkappa^2 \Phi = 0, \tag{6.49a}$$

$$\frac{\mathrm{d}^2\Psi}{\mathrm{d}r^2} + \frac{1}{r} \frac{\mathrm{d}\Psi}{\mathrm{d}r} + \varkappa^2 \left[1 - \left(\frac{r}{R} \right)^2 \right] \Psi = 0, \tag{6.49b}$$

führt, lösen. Die Differentialgleichung (6.49 a) hat die allgemeine Lösung

$$\Phi = A \exp\left(-\varkappa^2 \frac{ax}{2u_{\mathrm{m}}} \right) \tag{6.50}$$

und die Differentialgleichung (6.49 b), die vom Sturm-Liouville Typ ist, hat die allgemeine Lösung

$$\Psi = \Psi\left(\varkappa^2, \frac{r}{R} \right), \tag{6.51}$$

wobei die $\varkappa^2$ eine Reihe von unendlich vielen Eigenwerten darstellen, die aus der Bedingung, daß die Lösung (6.51) an der Stelle $r = R$ durch die Randbedingung $T = T_{\mathrm{w}}$ festgelegt ist, berechnet werden können. Graetz und Nußelt haben seinerzeit die ersten zwei bzw. ersten drei Eigenwerte dieser unendlichen Reihe berechnet. Shah, (s. Shah und London (1978)) hat mit einem numerischen Integrationsverfahren 121 Terme dieser unendlichen Reihe ermittelt. Anhand dieser Lösung erhält er für die thermische Einlauflänge

$$L_{\mathrm{th}}^* = \frac{L_{\mathrm{th}}}{Re\,Pr\,d} = 0{,}0335 \tag{6.52}$$

und für den Korrekturterm in der Beziehung (6.44) für die Nußeltzahl

$$N(\infty) = 0{,}0499. \tag{6.53}$$

Die thermische Einlauflänge ist definiert als die beheizte oder gekühlte Rohrlänge innerhalb derer die lokale Nußeltzahl bis auf das 1,05-fache der Nußeltzahl Nu_∞ für die voll entwickelte Strömung abgesunken ist.

Auf die Angabe der Lösung, die zwar genau, aber für ingenieurmäßige Berechnungen ziemlich unhandlich ist, wollen wir hier verzichten. Eine ausführliche Darstellung findet sich z.B. bei Jakob (1949), Grigull und Tratz (1965) und Shah und London (1978).

Das von Nußelt berechnete Temperaturprofil $\theta(x,r) = (T(x,r) - T_{\mathrm{w}})/(T_0 - T_{\mathrm{w}})$ bei der Kühlung eines laminar strömenden Fluids ist in Bild 6.9 dargestellt. Man erkennt, daß der Temperaturgradient an der Wand $[\partial T/\partial r]_{\mathrm{w}}$ mit zunehmender Lauflänge x kleiner wird. Mit steigendem x nimmt die Temperatur des Fluids entsprechend (6.50) exponentiell ab und erreicht theoretisch für $x \to \infty$ *den Wert der Wandtemperatur* T_{w}. Aus Bild 6.9 folgt unmittelbar, daß die Nußeltzahl in unmittelbarer Nähe von $x = 0$ sehr groß ist und mit steigendem x bis auf den bereits in Abschn. 6.1 berechneten Wert Nu_∞ abfällt.

Die von Graetz und Nußelt vorgestellte unendliche Reihe konvergiert für $x^* \to 0$ extrem schlecht. Shah hat gezeigt, daß selbst 121 Terme nicht ausreichen um die Temperaturverteilung und damit die Nußeltzahl in diesem Bereich hinreichend genau zu berechnen. Dieses schlechte Konvergenzverhalten für $x \to 0$ wurde bereits von Lévêque (1928) erkannt. Er hat deshalb für $x \to 0$ eine Näherungslösung berechnet, die auf den beiden Annahmen a) innerhalb der thermischen Grenzschichtdicke ist das Geschwindigkeitsprofil linear und b) der Einfluß der

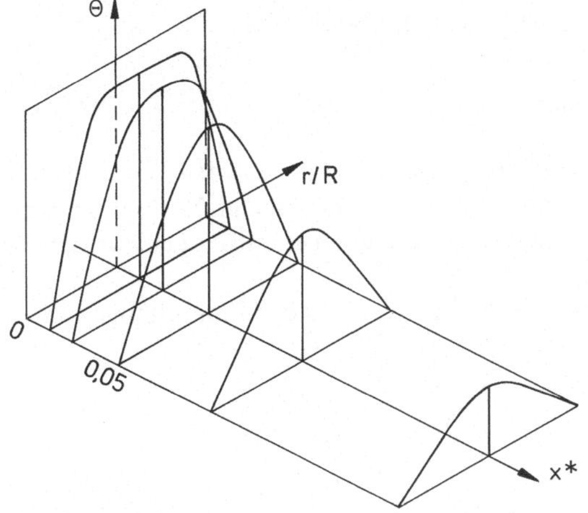

Bild 6.9. Entwicklung des Temperaturprofils $\theta(r/R) = (T(x,r) - T_\mathrm{w})/(T_0 - T_\mathrm{w})$ in Abhängigkeit der dimensionslosen thermischen Länge x^* für die hydraulisch voll ausgebildete Rohrströmung

Krümmung kann für $x \to 0$ wegen $\delta_\mathrm{th} \to 0$ vernachlässigt werden, beruht. Damit reduziert sich (6.48) auf

$$\left\{ \left[\frac{du}{dr} \right]_\mathrm{w} (r - R) \right\} \frac{\partial T}{\partial x} = a \frac{\partial^2 T}{\partial r^2} , \tag{6.54}$$

mit $[du/dr]_\mathrm{w} = 4u_\mathrm{m}/R$. Desweiteren hat Lévêque angenommen, daß die Temperatur in der Rohrachse gleich der ungestörten Eintrittstemperatur T_0 ist.

Shah hat anhand seiner 121 Terme für das Graetz-Nußelt-Problem und der Lösung von Lévêque für den Bereich $x \to 0$ einfache empirische Potenzgleichungen entwickelt, die von den analytischen Lösungen um maximal $\pm 3\,\%$ abweichen. Im einzelnen erhält er für die lokale und die mittlere Nußeltzahl

$$Nu_\mathrm{x} = \begin{cases} \dfrac{1,077}{(x^*)^{1/3}} - 0,7 , & x^* \leqq 0,01 \\[3mm] 3,657 + \dfrac{6,874}{(10^3\, x^*)^{0,488}} \exp(-57,2x^*), & x^* > 0,01^{①} \end{cases} \tag{6.55}$$

$$Nu_\mathrm{m} = \begin{cases} \dfrac{1,615}{(x^*)^{1/3}} - 0,7 , & x^* \leqq 0,005 \\[3mm] \dfrac{1,615}{(x^*)^{1/3}} - 0,2 , & 0,005 < x^* \leqq 0,03 \\[3mm] 3,657 + \dfrac{0,0499}{x^*} , & 0,03 < x^* . \end{cases} \tag{6.56}$$

Die mit ① gekennzeichnete Beziehung stammt von Grigull und Tratz (1965), wobei die Konstante Nu_∞ von ursprünglich 3,655 auf 3,657 abgeändert wurde. Die letzte Beziehung entspricht (6.44), wobei $N(\infty)$ nach (6.53) eingesetzt ist.

Hausen (1959) hat in Anlehnung an (6.44) die Beziehung

$$Nu_{\mathrm{m}} = 3{,}657 + \frac{0{,}19\,(x^*)^{-0{,}8}}{1 + 0{,}117\,(x^*)^{-0{,}467}} \tag{6.57}$$

für die mittlere Nußeltzahl vorgeschlagen, die für $x^* \to \infty$ den Grenzwert $Nu_\infty = 3{,}657$ und für $x^* \to 0$ auch den dafür von Lévêque berechneten Verlauf richtig wiedergibt. Die Beziehung (6.57) ist einfach zu handhaben und für ingenieurmäßige Berechnungen hinreichend genau.

Für das Verhältnis aus thermischer und hydrodynamischer Einlauflänge folgt mit (6.47) und (6.52) zunächst

$$\frac{L_{\mathrm{th}}}{L_{\mathrm{hyd}}} = \frac{0{,}0335\,Pr}{0{,}056 + \dfrac{0{,}60}{Re\,(1 + 0{,}035\,Re)}} \,, \tag{6.58}$$

und daraus für die beiden Grenzfälle sehr kleiner und sehr großer Reynoldszahlen, wobei $Re \to \infty$ bereits ab etwa $Re \geq 10^3$ gilt,

$$\frac{L_{\mathrm{th}}}{L_{\mathrm{hyd}}} = \begin{cases} 0{,}6\,Pr & \text{für } Re \to \infty \\[2mm] 0{,}056\,Re\,Pr & \text{für } Re \to 0. \end{cases} \tag{6.59}$$

Diese Beziehung zeigt, daß nur bei hinreichend großer Reynoldszahl und für Prandtlzahlen $Pr \gg 1$ (zähe Flüssigkeiten) die thermische Einlauflänge L_{th} größer als die hydrodynamische L_{hyd} ist.

Wir wollen nun den Verlauf der kalorischen Mitteltemperatur T_{m} entlang des Rohrs berechnen. Die Enthalpie des strömenden Mediums ändert sich über ein Rohrelement der Länge dx infolge des durch das Flächenelement $d\pi dx$ zu- bzw. abgeführten Wärmestroms; d.h.

$$\frac{d^2\pi}{4}\,u_{\mathrm{m}}\varrho c_{\mathrm{p}}\frac{dT_{\mathrm{m}}}{dx}\,dx = \alpha\,(T_{\mathrm{w}} - T_{\mathrm{m}})\,d\pi dx\,. \tag{6.60}$$

Unter der Voraussetzung $\alpha = \text{const}$ folgt daraus durch Integration für den Temperaturverlauf

$$T_{\mathrm{m}} = T_{\mathrm{w}} + (T_0 - T_{\mathrm{w}})\exp\left(-4St\frac{x}{d}\right). \tag{6.61}$$

Betrachten wir nun statt des Rohrelements der Länge dx ein endliches Rohrstück der Länge l, so gilt dafür statt (6.60) die Bilanz

$$\frac{d^2\pi}{4}\,u_{\mathrm{m}}\varrho c_{\mathrm{p}}\,(T_{\mathrm{m,1}} - T_0) = \alpha_{\mathrm{m}}\Delta T_{\mathrm{eff}}\,d\pi l\,, \tag{6.62}$$

wenn mit T_0 wieder die Eintritts- und mit $T_{\mathrm{m,1}}$ die Austrittstemperatur bezeichnet wird. Mit ΔT_{eff} sei die effektive Temperaturdifferenz; d.h. die im Mittel wirkende Temperaturdifferenz $\overline{(T_{\mathrm{w}} - T_{\mathrm{m}})}$ bezeichnet. Aus (6.62) folgt zunächst

$$\Delta T_{\mathrm{eff}} = \frac{1}{4St}\frac{d}{l}\,(T_{\mathrm{m,1}} - T_0)\,. \tag{6.63}$$

Eliminiert man mit Hilfe von (6.61) den Ausdruck $4\mathrm{St}\,l/d$, so folgt schließlich

$$\Delta T_{\mathrm{eff}} = \frac{(T_{\mathrm{w}} - T_0) - (T_{\mathrm{w}} - T_{\mathrm{m,1}})}{\ln \dfrac{T_{\mathrm{w}} - T_0}{T_{\mathrm{w}} - T_{\mathrm{m,1}}}} \, . \tag{6.64}$$

Die effektive mittlere Temperaturdifferenz für den Wärmeübergang über die gesamte Rohrlänge l ist somit gleich der mittleren logarithmischen Temperatur-differenz, gebildet mit den Temperaturdifferenzen am Eintritt, $(T_{\mathrm{w}} - T_0)$, und am Austritt, $(T_{\mathrm{w}} - T_{\mathrm{m,1}})$ des Rohrs. Da die Temperatur im „Eintrittsquerschnitt" voraussetzungsgemäß über dem Querschnitt konstant ist, kann dafür statt $T_{\mathrm{m,0}}$ einfach T_0 geschrieben werden.

b) Wärmestromdichte $q_{\mathrm{w}} = \mathrm{const}$

Der Fall $q_{\mathrm{w}} = \mathrm{const}$ kann analog zum Fall $T_{\mathrm{w}} = \mathrm{const}$ mit den oben diskutierten Lösungsverfahren von Graetz und von Lévêque behandelt werden. Als Ergebnis erhält man die Wand- und die kalorische Mitteltemperatur des Fluids sowie die örtliche Nußeltzahl, jeweils als Summe einer unendlichen Reihe. Shah hat auch für die Randbedingung $q_{\mathrm{w}} = \mathrm{const}$ 121 Terme dieser unendlichen Reihe berechnet und das Ergebnis in Form einfacher Potenzgleichungen dargestellt.

Für die örtliche Nußeltzahl werden die Beziehungen

$$Nu_m = \begin{cases} \dfrac{1,302}{(x^*)^{1/3}} - 1 , & x^* \leqq 5 \cdot 10^{-5} \\[2ex] \dfrac{1,302}{(x^*)^{1/3}} - \dfrac{1}{2} , & 5 \cdot 10^{-5} \leqq x^* \leqq 1,5 \cdot 10^{-3} \\[2ex] 4,364 + \dfrac{8,68}{(10^3 x^*)^{0,506}} \cdot \exp(-41 \cdot x^*), & 1,5 \cdot 10^{-3} \leqq x^* \end{cases} \tag{6.65}$$

und für die mittlere Nußeltzahl die Beziehungen

$$Nu_m = \begin{cases} \dfrac{1,953}{(x^*)^{1/3}} , & x^* \leqq 0,03 \\[2ex] 4,364 + \dfrac{0,0722}{x^*} , & 0,03 \leqq x^* \end{cases} \tag{6.66}$$

empfohlen. Die letzte Beziehung in (6.65) stammt dabei wieder von Grigull und Tratz (1965). Die Beziehungen (6.65) stimmen auf $-0,5, \pm 1,0\%$ und $+0,4\%$ und die Beziehungen (6.66) auf $\pm 3,1\%$ und $+2,1\%$ mit genauen numerischen Berechnungen überein, s. Shah und London (1978).

Für die thermische Einlauflänge ergibt sich

$$L_{\mathrm{th}}^* = 0,0431 \tag{6.67}$$

und für den Korrekturterm $N(\infty)$ der Nußeltzahl in (6.44)

$$N(\infty) = 0,0722 . \tag{6.68}$$

Kays (1951) hat in Anlehnung an (6.44) die Beziehung

$$Nu_\mathrm{m} = 4{,}364 + \frac{0{,}036/x^*}{1 + 0{,}0011/x^*} \tag{6.69}$$

empfohlen, die für $x^* \to \infty$ den Grenzwert Nu_∞ erreicht. Für $x^* \to 0$ stimmt (6.69) allerdings nicht mit (6.66) überein, sondern geht gegen den endlichen Grenzwert 37,09. Die Beziehung (6.69) gilt somit nicht für sehr kurze Rohre.

Der Vergleich der hydraulischen und der thermischen Einlauflänge für den Fall $q_\mathrm{w} = \mathrm{const}$, Gleichung (6.52) und (6.67), liefert

$$\frac{L_\mathrm{th}}{L_\mathrm{hyd}} = \begin{cases} 0{,}77 \; Pr & \text{für } Re \to \infty \\ 0{,}072 \; Re\,Pr & \text{für } Re \to 0. \end{cases} \tag{6.70}$$

Die thermische Einlauflänge ist damit für $q_\mathrm{w} = \mathrm{const}$ nur geringfügig größer als für $T_\mathrm{w} = \mathrm{const}$. Somit gelten auch hier die bereits für den Fall $T_\mathrm{w} = \mathrm{const}$ getroffenen Feststellungen. Insbesondere sind für hinreichend große Reynoldszahlen die thermische und hydrodynamische Einlauflänge für Luft ($Pr = 0{,}7$) und Wasser ($Pr = 7$) von der gleichen Größenordnung, so daß dafür der gleichzeitige thermische und hydrodynamische Einlauf betrachtet werden muß.

6.2.2.3 Gleichzeitiger thermischer und hydrodynamischer Einlauf

a) Temperatur $T_\mathrm{w} = \mathrm{const}$

Für den gleichzeitigen hydrodynamischen und thermischen Einlauf bei konstanter Wandtemperatur sind eine Reihe theoretischer Untersuchungen bekannt geworden. Stephan (1959) hat dieses Problem analytisch durch Reihenentwicklung

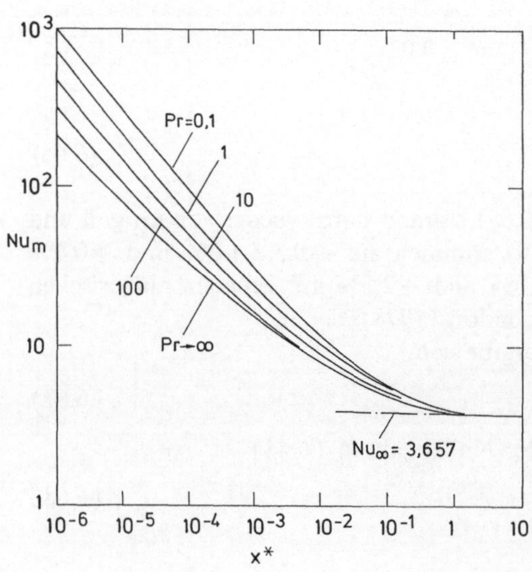

Bild 6.10. Mittlere Nußeltzahl Nu_m in Abhängigkeit der dimensionslosen Länge x^* bei gleichzeitigem thermischen und hydraulischen Einlauf für die Rohrströmung bei $T_\mathrm{w} = \mathrm{const}$. Die Kurve $Pr \to \infty$ ist identisch mit derjenigen für den thermischen Einlauf bei hydraulisch voll entwickelter Strömung

gelöst und daraus die Beziehung

$$Nu_{\mathrm{m}} = 3{,}657 + \frac{0{,}0677 \, (x^*)^{-1{,}33}}{1 + 0{,}1 Pr \, (x^+)^{-0{,}83}} \tag{6.71}$$

für die mittlere Nußeltzahl entwickelt.

Bild 6.10 zeigt die Nußeltzahl Nu_{m} in Abhängigkeit der dimensionslosen Länge x^* für verschiedene Prandtlzahlen. Für $Pr \to \infty$ geht (6.71) asymptotisch in (6.57) über. Dies wird aus (6.58) bzw. (6.59) verständlich, da für $Pr \to \infty$ das Verhältnis $L_{\mathrm{th}}/L_{\mathrm{hyd}} \to \infty$ geht, d.h. die hydraulische Einlauflänge wird im Verhältnis zur thermischen so klein, daß das Geschwindigkeitsprofil als von Anfang an voll ausgebildet betrachtet werden kann.

Anhand einer umfangreichen Literaturrecherche haben Churchill und Ozoe (1973) die Beziehung

$$\frac{Nu_{\mathrm{x}} + 1{,}7}{5{,}357 \left[1 + \left(\dfrac{388}{\pi} x^* \right)^{-8/9} \right]^{3/8}} =$$

$$= \left[1 + \left(\frac{\dfrac{\pi}{284 x^*}}{\left[1 + \left(\dfrac{Pr}{0{,}0468} \right)^{2/3} \right]^{1/2} \left[1 + \left(\dfrac{388}{\pi} x^* \right)^{-8/9} \right]^{3/4}} \right)^{4/3} \right]^{3/8} \tag{6.72}$$

für die örtliche Nußeltzahl Nu_{x} entwickelt. Diese Beziehung geht für die beiden Grenzfälle $x^* \to 0$ und $x^* \to \infty$ in

$$Nu_{\mathrm{x}} = \begin{cases} \dfrac{0{,}6366}{\dfrac{\left(\dfrac{4}{\pi} x^* \right)^{1/2}}{\left[1 + \left(\dfrac{Pr}{0{,}0468} \right)^{2/3} \right]^{1/4}}} & \text{für} \quad x^* \to 0 \\[3em] 3{,}657 & \text{für} \quad x^* \to \infty \end{cases} \tag{6.73}$$

über.

Ein Vergleich mit der numerischen Lösung von Hornbeck (1965), die bis heute als die genaueste Lösung betrachtet wird, zeigt, daß (6.73) im Grenzfall $x^* \to 0$ als asymptotische Lösung für $x^* \leq 10^{-3}$ und $0{,}7 \leq Pr \leq 5$ betrachtet werden kann. Im Bereich $2 \cdot 10^{-4} \leq x^* \leq 4 \cdot 10^{-3}$ sind die mit (6.72) berechneten Nußeltzahlen für $Pr = 0{,}7$ bis zu 6 %, für $Pr = 2$ bis zu 8 % und für $Pr = 5$ bis zu 11 % größer als die von Hornbeck berechneten Werte. Mit zunehmender Länge x^* werden die Abweichungen noch größer und betragen bis zu 25 % für $x^* = 0{,}02$.

Paßt man die Koeffizienten der von Stephan entwickelten empirischen Korrelationsgleichung (6.71) an die von Hornbeck numerische berechneten Werte an, so erhält man

$$Nu_{\mathrm{m}} = 3{,}657 + \frac{0{,}05565 \, (x^*)^{-1{,}3335}}{1 + 0{,}8386 \, Pr^{0{,}2} \, (x^*)^{-0{,}8559}}. \tag{6.71 a}$$

Diese Beziehung weicht von den von Hornbeck angegebenen Werten im Bereich $10^{-4} < x^* < \infty$ für $Pr = 0,7$ um weniger als 2 % und für $Pr = 5$ um weniger als 5 % ab.

Die thermische Einlauflänge wird mit

$$L_{th}^* = \begin{cases} 0,037 & \text{für } Pr = 0,7 \\ 0,033 & \text{für } Pr \to \infty \end{cases} \qquad (6.74)$$

angegeben. Danach ist L_{th}^* im Bereich $0,7 \leqq Pr \leqq \infty$ schwach von der Prandtlzahl abhängig. Für $Pr < 0,7$ sind keine Werte für L_{th}^* bekannt geworden.

b) Wärmestromdichte $q_w = $ const

Churchill und Ozoe haben auch für den Fall $q_w = $ const anhand einer umfangreichen Literaturrecherche eine Beziehung für die örtliche Nußeltzahl entwickelt, die ähnlich zu (6.72) aufgebaut ist,

$$\frac{Nu_x + 1}{5.364 \left[1 + \left(\frac{220}{\pi} x^* \right)^{-10/9} \right]^{3/10}} = \left[1 + \left(\frac{\frac{\pi}{115,2 \cdot x^*}}{\left[1 + \left(\frac{Pr}{0,0207} \right)^{2/3} \right]^{1/2} \left[1 + \left(\frac{220}{\pi} x^* \right)^{-10/9} \right]^{3/5}} \right)^{5/3} \right]^{3/10} . \quad (6.75)$$

Für die beiden Grenzfälle $x^* \to 0$ und $x^* \to \infty$ geht diese Beziehung über in

$$Nu_x = \begin{cases} \dfrac{\left[\dfrac{\pi}{4x^*} \right]^{1/2}}{\left[1 + \left(\dfrac{Pr}{0,0207} \right)^{2/3} \right]^{1/4}} & \text{für } x^* \to 0 \\[4ex] 4,364 & \text{für } x^* \to \infty . \end{cases} \qquad (6.76)$$

Die Beziehung (6.75) stimmt mit der ebenfalls von Hornbeck berechneten numerischen Lösung auf 7 % für $Pr = 0,7$, auf 5 % für $Pr = 2$ und auf 3 % für $Pr = 5$ überein.

Eine relativ einfach zu handhabende Beziehung für die örtliche Nußeltzahl läßt sich wieder durch Anpassen der Koeffizienten der Kaysschen Beziehung (6.69) an die Werte von Hornbeck gewinnen. Diese so ermittelte empirische Korrelationsgleichung

$$Nu_x = 4,364 + \frac{0,01 (x^*)^{-1,329}}{1 + 0,0226 Pr^{0,155} (x^*)^{-0,829}} \qquad (6.71\,\text{b})$$

weicht für $0,7 < Pr < 5$ im Bereich $10^{-4} < x^* < \infty$ um weniger als 5 % von den von Hornbeck berechneten Werten ab.

Die thermische Einlauflänge wird mit

$$L_{th}^* = \begin{cases} 0,053 & \text{für } Pr = 0,7 \\ 0,043 & \text{für } Pr \to \infty \end{cases} \qquad (6.77)$$

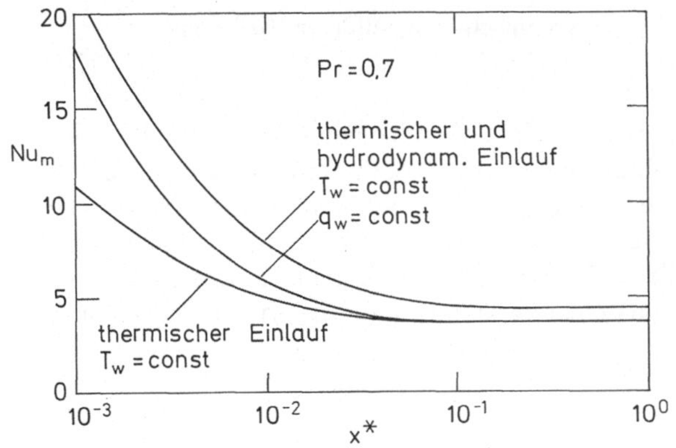

Bild 6.11. Mittlere Nußeltzahlen Nu_m für den thermischen und den gleichzeitigen thermischen und hydraulischen Einlauf bei der Rohrströmung

angegeben. Wie erwartet, nimmt die thermische Einlauflänge auch für diesen Fall im Bereich $0,7 \leq Pr < \infty$ mit abnehmender Prandtzahl schwach zu.

Bild 6.11 zeigt die Nußeltzahl Nu_m in Abhängigkeit der dimensionslosen Länge $x^* = x/(Re_\mathrm{d}Pr\,d)$ für den thermischen Einlauf bei konstanter Wandtemperatur und für den gleichzeitigen thermischen und hydraulischen Einlauf bei konstanter Wandtemperatur und konstanter Wärmestromdichte. Das Diagramm zeigt, daß mit kleiner werdendem x^* die Nußeltzahl bei gleichzeitigem thermischen und hydraulischen Einlauf im Vergleich zum thermischen Einlauf bei voll ausgebildetem Geschwindigkeitsprofil zunehmend größer wird; d.h. die Wärmeübertragung ist bei gleichzeitigem hydrodynamischen Einlauf deutlich besser.

6.2.3 Parallele Platten

6.2.3.1 Hydrodynamischer Einlauf

Für den Druckverlustkoeffizienten ζ im Einlaufbereich eines durch zwei Platten gebildeten ebenen Spalts gelten mit $\zeta_\infty \cdot Re = 96$, $K(\infty) = 0,674$ und $C = 29 \cdot 10^{-6}$ zu (6.45c) analoge Beziehungen. Bei kleinen Reynoldszahlen ist $K(\infty)$ von der Reynoldszahl abhängig und analog zu (6.46) gilt nach Chen (1973)

$$K(\infty) = 0,64 + \frac{38}{Re} . \tag{6.78}$$

Für die hydrodynamische Einlauflänge L_hyd hat Chen (1973) ebenfalls eine zu (6.47) analoge Beziehung

$$L_\mathrm{hyd}^* = \frac{L_\mathrm{hyd}}{Re\,D_\mathrm{hyd}} = 0,011 + \frac{0,315}{Re(1 + 0,0175 \cdot Re)} \tag{6.79}$$

vorgeschlagen.

6.2.3.2 Thermischer Einlauf bei hydrodynamisch ausgebildeter Strömung

a) Temperatur $T_w = \text{const}$

Die Lösung für das Temperaturprofil im Einlaufbereich eines ebenen Spalts kann analog zur Rohrströmung mit dem bereits von Graetz und Nußelt gewählten Produktansatz berechnet werden. Als Ergebnis erhält man wieder unendliche Reihen für den Verlauf der kalorischen Mitteltemperatur sowie für die Nußeltzahlen. Shah (1975) hat auch für dieses Problem 121 Terme dieser Reihen berechnet, und daraus die einfachen halbempirischen Beziehungen für die örtliche Nußeltzahl,

$$Nu_x = \begin{cases} \dfrac{1{,}233}{(x^*)^{1/3}} + 0{,}4 & x^* \leq 0{,}001 \\[2em] 7{,}541 + \dfrac{6{,}874}{(10^3 x^*)^{0{,}488}} \exp(-245 \cdot x^*), & x^* > 0{,}001 \end{cases} \tag{6.80}$$

und für die mittlere Nußeltzahl

$$Nu_m = \begin{cases} \dfrac{1{,}849}{(x^*)^{1/3}} & x^* \leq 5 \cdot 10^{-4} \\[1.5em] \dfrac{1{,}849}{(x^*)^{1/3}} + 0{,}6 & 5 \cdot 10^{-4} \leq x^* < 0{,}006 \\[1.5em] 7{,}541 + \dfrac{0{,}0235}{x^*} & 0{,}006 \leq x^* \end{cases} \tag{6.81}$$

entwickelt. Die letzte Beziehung in (6.80) geht wieder auf einen Vorschlag von Grigull und Tratz zurück. Die Beziehungen (6.80) und (6.81) stimmen mit analytischen und numerischen Lösungen auf mindestens $\pm 3\%$ genau überein und sind damit für ingenieurmäßige Berechnungen ausreichend genau.

Für die thermische Einlauflänge gibt Shah den Wert

$$L_{\text{th}}^* = 0{,}007974 \tag{6.82}$$

und für den Korrekturterm $N(\infty)$ in (6.44) den Wert

$$N(\infty) = 0{,}02348 \tag{6.83}$$

an.

b) Wärmestromdichte $q_w = \text{const}$

Analog zum Fall $T_w = \text{const}$ empfiehlt Shah hierfür die Beziehungen

$$Nu_x = \begin{cases} \dfrac{1{,}490}{(x^*)^{1/3}} & x^* \leq 2 \cdot 10^{-4} \\[1.5em] \dfrac{1{,}490}{(x^*)^{1/3}} - 0{,}4 & 2 \cdot 10^{-4} x^* \leq 10^{-3} \\[1.5em] 8{,}235 + \dfrac{8{,}68}{(10^3 x^*)^{0{,}506}} \exp(-164 x^{+*}) & x^* > 10^{-3} \end{cases} \tag{6.84}$$

für die örtliche Nußeltzahl und

$$Nu_m = \begin{cases} \dfrac{2{,}236}{(x^*)^{1/3}} & x^* \leq 10^{-3} \\[2ex] \dfrac{2{,}236}{(x^*)^{1/3}} + 0{,}9 & 10^{-3} < x^* < 10^{-2} \\[2ex] 8{,}235 + \dfrac{0{,}0364}{x^*} & 10^{-2} < x^* \end{cases} \tag{6.85}$$

für die mittlere Nußeltzahl. Die Beziehungen (6.84) weichen maximal um $\pm 10\%$ und die Beziehungen (6.85) maximal um $\pm 3\%$ von analytischen und numerischen Lösungen ab.

Für die thermische Einlauflänge wird

$$L_{th}^* = 0{,}01154 \tag{6.86}$$

und für den Korrekturterm $N(\infty)$ in (6.44)

$$N(\infty) = 0{,}0364 \tag{6.87}$$

angegeben. Demnach ist die thermische Einlauflänge für $q_w = \text{const}$ um etwa 40 % größer als für $T_w = \text{const}$.

6.2.3.3 Gleichzeitiger thermischer und hydrodynamischer Einlauf

Für den mit $T_w = \text{const}$ *beidseitig* beheizten Spalt hat Stephan (1959) die Beziehung

$$Nu_m = 7{,}55 + \frac{0{,}024(x^*)^{-1{,}14}}{1 + 0{,}0358(x^*)^{-0{,}64} Pr^{0{,}17}} \tag{6.88}$$

für die mittlere Nußeltzahl und für den *beidseitig* mit $q_w = \text{const}$ beheizten haben Spiegel und Sparrow (1959) die Beziehung für die örtliche Nußeltzahl

$$Nu_x = \frac{1}{\dfrac{5}{8} \dfrac{\delta_T}{a} - (x^*)^{-1}} \tag{6.89}$$

angegeben, wobei die Funktion $\delta_T/a = f(x/a, Re, Pr)$ aus einem System von algebraischen Gleichungen berechnet werden muß.

Für die mittleren Nußeltzahlen eines *einseitig* mit $T_w = \text{const}$ (d. h. $q = 0$ an der zweiten Wand) beheizten ebenen Spalts hat Stephan (1959) die Beziehung

$$Nu_m = 4{,}86 + \frac{0{,}32(4x^*)^{-1{,}2}}{1 + 0{,}24(4x^*)^{-0{,}7} Pr^{0{,}17}} \tag{6.90}$$

angegeben. In diesen Beziehungen sind die Kenngrößen mit der halben Spaltweite als der charakteristischen Länge gebildet.

6.2.4 Rechteckquerschnitte

Für den Druckverlustkoeffizienten ζ bei *hydrodynamischem Einlauf* empfiehlt Shah die Beziehung (6.45 c), wobei die Werte für $\zeta_\infty \cdot Re, K(\infty)$ und C aus Tabelle 6.2 entnommen werden können.

Für die örtlichen und mittleren Nußeltzahlen bei *thermischem Einlauf* und hydrodynamisch voll ausgebildeter Strömung sind eine Reihe numerischer Untersuchungen bekannt geworden. Kays und Crawford (1980) empfehlen dafür die in Tabelle 6.3 angegebenen Zahlenwerte, weisen aber auf Diskrepanzen dieser Zahlenwerte hin.

Nußelt-Beziehungen für den *gleichzeitigen thermischen und hydrodynamischen* Einlauf finden sich bei Shah und London (1978).

Table 6.2. Konstanten ζ_∞ Re, $K(\infty)$ und C zur Berechnung des Druckverlustkoeffizienten ζ aus (6.45c) für die Strömung in Rechteckkanälen

b/a	ζ_∞ Re	$K(\infty)$	C	Fehler
0	96,000	0,674	0,000029	$\pm 2{,}4\%$
0,2	76,284	0,931	0,000076	$\pm 1{,}7\%$
0,5	62,192	1,28	0,00021	$\pm 1{,}9\%$
1,0	56,908	1,43	0,00029	$\pm 2{,}3\%$

Tabelle 6.3. Örtliche und mittlere Nußeltzahlen im thermischen Einlaufbereich für $T_w = $ const und hydrodynamisch voll ausgebildeter Strömung in Rechteckkanälen (nach Kays and Crawford 1980)

x^+	Nu_x					Nu_m				
	b/a					b/a				
	1	2	4	6	∞	1	2	4	6	∞
0	∞	∞	∞	∞	∞	∞	∞	∞	∞	∞
0,01	4,55	5,72	6,57	7,02	8,52	8,63	8,58	9,47	10,01	11,63
0,02	4,12	4,72	5,55	6,07	7,75	6,48	6,84	7,71	8,17	9,83
0,05	3,46	3,85	4,87	5,48	7,55	4,83	5,24	6,16	6,70	8,48
0,10	3,10	3,54	4,65	5,34	7,55	4,04	4,46	5,44	6,04	8,02
0,20	2,99	3,43	4,53	5,24	7,55	3,53	3,95	5,00	5,66	7,78
∞	2,98	3,39	4,51	5,22	7,55	2,98	3,39	4,51	5,22	7,55

6.2.5 Kreisringquerschnitte

Für den Druckverlustkoeffizienten ζ bei *hydrodynamischem Einlauf* empfiehlt Shah wieder die Beziehung (6.45 c). Die Zahlenwerte für $\zeta_\infty \cdot Re, K(\infty)$ und C können aus Tabelle 6.4 entnommen werden.

Tabelle 6.4. Konstanten $\xi_\infty Re$, $K(\infty)$ und C zur Berechnung des Druckverlustkoeffizienten ξ aus (6.45c) für die Strömung in kreisförmigen, konzentrischen Ringspalten

d_i/d_a	$\xi_\infty Re$	$K(\infty)$	C	Fehler
0	64,000	1,25	0,000212	$\pm 1{,}9\%$
0,05	86,268	0,830	0,000050	$\pm 2{,}0\%$
0,10	89,372	0,784	0,000043	$\pm 1{,}9\%$
0,50	94,052	0,688	0,000032	$\pm 2{,}2\%$
0,75	95,868	0,678	0,000030	$\pm 2{,}1\%$
1,00	96,000	0,674	0,000029	$\pm 2{,}4\%$

Für die mittlere Nußeltzahl bei *thermischem Einlauf* und hydrodynamisch ausgebildeter Strömung empfiehlt Stephan (1959) für den Fall $T_w = \text{const}$ die Beziehung

$$Nu_{m,T} = Nu_{T,\infty} + f\left(\frac{d_i}{d_a}\right) \frac{0{,}19(x^*)^{-0,8}}{1 + 0{,}117(x^*)^{-0,467}}, \tag{6.91}$$

wobei die Funktion $f(d_i/d_a)$ für die drei Fälle: Wärmeübergang nur innen, nur außen und beidseitig unterschiedlich ist. Im einzelnen gilt dafür nach Gnielinski (1984)

$$f\left(\frac{d_i}{d_a}\right) = \begin{cases} 1 + 0{,}14\left(\dfrac{d_a}{d_i}\right)^{1/2}, & \text{Wärmeübergang innen}, \\[2ex] 1 + 0{,}14\left(\dfrac{d_i}{d_a}\right)^{1/3}, & \text{Wärmeübertragung außen}, \\[2ex] 1 + 0{,}14\left(\dfrac{d_i}{d_a}\right)^{1/10}, & \text{Wärmeübertragung beidseitig}. \end{cases} \tag{6.92}$$

Die Zahlenwerte $Nu_{T,\infty}$ in Abhängigkeit von d_i/d_a können aus Bild 6.7 entnommen bzw. mit (6.38) berechnet werden.

Für den Wärmeübergang bei gleichzeitigem thermischen und hydrodynamischem Einlauf sei wieder auf Shah und London (1978) verwiesen.

6.3 Temperaturabhängige Stoffwerte

6.3.1 Mathematische Formulierung

Für die bisher diskutierten Fälle der Rohr- und Kanalströmung mit konstanten Stoffwerten konnten die Impuls- (6.7) und die Kontinuitätsgleichung (6.4) für konstante Dichte und konstante Viskosität völlig unabhängig von der Energiegleichung (6.8) gelöst werden. Das Geschwindigkeits- und Temperaturfeld waren somit vollkommen entkoppelt; d.h. die Richtung des Wärmestroms an der Wand (Heizung oder Kühlung) hatte keinen Einfluß auf die Form des Geschwindigkeitsprofils und damit auch keinen auf das Temperaturprofil selbst.

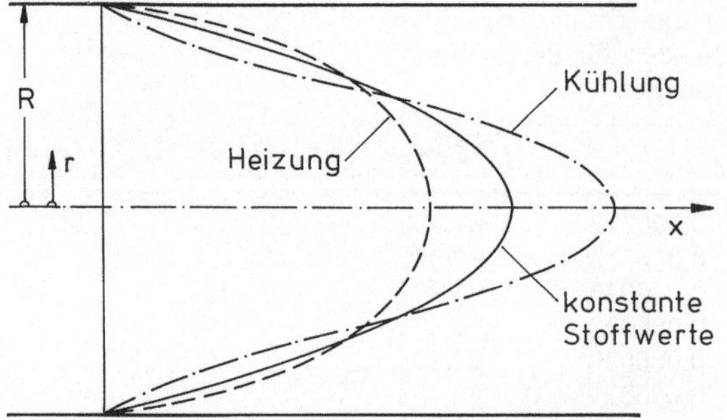

Bild 6.12. Die Geschwindigkeitsprofile bei Heizung und Kühlung einer voll entwickelten laminaren Rohrströmung für konstante und temperaturabhängige Stoffwerte

Im Gegensatz dazu zeigt Bild 6.12 die Geschwindigkeitsprofile bei voll ausgebildeter Strömung bei Heizung und bei Kühlung des Fluids, wenn die Viskosität temperaturabhängig ist und mit steigender Temperatur abnimmt. Bei der Heizung des Fluids herrscht in Wandnähe eine höhere Temperatur als in Rohrmitte. Damit haben die Fluidteilchen in Wandnähe eine geringere Viskosität. Sie werden deshalb nicht so stark „abgebremst". Die Strömungsgeschwindigkeit ist deshalb etwas größer als im Falle konstanter Viskosität und das Geschwindigkeitsprofil wird „völliger". Für den Fall der Kühlung trifft das Umgekehrte zu; Fluidteilchen in Wandnähe strömen langsamer. Da der Massenstrom jedoch konstant sein soll, müssen damit Fluidteilchen im Zentrum des Rohrs schneller strömen; das Geschwindigkeitsprofil wird „spitzer" als im Fall konstanter Viskosität.

Bei temperaturabhängigen Stoffwerten müssen also statt (6.4) bis (6.6) bzw. (6.2 b) und (6.3) die Gleichungen

$$\frac{\partial}{\partial x}(\varrho u) + \frac{1}{r}\frac{\partial}{\partial r}(\varrho rv) = 0 \tag{6.93}$$

$$\frac{dp}{dx} = -\varrho\left(u\frac{\partial u}{\partial x} + v\frac{\partial u}{\partial r}\right) + \frac{1}{r}\frac{\partial}{\partial r}\left(\eta r\frac{\partial u}{\partial r}\right) \tag{6.94}$$

$$\varrho c_{\mathrm{p}}u\frac{\partial T}{\partial x} = \frac{1}{r}\frac{\partial}{\partial r}\left(\lambda r\frac{\partial T}{\partial r}\right) \tag{6.95}$$

gelöst werden, wenn entsprechend den Voraussetzungen in Abschn. 6.2.1 auch hier die Einflüsse der Dissipation, der freien Konvektion und der axialen Wärmeleitung vernachlässigt werden.

Die Gleichungen (6.93) bis (6.95) sind nur für wenige Fälle einer analytischen Lösung zugänglich. Sie müssen deshalb entweder numerisch gelöst werden oder das entsprechende Problem muß experimentell untersucht werden.

6.3.2 Heizung und Kühlung

Herwig (1985) hat den Einfluß temperaturabhängiger Stoffwerte auf Druckverlust und Wärmeübergang für die voll entwickelte Strömung im Kreisrohr für den

Fall konstanter Wärmestromdichte theoretisch mit Hilfe der Methode der angepaßten asymptotischen Entwicklung untersucht und für den Druckverlustkoeffizienten die Beziehung

$$\frac{\xi_\infty}{\xi_{\infty,0}} = 1 + \varepsilon\left(-K_\varrho \frac{4}{11 \cdot Pr_B} + \frac{6}{11} K_\eta\right) + 0(\varepsilon^2) \, , \tag{6.96}$$

mit $\xi_{\infty,0} = 16/Re_B$ und für die Nußeltzahl die Beziehung

$$\frac{Nu}{Nu_0} = 1 + \varepsilon\left[K_\varrho\left(\frac{206}{605} - \frac{232}{1815}\frac{1}{Pr_B}\right) - K_\eta\frac{13}{121} + K_\lambda\frac{148}{605} + K_C\frac{309}{1210}\right] + 0(\varepsilon^2),$$
$$\tag{6.97}$$

mit $Nu_0 = Nu_{q,\infty} = 4,36$ erhalten. Der Index B bei der Reynolds- und Prandtlzahl weist darauf hin, daß die Stoffwerte in diese Kennzahlen bei der lokalen kalorischen Mitteltemperatur T_m (Bulktemperatur) des Fluids einzusetzen sind. Herwig zeigt weiter, daß sich die Beziehungen (6.96) und (6.97) so umformen lassen, daß die rechten Seiten als Produkte von Stoffwertverhältnissen darstellbar sind,

$$\frac{f_\infty}{f_{\infty,0}} = \left(\frac{\varrho_w}{\varrho_B}\right)^{-\frac{0,364}{Pr_B}} \left(\frac{\eta_w}{\eta_B}\right)^{0,545} , \tag{6.98}$$

$$\frac{Nu}{Nu_0} = \left(\frac{\varrho_w}{\varrho_B}\right)^{-0,340-\frac{0,128}{Pr_B}} \left(\frac{\eta_w}{\eta_B}\right)^{-0,107} \left(\frac{\lambda_w}{\lambda_B}\right)^{0,245} \left(\frac{C_{pw}}{c_{pB}}\right)^{0,255} .$$
$$\tag{6.99}$$

Die Beziehungen (6.98) und (6.99) gelten zunächst für alle Fluide, d.h. flüssige Metalle, Öle und Gase. Dieses Ergebnis zeigt weiter, daß der Ansatz (5.27), wie er häufig in der Literatur zu finden ist, nicht ausreicht, um den Einfluß der Temperaturabhängigkeit der Stoffwerte für alle Fluide zu erfassen.

Für zähe Öle, bei denen der Einfluß der Zähigkeit dominierend ist, reduziert sich (6.99) auf

$$\frac{Nu}{Nu_0} = \left(\frac{\eta_w}{\eta_B}\right)^{-0,107} .$$

Der Exponent $-0,107$ stimmt mit den in der Literatur angegebenen Werten, die zwischen $-0,11$ und $-0,14$ liegen, ziemlich gut überein. Dabei muß allerdings berücksichtigt werden, daß der Einfluß der Temperaturabhängigkeit der Stoffwerte durch ein einziges Stoffwertverhältnis allein sicher nicht umfassend dargestellt werden kann. Deshalb kann auch keine vollkommene Übereinstimmung zwischen dem von Herwig berechneten und den Werten aus der Literatur erwartet werden. Obwohl die Beziehungen (6.98) und (6.99) für den Grenzfall $\varepsilon \to 0$ berechnet wurden, dürften sie nach Herwig für den Bereich $-0,5 < \varepsilon < 2$ ausreichend genau sein.

6.4 Spezielle Probleme

6.4.1 Berücksichtigung der Reibungswärme

Während die Reibungswärme bei kleinen Strömungsgeschwindigkeiten vernachlässigbar ist, kann sie bei der Strömung von Gasen und Flüssigkeiten mit großen Geschwindigkeiten von Bedeutung sein.

Zur Berücksichtigung der Reibungswärme bei der Strömung im Kreisrohr muß die Energiegleichung (6.10) um den Reibungsterm $\eta(\partial u/\partial r)^2$ erweitert werden. Mit dem Geschwindigkeitsprofil (6.13) für die laminare Rohrströmung erhält man dann statt (6.19) die Gleichung

$$\frac{2u_\mathrm{m}}{a}\left[1-\left(\frac{r}{R}\right)^2\right]\frac{\partial T}{\partial x} = \frac{1}{r}\frac{\partial}{\partial r}\left(r\frac{\partial T}{\partial r}\right)+16\frac{\eta u_\mathrm{m}^2}{\lambda}\frac{r^2}{R^4}. \tag{6.100}$$

Für den Fall konstanter Wärmestromdichte an der Wand, d.h. $A=\partial T/\partial x=\mathrm{const}$, läßt sich (6.100) analog zu (6.19) lösen, s. Abschn. 6.1.2.2. Für die Temperaturverteilung im Rohr erhält man schließlich die Beziehung

$$T(r,x) = T_0 + Ax + A\frac{u_\mathrm{m}R^2}{8a}\left[4\left(\frac{r}{R}\right)^2 - \left(\frac{r}{R}\right)^4 - 3\right] + \frac{\eta u_\mathrm{m}^2}{\lambda}\left[1-\left(\frac{r}{R}\right)^4\right]. \tag{6.101}$$

Der Vergleich mit (6.21) zeigt, daß sich die aus der Reibungswärme (Dissipation von kinetischer in thermische Energie) herrührende Temperaturverteilung $\eta u_\mathrm{m}^2/\lambda[1-(r/R)^4]$ derjenigen für reine Konvektion überlagert.

Eine Wärmebilanz für ein Rohrelement der Länge $\mathrm{d}x$ liefert für die mittlere Fluidtemperatur T_m

$$\varrho c_\mathrm{p}\frac{d^2\pi}{4}u_\mathrm{m}\frac{\mathrm{d}T_\mathrm{m}}{\mathrm{d}x} = q_\mathrm{w}d\pi + 8\pi\eta u_\mathrm{m}^2. \tag{6.102}$$

Durch Integration von $x=0$ bis x und Umordnung erhält man für den Verlauf der kalorischen Mitteltemperatur T_m

$$\theta_\mathrm{m} = \frac{T_\mathrm{m}-T_\mathrm{e}}{\dfrac{q_\mathrm{w}d}{\lambda}} = 4x^*(1+8Br), \tag{6.103}$$

mit der nach **Brinkmann (1951)** benannten Kennzahl

$$Br = \frac{\eta u_\mathrm{m}^2}{q_\mathrm{w}D_\mathrm{hyd}}. \tag{6.104}$$

Der erste Term auf der rechten Seite von (6.103) beschreibt den Anstieg von T_m durch Wärmeübertragung von der Wand an das Fluid, der zweite Term den Anstieg durch Zufuhr von Reibungswärme. Gleichung (6.104) zeigt weiter, daß T_m linear mit x^* ansteigt; die Steigung nimmt mit größer werdender Brinkmannzahl Br zu. Falls $Br = -1/8$ ist, wird die durch Dissipation erzeugte Wärme durch Wärmeüber-

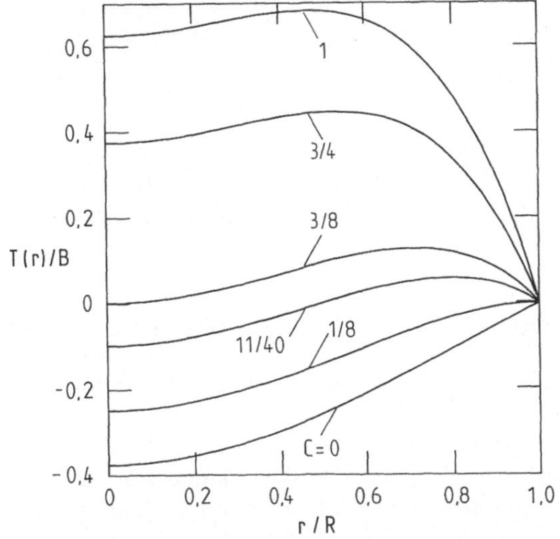

Bild 6.13. Temperaturverlauf $T(r)$ *im Kreisrohr für* $q_w = $ const bei Berücksichtigung der Reibungswärme mit $B = u_m A R^2/a$ und $C = u_m \eta a/(\lambda A R^2)$ bzw. $C = Br/(1 + 8 Br)$, wobei $Br = \eta u^2_m/(q_w D_{hyd})$ die Brinkmannzahl bedeutet

tragung (Kühlung der Wand) vollständig abgeführt, die kalorische Mitteltemperatur bleibt konstant.

Im Fall $q_w = $ const mit $q_w > 0$ (Heizung) nimmt die örtliche Nußeltzahl $Nu_{q,x}$ im Einlaufbereich mit steigender Brinkmannzahl Br ab. Für die vollentwickelte Strömung wird schließlich der Grenzwert, s. Grigull (1955),

$$Nu_m = \frac{48}{11} \frac{1}{1 + \dfrac{48}{11} Br} \tag{6.105}$$

erreicht.

In Bild 6.13 ist die Temperaturverteilung (6.101) für $q_w > 0$ aufgetragen, wobei $B = u_m A R^2/a$, $C = u_m \eta a/(\lambda A R^2)$ und $BC = \eta u_m^2/\lambda$ bedeuten. Der Parameter C hängt mit der oben definierten Brinkmannzahl durch $Br = C/(1 - 8C)$ zusammen. $C = 0$ stellt den Fall reiner Konvektion (ohne Reibungswärme) dar. Für $C = 1/8$ wird $\partial T/\partial r = 0$ für $r = R$, so daß keine Wärme durch die Wand fließen kann ($Nu = 0$), obwohl die Mitteltemperatur des Fluids unterhalb der Wandtemperatur liegt. Für $C = 11/40$ wird die Mittel- gleich der Wandtemperatur. Für $1/8 \leqq C \leqq 11/40$ werden die Nußeltzahlen negativ, da in diesem Bereich Wärme vom Fluid an die Wand abgegeben wird, obwohl die Mitteltemperatur unterhalb der Wandtemperatur liegt, s. Bild 6.13. Für $C \to \infty$ strebt die Nußeltzahl gegen den Grenzwert

$$Nu = \frac{48}{5} \quad f \ddot{u} r \quad C \to \infty. \tag{6.106}$$

Im Fall $T_w = $ const wird sowohl bei Heizung als auch bei Kühlung für die Nußeltzahl der Grenzwert

$$\lim_{x^* \to \infty} Nu_{T,m} = \frac{48}{5},$$

und für die kalorische Mitteltemperatur der Grenzwert

$$\lim_{x^* \to \infty} \left(\frac{T_m - T_w}{T_e - T_w} \right) = -\frac{5}{6} Br$$

erreicht.

Für den Einlaufbereich lassen sich keine einfachen Beziehungen für die Nußeltzahl angeben. Für weitere Details sei auf Grigull (1955) und auf Ou und Cheng (1973) verwiesen.

6.4.2 Einfluß der axialen Wärmeleitung

Infolge der axialen Wärmeleitung wird bei der beheizten Strömung Wärme stromaufwärts und bei der gekühlten Wärme stromabwärts transportiert. Der Temperaturgradient in axialer Richtung wird kleiner, weil die zu- bzw. abgeführte Wärme nicht mehr nur auf Erhöhung bzw. Erniedrigung der lokalen Enthalpie führt. Um diesen Sachverhalt zu veranschaulichen, betrachten wir die Strömung in einem Kreisrohr und setzen voraus, daß die Strömungsgeschwindigkeit über den Rohrquerschnitt konstant sei (Kolbenströmung). Vor dem im Bereich $0 < x \leq l$ mit $q_w = \text{const}$ beheizten Rohrstück befindet sich ein unendlich langes und adiabates Rohr. Durch Integration der Energiegleichung über den Rohrquerschnitt erhalten wir die Differentialgleichung

$$\varrho c_p u_m \frac{dT_m}{dx} = \lambda \frac{d^2 T_m}{dx^2} + \frac{4 q_w}{d} \tag{6.107}$$

für den Verlauf der kalorischen Mitteltemperatur T_m. Bringt man (6.107) mit $\xi = x/d$ und $\theta = (T_m - T_0)/T_0$ auf eine dimensionslose Form, so folgt mit $A = 4 q_w/(u_m \varrho c_p T_0)$ und der Pécletzahl $Pe = \dfrac{u_m d}{a} = Re\, Pr$ für die beheizte Rohrstrecke

$$\frac{d\theta_2}{d\xi} = \frac{1}{Pe} \frac{d^2\theta_2}{d\xi^2} + A \quad f\ddot{u}r \quad 0 \leqq \xi \leqq 1/d \tag{6.108 a}$$

und für die unbeheizte

$$\frac{d\theta_1}{d\xi} = \frac{1}{Pe} \frac{d^2\theta_1}{d\xi^2} \quad f\ddot{u}r \quad \xi \leqq 0, \tag{6.108 b}$$

wenn mit θ_2 die Temperatur im beheizten und mit θ_1 die Temperatur im unbeheizten Rohrstück bezeichnet wird. Die Tatsache, daß von der über die Rohrlänge l zugeführte Wärme nur ein Teil zur Enthalpieerhöhung des Fluids dient, und der Rest durch axiale Wärmeleitung an der Stelle $\xi = 0$ abfließt, wird durch die Randbedingung

$$A \frac{l}{d} = [\theta_2]_{\xi=1/d} - [\theta_2]_{\xi=0} + \frac{1}{Pe} \left(\frac{d\theta_2}{d\xi} \right)_{\xi=0}$$

erfaßt. Die restlichen Randbedingungen lauten

$$\lim_{\xi \to -\infty} \theta_1 = 0,$$

$$[\theta_1]_{\xi=0} = [\theta_2]_{\xi=0},$$

$$\left[\frac{d\theta_1}{d\xi}\right]_{\xi=0} = \left[\frac{d\theta_2}{d\xi}\right]_{\xi=0}.$$

Unter Beachtung dieser Randbedingungen erhält man für die Lösung von (6.108)

$$\theta_1 = \frac{A}{Pe} \left(\exp(Pe\, l/d) - 1 \right) \exp(Pe(\xi - l/d)) \qquad (6.109\,\text{a})$$

im Bereich $\xi < 0$ und

$$\theta_2 = \frac{A}{Pe} [1 - \exp(Pe(\xi - l/d))] + A\xi + \frac{A}{Pe} \qquad (6.109\,\text{b})$$

im Bereich $0 \leq \xi \leq l/d$.

Bezeichnet man mit Δh^* die relative Enthalpieerhöhung des Fluids im beheizten Rohrstück,

$$\Delta h^* = \frac{\frac{d^2\pi}{4} \varrho c_p u_m [(T_2)_{x=1} - (T_2)_{x=0}]}{d\pi l q_w} = \frac{(\theta_2)_{\xi=l/d} - (\theta_2)_{\xi=0}}{A\, l/d} \qquad (6.110\,\text{a})$$

so erhält man mit der Lösung (6.109 b) dafür schließlich den Ausdruck

$$\Delta h^* = \frac{1}{Pe\, l/d} \left(\exp(-Pe\, l/d) - 1 \right) + 1. \qquad (6.110\,\text{b})$$

Bild 6.14 zeigt den Verlauf von Δh^* in Abhängigkeit von $Pe\, l/d$ für den dargelegten relativ einfachen Fall der Kolbenströmung im Kreisrohr. Die relative Enthalpieänderung $\Delta h^* = 1$, wenn die zugeführte Wärme q_w ausschließlich zur Enthalpieerhöhung des Fluids dient; d.h. wenn die axiale Wärmeleitung gleich Null bzw. die Pécletzahl $Pe = \infty$ ist und $\Delta h^* = 0$, wenn die zugeführte Wärme q_w vollständig durch Wärmeleitung abtransportiert wird, d.h. $Pe = 0$ ist.

Bild 6.14 zeigt ferner, daß der Einfluß der axialen Wärmeleitung für $Pe\, l/d > 100$ kleiner als 1% wird. Berücksichtigt man statt der Mittelwerte u_m und T_m (Kolbenprofile) das tatsächliche Geschwindigkeits- und Temperaturprofil, so erhält man den in Bild 6.15 dargestellten Zusammenhang. Man erkennt, daß die axiale Wärmeleitung im Einlaufbereich auch für relativ große Pécletzahlen noch einen erheblichen Einfluß haben kann. Für $x^* > 0{,}1$ kann dieser Einfluß erst für $Pe > 200$ vernachlässigt werden.

Bild 6.16 zeigt die örtliche Nußeltzahl $Nu_{x,T}$ bei konstanter Wandtemperatur als Funktion von x^* für verschiedene Pécletzahlen nach Hennecke (1968). An einer bestimmten Stelle x^* nimmt die Nußeltzahl mit abnehmender Pécletzahl zu. Für $x^* > 0{,}05$ und $Pe > 20$ ist der Einfluß der axialen Wärmeleitung vernachlässigbar.

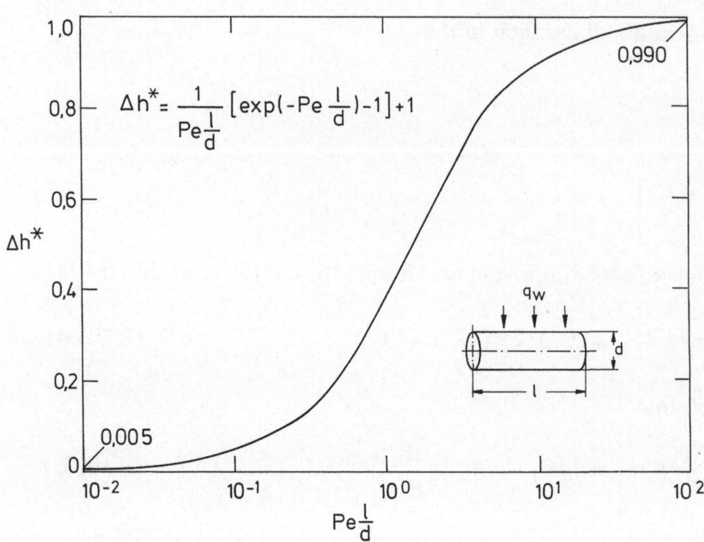

Bild 6.14. Relative Enthalpieerhöhung eines Fluids bei Kolbenströmung und konstanter Wärmestromdichte in Abhängigkeit der Pécletzahl

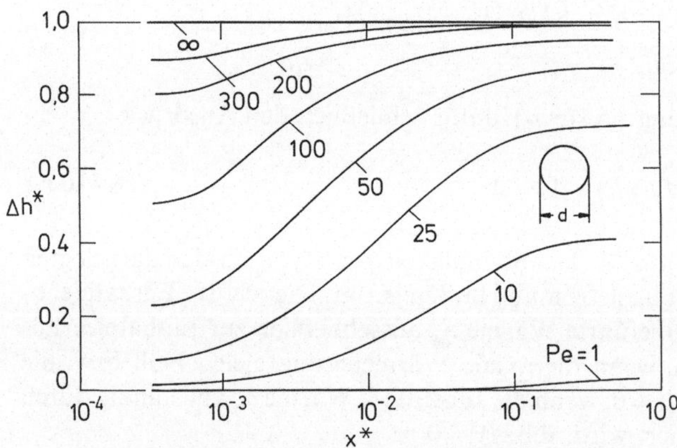

Bild 6.15. Relative Enthalpieerhöhung eines Fluids unter dem Einfluß der axialen Wärmeleitung im thermischen Einlaufbereich des Kreisrohrs bei konstanter Wandtemperatur

Für die vollentwickelte Strömung läßt sich der Einfluß der axialen Wärmeleitung nach Michelsen und Villadsen (1974) durch die asymptotischen Ausdrücke

$$Nu_{T,\infty} = \begin{cases} 3{,}6568\left(1+\dfrac{1{,}227}{Pe^2}+\ldots\right); \; Pe>5 \\[2mm] 4{,}1807\,(1-0{,}0439\,Pe+\ldots); \; Pe<1{,}5 \end{cases} \tag{6.111}$$

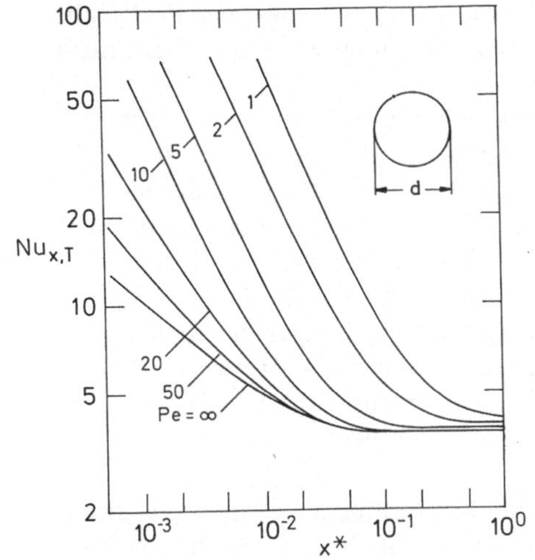

Bild 6.16. Örtliche Nußeltzahl bei konstanter Wandtemperatur im thermischen Einlaufbereich eines Kreisrohrs für verschiedene Pécletzahlen nach Hennecke (1978)

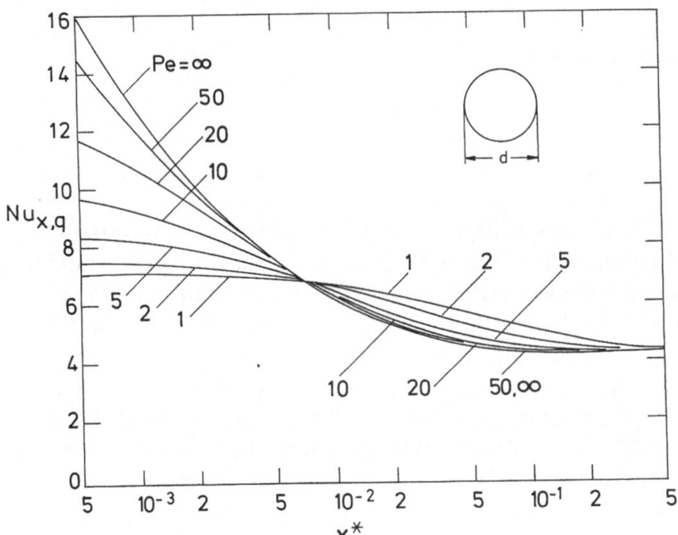

Bild 6.17. Örtliche Nußeltzahl bei konstanter Wärmestromdichte im thermischen Einlaufbereich eines Kreisrohrs für verschiedene Pécletzahlen nach Hennecke (1978)

darstellen. Für $Pe \rightarrow \infty$ geht die Nußeltzahl $Nu_{T,\infty}$ gegen den bereits früher berechneten Wert 3,6568; für $Pe \rightarrow 0$ dagegen gegen 4,1807. Für die thermische Einlauflänge hat Hennecke die beiden Grenzwerte

$$L_{th,T}^{*} = \begin{cases} 0{,}033 & \text{für } Pe \rightarrow \infty \\ 0{,}5 & \text{für } Pe = 1 \end{cases} \tag{6.112}$$

angegeben. Danach nimmt die thermische Einlauflänge mit sinkender Pécletzahl ab; d.h. unter dem Einfluß der axialen Wärmeleitung wird die thermische Einlauflänge vergrößert.

Die von Hennecke (1968) berechnete örtliche Nußeltzahl $Nu_{q,x}$ bei konstanter Wärmestromdichte als Funktion von x^* für verschiedene Pécletzahlen ist in Bild 6.17 dargestellt. Interessant ist die Tatsache, daß alle Kurven für $Nu_{q,x}$ durch einen gemeinsamen Punkt gehen, der bei etwa $x^* = 0{,}0075$ liegt. Für kleinere Werte von x^* nimmt $Nu_{q,x}$ mit steigender Pécletzahl zu, für größere Werte von x^* dagegen ab. Anhand seiner Ergebnisse kommt Hennecke zu dem Schluß, daß im Bereich $x^* \geq 0{,}005$ der Einfluß der axialen Wärmeleitung für $Pe > 10$ vernachlässigt werden kann. Es sei darauf hingewiesen, daß sich alle Kurven nur dann bei etwa $x^* = 0{,}0075$ schneiden, wenn vorausgesetzt wird, daß das Temperaturprofil bei $x = -\infty$ über den Querschnitt konstant ist. Wird eine einheitliche Temperatur bei $x = 0$ zugrunde gelegt, so ergeben sich andere Zusammenhänge.

Für weitere Ausführungen, insbesondere auf den Einfluß der axialen Wärmeleitung bei nichtkreisförmigen Querschnitten, sei auf Shah und London (1978) verwiesen.

6.4.3 Einfluß der freien Konvektion

Freie Konvektion kann in einem *horizontalen Rohr* auch dann auftreten, wenn die Temperatur der Wand über den Rohrumfang konstant ist. Infolge der freien Konvektion tritt eine Sekundärströmung auf, die zu einer Vergrößerung der resultierenden Nußeltzahl führt.

Metais und Eckert (1964) haben für den Einfluß der freien Konvektion die in Bild 6.18 dargestellten Strömungskarte entwickelt. In Abhängigkeit der Reynoldszahl Re und des Produkts aus Rayleighzahl Ra und relativem Durchmesser d/l kann damit abgeschätzt werden, ob der Einfluß der freien Konvektion berücksichtigt werden muß. An der von links unten nach rechts oben verlaufenden Linie beträgt der Einfluß der freien Konvektion auf den Wärmeübergang etwa 10 %.

Bei *konstanter axialer Wandtemperatur* führt die freie Konvektion infolge der durch die entstehende Sekundärströmung vergrößerten Nußeltzahl zu einem steileren Anstieg der Fluidtemperatur. Mit zunehmender Rohrlänge x geht dann aber der Einfluß der freien Konvektion wieder zurück, da für $T_w = \text{const}$ alle Temperaturdifferenzen mit $x \to \infty$ gegen Null gehen. Für diesen Fall empfehlen Brown und Thomas (1965) die Beziehung

$$Nu_{m,T} = 1{,}75[Gz + 0{,}012(Gz\,Gr^{1/3})^{4/3}]^{1/3}\left(\frac{\eta_m}{\eta_w}\right)^{0{,}14}, \tag{6.113}$$

wobei Gz die Graetzzahl $Gz = \pi/(4x^*)$ bedeutet. In (6.113) sind alle Stoffwerte bei der mittleren Fluidtemperatur T_m einzusetzen. Experimentelle Daten stimmen mit (6.113) auf etwa $\pm 50\,\%$ überein.

Bei *konstanter axialer Wärmestromdichte* klingt der Einfluß der freien Konvektion für $x \to \infty$ im Gegensatz zum soeben diskutierten Fall mit $T_w = \text{const}$ nicht ab, da die Temperaturdifferenzen zwischen Wand und Fluid endlich bleiben. Morcos

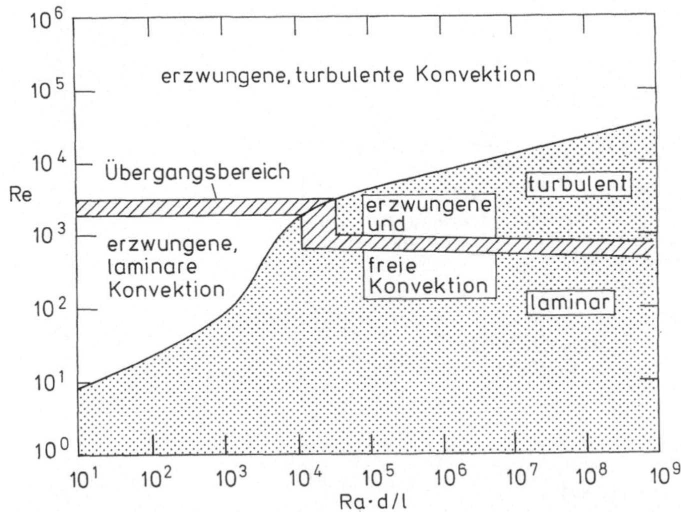

Bild 6.18. Bereichsgrenzen für erzwungene und freie Konvektion für das horizontale Rohr nach Eckert (1964)

und Bergles (1975) empfehlen dafür die Beziehung

$$Nu_{m,q} = \{(4{,}36)^2 + [0{,}145(Gr^*Pr^{1{,}35}K^{0{,}25})^{0{,}265}]^2\}^{1/2} \tag{6.114}$$

$$\text{mit } Gr^* = Gr\,Nu = \frac{gd^4\beta q_w}{v^2\lambda} \text{ und } K = (\lambda_w s)/(\lambda d),$$

wobei λ_w die Wärmeleitfähigkeit des Wandmaterials und λ die des Fluids ist; s ist die Dicke der Rohrwand und d der Rohrinnendurchmesser. Die Stoffwerte sind hierbei im Gegensatz zu (6.113) bei der Filmtemperatur einzusetzen.

Durch den Einfluß der freien Konvektion wird die thermische Einlauflänge stark verkleinert, weshalb bei kombinierter erzwungener und freier Konvektion die Strömung meist als vollentwickelt betrachtet werden kann. Für das Einsetzen der freien Konvektion empfehlen Bergles und Simonds (1971) für *Wasser* die Beziehung

$$Ra_c = 1{,}8 \cdot 10^4 + \frac{55}{(x^*)^{1{,}7}} \quad \text{für} \quad x^* > 10^{-4} \tag{6.115}$$

und Mori et al. (1966) für *Luft*

$$Ra_c = \frac{10^3}{Re}. \tag{6.116}$$

Diese beiden Beziehungen legen eine kritische Rayleighzahl Ra_c fest. Ist die tatsächliche Rayleighzahl größer als die kritische, so setzt eine Sekundärströmung ein. Die Tatsache, daß (6.115) von der charakteristischen Länge x^*, (6.116) dagegen nur von der Reynoldszahl abhängt, weist deutlich darauf hin, daß es sich hierbei um mehr oder weniger grobe Abschätzungen handelt.

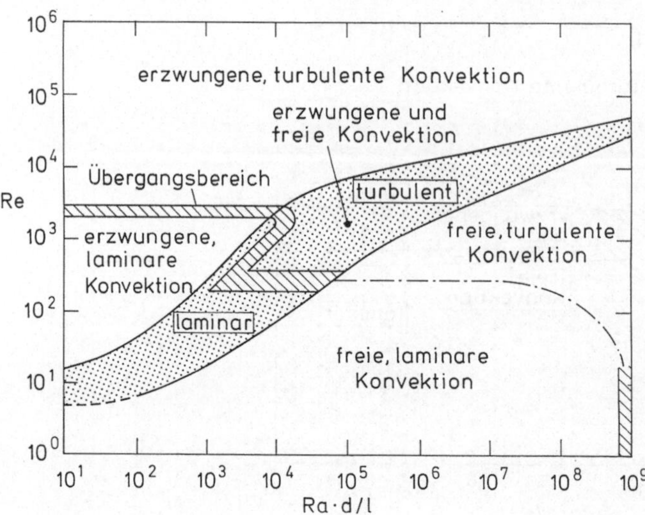

Bild 6.19. Bereichsgrenzen für erzwungene und freie Konvektion für das vertikale Rohr nach Metais und Eckert (1964)

Wir wollen noch kurz die Verhältnisse beim senkrechten Rohr betrachten. Bei der beheizten Aufwärts- und bei der gekühlten Abwärtsströmung wird die Nußeltzahl durch den Einfluß der freien Konvektion vergrößert, bei der gekühlten Aufwärts- und der beheizten Abwärtsströmung dagegen verkleinert. Im ersten Fall wirken erzwungene und freie Konvektion in die gleiche und im zweiten Fall in die entgegengesetzte Richtung.

Metais und Eckert (1964) haben für diesen Fall die in Bild 6.19 dargestellte Strömungskarte entworfen. Aus ihr kann wieder in Abhängigkeit der Reynoldszahl Re und des Produkts $Ra\,d/l$ entnommen werden, ob der Einfluß der freien Konvektion berücksichtigt werden muß. In der Literatur wurden für das senkrechte Rohr eine Reihe von Korrelationen zur Berücksichtigung des Einflußes der freien Konvektion vorgeschlagen. Da jedoch alle Korrelationen nur für einen kleinen Bereich der Reynolds- und Rayleighzahlen gelten und keine Beziehung für einen größeren Bereich existiert, wird der interessierte Leser auf die einschlägige Literatur verwiesen.

Zum Schluß dieses Kapitels sei noch darauf hingewiesen, daß bei der Strömung von Gasen der Term $\varrho^2\beta$ in der Grashofzahl proportional zu p^2/T^3 ist. Deshalb kann der Einfluß der freien Konvektion insbesondere bei hohen Drücken und niedrigen Temperaturen, z.B. bei der Strömung durch Wärmeübertrager in der Tieftemperaturtechnik, von Bedeutung sein.

7 Wärmeübergang bei turbulenter Rohrströmung

7.1 Voll entwickelte Rohrströmung

7.1.1 Mathematische Formulierung des Problems

Der Impuls- und Wärmetransport bei stationärer und turbulenter Rohrströmung wird durch die Reynoldsgleichungen, (3.10) und (3.12), die wir hier der Vollständigkeit halber nochmals in Zylinderkoordinaten angeben,

$$\bar{u}\frac{\partial \bar{u}}{\partial x} + \bar{v}\frac{\partial \bar{u}}{\partial r} = -\frac{1}{\varrho}\frac{d\bar{p}}{dx} + \frac{1}{r}\frac{\partial}{\partial r}\left[r(v+\varepsilon_\tau)\frac{\partial \bar{u}}{\partial r} \right], \tag{7.1}$$

$$\bar{u}\frac{\partial \bar{T}}{\partial x} + \bar{v}\frac{\partial \bar{T}}{\partial r} = \frac{1}{r}\frac{\partial}{\partial r}\left[r(a+\varepsilon_q)\frac{\partial \bar{T}}{\partial r} \right], \tag{7.2}$$

beschrieben. In diesen Gleichungen sind die Stoffwerte als konstant vorausgesetzt. Mit den in Kap. 3 beschriebenen Turbulenzmodellen zur Berechnung der Wirbelviskosität ε_τ und der Wirbeldiffusion ε_q sind (7.1) und (7.2) im Prinzip lösbar; in der Regel jedoch nur mit Hilfe geeigneter numerischer Verfahren.

Auch bei der turbulenten Rohrströmung existiert am Rohranfang ein Einlaufbereich, innerhalb dessen sich das Geschwindigkeits- und Temperaturprofil vom konstanten Profil am Eintritt bis zum voll ausgebildeten Profil entwickelt. Im Gegensatz zur laminaren Strömung ist dieser Einlaufbereich jedoch von untergeordnetem Interesse, da die Profile nach etwa 10 bis 15 Rohrdurchmessern bereits voll entwickelt sind.

Wir betrachten deshalb im folgenden die voll entwickelte Strömung. Da dafür analog zur laminaren Strömung $\bar{u}=\bar{u}(r)$ und $\bar{v}=0$ gilt, erhalten wir aus (7.1) und (7.2)

$$\frac{1}{\varrho}\frac{d\bar{p}}{dx} = \frac{1}{r}\frac{d}{dr}\left[r(v+\varepsilon_\tau)\frac{d\bar{u}}{dr} \right], \tag{7.3}$$

$$\bar{u}\frac{\partial \bar{T}}{\partial x} = \frac{1}{r}\frac{\partial}{\partial r}\left[r(a+\varepsilon_q)\frac{\partial \bar{T}}{\partial r} \right]. \tag{7.4}$$

Diese Gleichungen gelten sowohl für den abgeschlossenen Einlauf als auch für den thermischen Einlaufbereich (analog zum Graetz-Nußelt-Problem) bei voll entwickeltem Geschwindigkeitsprofil.

Wir wollen im folgenden zeigen, daß (7.3) und (7.4) unter bestimmten, das Problem vereinfachenden, Annahmen analytisch gelöst werden können. Neben dem Geschwindigkeits- und Temperaturprofil lassen sich dabei auch analytische Ausdrücke für den Druckverlustkoeffizienten und die Nußeltzahl gewinnen.

7.1.2 Geschwindigkeitsprofil und Druckverlust

In der Nähe der Rohrwand stimmt das in Kap. 4 hergeleitete logarithmische Wandgesetz

$$u^+ = 2,5 \ln y^+ + 5,5 \qquad (7.5)$$

sehr gut mit experimentellen Daten überein. In der Nähe der Rohrachse ist jedoch (7.5) nicht mehr anwendbar, da dort aus Symmetriegründen der Geschwindigkeitsgradient $(\partial \bar{u}/\partial r)_{r=0} = 0$ sein muß. Desweiteren liefert die für die Ableitung von (7.5) verwendete Mischungsweghypothese von Prandtl in der Rohrachse wegen $(\partial \bar{u}/\partial r)_{r=0} = 0$ dort $\varepsilon_\tau = 0$. Diese Aussage steht jedoch in krassem Widerspruch zu experimentellen Untersuchungen, nach denen die Wirbelviskosität in der Rohrachse nur etwa 20 % kleiner als ihr maximaler Wert in Wandnähe ist. Reichardt (1951) hat deshalb den von Prandtl für die Grenzschicht an der ebenen Platte angegebenen Ansatz (4.38) für die Rohrströmung entsprechend

$$\frac{\varepsilon_\tau}{v} = \frac{\varkappa y^+}{6}\left(1 + \frac{r}{R}\right)\left[1 + 2\left(\frac{r}{R}\right)^2\right] \qquad (7.6)$$

modifiziert. Mit $\varepsilon_\tau/v \to \varkappa y^+$ für $r/R \to 1$ geht dieser Ansatz im wandnahen Bereich in das logarithmische Wandgesetz über; für die Rohrachse folgt dagegen mit $\varepsilon_\tau/v \to \varkappa y^+/3$ für $r/R \to 0$ ein endlicher Wert für die Wirbelviskosität ε_τ.

Für die effektive Schubspannungsverteilung im Rohrquerschnitt gilt wieder (4.27). Eine Kräftebilanz für ein Rohrelement mit dem Radius r, s. (6.14) und Bild 6.3, zeigt, daß die effektive Schubspannung im Rohr linear von dem Wert Null auf der Achse bis zum Wert τ_w an der Wand ansteigt,

$$\frac{\tau}{\tau_w} = \frac{r}{R} \cdot \qquad (7.7)$$

Bild 7.1 zeigt den Verlauf der effektiven Schubspannung nach (7.7) sowie den turbulenten Anteil $-(u'v')/u_\tau^2$ nach Rechnungen von Rieke (1981) für zwei verschiedene Reynoldszahlen. Man erkennt, daß der Einfluß des molekularen Transports bei größeren Reynoldszahlen auf eine dünne viskose Schicht an der Wand begrenzt ist.

Mit den in Abschn. 4.4 eingeführten dimensionslosen Größen erhält man aus (4.27) unter Beachtung von (7.7) schließlich die Beziehung

$$\frac{du^+}{dy^+} = \frac{r/R}{1 + \dfrac{\varepsilon_\tau}{v}} \qquad (7.8)$$

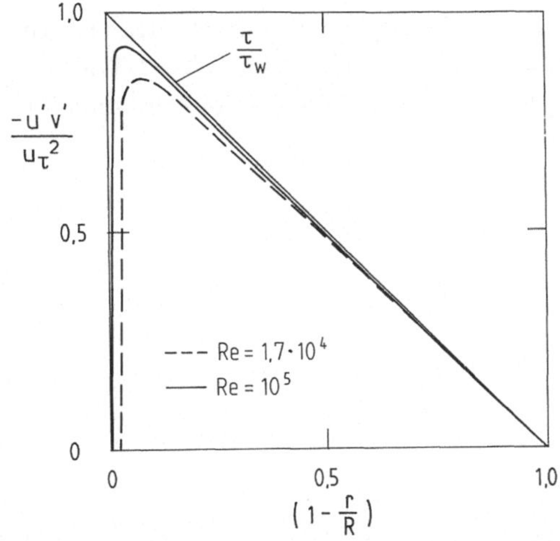

Bild 7.1. Schubspannungsverteilung bei der turbulenten Rohrströmung nach Rieke (1981)

für den dimensionslosen Geschwindigkeitsgradienten. Für den voll turbulenten Bereich außerhalb der viskosen Unterschicht gilt wieder $\varepsilon_\tau/v \gg 1$; damit folgt für diesen Bereich aus (7.8)

$$\frac{\mathrm{d}u^+}{\mathrm{d}y^+} = \frac{r}{R}\frac{v}{\varepsilon_\tau}\,.$$

Mit der Transformation $y = R - r$ und dem Ansatz (7.6) von Reichardt für ε_τ/v folgt daraus durch Integration von der Oberseite der viskosen Unterschicht bis zur Rohrachse anstelle von (7.5) die Beziehung

$$u^+ = 2,5 \ln\left[y^+ \frac{1,5\left(1+\dfrac{r}{R}\right)}{1+2\left(\dfrac{r}{R}\right)^2} \right] + 5,5\,. \tag{7.9}$$

Man beachte die formale Ähnlichkeit dieser Beziehung mit der für ebene Grenzschichten gültigen (7.5). Für viele Fälle erhält man eine einfache und hinreichend genaue Näherung, wenn man (7.9) durch einen Potenzansatz approximiert. Im Bereich mittlerer Reynoldszahlen um $Re \approx 10^5$ führt dies auf das bekannte „1/7-Potenzgesetz" für die Rohrströmung,

$$\frac{\bar{u}}{\bar{u}_0} = \left(\frac{R-r}{R}\right)^{1/7}, \tag{7.10}$$

wobei $\bar{u}_0$ die Geschwindigkeit in der Rohrachse ist.

Mit $y^+ = (R-r)u_\tau/v$ ergibt sich daraus die Geschwindigkeit in der Rohrachse zu

$$u_0^+ = 2,5 \ln\left(1,5\frac{u_\tau R}{v}\right) + 5,5\,. \tag{7.9 a}$$

Um das Geschwindigkeitsprofil u^+/u_0^+ in Abhängigkeit des Rohrradius zu berechnen, benötigen wir einen Zusammenhang zwischen der Reynoldszahl Re und der Schubspannungsgeschwindigkeit u_τ. Mit $u_\tau = \sqrt{\tau_\mathrm{w}/\varrho}$ folgt aus der Definition für den Druckverlustkoeffizienten

$$\xi = \frac{4\tau_\mathrm{w}}{\dfrac{\varrho\bar{u}_\mathrm{m}^2}{2}}$$

zunächst die Beziehung

$$\frac{u_\tau}{\bar{u}_\mathrm{m}} = \sqrt{\frac{\xi}{8}} \tag{7.11}$$

und daraus durch Umformung

$$\frac{u_\tau R}{v} = \frac{1}{2}\sqrt{\frac{\xi}{8}}\,\frac{\bar{u}_\mathrm{m}d}{v} = \sqrt{\frac{\xi}{32}}\,Re. \tag{7.12}$$

Setzen wir für ξ die noch abzuleitende empirische Korrelation

$$\frac{\xi}{8} = 0{,}023\,Re^{-0,2}$$

ein, so läßt sich das in Bild 7.2 dargestellte Geschwindigkeitsverhältnis

$$\frac{u^+}{u_0^+} = \frac{\bar{u}}{u_0} = F\left(Re,\frac{r}{R}\right) \tag{7.13}$$

berechnen. Man erkennt, daß das Geschwindigkeitsprofil mit steigender Reynoldszahl flacher wird. Zum Vergleich ist der Verlauf nach dem 1/7-Potenzgesetz mit eingezeichnet.

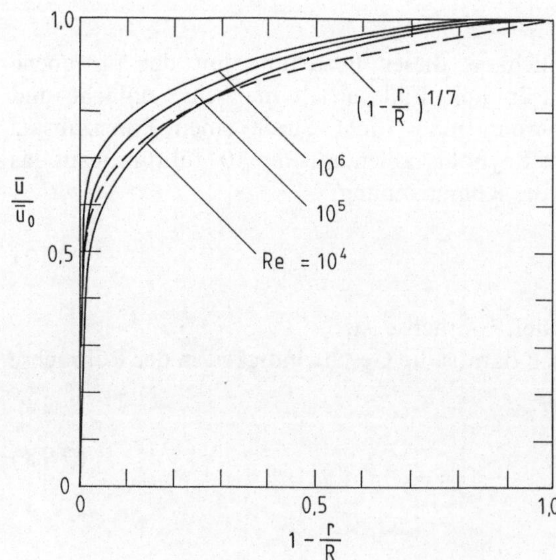

Bild 7.2. Berechnete Geschwindigkeitsprofile für die voll turbulente Rohrströmung bei unterschiedlichen Reynoldszahlen

Mit Hilfe der berechneten Geschwindigkeitsprofile wollen wir nun den Druckverlustkoeffizienten ξ berechnen. Aus

$$\bar{u}_\mathrm{m} = \frac{1}{R^2\pi} \int\limits_0^R 2\pi r \bar{u}\,\mathrm{d}r$$

erhalten wir zunächst mit dem 1/7-Potenzgesetz nach (7.10) für die mittlere Geschwindigkeit

$$\frac{\bar{u}_\mathrm{m}}{\bar{u}_0} = 0{,}817\;. \tag{7.14}$$

Durch Anpassung an experimentelle Daten läßt sich für das 1/7-Potenzgesetz auch

$$\frac{\bar{u}_0}{u_\tau} = 8{,}6 \left(\frac{u_\tau R}{v} \right)^{1/7} \tag{7.15}$$

schreiben. Mit $u_\tau = \sqrt{\tau_\mathrm{w}/\varrho}$ folgt durch Elimination von $\bar{u}_0$ und u_τ mit (7.14) und (7.15) aus (7.11) die bereits von **Blasius** (1913) angegebene Beziehung für den Druckverlustkoeffizienten

$$\xi = 0{,}3164\, Re_\mathrm{d}^{-1/4}\;. \tag{7.16}$$

Diese Beziehung stimmt im Bereich $10^4 < Re < 5 \cdot 10^4$ sehr gut mit experimentellen Werten überein. Für größere Reynoldszahlen liefert dagegen das logarithmische Wandgesetz eine bessere Übereinstimmung als das 1/7-Potenzgesetz.

Mit $y = R - r$ und $\mathrm{d}y = -\mathrm{d}r$ folgt für die mittlere Geschwindigkeit zunächst

$$\bar{u}_\mathrm{m} = -\frac{2}{R} \int\limits_0^R \bar{u}\,\mathrm{d}y + \frac{2}{R^2} \int\limits_0^R u y\,\mathrm{d}y$$

und daraus mit den in Abschn. 4.4 eingeführten dimensionslosen Größen u^+ und y^+

$$\frac{\bar{u}_\mathrm{m} d}{v} = -4 \int\limits_{R^+}^0 u^+\,\mathrm{d}y^+ + \frac{4}{R^+} \int\limits_{R^+}^0 u^+ y^+\,\mathrm{d}y^+ \tag{7.17}$$

mit $R^+ = u_\tau R/v$. Unter Verwendung des logarithmischen Wandgesetzes (4.37 a) lassen sich die beiden Integrale in (7.17) lösen und man erhält unter Beachtung von (7.12) für den Druckverlustkoeffizienten die bereits von **Prandtl** (1935) angegebene implizite Beziehung

$$\frac{1}{\sqrt{\dfrac{\xi}{32}}} = \frac{1}{\varkappa} \left[2\ln\left(Re\sqrt{\frac{\xi}{32}} \right) + 2B\varkappa - 3 \right] \tag{7.18 a}$$

mit $\varkappa = 0{,}4$ und $B\varkappa = 2.2$. Durch eine geringfügige Änderung der Zahlenwerte für die Konstanten hat Prandtl eine bessere Übereinstimmung dieser Beziehung mit den Meßwerten von Nikuradse (1932) erhalten. Das Ergebnis dieser Anpassung ist die bekannte Prandtl-Nikuradse-Gleichung

$$\frac{1}{\sqrt{\xi}} = 2\log(Re\sqrt{\xi}) - 0{,}8\,, \tag{7.18 b}$$

die wegen der impliziten Darstellung von $\sqrt{\xi}$ etwas unbequem zu handhaben ist. Im Bereich $3{\cdot}10^4 < Re < 10^6$ kann (7.18 b) durch die in der Literatur oft verwendete und einfach zu handhabende empirische Beziehung

$$\frac{\xi}{8} = \frac{0{,}023}{Re^{0{,}2}} \qquad (7.19\,\text{a})$$

angenähert werden. Für den gleichen Bereich der Reynoldszahl hat Schiller (1930) aufgrund der Versuche von Hermann und Burbach die empirische Beziehung

$$\xi = 0{,}00540 + \frac{0{,}3964}{Re^{0{,}3}} \qquad (7.19\,\text{b})$$

entwickelt, die mit (7.19 a) praktisch identisch ist.

Für den Bereich $10^4 < Re < 5{\cdot}10^6$ hat Petukhov (1970) die Reynoldsschen Grenzschichtgleichungen unter Berücksichtigung der Wirbelviskosität nach Spalding numerisch integriert und Werte für ξ berechnet und durch Korrelation dieser Werte schießlich die empirische Beziehung

$$\xi = (1{,}82 \log Re - 1.64)^{-2}, \qquad (7.20)$$

die genauer als (7.19) und leichter zu handhaben als (7.18) ist, entwickelt.

Für sehr große Reynoldszahlen bis zu $Re = 10^8$ hat Nikuradse anhand seiner Versuchsergebnisse die Näherungsbeziehung

$$\xi = 0{,}0032 + \frac{0{,}221}{Re^{0{,}237}} \qquad (7.21)$$

angegeben. Diese Beziehung weicht von (7.20) für $Re \geq 10^6$ um weniger als 1 % ab.

7.1.3 Temperaturprofil und Wärmeübertragung

7.1.3.1 Temperaturprofil

Anschließend an das Geschwindigkeitsprofil wollen wir nun eine Beziehung für das Temperaturprofil ableiten. Wir gehen dazu von (7.4) aus. Für die voll entwickelte Strömung ist der Temperaturgradient $\partial \bar{T}/\partial x$ gleich dem Gradienten der kalorischen Mitteltemperatur $\mathrm{d}\bar{T}_\mathrm{m}/\mathrm{d}x$. Mit der effektiven Wärmestromdichte

$$\frac{q}{\varrho c_\mathrm{p}} = (a + \varepsilon_\mathrm{q}) \frac{\partial \bar{T}}{\partial y}$$

folgt damit aus (7.4)

$$\varrho c_\mathrm{p} \bar{u} \frac{\mathrm{d}\bar{T}_\mathrm{m}}{\mathrm{d}x} = \frac{1}{r} \frac{\partial}{\partial r} (rq) .$$

Eine Wärmebilanz um ein Rohrelement (Radius $r = R$, Länge $\mathrm{d}x$) führt auf

$$\varrho c_\mathrm{p} \bar{u}_\mathrm{m} \frac{\mathrm{d}\bar{T}_\mathrm{m}}{\mathrm{d}x} = \frac{2}{R} q_\mathrm{w} .$$

Eliminiert man mit den beiden letzten Beziehungen den Temperaturgradienten $\mathrm{d}\bar{T}_\mathrm{m}/\mathrm{d}x$, so folgt

$$\frac{\partial}{\partial r}\,(rq) = 2q_\mathrm{w}\,\frac{r}{R}\,\frac{\bar{u}}{\bar{u}_\mathrm{m}}\;. \tag{7.22}$$

Um diese Beziehung integrieren zu können, benötigt man auf der rechten Seite das Geschwindigkeitsprofil $\bar{u}(r)$. Näherungsweise könnte dafür das 1/7-Potenzgesetz verwendet werden. Aus Bild 7.2 erkennt man jedoch, daß mit steigender Reynoldszahl das Geschwindigkeitsprofil fülliger wird und für $Re\to\infty$ praktisch ein „Kolbenprofil" entsteht. Deshalb kann, wenn man sich auf sehr große Reynoldszahlen beschränkt, näherungsweise $\bar{u}/\bar{u}_\mathrm{m}=1$ gesetzt werden. Damit erhält man aus obiger Beziehung durch Integration

$$\frac{q}{q_\mathrm{w}} = \frac{r}{R}\;. \tag{7.23}$$

Obwohl (7.23) vollkommen analog zu (7.7) ist, sollte man beachten, daß (7.7) sowohl für laminare als auch turbulente Strömungen gilt, (7.23) dagegen nur für turbulente Strömungen und nur im Grenzfall $Re\to\infty$.

Bild 7.3 zeigt den Verlauf der effektiven Wärmestromdichte über dem Rohrradius nach Rechnungen von Rieke (1981). Man erkennt, daß die effektive Wärmestromdichte etwas größer als nach der Näherung (7.23) ist. Für große Prandtlzahlen ist auch hier der Einfluß des molekularen Transports auf eine dünne viskose Schicht an der Wand begrenzt.

Mit (7.23) folgt damit aus dem Ansatz für die effektive Wärmestromdichte für den Temperaturgradienten

$$\frac{\partial\bar{T}}{\partial y} = -\frac{q_\mathrm{w}}{\varrho c_\mathrm{p}}\,\frac{1-\dfrac{y}{R}}{a+\varepsilon_\mathrm{q}}\;.$$

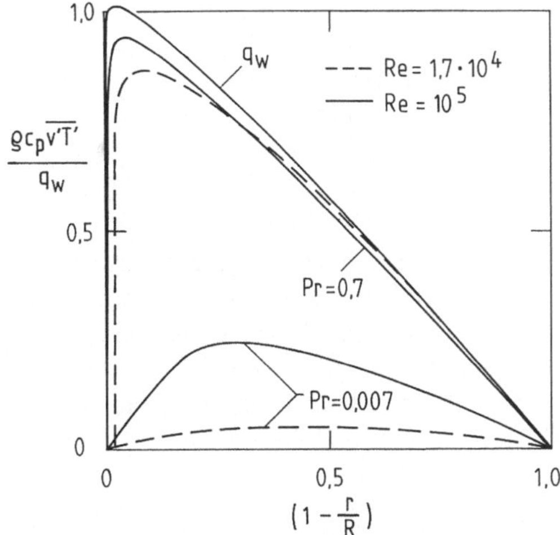

Bild 7.3. Wärmestromdichteverteilung bei der turbulenten Rohrströmung nach Rieke (1981)

Bringt man diesen Ausdruck mit den in Abschn. 4.4 definierten dimensionslosen Größen wieder auf eine dimensionslose Form, so erhält man

$$\frac{\partial T^+}{\partial y^+} = \frac{1 - \dfrac{y}{R}}{\dfrac{1}{Pr} + \dfrac{\varepsilon_q}{v}} \; . \tag{7.24}$$

Dieser Ausdruck kann wieder numerisch integriert werden, wenn für ε_τ/v und für die turbulente Prandtlzahl die in Abschn. 4.4 abgeleiteten Beziehungen eingesetzt werden. Um einen analytischen Ausdruck für das Temperaturprofil zu erhalten, verwenden wir wieder das bereits in Abschn. 4.4.2 vorgestellte Zwei-Schichten-Modell und nehmen dafür in Kauf, daß das Ergebnis nur im Bereich $0{,}5 < Pr < 5$ gültig ist. Da die viskose Unterschicht sehr dünn ist, können wir in ihr wegen $y/R \ll 1$ den Einfluß des Terms $1 - y/R$ vernachlässigen und erhalten damit aus (7.24)

$$T^+ = \int\limits_0^{y_*^+} Pr \, \mathrm{d}y^+ + \int\limits_{y_*^+}^{y^+} \frac{1 - \dfrac{y}{R}}{\dfrac{1}{Pr_t} \dfrac{\varepsilon_\tau}{v}} \, \mathrm{d}y^+ \; .$$

Mit dem Ansatz (7.6) für ε_τ/v folgt daraus zunächst für die voll turbulente Schicht

$$T^+ = y_*^+ Pr + \frac{Pr_t}{\varkappa} \ln \left[y^+ \frac{1{,}5\left(1 - \dfrac{r}{R}\right)}{1 + 2\left(\dfrac{r}{R}\right)^2} \right] - C_2 \; . \tag{7.25}$$

Mit der Dicke $y_*^+ = 13{,}2$ der viskosen Temperaturschicht nach Kays und Crawford (1980), sowie mit $\varkappa = 0{,}4$ und $Pr_t = 0{,}9$ folgen für die Konstanten die Zahlenwerte $Pr_\mathrm{tur}/\varkappa = 2{,}25$ und $C_2 = 5{,}8$. Mit $y^+ = (R - r)u_\tau/\varkappa$ folgt man damit schließlich für die Temperatur in der Rohrachse

$$T_0^+ = 2{,}25 \ln \left[1{,}5 \frac{u_\tau R}{v} \right] + 13{,}2 \, Pr - 5{,}8 \; . \tag{7.25 a}$$

Mit den bereits für das Geschwindigkeitsprofil durchgeführten Überlegungen erhält man die in Bild 7.4 dargestellten Temperaturprofile

$$\frac{T^+}{T_0^+} = \frac{\bar{T} - T_\mathrm{w}}{T_0 - T_\mathrm{w}} = F\left(Re, Pr, \frac{r}{R}\right), \tag{7.26}$$

wobei für die Reynoldszahl der Wert $Re = 5 \cdot 10^4$ angenommen wurde. Man erkennt, daß mit steigender Prandtlzahl das Temperaturprofil zunehmend flacher wird. Bei hohen Prandtlzahlen ist der thermische Widerstand für die Wärmeübertragung in einem sehr dünnen Bereich an der Wand konzentriert, während er für sehr kleine Prandtlzahlen auf den gesamten Rohrquerschnitt verteilt ist. Dieses Ergebnis wird verständlich, wenn wir den Nenner in (7.24) betrachten. Während der Term $1/Pr$

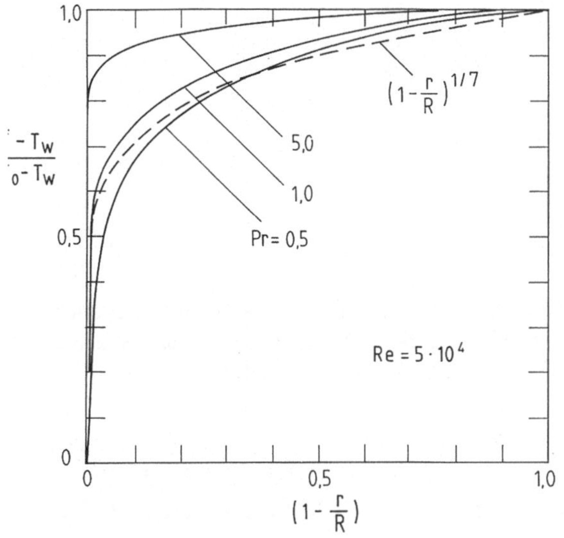

Bild 7.4. Berechnete Temperaturprofile für die voll turbulente Rohrströmung bei $Re = 5 \cdot 10^4$ und unterschiedlichen Prandtlzahlen

unabhängig vom Radius ist, steigt der Wirbeldiffusionsterm ε_q/ν vom Wert Null an der Wand bis auf sehr große Werte im voll turbulenten Bereich an. Die Form des Temperaturprofils wird demnach durch das Verhältnis der beiden Terme festgelegt. Während für extrem kleine Prandtlzahlen der Diffusionsterm $1/Pr$ überall dominant ist, beschränkt sich sein Einfluß bei sehr großen Prandtlzahlen auf die viskose Temperaturschicht.

Analog zum Geschwindigkeitsprofil läßt sich auch das Temperaturprofil durch einen Potenzansatz approximieren. Im Bereich mittlerer Reynoldszahlen gilt auch dafür mit guter Näherung das 1/7-Potenzgesetz.

$$\frac{\bar{T}-T_{\mathrm{w}}}{\bar{T}_0-T_{\mathrm{w}}}=\left(1-\frac{r}{R}\right)^{1/7}, \tag{7.27}$$

wobei $\bar{T}_0$ die Temperatur in der Rohrachse ist.

7.1.3.2 Wärmeübergang bei $q_{\mathrm{w}} = \mathrm{const}$

Wir berechnen nun den Wärmeübergang für $q_{\mathrm{w}} = \mathrm{const}$ bei der voll ausgebildeten turbulenten Rohrströmung und gehen dazu von der Stantonzahl St, die durch

$$St = \frac{q_{\mathrm{w}}}{\varrho c_{\mathrm{p}} \bar{u}_{\mathrm{m}}(\bar{T}_{\mathrm{m}}-T_{\mathrm{w}})},$$

mit

$$\bar{T}_{\mathrm{m}} = \frac{1}{R^2 \pi \bar{u}_{\mathrm{m}}} \int_0^R \bar{u}\bar{T}2\pi r \mathrm{d}r$$

als der kalorischen Mitteltemperatur definiert ist, aus. Eliminiert man die Wärmestromdichte q_{w} an der Wand mit der dimensionslosen Temperatur in der

Rohrachse

$$T_0^+ = \frac{(\overline{T}_0 - T_{\mathrm{w}})u_\tau}{\dfrac{q_{\mathrm{w}}}{\varrho c_{\mathrm{p}}}},$$

so folgt

$$St = \frac{1}{T_0^+} \frac{\overline{T}_0 - T_{\mathrm{w}}}{\overline{T}_{\mathrm{m}} - T_{\mathrm{w}}} \frac{\bar{u}_\tau}{u_{\mathrm{m}}}.$$

$$(7.28)$$

Mit den 1/7-Potenzgesetzen für das Temperatur- und für das Geschwindigkeitsprofil leiten wir auf analytischem Wege eine einfache Beziehung für den Wärmeübergang her. Mit (7.10) folgt zunächst für die kalorische Mitteltemperatur

$$\frac{\overline{T}_{\mathrm{m}} - T_{\mathrm{w}}}{\overline{T}_0 - T_{\mathrm{w}}} = 0{,}833.$$

$$(7.29)$$

Mit $u_\tau/\bar{u}_{\mathrm{m}}$ nach (7.11) und der Temperatur T_0^+ in der Rohrachse nach (7.25 a) folgt damit aus (7.28)

$$St_{\mathrm{q}} = \frac{\dfrac{\xi}{8}}{0{,}833\left[2{,}25\ln\left(0{,}75\,Re\sqrt{\dfrac{\xi}{8}}\right) + 13{,}2\,Pr - 5{,}8\right]},$$

$$(7.30)$$

wobei für den Druckverlustkoeffizienten z.B. die Beziehung (7.20) verwendet werden kann. Gleichung (7.30) stimmt mit experimentellen Werten für Luft im Bereich $Re < 10^5$ sehr gut überein. Für Prandtlzahlen in der Nähe von Eins kann (7.30) mit guter Näherung durch die wesentlich einfachere Potenzgleichung

$$Nu_{\mathrm{q}} = 0{,}022\sqrt{Pr}\,Re^{0{,}8}, \quad Re < 10^5$$

$$(7.31)$$

ersetzt werden; dabei wurde die Identität

$$St = \frac{Nu}{Re\,Pr}$$

verwendet.

Der Gültigkeitsbereich der Beziehung (7.30) ist, da wir die 1/7-Potenzgesetze für die Geschwindigkeits- und Temperaturverteilung verwendet haben, auf relativ niedrige Reynoldszahlen im Bereich $Re < 10^5$ beschränkt. Desweiteren gilt sie, da der turbulente Wärmetransport in der viskosen Temperaturschicht vernachlässigt wurde, nur im Bereich $0{,}5 < Pr < 5$.

Eine allgemeinere Beziehung läßt sich aufstellen, wenn statt der 1/7-Potenzgesetze die logarithmischen Wandgesetze für die Geschwindigkeit (7.9), und die Temperatur (7.25), verwendet werden. Petukhov (1970) hat die Stanton- bzw. Nußeltzahl für die vollentwickelte turbulente Rohrströmung auf diese Weise berechnet, wobei er statt (7.9) und (7.25) geringfügig modifizierte Beziehungen verwendet hat. Das Integral für die kalorische Mitteltemperatur läßt sich dann allerdings nur noch numerisch lösen. Anhand seiner numerisch berechneten Werte hat Petukhov die Interpolationsgleichung

$$\frac{Nu_q}{Re\,Pr} = St_q = \frac{\dfrac{\xi}{8}}{K_1\left(\dfrac{\xi}{8}\right) + K_2(Pr)\sqrt{\dfrac{\xi}{8}}\,(Pr^{2/3} - 1)}\,, \tag{7.32}$$

mit

$$K_1\left(\frac{\xi}{8}\right) = 1 + 27{,}2\left(\frac{\xi}{8}\right)\,,$$

$$K_2(Pr) = 11{,}7 + 1{,}8\,Pr^{-1/3}$$

und $\xi/8$ nach (7.20), entwickelt.

Der Gültigkeitsbereich von (7.32) wird mit $10^4 < Re < 5\cdot10^6$ und $0{,}5 < Pr < 2\cdot10^3$ angegeben, wobei die Abweichung zwischen den numerisch berechneten Werten und denen aus der Interpolationsgleichung kleiner als 2% ist. Läßt man eine etwas größere Abweichung von maximal 6% (für $Pr < 200$) bzw. maximal 10% (für $Pr < 2000$) zu, so kann statt (7.32) die einfachere Beziehung

$$\frac{Nu_q}{Re\,Pr} = St_q = \frac{\dfrac{\xi}{8}}{1.07 + 12{,}7\sqrt{\dfrac{\xi}{8}}\,(Pr^{2/3} - 1)} \tag{7.33 a}$$

verwendet werden. Für sehr große Prandtlzahlen geht (7.32), wie Petukhov gezeigt hat, asymptotisch in die Beziehung

$$Nu_q = 0{,}0855\sqrt{\frac{\xi}{8}}\,Pr^{1/3}Re \quad \text{für} \quad Pr \to \infty \tag{7.33 b}$$

über.

Notter und Sleicher (1972) haben anhand experimenteller Daten die empirische Beziehung

$$Nu_q = 5 + 0{,}015\,Ra^m Pr^n\,, \tag{7.34 a}$$

mit den Exponenten

$$m = 0{,}88 - \frac{0{,}24}{4 + Pr} \quad \text{und} \quad n = \frac{1}{3} + 0{,}5\exp(-0{,}6\,Pr)$$

entwickelt, die sich im Bereich $0{,}1 < Pr < 10^4$ und $10^4 < Re < 10^6$ praktisch nicht von (7.33) unterscheidet. Für Gase mit Prandtlzahlen im Bereich $0{,}6 < Pr < 0{,}9$ kann (7.34 a) durch die einfachere Beziehung

$$Nu_q = 5 + 0{,}012\,Re^{0{,}83}(Pr + 0{,}29) \tag{7.34 b}$$

ersetzt werden.

Der Vollständigkeit halber sei angemerkt, daß White (1974) unter der Annahme, daß die turbulente Rohrströmung näherungsweise mit dem Geschwindigkeits- und Temperaturprofil für die ebene Grenzschichtströmung beschrieben werden kann, eine Beziehung findet, die sich von (7.33) nur geringfügig in den Zahlenwerten unterscheidet.

Flüssige Metalle haben Prandtlzahlen kleiner als 0,1 bis herunter zu 0,001. Für diese kleinen Prandtlzahlen kann das Verhältnis $1/Pr$ im Vergleich zu ε_q/ν nicht mehr vernachlässigt werden, d.h. der molekulare Wärmetransport ist nicht mehr nur auf die viskose Temperaturschicht beschränkt, sondern er ist auch im vollturbulenten Bereich von wesentlichem Einfluß. Der Wärmetransport in flüssigen Metallen hat deshalb eine gewisse Ähnlichkeit mit dem in einer laminaren Strömung, während der Impulstransport identisch mit dem bei voll turbulenter Strömung ist. Da die Wärmeübertragung bei flüssigen Metallen in einem eigenen Band dieser Reihe behandelt wird, wollen wir dafür lediglich die empirische Potenzgleichung von Sleicher und Rouse (1975) für den Wärmeübergang angeben,

$$Nu_q = 6,3 + 0,0167 \, Re^{0,85} Pr^{0,93} \,, \tag{7.35}$$

die mit experimentellen Daten für flüssige Metalle relativ gut übereinstimmt. Bild 7.5 zeigt die mit (7.33) und (7.35) berechneten Nußeltzahlen als Funktion der Reynoldszahl. Man erkennt, daß (7.31) bzw. eine einfache empirische Potenzgleichung dieses Typs für $Pr > 1$ eine sehr gute Näherung ist, da die Funktion $Nu(Re, Pr)$ in diesem doppelt logarithmischen Diagramm für größere Reynoldszahlen nahezu linear verläuft.

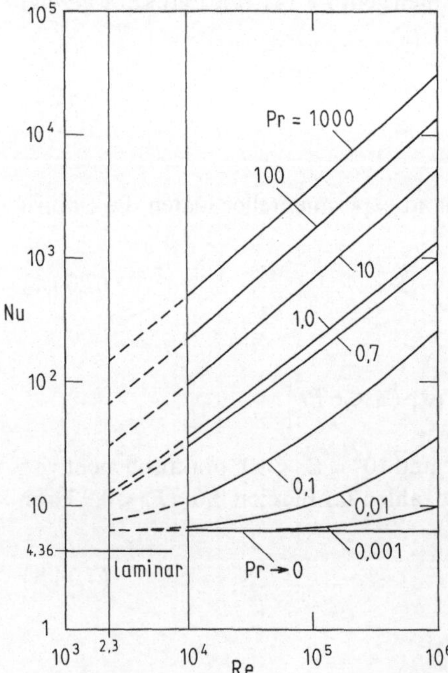

Bild 7.5. Mittlere Nußeltzahlen für die turbulente Rohrströmung mit $q_w = $ const in Abhängigkeit der Reynoldszahl bei verschiedenen Prandtlzahlen

7.1.3.3 Wärmeübertragung bei $T_w = \text{const}$

Der Wärmeübergang bei voll entwickelter Strömung und konstanter Wandtemperatur kann analog zur laminaren Strömung als Grenzfall aus der Lösung für den
thermischen Einlauf berechnet werden. Dazu muß (7.4) unter Verwendung eines
der in Kap. 4 diskutierten Turbulenzmodelle integriert werden. Sleicher und Tribus
(1957) haben eine solche Lösung berechnet. Nach Kays und Crawford (1980)
erhält man daraus für die voll entwickelte Strömung das in Bild 7.6 dargestellte
Verhältnis Nu_q/Nu_T als Funktion der Reynoldszahl für verschiedene Prandtlzahlen.
Das Bild zeigt, daß für Fluide mit $Pr > 0,7$ praktisch kein Unterschied zwischen dem
Wärmeübergang bei $q_w = \text{const}$ und bei $T_w = \text{const}$ besteht. Lediglich für flüssige
Metalle ist ein Unterschied feststellbar und dafür kann der Wärmeübergang bei
$q_w = \text{const}$ bis zu 35 % größer als bei $T_w = \text{const}$ sein. Die Ursache dafür ist wieder
der nicht vernachlässigbare molekulare Wärmetransport auch im voll turbulenten
Bereich der Strömung.

Für Gase ($Pr \approx 0,7$) kann der Wärmeübergang durch geringfügige Änderung
der Konstanten in (7.31) aus

$$Nu_T = 0,021\sqrt{Pr}\, Re^{0,8}, \quad Re < 10^5 \tag{7.36}$$

berechnet werden. Für flüssige Metalle im Bereich $Pr < 0,1$ empfehlen Sleicher und
Rouse (1975) die empirische Korrelationsgleichung

$$Nu_T = 4,8 + 0,0156\, Re^{0,85}\, Pr^{0,93}. \tag{7.37}$$

Für einen größeren Reynoldszahlenbereich kann Nu_T mit Nu_q/Nu_T aus Bild 7.6 und
Nu_q aus (7.33) berechnet werden.

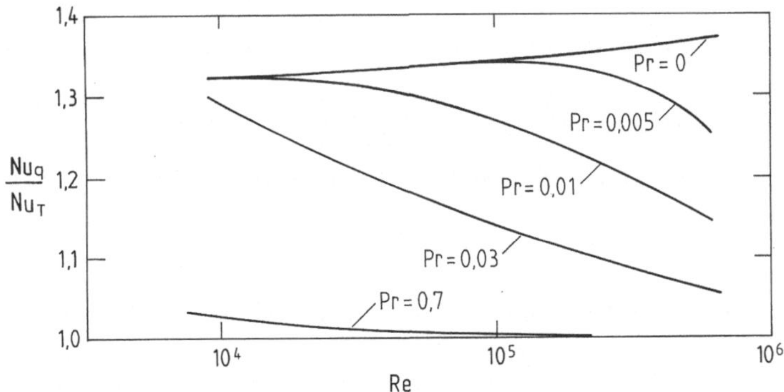

Bild 7.6. Verhältnis der Nußeltzahlen Nu_q und Nu_T in Abhängigkeit der Reynoldszahl bei
verschiedenen Prandtlzahlen für die turbulente Rohrströmung

7.2 Analogie zwischen Impuls- und Wärmeübertragung

7.2.1 Reynoldsanalogie

Wie bereits erwähnt, hat Reynolds vor etwa 100 Jahren angenommen, daß dem Impuls- und Wärmetransport in turbulenten Strömungen der gleiche Mechanismus zugrunde liegt. Aus dieser Annahme folgt $\varepsilon_\tau = \varepsilon_q$ und daraus $Pr_t = 1$. Für die voll turbulente Strömung reduzieren sich die Transportansätze (4.27) und (4.45) wegen $\varepsilon_\tau/v \gg 1$ und $\varepsilon_q/a \gg 1$ auf

$$\frac{\tau}{\varrho} = \varepsilon_\tau \frac{d\bar{u}}{dy}, \tag{7.38 a}$$

$$\frac{q}{\varrho c_p} = -\varepsilon_q \frac{d\bar{T}}{dy}. \tag{7.38 b}$$

Mit $\varepsilon_\tau = \varepsilon_q$ folgt daraus

$$c_p dT = -\frac{q}{\tau} d\bar{u}. \tag{7.39}$$

Wir integrieren (7.39) nun von der Wand, $y = 0$, bis in den voll turbulenten Bereich, $y = y^*$. Da für $Pr_t = 1$ das Geschwindigkeits- und Temperaturprofil identisch sind, werden die Geschwindigkeit $\bar{u}_m$ und die Temperatur $\bar{T}_m$ an der gleichen Stelle $y = y^*$ erreicht, s. Bild 7.7. Berücksichtigt man ferner, daß die Schubspannung τ nach (7.7) und die Wärmestromdichte q nach (7.23) linear von dem Wert an der Wand zum Wert Null in der Achse abfallen, d.h.

$$\frac{q}{q_w} = \frac{\tau}{\tau_w} = \frac{r}{R}$$

ist, so erhält man durch Integration von $y = 0$ bis $y = y^*$ aus (7.39)

$$c_p(T_w - T_m) = \frac{q_w}{\tau_w} \bar{u}_m. \tag{7.40}$$

Mit (7.40) folgt zunächst aus der Definition der Stantonzahl

$$St = \frac{\tau_w}{\varrho \bar{u}_m^2}$$

und daraus mit der Definition für den Druckverlustkoeffizienten

$$\tau_w = \frac{\xi}{4} \frac{\varrho \bar{u}_m^2}{2}$$

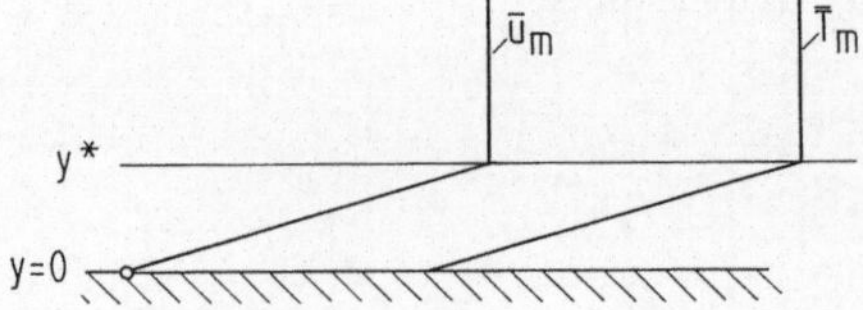

Bild 7.7. Geschwindigkeits- und Temperaturprofil bei der Reynoldsanalogie für die turbulente Rohrströmung

schließlich die sog. Reynoldsanalogie zwischen Impuls- und Wärmetransport bei turbulenter Rohrströmung,

$$St = \frac{\xi}{8} \, .$$

(7.41)

Die Reynoldsanalogie ist, entsprechend ihren Voraussetzungen, für turbulente Rohrströmungen bei hohen Reynoldszahlen und Prandtlzahlen um $Pr \approx 1$ relativ gut erfüllt. Sie versagt jedoch, wenn die Prandtlzahl merklich vom Wert Eins abweicht.

7.2.2 Prandtlanalogie

Um den Einfluß der Prandtlzahl zu berücksichtigen, unterteilen wir den wandnahen Bereich wieder in zwei Schichten, nämlich in die viskose Unterschicht und die voll turbulente Schicht. Für die viskose Unterschicht erhalten wir mit $\varepsilon_\tau/v \ll 1$ und $\varepsilon_q/\alpha \ll 1$ aus den Transportansätzen (4.27) und (4.45).

$$c_p \mathrm{d}\overline{T} = - Pr \frac{q_w}{\tau_w} \mathrm{d}\bar{u} \, .$$

Die Integration über die viskose Unterschicht liefert

$$c_p (T_w - \overline{T}_1) = Pr \frac{q_w}{\tau_w} \bar{u}_1 \, ,$$

(7.42)

wenn wir mit $\overline{T}_1$ und $\bar{u}_1$ die Temperatur bzw. die Geschwindigkeit an der Oberseite der viskosen Unterschicht bezeichnen. Die voll turbulente Schicht wird, da hierfür die gleichen Annahmen wie bei der Reynoldsanalogie gelten, durch (7.39) beschrieben. Die Integration über die Dicke der voll turbulenten Schicht im wandnahen Bereich, s. Bild 7.7, liefert dann

$$c_p (\overline{T}_1 - \overline{T}_m) = \frac{q_w}{\tau_w} (\bar{u}_m - \bar{u}_1) \, .$$

(7.43)

Die Elimination der unbekannten Temperatur $\overline{T}_1$ an der Oberseite der viskosen Unterschicht aus (7.42) und (7.43) führt auf

$$c_p (\overline{T}_w - \overline{T}_m) = \frac{q_w}{\tau_w} \bar{u}_m \left[1 + \frac{\bar{u}_1}{\bar{u}_m} (Pr - 1) \right] \, .$$

(7.44)

Mit der Definition für die Stantonzahl und den Druckverlustkoeffizienten erhält man damit analog zu Abschn. 7.2.1

$$St = \frac{\dfrac{\xi}{8}}{1 + \dfrac{\bar{u}_1}{\bar{u}_m} (Pr - 1)} \, .$$

(7.45)

Für die Geschwindigkeit an der Oberseite der viskosen Unterschicht folgt aus dem universellen Geschwindigkeitsgesetz (4.33)

$$u_1^+ = y_1^+ \,.$$

Unter Beachtung der in Kap. 4 definierten dimensionslosen Größen und der Definition für den Druckverlustkoeffizienten ζ folgt zunächst

$$\frac{\bar{u}_1}{\bar{u}_m} = y^+ \sqrt{\frac{\zeta}{8}}$$

und damit aus (7.45)

$$St = \frac{\dfrac{\zeta}{8}}{1 + y^+ \sqrt{\dfrac{\zeta}{8}}\,(Pr-1)}\,.$$

Nach Kays und Crawford (1980) beträgt die effektive Dicke der viskosen Unterschicht beim Zwei-Schichten-Modell $y^+ = 10{,}8$. Damit liefert die Prandtlanalogie für den Wärmeübergang schließlich

$$St = \frac{\dfrac{\zeta}{8}}{1 + 10{,}8 \sqrt{\dfrac{\zeta}{8}}\,(Pr-1)}\,. \tag{7.46}$$

Für $Pr = 1$ ist die Prandtlanalogie identisch mit der Reynoldsanalogie. Aufgrund der Voraussetzungen des Zwei-Schichten-Modells, s. Abschn. 4.6.1, ist die Prandtlanalogie auf Prandtlzahlen im Bereich $0{,}5 < Pr < 5$ und wegen der Annahme $Pr_t = 1$ auch auf große Reynoldszahlen beschränkt. Trotz dieser Einschränkungen ist die Struktur der aus der Prandtlanalogie folgenden Beziehung für die Stantonzahl identisch mit der aus der „exakten Lösung" folgenden Korrelationsgleichung (7.32) bzw.(7.33a). Würde man in (7.46) die beiden Konstanten (Zahlenwerte 1 und 10,8) und gegebenenfalls den Exponenten für die Prandtlzahl an experimentelle Werte anpassen, so erhielte man als Ergebnis (7.33a). Dieses Ergebnis deutet darauf hin, daß die Analogie zwischen Impuls- und Wärmetransport auch bei komplexen Wärmeübertragungsproblemen „physikalisch richtige" Beziehungen liefert.

7.2.3 Nicht kreisförmige Querschnitte

In Abschn. 7.1 haben wir gezeigt, daß für nicht zu kleine Prandtlzahlen, d.h. $Pr > 0{,}5$, der thermische Widerstand für den Wärmeübergang im wesentlichen auf die viskose Unterschicht begrenzt ist und daß damit das Temperaturprofil im voll turbulenten Bereich des Rohrs relativ flach ist. Da die viskose Unterschicht im Vergleich zum Rohrradius außerordentlich dünn ist, wird man annehmen dürfen, daß die für Kreisrohre abgeleiteten Beziehungen auch für Rohre mit beliebigem Querschnitt gelten, wenn dafür statt des Rohrradius eine geeignete charakteristische Länge eingesetzt wird.

Mit der Querschnittsfläche $A = d^2\pi/4$ und dem Umfang $U = d\pi$ des Kreisrohrs folgt für die Reynoldszahl

$$Re = \frac{\varrho \bar{u}_{\mathrm{m}} d}{\eta} = \frac{\varrho \bar{u}_{\mathrm{m}}}{\eta} \frac{4A}{U} = \frac{4\dot{M}}{\eta U} \; ; \tag{7.47}$$

d.h. die Reynoldszahl ist proportional dem Verhältnis aus Massenstrom $\dot{M}$ und Umfang U. Wenn der thermische Widerstand im wesentlichen in der viskosen Unterschicht sitzt und Geschwindigkeits- und Temperaturprofil im vollturbulenten Bereich des Querschnitts deshalb näherungsweise konstant sind, müßte das Verhältnis $\dot{M}/U$ den Einfluß der Geometrie für nichtkreisförmige Rohre richtig beschreiben. Damit folgt aus (7.47) als charakteristische Länge für die Strömung in nicht kreisförmigen Rohren der hydraulische Durchmesser

$$D_{\mathrm{hyd}} = \frac{4A}{U} \; . \tag{7.48}$$

Experimentelle Untersuchungen zeigen, daß Meßwerte für Rohre mit nicht kreisförmigen Querschnitten mit den für das Kreisrohr abgeleiteten Beziehungen sehr gut korreliert werden können, wenn statt dem Rohrdurchmesser der hydraulische Durchmesser eingesetzt wird.

Diese Näherung ist für eine voll turbulente Strömung zulässig, solange der Querschnitt keine scharfen Ecken hat, wie z.B. ein Dreieckkanal, bei dem eine Ecke einen sehr spitzen Winkel aufweist. In diesem spitzen Winkel ist die viskose Unterschicht relativ dick und die Näherung mit dem hydraulischen Durchmesser deshalb nicht mehr gültig. Die Näherung versagt ferner bei flüssigen Metallen, weil dabei aufgrund der sehr kleinen Prandtlzahl die viskose Unterschicht ebenfalls relativ dick wird.

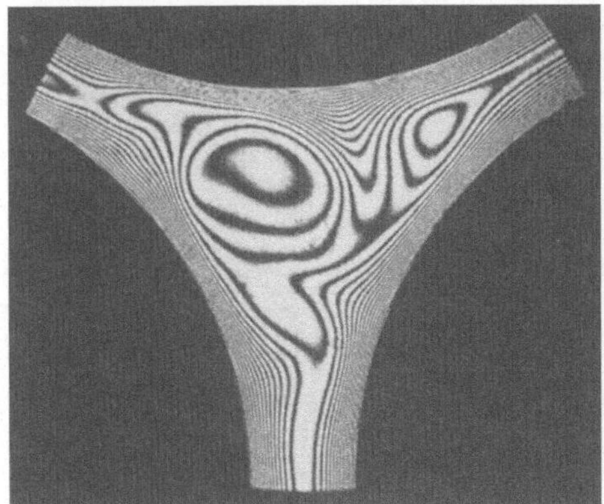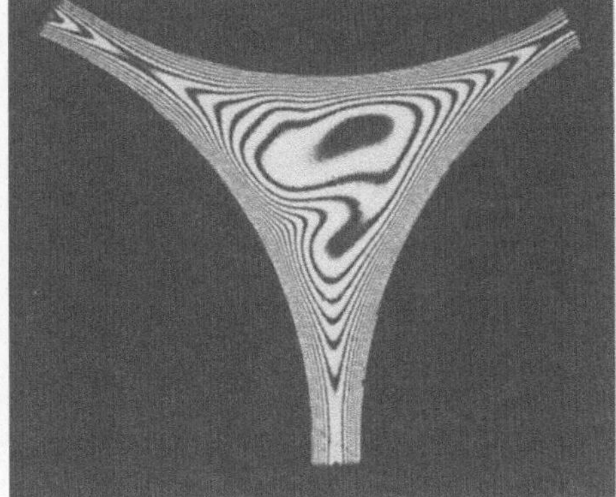

Bild 7.8a, b. Interferenzaufnahmen des Temperaturfelds der Strömung in einem durch drei Kreisrohre gebildeten Dreieckskanal [nach Mayinger und Panknin (1974)]

Die Bilder 7.8 a und 7.8 b zeigen zwei von Mayinger und Panknin (1974), s. auch Panknin et al. (1974), aufgenommene Interferenzbilder des Temperaturfelds der Strömung in einem durch drei Kreisrohre gebildeten Dreieckskanal. Man erkennt deutlich, daß der Zustand der Strömung im Übergangsbereich zwischen laminarer und turbulenter Strömung liegt; während die Strömung im wandnahen Bereich noch weitgehend laminar ist, treten im Kernbereich bereits turbulente Strukturen auf.

7.3 Gebrauchsformeln

7.3.1 Einlaufbereich

Wie bereits erwähnt, ist der Einlaufbereich bei turbulenter Strömung wesentlich kürzer als bei laminarer und deshalb in der Regel von untergeordneter Bedeutung. Wir wollen uns deshalb auf einige wesentliche Feststellungen beschränken.

Wir betrachten zunächst den *thermischen Einlauf* in einem Kreisrohr. Dabei ist das Geschwindigkeitsprofil bereits voll entwickelt, das Temperaturprofil ändert sich jedoch mit der Lauflänge. Dieses Wärmeübergangsproblem wird durch (7.3) und (7.4) beschrieben. Diese Gleichungen können mit Hilfe eines der in Kap. 4 dargestellten Turbulenzmodelle numerisch integriert werden. Unter gewissen Einschränkungen können diese Gleichungen näherungsweise auch analytisch gelöst werden, z.B. mit Hilfe der in Kap. 6 verwendeten Reihenentwicklung. Für den Fall konstanter Wärmestromdichte haben Sparrow, Hallman und Seigel (1957) und für den Fall konstanter Wandtemperatur Sleicher und Tribus (1957) den Wärmeübergang im Einlaufbereich des Kreisrohrs berechnet.

Bild 7.9 zeigt das Verhältnis Nu_x/Nu_∞ im thermischen Einlaufbereich für $q_w =$ const und $Pr = 0{,}7$ in Abhängigkeit von x/d für drei verschiedene Reynoldszah-

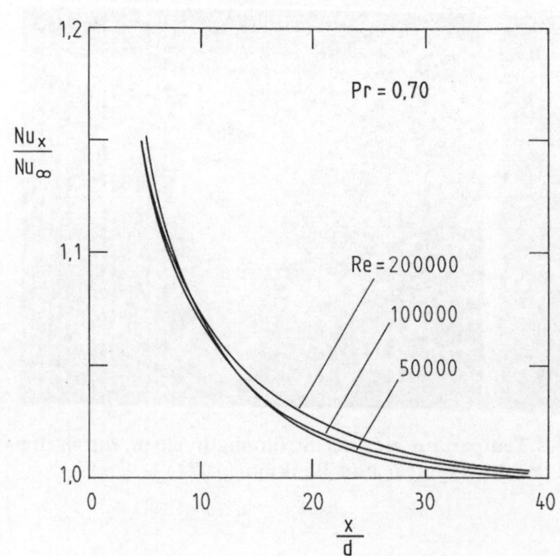

Bild 7.9. Verlauf der lokalen Nußeltzahl Nu_x/Nu_∞ im Einlaufbereich für die turbulente Rohrströmung [nach White (1974)]

len. Danach ist die örtliche Nußeltzahl nach $x/d = 20$ nur noch etwa 3 % größer als der asymptotische Wert Nu_∞.

Für den thermischen Einlauf mit $T_w = \text{const}$ geben Kays und Crawford (1980) für die mittlere Nußeltzahl die aus einer analytischen Lösung resultierende Beziehung

$$\frac{Nu_m}{Nu_\infty} = 1 + \frac{1}{c_1^2 x^+} \ln \frac{c_1^2}{8c_2} \tag{7.49}$$

mit $x^+ = \dfrac{x/R}{Re\,Pr}$ an, wobei die Konstanten für Luft ($Pr = 0{,}7$) und $Re = 5 \cdot 10^5$ die Werte $c_1^2 = 235$ und $c_2 = 28{,}6$ haben.

Für technische Anwendungen ist oft der Fall des *gleichzeitigen hydrodynamischen und thermischen* Einlaufs von Interesse. Dieses Problem wird durch (7.1) und (7.2) beschrieben. Mit Hilfe der in Kap. 4 dargestellten Turbulenzmodelle können auch diese Gleichungen numerisch integriert werden. Das Problem besteht jedoch darin, daß der hydrodynamische Einlauf wesentlich von der konstruktiven Ausbildung des Rohreinlaufs beeinflußt wird. Nur für den Fall, daß der Eintrittsquerschnitt als Düse ausgebildet ist und somit das Geschwindigkeitsprofil über den Querschnitt konstant und daß die Grenzschicht von Anfang an turbulent ist, stimmen die berechneten Nußeltzahlen mit gemessenen überein. Für den Fall konstanter Wandtemperatur und $Pr = 0{,}7$ lassen sich die experimentellen Ergebnisse näherungsweise durch die Beziehung

$$\frac{Nu_m}{Nu_\infty} = 1 + \frac{C}{x/d} \tag{7.50}$$

darstellen, wobei für C je nach Ausbildung der Eintrittskante Werte zwischen 6 und 7 angegeben werden, s. Kays und Crawford (1980).

In relativ kurzen Rohren kann sich keine voll entwickelte turbulente Strömung ausbilden. Infolge der größeren Nußeltzahl im Einlaufbereich ist deshalb in kurzen Rohren der Wärmeübergang deutlich besser als in sehr langen. Diese Verbesserung der mittleren Nußeltzahl kann nach Hausen (1959) durch den Korrekturterm

$$f = 1 + \left(\frac{d}{l}\right)^{2/3}$$

berücksichtigt werden. Durch geringfügige Modifikation der von Petukhov angegebenen Beziehung (7.33a) hat Gnielinski (1984) die Gleichung

$$Nu_m = \frac{\frac{\xi}{8}(Re - 10^3)\,Pr}{1 + 12{,}7\sqrt{\frac{\xi}{8}}\,(Pr^{2/3} - 1)} \left[1 + \left(\frac{d}{l}\right)^{2/3}\right] \tag{7.51}$$

erhalten, die den Einfluß der Rohrlänge berücksichtigt und auch im Übergangsgebiet gilt. Der Druckverlustkoeffizient ist dabei aus (7.20) zu ermitteln. Die auf

Hausen (1959) zurückgehenden empirischen Potenzgleichungen

$$Nu_\mathrm{m}=0{,}0214\,(Re^{0,8}-100)\,Pr^{0,4}\left[1+\left(\frac{d}{l}\right)^{2/3}\right]\tag{7.52a}$$

für den Bereich $0{,}5<Pr<1{,}5$ und

$$Nu_\mathrm{m}=0{,}012\,(Re^{0,87}-280)\,Pr^{0,4}\left[1+\left(\frac{d}{l}\right)^{2/3}\right]\tag{7.52b}$$

für den Bereich $1{,}5<Pr<500$ weichen von (7.51) nur geringfügig ab.

7.3.2 Übergangsbereich

Für den Übergangsbereich, $2300<Re<10^4$, zwischen laminarer und voll turbulenter Strömung sind bisher keine theoretischen Untersuchungen bekannt geworden. In diesem Bereich kann der Wärmeübergang jedoch näherungsweise mit den Beziehungen (7.51) und (7.52) berechnet werden. Gnielinski weist darauf hin, daß für sehr kurze Rohre mit $0{,}1<d/l<1$ Gleichung (7.49) für den thermischen Einlauf bei hydrodynamisch voll entwickelter laminarer Strömung, die näherungsweise durch

$$Nu_\mathrm{m}=\left(3{,}66^3+1{,}61^3Re\,Pr\frac{d}{l}\right)^{1/3}\tag{7.53}$$

dargestellt werden kann, oder (7.51) für gleichzeitigen thermischen und hydrodynamischen Einlauf bei laminarer Strömung, die durch

$$Nu_\mathrm{m}=0{,}664\,(Pr)^{1/3}\left(Re\frac{d}{l}\right)^{1/2}\tag{7.54}$$

angenähert werden kann, in bestimmten Bereichen der Prandtlzahl größere Werte für Nu_m liefern als (7.51). In einem solchen Fall ist dann jeweils der größte sich ergebende Wert für die Nußeltzahl zu verwenden.

7.3.3 Einfluß der Rauhigkeit

Bei der laminaren Strömung ist der Einfluß der Oberflächenrauhigkeit auf den Druckverlust und den Wärmeübergang vernachlässigbar, da sich der viskose Bereich über die gesamte Grenzschicht erstreckt. Bei der turbulenten Strömung dagegen ist die viskose Unterschicht außerordentlich dünn; schon kleine Rauhigkeiten können diese Schicht aufbrechen. Für rauhe Rohre hat Prandtl deshalb das logarithmische Wandgesetz durch Einführen einer zusätzlichen Funktion entsprechend

$$u^+=\frac{1}{\varkappa}\ln y^++C-K(k_\mathrm{s}^+)\tag{7.55}$$

mit $k_\mathrm{s}^+=k_\mathrm{s}u_\tau/v$ erweitert. Die Funktion $K(k_\mathrm{s}^+)$ hängt dabei nicht nur von k_s^+, sondern auch von der Art der Rauhigkeit ab. Prandtl und Schlichting (1934) haben für Sandrauhigkeiten die Beziehung

$$K(k_s^+) = \frac{1}{\varkappa}\ln k_s^+ - 3{,}0 \tag{7.56}$$

vorgeschlagen. Infolge der Rauhigkeit steigt die Geschwindigkeit u^+ mit zunehmendem Wandabstand y^+ schwächer an, d.h. das Geschwindigkeitsprofil wird weniger füllig. Man unterscheidet drei verschiedene Rauhigkeitsbereiche:

In *hydraulisch glatten* Rohren mit $k_s^+ < 5$ wird Impuls nur durch Schubspannung an die Wand übertragen. Der Druckverlustkoeffizient ist nur eine Funktion der Reynoldszahl und kann mit den in Abschn. 7.1.2 angegebenen Beziehungen berechnet werden.

Man bezeichnet das Rohr als *hydraulisch teilweise rauh*, wenn die Rauhigkeit im Bereich $5 < k_s^+ < 70$ liegt. Impuls wird dann durch Schubspannungen und durch Druckkräfte übertragen. Für diesen Bereich hat Prandtl durch Erweiterung von (7.18 b) die Beziehung

$$\frac{1}{\sqrt{\xi}} = 2{,}0\,\log\left(\frac{Re\sqrt{\xi}}{1+0{,}1\dfrac{k_s}{d}Re\sqrt{\xi}}\right) - 0{,}8 \tag{7.57 a}$$

entwickelt. Eine ähnliche Beziehung wurde von Colebrook (1939) durch logarithmische Überlagerung des Druckverlustkoeffizienten für glatte und rauhe Rohre,

$$\frac{1}{\sqrt{\xi}} = 1{,}74 - 2{,}0\,\log\left(2\frac{k_s}{d} + \frac{18{,}7}{Re\sqrt{\xi}}\right), \tag{7.57 b}$$

entwickelt. Lehmann (1961) gelangt durch Auswertung von Meßwerten für Rohre mit technischen Rauhigkeiten zu der empirischen Beziehung

$$\frac{1}{\sqrt{\xi}} = -1{,}94\,\log\left[\left(\frac{k_s/d}{3{,}71}\right)^{1{,}03} + \left(\frac{4{,}26}{Re\sqrt{\xi}}\right)^{1{,}1}\right]. \tag{7.57 c}$$

In *vollständig rauhen* Rohren mit $k_s^+ > 70$ wird Impuls nur durch Druckkräfte an die Wand übertragen; der Druckverlustkoeffizient wird unabhängig von der Reynoldszahl. Für diesen Bereich hat von Kármán (1930) die Beziehung

$$\frac{1}{\sqrt{\xi}} = 1{,}14 + 2\,\log\frac{d}{k_s} \tag{7.58}$$

angegeben. Bild 7.10 zeigt den Druckverlustkoeffizienten in Abhängigkeit der Reynoldszahl für verschiedene relative Rauhigkeiten k_s/d.

Wir wollen nun den Einfluß der Rauhigkeit auf den Wärmeübergang untersuchen. Dabei sei ausdrücklich darauf hingewiesen, daß der Wärmeübergang nicht durch Einsetzen des Druckverlustkoeffizienten für rauhe Rohre in (7.32) berechnet werden kann, da (7.32) für glatte Rohre abgeleitet wurde. Auf der Basis der Analogie zwischen Druckverlust und Wärmeübergang haben Dipprey und Sabersky (1963) aus experimentellen Untersuchungen die empirische Korrelations-

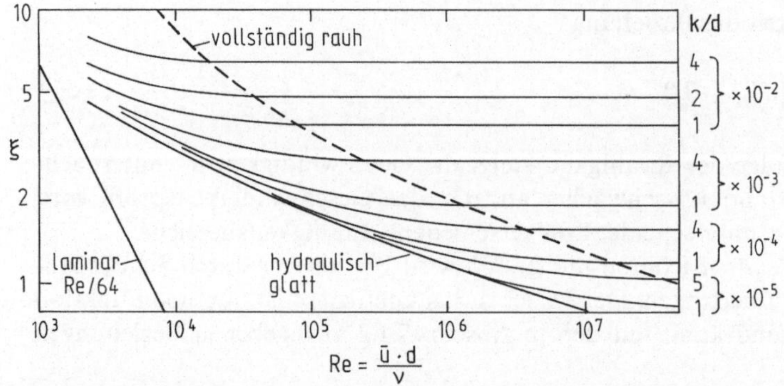

$$Re = \frac{\bar{u} \cdot d}{\nu}$$

Bild 7.10. Druckverlustkoeffizient ξ in Abhängigkeit der Reynoldszahl für die turbulente Rohrströmung

gleichung

$$Nu_m = \frac{\sqrt{\dfrac{\xi}{8}} \, Re \, Pr}{1 + \sqrt{\dfrac{\xi}{8}} \left\{ A_f \left[Re \sqrt{\dfrac{\xi}{8}} \dfrac{k_s}{d} \right]^{0,2} Pr^{0,44} - 8,48 \right\}} \qquad (7.59)$$

mit

$$\sqrt{\frac{\xi}{8}} = (3,0 - 2,5 \ln k_s/d)^{-1}$$

für den Wärmeübergang in vollständig rauhen Rohren entwickelt, wobei die Konstante A_f von der Form der Rauhigkeit abhängig ist. Für Sandrauhigkeiten wird der Wert $A_f = 5,19$ angegeben. Norris (1971) empfiehlt für vollständig rauhe Rohre die wesentlich einfachere Beziehung

$$\frac{(Nu)_{rauh}}{(Nu)_{glatt}} = \left(\frac{\xi_{rauh}}{\xi_{glatt}} \right)^n, \qquad (7.60)$$

mit $n = 0,68 \, Pr^{0,215}$, wobei für ξ_{glatt} in Abhängigkeit der Reynoldszahl eine der Beziehungen (7.18) bis (7.21) einzusetzen ist. Für $\xi_{rauh}/\xi_{glatt} > 4$ findet Norris dabei keine Verbesserung des Wärmeübergangs mehr.

7.3.4 Temperaturabhängige Stoffwerte

Für *Flüssigkeiten*, deren Zustand vom kritischen Punkt hinreichend weit entfernt ist, ist meist nur die dynamische Viskosität η deutlich von der Temperatur abhängig. Die Temperaturabhängigkeit der übrigen Stoffwerte, das sind die Dichte ϱ, die spezifische Wärmekapazität c_p und die Wärmeleitfähigkeit λ, ist dabei so schwach ausgeprägt, daß sie in der Regel vernachlässigt werden kann. (Die wohl einzige

Ausnahme davon bildet Wasser im Bereich der Dichteanomalie bei $+4°C$.) Sieder und Tate (1936) haben deshalb die ursprünglich von Dittus und Boelter (1930) angegebene Beziehung

$$Nu = 0,0243\ Re^{0,8}\ Pr^{0,4}$$

bzw. diejenige von Colborn (1933) (nach einem Vorschlag von McAdam (1956) wurde der Zahlenwert der Konstanten von 0,0243 auf 0,023 abgeändert, um eine bessere Übereinstimmung mit Meßwerten zu erreichen)

$$Nu = 0,023\ Re^{0,8}\ Pr^{1/3}$$

mit dem Stoffwertverhältnis (η_b/η_w) erweitert und die Beziehung

$$Nu_b = 0,023\ Re_b^{0,8}\ Pr_b^{1/3}\left(\frac{\eta_b}{\eta_w}\right)^{0,14}$$

empfohlen. Der Index b bei den Kennzahlen soll dabei andeuten, daß die entsprechenden Stoffwerte bei der kalorischen Mitteltemperatur („bulk temperature") zu bestimmen sind. Durch systematische Auswertung veröffentlichter Meßwerte hat Petukhov (1970) zur Berücksichtigung der Temperaturabhängigkeit der Viskosität empirische Korrelationsgleichungen entwickelt. Für den Druckverlustkoeffizienten wird die Beziehung

$$\frac{\xi}{\xi_0} = \begin{cases} \dfrac{1}{6}\left(7 - \dfrac{\eta_m}{\eta_w}\right) & \text{für Heizung,} \\[2ex] \left(\dfrac{\eta_w}{\eta_m}\right)^{0,24} & \text{für Kühlung,} \end{cases} \tag{7.61}$$

die mit experimentellen Daten im Bereich $0,35 < (\eta_w/\eta_m) < 2$, $10^4 < Re < 2,3\cdot10^5$ und $1,3 < Pr < 10$ sehr gut übereinstimmt, und für die Nußeltzahl die Beziehung

$$\frac{Nu}{Nu_0} = \left(\frac{\eta_b}{\eta_w}\right)^n \tag{7.62}$$

$$\text{mit } n = \begin{cases} 0,11 & \text{für Heizung,} \\ 0,25 & \text{für Kühlung,} \end{cases}$$

die die experimentellen Daten im Bereich $0,08 < (\eta_w/\eta_m) < 40$, $10^4 < Re < 1,25\cdot10^5$ und $2 < Pr < 140$ sehr gut wiedergibt, empfohlen. Die Bilder 7.11 und 7.12 zeigen den relativen Druckverlustkoeffizienten ξ/ξ_0 bzw. die relative Nußeltzahl Nu/Nu_0 als Funktion des Stoffwertverhältnisses η_w/η_m. Man erkennt, daß die von Petukhov entwickelten empirischen Korrelationsgleichungen die Meßwerte im Mittel sehr gut wiedergeben. Es soll jedoch nicht verschwiegen werden, daß diese Korrelationsgleichungen insofern einen „Schönheitsfehler" haben, als die Ableitungen $\partial(\xi/\xi_0)/\partial(\eta_w/\eta_m)$ und $\partial(Nu/Nu_0)/\partial(\eta_w/\eta_m)$ an der Stelle $\eta_w/\eta_m = 1$ einen, wenn auch schwachen, Knick aufweisen. Aufgrund physikalischer Überlegungen wird man erwarten dürfen, daß die Stoffwertabhängigkeit an der Stelle $\eta_w/\eta_m = 1$ stetig verläuft.

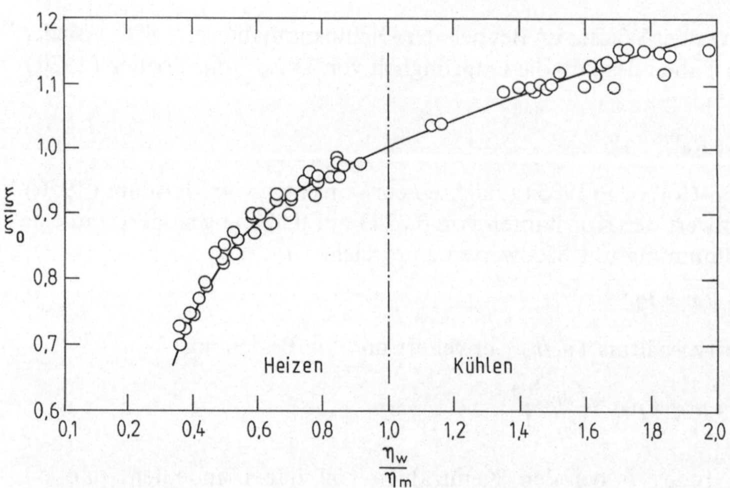

Bild 7.11. Verlauf der relativen Druckverlustkoeffizienten ξ/ξ_0 in Abhängigkeit des Stoffverhältnisses $\eta_\mathrm{w}/\eta_\mathrm{m}$ für die turbulente Rohrströmung [nach Petukhov (1970)]

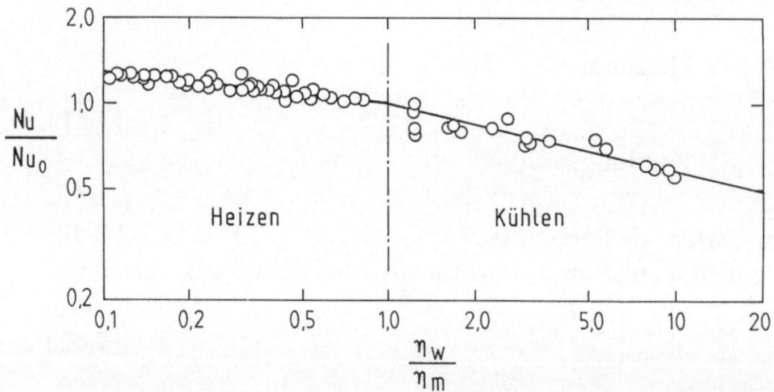

Bild 7.12. Verlauf der relativen Nußeltzahl Nu/Nu_0 in Abhängigkeit des Stoffwertverhältnisses $\eta_\mathrm{w}/\eta_\mathrm{m}$ für die turbulente Rohrströmung [nach Petukhov (1970)]

Unter Berücksichtigung neuerer Meßwerte haben Sleicher und Rouse (1975) die empirische Potenzgleichung

$$Nu_\mathrm{b} = 5 + 0{,}015\, Re_\mathrm{f}^m\, Pr_\mathrm{w}^n \tag{7.63}$$

mit den Indizes b für kalorische Mitteltemperatur (bulk temperature), f für Filmtemperatur und w für Wandtemperatur und den Exponenten

$$m = 0{,}88 - \frac{0{,}24}{4 + Pr_\mathrm{w}} \quad und \quad n = \frac{1}{3} + 0{,}5\exp\left(-0{,}6\cdot Pr_\mathrm{w}\right)$$

entwickelt. Diese Beziehung gibt die experimentellen Daten im Bereich $0,1 < Pr < 10^5$, $10^4 < Re < 10^6$ und $1 < T_w/T_b < 2$ sehr gut wieder. Die Beziehung (7.63) unterscheidet sich von der ursprünglich von Notter und Sleicher (1972) angegebenen Beziehung lediglich dadurch, daß die Kennzahlen Nu, Re und Pr bei jeweils verschiedenen Bezugstemperaturen bestimmt werden.

Im Gegensatz zu Flüssigkeiten muß bei *Gasen* die Temperaturabhängigkeit aller vier Stoffwerte ($\varrho, c_p, \eta, \lambda$) berücksichtigt werden. Experimentelle Untersuchungen mit Luft und Sauerstoff zeigen, daß der Druckverlustkoeffizient ξ neben dem Temperaturverhältnis T_w/T_m auch von der Reynoldszahl abhängt. Petukhov (1970) hat dafür die empirische Beziehung

$$\frac{\xi}{\xi_0} = \left(\frac{T_w}{T_m}\right)^n \tag{7.64}$$

mit

$$n = \begin{cases} -0,6 + \dfrac{5,6}{(Re_w^*)^{0,38}} & \text{\textit{für Heizung}} \\[2ex] -0,6 + \dfrac{0,79}{(Re_w^*)^{0,11}} & \text{\textit{für Kühlung}} \end{cases}$$

entwickelt, wobei die Reynoldszahl Re_w^* entsprechend

$$Re_w^* = Re_w \frac{\varrho_w}{\varrho_m}$$

mit $Re_w = \dot{m}d/\eta_w$ gebildet wird. Die Beziehung (7.64) gibt die Meßwerte im Bereich $0,37 < (T_w/T_m) < 3,7$ und $1,4 \cdot 10^4 < Re_w^* < 10^6$ mit einer Genauigkeit von $\pm 3\,\%$ wieder.

Der Einfluß der Reynoldszahl ist bei der Nußeltzahl im Gegensatz zum Druckverlustkoeffizienten nur sehr schwach ausgeprägt und im Bereich $1,4 \cdot 10^4 < Re_w^* < 10^6$ kleiner als 3%. Petukhov (1970) hat deshalb diesen Einfluß vernachlässigt und die Korrelationsgleichung

$$\frac{Nu}{Nu_0} = \left(\frac{T_w}{T_m}\right)^n \tag{7.65}$$

mit

$$n = -\left(a\log\left(\frac{T_w}{T_m}\right) + 0,36\right)$$

entwickelt, wobei für Heizung $a = 0,3$ und für Kühlung $a = 0$ gilt. Die Beziehung (7.65) beschreibt die Meßwerte für Luft und Sauerstoff in dem oben angegebenen Bereich mit einer Genauigkeit von $\pm 3\,\%$. Bezüglich des „Schönheitsfehlers" von (7.64 und (7.65) gilt das gleiche wie für Flüssigkeiten. Sleicher und Rouse (1975) haben die Beziehung für den Exponenten n in (7.65) geringfügig geändert,

$$n = -\log\left(\frac{T_w}{T_m}\right)^{1/4} + 0,3$$

und dadurch eine etwas bessere Übereinstimmung mit experimentellen Daten erreicht.

Für eine beheizte Strömung mit $0,6 < Pr < 0,9$ und $10^4 < Re < 10^6$ empfehlen Sleicher und Rouse (1975) für $(T_w/T_b) < 2$ die Beziehung

$$Nu_b = 5 + 0,012\, Re_f^{0,83}\,(Pr_w + 0,29)$$
(7.66 a)

und für $2 \leqq (T_w/T_b) < 5$ die Beziehung

$$Nu_b = 5 + 0,012\, Re_b^{0,83}\,(Pr_b + 0,29)\left(\frac{T_w}{T_b}\right)^n$$
(7.66 b)

mit $n = -\log\left(\dfrac{T_w}{T_b}\right)^{1/4} + 0,3$.

Die Beziehungen (7.66) sind durch Erweiterung von (7.34) entstanden und stimmen im Mittel auf etwa $\pm 3\,\%$ mit experimentellen Daten überein.

Kutateladse und Leontiev (1964) haben aufgrund analytischer Überlegungen die Näherungsformel

$$\frac{\xi}{\xi_0} = \frac{Nu}{Nu_0} = \left(\frac{2}{\sqrt{\dfrac{T_w}{T_m}} + 1}\right)^2$$
(7.67)

entwickelt. Diese Beziehung liefert eine stärkere Stoffwertabhängigkeit als die von Petukhov angegebenen empirischen Korrelationsgleichungen (7.64) und (7.65); die Abweichung von den experimentellen Daten ist jedoch nicht größer als $10\,\%$.

8 Wärmeübergang an der ebenen Platte

8.1 Mathematische Formulierung

Eine ebene Platte mit der Länge L werde parallel zu ihrer Oberfläche mit der Geschwindigkeit u_∞ angeströmt; wobei in genügend großer Entfernung von der Vorderkante die Anströmgeschwindigkeit u_∞ und die Temperatur T_∞ des Strömungsfelds örtlich und zeitlich konstant seien. Bild 8.1 zeigt qualitativ den Verlauf der Dicke der Strömungs- und Temperaturgrenzschicht entlang der Platte, wobei angenommen wurde, daß die Grenzschichten an der Vorderkante mit der Dicke Null beginnen. Senkrecht zur Zeichenebene sei die Platte unendlich ausgedehnt; das Strömungs- und Temperaturfeld wird damit zweidimensional. An der Plattenoberfläche seien entweder die Temperatur T_w oder die Wärmestromdichte q_w örtlich und zeitlich konstant. Die Stoffwerte des strömenden Mediums setzen wir ebenfalls als konstant voraus. Die Platte sei weiterhin in einem unendlich ausgedehnten Strömungsfeld angeordnet. Da damit der Druck außerhalb der Grenzschicht konstant ist und der Druck innerhalb der Grenzschicht durch die Außenströmung ausgeprägt wird, verschwindet das Druckglied in der Bewegungsgleichung. Das Strömungs- und Temperaturfeld in Plattennähe wird durch die in Kap. 4 abgeleiteten Grenzschichtgleichungen beschrieben, die wir hier der Vollständigkeit halber für die stationäre Strömung nochmals angeben:

$$\frac{\partial u}{\partial x} + \frac{\partial v}{\partial y} = 0, \tag{8.1}$$

$$\varrho\left(u\frac{\partial u}{\partial x} + v\frac{\partial u}{\partial y}\right) = \frac{\partial \tau}{\partial y}, \tag{8.2}$$

$$\varrho c_p\left(u\frac{\partial T}{\partial x} + v\frac{\partial T}{\partial y}\right) = \frac{\partial q}{\partial y}, \tag{8.3}$$

mit der effektiven Schubspannung

$$\frac{\tau}{\varrho} = (v + \varepsilon_\tau)\frac{\partial u}{\partial y} \tag{8.4}$$

und der effektiven Wärmestromdichte

$$\frac{q}{\varrho c_p} = (a + \varepsilon_q)\frac{\partial T}{\partial y}. \tag{8.5}$$

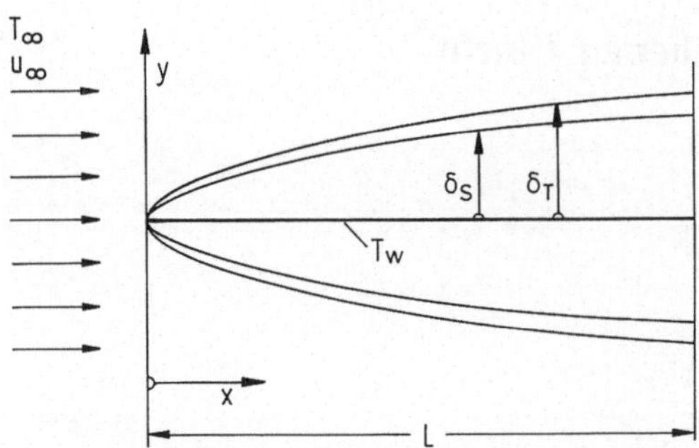

Bild 8.1. Erzwungene Konvektion an der laminar überströmten ebenen Platte

Bei laminarer Strömung sind die turbulenten Transportgrößen ε_τ und ε_q identisch Null und die Größen u und v sowie T sind gleich den Momentanwerten der Geschwindigkeitskomponenten und der Temperatur. Bei turbulenter Strömung dagegen sind diese Größen gleich den zeitlichen Mittelwerten der Geschwindigkeitskomponenten $\bar{u}$ und $\bar{v}$ und der Temperatur $\bar{T}$, s. auch Kap. 4.

Für die Lösung der Gleichungen (8.1) bis (8.3) werden noch Randbedingungen benötigt. An der Plattenoberfläche ist die Strömungsgeschwindigkeit infolge der Haftbedingung gleich Null, d.h.

$$u = v = 0 \quad \text{für} \quad y = 0,\ 0 \leqq x \leqq L. \tag{8.6a}$$

In genügend großer Entfernung von der Plattenoberfläche, d.h. außerhalb der Grenzschicht ist die Strömungsgeschwindigkeit gleich der ungestörten Anströmgeschwindigkeit u_∞, d.h.

$$u = u_\infty \quad \text{für} \quad y \to \infty. \tag{8.6b}$$

Für die isotherme Platte gilt

$$T(y=0) = T_w = \text{const} \tag{8.7a}$$

und für die Platte mit konstanter Wärmestromdichte

$$q_w = -\lambda \left(\frac{\partial T}{\partial y} \right)_{y=0} = \text{const}. \tag{8.7b}$$

In sehr großer Entfernung von der Oberfläche bleibt die Temperatur unverändert und ist gleich der Temperatur T_∞ der Anströmung,

$$T = T_\infty \quad \text{für} \quad y \to \infty. \tag{8.7c}$$

Da wir alle Stoffwerte als konstant vorausgesetzt haben, ist das Strömungsfeld vollkommen vom Temperaturfeld entkoppelt; das Strömungsfeld kann damit unabhängig vom Temperaturfeld berechnet werden.

8.2 Laminare Strömung

8.2.1 Strömungsgrenzschicht

Für den Fall, daß die Strömung in der Plattengrenzschicht von der Vorder- bis zur Hinterkante laminar ist, lassen sich die Grenzschichtgleichungen für das zweidimensionale Problem exakt lösen.

Durch Einführung der Stromfunktion $\Psi(x,y)$ mit

$$u = \frac{\partial \Psi}{\partial y}, \; v = -\frac{\partial \Psi}{\partial x} \tag{8.8}$$

wird die Kontinuitätsgleichung (8.1) identisch erfüllt. Damit folgt mit $\varepsilon_\tau = 0$ aus (8.2) und (8.4)

$$\frac{\partial \psi}{\partial y} \frac{\partial^2 \psi}{\partial x \partial y} - \frac{\partial \psi}{\partial x} \frac{\partial^2 \psi}{\partial y^2} = \nu \frac{\partial^3 \psi}{\partial y^3} \; . \tag{8.9}$$

Wir wollen im folgenden zeigen, wie diese partielle Differentialgleichung auf eine gewöhnliche transformiert und diese anschließend gelöst werden kann.

8.2.1.1 Ähnlichkeitstransformation

Wir wollen zunächst festlegen, was wir unter Ähnlichkeit in Bezug auf Geschwindigkeitsprofile verstehen. Eine *ähnliche* Lösung sei eine Lösung von (8.8) und (8.9), bei der die Komponente u des Geschwindigkeitsvektors die Eigenschaft hat, daß sich zwei Geschwindigkeitsprofile $u(x,y)$ an verschiedenen Stellen x der Platte nur durch einen Maßstabsfaktor in u und y unterscheiden. Werden die Geschwindigkeitskomponente u und der Wandabstand y in geeigneter Weise mit entsprechenden Maßstabsfaktoren dimensionslos gemacht, so werden die Geschwindigkeitsprofile $u(x,y)$ an verschiedenen Stellen x der Platte gleich. Damit existieren ähnliche Lösungen, wenn die Geschwindigkeitsprofile die Bedingung

$$\frac{u\{x_1, yh(x_1)\}}{U(x_1)} = \frac{u\{x_2, yh(x_2)\}}{U(x_2)}$$

erfüllen. Als Maßstabsfaktor $U(x)$ für die Geschwindigkeit eignet sich die lokale Potentialgeschwindigkeit, die bei der ebenen Platte gleich u_∞ ist, da dann die dimensionslose Geschwindigkeit u/u_∞ an jeder Stelle x vom Wert Null an der Wand bis zum Wert Eins für die Außenströmung anwächst. Damit folgt die sog. *Ähnlichkeitstransformation*

$$\frac{u(x,y)}{u_\infty} = g(\eta) \; , \tag{8.10}$$

wobei die *Ähnlichkeitsvariable* η nach dem oben gesagten durch

$$g(\eta) = g\{a(x)b(y)\} = g\{x, yh(x)\}$$

festgelegt ist. Das Geschwindigkeitsfeld in der Grenzschicht ist damit statt als Funktion der beiden Variablen x und y als Funktion einer einzigen Variablen, nämlich der Ähnlichkeitsvariablen η, dargestellt, wobei η selbst eine zunächst noch unbekannte Funktion von x und y ist, die formal durch den Produktansatz

$$\eta(x,y) = a(x)\,b(y)$$

ausgedrückt werden kann.

Da das Geschwindigkeitsprofil als Funktion einer einzigen Variablen dargestellt werden kann, wird die partielle Differentialgleichung (8.9) mit dem Ähnlichkeitsansatz (8.10) auf eine gewöhnliche Differentialgleichung mit konstanten Koeffizienten transformiert. Oder anders ausgedrückt: Ähnliche Lösungen existieren dann und nur dann, wenn die partielle Differentialgleichung für die Stromfunktion durch einen Ähnlichkeitsansatz auf eine gewöhnliche Differentialgleichung mit kontanten Koeffizienten transformiert werden kann. Diese wesentliche mathematische Vereinfachung des Problems macht die Bedeutung der ähnlichen Lösungen deutlich.

Für die Stromfunktion ψ folgt mit (8.10) aus (8.8) durch Integration nach y

$$\psi(x,y) = \frac{u_\infty}{a(x)} \int g(\eta)\,\mathrm{d}\eta = \frac{u_\infty}{a(x)} f(\eta)\,,$$

wenn für die Funktion $b(y) = y$ und damit für die Ähnlichkeitsvariable

$$\eta(x,y) = y\,a(x)$$

angenommen wird. Mit der so festgelegten Stromfunktion erhält man aus (8.9) die Gleichung

$$f''' - \frac{u_\infty}{v}\,\frac{a'}{a^3}ff'' = 0\,,$$

deren Koeffizienten konstant sein müssen.

Setzt man nach Blasius

$$\frac{u_\infty}{va^3}\,\frac{\mathrm{d}a}{\mathrm{d}x} = -\frac{1}{2}\,,$$

so folgt daraus durch Integration für die unbekannte Funktion

$$a(x) = \sqrt{\frac{u_\infty}{vx}}\,.$$

Damit erhält man schließlich für die Ähnlichkeitsvariable

$$\eta(x,y) = y\sqrt{\frac{u_\infty}{vx}} \tag{8.11}$$

und für die Stromfunktion

$$\psi(x,y) = \sqrt{u_\infty vx}\,f(\eta)\,. \tag{8.12}$$

Tabelle 8.1. Die Funktion $f(\eta)$ für die Grenzschicht bei erzwungener Konvektion an der laminar überströmten ebenen Platte. [Nach Howarth (1938)]

$\eta = y\sqrt{\dfrac{u_\infty}{\nu x}}$	f	$f' = \dfrac{u}{u_\infty}$	f''
0	0	0	0,33206
0,2	0,00664	0,06641	0,33199
0,4	0,02656	0,13277	0,33147
0,6	0,05974	0,19894	0,33008
0,8	0,10611	0,26471	0,32739
1,0	0,16557	0,32979	0,32301
1,2	0,23795	0,39378	0,31659
1,4	0,32298	0,45627	0,30787
1,6	0,42032	0,51676	0,29667
1,8	0,52952	0,57477	0,28293
2,0	0,65003	0,62977	0,26675
2,2	0,78120	0,68132	0,24835
2,4	0,92230	0,72899	0,22809
2,6	1,07252	0,77246	0,20646
2,8	1,23099	0,81152	0,18401
3,0	1,39682	0,84605	0,16136
3,2	1,56911	0,87609	0,13913
3,4	1,74696	0,90177	0,11788
3,6	1,92954	0,92333	0,09809
3,8	2,11605	0,94112	0,08013
4,0	2,30576	0,95552	0,06424
4,2	2,49806	0,96696	0,05052
4,4	2,69238	0,97587	0,03897
4,6	2,88826	0,98269	0,02948
4,8	3,08534	0,98779	0,02187
5,0	3,28329	0,99155	0,01591
5,2	3,48189	0,99425	0,01134
5,4	3,68094	0,99616	0,00793
5,6	3,88031	0,99748	0,00543
5,8	4,07990	0,99838	0,00365
6,0	4,27964	0,99898	0,00240
6,2	4,47948	0,99937	0,00155
6,4	4,67938	0,99961	0,00098
6,6	4,87931	0,99977	0,00061
6,8	5,07928	0,99987	0,00037
7,0	5,27926	0,99992	0,00022
7,2	5,47925	0,99996	0,00013
7,4	5,67924	0,99998	0,00007
7,6	5,87924	0,99999	0,00004
7,8	6,07923	1,00000	0,00002
8,0	6,27923	1,00000	0,00001
8,2	6,47923	1,00000	0,00001
8,4	6,67923	1,00000	0,00000
8,6	6,87923	1,00000	0,00000

Die resultierende gewöhnliche Differentialgleichung (Blasiusgleichung)

$$f''' + \frac{1}{2} ff'' = 0 \tag{8.13}$$

für die Funktion $f(\eta)$ wurde erstmals von Blasius (1908) angegeben.

Da die Geschwindigkeiten u und v an der Plattenoberfläche gleich Null sind, sind nach (8.8) die Ableitungen der Stromfunktion dort ebenfalls Null, die Stromfunktion selbst ist somit an der Plattenoberfläche konstant. Da diese Konstante nicht weiter interessiert, wird sie gleich Null gesetzt und man erhält damit aus (8.6) für die Randbedingung

$$f = f' = 0 \text{ für } \eta = 0 \, ,$$

$$f' = 1 \quad \text{für } \eta \to \infty \, . \tag{8.14}$$

Die Blasiusgleichung (8.13) wurde von Howarth (1938) numerisch gelöst. Die berechneten Zahlenwerte für f, f' und f'' als Funktion der Ähnlichkeitsvariablen η sind in Tabelle 8.1 angegeben.

Mit (8.11) und (8.12) erhält man aus (8.8) für das Geschwindigkeitsfeld in der Grenzschicht

$$u = \frac{\partial \psi}{\partial y} = u_\infty f' \tag{8.15 a}$$

$$v = -\frac{\partial \psi}{\partial x} = \frac{1}{2} \sqrt{\frac{v u_\infty}{x}} \left(\eta f' - f \right) . \tag{8.15 b}$$

Bild 8.2 zeigt das Geschwindigkeitsprofil $u/u_\infty = f'(\eta)$, das an jeder Stelle der Platte gleich ist.

Die Dicke der Strömungsgrenzschicht ist festgelegt als derjenige Wandabstand y, bei dem die Geschwindigkeitskomponente u bis auf 99 % der Außenströmung u_∞ angewachsen ist. Die Zahlenwerte in Tabelle 8.1 zeigen, daß dies für $\eta \approx 5$ der Fall

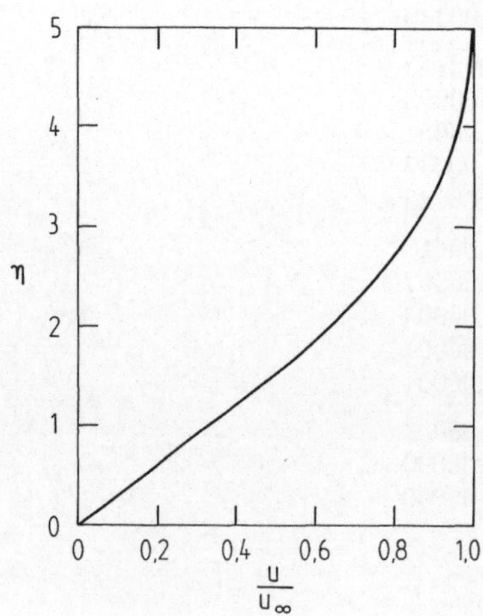

Bild 8.2. Geschwindigkeitsprofil $u/u_\infty = f'(\eta)$ mit $\eta = y \sqrt{u_\infty/(v x)}$ in der Grenzschicht der laminar überströmten ebenen Platte

ist. Mit $\eta = 5$ und $y = \delta_s$, sowie der lokalen Reynoldszahl $Re_x = u_\infty \cdot x / v$, folgt damit aus (8.11) für die Dicke der Strömungsgrenzschicht

$$\delta_s(x) = 5\sqrt{\frac{vx}{u_\infty}} = \frac{5x}{\sqrt{Re_x}} \; . \tag{8.16}$$

Bei der laminar überströmten ebenen Platte nimmt die Strömungsgrenzschicht somit proportional zu $\sqrt{x}$ zu.

8.2.1.2 Reibungs- und Widerstandskoeffizient

Der örtliche Reibungskoeffizient $c_f(x)$ ist definiert als das Verhältnis der örtlichen Wandschubspannung $\tau_w(x)$ zum Staudruck $\varrho u_\infty^2 / 2$, also

$$\frac{c_f}{2} \equiv \frac{\tau_w}{\varrho u_\infty^2} \; . \tag{8.17}$$

Mit dem Newtonschen Schubspannungsansatz (8.4) folgt aus (8.17) zunächst

$$\frac{c_f}{2} = \frac{v}{u_\infty^2} \left[\frac{\partial^2 \psi}{\partial y^2} \right]_{y=0} = \sqrt{\frac{v}{u_\infty \cdot x}} f''(0)$$

und daraus mit $f''(0) = 0{,}33206$ aus Tabelle 8.1 für den Reibungskoeffizienten

$$\frac{c_f}{2} = \frac{0{,}332}{\sqrt{Re_x}} \; . \tag{8.18}$$

Die Kraft F mit der eine Platte der Breite b im Strömungsfeld gehalten werden muß, ergibt sich mit

$$F = 2b \int_0^L \tau_w \mathrm{d}x = 2b\varrho \sqrt{u_\infty^3 v} f''(0) \int_0^L \frac{\mathrm{d}x}{\sqrt{x}}$$

zu

$$F = 1{,}328 \, b\varrho \sqrt{u_\infty^3 Lv} \; . \tag{8.19}$$

Für den Widerstandskoeffizienten

$$\frac{c_w}{2} \equiv \frac{F}{A\varrho u_\infty^2} \tag{8.20}$$

folgt mit der gesamten Plattenoberfläche $A = 2bL$ die Beziehung

$$\frac{c_w}{2} = \frac{0{,}664}{\sqrt{Re_L}} \; , \tag{8.21}$$

wobei Re_L die mit der Plattenlänge L gebildete Reynoldszahl $Re_L = u_\infty L / v$ ist.

8.2.2 Temperaturgrenzschicht für $T_w = \text{const}$

8.2.2.1 Ähnlichkeitstransformation

Mit der Stromfunktion (8.8) erhalten wir aus der Energiegleichung (8.3) unter Beachtung von $\varepsilon_q = 0$ für die laminare Strömung

$$\frac{\partial \psi}{\partial y}\frac{\partial T}{\partial x} - \frac{\partial \psi}{\partial x}\frac{\partial T}{\partial y} = a\frac{\partial^2 T}{\partial y^2} \; . \tag{8.22}$$

Wir nehmen nun an, daß das Temperaturfeld durch dieselbe Ähnlichkeitsvariable wie das Geschwindigkeitsfeld beschrieben wird und erhalten damit die dimensionslose Temperatur

$$\theta = \frac{T - T_\infty}{T_w - T_\infty} = \theta(\eta) \; . \tag{8.23}$$

Durch Einsetzen von (8.23) und (8.12) in die Energiegleichung (8.22) folgt dann die gewöhnliche Differentialgleichung

$$\theta'' + \frac{1}{2}\,Pr\,f\,\theta' = 0 \tag{8.24}$$

für die Temperaturgrenzschicht. Für die isotherme Platte folgen aus (8.7) die Randbedingungen

$$\theta = 1 \quad \text{für} \quad \eta = 0 \, ,$$

$$\theta = 0 \quad \text{für} \quad \eta \to \infty \; . \tag{8.25}$$

Mit den Ähnlichkeitstransformationen (8.12) und (8.23) konnten die partiellen Grenzschichtdifferentialgleichungen in die gewöhnlichen Differentialgleichungen (8.13) und (8.24) überführt werden. Wir möchten jedoch nochmals betonen, daß ähnliche Lösungen nur dann existieren, wenn sich die zunächst noch unbekannten Funktionen $a(x)$ und $b(x)$ der Ähnlichkeitsvariablen so festlegen lassen, daß die Koeffizienten in den resultierenden gewöhnlichen Differentialgleichungen konstant werden, d.h. reine Zahlenwerte ergeben.

8.2.2.2 Wärmeübergang für $Pr = 1$

Für $Pr = 1$ sind die Bewegungs- und die Energiegleichung, (8.2) und (8.3), und somit auch das Strömungs- und das Temperaturfeld ähnlich; d.h.

$$\frac{T - T_\infty}{T_w - T_\infty} = \frac{u}{u_\infty} = g(\eta) = f'(\eta) \; . \tag{8.26}$$

Damit kann der Wärmeübergang allein aus der Lösung für das Strömungsfeld berechnet werden. Für die Wärmestromdichte q_w an der Wand gilt

$$q_w = -\lambda\left(\frac{\partial T}{\partial y}\right)_w = -\lambda(T_w - T_\infty)\frac{1}{u_\infty}\left(\frac{\partial u}{\partial y}\right)_w$$

und mit der Lösung für das Strömungsfeld folgt daraus

$$q_{\mathrm{w}} = -\lambda (T_{\mathrm{w}} - T_\infty) \sqrt{\frac{u_\infty}{vx}} f''(0) \; .$$

Unter Beachtung von $f''(0) = 0{,}332$ für $Pr = v/a = 1$ erhält man für die lokale Stantonzahl

$$St_{\mathrm{x}} = \frac{q_{\mathrm{w}}}{\varrho c_{\mathrm{p}} u_\infty (T_{\mathrm{w}} - T_\infty)} = \frac{0{,}332}{\sqrt{Re_{\mathrm{x}}}} \; . \tag{8.27}$$

Ein Vergleich mit (8.18) zeigt, daß die für $Pr = 1$ gültige Reynoldsanalogie zwischen Impuls- und Wärmeübertragung für die Plattenströmung die Beziehung

$$St_{\mathrm{x}} = \frac{c_{\mathrm{f}}}{2} = \frac{0{,}332}{\sqrt{Re_{\mathrm{x}}}} \tag{8.28}$$

liefert.

Mit der Identität $Nu = St\,Re\,Pr$ erhält man schließlich aus (8.27) für die lokale Nußeltzahl (Nu_{x} bezeichnet die lokale und Nu_{m} die mittlere Nußeltzahl und analog dazu α_{x} den lokalen und α_{m} den mittleren Wärmeübergangskoeffizienten)

$$Nu_{\mathrm{x}} = \frac{q_{\mathrm{w}}}{\dfrac{\lambda}{x}(T_{\mathrm{w}} - T_\infty)} = 0{,}332\,\sqrt{Re_{\mathrm{x}}} \; . \tag{8.29}$$

Der lokale Wärmeübergangskoeffizient ergibt sich damit zu

$$\alpha_{\mathrm{x}} = \frac{q_{\mathrm{w}}}{T_{\mathrm{w}} - T_\infty} = 0{,}332\,\frac{\lambda}{x}\sqrt{\frac{u_\infty x}{v}} \sim \frac{1}{\sqrt{x}} \; , \tag{8.30}$$

d.h. der örtliche Wärmeübergangskoeffizient nimmt proportional zu $x^{-1/2}$ mit der Längskoordinate ab. Am Plattenanfang liefert die Grenzschichttheorie einen unendlich großen Wärmeübergangskoeffizienten.

Durch Integration von (8.30) erhält man für den mittleren Wärmeübergangskoeffizienten

$$\alpha_{\mathrm{m}} = \frac{1}{L} \int_0^L \alpha_{\mathrm{x}}(x)\,\mathrm{d}x = 0{,}664\,\frac{\lambda}{L}\sqrt{\frac{u_\infty L}{v}} \; .$$

Der Vergleich mit (8.30) zeigt, daß der mittlere Wärmeübergangskoeffizient der laminar überströmten ebenen Platte mit der Länge L doppelt so groß ist wie der örtliche Wärmeübergangskoeffizient am Plattenende,

$$\alpha_{\mathrm{m}} = 2\alpha_{\mathrm{x}=\mathrm{L}} \; . \tag{8.31}$$

Mit (8.31) folgt aus (8.29) die Beziehung für die mittlere Nußeltzahl

$$Nu_{\mathrm{m}} = \frac{\alpha_{\mathrm{m}} L}{\lambda} = 0{,}664\,\sqrt{Re_{\mathrm{L}}} \; . \tag{8.32}$$

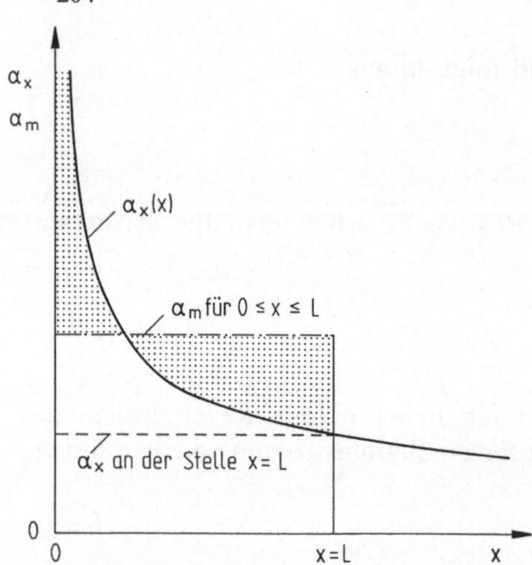

Bild 8.3. Lokaler und mittlerer Wärmeübergangskoeffizient für die laminar überströmte ebene Platte

Bild 8.3 zeigt qualitativ den Verlauf des lokalen Wärmeübergangskoeffizienten $\alpha_x(x)$ sowie den Zusammenhang zwischen α_x und α_m.

8.2.2.3 Wärmeübergang für $Pr \neq 1$

Gleichung (8.24) hat die Lösung

$$\theta(\eta, Pr) = 1 - \frac{\int\limits_0^\eta (f'')^{Pr}\,d\eta}{\int\limits_0^\infty (f'')^{Pr}\,d\eta}. \tag{8.33}$$

Mit $f'''(0) = 0{,}332$ folgt daraus für den Temperaturgradienten an der Plattenoberfläche

$$-\left(\frac{d\theta}{d\eta}\right)_w = f(Pr) = \frac{(0{,}332)^{Pr}}{\int\limits_0^\infty (f'')^{Pr}\,d\eta}. \tag{8.34}$$

Als erster hat E. Pohlhausen (1921) die Gleichung der Temperaturgrenzschicht (8.24) numerisch integriert. Einige der von ihm berechneten Werte für $f(Pr)$ sind in Tabelle 8.2 zusammengestellt. Ein Vergleich von (8.34) mit (8.29) zeigt, daß für die örtliche Nußeltzahl damit

$$\frac{Nu_x}{\sqrt{Re_x}} = f(Pr) \tag{8.35}$$

gilt. Für mittlere Prandtlzahlen im Bereich $0{,}6 < Pr < 10$ lassen sich die Zahlenwerte in Tabelle 8.2 durch die empirische Korrelation

$$\frac{Nu_x}{\sqrt{Re_x}} = 0{,}332\, Pr^{1/3}, \quad 0{,}6 < Pr < 10 \tag{8.35a}$$

Tabelle 8.2. Werte der Funktion $f(Pr)$ in (8.34) für den Wärmeübergang an der laminar überströmten ebenen Platte. [Nach E. Pohlhausen (1921)]

Pr	0,6	0,7	0,8	0,9	1,0	7	10	15
$f(Pr)$	0,276	0,293	0,307	0,320	0,332	0,645	0,730	0,835

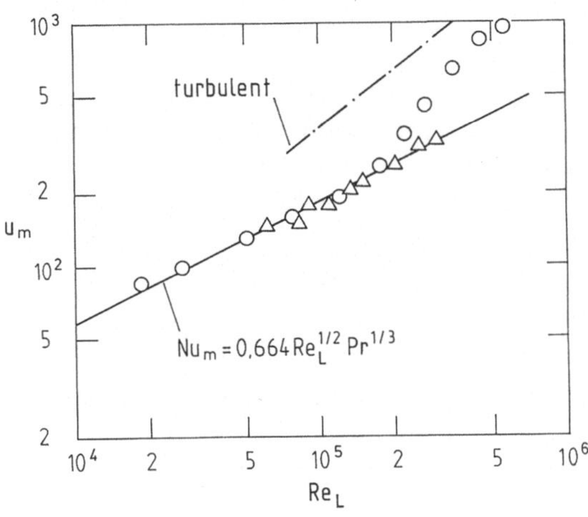

Bild 8.4. Wärmeübergang an der laminar überströmten ebenen Platte. Vergleich zwischen Theorie und experimentellen Daten für Luft ($Pr=0{,}7$) [entnommen aus Whiteaker (1976)]

approximieren. Mit (8.31) folgt daraus für die mittlere Nußeltzahl

$$Nu_\mathrm{m} = 0{,}664\, Re_\mathrm{L}^{1/2} Pr^{1/3}\,. \tag{8.35 b}$$

Diese analytisch ermittelte Beziehung stimmt mit experimentellen Daten für Luft ($Pr=0{,}7$) sehr gut überein, s. Bild 8.4. Die Abweichungen bei höheren Reynoldszahlen sind darauf zurückzuführen, daß die Grenzschichtströmung an der ebenen Platte bei $Re \approx 2 \cdot 10^5$ turbulent wird.

Wir vergleichen nun (8.35) bzw. (8.30) mit der Beziehung (8.16) für die Dicke der Strömungsgrenzschicht δ_s. Eliminiert man die x-Abhängigkeit, so folgt

$$\alpha_\mathrm{x} = 1{,}660\, Pr^{1/3}\,\frac{\lambda}{\delta_\mathrm{s}(x)}\,, \tag{8.36}$$

d.h. der Wärmeübergangskoeffizient α_x ist umgekehrt proportional zur Grenzschichtdicke $\delta_\mathrm{s}(x)$. Bei der laminaren Strömung ist die Grenzschichtdicke deshalb direkt proportional zum thermischen Widerstand. Steigt die Grenzschichtdicke auf das Doppelte an, so geht der Wärmeübergang auf die Hälfte zurück.

Für $Pr \to 0$ wird die Strömungsgrenzschicht wesentlich dünner als die Temperaturgrenzschicht, $\delta_\mathrm{s}/\delta_\mathrm{T} \ll 1$; d.h. die Geschwindigkeit $u(y)$ ist über die Dicke der Temperaturgrenzschicht praktisch konstant und gleich u_∞. Bei der Berechnung der Temperaturgrenzschicht kann deshalb der Einfluß der Strömungsgrenzschicht vernachlässigt werden. Mit $u(x,y) = u_\infty$ und $v(x,y) = v_\infty = 0$ folgt damit aus (8.3)

$$u_\infty \frac{\partial T}{\partial x} = a \frac{\partial^2 T}{\partial y^2} \; .$$

Diese Gleichung kann ebenfalls durch eine Ähnlichkeitstransformation gelöst werden, s. Schlichting (1982). Als Ergebnis erhält man die Asymptote

$$\frac{Nu_x}{\sqrt{Re_x}} = 0{,}564\sqrt{Pr} \quad \text{für} \quad Pr \to 0 \; . \tag{8.37a}$$

Für $Pr \to \infty$ dagegen wird die Temperaturgrenzschicht wesentlich dünner als die Strömungsgrenzschicht, $\delta_T/\delta_s \ll 1$. Innerhalb der Temperaturgrenzschicht nimmt die Geschwindigkeit deshalb näherungsweise linear zu, s. Bild 8.2.

Levéque (1928) hat diesen Fall ebenfalls mit Hilfe einer Ähnlichkeitstransformation gelöst und die Asymptote

$$\frac{Nu_x}{\sqrt{Re_x}} = 0{,}339\,Pr^{1/3} \quad \text{für} \quad Pr \to \infty \tag{8.37b}$$

erhalten, s. dazu auch Schlichting (1982). Bild 8.5 zeigt die von Pohlhausen berechnete Funktion $f(Pr)$, sowie die Asymptoten (8.37a) und (8.37b).

Nach Eckert und Drake (1972) wird die Prandtlzahlabhängigkeit hinreichend genau durch die empirische Korrelation

$$\frac{Nu_x}{\sqrt{Re_x}} = f(Pr) = \frac{\sqrt{Pr}}{1{,}55\sqrt{Pr} + 3{,}09\sqrt{0{,}372 - 0{,}15Pr}} \tag{8.38a}$$

erfaßt. Von Specht und Jeschar (1984) wurde kürzlich die etwas einfachere Beziehung

$$\frac{Nu_x}{\sqrt{Re_x}} = f(Pr) = \frac{0{,}332\,Pr^{1/3}}{(0{,}92 + 0{,}12\,Pr^{-2/3})^{1/4}} \tag{8.38b}$$

vorgeschlagen, die mit numerisch berechneten Werten gut übereinstimmt.

Für das Verhältnis der Grenzschichtdicken gilt schließlich

$$\frac{\delta_s}{\delta_T} = \begin{cases} Pr^{1/2} & \text{für } Pr \to 0, \\ 1 & \text{für } Pr = 1, \\ Pr^{1/3} & \text{für } Pr \to \infty \, . \end{cases} \tag{8.39}$$

Die durch numerische Integration von (8.33) berechneten Temperaturprofile sind in Bild 8.6 für verschiedene Prandtlzahlen dargestellt. Für $Pr = 1$ sind das Temperatur- und Geschwindigkeitsprofil identisch. Man erkennt in Übereinstimmung mit (8.39), daß die Temperaturgrenzschicht für $Pr \gg 1$ wesentlich dünner und für $Pr \ll 1$ wesentlich dicker als die Strömungsgrenzschicht ist.

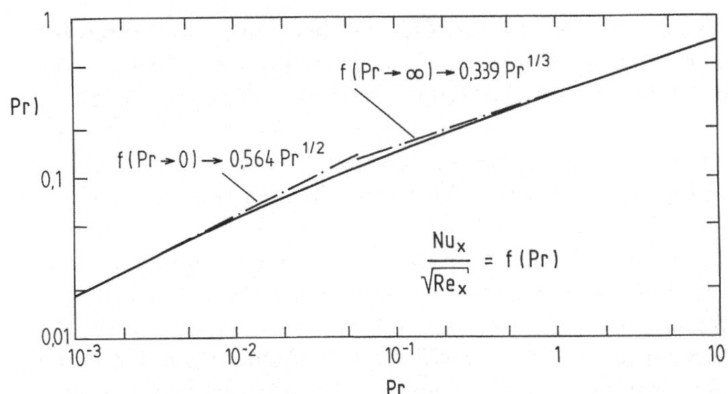

Bild 8.5. Die Funktion $Nu_x/\sqrt{Re_x}=f(Pr)$ für den Wärmeübergang bei erzwungener Konvektion an der laminar überströmten ebenen Platte

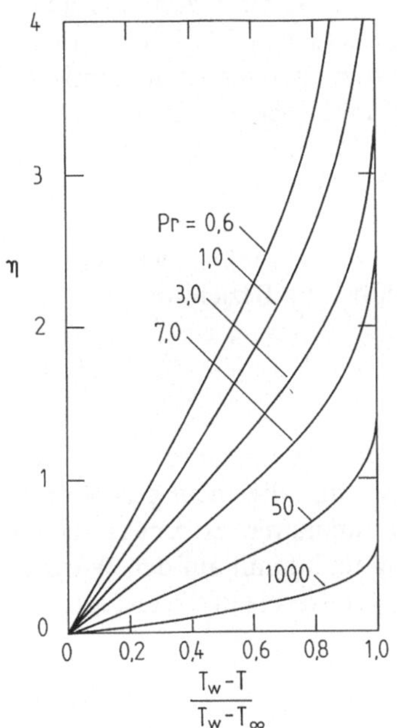

Bild 8.6. Temperaturprofil $(T_w-T)/(T_w-T_\infty)$ in Abhängigkeit der Ähnlichkeitsvariablen $\eta=y\sqrt{u_\infty/(vx)}$ an der laminar überströmten ebenen Platte mit $T_w=\text{const}$

8.2.3 Wärmeübergang für $q_w=\text{const}$

Im Gegensatz zur thermischen Randbedingung $T_w=\text{const}$ existieren für den Fall $q_w=\text{const}$ keine ähnlichen Lösungen. Für die Lösung der Grenzschichtgleichungen kommen in diesem Fall vier unterschiedliche Klassen von Lösungsverfahren in Frage. Bei den Verfahren der ersten Klasse werden die Gleichungen nach dem Ort diskretisiert und mit einem geeigneten numerischen Algorithmus integriert, s. z.B. Roache (1976). Mit numerischen Verfahren lassen sich die Gleichungen dabei für beliebige Randbedingungen lösen. Als weitere Klasse stehen Integralverfahren zur Verfügung. In Kap. 9 werden wir darauf nochmals ausführlich eingehen. Die Verfahren der dritten Klasse führen das Konzept der lokalen Ähnlichkeit, s. Sparrow und Yu (1971) und die der vierten Klasse, das Konzept der linearen Superposition ein. Formal hat das letztgenannte Konzept eine gewisse Ähnlichkeit mit dem von Grigull und Sandner (1979) diskutierten Theorem von Duhamel zur Lösung der instationären Wärmeleitungsgleichung.

Wir wollen das letztgenannte Verfahren im Folgenden kurz skizzieren. Dazu erinnern wir uns, daß im Falle konstanter Wandtemperatur, $T_w = $ const, der Wärmeübergangskoeffizient $\alpha \sim x^{-1/5}$ ist, d.h. der Wärmeübergang wird mit zunehmender Lauflänge schlechter bzw. die Wärmestromdichte q_w an der Wand wird kleiner. Für $q_w = $ const muß, da der Wärmeübergangskoeffizient mit zunehmender Lauflänge wegen der ansteigenden Grenzschichtdicke ebenfalls kleiner wird, die Wandtemperatur ansteigen. Der Fall $q_w = $ const ist damit ein Sonderfall des Wärmeübergangs bei veränderlicher Wandtemperatur $T_w(x)$. Da die Grenzschichtgleichungen linear und homogen sind, ist die Summe von einzelnen Lösungen ebenfalls eine Lösung. Der Fall der veränderlichen Wandtemperatur $T(x)$ kann deshalb mathematisch dadurch gelöst werden, daß man den Temperaturverlauf $T(x)$ durch die Summe einzelner Sprungfunktionen ersetzt, s. Bild 8.7. Werden die Abstände der Sprungfunktion $T_n(x \geqq x_n) = $ const differentiell klein gemacht, so läßt sich mit diesem Vorgehen jeder beliebige Verlauf der Wandtemperatur T_w darstellen.

Mit Hilfe dieses Verfahrens haben Kays und Crawford (1980) den Wärmeübergang für $q_w = $ const und $Pr \approx 1$ berechnet und dabei die Beziehung

$$\frac{Nu_x}{\sqrt{Re_x}} = 0{,}453\, Pr^{1/3} \tag{8.40}$$

erhalten. Der Vergleich mit (8.29) zeigt, daß der Wärmeübergang für $q_w = $ const um etwa 36 % besser als für $T_w = $ const ist. Daraus kann allgemein geschlossen werden, daß die thermische Randbedingung bei laminarer Strömung einen wesentlichen Einfluß auf die resultierende Nußeltzahl und damit auf den Wärmeübergang hat. Für weitere Details der Lösung für $q_w = $ const sei auf die angegebene Literatur verwiesen.

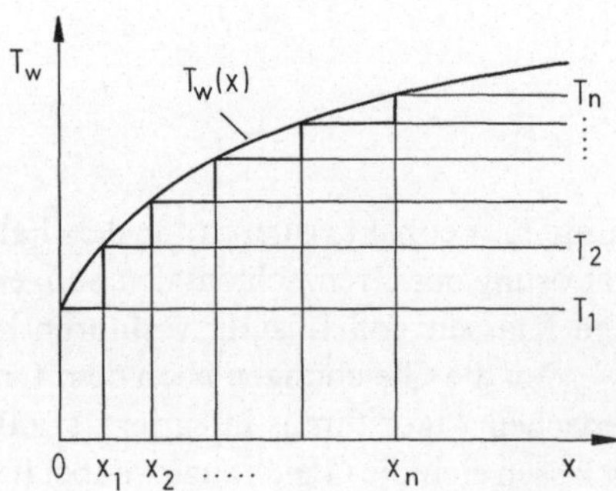

Bild 8.7. Ersetzen der Wandtemperatur $T_w(x)$ durch Sprungfunktionen $T_n(x \geqq x_n) = $ const

8.3 Turbulente Strömung

Wir betrachten nun die turbulente Plattenströmung und setzen dabei voraus, daß die Strömung bereits von der Vorderkante an voll turbulent ist. Das Geschwindigkeits- und Temperaturfeld in der Nähe der Plattenoberfläche werden wieder durch die Grenzschichtgleichungen (8.2) und (8.3) beschrieben, wobei die Momentanwerte u, v und T jetzt durch die zeitlichen Mittelwerte $\bar{u}$, $\bar{v}$ und $\bar{T}$ ersetzt werden.

Im folgenden wollen wir zunächst zwei Näherungslösungen und anschließend eine mehr oder weniger exakte Lösung für den Wärmeübergang bei turbulenter Strömung vorstellen.

8.3.1 Strömungsgrenzschicht

Wir integrieren die Grenzschichtgleichung (8.2) über die Grenzschichtdicke und eleminieren damit die y-Abhängigkeit. Durch dieses Vorgehen werden die partiellen Grenzschichtgleichungen in gewöhnliche Differentialgleichungen überführt. In Kap. 9 kommen wir auf dieses Integralverfahren nochmals zurück, werden dabei aber ein wesentlich allgemein gültigeres Verfahren vorstellen.

Setzen wir die Geschwindigkeit

$$\bar{v}(x,y) = - \int\limits_0^y \frac{\partial \bar{u}}{\partial x}\,\mathrm{d}y$$

aus der Kontinuitätsgleichung (8.1) in (8.2) ein und integrieren von $y=0$ bis $y=h$ mit $h \geq \delta$, so folgt

$$\int\limits_0^h \left[\bar{u}\frac{\partial \bar{u}}{\partial x} - \left(\int\limits_0^y \frac{\partial \bar{u}}{\partial x}\,\mathrm{d}y \right) \frac{\partial \bar{u}}{\partial y} \right] \mathrm{d}y = \frac{1}{\varrho} \int\limits_0^h \frac{\partial \tau}{\partial y}\,\mathrm{d}y \,.$$

Unter Beachtung der Regeln für die partielle Integration läßt sich der zweite Term auf der linken Seite entsprechend

$$\underbrace{\int\limits_0^h \left(\int\limits_0^y \frac{\partial \bar{u}}{\partial x}\,\mathrm{d}y \right)}_{q} \underbrace{\frac{\partial \bar{u}}{\partial y}\,\mathrm{d}y}_{p'} = \underbrace{\left[\bar{u} \int\limits_0^y \frac{\partial u}{\partial x}\,\mathrm{d}y \right]_0^h}_{qp} - \underbrace{\int\limits_0^h \bar{u}\frac{\partial \bar{u}}{\partial x}\,\mathrm{d}y}_{pq'} \,.$$

umformen.

Werden die Integrationsgrenzen $y=0$ und $y=h$ in das erste Integral auf der rechten Seite eingesetzt, so erhält man mit dieser Umformung aus der Bewegungsgleichung

$$\int\limits_0^h \left[2\bar{u}\frac{\partial \bar{u}}{\partial x} - u_\infty \frac{\partial \bar{u}}{\partial x} \right] \mathrm{d}y = - \frac{\tau_\mathrm{w}}{\varrho} \,.$$

Da die Geschwindigkeit u_∞ bei der ebenen Plattenströmung außerhalb der Grenzschicht konstant ist, kann u_∞ auch unter das Differential geschrieben werden. Desweiteren können, da die Geschwindigkeitsverteilung $\bar{u}(y)$ als stetige Funktion vorausgesetzt wird, Integration und Differentiation vertauscht werden. Mit der zusätzlichen Umformung

$$2\bar{u}\frac{\partial \bar{u}}{\partial x} = \frac{\partial}{\partial x}(\bar{u}^2)$$

erhält man damit

$$\frac{\mathrm{d}}{\mathrm{d}x}\left[u_\infty^2 \int_0^h \frac{\bar{u}}{u_\infty}\left(1 - \frac{\bar{u}}{u_\infty}\right)\right]\mathrm{d}y = \frac{\tau_w}{\varrho}.$$

Das Integral in diesem Ausdruck ist die sog. Impulsverlustdicke

$$\delta_2 = \int_0^h \frac{\bar{u}}{u_\infty}\left(1 - \frac{\bar{u}}{u_\infty}\right)\mathrm{d}y, \qquad (8.41)$$

auf die wir im nächsten Kapitel nochmals zurückkommen. Die Integration der Bewegungsgleichung (8.2) führt damit schließlich auf die Beziehung

$$\frac{\tau_w}{\varrho} = u_\infty^2 \frac{\mathrm{d}\delta_2}{\mathrm{d}x}. \qquad (8.42)$$

Das Geschwindigkeitsprofil bei der turbulenten Plattenströmung kann, wie in Kap. 4 gezeigt, näherungsweise durch das 1/7-Potenzgesetz,

$$\frac{\bar{u}}{u_\infty} = \left(\frac{y}{\delta_s}\right)^{1/7}$$

dargestellt werden. Damit erhält man aus (8.41) für die Impulsverlustdicke

$$\delta_2 = \frac{7}{72}\delta_s,$$

und damit aus (8.42) für die Wandschubspannung

$$\frac{\tau_w}{\varrho} = \frac{7}{72}u_\infty^2 \frac{\mathrm{d}\delta_s}{\mathrm{d}x}. \qquad (8.43)$$

Für die Lösung dieser Gleichung wird ein weiterer Zusammenhang zwischen der Grenzschichtdicke δ_s und der Wandschubspannung τ_w benötigt. Anhand von experimentellen Untersuchungen hat Blasius dafür die Beziehung

$$\frac{\tau_w}{\varrho u_\infty^2} = 0{,}0225\, Re_\delta^{-1/4}, \qquad (8.44)$$

mit $Re_\delta = u_\infty \delta_s / \nu$ angegeben.

Mit (8.44) folgt aus (8.43) für die Grenzschichtdicke

$$\frac{\delta_s}{x} = \frac{0{,}371}{Re_x^{1/5}}. \qquad (8.45)$$

Für den örtlichen Reibungskoeffizienten erhält man mit (8.43) und (8.45) aus (8.17)

$$\frac{c_f}{2} = \frac{0{,}0577}{Re_x^{1/5}} \; . \tag{8.46}$$

Mit der gesamten Widerstandskraft der Platte,

$$F = 2b \int\limits_0^L \tau_w \mathrm{d}x$$

erhält man für den Widerstandskoeffizienten

$$\frac{c_w}{2} = \frac{F}{A\varrho u_\infty^2}$$

bei turbulenter Strömung

$$\frac{c_w}{2} = \frac{0{,}036}{Re_L^{1/5}} \; . \tag{8.47}$$

Diese Beziehung stimmt nach Schlichting (1982) sehr gut mit Meßwerten überein, wenn statt des Zahlenwerts 0,036 der Wert 0,037 eingesetzt wird.

8.3.2 Temperaturgrenzschicht und Wärmeübergang für $T_w = \text{const}$

Analog zu oben setzen wir $v(x,y)$ aus der Kontinuitätsgleichung in die Energiegleichung (8.3) ein. Die Integration von $y=0$ bis $y=h$ mit $h>\delta$ liefert dann

$$\int\limits_0^h \left[\bar{u}\frac{\partial \bar{T}}{\partial x} - \left(\int\limits_0^y \frac{\partial \bar{u}}{\partial x}\mathrm{d}y \right) \frac{\partial \bar{T}}{\partial y} \right] \mathrm{d}y = \frac{1}{\varrho c_p} \int\limits_0^h \frac{\partial q}{\partial y}\mathrm{d}y \; .$$

Das zweite Integral auf der linken Seite kann durch partielle Integration wieder umgeformt werden; man erhält

$$\int\limits_0^h \left[\bar{u}\frac{\partial \bar{T}}{\partial x} - \bar{T}_\infty \frac{\partial \bar{u}}{\partial x} + \bar{T}\frac{\partial \bar{u}}{\partial x} \right] \mathrm{d}y = \frac{q_w}{\varrho c_p} \; .$$

Mit der weiteren Umformung

$$\bar{u}\frac{\partial \bar{T}}{\partial x} = \frac{\partial}{\partial x}(\bar{u}\bar{T}) - \bar{T}\frac{\partial \bar{u}}{\partial x} \; ,$$

sowie der Vertauschung von Integration und Differentiation folgt dann

$$\frac{\mathrm{d}}{\mathrm{d}x} \left[u_\infty T_\infty \int\limits_0^h \frac{\bar{u}}{u_\infty} \left(\frac{\bar{T}}{T_\infty} - 1 \right) \mathrm{d}y \right] = \frac{q_w}{\varrho c_p} \; .$$

Das Integral in diesem Ausdruck ist die sog. Energieverlustdicke

$$\delta_3 = \int\limits_0^h \frac{\bar{u}}{u_\infty} \left(\frac{\bar{T}}{T_\infty} - 1 \right) \mathrm{d}y , \tag{8.48}$$

deren nähere Erklärung wir vorerst zurückstellen. Damit führt die Integration der Energiegleichung schließlich auf die Beziehung

$$\frac{q_\mathrm{w}}{\varrho c_\mathrm{p}} = u_\infty T_\infty \frac{\mathrm{d}\delta_3}{\mathrm{d}x} \; . \tag{8.49}$$

8.3.2.1 Näherungslösung für $Pr = 1$

Auch das Temperaturprofil der turbulenten Grenzschicht an der ebenen Platte kann für den Fall $T_\mathrm{w} = \mathrm{const}$ näherungsweise durch das 1/7-Potenzgesetz

$$\frac{\bar{T} - T_\infty}{T_\mathrm{w} - T_\infty} = \left(\frac{y}{\delta_\mathrm{T}} \right)^{1/7}$$

dargestellt werden, wobei für $Pr = 1$ Strömungs- und Temperaturgrenzschicht gleich dick sind, somit $\delta_\mathrm{T} = \delta_\mathrm{s} = \delta$ gilt.

Für die Energieverlustdicke δ_3 erhält man damit aus (8.48)

$$\delta_3 = \frac{7}{72} \frac{T_\mathrm{w} - T_\infty}{T_\infty} \delta$$

und aus (8.49)

$$\frac{q_\mathrm{w}}{\varrho c_\mathrm{p}} = \frac{7}{72} u_\infty (T_\mathrm{w} - T_\infty) \frac{\mathrm{d}\delta}{\mathrm{d}x} \; . \tag{8.50}$$

Unter Beachtung der Definition (8.17) für die Reibungskoeffizienten folgt mit (8.43) aus (8.44)

$$\frac{q_\mathrm{w}}{\varrho c_\mathrm{p}} = u_\infty (T_\mathrm{w} - T_\infty) \frac{c_\mathrm{f}}{2} \tag{8.51}$$

und damit für die Stantonzahl

$$St_\mathrm{x} = \frac{c_\mathrm{f}}{2} = \frac{0{,}0577}{Re_\mathrm{x}^{1/5}} \; . \tag{8.52}$$

Da wir bei der Integration über die Grenzschichtdicke zwischen Strömungs- und Temperaturgrenzschicht nicht unterschieden und damit $\delta_\mathrm{T} = \delta_\mathrm{S}$ gesetzt haben, ist das Ergebnis für die Stantonzahl streng genommen nur für $Pr = 1$ gültig. Für $Pr = 1$ gilt jedoch die Reynoldsanalogie zwischen Impuls- und Wärmeübertragung, was durch (8.52) bestätigt wird.

8.3.2.2 Näherungslösung für $Pr \neq 1$

Um den Einfluß der Prandtlzahl zu erfassen, müßten bei der Integration in (8.41) und (8.48) die beiden Fälle $\delta_\mathrm{T} > \delta_\mathrm{S}$ und $\delta_\mathrm{T} < \delta_\mathrm{S}$ getrennt untersucht werden. Darauf wollen wir in Kap. 9 zurückkommen. Im Gegensatz dazu werden wir hier den Einfluß der Prandtlzahl mit einem verbesserten Analogiemodell erfassen.

In Abschn. 7.2 haben wir die Analogie zwischen Wärme- und Impulsübertragung bei der turbulenten Rohrströmung betrachtet und dabei mit der Reynolds-

bzw. Prandtlanalogie eine Beziehung für die Stantonzahl abgeleitet. Im Gegensatz zum Druckverlustkoeffizienten $\xi/8$ bei der turbulenten Rohrströmung tritt bei der turbulenten Plattenströmung der örtliche Reibungskoeffizient $c_f/2$ auf. Damit führt die Prandtlanalogie, (7.46), bei der turbulenten Plattenströmung auf

$$St_x = \frac{c_f/2}{1 + 13{,}2\sqrt{\frac{c_f}{2}}\,(Pr-1)}\,, \tag{8.53}$$

wenn für die Oberseite der viskosen Strömungsschicht statt 10,8 der von Kays und Crawford (1980) empfohlene Wert $y^+ = 13{,}2$ eingesetzt wird.

Von Kármán hat das Zwei-Schichten-Modell von Prandtl erweitert und durch ein Drei-Schichten-Modell ersetzt. In der viskosen Strömungsschicht, $0 \leqq y^+ \leqq 5$, dominiert mit $\varepsilon_\tau/\nu \ll 1$ und $\varepsilon_q/a \ll 1$ wieder der molekulare Transport und im voll turbulenten Bereich, $y^+ > 30$, mit $\varepsilon_\tau/\nu \gg 1$ und $\varepsilon_q/a \gg 1$ der turbulente Transport. Zwischen diesen beiden Schichten nimmt von Kármán nun eine dritte, sog. Übergangsschicht an, in der der molekulare und turbulente Transport von gleicher Größenordnung sind; d.h. $\varepsilon_\tau/\nu \approx 1$ und $\varepsilon_q/a \approx 1$ für $5 < y^+ \leqq 30$. Als Ergebnis erhält man schließlich die Beziehung

$$St_x = \frac{c_f/2}{1 + 5\sqrt{\frac{c_f}{2}}\left[Pr - 1 + \ln\left(\frac{5Pr+1}{6}\right)\right]} \tag{8.54}$$

für die örtliche Stantonzahl.

Mit der Identität

$$Nu_x = St_x Re_x Pr$$

folgen aus (8.53) und (8.54) Beziehungen für die örtliche Nußeltzahl. Wird in (8.53) statt dem örtlichen Reibungskoeffizienten $c_f/2$ der Widerstandskoeffizient $c_w/2$ nach (8.47) eingesetzt, so erhält man die mittlere Stantonzahl

$$St_m = \frac{c_w/2}{1 + 13{,}2\sqrt{\frac{c_w}{2}}\,(Pr-1)}\,. \tag{8.55}$$

Wir rufen nochmals in Erinnerung, daß bei der Anwendung der Analogiebeziehungen, die bei deren Ableitungen eingeführten Einschränkungen beachtet werden müssen. Zum einen wurde $Pr_t = 1$ vorausgesetzt, d.h. die Ergebnisse gelten nur für relativ große Reynoldszahlen. Zum anderen ist die Analogie zwischen Strömungs- und Temperaturgrenzschicht nur für Prandtlzahlen, die nicht allzu verschieden von Eins sind, anwendbar. Die Beziehungen (8.53) und (8.55) sind damit nur im Bereich $0{,}5 < Pr < 5$ gültig.

8.3.2.3 Exakte Lösung für $Pr \neq 1$

Analog zur turbulenten Rohrströmung haben Petukhov und Popov (1963) die Grenzschichtgleichungen (8.1) bis (8.3) unter Verwendung des in Kap. 4

angegebenen Ansatzes (4.41) für die turbulente Transportgröße ε_τ und $Pr_t = 1$ für die voll turbulente Schicht numerisch integriert. Für die so ermittelten Werte geben Petukhov und Popov die empirische Korrelation

$$St_x = \frac{c_f/2}{1 + 12{,}7\sqrt{\dfrac{c_f}{2}}\,(Pr^{2/3} - 1)} \qquad (8.56)$$

für die örtliche Stantonzahl mit $c_f/2$ nach (8.46) und

$$St_m = \frac{\dfrac{c_w}{2}}{1 + 12{,}7\sqrt{\dfrac{c_w}{2}}\,(Pr^{2/3} - 1)} \qquad (8.57\,\text{a})$$

für die mittlere Stantonzahl an, wobei für den Widerstandskoeffizienten die von Schlichting angegebene Beziehung

$$\frac{c_w}{2} = 0{,}037\,Re_L^{-1/5}, \; Re \leqq 10^7 \qquad (8.58)$$

einzusetzen ist. Mit $Nu_m = St_m Re_L Pr$ und (8.58) erhält man aus (8.57 a) für die Nußeltzahl

$$Nu_m = \frac{0{,}037\,Re^{0,8}Pr}{1 + 2{,}443\,Re^{-0,1}(Pr^{2/3} - 1)} \, . \qquad (8.57\,\text{b})$$

Der Vergleich von (8.56) mit (8.53) zeigt, daß die Prandtlanalogie die Abhängigkeit der Stantonzahl vom Reibungskoeffizienten und von der Prandtlzahl bis auf den Exponenten der Prandtlzahl richtig wiedergibt. In dieser Tatsache ist der große Vorteil der Analogie zu sehen. Bei einem relativ bescheidenen Aufwand im Vergleich zur „exakten" Lösung liefert die Analogie den „richtigen" funktionalen Zusammenhang zwischen den das Problem beschreibenden Variablen. Bestimmt man die Zahlenwerte in dieser Korrelation und gegebenenfalls auch den Exponenten der Prandtlzahl durch Anpassung an Meßwerte, so erhält man eine physikalisch richtige Korrelationsgleichung für den Wärmeübergang.

Für Gase im Bereich $0{,}5 < Pr < 1{,}0$ kann für die lokale Nußeltzahl die wesentlich einfacher zu handhabende Beziehung

$$Nu_x = 0{,}0287\,Re_x^{0,8}Pr^{0,6}, \qquad (8.59)$$

die im Bereich $5 \cdot 10^5 < Re_x < 5 \cdot 10^6$ gut mit Meßwerten übereinstimmt, verwendet werden. Mit $Nu_x = \alpha_x x/\lambda$ folgt daraus für den lokalen Wärmeübergangskoeffizienten

$$\alpha_x = 0{,}0287\left(\frac{u_\infty}{\nu}\right)^{0,8}Pr^{0,6}\frac{\lambda}{x^{1/5}} \, . \qquad (8.60)$$

Durch Integration erhält man daraus für den mittleren Wärmeübergangskoeffizienten einer Platte der Länge L,

$$\alpha_m = \frac{1}{L} \int_0^L \alpha_x dx = \frac{5}{4} \alpha_{x=L} , \tag{8.61}$$

d.h. der mittlere Wärmeübergangskoeffizient α_m für eine Platte der Länge L ist um 25 % größer als der örtiche α_L am Plattenende. Damit folgt schließlich für die mittlere Nußelzahl

$$Nu_m = \frac{\alpha_m L}{\lambda} = 0{,}0357\, Re_L^{0,8} Pr^{0,6} . \tag{8.62}$$

Wir vergleichen nun (8.60) mit der Beziehung (8.16) für die Grenzschichtdicke und erhalten daraus durch Elimination der Lauflänge x

$$\alpha(x) = 0{,}0224 \frac{\lambda}{\delta_S(x)} Pr^{0,6} Re_\delta^{3/4} . \tag{8.63}$$

Ein Vergleich mit der entsprechenden Beziehung (8.36) für die laminare Strömung zeigt, daß der Wärmeübergangskoeffizient bei turbulenter Strömung nicht mehr umgekehrt proportional zu $\delta(x)$, sondern nur noch umgekehrt proportional zu $\delta(x)^{1/4}$ ist. Wenn die Grenzschichtdicke auf das Doppelte ansteigt, geht der Wärmeübergang um etwa 16 % zurück.

8.3.3 Turbulente Strömung mit laminarem Anlauf

Im Gegensatz zu der bisherigen Voraussetzung kann die Grenzschichtströmung im Bereich der Plattenvorderkante laminar sein und erst bei einer bestimmten Lauflänge $x = l$ turbulent werden, s. Bild 3.2. Beschränken wir uns auf Fluide mit Prandtlzahlen um $Pr \approx 1$, so folgt aus (8.35 a) für den örtlichen Wärmeübergangskoeffizienten im Bereich der laminaren Strömung

$$\alpha_{x,1} = 0{,}332\, \lambda Pr^{1/3} \left(\frac{u_\infty}{v} \right)^{1/2} x^{-1/2} . \tag{8.35 c}$$

Für den Bereich der turbulenten Strömung gilt (8.60), wenn wir voraussetzen, daß der Wärmeübergang dabei mit der selben Beziehung wie für die von der Vorderkante an voll turbulente Strömung beschrieben werden kann, also

$$\alpha_{x,t} = 0{,}0287\, \lambda Pr^{0,6} \left(\frac{u_\infty}{v} \right)^{0,8} x^{-0,2} .$$

Der mittlere Wärmeübergangskoeffizient kann nun näherungsweise durch Integration dieser Beziehungen über den jeweiligen Bereich entsprechend

$$\alpha_m = \frac{1}{L} \left[\int_0^1 \alpha_{x,1} dx + \int_1^L \alpha_{x,t} dx \right] \tag{8.64}$$

berechnet werden. Nimmt man an, daß die Grenzschicht bei $Re_l = 2 \cdot 10^5$ turbulent wird, so folgt für die Länge des laminaren Bereichs

$$l = 2 \cdot 10^5 \, \frac{v}{u_\infty} \, .$$

Mit (8.35c) und (8.60) erhält man damit aus (8.64) zunächst

$$\frac{\alpha_m L}{\lambda} = 0{,}0357 \, Pr^{0,6} [Re_L^{0,8} - 17400] + 296 \, Pr^{1/3} \, .$$

Beschränkt man sich auf Prandtlzahlen um Eins, dann folgt daraus wegen $296 \, Pr^{1/3} \approx 296 \, Pr^{0,6}$ die Beziehung

$$Nu_m = 0{,}036 \, Pr^{0,6} \left(Re_L^{0,8} - 9400 \right) , \tag{8.65}$$

wenn für die Konstante desweiteren 0,036 statt 0,0357 eingesetzt wird. Bild 8.8 zeigt die theoretisch ermittelten Beziehungen (8.62) und (8.65) im Vergleich zu experimentellen Meßwerten für Luft nach Whiteaker (1976). Für die einzelnen Meßwerte sind, soweit bekannt, die Turbulenzgrade der Außenströmung angegeben. Aus experimentellen Untersuchungen weiß man, daß der Umschlag von laminar in turbulent desto weiter stromabwärts erfolgt je geringer der Turbulenzgrad der Außenströmung ist. Da bei technischen Wärmeübergangsproblemen die Außenströmung meist einen relativ hohen Turbulenzgrad hat (einige Prozent) und der laminare Anlaufbereich infolge stumpfer Plattenvorderkanten sehr klein ist, liegen die Meßpunkte dafür eher auf der oberen als auf der unteren Kurve. Um die Temperaturabhängigkeit der Stoffwerte zu erfassen, wurde statt der Prandtlzahlabhängigkeit $Pr^{0,6}$ die von Zhukauskas vorgeschlagene Abhängigkeit $Pr^{0,43} \left(\dfrac{\eta_\infty}{\eta_w} \right)^{0,25}$ verwendet, s. Abschn. 8.4.

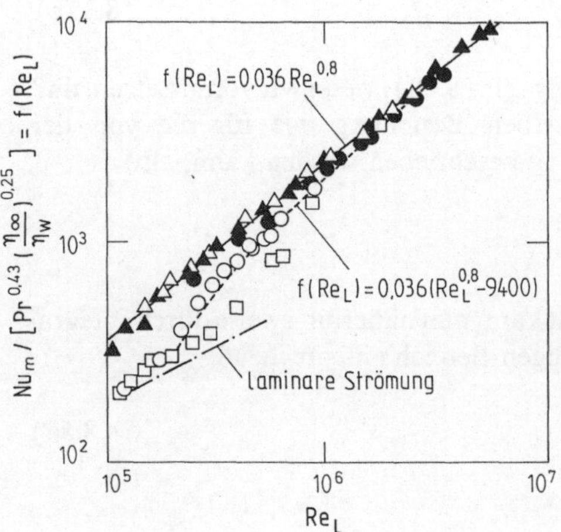

Bild 8.8. Wärmeübergang an der turbulent überströmten ebenen Platte. Vergleich zwischen Theorie und experimentellen Daten für Luft ($Pr = 0{,}7$) mit Freistromturbulenz: $\bigcirc$, $\bullet$, $\triangle$ unbekannt, $\square$ vernachlässigbar, $\blacktriangle$ etwa 5 % [entnommen aus Whiteaker (1976)]

Anhand einer umfangreichen Literaturauswertung hat Gnielinski (1975) die Beziehung

$$Nu_m = \sqrt{Nu_{m,l}^2 + Nu_{m,t}^2}\,, \tag{8.66}$$

mit $Nu_{m,l}$ nach (8.35 b) und $Nu_{m,t}$ nach (8.57 b), vorgeschlagen.

8.3.4 Wärmeübergang bei $q_w = \text{const}$

Auch bei turbulenter Strömung läßt sich der Wärmeübergang mit dem in Abschn. 8.2.3 skizzierten Verfahren der Überlagerung einzelner Lösungen berechnen. Kays und Crawford (1980) erhalten damit für den Wärmeübergang bei konstanter Wärmestromdichte die Beziehung

$$Nu_x = 0{,}030\, Re_x^{0,8} Pr^{0,6}\,. \tag{8.67}$$

Der Vergleich mit (8.59) zeigt, daß der Wärmeübergang für $q_w = \text{const}$ nur etwa 4 % besser als für $T_w = \text{const}$ ist. Damit bestätigt sich die bereits bei der turbulenten Rohrströmung festgestellte Tatsache, daß die thermische Randbedingung bei turbulenten Strömungen von untergeordnetem Einfluß ist. Die für den Fall $T_w = \text{const}$ abgeleiteten Beziehungen können bei turbulenter Strömung damit in erster Näherung auch für den Fall $q_w = \text{const}$ verwendet werden.

Wir erinnern uns jedoch, daß dies bei laminarer Strömung nicht zutrifft. Hierbei war der Wärmeübergang bei $q_w = \text{const}$ um etwa 36 % größer als bei $T_w = \text{const}$.

8.4 Variable Stoffwerte

8.4.1 Laminare Strömung

Bei temperaturabhängigen Stoffwerten wird die Strömungs- und Temperaturschicht und damit der Wärmeübergang bei laminarer Strömung anstelle von (8.1), (8.2) und (8.3) durch die Gleichungen

$$\frac{\partial(\varrho u)}{\partial x} + \frac{\partial(\varrho v)}{\partial y} = 0\,, \tag{8.68}$$

$$\varrho\left(u\frac{\partial u}{\partial x} + v\frac{\partial u}{\partial y}\right) = \frac{\partial}{\partial y}\left(\eta\frac{\partial u}{\partial y}\right)\,, \tag{8.69}$$

$$\varrho c_p\left(u\frac{\partial T}{\partial x} + v\frac{\partial T}{\partial y}\right) = \frac{\partial}{\partial y}\left(\lambda\frac{\partial T}{\partial y}\right)\,, \tag{8.70}$$

beschrieben. Diese Gleichungen unterscheiden sich von den zuerst genannten im wesentlichen dadurch, daß in der Kontinuitätsgleichung die Dichte ϱ, in der Bewegungsgleichung die dynamische Viskosität η und in der Energiegleichung die Wärmeleitfähigkeit λ im Differential der entsprechenden Terme stehen. Gersten und Herwig (1984) haben (8.68) bis (8.70) analytisch durch eine asymptotische

Reihenentwicklung mit dem Störparameter

$$\varepsilon = \frac{T_w - T_\infty}{T_w}$$

gelöst. Als Ergebnis erhalten sie die formale Darstellung für den lokalen Reibungs-koeffizienten, (der Index c.p. bedeutet dabei konstante Stoffwerte bzw. „constant property")

$$\frac{c_f}{c_{f\,c.p.}} = 1 + \varepsilon A_1 + \varepsilon^2 A_2 + \dots$$

und die lokale Nußeltzahl

$$\frac{Nu_x}{Nu_{x\,c.p.}} = 1 + \varepsilon B_1 + \varepsilon^2 B_2 + \dots ,$$

wobei die Koeffizienten A_i und B_i nur von den Stoffwerten des Fluids abhängen. Herwig und Gersten zeigen weiter, daß für linear veränderliche Stoffwerte die Ergebnisse durch sog. Stoffwertverhältnisse der Form

$$\frac{c_f}{c_{f\,c.p.\infty}} = \left(\frac{\varrho_w \eta_w}{\varrho_\infty \eta_\infty}\right)^{m_2} , \tag{8.71}$$

$$\frac{Nu_x}{Nu_{x\,c.p.\infty}} = \left(\frac{\varrho_w \eta_w}{\varrho_\infty \eta_\infty}\right)^{n_2} \left(\frac{Pr_w}{Pr_\infty}\right)^{n_3} \left(\frac{c_{pw}}{c_{p\infty}}\right)^{1/2} , \tag{8.72}$$

wobei die Stoffwerte in $c_{f\,c.p.\infty}$ und $Nu_{x\,c.p.\infty}$ bei der Temperatur T_∞ der Außenströmung berechnet werden, bzw. durch

$$\frac{c_f}{c_{f\,c.p.w}} = \left(\frac{\varrho_w \eta_w}{\varrho_\infty \eta_\infty}\right)^{M_2} , \tag{8.73}$$

$$\frac{Nu_x}{Nu_{x\,c.p.w}} = \left(\frac{\varrho_w \eta_w}{\varrho_\infty \eta_\infty}\right)^{N_2} \left(\frac{Pr_w}{Pr_\infty}\right)^{N_3} \left(\frac{c_{pw}}{c_{p\infty}}\right)^{1/2} , \tag{8.74}$$

wobei die Stoffwerte für $c_{f\,c.p.w}$ und $Nu_{x\,c.p.w}$ bei der Wandtemperatur T_w ermittelt werden, dargestellt werden können. Die Exponenten der Stoffwertverhältnisse sind dabei von der Prandtlzahl abhängig. Sowohl in der Beziehung für den Reibungs-koeffizienten als auch in der für die Nußeltzahl treten die Dichte und die Viskosität nur in der Kombination $(\varrho_w \eta_w)/(\varrho_\infty \eta_\infty)$ auf, die in der Literatur auch als Chapman-Rubesin-Parameter bezeichnet wird. Die Exponenten m_2, n_2, n_3 und M_2, N_2, N_3 sind in Tabelle 8.3 als Funktion der Prandtlzahl dargestellt. Anhand dieser Exponenten erkennt man, daß der Prandtlzahleinfluß beim Reibungs-koeffizienten wesentlich ausgeprägter als bei der Nußeltzahl ist. Für Gase kann man die Exponenten bei der Nußeltzahl näherungsweise bei der Prandtlzahl $Pr = 1$ wählen und erhält damit z.B. aus (8.72)

$$\frac{Nu_x}{Nu_{x\,c.p.\infty}} = \left(\frac{\varrho_w \eta_w}{\varrho_\infty \eta_\infty}\right)^{1/4} \left(\frac{Pr_w}{Pr_\infty}\right)^{-0,4} \left(\frac{c_{pw}}{c_{p\infty}}\right)^{1/2} . \tag{8.72a}$$

Tabelle 8.3. Exponenten der Stoffwertverhältnisse in den Beziehungen (8.71), (8.72), (8.73) und (8.74). [Nach Gersten u. Herwig (1984)]

Pr	m_2	n_2	n_3	M_2	N_2	N_3
$Pr \to 0$	0,5000	0,3183	$-0,3183$	0,0	$-0,1817$	0,1817
0,01	0,4557	0,3068	$-0,3466$	$-0,0443$	$-0,1932$	0,1949
0,1	0,3810	0,2843	$-0,3768$	$-0,1190$	$-0,2157$	0,2187
0,7	0,2660	0,2493	$-0,3970$	$-0,2340$	$-0,2507$	0,2462
1,0	0,2411	0,2411	$-0,3989$	$-0,2589$	$-0,2589$	0,2500
2	0,1927	0,2254	$-0,4014$	$-0,3073$	$-0,2746$	0,2554
5	0,1339	0,2061	$-0,4031$	$-0,3661$	$-0,2939$	0,2593
7	0,1152	0,2000	$-0,4035$	$-0,3848$	$-0,3000$	0,2601
10	0,0973	0,1939	$-0,4037$	$-0,4027$	$-0,3061$	0,2608
100	0,0277	0,1709	$-0,4043$	$-0,4723$	$-0,3291$	0,2621
$Pr \to \infty$	0,0	0,1616	$-0,4044$	$-0,5000$	$-0,3384$	0,2623

Für m_2, n_2, n_3 gilt: $Pr = Pr_\infty$
Für M_2, N_2, N_3 gilt: $Pr = Pr_\text{w}$

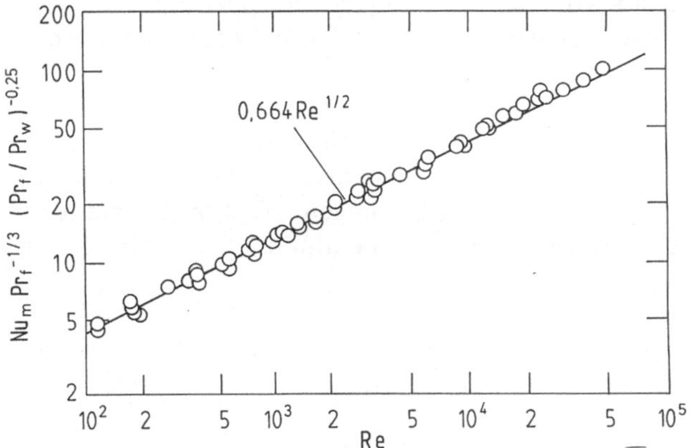

Bild 8.9. Vergleich von Meßwerten mit der Beziehung (8.73) für die mittlere Nußeltzahl für Wasser, Glycerin und Transformatorenöl nach Zhukauskas (1982)

Für $c_\text{p} = \text{const}$ und $\varrho\lambda = \text{const}$ geht (8.72) in die von Zhukauskas (1982) angegebene Beziehung

$$\frac{Nu_\text{x}}{Nu_{\text{x c.p.}\infty}} = \left(\frac{Pr_\text{w}}{Pr_\infty}\right)^\text{n}, \tag{8.72 b}$$

mit n im Bereich $0{,}2 \leqq n \leqq 0{,}25$ über. Mit den in Tabelle 8.3 angegebenen Zahlen erhält man für den Exponenten $n = n_2 + n_3$ den Wert 0 für $Pr \to 0$ und den Wert $-0,2428$ für $Pr \to \infty$. Die von Zhukauskas angegebene Korrektur (8.72b) sollte demnach nur für Flüssigkeiten bei großen Prandtlzahlen gelten. Bild 8.9 zeigt Meßwerte der mittleren Nußeltzahl in Abhängigkeit der Reynoldszahl nach

Zhukauskas (1982) sowie die Beziehung (8.72 b), wobei der Exponent $n = 0{,}25$ gewählt wurde. Da die Stoffwerte in der Nußelt- und Reynoldszahl dabei mit der Filmtemperatur $T_f = (T_w + T_\infty)/2$ bestimmt wurden, liegt hier genaugenommen eine Mischung der beiden Methoden „Stoffwertverhältnisse" und „Referenztemperatur" vor. Der Vergleich zeigt, daß (8.72 b) die Meßwerte für $Pr > 6$ in der Tat ausreichend genau beschreibt.

Im Gegensatz zu Gersten und Herwig haben Wehle und Brandt (1982) die Stoffwertverhältnisse durch numerische Lösung der Grenzschichtgleichungen für insgesamt 450 verschiedene Modellfluide berechnet und dafür die Beziehung

$$\frac{Nu_x}{Nu_{x\,\mathrm{c.p.}\infty}} = \left(\frac{\varrho_w}{\varrho_\infty}\right)^{0{,}19} \left(\frac{\eta_w}{\eta_\infty}\right)^{0{,}4-n} \left(\frac{Pr_w}{Pr_\infty}\right)^{-0{,}4} \left(\frac{c_{pw}}{c_{p\infty}}\right)^{1/2} \qquad (8.74\,\mathrm{a})$$

entwickelt, wobei der Exponent n entsprechend

$$n = 0{,}178\, Pr_\infty^{0{,}04} \qquad (8.74\,\mathrm{b})$$

von der Prandtlzahl abhängig ist. (In Wehle und Brandt (1984) wird für den Exponenten des Dichteverhältnisses 0,23 statt 0,19 angegeben.) Der Vergleich von (8.74 a) mit (8.72) zeigt, daß beide Beziehungen für $Pr \to \infty$ sehr gut übereinstimmen.

Statt der Methode der Stoffwertverhältnisse wird häufig auch die Methode der Referenztemperatur zur Berücksichtigung variabler Stoffwerte verwendet. Dabei werden die temperaturabhängigen Stoffwerte in die dimensionslosen Kennzahlen der für konstante Stoffwerte abgeleiteten Beziehungen nicht mehr bei der Temperatur T_∞, sondern bei einer sog. Referenztemperatur

$$T_{ref} = T_\infty + j(T_w - T_\infty) \qquad (8.75\,\mathrm{a})$$

eingesetzt, wobei die Referenztemperatur zwischen $T_\infty\,(j=0)$ und $T_w\,(j=1)$ liegen kann. Im allgemeinen wird für die Referenztemperatur die sog. Filmtemperatur

$$T_f = T_\infty + \frac{1}{2}(T_w - T_\infty), \qquad (8.75\,\mathrm{b})$$

d.h. der arithmetische Mittelwert zwischen T_∞ und T_w empfohlen. Gersten und Herwig haben gezeigt, daß die Referenztemperaturen für den Reibungskoeffizienten und für die Nußeltzahl verschieden sind und von der Prandtlzahl bzw. den neuen dimensionslosen Stoffwerten $K_a = T/a \cdot \partial a/\partial T$ abhängen. Lediglich bei Gasen sind die beiden Referenztemperaturen nur von der Prandtlzahl abhängig; der Zahlenwert von j in (8.75 a) liegt dafür sehr nahe bei 0,5 und die Referenztemperatur ist damit praktisch gleich der Filmtemperatur (8.75 b).

8.4.2 Turbulente Strömung

In turbulenten Grenzschichten sind abgesehen von den Verhältnissen in der viskosen Unterschicht die turbulenten Transportgrößen ε_τ und ε_q wesentlich größer als die laminaren, nämlich die kinematische Viskosität v und die Temperaturleitfähigkeit a. Deshalb wäre zu vermuten, daß der Einfluß variabler Stoffwerte in turbulenten Strömungen schwächer als in laminaren ist.

Wehle und Brandt (1984) haben die Reynoldsschen Grenzschichtgleichungen (4.16) bis (4.18) unter Verwendung des Prandtlschen Mischungswegansatzes, s. Abschn. 4.3.1, numerisch integriert. Dabei wurde angenommen, daß neben η, λ und c_p auch die Dichte ϱ variabel ist, weshalb statt (4.16) die Kontinuitätsgleichung in der Form

$$\frac{\partial \overline{\varrho u}}{\partial x} + \frac{\partial \overline{\varrho v}}{\partial y} = 0 \tag{8.76}$$

verwendet wurde. Wir erinnern hier nochmals daran, daß die Reynoldsschen Gleichungen unter der Voraussetzung einer inkompressiblen Strömung, also für $\varrho = \text{const}$ aus den Navier-Stokes- und der Energiegleichung abgeleitet wurden. Insofern ist die Verwendung von (8.76) anstelle von (4.16) nur für kleine Machzahlen ($Ma \to 0$) zulässig. Anhand umfangreicher numerischer Rechnungen für Wasser und Luft bei unterschiedlichen Temperaturen und Reynoldszahlen entwickelten Wehle und Brandt die Stoffwertkorrelation für die Nußeltzahl

$$\frac{Nu_x}{Nu_{x\,\text{c.p.}\infty}} = \left(\frac{\varrho_w}{\varrho_\infty}\right)^{0,37} \left(\frac{\eta_w}{\eta_\infty}\right)^{0,18} \left(\frac{Pr_w}{Pr_\infty}\right)^{-0,32} \left(\frac{c_{pw}}{c_{p\infty}}\right)^{0,47}, \tag{8.77}$$

(die von Wehle und Brandt (1984) angegebene Korrelation enthält die Wärmeleitfähigkeit λ. Durch Umrechnung mit $\lambda = \eta c_p / Pr$ erhält man daraus (8.77)).

Ein Vergleich mit der für die laminare Strömung entwickelten Korrelation (8.72) zeigt im Gegensatz zu der eingangs geäußerten Vermutung, daß der Einfluß variabler Stoffwerte für die turbulente und laminare Strömung praktisch gleich ist.

Durch Korrelation von Meßwerten für Luft, Wasser und Öl im Bereich $2 \cdot 10^4 < Re < 10^7$ haben Zhukauskas et al. (1961) für den Einfluß variabler Stoffwerte den Korrekturfaktor

$$\frac{Nu_x}{Nu_{x\,\text{c.p.}\infty}} = \left(\frac{Pr_w}{Pr_\infty}\right)^{-0,25} \tag{8.78}$$

vorgeschlagen, der praktisch gleich demjenigen für die laminare Strömung ist. Wehle und Brandt weisen jedoch darauf hin, daß die Korrektur (8.78) nur bei nicht zu großen Temperaturdifferenzen zwischen Wand und Umgebung und nur bei laminarer Strömung gilt. In der Nähe des kritischen Punkts von Wasser und Luft werden bei Verwendung von (8.78) Wärmeübergangskoeffizienten berechnet, die um mehr als 100 % zu groß sind.

Als Konsequenz ihrer Untersuchungen empfehlen Wehle und Brandt die von Gnielinski (1976) angegebene Beziehung (8.66) für die turbulent überströmte ebene Platte mit laminarem Anlauf entsprechend

$$Nu = \sqrt{(\Omega_l Nu_l)^2 + (\Omega_t Nu_t)^2} \tag{8.79}$$

zu erweitern, wobei Ω_l und Ω_t die Stoffwertverhältnisse nach (8.74 a) und (8.77) darstellen.

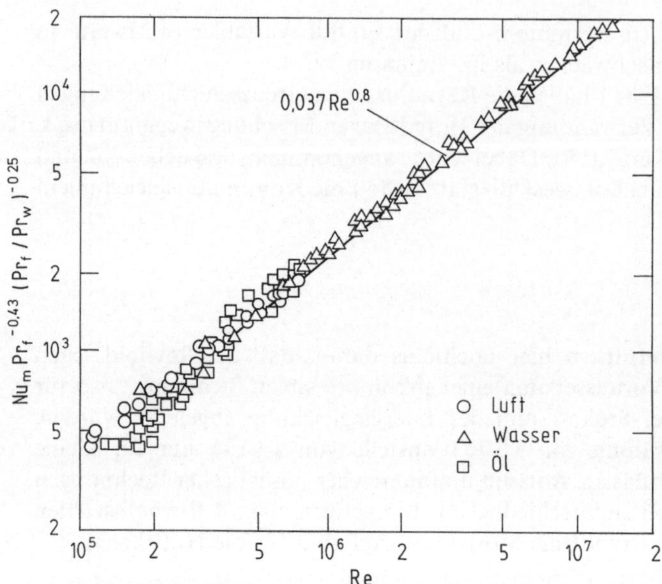

Bild 8.10. Vergleich von Meßwerten der mittleren Nußeltzahl für Luft, Wasser und Öl nach Zhukauskas (1982) mit der modifizierten Beziehung (8.62)

Bild 8.10 zeigt Meßwerte der mittleren Nußeltzahl für Luft, Wasser und Öl nach Zhukauskas (1982). Um den Einfluß der temperaturabhängigen Stoffwerte zu erfassen, hat Zhukauskas die Beziehung (8.62) etwas modifiziert. Statt $Pr^{0,6}$ wird das Produkt $Pr^{0,43} (Pr_w/Pr_f)^{-0,25}$ verwendet und die Konstante wurde von 0,0357 auf 0,037 abgeändert. Die Stoffwerte in der Nußelt- und Reynoldszahl sind wieder bei der Filmtemperatur $T_f = (T_w + T_\infty)/2$ einzusetzen. Der Vergleich zeigt eine hinreichend gute Übereinstimmung zwischen den Meßwerten und der modifizierten Beziehung (8.62).

9 Wärmeübergang bei der Umströmung zylindrischer Körper

Unter „zylindrischen Körpern" werden im folgenden solche verstanden, deren Querschnitt in Richtung der z-Achse eine zwar beliebige, aber unveränderliche Form hat. Der Kreiszylinder ist davon ein Sonderfall. Die Erstreckung in Richtung der z-Achse sei so groß, daß Endeffekte keine Rolle spielen. Unter diesen Voraussetzungen kann die Umströmung als zweidimensionales, d.h. ebenes Problem behandelt werden.

9.1 Ähnliche Lösungen der Grenzschichtgleichungen für die laminare Strömung am ebenen Keil

9.1.1 Mathematische Formulierung

Im vorigen Kapitel haben wir gezeigt, daß für den Fall der laminar überströmten ebenen Platte die partiellen Grenzschichtdifferentialgleichungen auf gewöhnliche Differentialgleichungen transformiert werden können, und daß die daraus ermittelte Lösung eine sog. ähnliche Lösung ist. Im folgenden wollen wir zunächst die Bedingungen diskutieren, unter denen ähnliche Lösungen existieren und anschließend den Fall des laminar überströmten Keils näher betrachten, s. Bild 9.1. Wir vernachlässigen dabei die Reibungswärme. Der Wärmeübergang unter Berücksichtigung der Reibungswärme bei laminaren Keilströmungen mit veränderlicher Temperatur entlang der Wand, wurde ausführlich von Gersten und Körner (1968) untersucht.

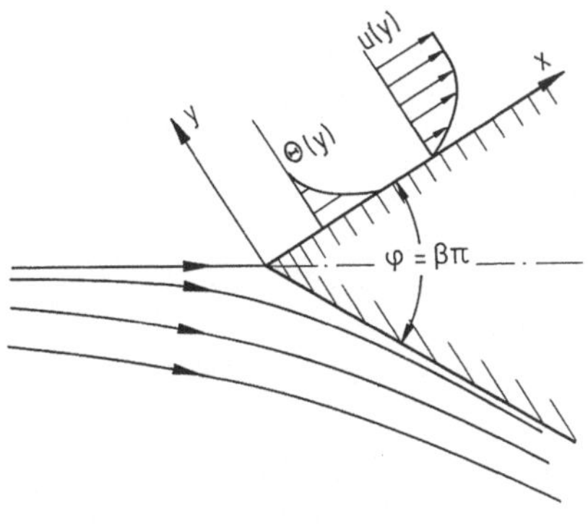

Bild 9.1. Geschwindigkeits- und Temperaturprofil am laminar überströmten ebenen Keil

Ausgangspunkt unserer Überlegungen sind wieder die Grenzschichtdifferentialgleichungen (4.12) bis (4.14), die wir hier der Vollständigkeit halber nochmals aufführen

$$\frac{\partial u}{\partial x} + \frac{\partial v}{\partial y} = 0, \tag{9.1}$$

$$u\frac{\partial u}{\partial x} + v\frac{\partial u}{\partial y} = -\frac{1}{\varrho}\frac{\partial p}{\partial x} + v\frac{\partial^2 u}{\partial y^2}, \tag{9.2}$$

$$u\frac{\partial T}{\partial x} + v\frac{\partial T}{\partial y} = a\frac{\partial^2 T}{\partial y^2}. \tag{9.3}$$

Wie wir in Kap. 4 bereits dargelegt haben, wird der Druck p innerhalb der Grenzschicht durch die Außenströmung aufgeprägt. In der Außenströmung, die wir als Potentialströmung voraussetzen, werden Druck p und Geschwindigkeit u_δ durch die Bernoulligleichung

$$p_\delta(x) + \frac{\varrho}{2}u_\delta^2(x) = \text{const} \tag{9.4}$$

beschrieben, wobei $p_\delta(x)$ und $u_\delta(x)$ der Druck und die Geschwindigkeit am äußeren Rand der Grenzschicht, $y=\delta$, sind. Da in der Grenzschichttheorie die Grenzschichtdicke δ als klein im Vergleich zu den Abmessungen des betrachteten Körpers vorausgesetzt wird, sind $p_\delta(x)$ und $u_\delta(x)$ gleich dem Druck und der Geschwindigkeit der Potentialströmung an der Oberfläche des Körpers. Mit (9.4) erhält man damit aus (9.2)

$$u\frac{\partial u}{\partial x} + v\frac{\partial u}{\partial y} = u_\delta\frac{du_\delta}{dx} + v\frac{\partial^2 u}{\partial y^2}. \tag{9.5}$$

Für die parallel überströmte ebene Platte verschwindet wegen $u_\delta = u_\infty = \text{const}$ der erste Term auf der rechten Seite in (9.5).

Bei zweidimensionalen Strömungen führt man zweckmäßigerweise die Stromfunktion $\Psi(x,y)$

$$u = \frac{\partial\Psi}{\partial y}, \quad v = -\frac{\partial\Psi}{\partial x} \tag{9.6}$$

ein, da damit die Kontinuitätsgleichung (9.1) identisch erfüllt wird. Damit folgt aus der Bewegungsgleichung (9.5)

$$\frac{\partial\Psi}{\partial y}\frac{\partial^2\Psi}{\partial x\partial y} - \frac{\partial\Psi}{\partial x}\frac{\partial^2\Psi}{\partial y^2} = u_\delta\frac{du_\delta}{dx} + v\frac{\partial^3\Psi}{\partial y^3} \tag{9.7}$$

mit den Randbedingungen für die Stromfunktion

$$y=0: \Psi=0, \quad \frac{\partial\Psi}{\partial x}=0, \quad \frac{\partial\Psi}{\partial y}=0, \tag{9.8}$$

$$y\to\infty: \frac{\partial\Psi}{\partial y} = u_\delta,$$

und aus der Energiegleichung (9.3)

$$\frac{\partial \Psi}{\partial y}\frac{\partial T}{\partial x} - \frac{\partial \Psi}{\partial x}\frac{\partial T}{\partial y} = a\frac{\partial^2 T}{\partial y^2} \tag{9.9}$$

mit den Randbedingungen für die Temperatur

$$y = 0: T = T_{\mathrm{w}},$$

$$y \rightarrow \infty: T = T_{\delta}, \tag{9.10}$$

wobei die Wandtemperatur T_{w} und die Temperatur der Außenströmung im allgemeinen Funktionen von x sein können.

9.1.2 Ähnlichkeitstransformation

Wir wollen im folgenden untersuchen, unter welchen Voraussetzungen ähnliche Lösungen für (9.7) und (9.9) existieren und betrachten dazu zunächst das Strömungsfeld. Die Geschwindigkeitsprofile $u(x,y)$ an verschiedenen Stellen x der Oberfläche sind ähnlich, wenn eine Ähnlichkeitsvariable $\eta(x,y)$ existiert, derart, daß alle Profile in Abhängigkeit dieser Variablen identisch werden, also

$$\frac{u(x,y)}{u_{\delta}(x)} = g(\eta) . \tag{9.11}$$

Wir haben in Kap. 8 gezeigt, daß die Ähnlichkeitsvariable $\eta(x,y)$ durch den Ansatz

$$\eta(x,y) = \frac{y}{a(x)} \tag{9.12}$$

dargestellt werden kann. Mit (9.11) und (9.12) folgt aus (9.6) für die Stromfunktion

$$\Psi = \int u\,\mathrm{d}y = u_{\delta}(x)a(x)\int g(\eta)\,\mathrm{d}\eta = u_{\delta}(x)a(x)f(\eta) . \tag{9.13}$$

Setzt man diese Stromfunktion in (9.7) ein, so erhält man die gewöhnliche Differentialgleichung für die Strömungsgrenzschicht

$$f''' + \alpha ff'' + \beta(1 - f'^2) = 0 \tag{9.14}$$

mit den beiden Koeffizienten

$$\alpha = \frac{a^2 u_{\delta}'}{\nu} + \frac{aa'u_{\delta}}{\nu}, \tag{9.15a}$$

$$\beta = \frac{a^2 u_{\delta}'}{\nu} . \tag{9.15b}$$

Für die Funktion $f(\eta)$ gelten wieder die bereits bei der ebenen Platte angegebenen Randbedingungen:

$$\eta = 0: \quad f = 0, \; f' = 0,$$

$$\eta \to \infty: \quad f' = 1. \tag{9.16}$$

Ähnliche Lösungen existieren dann und nur dann, wenn die Koeffizienten α und β der gewöhnlichen Differentialgleichung (9.14) konstant sind. Mit dieser Forderung folgen aus (9.15 a) und (9.15 b) bestimmte Funktionen $u(x)$ und $a(x)$. Um dies zu zeigen, bilden wir die Differenz $2a - \beta$ und erhalten dafür

$$2\alpha - \beta = \frac{1}{v} \frac{d}{dx} (a^2 u_\delta)$$

und weiter durch Integration

$$a^2 u_\delta = (2\alpha - \beta) v x. \tag{9.17}$$

Desweiteren liefert die Differenz $\alpha - \beta$ die Beziehung

$$(\alpha - \beta) \frac{u'_\delta}{u_\delta} = \frac{aa'u'_\delta}{v} = \beta \frac{a'}{a}$$

woraus durch Integration

$$(u_\delta)^{\alpha - \beta} = Ka^\beta \tag{9.18}$$

mit der Integrationskonstanten K folgt.

Aus den beiden Gleichungen (9.17) und (9.18) erhält man für die unbekannten Funktionen $u_\delta(x)$ und $a(x)$ die Beziehungen

$$u_\delta = K^{\frac{2}{2\alpha - \beta}} \left[(2\alpha - \beta) v x \right]^{\frac{\beta}{2\alpha - \beta}}, \tag{9.19}$$

$$a = \sqrt{(2\alpha - \beta) \frac{vx}{u_\delta}}. \tag{9.20}$$

Die beiden Konstanten α und β sind willkürlich wählbar, allerdings unter der Einschränkung, daß $a \neq 0$ und $2\alpha - \beta \neq 0$ ist. Ohne Einschränkung der Allgemeingültigkeit setzen wir $\alpha = 1$ und ersetzen aus Gründen, die wir später noch darlegen, die Konstante β durch die neue Konstante m entsprechend

$$m = \frac{\beta}{2 - \beta} \quad \text{bzw.} \quad \beta = \frac{2m}{m+1}. \tag{9.21}$$

Damit erhalten wir aus (9.19) und (9.20)

$$u_\delta = K^{1+m} \left(\frac{2}{m+1} vx \right)^m, \tag{9.19 a}$$

$$a = \sqrt{\frac{2}{m+1} \frac{vx}{u_\delta}}, \tag{9.20 a}$$

und aus (9.12) für die Ähnlichkeitsvariable

$$\eta(x,y) = y\sqrt{\frac{m+1}{2}\frac{u_\delta}{vx}} \, . \tag{9.22}$$

Mit (9.19 a) und (9.20 a) folgt ferner aus (9.13) für die Stromfunktion

$$\Psi(x,y) = \sqrt{\frac{2}{m+1}vxu_\delta} f(\eta) \tag{9.23}$$

und daraus mit (9.6) für das Geschwindigkeitsprofil

$$\frac{u}{u_\delta} = f'(\eta) \, . \tag{9.24}$$

Aus (9.19a) folgt, daß ähnliche Lösungen der Grenzschichtgleichungen immer dann existieren, wenn die Geschwindigkeitsverteilung $u_\delta(x)$ der Außenströmung proportional einer beliebigen Potenz der vom vorderen Staupunkt aus gemessenen Länge x ist. Mit Hilfe der Potentialtheorie, s. z.B. Evans (1968), läßt sich zeigen, daß die Geschwindigkeit in der Grenzschicht an einem ebenen Keil, der mit der Geschwindigkeit u_∞ angeströmt wird, durch

$$\frac{u_\delta}{u_\infty} = x^{m} \tag{9.25}$$

gegeben ist, s. Bild 9.1. Der Öffnungswinkel β und der Exponent m sind dabei identisch mit den entsprechenden Größen in (9.21). Die Geschwindigkeitsverteilung (9.25) beinhaltet zwei Grenzfälle, nämlich die parallel überströmte ebene Platte mit $\varphi=0$ bzw. $\beta=m=0$ und die senkrecht angeströmte ebene Plate (ebene Staupunktströmung) mit $\varphi=180°$ bzw. $\beta=m=1$.

Mit der Ähnlichkeitsvariablen (9.22) und dem Geschwindigkeitsprofil (9.24) erhält man für die Verdrängungsdicke δ_1 der Grenzschicht

$$\delta_1 = \int\limits_0^\infty \left(1-\frac{u}{u_\delta}\right)\mathrm{d}y = \sqrt{\frac{2}{m+1}\frac{vx}{u_\delta}}\,\eta_1 \tag{9.26}$$

mit

$$\eta_1 = \int\limits_0^\infty (1-f')\,\mathrm{d}\eta \, .$$

Die Verdrängungsdicke ist dabei, wie schon erwähnt, diejenige Dicke, um die eine gedachte Potentialströmung infolge der Verdrängungswirkung der Grenzschicht nach außen „verdrängt" würde, s. Bild 9.2. Mit dem Geschwindigkeitsprofil (9.25) der Keilströmung folgt dafür

$$\delta_1 = \sqrt{\frac{2}{m+1}\frac{v}{u_\infty}x^{\frac{1-m}{2}}} \, . \tag{9.27}$$

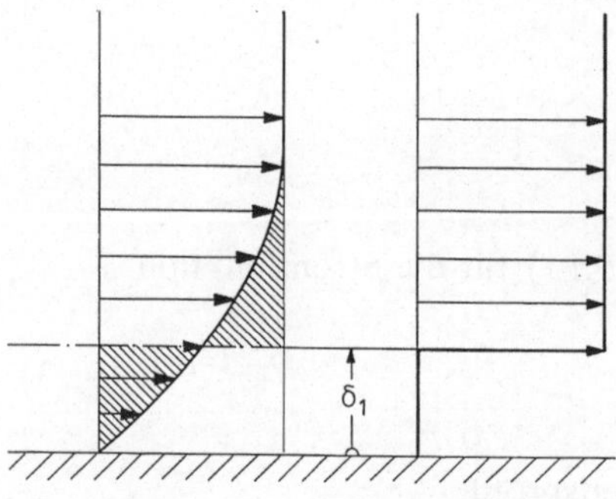

Bild 9.2. Zur Definition der Verdrängungsdicke

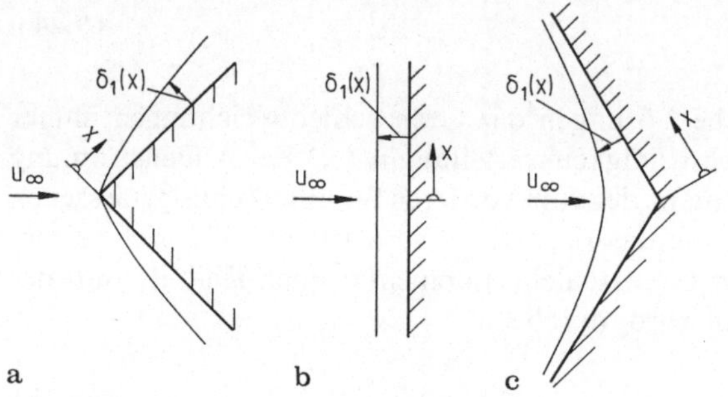

Bild 9.3. Qualitativer Verlauf der Verdrängungsdicke $\delta_1(x)$ für **a** den spitzen Keil mit $0<\beta<1$ (ebene Platte: $\beta=0$); **b** den ebenen Staupunkt mit $\beta=1$ und **c** den stumpfen Keil mit $1<\beta<2$

Für den spitzen Keil mit $0<m<1$ wächst δ_1 mit der Plattenlänge x an; für den stumpfen Keil mit $m>1$ dagegen nimmt δ_1 mit x ab. Für die ebene Staupunktströmung mit $m=1$ ist δ_1 unabhängig von x. Diese Ergebnisse sind qualitativ in Bild 9.3 dargestellt. Analog zur Verdrängungsdicke läßt sich mit (9.22) und (9.24) die Impulsverlustdicke

$$\delta_2 = \int_0^\infty \frac{u}{u_\delta}\left(1-\frac{u}{u_\delta}\right)\mathrm{d}y = \sqrt{\frac{2}{m+1}\frac{vx}{u_\delta}}\,\eta_2 \tag{9.28}$$

mit

$$\eta_2 = \int_0^\infty f'(1-f')\,\mathrm{d}\eta$$

berechnen, auf die wir im Abschn. 9.3 zurückkommen.

Der Vergleich von (9.28) mit (9.26) zeigt, daß Impulsverlust- und Verdrängungsdicke ähnlich verlaufen.

Die Differentialgleichung (9.14) wurde erstmals von Falkner und Skan (1931) angegeben. Numerische Lösungen für verschiedene Keilwinkel β wurden später von Hartree (1937) berechnet. In Tabelle 9.1 sind Werte für $f'(\eta)$ in Abhängigkeit von η für verschiedene Keilwinkel β zusammengestellt. Angegeben ist ferner auch die zweite Ableitung $f''(0)$ an der Wand, die proportional zur Wandschubspannung ist. Wie die Tabellenwerte zeigen, erreicht $f''(0)$ für $\beta=-0{,}19884$ den Wert Null; d.h. die Strömung ist entlang der gesamten Plattenlänge abgelöst. Die

Tabelle 9.1. Ähnliche Lösung für das Geschwindigkeitsprofil $f'(\eta)$ bei der Keilströmung für Keilwinkel im Bereich $-0{,}19884 \leqq \beta \leqq 1$. [Entnommen aus White (1974)]

	β	$-0{,}19884$	$-0{,}18$	$0{,}0$	$0{,}3$	$1{,}0$
	$f''(0)$	$0{,}0$	$0{,}12864$	$0{,}46960$	$0{,}77476$	$1{,}23259$
	η_1	$2{,}35885$	$1{,}87157$	$1{,}21678$	$0{,}91099$	$0{,}64790$
η	η_2	$0{,}58544$	$0{,}56771$	$0{,}46960$	$0{,}38574$	$0{,}29235$
$0{,}0$		$0{,}0$	$0{,}0$	$0{,}0$	$0{,}0$	$0{,}0$
$0{,}1$		$0{,}00099$	$0{,}01376$	$0{,}04696$	$0{,}07597$	$0{,}11826$
$0{,}2$		$0{,}00398$	$0{,}02933$	$0{,}09391$	$0{,}14894$	$0{,}22661$
$0{,}3$		$0{,}00895$	$0{,}04668$	$0{,}14081$	$0{,}21886$	$0{,}32524$
$0{,}4$		$0{,}01591$	$0{,}06582$	$0{,}18761$	$0{,}28269$	$0{,}41446$
$0{,}5$		$0{,}02485$	$0{,}08673$	$0{,}23423$	$0{,}34938$	$0{,}49465$
$0{,}6$		$0{,}03578$	$0{,}10937$	$0{,}28058$	$0{,}40988$	$0{,}56628$
$0{,}7$		$0{,}4868$	$0{,}13373$	$0{,}32653$	$0{,}46713$	$0{,}62986$
$0{,}8$		$0{,}06355$	$0{,}15975$	$0{,}37196$	$0{,}52107$	$0{,}68594$
$0{,}9$		$0{,}08038$	$0{,}18737$	$0{,}41672$	$0{,}57167$	$0{,}73508$
$1{,}0$		$0{,}09913$	$0{,}21651$	$0{,}46063$	$0{,}61890$	$0{,}77787$
$1{,}2$		$0{,}14232$	$0{,}27899$	$0{,}54525$	$0{,}70322$	$0{,}84667$
$1{,}4$		$0{,}19274$	$0{,}34622$	$0{,}62439$	$0{,}77425$	$0{,}89681$
$1{,}6$		$0{,}24982$	$0{,}41691$	$0{,}69670$	$0{,}83254$	$0{,}93235$
$1{,}8$		$0{,}31271$	$0{,}48946$	$0{,}76106$	$0{,}87906$	$0{,}95683$
$2{,}0$		$0{,}38026$	$0{,}56205$	$0{,}81669$	$0{,}91509$	$0{,}97322$
$2{,}2$		$0{,}45097$	$0{,}63269$	$0{,}86330$	$0{,}94211$	$0{,}98385$
$2{,}4$		$0{,}52308$	$0{,}69942$	$0{,}90107$	$0{,}96173$	$0{,}99055$
$2{,}6$		$0{,}59460$	$0{,}76048$	$0{,}93060$	$0{,}97548$	$0{,}99463$
$2{,}8$		$0{,}66348$	$0{,}81449$	$0{,}92588$	$0{,}98480$	$0{,}99705$
$3{,}0$		$0{,}72776$	$0{,}86061$	$0{,}96905$	$0{,}99088$	$0{,}99842$
$3{,}2$		$0{,}78578$	$0{,}89853$	$0{,}98037$	$0{,}99471$	$0{,}99919$
$3{,}4$		$0{,}83635$	$0{,}92854$	$0{,}98797$	$0{,}99704$	$0{,}99959$
$3{,}6$		$0{,}87882$	$0{,}95138$	$0{,}99289$	$0{,}99840$	$0{,}99980$
$3{,}8$		$0{,}91315$	$0{,}96805$	$0{,}99594$	$0{,}99916$	$0{,}99991$
$4{,}0$		$0{,}93982$	$0{,}97975$	$0{,}99777$	$0{,}99958$	$0{,}99996$
$4{,}5$		$0{,}97940$	$0{,}99449$	$0{,}99957$	$0{,}99994$	$0{,}99999$
$5{,}0$		$0{,}99439$	$0{,}99997$	$0{,}99994$	$0{,}99999$	

angegebenen Werte überdecken damit den gesamten Bereich von der ebenen Staupunktströmung mit $\beta = 1$, über die horizontale Platte mit $\beta = 0$ bis hin zur abgelösten Keilströmung mit $\beta = -0{,}19884$. Neben $f'(\eta)$ und $f''(0)$ sind in Tabelle 9.1 auch die dimensionlose Verdrängungs- und die Impulsverlustdicke, η_1 und η_2, angegeben.

Bild 9.4 zeigt Geschwindigkeitsprofile für die ebene Keilströmung für verschiedene Keilwinkel. Man erkennt, daß das Profil mit größer werdendem Keilwinkel völliger bzw. die Strömungsgrenzschicht dünner wird. Für Keilwinkel $\beta < 0$ haben die Profile einen Wendepunkt. Das Profil mit $\beta = -0{,}2$ ist praktisch identisch mit dem Ablöseprofil für das, wie man deutlich erkennt, die Ableitung der Geschwindigkeit an der Wand $\partial u/\partial \eta$ gleich Null ist.

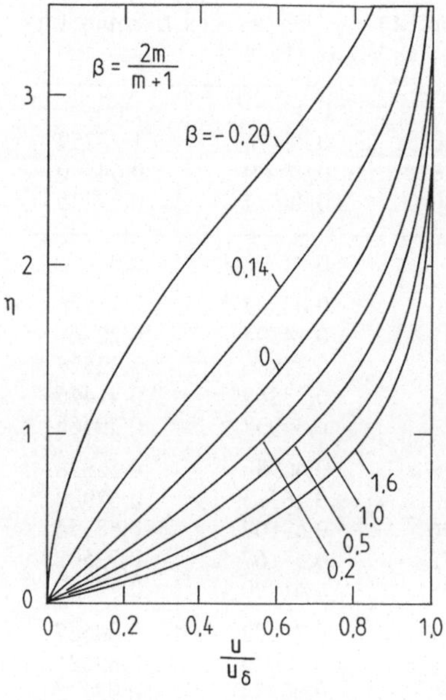

Bild 9.4. Geschwindigkeitsprofile $u(\eta)/u_\delta$ in Abhängigkeit der Ähnlichkeitsvariablen $\eta = \dfrac{y}{\sqrt{2}}\sqrt{\dfrac{u_\delta}{vx}}$ für den Keil bei verschiedenen Keilwinkeln β (ebene Platte: $\beta = 0$, ebener Staupunkt: $\beta = 1$)

Wir wollen nun untersuchen, inwieweit für das Temperaturfeld in der Grenzschicht ebenfalls ähnliche Lösungen existieren. Analog zum Geschwindigkeitsprofil nehmen wir an, daß die Wandtemperatur bzw. die Differenz aus Wand- und Umgebungstemperatur ebenfalls proportional einer beliebigen Potenz n der Plattenlänge x ist, also

$$T_\mathrm{w}(x) - T_\infty = T_0 x^\mathrm{n}. \tag{9.29}$$

Wir führen desweiteren die dimensionslose Temperatur

$$\frac{T - T_\infty}{T_\mathrm{w} - T_\infty} = \theta(\eta) \tag{9.30}$$

ein, wobei die Ähnlichkeitsvariable η identisch mit derjenigen für die Strömungsgrenzschicht, (9.22), sein soll. Mit (9.22), (9.23), (9.29) und (9.30) erhalten wir aus (9.9) die gewöhnliche Differentialgleichung für die Temperaturgrenzschicht

$$\theta'' + Pr f \theta' - \frac{2Pr\,n}{1+m}f'\theta = 0. \tag{9.31}$$

Die Koeffizienten in (9.31) sind Konstante, die von der Prandtlzahl und von den beiden Exponenten m und n der Potenzansätze für die Außengeschwindigkeit u_δ und die Wandtemperatur T_w, aber nicht von x abhängen. Damit ist gezeigt, daß der Potenzansatz (9.29) für das Temperaturfeld ebenfalls auf ähnliche Lösungen führt. Dieser Ansatz beinhaltet mit $n = 0$ den Fall konstanter Wandtemperatur und mit $n = (1-m)/2$ den Fall konstanter Wandwärmestromdichte.

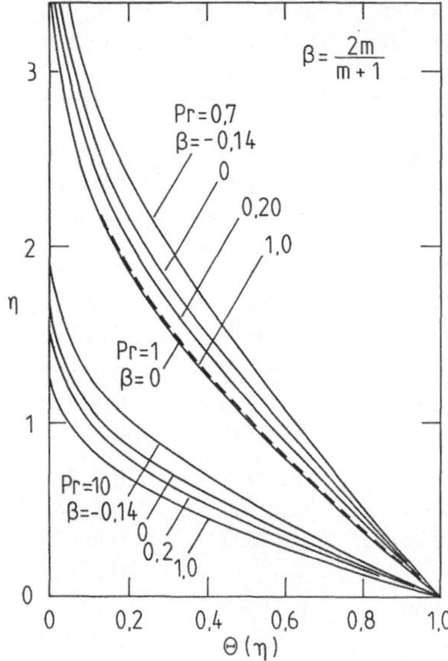

Bild 9.5. Temperaturprofile $\theta(\eta)$ in Abhängigkeit der Ähnlichkeitsvariablen

$$\eta = \frac{y}{\sqrt{2}} \sqrt{\frac{u_\delta}{\nu x}} \quad \text{für den Keil bei}$$

verschiedenen Keilwinkeln β und $Pr=0,7$ bzw. $Pr=10$

Die Differentialgleichung (9.31) muß die beiden Randbedingungen für die Temperatur

$$\eta = 0: \quad \theta = 1 \,,$$

$$\eta \to \infty: \quad \theta = 0 \tag{9.32}$$

erfüllen. Für den Fall konstanter Wandtemperatur läßt sich die Lösung von (9.31) formal durch

$$\theta(\eta) = 1 - \frac{1}{A} \int_0^\eta \exp\left[-Pr \int_0^\eta f(\eta)\,\mathrm{d}\eta \right] \mathrm{d}\eta \tag{9.33}$$

darstellen, wobei die Randbedingung $\theta = 0$ für $\eta \to \infty$ die Beziehung

$$A = \int_0^\infty \exp\left[-Pr \int_0^\eta f(\eta)\,\mathrm{d}\eta \right] \mathrm{d}\eta \tag{9.34}$$

für die Konstante A liefert. Aus (9.33) folgt für den dimensionslosen Temperaturgradienten an der Wand

$$\theta'_0(\beta, Pr) = - \frac{1}{A(\beta, Pr)} \,. \tag{9.35}$$

Numerische Lösungen von (9.31) wurden unter anderem von Spalding und Evans (1961) berechnet. In Tabelle 9.2 sind Werte für $\theta'(0, \beta, Pr)$ für Prandtlzahlen im Bereich $10^{-3} \leq Pr \leq 10^4$ und Keilwinkel β zwischen $-0{,}19884 \leq \beta \leq 1$ zusammengestellt. Bild 9.5 zeigt Temperaturprofile für die ebene Keilströmung für verschiedene Keilwinkel und die beiden Prandtlzahlen $Pr=0,7$ und $Pr=10$. Im Gegensatz zum

Tabelle 9.2. Ähnliche Lösung für den Temperaturgradienten $\theta'(0,\beta,Pr)$ an der Wand bei der Keilströmung für Keilwinkel β im Bereich $-0,19884 \leq \beta \leq 1$. [Entnommen aus White (1974)]

	β	$-0,19884$	$-0,18$	$0,0$	$0,3$	$1,0$
	$f''(0)$	$0,0$	$0,12864$	$0,46960$	$0,77476$	$1,23259$
Pr	η_1	$2,35885$	$1,87157$	$1,21678$	$0,91099$	$0,64790$
$0,001$		$0,02383$	$0,02410$	$0,02449$	$0,02467$	$0,02483$
$0,003$		$0,03967$	$0,04047$	$0,04154$	$0,04206$	$0,04252$
$0,006$		$0,05409$	$0,05555$	$0,05759$	$0,05859$	$0,05947$
$0,01$		$0,06745$	$0,06972$	$0,07296$	$0,07455$	$0,07597$
$0,03$		$0,10547$	$0,11109$	$0,11935$	$0,12353$	$0,12734$
$0,06$		$0,13666$	$0,14619$	$0,16050$	$0,16791$	$0,17480$
$0,1$		$0,16339$	$0,17709$	$0,19803$	$0,20908$	$0,21950$
$0,3$		$0,23180$	$0,25971$	$0,30371$	$0,32783$	$0,35147$
$0,6$		$0,28318$	$0,32498$	$0,39168$	$0,42892$	$0,46633$
$0,72$		$0,29777$	$0,34400$	$0,41786$	$0,45929$	$0,50113$
$1,0$		$0,32581$	$0,38112$	$0,46960$	$0,51952$	$0,57047$
$2,0$		$0,39145$	$0,47090$	$0,59723$	$0,66905$	$0,74372$
$3,0$		$0,43478$	$0,53224$	$0,68596$	$0,77344$	$0,86522$
$6,0$		$0,51896$	$0,65591$	$0,86728$	$0,98727$	$1,1147$
$10,0$		$0,59054$	$0,76545$	$1,02974$	$1,1791$	$1,3388$
$30,0$		$0,77839$	$1,0703$	$1,4873$	$1,7198$	$1,9706$
$60,0$		$0,92602$	$1,3260$	$1,8746$	$2,1776$	$2,5054$
$100,0$		$1,0523$	$1,5550$	$2,2229$	$2,5892$	$2,9863$
$400,0$		$1,4885$	$2,4098$	$3,5292$	$4,1331$	$4,7894$
$1\,000,0$		$1,8717$	$3,2319$	$4,7901$	$5,6230$	$6,5291$
$4\,000,0$		$2,6471$	$5,0631$	$7,6039$	$8,9481$	$10,4112$
$10\,000,0$		$3,3285$	$6,8289$	$10,3201$	$12,1577$	$14,1583$

Geschwindigkeitsprofil hat der Keilwinkel auf das Temperaturprofil einen relativ schwachen Einfluß. Deutlich ausgeprägt ist dagegen der Einfluß der Prandtlzahl. Eingezeichnet ist ferner das Profil für $Pr=1$ und $\beta=0$, das aufgrund der Ähnlichkeit zwischen Strömungs- und Temperaturfeld mit dem Geschwindigkeitsprofil für $\beta=0$ identisch ist.

9.1.3 Wärmeübergangs- und Reibungskoeffizient

Wir betrachten zunächst den Wärmeübergang und erhalten mit (9.22) und (9.30) für die Wärmestromdichte q_w an der Wand

$$q_\mathrm{w} \equiv -\lambda \left[\frac{\partial T}{\partial y}\right]_\mathrm{w} = \lambda \frac{T_\mathrm{w}-T_\infty}{\sqrt{2-\beta}} \sqrt{\frac{u_\delta}{vx}}\,\theta'(0,\beta,Pr) \tag{9.36}$$

und daraus für die lokale Stantonzahl

$$St \equiv \frac{q_\mathrm{w}}{\varrho c_\mathrm{p} u_\delta (T_\mathrm{w} - T_\infty)} = \frac{\theta'(0,\beta,Pr)}{\sqrt{2-\beta}\,Pr\sqrt{Re_\mathrm{x}}} \qquad (9.37)$$

bzw. mit $Nu \equiv St\,Re\,Pr$ für die lokale Nußeltzahl

$$\frac{Nu_\mathrm{x}}{\sqrt{Re_\mathrm{x}}} = \frac{\theta'(0,\beta,Pr)}{\sqrt{2-\beta}} \, . \qquad (9.38)$$

Die Werte $\theta'(0,\beta)$ sind in Tabelle 9.2 für verschiedene Keilwinkel β angegeben. Für die ebene Platte mit $\beta = 0$ entnimmt man $\theta'(0) = 0{,}4696$ für $Pr = 1$. Mit $\theta'(0)/\sqrt{2} = 0{,}332$ folgt damit wieder der bereits in Kap. 8 für die ebene Platte angegebene Wert.

Eckert (1942) hat für den dimensionslosen Temperaturgradienten $\theta'(0,\beta,Pr)$ die Näherungsbeziehung

$$\theta'(0,\beta,Pr) = 0{,}56\,(\beta+0{,}2)^{0,11}\,Pr^{0,35+0,02\beta}$$

angegeben, die für $\beta \leq 0$ mit den in Tabelle 9.2 angegebenen Werten bis auf 2 % übereinstimmt. Für die örtliche Nußeltzahl erhält man damit aus (9.38) die Näherungsbeziehung

$$\frac{Nu_\mathrm{x}}{\sqrt{Re_\mathrm{x}}} = 0{,}56\,\frac{(\beta-0{,}2)^{0,11}}{\sqrt{2-\beta}}\,Pr^{0,35+0,02\beta} \, . \qquad (9.39)$$

Mit $\beta = 1$ folgt daraus für den Wärmeübergang am ebenen Staupunkt, d.h. für die senkrechte angeströmte ebene Platte

$$\frac{Nu_\mathrm{x}}{\sqrt{Re_\mathrm{x}}} = 0{,}5713\,Pr^{0,37} \, , \qquad (9.39\,\mathrm{a})$$

wobei für $Pr = 1$ der Zahlenwert der Konstanten mit dem exakten Wert von 0,5705 auf 1,5‰ übereinstimmt.

Für die überströmte ebene Platte folgt mit $\beta = 0$

$$\frac{Nu_\mathrm{x}}{\sqrt{Re_\mathrm{x}}} = 0{,}3317\,Pr^{0,35} \, , \qquad (9.39\,\mathrm{b})$$

wobei die Konstante mit dem exakten Wert von 0,332 ebenfalls sehr gut übereinstimmt. Interessant ist die Feststellung, daß der Exponent der Prandtlzahl geringfügig vom Keilwinkel, d.h. von der Geometrie abhängig ist.

Wir wenden uns nun dem lokalen Reibungskoeffizienten zu und erhalten dafür mit der Definition (8.17)

$$\frac{c_\mathrm{f}}{2} \equiv \frac{\tau_\mathrm{w}}{\varrho u_\delta^2} = \frac{\nu}{u_\delta}\left[\frac{\partial u}{\partial y}\right]_\mathrm{w} \, . \qquad (9.40)$$

Mit (9.22) und (9.23) erhält man für den Geschwindigkeitsgradienten an der Wand

$$\left[\frac{\partial u}{\partial y}\right]_w = u_\delta \sqrt{\frac{m+1}{2}\frac{u_\delta}{\nu x}} f''(0,\beta)$$

und damit aus (9.40) für den Reibungskoeffizienten

$$\frac{c_f}{2} = \sqrt{\frac{m+1}{2}\frac{1}{Re_x}} f''(0,\beta) , \qquad\qquad (9.41)$$

wenn die Reynoldszahl nicht mit der Anströmgeschwindigkeit u_∞, sondern mit der Geschwindigkeit u_δ der Außenströmung am Keil gebildet wird. Die Funktionswerte $f''(0)$ sind ebenfalls in den Tabellen 9.1 und 9.2 für verschiedene Keilwinkel β angegeben.

Für die ebene Platte mit $\beta=0$ entnimmt man daraus $f''(0)=0{,}4696$ und erhält für $f''(0)/\sqrt{2}=0{,}332$, also den bereits in (8.18) angegebenen Wert.

Eckert (1942) hat für die zweite Ableitung $f''(0)$ die Näherungsbeziehung

$$f''(0) = 1{,}120(\beta+0{,}2)^{0{,}53}$$

vorgeschlagen. Die damit berechneten Werte weichen von denen der Tabellen 9.1 und 9.2 um maximal 10 % ab. Für die ebene Platte $\beta=0$ liefert die Näherung den Wert 0,4773 der gegenüber dem exakten Wert von 0,4696 um knapp 2 % zu groß ist. Setzt man die Näherungsbeziehung für $f''(0)$ in (9.41), so erhält man mit $(m+1)/2=1/(2-\beta)$ für den lokalen Reibungskoeffizienten die Näherungsbeziehung

$$\frac{c_f}{2} = 1{,}120\,\frac{(\beta+0{,}2)^{0{,}53}}{\sqrt{2-\beta}}\,\frac{1}{\sqrt{Re_x}} . \qquad\qquad (9.42)$$

Der Vergleich von (9.37) bzw. (9.39) mit (9.42) zeigt, daß das die Analogie zwischen Wärme- und Impulstransport beschreibende Verhältnis $2St/c_f$ bei der ebenen Keilströmung neben der Prandtlzahl auch vom Keilwinkel, d.h. von der Geometrie abhängig ist.

Mit Hilfe der ähnlichen Lösungen für Keilströmungen hat Eckert (1942) ein Näherungsverfahren für den Wärmeübergang bei der Überströmung zylindrischer Körper mit beliebigem aber stetigem Verlauf der Oberfläche entwickelt. Im nächsten Kapitel wollen wir zunächst ein Integralverfahren zur Berechnung des Wärmeübergangs bei laminar überströmten Körpern vorstellen und anschließend auf das Verfahren von Eckert zurückkommen.

9.2 Integralgleichungen der Grenzschicht für die Umströmung zylindrischer Körper

9.2.1 Staupunkt und Ablösung

Zur Berechnung des Wärmeübergangs bei der turbulenten Strömung an der längsangeströmten ebenen Platte haben wir in Abschn. 8.3.1 ein Integralverfahren kennengelernt. Dieses Verfahren wollen wir erweitern mit dem Ziel, den Wärmeübergang bei der Umströmung zylindrischer Körper zu berechnen. Bild 9.6 zeigt den Verlauf der Strömungsgrenzschicht bei der Umströmung eines zylindrischen Körpers. Dabei ist zur Verdeutlichung die Dicke der Grenzschicht im Verhältnis zu den Abmessungen des Körpers zu groß dargestellt. Beim Vergleich des Verlaufs der Grenzschicht mit dem bei der überströmten ebenen Platte stellen wir zwei wesentliche Änderungen fest: am „vorderen Staupunkt" bei $x=0$ hat die Grenzschicht bereits eine endliche Dicke und nach einer bestimmten Lauflänge x_A löst sie von der Körperoberfläche ab. Nach dem Ablösepunkt liegt keine Grenzschichtströmung mehr vor, weshalb der Wärmeübergang bei abgelöster Strömung nicht mit den Grenzschichtgleichungen beschrieben werden kann. Bezüglich der Ablösung der Strömung weisen wir darauf hin, daß Ablösung und Umschlag von laminarer in turbulente Strömung zwei grundsätzlich verschiedene Phänomene sind; d.h. daß einerseits die abgelöste Strömung laminar sein kann und andererseits die laminare Strömung turbulent werden kann, ohne daß sie ablöst.

Das im folgenden vorgestellte Integralverfahren für die Strömungsgrenzschicht geht auf die Arbeiten von Th. von Kármán (1921) und von K. Pohlhausen (1921) und dasjenige für die Temperaturgrenzschicht auf Arbeiten von Froessling (1940) und Squire (1942) zurück. Ausgangspunkt sind wieder die Grenzschichtgleichungen (9.1), (9.2) bzw. (9.5) und (9.3). Die Koordinate x läuft dabei, beginnend am vorderen Staupunkt, entlang und die Koordinate y senkrecht zur Körperoberfläche, s. auch Bild 9.6. Der Druck p_δ ist gleich dem Druck am äußeren Rand der Grenzschicht, und da der Druck in der Grenzschicht durch die Außenströmung

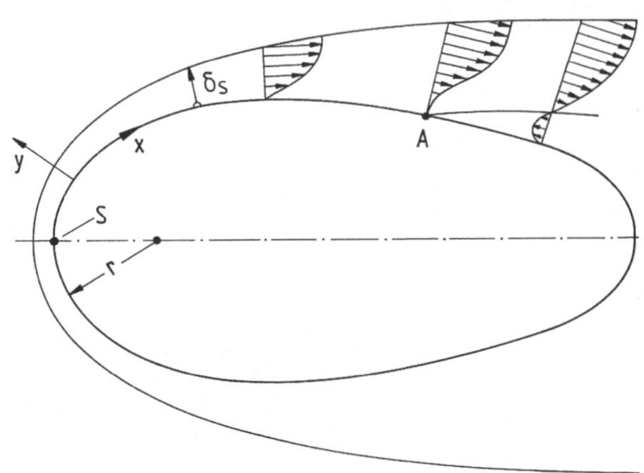

Bild 9.6. Qualitativer Verlauf der Strömungsgrenzschicht bei der Umströmung eines zylindrischen Körpers. S Staupunkt, A Ablösepunkt der Grenzschicht, r Krümmungsradius im Bereich des Staupunkts

aufgeprägt wird, auch gleich dem Druck an der Körperoberfläche. Die Gleichungen (9.1) bis (9.3) gelten unter der Einschränkung, daß die Grenzschichtdicken δ_S und δ_T klein sind im Vergleich zum Krümmungsradius r der Körperoberfläche. Trifft diese Voraussetzung nicht zu, dann muß der Einfluß der Krümmung mit berücksichtigt werden. Auf diese Problematik werden wir hier nicht eingehen, der interessierte Leser sei z.B. auf Schlichting (1982) verwiesen.

Bei erzwungener Konvektion sind die Bewegungs- und die Energiegleichung durch die temperaturabhängigen Stoffwerte gekoppelt. Beschränken wir uns auf Fluide mit konstanten Stoffwerten, so entfällt diese Kopplung und die Bewegungsgleichung kann unabhängig von der Energiegleichung gelöst werden.

Mit $u=v=0$ für $y=0$ folgt aus (9.2) die sog. Wandbindungsgleichung

$$\eta \left[\frac{\partial^2 u}{\partial y^2} \right]_w = \frac{dp_\delta}{dx} . \tag{9.43}$$

In (9.43) kann die linke Seite als Krümmung des Geschwindigkeitsprofils an der Körperoberfläche interpretiert werden. Für konstanten Druck in der Außenströmung ist die Krümmung gleich Null. Nimmt der Druck in der Außenströmung entlang der Körperoberfläche ab, so ist die Krümmung negativ und das Geschwindigkeitsprofil wird völliger. Bei positivem Druckgradienten dagegen ist die Krümmung positiv, das Geschwindigkeitsprofil wird spitzer bzw. der Geschwindigkeitsgradient kleiner. Dieser Sachverhalt ist in Bild 9.7 qualitativ veranschaulicht. Das Bild zeigt ein Geschwindigkeitsprofil bei beschleunigter und eins bei verzögerter Außenströmung, dasjenige für die überströmte ebene Platte sowie das Ablöseprofil. Druck und Geschwindigkeit in der Außenströmung werden durch die Bernoulligleichung (9.4) beschrieben. Durch Differentiation folgt daraus

$$\frac{dp_\delta}{dx} = -\varrho u_\delta \frac{du_\delta}{dx} . \tag{9.44}$$

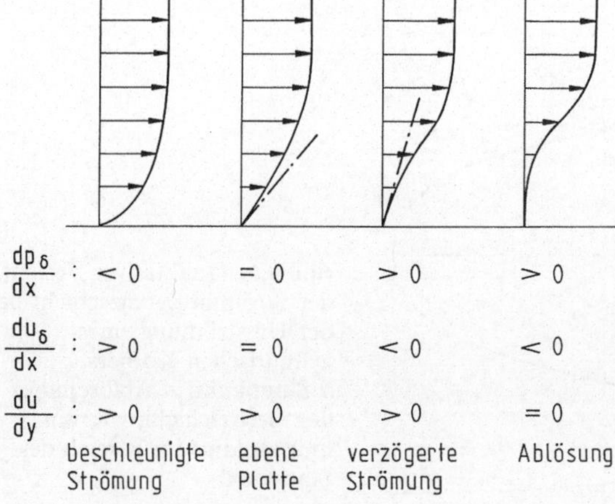

Bild 9.7. Qualitativer Verlauf der Geschwindigkeitsprofile in der Grenzschicht bei beschleunigter und verzögerter Außenströmung

Ein positiver Druckgradient tritt demnach bei verzögerter und ein negativer bei beschleunigter Außenströmung auf. Nur bei positivem Druckgradienten bzw. bei verzögerter Außenströmung kann der Geschwindigkeitsgradient an der Körperoberfläche gleich Null werden, s. dazu auch Bild 9.7. Mit abnehmenden Geschwindigkeitsgradienten an der Oberfläche wird die Wandschubspannung ebenfalls kleiner, bis sie schließlich für $[\partial u/\partial y]_w = 0$ gleich Null wird. Als Ablösepunkt bezeichnet man die Stelle der Körperoberfläche, an der der Geschwindigkeitsgradient $[\partial u/\partial y]_w = 0$ wird. Nach dem bisher Gesagten wird deutlich, daß Ablösung nur bei verzögerter Außenströmung auftreten kann. Die Grenzschichtgleichungen (9.1) bis (9.3) beschreiben die Strömung somit nur zwischen dem vorderen Staupunkt und dem Ablösepunkt.

9.2.2 Strömungsgrenzschicht

Wir leiten zunächst eine Integralgleichung für die Strömungsgrenzschicht her. Durch Integration erhalten wir aus der Kontinuitätsgleichung (9.1)

$$v = - \int\limits_0^y \frac{\partial u}{\partial x} \mathrm{d}y$$

und damit aus der Bewegungsgleichung (9.5)

$$u \frac{\partial u}{\partial x} - \left(\int\limits_0^y \frac{\partial u}{\partial x} \mathrm{d}y \right) \frac{\partial u}{\partial y} = u_\delta \frac{\mathrm{d}u_\delta}{\mathrm{d}x} + v \frac{\partial^2 u}{\partial y^2} \; .$$

Wir integrieren diese Beziehung von $y=0$ bis $y=h$, wobei h eine Stelle außerhalb der Strömungsgrenzschicht ist. Unter Beachtung der Definition der Schubspannung folgt damit

$$\int\limits_0^h \left[u \frac{\partial u}{\partial x} - \left(\int\limits_0^y \frac{\partial u}{\partial x} \mathrm{d}y \right) \frac{\partial u}{\partial y} - u_\delta \frac{\mathrm{d}u_\delta}{\mathrm{d}x} \right] \mathrm{d}y = - \frac{\tau_w}{\varrho} \; .$$

Den zweiten Term auf der linken Seite formen wir analog zum Vorgehen in Abschn. 8.3.1 mit Hilfe der partiellen Integration um und erhalten

$$\int\limits_0^h \left[2u \frac{\partial u}{\partial x} - u_\delta \frac{\partial u}{\partial x} - u_\delta \frac{\partial u_\delta}{\partial x} \right] \mathrm{d}y = - \frac{\tau_w}{\varrho} \; .$$

Mit den Identitäten

$$2u \frac{\partial u}{\partial x} \equiv \frac{\partial}{\partial x} (u^2),$$

$$-u_\delta \frac{\partial u}{\partial x} \equiv - \frac{\partial}{\partial x} (uu_\delta) + u \frac{\mathrm{d}u_\delta}{\mathrm{d}x}$$

folgt daraus

$$\frac{\mathrm{d}}{\mathrm{d}x} \int\limits_0^h u(u_\delta - u) \mathrm{d}y + \frac{\mathrm{d}u_\delta}{\mathrm{d}x} \int\limits_0^h (u_\delta - u) \mathrm{d}y = \frac{\tau_w}{\varrho} \; . \tag{9.45}$$

Bei der letzten Umformung wurde dabei vorausgesetzt, daß der Verlauf des Geschwindigkeitsprofils in der Grenzschicht stetig ist und damit Integration und Differentiation vertauscht werden dürfen.

Mit der Verdrängungs- und der Impulsverlustdicke, (9.26) und (9.28), folgt aus (9.45) die Integro-Differentialgleichung für die Strömungsgrenzschicht

$$\frac{d}{dx}\left(u_\delta^2 \delta_2\right) + u_\delta \delta_1 \frac{du_\delta}{dx} = \frac{\tau_w}{\varrho} \, . \tag{9.46}$$

Da die Geschwindigkeit $u_\delta(x)$ der Außenströmung als bekannt vorausgesetzt wird, enthält (9.46) die drei unbekannten Funktionen $\tau_w(x)$, $\delta_1(x)$ und $\delta_2(x)$. Um aus (9.46) z.B. die Wandschubspannung $\tau_w(x)$ und damit den lokalen Reibungskoeffizienten berechnen zu können, werden zusätzliche Beziehungen bzw. Annahmen benötigt, mit deren Hilfe dann $\delta_1(x)$ und $\delta_2(x)$ in geeigneter Weise ermittelt werden können.

9.2.3 Temperaturgrenzschicht

Analog zu oben leiten wir auch eine Integralgleichung für die Temperaturgrenzschicht her. Mit der Geschwindigkeitskomponente $v(x,y)$ aus der Kontinuitätsgleichung (9.1) erhalten wir aus der Energiegleichung (9.3)

$$u\frac{\partial T}{\partial x} - \left(\int_0^y \frac{\partial u}{\partial x}\,dy\right)\frac{\partial T}{\partial y} = a\frac{\partial^2 T}{\partial y^2} \, ,$$

wobei $a = \lambda/\varrho c_p$ die Temperaturleitfähigkeit bedeutet.

Die Integration von $y=0$ bis $y=h$, wobei h jetzt die Stelle außerhalb der Temperaturgrenzschicht δ_T ist, liefert unter Beachtung der Definition für die Wärmestromdichte

$$\int_0^h \left[u\frac{\partial T}{\partial x}\,dy - \left(\int_0^y \frac{\partial u}{\partial x}\,dy\right)\frac{\partial T}{\partial y}\right]dy = -\frac{q_w}{\varrho c_p} \, .$$

Den zweiten Term auf der linken Seite formen wir wieder mit Hilfe der partiellen Integration um und erhalten

$$\int_0^h \left[u\frac{\partial T}{\partial x} - T_\delta\frac{\partial u}{\partial x} + T\frac{\partial u}{\partial x}\right]dy = -\frac{q_w}{\varrho c_p}$$

mit T_δ als der Temperatur der Außenströmung. Setzen wir das Temperaturprofil $T(y)$ wieder als stetig voraus, so folgt daraus mit der Identität

$$\frac{\partial}{\partial x}(uT) \equiv T\frac{\partial u}{\partial x} + u\frac{\partial T}{\partial x}$$

die Integralgleichung

$$\int_0^h \frac{\partial}{\partial x}\left[u(T - T_\delta)\right]dy = \frac{q_w}{\varrho c_p} \, . \tag{9.47}$$

Analog zur Impulsverlustdicke (9.27) definieren wir die Enthalpiestromdicke

$$\delta_3 \equiv \int\limits_0^\infty \frac{u}{u_\delta} \left(\frac{T - T_\delta}{T_w - T_\delta} \right) dy \tag{9.48}$$

und erhalten damit schließlich die Integro-Differentialgleichung für die Temperaturgrenzschicht

$$\frac{\partial}{\partial x} [u_\delta (T_w - T_\delta) \delta_3] = \frac{q_w}{\varrho c_p} . \tag{9.49}$$

Diese Beziehung enthält die beiden unbekannten Größen $q_w(x)$ und $\delta_3(x)$. Um aus (9.49) die Wärmestromdichte berechnen zu können, wird deshalb eine Beziehung bzw. eine geeignete Annahme zur Ermittlung der Enthalpiestromdichte $\delta_3(x)$ benötigt.

In der Literatur sind zwei unterschiedliche Vorgehensweisen zur Berechnung der Wandschubspannung $\tau_w(x)$ und der Wärmestromdichte $q_w(x)$ aus den Integralgleichungen (9.46) und (9.49) vorgeschlagen worden. Bei der ersten Gruppe von Verfahren werden das Geschwindigkeits- und das Temperaturprofil durch Potenzsätze angenähert. Mit diesen Ansätzen können dann die Grenzschichtdicken $\delta_1(x), \delta_2(x)$ und $\delta_3(x)$ berechnet werden. Dieser Weg wurde von von Kármán (1921) vorgeschlagen und von K. Pohlhausen (1921) für die Umströmung von zylindrischen Körpern ausgeführt. Das in Abschn. 8.3.1 zur Berechnung des Wärmeübergangs bei der turbulent überströmten ebenen Platte angewandte Verfahren gehört zu dieser Gruppe. Damit wird gleichzeitig deutlich, daß die Verfahren dieser Gruppe grundsätzlich auch auf turbulente Strömungen anwendbar sind.

Die zweite Gruppe von Verfahren postuliert eine lokale Ähnlichkeit zwischen den Keilströmungen und der Umströmung von zylindrischen Körpern mit beliebigen aber stetigem Verlauf der Oberfläche. Diese Verfahren vergleichen also das Strömungs- und Temperaturprofil bei der Umströmung eines beliebigen Körpers mit denjenigen für den ebenen Keil. Da für den Keil keine ähnliche Lösung für den Fall turbulenter Strömung existiert, sind diese Verfahren auf turbulente Strömungen grundsätzlich nicht anwendbar.

Wir wollen im folgenden zunächst das Integralverfahren von von Kármán und K. Pohlhausen vorstellen und anschließend auf die auf der lokalen Ähnlichkeit basierenden Verfahren zu sprechen kommen.

9.3 Integralverfahren von von Kármán und K. Pohlhausen für laminar umströmte Körper

9.3.1 Geschwindigkeitsprofil

Pohlhausen (1921) hat für das Geschwindigkeitsprofil den Potenzansatz

$$\frac{u(x,y)}{u_\delta(x)} = \sum_{i=1}^n a_i(x) \left[\frac{y}{\delta(x)} \right]^i$$

vorgeschlagen. Dieser Ansatz muß die Randbedingungen

$$y=0: \quad u=0,$$

$$y=\delta_s: \quad u=u_\delta, \quad \frac{du}{dy}=0, \quad \frac{d^2u}{dy^2}=0, \tag{9.50}$$

sowie die Wandbindungsgleichung (9.43) erfüllen. Nimmt man ein Polynom 4. Ordnung ($P4$-Profil) an, so folgt mit dem dimensionslosen Wandabstand $\eta=y/\delta$ für den Geschwindigkeitsverlauf

$$\frac{u(x,y)}{u_\delta(x)}=\begin{cases} a_1\eta+a_2\eta^2+a_3\eta^3+a_4\eta^4 & \text{für} \quad \eta\leqq 1 \\ 1 & \text{für} \quad \eta\geqq 1. \end{cases} \tag{9.51}$$

Mit (9.51) erhält man für die Randbedingung (9.50)

$$\left[\frac{u}{u_\delta}\right]_{\eta=1}=1=a_1+a_2+a_3+a_4,$$

$$\left[\frac{d}{d\eta}\left(\frac{u}{u_\delta}\right)\right]_{\eta=1}=0=a_1+2a_2+3a_3+4a_4,$$

$$\left[\frac{d^2}{d\eta^2}\left(\frac{u}{u_\delta}\right)\right]_{\eta=1}=0=2a_2+6a_3+12a_4.$$

Die Randbedingung $[u/u_\delta]_{\eta=0}$ wird durch den Ansatz (9.51) bereits erfüllt. Mit der Bernoulligleichung (9.4) bzw. mit (9.44) folgt aus der Wandbindungsgleichung (9.43) unter Beachtung von $\eta=y/\delta_s$ die Bedingung

$$\left[\frac{d^2}{d\eta^2}\left(\frac{u}{u_\delta}\right)\right]_{\eta=0}=-\frac{\delta_s^2}{v}\frac{du_\delta}{dx}. \tag{9.52}$$

Die rechte Seite von (9.52) wird üblicherweise als „Pohlhausen Parameter Λ" bezeichnet,

$$\Lambda(x)\equiv\frac{\delta_s^2}{v}\frac{du_\delta}{dx}. \tag{9.53}$$

Gelegentlich wird $\Lambda(x)$ auch als Formparameter und die Grenzschichtdicke $\delta_s(x)$ als Dickenparameter bezeichnet.

Mit (9.51) liefert die Bedingung (9.52) für Λ den Wert $\Lambda=-2a_2$. Damit lassen sich die vier Koeffizienten a_1 bis a_4 in Abhängigkeit des Formparameters bestimmen und man erhält

$$a_1=2+\frac{\Lambda}{6}, \quad a_2=-\frac{\Lambda}{2}, \quad a_3=-2+\frac{\Lambda}{2}, \quad a_4=1-\frac{\Lambda}{6}.$$

Das Geschwindigkeitsprofil ergibt sich damit zu

$$\frac{u}{u_\delta}=2\eta-2\eta^3+\eta^4+\frac{\Lambda}{6}\left(\eta-3\eta^2+3\eta^3-\eta^4\right). \tag{9.54}$$

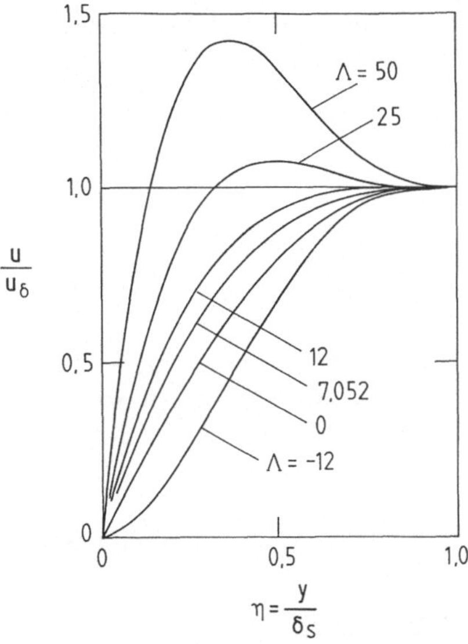

Bild 9.8. Verlauf des von Pohlhausen angegebenen Polynoms 4. Ordnung für das Geschwindigkeitsprofil in der Grenzschicht für verschiedene Formparameter Λ

Für die Wandschubspannung τ_w

$$\tau_w = \eta \left[\frac{\partial u}{\partial y} \right]_{y=0} = \eta \frac{u_\delta}{\delta_s} \left[\frac{\mathrm{d}}{\mathrm{d}\eta} \left(\frac{u}{u_\delta} \right) \right]_{\eta=0},$$

folgt damit

$$\tau_w = 2\eta \frac{u_\delta}{\delta_s} \left(1 + \frac{\Lambda}{12} \right). \tag{9.55}$$

Am theoretischen Ablösepunkt der Grenzschicht hat der Formparameter damit den Wert $\Lambda = -12$. Mit (9.53) folgt aus (9.44) die *Ablösebedingung*

$$\frac{\mathrm{d}p_\delta}{\mathrm{d}x} \geqq 12\eta \frac{u_\delta}{\delta_s^2}, \tag{9.56}$$

d.h. die Strömung löst ab, wenn der Druckanstieg in der Außenströmung größer als $12\eta u_\delta/\delta_s^2$ ist. Das Geschwindigkeitsprofil nach (9.54) ist in Bild 9.8 dargestellt.

$\Lambda = -12$ ist dabei das Geschwindigkeitsprofil am Ablösepunkt und $\Lambda = 0$ dasjenige für die ebene Platte, da dort wegen $u_\delta = u_\infty = \mathrm{const}$ der Formparameter identisch Null ist. Für Werte von Λ größer als 12 (in Bild 9.8 ist der Verlauf für $\Lambda = 25$ und $\Lambda = 50$ eingezeichnet) treten innerhalb der Grenzschicht Geschwindigkeiten auf, die größer als u_δ sind. Da dies unter den hier getroffenen Voraussetzungen nicht sein kann, gilt das Geschwindigkeitsprofil (9.54) grundsätzlich nur im Bereich $-12 \leqq \Lambda < 12$. Wir werden später noch zeigen, daß der Formparameter am Staupunkt den Wert $\Lambda = 7{,}052$ hat und größere Werte damit in der Regel ohnehin nicht von Interesse sind.

Mit dem Geschwindigkeitsprofil (9.54) erhält man aus (9.26) für die Verdrängungsdicke

$$\delta_1 = \delta_{\rm s}\left(\frac{3}{10} - \frac{\Lambda}{120}\right) \tag{9.57}$$

und aus (9.28) für die Impulsverlustdicke

$$\delta_2 = \delta_{\rm s}\left(\frac{37}{315} - \frac{\Lambda}{945} - \frac{\Lambda^2}{9072}\right). \tag{9.58}$$

Für die Ermittlung der beiden Unbekannten $\delta_{\rm s}(x)$ und $\Lambda(x)$ stehen mit (9.46) und (9.53) zwei Gleichungen zur Verfügung, wobei man zweckmäßigerweise mit (9.55) die Wandschubspannung $\tau_{\rm w}$ aus (9.46) eliminiert. Dies führt auf die Beziehung

$$\frac{\rm d}{{\rm d}x}\left(u_\delta^2 \delta_2\right) - u_\delta \delta_1 \frac{{\rm d}u_\delta}{{\rm d}x} = 2\nu \frac{u_\delta}{\delta_{\rm s}}\left(1 + \frac{\Lambda}{12}\right). \tag{9.59}$$

Das aus den Gleichungen (9.53) und (9.57) bis (9.59) bestehende System muß im allgemeinen numerisch integriert werden. Dabei werden geeignete Randbedingungen an der Stelle $x = 0$ benötigt. Auf diese Problematik kommen wir am Ende des nächsten Kapitels zurück.

9.3.2 Temperaturprofil

Analog zum Geschwindigkeitsprofil nehmen wir für das Temperaturprofil ebenfalls ein Polynom 4. Ordnung an und erhalten damit

$$\theta(x,y) = \begin{cases} b_0 + b_1 \xi + b_2 \xi^2 + b_3 \xi^3 + b_4 \xi^4 & \text{für} \quad \xi \leqq 1 \\ 0 & \text{für} \quad \xi \geqq 1, \end{cases} \tag{9.60}$$

wobei θ die mit der Temperatur der Außenströmung $T_\delta(x)$ und der Wandtemperatur $T_{\rm w}(x)$ gebildete dimensionslose Temperatur

$$\theta(x,y) = \frac{T(x,y) - T_\delta(x)}{T_{\rm w}(x) - T_\delta(x)}, \tag{9.61}$$

und ξ der mit der Dicke der Temperaturgrenzschicht $\delta_{\rm T}$ gebildete dimensionslose Wandabstand $\xi = y/\delta_{\rm T}$ ist, s. dazu auch Bild 9.9.

Mit den zum Geschwindigkeitsprofil analogen Randbedingungen

$$\begin{aligned}
\left[\theta\right]_{\xi=0} &= 1 = b_0 \\
\left[\theta\right]_{\xi=1} &= 0 = b_0 + b_1 + b_2 + b_3 + b_4 \\
\left[\frac{\partial\theta}{\partial\xi}\right]_{\xi=1} &= 0 = b_1 + 2b_2 + 3b_3 + 4b_4 \\
\left[\frac{\partial^2\theta}{\partial\xi^2}\right]_{\xi=1} &= 0 = 2b_2 + 6b_3 + 12b_4
\end{aligned}$$

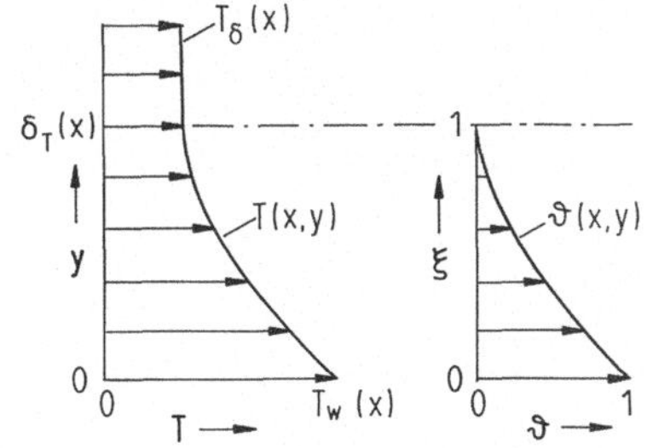

Bild 9.9. Zur dimensionslosen Darstellung des Temperaturprofils

lassen sich die Koeffizienten b_0, b_1, b_2 und b_3 in Abhängigkeit von b_4 bestimmen. Man erhält damit für das Temperaturprofil

$$\theta = 1 - (3+b_4)\xi + (3+3b_4)\xi^2 - (1+3b_4)\xi^3 + b_4\xi^4 . \tag{9.62}$$

Aufgrund der Ausführungen in Kap. 4 sind für $Pr = 1$ Geschwindigkeits- und Temperaturprofil identisch, d.h. $\delta_T = \delta_s$ und damit auch $\xi = \eta$. Ein Vergleich von (9.54) mit (9.62) zeigt, daß diese Forderung erfüllt ist, wenn der Koeffizient $b_4 = -1$ gesetzt wird. Damit folgt für das Temperaturprofil

$$\theta = 1 - 2\xi + 2\xi^3 - \xi^4 . \tag{9.63}$$

Mit dem Geschwindigkeitsprofil (9.54) und dem Temperaturprofil (9.63) kann nun die Enthalpiestromdicke δ_3 berechnet werden. Mit (9.61) folgt dafür aus (9.48) zunächst

$$\frac{\delta_3}{\delta_T} = \left(\frac{T_w}{T_\delta} - 1\right) \int_0^1 \frac{u(\eta,\Lambda)}{u_\delta} \theta(\xi)\,\mathrm{d}\xi .$$

Bezeichnen wir das Verhältnis der beiden Grenzschichtdicken mit

$$\Delta \equiv \frac{\delta_T}{\delta_s} , \tag{9.64}$$

so folgt unter Beachtung von $\eta = y/\delta_s = y/\delta_T \cdot \delta_T/\delta_s = \xi\Delta$ weiter

$$\frac{\delta_3}{\delta_T} = \left(\frac{T_w}{T_\delta} - 1\right) \int_0^1 \frac{u(\xi\Delta,\Lambda)}{u_\delta} \theta(\xi)\,\mathrm{d}\xi . \tag{9.65}$$

Das Integral in (9.65) ist eine universelle Funktion von Δ und Λ, die wir nach Schlichting (1982) mit H bezeichnen wollen,

$$H(\Delta,\Lambda) = \int_0^1 \frac{u(\xi\Delta,\Lambda)}{u_\delta} \theta(\xi)\,\mathrm{d}\xi . \tag{9.66}$$

Bei der Ausführung der Integration müssen wir zwischen den beiden Fällen $Pr > 1$ und $Pr < 1$ unterscheiden. Für $Pr < 1$ ist die Temperaturgrenzschicht δ_T dicker als die Strömungsgrenzschicht δ_s, also $\delta_T/\delta_s > 1$; im Falle $Pr > 1$ gilt dagegen $\delta_T/\delta_s < 1$. *Fall a)*: $Pr < 1$ und damit $\Delta > 1$.
Wir führen die Integration (9.66) in zwei Schritten durch, s. dazu Bild 9.10. Im ersten Schritt integrieren wir von $y = 0$ bis $y = \delta_s$ und im zweiten Schritt von $y = \delta_s$ bis

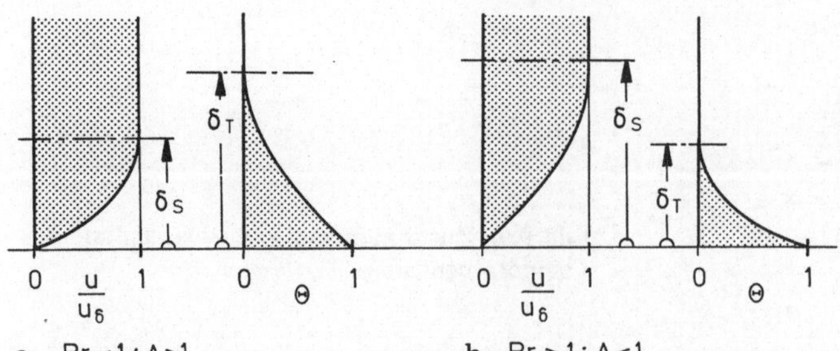

Bild 9.10. Grenzschichtdicken δ_s und δ_T für **a** $Pr<1$: $(\Delta>1)$ und **b** $Pr>1$: $(\Delta<1)$ mit $\Delta=\delta_T/\delta_s$

$y=\delta_T$, also

$$H(\Delta,\Lambda)=I_1+I_2=\int_0^{\delta_s/\delta_T}\frac{u(\xi\Delta,\Lambda)}{u_\delta}\,\theta(\xi)\,\mathrm{d}\xi+\int_{\delta_s/\delta_T}^1 1\cdot\theta(\xi)\,\mathrm{d}\xi.$$

Mit (9.54) und (9.63) erhält man für die beiden Integrale

$$I_1=\frac{7}{10\Delta}-\frac{13}{15\Delta^2}+\frac{67}{140\Delta^4}-\frac{7}{36\Delta^5}$$

$$+\frac{\Lambda}{6}\left(\frac{1}{20\Delta}-\frac{1}{30\Delta^2}+\frac{1}{140\Delta^4}-\frac{1}{504\Delta^5}\right),$$

$$I_2=\frac{3}{10}-\frac{1}{\Delta}+\frac{1}{\Delta^2}-\frac{1}{2\Delta^4}+\frac{1}{5\Delta^5}$$

und damit schließlich für die Funktion $H(\Delta,\Lambda)$ im Falle $\Delta\geqq1$,

$$H(\Delta,\Lambda)=\frac{3}{10}-\frac{3}{10\Delta}+\frac{2}{15\Delta^2}-\frac{3}{140\Delta^4}+\frac{1}{180\Delta^5}$$

$$+\frac{\Lambda}{6}\left(\frac{1}{20\Delta}-\frac{1}{30\Delta^2}+\frac{1}{140\Delta^4}-\frac{1}{504\Delta^5}\right).\tag{9.67}$$

Fall b): $Pr>1$ und damit $\Delta<1$.

In diesem Fall wird das Integral (9.66) direkt von $y=0$ bis $y=\delta_T$, d.h. von $\xi=0$ bis $\xi=1$ integriert. Für Werte $\xi>1$, also im Bereich $\delta_T<y\leqq\delta_s$, liefert das Integral wegen $\theta(\xi>1)=0$ keinen Beitrag, s. auch Bild 9.10. Man erhält schließlich für die Funktion $H(\Delta,\Lambda)$ im Falle $\Delta<1$

$$H(\Delta,\Lambda)=\frac{2}{15}\,\Delta-\frac{3}{140}\Delta^3+\frac{1}{180}\Delta^4$$

$$+\frac{\Lambda}{6}\left(\frac{1}{15}\Delta-\frac{1}{14}\Delta^2+\frac{9}{280}\Delta^3-\frac{1}{180}\Delta^4\right).\tag{9.68}$$

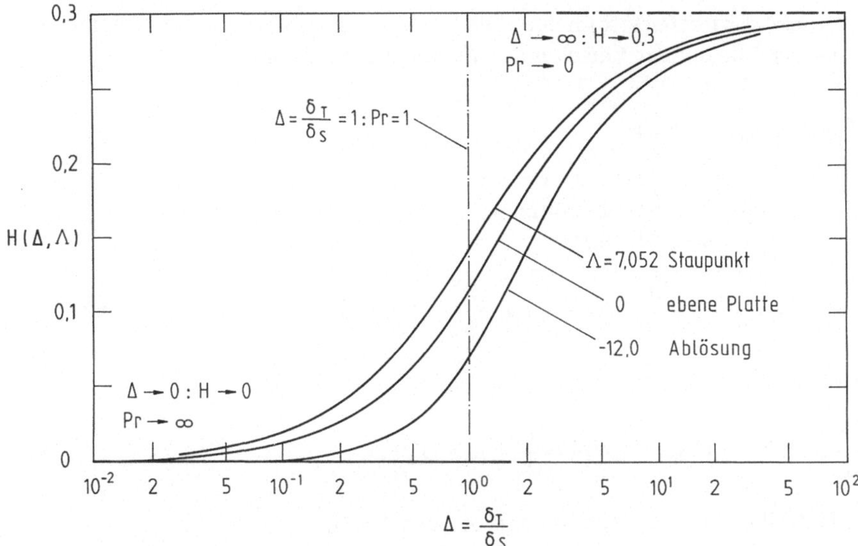

Bild 9.11. Verlauf der Funktion $H(\Delta,\Lambda)$ im Bereich $10^{-2} \leq \Delta \leq 10^2$ für $\Lambda = 7{,}052$ (Staupunkt), $\Lambda = 0$ (ebene Platte) und $\Lambda = -12$ (Ablösung)

In Bild 9.11 ist die Funktion $H(\Delta,\Lambda)$ in Abhängigkeit des Verhältnisses $\Delta = \delta_T/\delta_s$ für drei verschiedene Formparameter, nämlich für den der Staupunktströmung, für den der überströmten ebenen Platte und für den der Ablösestelle, dargestellt. Für $Pr \to 0$ fallen alle drei Kurven zusammen und die Funktion hat den Grenzwert

$$\lim_{\Delta \to \infty} H(\Delta,\Lambda) = 0{,}3 \,.$$

Für $Pr \to \infty$ fallen die drei Kurven ebenfalls zusammen und die Funktion hat den Grenzwert

$$\lim_{\Delta \to \infty} H(\Delta,\Lambda) = 0 \,.$$

Mit Hilfe der Funktion $H(\Delta,\Lambda)$ eliminieren wir nun die Energieverlustdicke δ_3 in der Integro-Differentialgleichung (9.49) für die Temperaturgrenzschicht. Dazu formen wir die rechte Seite von (9.49) zunächst entsprechend

$$\frac{q_w}{\varrho c_p} = a\left[\frac{\partial T}{\partial y}\right]_{y=0} = a\frac{T_\delta}{\delta_T}\frac{\partial}{\partial \xi}\left(\frac{T}{T_\delta}\right) = a\frac{T_\delta}{\delta_T}\left(\frac{T_w}{T_\delta} - 1\right)\left[\frac{\partial \theta}{\partial \xi}\right]_{\xi=0} \tag{9.69}$$

um. Der dimensionslose Temperaturgradient an der Wand ergibt sich mit (9.63) zu $[\partial\theta/\partial\xi]_{\xi=0} = -2$. Damit erhält man schließlich für die Gleichung der Temperaturgrenzschicht

$$\frac{d}{dx}\left[u_\delta(T_w - T_\delta)H(\Delta,\Lambda)\right] = \frac{2a}{\delta_T}(T_w - T_\delta) \,, \tag{9.70}$$

deren Lösung $\delta_T(x)$ bzw. $\Delta(x)$ liefert. Die Funktionen $\Lambda(x)$ und $\delta_s(x)$ folgten ja bereits aus der Lösung der Gleichungen für die Strömungsgrenzschicht.

9.3.3 Lösungsalgorithmus

Zur besseren Übersicht stellen wir die bisher abgeleiteten Beziehungen des Integralverfahrens nochmals zusammen. Im einzelnen sind das die Gleichung für die Strömungsgrenzschicht (9.59)

$$\frac{\mathrm{d}}{\mathrm{d}x}(u_\delta^2 \delta_2) + u_\delta \delta_1 \frac{\mathrm{d}u_\delta}{\mathrm{d}x} = 2\nu \frac{u_\delta}{\delta_s}\left(1 + \frac{\Lambda}{12}\right), \tag{9.59}$$

die Gleichung für die Temperaturgrenzschicht

$$\frac{\mathrm{d}}{\mathrm{d}x}[u_\delta(T_\mathrm{w} - T_\delta)H(\Delta,\Lambda)] = \frac{2a}{\delta_\mathrm{T}}(T_\mathrm{w} - T_\delta), \tag{9.70}$$

und die Definition des Formparameters Λ nach Pohlhausen (9.53)

$$\Lambda(x) = \frac{\delta_s^2}{\nu}\frac{\mathrm{d}u_\delta}{\mathrm{d}x}. \tag{9.53}$$

Die Verdrängungsdicke δ_1 und die Impulsverlustdicke δ_2 sind nach (9.57) und (9.58) Funktionen des Formparameters Λ,

$$\frac{\delta_1}{\delta_s} = f_1(\Lambda) = \frac{3}{10} - \frac{\Lambda}{120} \tag{9.57a}$$

$$\frac{\delta_2}{\delta_s} = f_2(\Lambda) = \frac{37}{315} - \frac{\Lambda}{945} - \frac{\Lambda^2}{9072}. \tag{9.58a}$$

Aus (9.59) kann mit (9.53), (9.57a) und (9.58a) die Dicke der Strömungsgrenzschicht $\delta_s(x)$ berechnet werden. Damit erhält man mit $\Delta = \delta_T/\delta_s$ und der Funktion $H(\Delta,H)$ nach (9.67) bzw. (9.68) aus (9.70) die Dicke der Temperaturgrenzschicht $\delta_T(x)$.

Die numerische Integration der Gleichungen (9.59) und (9.70) kann nach einem Vorschlag von Holstein und Bohlen (1940) wesentlich vereinfacht werden, wenn diese Gleichungen zunächst etwas umgeformt werden. Dazu differenziert man den ersten Term auf der linken Seite von (9.59) nach x, dividiert das Ergebnis durch u_δ und ν, multipliziert mit δ_2, und erhält

$$\frac{u_\delta}{\nu}\delta_2 \frac{\mathrm{d}\delta_2}{\mathrm{d}x} + \left(2 + \frac{\delta_1}{\delta_2}\right)\frac{\delta_2^2}{\nu}\frac{\mathrm{d}u_\delta}{\mathrm{d}x} = 2\left(1 + \frac{\Lambda}{12}\right)\frac{\delta_2}{\delta_x}. \tag{9.59a}$$

Zusätzlich zu dem in (9.53) definierten Formparameter nach Pohlhausen wird nun mit

$$K \equiv \frac{\delta_2^2}{\nu}\frac{\mathrm{d}u_\delta}{\mathrm{d}x} \tag{9.71}$$

ein zweiter Formparameter eingeführt, der entsprechend

$$K = \frac{\delta_s^2}{v}\left(\frac{\delta_2}{\delta_s}\right)^2 \frac{\mathrm{d}u_\delta}{\mathrm{d}x} = \Lambda^2 \cdot f_2(\Lambda) = K(\Lambda) \tag{9.72}$$

als Funktion des ersten Formparameters dargestellt werden kann. Desweiteren wird für das Verhältnis δ_2^2/v die neue Variable

$$Z \equiv \frac{\delta_2^2}{v}. \tag{9.73}$$

eingeführt. Durch Differentiation folgt daraus

$$\frac{\mathrm{d}Z}{\mathrm{d}x} = \frac{2}{v}\delta_2\frac{\mathrm{d}\delta_2}{\mathrm{d}x}.$$

Setzt man diesen Ausdruck und (9.71) in (9.59a) ein, so erhält man

$$\frac{u_\delta}{2}\frac{\mathrm{d}Z}{\mathrm{d}x} + \left(2+\frac{\delta_1}{\delta_2}\right)K = 2\left(1+\frac{\Lambda}{12}\right)f_2(\Lambda), \tag{9.74}$$

wobei die Funktion $f_2(\Lambda)$ durch (9.58a) definiert ist. Nach (9.57a) und (9.58a) ist das Verhältnis von Verdrängungs- und Impulsverlustdicke lediglich eine Funktion von Λ, die wir entsprechend

$$\frac{\delta_1}{\delta_2} = f_3(\Lambda) \tag{9.75}$$

mit $f_3(\Lambda)$ bezeichnen. In (9.74) sind der zweite Term auf der linken und der Term auf der rechten Seite ebenfalls Funktionen des Formparameters 1. Fassen wir diese beiden Terme mit

$$F(\Lambda) = 4\left(1+\frac{\Lambda}{12}\right)f_2(\Lambda) - 2[2+f_3(\Lambda)]\Lambda^2 f_2(\Lambda) \tag{9.76}$$

zusammen, so erhalten wir statt (9.74) die nichtlineare Differentialgleichung erster Ordnung für die Funktion Z,

$$\frac{\mathrm{d}Z}{\mathrm{d}x} = \frac{F(\Lambda)}{u_\delta}. \tag{9.77}$$

Die Tatsache, daß die Funktion $F(\Lambda)$ ziemlich kompliziert ist, hat jedoch auf den Lösungsalgorithmus keine Auswirkung, da $F(\Lambda)$ eine universelle Funktion ist. Die Werte der Funktionen $K(\Lambda)$ und $F(\Lambda)$ sowie $f_3(\Lambda)$ sind in Tabelle 9.3 für verschiedene Argumente zusammengestellt. Bild 9.12 zeigt den Verlauf dieser Funktionen im Bereich $-12 \leqq \Lambda \leqq 12$. $K(\Lambda)$ steigt im dargestellen Bereich monoton von $K = -0{,}1567$ bis $K = 0{,}0884$ an; $F(\Lambda)$ dagegen fällt von $1{,}7241$ bis $-0{,}0948$ monoton ab, wobei $F(\Lambda)$ im Bereich $\Lambda < 0$ nahezu linear verläuft.

Trägt man F als Funktion von K auf, so nimmt $F(K)$ mit steigendem K ebenfalls nahezu linear ab. Walz (1941) hat deshalb $F(K)$ näherungsweise durch eine Gerade ersetzt und dadurch das Integralverfahren drastisch vereinfacht. Für

Tabelle 9.3. Die universellen Funktionen $F(\Lambda)$, $K(\Lambda)$ und $f_3(\Lambda)$ im Bereich $-12 \leqq \Lambda \leqq 12$ für das Integralverfahren von Kármán (1921) u. K. Pohlhausen (1921). [Nach Holstein u. Bohlen (1940)]

Λ	K	$F(\Lambda)$	$f_3(\Lambda) = \dfrac{\delta_1}{\delta_2}$	$f_2(K) = \dfrac{\delta_2 \tau_0}{\mu U}$
12	0,0948	−0,0948	2,250	0,356
11	0,0941	−0,0912	2,253	0,355
10	0,0919	−0,0800	2,260	0,351
9	0,0882	−0,0608	2,273	0,347
8	0,0831	−0,0335	2,289	0,340
7,8	0,0819	−0,0271	2,293	0,338
7,6	0,0807	−0,0203	2,297	0,337
7,4	0,0794	−0,0132	2,301	0,335
7,2	0,0781	−0,0051	2,305	0,333
7,052	0,0770	0	2,308	0,332
7	0,0767	0,0021	2,309	0,331
6,8	0,0752	0,0102	2,314	0,330
6,6	0,0737	0,0186	2,318	0,328
6,4	0,0721	0,0274	2,323	0,326
6,2	0,0706	0,0363	2,328	0,324
6	0,0689	0,0459	2,333	0,321
5	0,0599	0,0979	2,361	0,310
4	0,0497	0,1579	2,392	0,297
3	0,0385	0,2255	2,427	0,283
2	0,0264	0,3004	2,466	0,268
1	0,0135	0,3820	2,508	0,252
0	0	0,4698	2,554	0,235
− 1	−0,0140	0,5633	2,604	0,217
− 2	−0,0284	0,6609	2,647	0,199
− 3	−0,0429	0,7640	2,716	0,179
− 4	−0,0575	0,8698	2,779	0,160
− 5	−0,0720	0,9780	2,847	0,140
− 6	−0,0862	1,0877	2,921	0,120
− 7	−0,0999	1,1981	2,999	0,100
− 8	−0,1130	1,3080	3,085	0,079
− 9	−0,1254	1,4167	3,176	0,059
−10	−0,1369	1,5229	3,276	0,039
−11	−0,1474	1,6257	3,383	0,019
−12	−0,1567	1,7241	3,500	0

die Impulsverlustdicke erhält man damit schließlich den einfachen Integralausdruck

$$\frac{u_\delta \delta_2^2}{\nu} = \frac{0,470}{u_\delta^5} \int_{x=0}^{x} u_\delta^5 dx, \qquad (9.78)$$

der, da $u_\delta(x)$ aus der Lösung der Potentialströmung bekannt ist, direkt integriert werden kann. Wir wollen auf diese Näherung hier nicht weiter eingehen, der daran interessierte Leser sei auf die zitierte Literatur verwiesen.

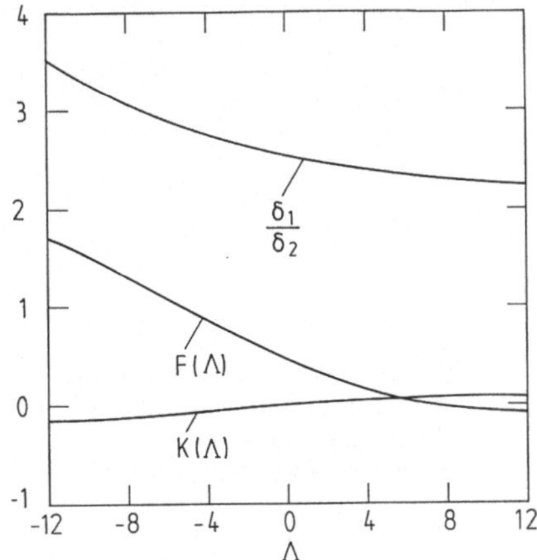

Bild 9.12. Verlauf der Funktion $F(\Lambda)$, $K(\Lambda)$ und $\delta_1/\delta_2 = f_3(\Lambda)$ des Integralverfahrens von von Kármán und K. Pohlhausen im Bereich $-12 \leqq \Lambda \leqq 12$

Für die Lösung der Differentialgleichung (9.77) werden noch Startwerte für Z und F bzw. Λ an der Stelle $x=0$ benötigt, die wir mit Z_0, F_0 und Λ_0 bezeichnen wollen. An der Stelle $x=0$, d.h. am Staupunkt ist $u_\delta = 0$. Damit nun die Ableitung $\mathrm{d}Z/\mathrm{d}x$ an dieser Stelle einen endlichen Wert hat, muß dort auch $F(\Lambda) = 0$ sein. Dafür erhält man aus (9.76)

$$F(\Lambda) = 0 : \Lambda_0 = +7{,}052 .\tag{9.78a}$$

Mit (9.58a) folgt damit aus (9.72) für den zweiten Formparameter

$$K_0 = \Lambda_0^2 \cdot f_2(\Lambda_0) = 0{,}0770 .\tag{9.79}$$

Für den Startwert der Funktion Z erhält man mit (9.71) und (9.72) aus (9.73)

$$Z_0 = \frac{K_0}{\left[\dfrac{\mathrm{d}u_\delta}{\mathrm{d}x}\right]_0} = \frac{0{,}0770}{\left[\dfrac{\mathrm{d}u_\delta}{\mathrm{d}x}\right]_0} .\tag{9.80}$$

die Ableitung $\mathrm{d}Z/\mathrm{d}x$ ist am Staupunkt wegen $F(\Lambda_0) = 0$ und $u_\delta = 0$ unbestimmt. Der Grenzwert kann jedoch durch Differenzen des Zählers und des Nenners von (9.74) nach x leicht ermittelt werden. Man erhält schließlich

$$\left[\frac{\mathrm{d}Z}{\mathrm{d}x}\right]_0 = -0{,}0652 \frac{\left[\dfrac{\mathrm{d}^2 u_\delta}{\mathrm{d}x^2}\right]_0}{\left(\left[\dfrac{\mathrm{d}u_\delta}{\mathrm{d}x}\right]_0\right)^2} .\tag{9.81}$$

Die Rechnung beginnt am vorderen Staupunkt $x=0$ mit den Werten $\Lambda_0 = 7{,}052$ und $K_0 = 0{,}0770$ und hört mit den Werten $\Lambda = -12$ und $K = -0{,}1567$ (s. Tabelle 9.3) am Ablösepunkt auf. Dabei wird vorausgesetzt, daß die Geschwindigkeit $u_\delta(x)$ und ihre Ableitung $\mathrm{d}u_\delta/\mathrm{d}x$ aus der Lösung der Potentialströmung oder aus experimentellen Untersuchungen bekannt sind. Der Wert der zweiten Ableitung

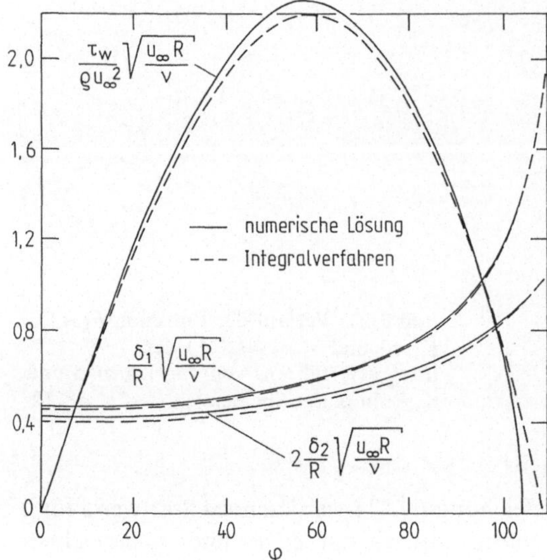

Bild 9.13. Vergleich der Lösung des Integralverfahrens mit der von Schoenauer (1964) durch numerische Integration der partiellen Grenzschicht-differentialgleichungen ermittelten Lösung für den querangeströmten Zylinder [nach Schlichting (1982)]

$\mathrm{d}^2 u_\delta / \mathrm{d}x^2$ wird lediglich am Staupunkt zur Bestimmung der Steigung $[\mathrm{d}Z/\mathrm{d}x]_0$ benötigt.

Die numerische Integration von (9.77) liefert die Funktion $Z(x)$, sowie den ersten und den zweiten Formfaktor, $K(x)$ und $\Lambda(x)$. Aus (9.71) kann damit die Impulsverlustdicke $\delta_2(x)$ und aus (9.53) die Dicke der Strömungsgrenzschicht $\delta_\mathrm{s}(x)$ berechnet werden. Durch numerische Integration von (9.70) erhält man dann die Dicke der Temperaturgrenzschicht $\delta_\mathrm{T}(x)$, wobei die Funktion $H(\Delta,\Lambda)$ für $Pr < 1$ aus (9.67) und für $Pr > 1$ aus (9.68) berechnet wird.

Um eine Vorstellung über die Genauigkeit dieses Integralverfahrens zu vermitteln, sind in Bild 9.13 die damit und die von Schoenauer (1964) durch direkte numerische Integration der Grenzschichtdifferentialgleichungen berechneten Lösungen für den querangeströmten Kreiszylinder gegenübergestellt. Aufgetragen sind die Verdrängungsdicke δ_1, die Impulsverlustdicke δ_2 und die Wandschubspannung als Funktion des Winkels φ. Der Vergleich zeigt, daß die beiden Lösungen bis auf den unmittelbar vor dem Ablösepunkt liegenden Bereich sehr gut miteinander übereinstimmen.

Abschließend wollen wir noch Beziehungen für den Wärmeübergang und für den Reibungskoeffizienten angeben. Aus (9.69) folgt unter Beachtung von $[\partial\theta/\partial\xi]_{\xi=0} = -2$ für die Wärmestromdichte an der Wand

$$q_\mathrm{w} = -2\lambda \frac{T_\delta}{\delta_\mathrm{T}} \left(\frac{T_\mathrm{w}}{T_\delta} - 1 \right), \tag{9.82}$$

und daraus für die lokale Nußeltzahl

$$Nu_\mathrm{x} \equiv \frac{q_\mathrm{w}}{\dfrac{\lambda}{x}(T_\mathrm{w} - T_\delta)} = 2\frac{x}{\delta_\mathrm{T}}. \tag{9.83}$$

Die lokale Nußeltzahl ist demnach proportional der Lauflänge x und umgekehrt proportional der Dicke der Temperaturgrenzschicht δ_T; ein Ergebnis, das wir bereits von der laminar überströmten Platte her kennen.

Die lokale Wandschubspannung τ_w kann aus (9.55) berechnet werden. Für den lokalen Reibungskoeffizienten erhält man damit

$$\frac{c_f}{2} \equiv \frac{\tau_w}{\varrho u_\delta^2} = 2 \frac{v}{\delta_s u_\delta} \left(1 + \frac{\Lambda}{12} \right) . \tag{9.84}$$

$T_\delta(x)$ und $u_\delta(x)$ bezeichnen, wie bereits erwähnt, die entsprechenden Werte am äußeren Rand der Temperatur- bzw. Strömungsgrenzschicht. Befindet sich der betrachtete Körper in einem unendlich ausgedehnten Fluid, so gilt $T_\delta(x) = T_\infty = $ const.

Wir wollen noch die Lösung des Integralverfahrens mit der exakten Lösung für die laminar überströmte ebene Platte vergleichen. Das Integralverfahren liefert für die Dicke der Strömungsgrenzschicht den Ausdruck

$$\delta_s = 5{,}83 \sqrt{\frac{vx}{u_\infty}} ,$$

wobei die Konstante im Vergleich zur exakten Lösung zu 5,83 statt zu 5,0 ermittelt wird. Für die lokale Nußeltzahl erhält man

$$Nu_x = 0{,}343 \, Pr^{1/3} Re_x^{1/2} ,$$

die Konstante stimmt dabei bis auf 3% mit dem exakten Wert 0,332 überein. Dieses Ergebnis läßt sich auf die Feststellung verallgemeinern, daß die mit Integralverfahren ermittelten Lösungen für den Wärmeübergang im allgemeinen sehr gute Näherungen darstellen.

9.4 Integralverfahren auf der Basis der lokalen Ähnlichkeit

9.4.1 Prinzip der lokalen Ähnlichkeit

Keilströmungen sind dadurch gekennzeichnet, daß die Geschwindigkeits- und die Temperaturprofile an verschiedenen Stellen x ähnlich sind. Das Strömungs- und Temperaturfeld kann deshalb durch eine einzige Ähnlichkeitsvariable η beschrieben werden und die partiellen Grenzschichtgleichungen reduzieren sich dadurch auf gewöhnliche Differentialgleichungen. Für Körper, bei denen die Außenströmung u_δ nicht als Potenzfunktion der Grenzschichtlänge x angegeben werden kann, ist das nicht der Fall und eine exakte Lösung muß von den ursprünglichen partiellen Grenzschichtgleichungen ausgehen. Obwohl diese Gleichungen mit geeigneten numerischen Vefahren auf den heutigen Großrechenanlagen ohne Schwierigkeiten gelöst werden können, ist der dafür notwendige Aufwand nicht unerheblich, vgl. Cebeci und Bradshaw (1984). Deshalb, aber auch um ein besseres Verständnis für die physikalischen Zusammenhänge zu bekommen, ist es wünschenswert auch für solche Fälle eine analytische Näherungslösung zu entwickeln. Die einzig bekannt gewordene analytische Lösung stammt von Frössling (1940), der die partiellen Grenzschichtdifferentialgleichungen durch Reihenentwicklung gelöst hat. Die Genauigkeit dieses Verfahrens ist jedoch dadurch begrenzt, daß wegen des beträchtlichen Aufwands vernünftigerweise nur die ersten Terme der unendlichen Reihe berechnet wurden.

Aus diesem Grund wurden vor allem in den vierziger und fünfziger Jahren eine Reihe von Näherungsverfahren zur Berechnung des Wärmeübergangs bei umströmten Körpern entwickelt. Ein Teil dieser Näherungsverfahren geht dabei vom Prinzip der lokalen Ähnlichkeit zwischen der Keilströmung und der Umströmung eines zylindrischen Körpers mit beliebigem aber stetigem Verlauf der Oberfläche aus. Als lokale Ähnlichkeit bezeichnet man dabei die Annahme, daß der Verlauf der Strömungs- und der Temperaturgrenzschicht an einer beliebigen Stelle x lediglich von den Parametern des Strömungs- und Temperaturfelds an dieser Stelle und nicht von den Verhältnissen stromaufwärts beeinflußt wird. Um das Prinzip der lokalen Ähnlichkeit zu verdeutlichen, wollen wir ein von Eckert und Drake (1972) angegebenes einfaches Beispiel betrachten. Die Geschwindigkeit der Außenströmung am Keil ist durch die Beziehung

$$u_\delta = u_\infty x^{\mathrm{m}}$$

gegeben. Durch Differentiation erhält man daraus für den Geschwindigkeitsgradienten der Außenströmung

$$\frac{\mathrm{d}u_\delta}{\mathrm{d}x} = u_\infty m x^{\mathrm{m}-1} = u_\infty \frac{m}{x} \ .$$

Mit der Annahme, daß das Geschwindigkeitsprofil an der Stelle x eines beliebigen Profils gleich (besser ähnlich) dem Geschwindigkeitsprofil an der Stelle x einer Keilströmung ist, folgt

$$\left(\frac{\mathrm{d}u_\delta}{\mathrm{d}x}\right)_{\mathrm{Keil}} = u_\infty \frac{m}{x} \approx \left(\frac{\mathrm{d}u_\delta}{\mathrm{d}x}\right)_{\mathrm{Profil}} .$$

Aus dieser Beziehung ergibt sich nun der Öffnungswinkel β bzw. der Parameter m des äquivalenten Keils zu

$$m = \frac{x}{u_\infty} \left(\frac{\mathrm{d}u_\delta}{\mathrm{d}x}\right)_{\mathrm{Profil}} .$$

Der Nachteil dieser primitiven Annahme für die lokale Ähnlichkeit liegt in der Tatsache begründet, daß die verwendete Länge x keine geeignete Größe für die lokalen Bedingungen darstellt. Statt der Koordinate x wird deshalb sinnvollerweise die Grenzschichtdicke δ verwendet.

Die auf der Basis der lokalen Ähnlichkeit bekannt gewordenen Näherungsverfahren lassen sich nach Smith und Spalding (1958) in zwei Gruppen einteilen, nämlich in die Ein-Gleichungs- und in die Zwei-Gleichungs-Verfahren. Bei den Zwei-Gleichungs-Verfahren werden die Integralgleichungen für die Strömungs-

und für die Temperaturgrenzschicht gelöst. Das Prinzip der lokalen Ähnlichkeit wird dabei sowohl auf die Strömungs- als auch auf die Temperaturgrenzschicht angewandt. Hervorzuheben aus dieser Gruppe sind die Näherungsverfahren von Schuh (1953) und Skopets (1959). Bei den Ein-Gleichungs-Verfahren dagegen wird entweder die Energiegleichung oder die Bewegungsgleichung gelöst unter der Annahme, daß die lokale Änderung der Temperatur- bzw. der Strömungsgrenzschicht ähnlich der eines äquivalenten Keils ist. Zu der ersten Kategorie zählt das Verfahren von Eckert (1942) und zu der zweiten, diejenigen von Smith und Spalding (1958) und von Merk (1959). (Chao und Fagbenle (1973) haben auf einen Fehler in den Gleichungen von Merk zur Berechnung des zweiten Terms hingewiesen.) Während die Ein-Gleichungs-Verfahren auf den Fall konstanter Wandtemperatur (vom Staupunkt an!) begrenzt sind, lassen sich mit den Zwei-Gleichungs-Verfahren auch Fälle untersuchen, bei denen die Wandtemperatur eine beliebige Potenz der Koordinate x ist (z.B. der Fall konstanter Wandwärmestromdichte).

Ein detaillierter Vergleich der bekannt gewordenen Näherungsverfahren wurde von Spalding und Pun (1962) durchgeführt. Danach stimmt die mit den genannten Integralverfahren berechnete lokale Nußeltzahl für die Umströmung eines Kreiszylinders mit der exakten Lösung von Frössling bis auf 3% überein.

Wir wollen im folgenden das Verfahren von Eckert und dasjenige von Smith und Spalding (1958) kurz erläutern. Wir haben diese Verfahren deshalb ausgewählt, weil das Eckertverfahren, das mit zu den älteren Verfahren gehört, relativ anschaulich ist und weil das Verfahren von Smith und Spalding mit zu den genauesten gehört und darüber hinaus so einfach ist, daß es auch auf einem Taschenrechner programmiert werden kann.

9.4.2 Näherungsverfahren von Eckert

Wir betrachten nach Eckert (1942) eine bestimmte Stelle z (wobei z die x-Koordinate des zylindrischen Körpers bezeichnet) in endlicher Entfernung vom Staupunkt des zu untersuchenden zylindrischen Körpers, im folgenden Profil (Index P) genannt, und vergleichen diese Stelle mit einer bestimmten Stelle x des Keils (Index K). Wir fordern, daß sowohl die Geschwindigkeit und der Geschwindigkeitsgradient der Außenströmung als auch die Impulsverlustdicke (statt der Grenzschichtdicke) an der Stelle z_0 des Profils und an der Stelle x_0 des Keils gleich sind, also

$$[u_{\delta,P}]_{z_0} = [u_{\delta,K}]_{x_0} ,$$

$$\left[\frac{du_{\delta,P}}{dz} \right]_{z_0} = \left[\frac{du_{\delta,K}}{dx} \right]_{x_0} , \qquad (9.85)$$

$$[\delta_{2,P}]_{z_0} = [\delta_{2,K}]_{x_0} .$$

Dem Näherungsverfahren liegt die Annahme zugrunde, daß, wenn die obigen Forderungen erfüllt sind, auch der Gradient der Impulsverlustdicke an der Stelle z_0

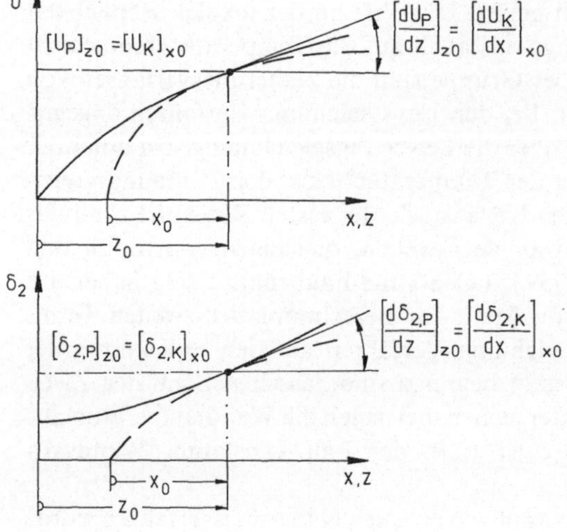

Bild 9.14. Qualitativer Verlauf der Geschwindigkeiten u_δ und der Impulsverlustdicken δ_2 beim Näherungsverfahren nach Eckert

des Profils gleich dem des Keils an der Stelle x_0 ist, also

$$\left[\frac{\mathrm{d}\delta_{2,\mathrm{P}}}{\mathrm{d}z}\right]_{z_0} = \left[\frac{\mathrm{d}\delta_{2,\mathrm{K}}}{\mathrm{d}x}\right]_{x_0}. \tag{9.86}$$

Der aus den Forderungen (9.85) und aus der Annahme (9.86) resultierende Verlauf der Geschwindigkeiten u_δ und der Impulsverlustdicke δ_2, sowie deren Ableitungen sind in Bild 9.14 skizziert.

Aus den Forderungen (9.85) kann nun der Winkel des äquivalenten Keils berechnet werden. Durch Differentiation von $u_\delta = u_\infty x^m$ und Umformung mit $m = \beta/(2-\beta)$ erhält man zunächst

$$\frac{\mathrm{d}u_\delta}{\mathrm{d}x} = \frac{\beta}{2-\beta}\frac{u_\delta}{x} \tag{9.87}$$

und damit aus der Beziehung für Impulsverlustdicke (9.28)

$$\beta\eta_2^2 = \frac{\delta_{2,\mathrm{K}}^2}{v}\frac{\mathrm{d}u_{\delta,\mathrm{K}}}{\mathrm{d}x} = \frac{\delta_{2,\mathrm{P}}^2}{v}\frac{\mathrm{d}u_{\delta,\mathrm{P}}}{\mathrm{d}z}, \tag{9.88}$$

aus der der Keilwinkel β des äquivalenten Keils berechnet werden kann.

Eliminiert man mit (9.28) die Außengeschwindigkeit u_δ aus der Geschwindigkeitsverteilung $u_\delta = u_\infty x^m$ und differenziert das Ergebnis nach x, so folgt

$$\frac{\mathrm{d}\delta_{2,\mathrm{P}}}{\delta_{2,\mathrm{P}}} = \frac{1-\beta}{2-\beta}\frac{\mathrm{d}x}{x}.$$

Mit $(\mathrm{d}u_{\delta,\mathrm{K}}/\mathrm{d}x)_\mathrm{K} = (\mathrm{d}u_{\delta,\mathrm{P}}/\mathrm{d}z)_\mathrm{P}$ erhält man damit aus (9.87)

$$\frac{\mathrm{d}\delta_{2,\mathrm{P}}}{\mathrm{d}z} = \frac{1-\beta}{\beta}\frac{\delta_{2,\mathrm{P}}}{u_{\delta,\mathrm{P}}}\frac{\mathrm{d}u_{\delta,\mathrm{P}}}{\mathrm{d}z}.$$

und weiter, mit $du_{\delta,\mathrm{P}}/dz$ aus (9.88),

$$\frac{d\delta_{2,\mathrm{P}}}{dz} = (1-\beta)\eta_2^2 \frac{v}{u_{\delta,\mathrm{P}}\delta_{2,\mathrm{P}}}\,. \qquad (9.89)$$

Diese Beziehung liefert nun die Steigung der Impulsverlustdicke $\delta_{2,\mathrm{P}}$ an der Stelle z_0. Mit

$$[\delta_{2,\mathrm{P}}]_{z_1} = [\delta_{2,\mathrm{P}}]_{z_0} + \left[\frac{d\delta_{2,\mathrm{P}}}{dz}\right]_{z_0},$$

erhält man schließlich die Impulsverlustdicke an der Stelle z_1. Die Rechnung beginnt am Staupunkt mit $\beta = 1$ und endet am Ablösepunkt mit $\beta = -0{,}1988$. Für weitere Details sei auf Eckert (1942) verwiesen.

9.4.3 Näherungsverfahren von Smith und Spalding

Mit dem zweiten Formparameter K nach (9.71) und mit (9.72) läßt sich für (9.59a) auch

$$\frac{u_\delta}{v}\frac{d\delta_2^2}{dx} = -2\left(2+\frac{\delta_1}{\delta_2}\right)\Lambda^2 f_2(\Lambda) + 4\left(1+\frac{\Lambda}{12}\right)\frac{\delta_2}{\delta_s} \qquad (9.90)$$

schreiben. Da nach (9.57a) und (9.58a) die Verhältnisse δ_1/δ_s und δ_2/δ_s nur Funktion des Formparameters Λ sind, ist die rechte Seite von (9.90) ebenfalls nur eine Funktion des Formparameters Λ bzw., wegen (9.72), eine Funktion des zweiten Formparameters K. Unter Beachtung von (9.53) läßt sich deshalb für (9.90) formal schreiben

$$\frac{u_\delta}{v}\frac{d\delta_2^2}{dx} = F_s\left(\frac{\delta_2^2}{v}\frac{du_\delta}{dx}\right), \qquad (9.91)$$

wobei $F_s(\dots)$ lediglich „Funktion von" bedeutet. Anhand der Ausführungen in Abschn. 9.3.3 wird deutlich, daß für jede Strömungsgrenzschicht eine Beziehung der Form (9.91) gelten muß.

Für die Enthalpiestromdichte δ_3 folgt mit (9.61) aus (9.48)

$$\delta_3 = \int\limits_0^\infty \frac{u_\delta}{u_\infty}\theta\, dy\,. \qquad (9.92)$$

Den Kehrwert des Temperaturgradienten wollen wir entsprechend

$$\delta_4 = \frac{1}{\left(\dfrac{d\theta}{dy}\right)_0} \qquad (9.93)$$

als Wärmeleitungsdicke δ_4 bezeichnen. Diese Festlegung ist deshalb zweckmäßig, weil sich damit aus

$$\alpha = \frac{\lambda}{\delta_4} \qquad (9.94a)$$

unmittelbar der Wärmeübergangskoeffizient berechnen läßt.

Da für $Pr \neq 1$ das Temperaturfeld neben den das Strömungsfeld beschreibenden Parametern, d.h. neben Λ oder K, noch von der Prandtlzahl abhängt, muß für die Enthalpiestrom- und die Wärmeleitungsdicke eine zu (9.91) analoge Beziehung existieren, die jedoch zusätzlich die Prandtlzahl enthält, also

$$\frac{u_\delta}{v} \frac{\mathrm{d}\delta_\mathrm{i}^2}{\mathrm{d}x} = F_\mathrm{T}\left(\frac{\delta_\mathrm{i}^2}{v} \frac{\mathrm{d}u_\delta}{\mathrm{d}x}, Pr\right), \tag{9.95}$$

mit δ_i gleich δ_3 oder δ_4.

Anhand der Ausführungen in Abschn. 9.1 läßt sich zeigen, daß bei der Keilströmung für die abhängige und unabhängige Variable in (9.91) und (9.95) die Beziehungen

$$\frac{\delta_\mathrm{n}^2}{v} \frac{\mathrm{d}u_\delta}{\mathrm{d}x} = 2Z_\mathrm{n}^2\left(\frac{m}{1+m}\right), \tag{9.96a}$$

$$\frac{u_\delta}{v} \frac{\mathrm{d}\delta_\mathrm{n}^2}{\mathrm{d}x} = 2Z_\mathrm{n}^2\left(\frac{1-m}{1+m}\right) \tag{9.96b}$$

gelten, wobei die Funktion Z_1, Z_2 und Z_4 von Eckert (1942) für verschiedene Keilwinkel $\beta = 2m/(1+m)$ und Prandtlzahlen berechnet und tabelliert wurden. Mit Hilfe dieser Tabellenwerte haben Smith und Spalding die Funktionen F_s und F_T nach (9.91) und (9.95) für $Pr = 0,7$ berechnet. Das Ergebnis zeigt, daß diese Funktionen zwischen dem vorderen Staupunkt mit $\beta = 1$ und der ebenen Platte mit $\beta = 0$ nahezu linear verlaufen. Für $Pr = 0,7$ kann deshalb (9.95) durch die Geradengleichung

$$\frac{u_\delta}{v} \frac{\mathrm{d}\delta_4^2}{\mathrm{d}x} = 11,68 - 2,87\left(\frac{\delta_4^2}{v} \frac{\mathrm{d}u_\delta}{\mathrm{d}x}\right) + E_4\left(\frac{\delta_4^2}{v} \frac{\mathrm{d}u_\delta}{\mathrm{d}x}\right) \tag{9.97a}$$

dargestellt werden, wobei der Korrekturterm E_4 die Abweichung von der Geraden berücksichtigt. Der Korrekturterm ist außerordentlich klein, Werte dafür sind in Tabelle 9.4 angegeben.

Multipliziert man (9.97a) mit $u_\delta^{1,87}$, so lassen sich entsprechend

$$\frac{u_\delta^{2,87}}{v} \frac{\mathrm{d}\delta_4^2}{\mathrm{d}x} + 2,87\, u_\delta^{1,87} \frac{\delta_4^2}{v} \frac{\mathrm{d}u_\delta}{\mathrm{d}x} \equiv \frac{\mathrm{d}}{\mathrm{d}x}\left(\frac{u_\delta^{2,87}}{v} \delta_4^2\right)$$

Tabelle 9.4. Der Korrekturterm $E_4 \left(\dfrac{\delta_4^2}{v} \dfrac{\mathrm{d}u_\delta}{\mathrm{d}x}\right)$ des Näherungsverfahrens von Smith u. Spalding (1958) für $Pr = 0,7$

$\dfrac{\delta_4^2}{v} \dfrac{\mathrm{d}u_\delta}{\mathrm{d}x}$	6,05	4,07	2,26	1,01	0	$-1,02$
E_4	1,042	0	$-0,68$	$-0,67$	0	2,06
		↑			↑	
		Staupunkt			Ebene Platte	

der Term auf der linken und der mittlere Term auf der rechten Seite zusammenfassen und man erhält

$$\frac{d}{dx}\left(\frac{u_\delta^{2,87}}{v}\,\delta_4^2\right) = 11,68\,u_\delta^{1,87} + u_\delta^{1,87}E_4\left(\frac{\delta_4^2}{v}\,\frac{du_\delta}{dx}\right). \qquad (9.97b)$$

Diese Beziehung läßt sich, da $u_\delta(x)$ bekannt ist, sukzessive integrieren. Im ersten Schritt wird dabei der Korrekturterm E_4 vernachlässigt und ein Wert für δ_4 berechnet. Im zweiten Schritt wird dann der Korrekturterm mit der Lösung aus dem 1. Schritt bestimmt und damit ein verbesserter Wert für δ_4 berechnet. Nach dem zweiten Schritt ist die Lösung in der Regel ausreichend genau.

Die Integration beginnt wieder am vorderen Staupunkt, für den mit

$$\left(\frac{du_\delta}{dx}\right)_{x=0} = \frac{u_\delta}{x}$$

aus (9.97b) schließlich

$$[\delta_4^2]_{x=0} = \frac{4,07\cdot v}{\left[\dfrac{du_\delta}{dx}\right]_{x=0}} \qquad (9.98a)$$

folgt.

Smith und Spalding haben weiter gezeigt, daß die Funktionen

$$F_s\left(\frac{\delta_2^2}{v}\,\frac{du_\delta}{dx}\right) \quad und \quad F_T\left(\frac{\delta_4^2}{v}\,\frac{du_\delta}{dx}\right)$$

entgegengesetzte Krümmung haben und daß deshalb die Funktion $F_m(\delta_m^2/v \cdot du_\delta/dx)$ hinreichend genau linear verläuft, wenn für δ_m die Kombination

$$\delta_m^2 = \delta_4^2 + 11,82\,\delta_2^2 \qquad (9.99)$$

verwendet wird. Damit erhält man statt (9.97a) die lineare Beziehung

$$\frac{u_\delta}{v}\,\frac{d\delta_m^2}{dx} = 19,78 - 2\left(\frac{\delta_m^2}{v}\,\frac{du_\delta}{dx}\right). \qquad (9.97c)$$

Multipliziert man diese Beziehung mit u_δ, faßt den Term auf der linken und den zweiten Term auf der rechten Seite zusammen und integriert das Ergebnis, so folgt

$$\delta_m^2 = 19,78\,\frac{v}{u_\delta^2}\int_0^x u_\delta dx, \qquad (9.100)$$

d.h. die „gemischte" Grenzschichtdicke δ_m kann, da $u_\delta(x)$ bekannt ist, unmittelbar berechnet werden.

Der Zusammenhang zwischen dem Wärmeübergangskoeffizienten α_x und δ_m ist nicht ganz so einfach wie der zwischen α_x und δ_4. Man erhält dafür

$$\alpha_x = c\,\frac{\lambda}{\delta_m}, \qquad (9.94b)$$

Tabelle 9.5. Der Korrekturterm c für die Nußeltzahl des Näherungsverfahrens von Smith u. Spalding (1958) für $Pr = 0,7$

β	1,0	0,5	0,2	0	$-0,4$
$\dfrac{\delta_4^2}{v}\dfrac{du_\delta}{dx}$	9,89	4,88	1,96	0	$-1,48$
c	1,56	1,47	1,39	1,30	1,20
	↑			↑	
	Staupunkt			Ebene Platte	

wobei der Korrekturfaktor c aus Tabelle 9.5 entnommen werden kann. Für den Staupunkt erhält man die Beziehung

$$[\delta_m^2]_{x=0} = \frac{9,89 \cdot v}{\left[\dfrac{du_\delta}{dx}\right]_{x=0}} \, . \tag{9.98b}$$

Bringt man den Ausdruck (9.94b) mit der, mit der Anströmgeschwindigkeit u_∞ und einer charakteristischen Länge l des umströmten Körpers gebildeten Reynoldszahl $Re_l = u_\infty l/v$ auf eine dimensionslose Form, so erhält man für die lokale Nußeltzahl

$$\frac{Nu_x}{\sqrt{Re_l}} = \frac{c}{\dfrac{\delta_m}{x}\sqrt{Re_l}} \, . \tag{9.94c}$$

Aus (9.98b) folgt dann die dimensionslose Darstellung für die Beziehung am Staupunkt

$$\left(\frac{\delta_m}{l}\right)^2_{x=0} = \frac{9,89}{Re_l \dfrac{d(u_\delta/u_\infty)}{d(x/l)}} \, . \tag{9.98c}$$

Das Wesentliche dieses Näherungsverfahrens ist die Annahme, daß die aus (9.96a) und (9.96b), mit den von Eckert berechneten Funktionswerten für Z_1, Z_2 und Z_4, ermittelten Werte für $\delta_n^2/v \cdot du_\delta/dx$ und $u_\delta/v \cdot d\delta_n^2/dx$ nicht nur für Keilströmungen gelten, sondern auch für Strömungen, für die u_δ eine beliebige Funktion von x ist.

Bild 9.15 zeigt den Verlauf der mit dem Integralverfahren von Spalding und Pun berechneten und auf die Reynoldszahl bezogenen lokalen Nußeltzahl, $Nu_x/\sqrt{Re_L}$ mit $Nu_x = \alpha_x L/\lambda$ und $Re_L = u_\infty L/v$ in Abhängigkeit der relativen Überströmlänge x/L. Eingezeichnet ist der Verlauf für den Kreiszylinder und für zwei Zylinder mit elliptischem Querschnitt mit $a/b = 2/1$ und $4/1$, sowie für ein von Merker und Hanke (1986) untersuchtes Ovalrohr mit dem Seitenverhältnis $4/1$. Infolge der endlichen Grenzschichtdicke ist die Nußeltzahl bzw. der Wärmeübergangskoeffizient am Staupunkt im Gegensatz zur ähnlichen Lösung für die ebene Platte endlich groß. Man erkennt ferner, daß der Wärmeübergangskoeffizient am Staupunkt desto kleiner ist je stumpfer der Körper ist. Das Integralverfahren liefert den

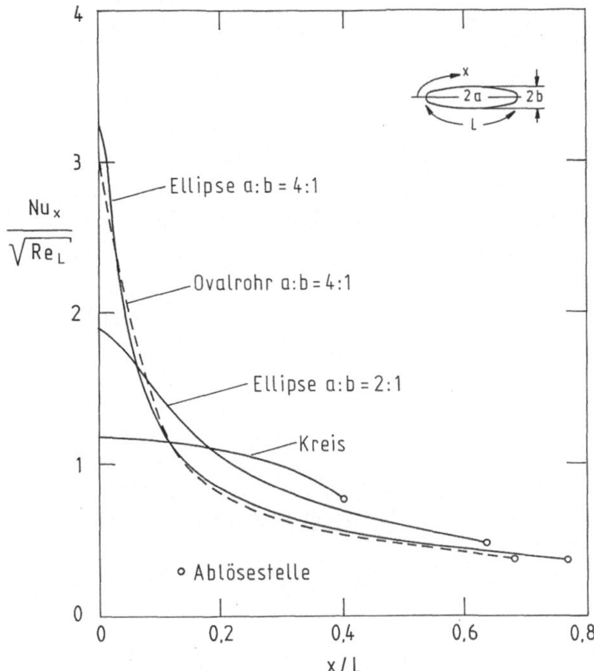

Bild 9.15. Verlauf der mit dem Näherungsverfahren von Spalding und Pun berechneten lokalen Nußeltzahl in Abhängigkeit der dimensionslosen Überströmlänge für den Kreis, zwei verschiedene Ellipsen mit Seitenverhältnissen von 2:1 und 4:1, sowie für ein aus zwei Halbkreisen zusammengesetztes Ovalrohr mit $a/b = 4{:}1$

Verlauf von $Nu_x/\sqrt{Re_L}$ vom vorderen Staupunkt bis zum Ablösepunkt. Dieser liegt beim Kreiszylinder bei $x/L \approx 0{,}4$, bei der Ellipse mit $a/b = 2/1$ bei $x/L \approx 0{,}63$ und bei der Ellipse mit $a/b = 4/1$ bei $x/L \approx 0{,}75$. Beim Ovalrohr mit $a/b = 4/1$ löst die Strömung schon bei etwa $x/L \approx 0{,}68$, also früher als bei der Ellipse mit $a/b = 4/1$ ab. Das Bild zeigt ferner, daß die beiden Kurven für das Ovalrohr und die Ellipse mit $a/b = 4/1$ sehr ähnlich verlaufen. Geringfügige Änderungen der Oberflächenkontur bei gleichbleibenden „äußeren Abmessungen" beeinflussen demnach weniger den Verlauf von $Nu_x/\sqrt{Re_L}$ als vielmehr die Lage des Ablösepunktes.

9.5 Gebrauchsformeln

9.5.1 Wärmeübergang im Staupunkt

a) Senkrecht angeströmte ebene Platte

Aus der Ähnlichkeitslösung (9.38) für den Wärmeübergang am laminar überströmten ebenen Keil erhalten wir mit $\beta = 1$ für die senkrecht angeströmte ebene

Platte und damit für den *ebenen Staupunkt*

$$\frac{Nu_x}{\sqrt{Re_x}} = \theta'(0,1,Pr),$$

wobei die Zahlenwerte für den dimensionslosen Temperaturgradienten $\theta'(0,1,Pr)$ für $\beta = 1$ aus Tabelle 9.2 entnommen werden können. Beschränken wir uns auf den Bereich $Pr \approx 1$, so folgt mit dem Wert $\theta'(0,1,Pr) = 0,57047$ aus Tabelle 9.2 unter Beachtung von (9.39) aus (9.38) näherungsweise

$$\frac{Nu_x}{\sqrt{Re_x}} = 0,57\, Pr^{0,37}. \tag{9.101a}$$

Aus (9.25) folgt mit $m = 1$ für die Geschwindigkeit am ebenen Staupunkt

$$\frac{u_\delta}{u_\infty} = x. \tag{9.102}$$

Mit (9.102), sowie $Nu_0 = \alpha_0 L/\lambda$ und $Re_L = u_\infty L/\nu$ folgt aus (9.101a) für die Nußeltzahl Nu_0 im ebenen Staupunkt

$$Nu_0 = 0,57\, Re_L^{1/2}\, Pr^{0,37}, \tag{9.101b}$$

d.h. im Gegensatz zum Wärmeübergang an der Vorderkante der parallel überströmten ebenen Platte ist der Wärmeübergangskoeffizient im Staupunkt der senkrecht angeströmten ebenen Platte endlich groß. Dies ist im Einklang mit der ebenfalls endlichen Verdrängungsdicke im Staupunkt für die mit $m = 1$ aus (9.27)

$$\delta_1 = \sqrt{\frac{\nu}{u_\infty}} \tag{9.103}$$

folgt. Mit (9.103) erhält man aus (9.101b) den bekannten Zusammenhang

$$\alpha_0 = \frac{\lambda}{\delta_1} 0,57\, Pr^{0,37} \tag{9.101c}$$

zwischen Wärmeübergangskoeffizient und Verdrängungsdicke für die laminare Grenzschichtdicke.

b) Quer angeströmter Zylinder

Aus der Potentialtheorie folgt für die Geschwindigkeit u_δ am umströmten Zylinder

$$\frac{u_\delta}{u_\infty} = 2\sin\left(\frac{x}{R}\right) \tag{9.104a}$$

und daraus mit $x/R \ll 1$ für den Staupunktsbereich

$$\frac{u_\delta}{u_\infty} = 2\frac{x}{R}. \tag{9.104b}$$

Mit $Nu_0 = \alpha_0 d/\lambda$ und $Re_d = u_\infty d/\nu$ erhält man damit aus (9.99b)
für den Wärmeübergang im Staupunkt des Zylinders

$$Nu_0 = 1{,}14\, Re_d^{1/2}\, Pr^{0{,}37}\,. \tag{9.105}$$

Bildet man die Nußelt- und Reynoldszahl mit dem Radius statt dem Durchmesser
des Zylinders, dann erhält man für die Konstante den Zahlenwert 0,81.

c) *Überströmte Kugel*

Die Grenzschichtdifferentialgleichungen für die Umströmung einer Kugel lassen
sich analog zur Umströmung des ebenen Keils mit einem Ähnlichkeitsansatz, s.
Schlichting (1982), auf gewöhnliche Differentialgleichungen transformieren und
numerisch integrieren. Beschränkt man sich wieder auf den Bereich $Pr \approx 1$, so lassen
sich die numerischen Ergebnisse analog zu (9.99b) nach Kays und Crawford
(1980) durch die Beziehung

$$\frac{Nu_x}{\sqrt{Re_x}} = 0{,}76\, Pr^{0{,}4} \tag{9.106}$$

darstellen. Mit der Potentialgeschwindigkeit

$$\frac{u_\delta}{u_\infty} = \frac{3}{2}\sin\frac{x}{R} \tag{9.107a}$$

für die Kugel bzw.

$$\frac{u_\delta}{u_\infty} = \frac{3}{2}\frac{x}{R}$$

für den Staupunktsbereich erhält man mit $Nu_0 = \alpha_0 d/\lambda$ und $Re_d = u_\infty d/\nu$ aus
(9.106) für den Wärmeübergang im Staupunkt

$$Nu_0 = 1{,}316\, Re_d^{1/2} Pr^{0{,}4}\,. \tag{9.108}$$

Werden die Nußelt- und Reynoldszahl mit dem Radius statt dem Durchmesser der
Kugel gebildet, so erhält man für die Konstante den Zahlenwert 0,93.

9.5.2 Wärmeübergang am querangeströmten Zylinder

Beginnend am vorderen Staupunkt wird die Strömung auf der Vorderseite des
Zylinders beschleunigt, dabei wird Druckenergie in kinetische Energie umgewan-
delt. Auf der Rückseite des Zylinders wird die Strömung verzögert, wobei kinetische
Energie in Druckenergie umgewandelt wird. Infolge von Reibungskräften wird
jedoch entlang des Strömungswegs ständig kinetische Energie dissipiert, d.h. in
Wärme umgewandelt. Für den Aufbau des ursprünglichen Drucks auf der
Abströmseite steht deshalb nicht mehr genügend kinetische Energie zur Verfügung.
Da der Druck hinter dem Zylinder jedoch gleich dem vor dem Zylinder sein muß,
wird die dissipierte und für den Druckaufbau benötigte kinetische Energie durch
Umkehrung (Rückströmung) der Strömungsrichtung aus dem Strömungsfeld

Bild 9.16.
Interferenzaufnahme des
Anlaufvorgangs am quer
angeströmten Zylinder
[nach Grigull (1970,
1971)]

zurückgewonnen. Aus diesem Grunde löst die Grenzschicht am sog. Ablösepunkt von der Oberfläche ab. Wir wollen nochmals darauf hinweisen, daß „Ablösung" und „Beginn der Turbulenz" zwei grundsätzlich verschiedene Begriffe sind. Eine turbulente Grenzschicht liegt im Mittel über einem größeren Winkelbereich an als eine laminare. Die turbulente Grenzschicht löst näherungsweise bei 110° und die laminare bei 82° ab. Die Veränderungen des Strömungsfelds mit steigender Reynoldszahl wurden bereits in Kap. 3 beschrieben, s. auch Bild 3.1. Ab etwa $Re = 10^6$ ist die Strömung voll turbulent.

Bild 9.16 zeigt eine Interferenzaufnahme des Anlaufvorgangs an einem quer angeströmten Zylinder nach Grigull (1970, 1971). Die Linien können näherungsweise als Isothermen interpretiert werden. In der oberen Bildhälfte ist noch deutlich der „Anlaufwirbel" zu sehen. Die Temperaturgrenzschicht ist im Bereich des vorderen Staupunkts nahezu konstant; zu Beginn des Abströmbereichs löst die Grenzschichtströmung ab. Bild 9.17 zeigt den Verlauf der lokalen Nußeltzahl über dem Umfang des Zylinders für verschiedene Reynoldszahlen. Im Bereich kleiner Reynoldszahlen ($Re < 10^3$) ist der Wärmeübergang auf der Anströmseite deutlich besser als auf der Abströmseite, Bild 9.17a. Auf der Abströmseite haben sich zwei Wirbel ausgebildet, die periodisch ablösen und mit der Strömung fortgetragen werden. Diese Wirbel transportieren die in sie eindiffundierende Wärme nur langsam fort. Sie stellen damit im Vergleich zur Grenzschichtströmung auf der Vorderseite einen zusätzlichen Wärmewiderstand dar. Im Bereich mittlerer Reynoldszahlen ($10^3 < Re < 10^4$) ist die Ablösefrequenz der sich auf der Abströmseite bildenden Wirbelpaare so groß, daß der Wärmeübergang im vorderen und hinteren Staupunkt etwa gleich gut ist, Bild 9.17b. Im Bereich des Ablösepunkts ist der Wärmeübergang infolge der dort rapide zunehmenden Grenzschichtdicke deutlich

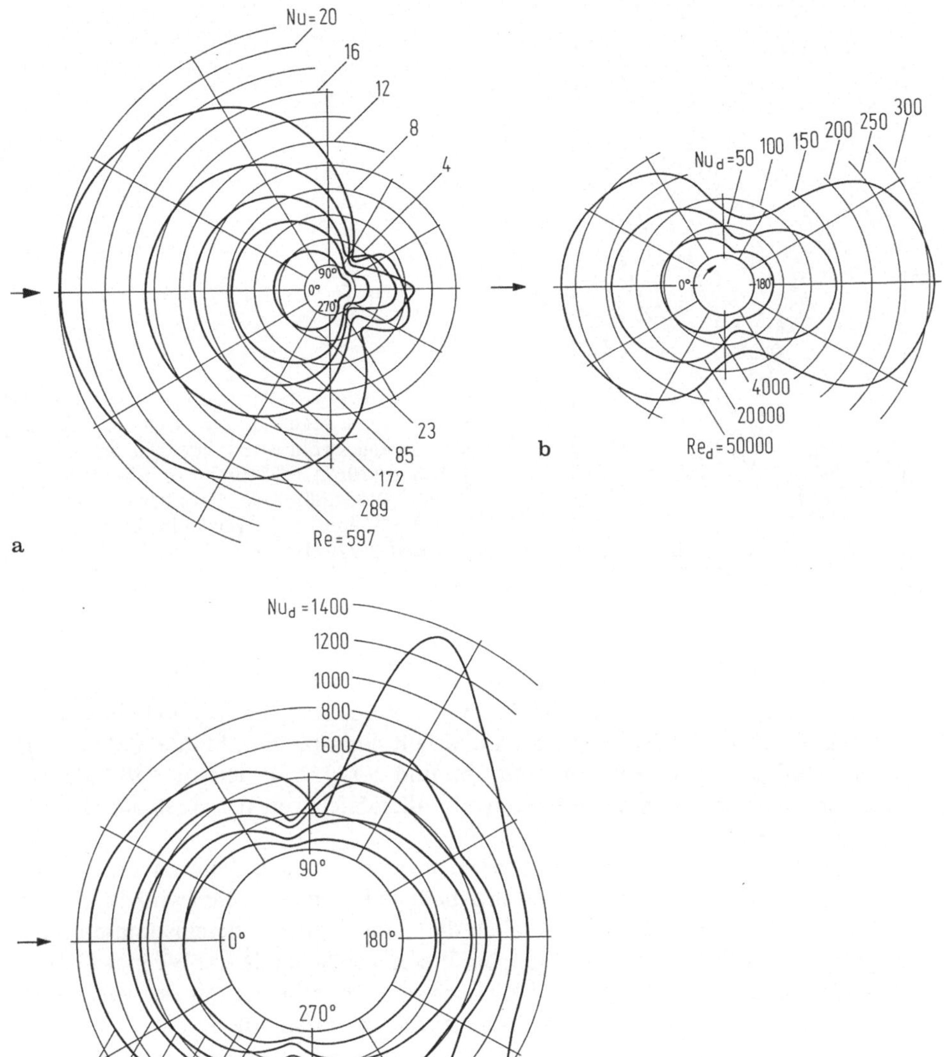

Bild 9.17. Verlauf der lokalen Nußeltzahl für den querangeströmten Zylinder bei verschiedenen Reynoldszahlen mit **a** $23 < Re < 597$; **b** $4 \cdot 10^3 < Re < 5 \cdot 10^4$; **c** $4 \cdot 10^4 < Re < 4{,}26 \cdot 10^5$ [nach Eckert und Drake (1972)]

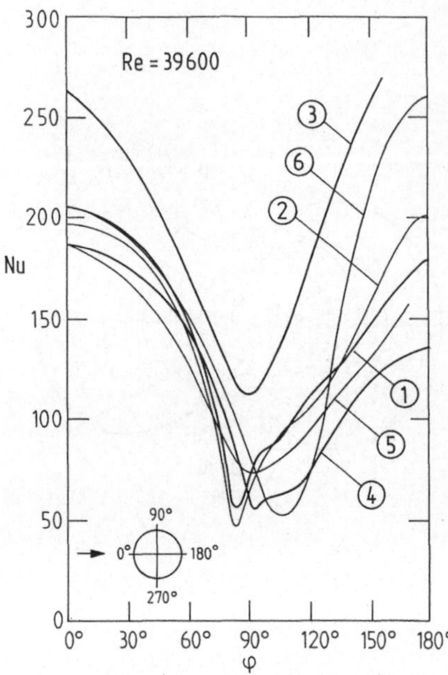

Bild 9.18. Vergleich der von verschiedenen Autoren gemessenen lokalen Nußeltzahl für den querangeströmten Zylinder. [nach ① Schad (1967), ② Schmidt und Wenner (1940), ③ Krujilin (1938), ④ Klein (1933), ⑤ Drew and Ryan (1931), ⑥ Lohrisch (1929)]

schlechter als im übrigen Bereich. Bei weiterer Zunahme der Reynoldszahl steigt der Wärmeübergang unmittelbar nach dem Ablösepunkt infolge der intensiven Wirbelablösung zunächst deutlich an und fällt dann bis zum hinteren Staupunkt wieder auf den Wert am vorderen ab. Bild 9.17c zeigt ferner, daß sich der Ablösepunkt mit steigender Reynoldszahl allmählich von der Anström- auf die Abströmseite verschiebt.

Bild 9.18 zeigt einen Vergleich der von verschiedenen Autoren gemessenen lokalen Nußeltzahl für $Re = 39600$ in Abhängigkeit des Umfangwinkels φ nach Schad (1967). Interessant ist dabei die relativ gute Übereinstimmung der Ergebnisse von Schad mit den wesentlich älteren von Schmidt und Wenner (1941). Die Messungen von Schmidt und Wenner stimmen sehr gut mit der von Squire (1938) für den vorderen Staupunkt angegebenen Beziehung

$$Nu = 1,01\, Re^{1/2} \tag{9.109}$$

überein.

Für praktische Berechnungen interessiert meist weniger der lokale als vielmehr der mittlere Wärmeübergang. Nach Richardson (1968) sollte die mittlere Nußeltzahl im Bereich der laminaren Strömung proportional zu $Re^{2/3}\, Pr^{1/3}$ sein. Ein Vergleich mit experimentellen Daten zeigt, daß der Einfluß der Prandtlzahl besser durch den Exponenten 0,4 statt 1/3 erfaßt wird, so daß sich schließlich die Beziehung

$$Nu_\mathrm{m} = (0,4\, Re^{1/2} + 0,06\, Re^{2/3})\, Pr^{0,4} \left(\frac{\eta_\mathrm{m}}{\eta_\mathrm{w}}\right)^{1/4} \tag{9.110}$$

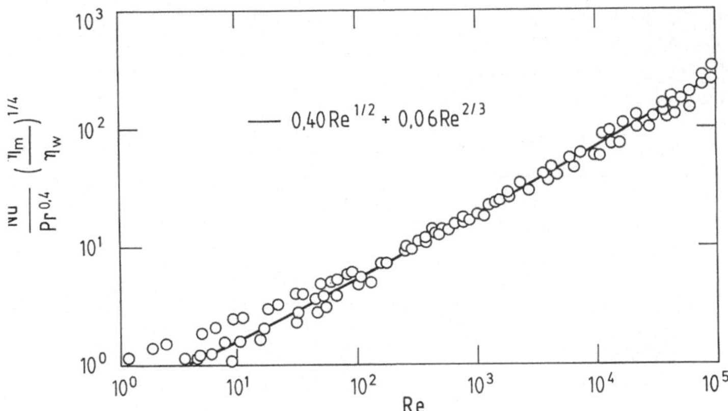

Bild 9.19. Vergleich der Beziehung (9.110) für den Wärmeübergang am querangeströmten Zylinder mit experimentellen Daten [nach Whitaker (1976)]

ergibt. Bild 9.19 zeigt einen Vergleich dieser Beziehung mit experimentellen Daten nach Whitaker (1976). Bis auf den Bereich sehr kleiner Reynoldszahlen ist die Übereinstimmung besser als $\pm 25\,\%$. Eckert und Drake (1972) empfehlen die von Zhukauskas et al. (1968) anhand einer umfangreichen Literaturrecherche entwickelten Beziehungen (der Index f bedeutet Filmtemperatur und der Index w Wandtemperatur)

$$Nu = (0,43 + 0,50\,Re^{1/2})\,Pr^{0,38}\left(\frac{Pr_\mathrm{f}}{Pr_\mathrm{w}}\right)^{1/4} \tag{9.111a}$$

$$f\ddot{u}r \quad 1 < Re_\mathrm{f} < 10^3$$

und

$$Nu = 0,25\,Re^{0,6}\,Pr^{0,38}\left(\frac{Pr_\mathrm{f}}{Pr_\mathrm{w}}\right)^{1/4} \tag{9.111b}$$

$$f\ddot{u}r \quad 10^3 < Re_\mathrm{f} < 2\cdot 10^5,$$

wobei der Zahlenwert 0,43 von Eckert und Drake zu der ursprünglichen Beziehung addiert wurde um ein bessere Übereinstimmung für kleine Reynoldszahlen zu erreichen.

Gnielinski (1975) hat, aufbauend auf den Beziehungen für die laminar überströmte ebene Platte die Gleichung

$$Nu_\mathrm{m} = 0,3 + \sqrt{Nu_\mathrm{m,l}^2 + Nu_\mathrm{m,t}^2} \tag{9.112}$$

mit

$$Nu_\mathrm{m,l} = 0,664\,Re^{1/2}\,Pr^{1/3} \tag{9.112a}$$

Tabelle 9.6. Zahlenwerte für die Konstante und den Exponenten in der von Morgan (1975) angegebenen Beziehungen $Nu_d = C Re_d^n$ für die mittlere Nußeltzahl beim querangeströmten Zylinder

Re	C	N
$10^{-4} - 4 \cdot 10^{-3}$	0,437	0,0895
$4 \cdot 10^{-3} - 9 \cdot 10^{-2}$	0,565	0,136
$9 \cdot 10^{-2} - \quad 1$	0,800	0,280
$1 \quad - \quad 35$	0,795	0,384
$35 \quad - 5 \cdot 10^3$	0,583	0,471
$5 \cdot 10^3 \quad - 5 \cdot 10^4$	0,148	0,633
$5 \cdot 10^4 \quad - 2 \cdot 10^5$	0,0208	0,814

und

$$Nu_{m,t} = \frac{0,037\, Re^{0,8}\, Pr}{1 + 2,443\, Re^{-0,1}\, (Pr^{2/3} - 1)} \tag{9.112b}$$

empfohlen, wobei die Kennzahlen mit der Überströmlänge $l = d\pi/2$ gebildet sind. Die Beziehung (9.112) wird dabei generell für den Wärmeübergang an überströmten Profilrohren (auch Vierkantrohre) empfohlen.

Morgan (1975) hat etwa 150 Literaturstellen zum Wärmeübergang am quer angeströmten Zylinder ausgewertet und anhand dessen die empirische Potenzgleichung

$$Nu_d = C Re_d^n \tag{9.113}$$

entwickelt. Alle Stoffwerte sind dabei bei der Filmtemperatur $T_f = (T_w + T_\infty)/2$ zu bilden. Zahlenwerte für die Konstante C und den Exponenten n können aus Tabelle 9.6 entnommen werden.

Sucker und Brauer (1976) haben die „vollständigen" Navier-Stokes-Gleichungen (laminare Strömung) für den quer angeströmten Zylinder numerisch integriert und anhand dieser Ergebnisse die empirische Potenzgleichung

$$Nu = 0,46 (Re\, Pr)^{0,1} + \frac{(Re\, Pr)^{0,7} f(Pr)}{1 + 2,79 (Re\, Pr)^{0,2}} \tag{9.114}$$

für

$$0 \leqq Re < 2 \cdot 10^5,$$

$$0 \leqq Pr < \infty$$

und

$$f(Pr) = \frac{2,5}{[1 + (1,25\, Pr^{1/6})^{5/2}]^{2/5}}$$

entwickelt. Die Beziehung (9.114) stimmt mit experimentellen Daten sehr gut überein. Für die turbulente Strömung mit $Re > 2 \cdot 10^5$ empfehlen Sucker und Brauer die von Gnielinski angegebene Beziehung (9.112b).

Bei kleinen Anströmgeschwindigkeiten und relativ großen Temperaturdifferenzen zwischen der Oberfläche des Zylinders und der Anströmung muß der Einfluß der freien Konvektion berücksichtigt werden. Sundén (1983) hat diesen Einfluß im Bereich $5 \leq Re \leq 40$ numerisch untersucht und dafür die empirische Beziehung

$$\frac{Nu_{\mathrm{m}}}{Nu_{\mathrm{m,0}}} = 1 + 0{,}188 \left(\frac{Gr}{Re^2}\right) - 0{,}0126 \left(\frac{Gr}{Re^2}\right)^2 - 0{,}011 \left(\frac{Gr}{Re^2}\right)^3 \tag{9.115}$$

für

$$-1 < Gr/Re^2 < +2$$

angegeben, wobei $Nu_{\mathrm{m,0}}$ die Nußeltzahl durch „reine" erzwungene Konvektion und $Gr = g d^3 \beta (T_{\mathrm{w}} - T_\infty)/v^2$ die Grashofzahl bedeutet. Danach wird der Wärmeübergang für $Gr/Re^2 = -1$ um etwa 18 % kleiner und für $Gr/Re^2 = +2$ um etwa 24 % größer.

Die angegebenen Beziehungen für den Wärmeübergang berücksichtigen den Einfluß der temperaturabhängigen Stoffwerte in der Regel hinreichend genau, wenn die Stoffwerte bei der Filmtemperatur $T_{\mathrm{f}} = (T_{\mathrm{w}} + T_\infty)/2$ eingesetzt werden. Herwig (1984) hat den Einfluß variabler Stoffwerte mit einer rationalen Theorie untersucht und anhand der Ergebnisse nicht-rationale Näherungsbeziehungen für die erzwungene Konvektion in zylindrische Körper abgeleitet. Für den Fall $T_{\mathrm{w}} = \mathrm{const}$ und $\varrho = \mathrm{const}$ wird die Beziehung

$$\frac{Nu}{Nu_{\mathrm{c.p.}}} = \left(\frac{\eta_{\mathrm{w}}}{\eta_\infty}\right)^{\mathrm{n}} \left(\frac{Pr_{\mathrm{w}}}{Pr_\infty}\right)^{-0{,}388} \left(\frac{c_{\mathrm{pw}}}{c_{\mathrm{p}\infty}}\right)^{1/2} \tag{9.116}$$

mit

$$n = 0{,}162 + 0{,}157 (1 + 1{,}977\, Pr^{0{,}785})^{-0{,}444}$$

und für den Fall $q_{\mathrm{w}} = \mathrm{const}$ und $\varrho = \mathrm{const}$ die Beziehung

$$\frac{T_{\mathrm{w}}}{T_{\mathrm{w\,c.p}}} = \left(\frac{\eta_{\mathrm{w}}}{\eta_\infty}\right)^{\mathrm{m}} \left(\frac{Pr_{\mathrm{w}}}{Pr_\infty}\right)^{0{,}384} \left(\frac{c_{\mathrm{pw}}}{c_{\mathrm{p}\infty}}\right)^{-1/2} \tag{9.117}$$

mit

$$m = -0{,}162 - 0{,}149 (1 + 1{,}773\, Pr_\infty^{0{,}883})^{-0{,}398}$$

empfohlen. Darüber hinaus werden auch Korrekturbeziehungen für den Fall variabler Dichte angegeben. Herwig weißt jedoch darauf hin, daß die Strömung um den Kreiszylinder wegen der auftretenden Ablösung recht komplex ist und es deshalb bis heute nicht möglich ist, den Wärmeübergang so genau zu berechnen, daß der Einfluß der variablen Stoffwerte eindeutig erfaßt werden könnte. Wie experimentelle Untersuchungen mit Luft zeigen, kann der Einfluß variabler Stoffwerte bei Gasen durch die einfache Korrektur

$$\frac{Nu}{Nu_{\mathrm{c.p.}}} = \left(\frac{T_{\mathrm{w}}}{T_\infty}\right)^{0{,}02} \tag{9.118}$$

erfaßt werden. Der extrem kleine Exponent von 0,02 deutet darauf hin, daß sich die Einflüsse der einzelnen variablen Stoffwerte weitgehend gegenseitig aufheben.

9.5.3 Wärmeübergang an der Kugel

Mit abnehmender Anströmgeschwindigkeit gewinnt der an der Kugel durch reine Wärmeleitung übertragene Wärmestrom zunehmend an Bedeutung und im Grenzfall $Re \to 0$ wird, wenn man vom Einfluß der freien Konvektion (s. Kap. 11) absieht, Wärme ausschließlich durch Wärmeleitung übertragen. Die Oberfläche einer Kugel mit dem Durchmesser d und der Temperatur T_w (wobei $T_w > T_\infty$) gibt an eine Umgebung mit der Temperatur T_∞ durch reine Wärmeleitung den Wärmestrom

$$\Phi = 2\pi d\lambda (T_w - T_\infty)$$

ab, s. Grigull und Sandner (1979), (3.10). Vergleicht man diese Beziehung mit der Definitionsgleichung für den Wärmeübergangskoeffizienten

$$\Phi = \pi d^2 \alpha (T_w - T_\infty),$$

so erhält man die asymptotische Grenze

$$Nu \to 2: \quad Re \to 0 \tag{9.119}$$

für die Nußeltzahl. Der Wärmeübergang an der Kugel läßt sich deshalb durch empirische Potenzgleichungen der Form

$$Nu = 2 + f(Pr) Re^n \tag{9.120}$$

darstellen, falls der Einfluß der freien Konvektion vernachlässigt werden kann. Man überlegt sich leicht, daß diese Beziehung dahingehend verallgemeinert werden kann, daß jeder Körper mit einer *endlich großen* wärmeübertragenden Oberfläche im Grenzfall $Re \to 0$ einen endlich großen Wärmestrom durch reine Wärmeleitung überträgt. Beim Zylinder kam dies durch die Konstante 0,43 in (9.111a) und 0,3 in (9.112) bereits zum Ausdruck.

Bezüglich des Strömungs- und Temperaturfelds in der Grenzschicht an der Kugel und der Verhältnisse im Staupunkt sowie der Ablösung der Grenzschicht lassen sich die obigen Ausführungen zum Wärmeübergang am quer angeströmten Zylinder analog auf die Kugel übertragen.

Whitaker (1976) empfiehlt für den Wärmeübergang an der Kugel die Beziehung

$$Nu_m = 2 + (0{,}40\, Re^{1/2} + 0{,}06\, Re^{2/3})\, Pr^{0,4} \left(\frac{\eta_m}{\eta_w}\right)^{1/4} \tag{9.121}$$

die mit experimentellen Daten im Mittel gut übereinstimmt, s. Bild 9.20.

Brauer und Sucker (1976) haben die „vollständigen" Navier-Stokes-Gleichungen für das laminare Strömungs- und Temperaturfeld an der Kugel numerisch integriert und daraus die empiriche Potenzgleichung

$$Nu_m = 2 + f(Pr) \frac{(Re\, Pr)^{1,7}}{1 + (Re\, Pr)^{1,2}} \tag{9.122}$$

mit

$$f(Pr) = \frac{0{,}66}{[1 + (0{,}84\, Pr^{1/6})^3]^{1/3}}$$

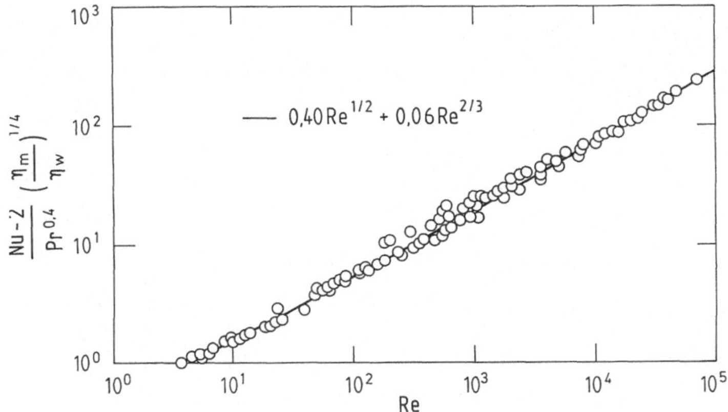

Bild 9.20. Vergleich der Beziehung (9.121) für den Wärmeübergang an der Kugel mit experimentellen Daten [nach Whitaker (1976)]

und

$$0 \leq Re \leq 3 \cdot 10^5$$

$$0 \leq Pr \leq \infty$$

für den Wärmeübergang entwickelt, die auch mit Meßwerten gut übereinstimmen sollte. Für den turbulenten Bereich mit $Re > 2 \cdot 10^5$ kann näherungsweise wieder die von Gnielinski angegebene Beziehung (9.112b) empfohlen werden.

Brunn und Isemin (1984) haben den Wärmeübergang an der Kugel für kleine Reynoldszahlen analytisch untersucht und für den Grenzfall $Pe \rightarrow 0$ ($Pe < 0,15$) die Beziehung

$$Nu_\mathrm{m} = 2 + Pe + Pe^2 \ln Pe + 0,829 \, Pe^2 + \frac{1}{2} Pe^3 \ln Pe \qquad (9.123a)$$

und für den Grenzfall $Pe \rightarrow \infty$ ($Pe > 100$) die Beziehung

$$Nu_\mathrm{m} = 0,6246 \, Pe^{1/3} [1 + 0,7381 \, Pe^{-1/3}] \qquad (9.123b)$$

angegeben, wobei $Pe = Re \, Pr$ die Pécletzahl ist.

Der Vergleich von (9.123) mit (9.122) zeigt, daß der Wärmeübergang an umströmten Körpern zweckmäßigerweise durch die Péclet- und Prandtlzahl statt der Reynolds- und Prandtlzahl beschrieben werden sollte.

Der Einfluß der variablen Stoffwerte wird in den angegebenen Beziehungen in der Regel hinreichend genau erfaßt, wenn die Stoffwerte wieder bei der Filmtemperatur $T_\mathrm{f} = (T_\mathrm{w} + T_\infty)/2$ eingesetzt werden. Ferner dürften die von Herwig (1984) für die Strömung am Kreiszylinder getroffenen und am Ende von Abschn. 9.5.2 erwähnten Feststellungen grundsätzlich auch auf die umströmte Kugel zutreffen.

Teil 3
Freie Konvektion

10 Wärmeübergang an der vertikalen Platte

10.1 Grundlagen

10.1.1 Grundgleichungen der freien Konvektion

Im Gegensatz zur erzwungenen Konvektion entsteht die Bewegung eines Fluids bei freier Konvektion ausschließlich durch Dichteunterschiede als Folge von Temperaturunterschieden. Die aus der Temperaturabhängigkeit der Dichte resultierende Auftriebskraft ist die Antriebskraft für die Bewegung des Fluids, die im stationären Fall durch gleichmäßige Wärmezu- bzw. -abfuhr aufrecht erhalten wird. Die Abhängigkeit der Dichte von der Temperatur ist damit grundsätzlich in allen Termen der Differentialgleichungen zu berücksichtigen. Mit den in Kap. 2 abgeleiteten Gleichungen, die wir hier der Vollständigkeit halber nochmals aufführen, werden das Geschwindigkeits- und Temperaturfeld bei freier Konvektion durch die Kontinuitätsgleichung (2.10b)

$$\frac{D\varrho}{Dt} = -\varrho\,(\nabla u)\,, \tag{10.1}$$

die Bewegungsgleichung (2.20)

$$\varrho\,\frac{Du}{Dt} = -\nabla p + \nabla\tau_{ij} + \varrho g \tag{10.2}$$

und die Energiegleichung (2.33b)

$$\varrho c_{\mathrm{p}}\frac{DT}{Dt} = -\nabla q + \beta T\frac{Dp}{Dt} + \Phi_{\mathrm{Diss}} \tag{10.3}$$

beschrieben, wobei der Spannungstensor τ_{ij} durch den Stokesschen Schubspannungsansatz (2.48), der Wärmestromdichtevektor q durch den Fourierschen Wärmeleitungssatz (2.49) und die Dissipationsfunktion durch

$$\Phi_{\mathrm{Diss}} = \tau_{ij}\frac{\partial u_j}{\partial x_i} \tag{10.4}$$

gegeben sind.

In die Bewegungsgleichung (10.2) wird zweckmäßigerweise statt der Massenkraft ϱg die Auftriebskraft $(\varrho - \varrho_0)g$ eingeführt. Diese erhält man formal durch

Zerlegung des Drucks in einen statischen und einen dynamischen Anteil,

$$p = p_{\text{stat}} + p_{\text{dyn}} \, . \tag{10.5}$$

Aus (10.2) folgt für das statische Druckfeld des als bewegungslos gedachten Fluids ($\boldsymbol{u}=0$)

$$\nabla p_{\text{stat}} = \varrho_0 \boldsymbol{g} \, , \tag{10.6}$$

wobei der Index 0 bei der Dichte auf das als bewegungslos vorausgesetzte Fluid hinweisen soll. Da das Fluid nicht notwendigerweise isotherm sein muß, kann ϱ_0, entsprechend dem Temperaturfeld $T(\boldsymbol{x})$, grundsätzlich eine beliebige Funktion des Orts $\boldsymbol{x}$ sein. Mit (10.5) und (10.6) erhält man aus (10.2)

$$\varrho \frac{\mathrm{D}\boldsymbol{u}}{\mathrm{D}t} = -\nabla p_{\text{dyn}} + \nabla \tau_{\mathrm{ij}} + (\varrho - \varrho_0)\boldsymbol{g} \, . \tag{10.7}$$

Der in (10.7) auftretende dynamische Anteil des Drucks (der Index dyn wird im folgenden weggelassen) ist nicht mehr identisch mit dem Druck p der thermodynamischen Zustandsgleichung in (10.2) und (10.3). Diese Tatsache ist jedoch nur dann von Bedeutung, wenn die Druckabhängigkeit der Stoffwerte berücksichtigt werden muß, was in der Regel nicht der Fall ist. Zusammen mit den empirischen Ansätzen für die temperatur- und druckabhängigen Stoffwerte $\varrho(T,p)$, $\eta(T,p)$, $\lambda(T,p)$ und $c_{\mathrm{p}}(T,p)$ und mit entsprechenden Rand- und Anfangsbedingungen bilden die Gleichungen (10.1), (10.3) und (10.7) die Grundlage für die Berechnung des Massen-, Impuls- und Wärmetransports bei freier Konvektion.

Während bei der *erzwungenen* Konvektion die Impuls- und Energiegleichung durch die temperaturabhängigen Stoffwerte *nur schwach* gekoppelt sind und im Fall konstanter Stoffwerte völlig unabhängig voneinander integriert werden können, sind diese Gleichungen bei der *freien* Konvektion durch die temperaturabhängige Dichte im jetzt zusätzlich auftretenden Auftriebsterm *stark* und durch die temperaturabhängigen Stoffwerte *zusätzlich schwach* gekoppelt. Hält man alle Stoffwerte außer der Dichte im Auftriebsterm (zwangsläufig, da sonst keine Konvektion entstehen kann) konstant, so bleibt diese starke Kopplung bestehen, d.h. die Impuls- und Energiegleichungen können nicht unabhängig voneinander integriert werden. Dies ist letztlich der Grund, warum analytische Lösungen für Probleme der freien Konvektion in der Regel komplexer sind als die in Kap. 6 bis 9 vorgestellten Lösungen für Probleme der erzwungenen Konvektion.

Experimentelle Beobachtungen der freien Konvektion an umströmten Körpern zeigen, daß bei genügend großer Temperaturdifferenz zwischen Wand und Umgebung das Strömungsfeld und die Übertemperatur auf eine wandnahe Schicht mit geringer Dicke begrenzt sind, die Strömung also Grenzschichtcharakter besitzt. Bild 10.1 zeigt die von Koch (1986) mit dem Mach-Zehnder-Interferometer sichtbar gemachte laminare thermische Grenzschicht an einer beheizten vertikalen Platte. Die Linien stimmen dabei näherungsweise mit Isothermen überein (Für eine ausführliche Beschreibung optischer Verfahren sei auf Hauf und Grigull (1970) verwiesen.). Statt der oben angegebenen allgemeinen Gleichungen müssen dann lediglich die entsprechenden Grenzschichtgleichungen gelöst werden. Analog

Bild 10.1. Interferometeraufnahme der freien Konvektion
einer beheizten vertikalen Platte mit konstanter Wandtemperatur [nach Koch (1986)]

zu den Überlegungen in Kap. 4 erhält man die stationären zweidimensionalen
Grenzschichtgleichungen für die freie Konvektion an der senkrechten Wand

$$\frac{\partial}{\partial x}(\varrho u) + \frac{\partial}{\partial y}(\varrho v) = 0, \tag{10.8}$$

$$\varrho\left(u\frac{\partial u}{\partial x} + v\frac{\partial u}{\partial y}\right) = \frac{\partial}{\partial y}\left(\eta\frac{\partial u}{\partial y}\right) - (\varrho - \varrho_0)g, \tag{10.9}$$

$$\varrho c_\mathrm{p}\left(u\frac{\partial T}{\partial x} + v\frac{\partial T}{\partial y}\right) = \frac{\partial}{\partial y}\left(\lambda\frac{\partial T}{\partial y}\right) + \eta\left(\frac{\partial u}{\partial y}\right)^2. \tag{10.10}$$

Dabei wurde vorausgesetzt, daß außerhalb der Grenzschicht das Fluid in Ruhe und
der dynamische Druck damit kostant ist. Da der Druck der Grenzschicht von außen

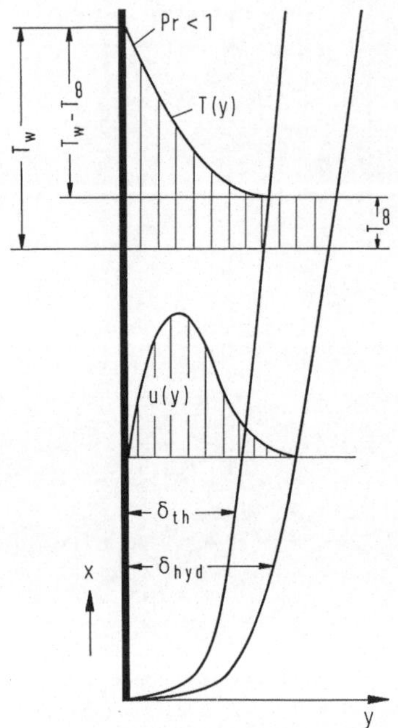

Bild 10.2. Schematische Darstellung des Temperatur- und Geschwindigkeitsprofils bei freier Konvektion an einer beheizten senkrechten Wand

aufgeprägt wird, entfällt wegen $\partial p/\partial x = 0$ der Druckgradient in (10.9). Bild 10.2 zeigt qualitativ das aus der Grenzschichttheorie ((10.8) bis (10.10)) resultierende Temperatur- und Geschwindigkeitsprofil im wandnahen Bereich. Da das Geschwindigkeitsfeld bei freier Konvektion ausschließlich durch Temperatur- bzw. Dichteunterschiede hervorgerufen wird, muß, da die Übertemperatur $(T-T_\infty)$ mit wachsender Entfernung von der Plattenoberfläche gegen Null geht, auch die Geschwindigkeit $u(y)$ gegen Null gehen; das Geschwindigkeitsprofil muß damit zwangsläufig ein Maximum innerhalb der Strömungsgrenzschicht aufweisen. Vergleicht man Bild 10.1 mit 10.2, so erkennt man, daß die Grenzschichttheorie im Anlaufbereich der Grenzschicht ihre Gültigkeit verliert, weil dort der Impuls- und Wärmetransport nicht vernachlässigbar ist. Deshalb hat die Dicke der Grenzschicht an der „Vorderkante" im Gegensatz zur Grenzschichttheorie einen endlichen Wert, vgl. dazu auch Bild 1.8a und Bild 4.2.

10.1.2 Oberbeck-Boussinesq-Approximation

Wir setzen voraus, daß die Dichte lediglich eine Funktion der Temperatur ist und entwickeln diese in eine Taylorreihe um den Referenzpunkt T_0

$$\varrho(T) = \varrho(T_0) + \left(\frac{\partial \varrho}{\partial T}\right)_0 (T - T_0) + \frac{1}{2}\left(\frac{\partial^2 \varrho}{\partial T^2}\right)_0 (T - T_0)^2 + \dots .$$

Mit dem isobaren thermischen Ausdehnungskoeffizienten

$$\beta = -\frac{1}{\varrho}\left(\frac{\partial \varrho}{\partial T}\right)_p$$

folgt daraus bei Vernachlässigung der Terme höherer Ordnung

$$\frac{\varrho(T)}{\varrho_0} = 1 - \beta_0(T - T_0) , \tag{10.11}$$

wenn mit $\varrho_0 = \varrho(T_0)$ die Dichte bei der Referenztemperatur bezeichnet wird. Gleichung (10.11) gilt voraussetzungsgemäß solange $\beta_0(T - T_0) \ll 1$ ist. Mit (10.11) folgt aus (10.1) wegen $\varrho_0 = \text{const}$

$$\nabla u = 0 ,$$

d.h. das Fluid kann näherungsweise als inkompressibel betrachtet werden, s. dazu auch Kap. 2. Vernachlässigt man desweiteren die Energiedissipation (wegen der relativ geringen Strömungsgeschwindigkeit ist der Anteil der dissipierten kinetischen Energie (Reibungswärme) in der Regel ebenfalls gering; mögliche Ausnahmen davon hat Gebhart (1962) diskutiert. Wegen der relativ geringen Strömungsgeschwindigkeit ändert sich auch der Druck relativ wenig.) in (10.3) und setzt voraus, daß die Stoffwerte c_p, λ und η als konstant betrachtet werden können, so erhält man mit (10.11) die üblicherweise betrachteten Grundgleichungen für den Wärmeübergang bei freier Konvektion

$$\nabla u = 0 , \tag{10.12}$$

$$\frac{\mathrm{D}u}{\mathrm{D}t} = -\frac{1}{\varrho_0}\nabla p + v_0 \nabla^2 u - \beta_0(T - T_0)g , \tag{10.13}$$

$$\frac{\mathrm{D}T}{\mathrm{D}t} = a\nabla^2 T \tag{10.14}$$

mit der Temperaturleitfähigkeit $a_0 = (\lambda/\varrho c_\mathrm{p})_0$ und der kinematischen Viskosität $v_0 = (\eta/\varrho)_0$.

Alle vorgenannten Vereinfachungen werden auch unter der Bezeichnung Oberbeck-Boussinesq-Approximation zusammengefaßt, die von Joseph (1976) vorgeschlagen und auf erste Arbeiten von Oberbeck (1879) und Boussinesq (1903) zurückgeht und im wesentlichen auf den drei Annahmen

a) die Dichte wird in allen Termen außer im Auftriebsterm der Bewegungsgleichung als konstant betrachtet,

b) alle übrigen Stoffwerte werden als konstant angenommen und

c) Energiedissipation wird vernachlässigt,

beruht. Damit erhält man aus (10.8) bis (10.10) für die stationären und zweidimensionalen Grenzschichtgleichungen an der senkrechten Wand

$$\frac{\partial u}{\partial x} + \frac{\partial v}{\partial y} = 0 , \tag{10.15}$$

$$u\frac{\partial u}{\partial x} + v\frac{\partial u}{\partial y} = v_0\frac{\partial^2 u}{\partial y^2} + \beta_0 g(T - T_0) , \tag{10.16}$$

$$u\frac{\partial T}{\partial x} + v\frac{\partial T}{\partial y} = a_0\frac{\partial^2 T}{\partial y^2} . \tag{10.17}$$

Obwohl nahezu allen bekannt gewordenen theoretischen Untersuchungen über die freie Konvektion die Oberbeck-Boussinesq-Approximation zugrunde liegt, sind nur relativ wenige Untersuchungen über den Gültigkeitsbereich dieser Approximation bekannt geworden. Wir werden darauf in Abschn. 10.2.4 zurückkommen.

10.1.3 Asymptotische Lösungen für kleine und große Prandtlzahlen

Wir bringen die Grundgleichungen (10.16), (10.17) und (10.18) auf eine dimensionslose Form. Da bei freier Konvektion keine ausgezeichnete Geschwindigkeit existiert, kann z.B. das Verhältnis a/L als Bezugsgeschwindigkeit eingeführt werden. Mit der charakteristischen Länge L und der charakteristischen Temperaturdifferenz $(T_1 - T_2)$, das kann die maximal auftretende Temperaturdifferenz zwischen Wand und Umgebung sein, ergeben sich die folgenden dimensionslosen Variablen

$$U = \frac{L}{a} u, \ x^* = \frac{1}{L} x, \ \theta = \frac{T - T_0}{T_1 - T_2}, \ \pi = \frac{L^2}{\varrho_0^2} p,$$

wobei der Druck auf den Staudruck ϱ_0^2/L^2 bezogen wurde.

Damit erhält man aus den Grundgleichungen für den stationären Fall

$$\nabla U = 0, \tag{10.18}$$

$$U\nabla U = -kGr\,Pr^2\theta - \nabla\pi + Pr\nabla^2 U, \tag{10.19}$$

$$U\nabla\theta = \nabla^2\theta, \tag{10.20}$$

wobei die beiden dimensionlosen Kennzahlen

$$\text{Grashofzahl} \quad Gr = \frac{gL^3}{v^2}\beta(T_\text{w} - T_0),$$

$$\text{Prandtlzahl} \quad Pr = v/a,$$

auftreten. Die Bezugslänge L und die Bezugstemperatur T_0 sind darin noch festzulegende und für das zu lösende spezielle Problem charakteristische Größen.

Wie die Bewegungsgleichung (10.19) zeigt, kann für sehr kleine Prandtlzahlen der Reibungsterm $Pr\nabla^2 U$ gegenüber dem Trägheitsterm $U\cdot\nabla U$ vernachlässigt werden. Die Lösung ist dann nur noch von der Parametergruppe $Gr\,Pr^2$ abhängig. Für sehr große Prandtlzahlen dagegen kann der Trägheitsterm $Pr^{-1}U\nabla U$ gegenüber dem Reibungsterm $\nabla^2 U$ vernachlässigt werden, so daß als dimensionslose Gruppe das Produkt $Gr\,Pr$ verbleibt. Mit der Rayleighzahl $Ra = Gr\,Pr$ als dem Produkt aus Grashof- und Prandtlzahl folgt damit für den Wärmeübergang

$$Nu = Nu(Ra\,Pr) \quad \text{für} \quad Pr \rightarrow 0,$$

$$Nu = Nu(Ra) \quad \text{für} \quad Pr \rightarrow \infty.$$

Für praktische Berechnungen bedeutet das, daß bei flüssigen Metallen mit $Pr \leqq 10^{-2}$ das Produkt $Ra\,Pr$ und bei allen anderen Fluiden mit $Pr \geqq 1$ die Rayleighzahl die maßgebende dimensionslose Kennzahl ist.

Wie später noch gezeigt wird, läßt sich die Nußeltzahl für viele Probleme durch einfache Potenzgleichungen der Form

$$\frac{Nu}{Ra^{m}} = f(Pr)$$

ausdrücken. Derartige empirische Potenzgleichungen werden in der Praxis sehr häufig verwendet. Bei ihrer Anwendung ist jedoch streng auf den Gültigkeitsbereich zu achten, da außerhalb desselben die damit berechneten Nußeltzahlen beliebig falsch sein können.

10.2 Wärmeübergang bei laminarer Strömung

10.2.1 Die Wandtemperatur $T_w = \text{const}$

10.2.1.1 Ähnlichkeitslösung

Der Wärmeübergang an der isothermen ebenen Platte läßt sich mit der Grenzschichttheorie für alle Prandtlzahlen beliebig genau berechnen. Die Temperatur $T(y)$ fällt innerhalb der thermischen Grenzschicht von der Wandtemperatur T_w auf die Umgebungstemperatur T_∞ ab. Die Geschwindigkeit ist wegen der Haftbedingung an der Wand gleich Null. Nach Erreichen eines Maximums innerhalb der Strömungsgrenzschicht fällt die Geschwindigkeit am äußeren Rand der Strömungsgrenzschicht auf den Wert Null ab.

Die im folgenden beschriebene Ähnlichkeitslösung geht weitgehend auf Ostrach (1953) zurück. Ausgangspunkt der Untersuchung sind die Grenzschichtgleichungen (10.15) bis (10.17). Diese müssen entsprechend den Randbedingungen

$$y=0: \quad u=v=0, \quad T=T_w,$$

$$y\to\infty: \quad u=0, \quad T=T_\infty,$$

für $x \geq 0$ gelöst werden.

Durch Einführen der Stromfunktion $\psi(x,y)$

$$u = \frac{\partial\psi}{\partial y}, \quad v = -\frac{\partial\psi}{\partial x}$$

wird die Kontinuitätsgleichung (10.15) identisch erfüllt. Mit der dimensionslosen Temperatur $\theta = (T-T_\infty)/(T_w-T_\infty)$ folgt damit aus (10.16) und (10.17)

$$\psi_y\psi_{xy} - \psi_x\psi_{yy} = g\beta(T_w-T_\infty)\theta + \nu\psi_{yyy}, \tag{10.21}$$

$$\psi_y\theta_x - \psi_x\theta_y = a\theta_{yy}. \tag{10.22}$$

Die Randbedingungen für die Geschwindigkeit liefern für die Stromfunktion

$$y=0: \quad \psi_x = \psi_y = 0,$$

$$y\to\infty: \quad \psi_y = 0.$$

Die Stromfunktion an der Wand ist damit konstant. Da diese Konstante physikalisch bedeutungslos ist, wird sie gleich Null gesetzt. Die weitere Berechnung geht von der Annahme aus, daß sich Temperatur- und Geschwindigkeitsprofil in der Grenzschicht entlang der Platte ähnlich verändern, vgl. Kap. 9 bezüglich „ähnlicher Lösungen". Damit sind die Profile nicht mehr von den beiden Variablen x und y, sondern nur noch von einer sogenannten Ähnlichkeitsvariablen ζ abhängig, die eine Funktion von x und y ist.

Mit dem Ähnlichkeitsansatz

$$\psi = F(\zeta)H(x),$$

$$\theta = \theta(\zeta),$$

$$\zeta = yG(x),$$

lassen sich damit die partiellen Grenzschichtdifferentialgleichungen (10.21) und (10.22) auf gewöhnliche Differentialgleichungen zurückführen. Man erhält aus (10.21) zunächst

$$(F')^2 GH(G'H+GH') - F''F\,G^2H'H = g\beta(T_w - T_\infty)\theta + \nu F''G^3H\,.$$

Ähnliche Lösungen existieren voraussetzungsgemäß nur dann, wenn sich die Funktionen G und H so festlegen lassen, daß die Koeffizienten in obiger Gleichung konstant werden. Setzt man

$$\nu G^3 H = g\beta(T_w - T_\infty)$$

und

$$GH(G'H+GH') = 2g\beta(T_w - T_\infty),$$

so erhält man für die Funktionen $H(x)$ und $G(x)$

$$G(x) = \left(\frac{Gr_x}{4}\right)^{1/4}\frac{1}{x}, \qquad\qquad\qquad\qquad (10.23)$$

$$H(x) = 4\nu\left(\frac{Gr_x}{4}\right)^{1/4}, \qquad\qquad\qquad\qquad (10.24)$$

mit

$$Gr_x = \frac{gx^3}{\nu^2}\beta(T_w - T_\infty)$$

als der lokalen Grashofzahl. Für den verbleibenden Koeffizienten G^2HH' erhält man damit

$$G^2HH' = 3g\beta(T_w - T_\infty)\,.$$

Alle drei Koeffizienten sind proportional zu $g\beta(T_w - T_\infty)$ und (10.21) ist damit auf eine gewöhnliche Differentialgleichung transformiert. Mit dem Ähnlichkeitsansatz läßt sich unter Beachtung der Lösungen (10.23) und (10.24) für $G(x)$ und $H(x)$ auch (10.22) auf eine gewöhnliche Differentialgleichung transformieren.

Man erhält schließlich die beiden Gleichungen

$$F''' + 3F''F - 2(F')^2 + \theta = 0, \tag{10.25}$$

$$\theta'' + 3Pr\,\theta'F = 0. \tag{10.26}$$

zur Bestimmung der Funktionen $F(\zeta)$ und $\theta(\zeta)$.

Die Transformation der Randbedingungen führt auf

$$\zeta = 0:\ F = F' = 0,\quad \theta = 1,$$

$$\zeta \to \infty:\ F' = \infty,\quad \theta = \infty.$$

Mit der Lösung (10.23) für $G(x)$ erhält man für die Ähnlichkeitsvariable

$$\zeta = \left(\frac{Gr_x}{4}\right)^{1/4} \frac{y}{x}. \tag{10.27}$$

Die Rücktransformation führt damit schließlich auf die gesuchten Größen für die beiden Geschwindigkeitskomponenten u und v,

$$\frac{ux}{v} = 2(Gr_x)^{1/2}F'$$

$$\frac{vx}{v} = \left(\frac{Gr_x}{4}\right)^{1/4}(F'\zeta - 3F).$$

Mit der dimensionslosen Temperatur $\theta = (T - T_\infty)/(T_w - T_\infty)$ und der Ähnlichkeitsvariablen (10.27) erhält man für die Wärmestromdichte q_w an der Wand

$$q_w = -\lambda\left(\frac{\partial T}{\partial y}\right)_w = \frac{\lambda(T_w - T_\infty)}{x\left(\dfrac{4}{Gr_x}\right)^{1/4}}\left(\frac{\partial\theta}{\partial\zeta}\right)_w$$

und daraus mit $\theta'(0) \equiv (\partial\theta/\partial\zeta)_w$ für die lokale Nußeltzahl

$$Nu_x = \frac{q_w x}{\lambda(T_w - T_\infty)} = -\left(\frac{Gr_x}{4}\right)^{1/4}\theta'(0). \tag{10.28a}$$

Ersetzt man die Grashof- durch die Rayleighzahl, $Ra = Gr\,Pr$, so läßt sich (10.28a) auch in der Form

$$\frac{Nu_x}{Ra_x^{1/4}} = -\left(\frac{1}{4Pr}\right)^{1/4}\theta'(0) = f(Pr) \tag{10.28b}$$

schreiben. Die lokale Wärmestromdichte q_w nimmt somit über die Höhe der Platte mit $x^{-1/4}$ ab.

Analog zur Wärmestromdichte lassen sich auch die Wandschubspannung und der lokale Massenstrom, der pro Plattenbreite aus der Umgebung in die Grenzschicht einströmt (das sog. Entrainment) berechnen. Man erhält dafür schließlich

$$\tau_w = \eta\left(\frac{\partial u}{\partial y}\right)_w = 4(Gr_x^3)^{1/4}\frac{v\eta}{x^2}F''(0) \tag{10.29}$$

und
$$\dot{m}_x = \int_0^\infty \varrho u \, dy = 4\eta \left(\frac{Gr_x}{4}\right)^{1/4} F(\infty) \, . \tag{10.30}$$

Während die lokale Wärmestromdichte proportional zu $x^{-1/4}$ abnimmt, nehmen die lokale Wandschubspannung und das Entrainment proportional zu $x^{1/4}$ zu.

Die Differentialgleichungen (10.25) und (10.26) lassen sich grundsätzlich durch Reihenentwicklung nach Potenzen von ζ lösen. Wegen der schlechten Konvergenz dieser Reihen für $\zeta > 1$ werden die Temperatur- und Geschwindigkeitsgradienten an der Wand dabei jedoch sehr ungenau. Ostrach (1953) sowie Sparrow und Gregg (1959) haben deshalb diese Gleichungen numerisch gelöst und Werte für die Nußeltzahl in Abhängigkeit der Prandtlzahl angegeben. Die von Ostrach berechneten Werte für die Ableitungen $\theta'(0)$ und $F''(0)$, sowie der Wert für $F(\infty)$ sind in Tabelle 10.1 für verschiedene Prandtlzahlen zusammengestellt. Die Bilder

Tabelle 10.1. Ähnliche Lösung für die vertikale isotherme Platte. [Nach Ostrach (1953)]

Pr	$-\theta'(0)$	$F''(0)$	$F(\infty)$	$Nu_x/Ra_x^{1/4}$
$Pr \to 0$	$0{,}849 \; Pr^{1/2}$			$0{,}600 Pr^{1/4}$
10^{-2}	$0{,}0812$	$0{,}9862$		$0{,}182$
10^{-1}	$0{,}194$	$0{,}854$		$0{,}292$
$0{,}733$	$0{,}508$	$0{,}6741$		$0{,}389$
1	$0{,}5671$	$0{,}6422$	$0{,}5230$	$0{,}4010$
2	$0{,}7165$	$0{,}5713$		$0{,}4260$
10	$1{,}1693$	$0{,}4192$	$0{,}2492$	$0{,}4650$
10^2	$2{,}1914$	$0{,}2517$	$0{,}1366$	$0{,}4900$
10^3	$3{,}9654$	$0{,}1449$	$0{,}0765$	$0{,}4986$
$Pr \to \infty$	$0{,}711 \; Pr^{1/4}$			$0{,}5030$

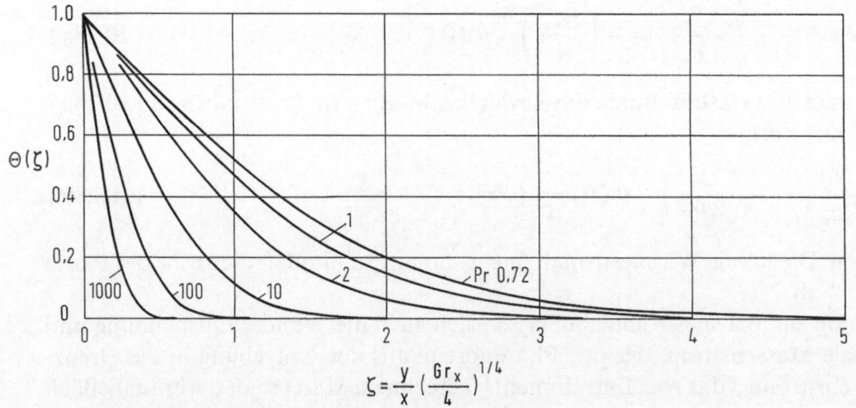

$$\zeta = \frac{y}{x}\left(\frac{Gr_x}{4}\right)^{1/4}$$

Bild 10.3. Berechnete Temperaturprofile für die freie Konvektion an der senkrechten Platte [nach Ostrach (1953)]

10.3 und 10.4 zeigen die berechneten Temperatur- und Geschwindigkeitsprofile für verschiedene Prandtlzahlen. Während für Prandtlzahlen im Bereich $Pr<1$ die Temperatur- und Strömungsgrenzschicht etwa gleich dick sind, ist im Bereich $Pr>1$ die thermische Grenzschicht dünner als die hydrodynamische. Dies ist dadurch zu erklären, daß bei sehr zähen Fluiden durch Impulsübertragung (Reibung) von der in Wandnähe induzierten Geschwindigkeit auf weiter außen liegende Fluidteilchen auch diese mitgenommen werden. Die Geschwindigkeit nimmt deshalb nach Überschreiten des Maximums nur allmählich ab, dadurch wird $\delta_S > \delta_T$. Bei Fluiden mit relativ geringer Zähigkeit dagegen geht mit verschwindender Auftriebskraft auch die induzierte Geschwindigkeit gegen Null, d.h. für $Pr<1$ gilt $\delta_T \approx \delta_S$.

Bild 10.5 zeigt das berechnete Stromlinienfeld $\psi=$ const. Dieses wird durch die beiden Achsen $x=0$ und $y=0$ begrenzt, d.h. bei der Ähnlichkeitslösung fließt der Platte aus dem unteren Halbraum kein Fluid zu. Das Bild zeigt weiter, daß das Fluid in breiter Front senkrecht auf die vertikale Platte zuströmt und erst in unmittelbarer Nähe der Platte umgelenkt wird, um dann innerhalb der Grenzschicht nach oben abzuströmen.

Für die von Ostrach numerisch ermittelten Werte für die Funktion $f(Pr)$ in (10.28b) hat Le Fevre (1956) die Interpolationsgleichung

$$\frac{Nu_x}{Ra_x^{1/4}} = f(Pr) = \left(\frac{0{,}13\,Pr}{1+2{,}006\sqrt{Pr}+2{,}034\,Pr} \right)^{1/4} \qquad (10.31)$$

entwickelt, die mit der exakten Lösung auf $\pm 1‰$ übereinstimmt.

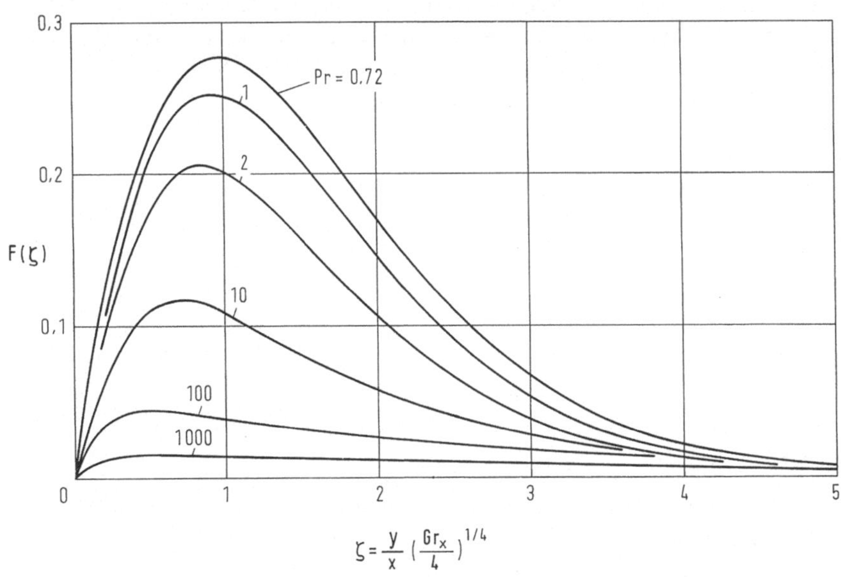

Bild 10.4. Berechnete Geschwindigkeitsprofile für die freie Konvektion an der senkrechten Platte [nach Ostrach (1953)]

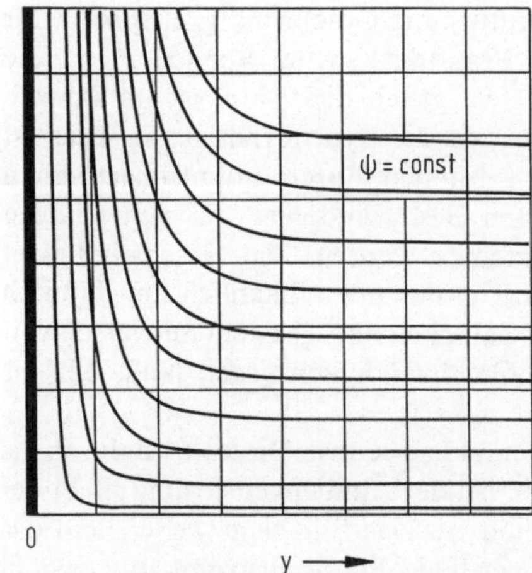

Bild 10.5. Verlauf der Stromlinien $\psi(x,y)$ vor einer wärmeabgebenden isothermen Platte

In Übereinstimmung mit den Ausführungen in Abschn. 10.1.3 hat die Funktion $f(Pr)$ in (10.28b) zwei Asymptoten, nämlich $Pr\to 0$ und $Pr\to\infty$. Diese wurden von Le Fevre (1956) zu

$$f(Pr) = \begin{cases} 0{,}60041\ Pr^{1/4} & \text{für } Pr\to 0\,, \\ 0{,}50275 & \text{für } Pr\to\infty\,, \end{cases} \tag{10.32}$$

berechnet.

Die Geschwindigkeits- und Temperaturprofile in Bild 10.3 und 10.4 können näherungsweise durch einfache Polynome dargestellt werden. Nimmt man an, daß Temperatur und Geschwindigkeit am Rande der Grenzschicht mit den Umgebungswerten übereinstimmen und daß gleichzeitig ein stetiger Übergang stattfindet, so müssen die Randbedingungen für die Temperatur

$$T = T_\text{w}: \quad y=0\,,$$

$$T = T_\infty: \quad y=\delta_\text{T}\,,$$

$$\frac{\partial T}{\partial y} = 0 \quad : \quad y=\delta_\text{T}$$

und die Geschwindigkeit

$$u = 0 \quad : \quad y=0, \delta_\text{s}\,,$$

$$\frac{\partial u}{\partial y} = 0 \quad : \quad y=\delta_\text{s}\,,$$

erfüllt werden.

Analog zu den Überlegungen in Kap. 9 können die Profile damit näherungsweise durch die Polynomansätze

$$T(y) - T_\infty = (T_\text{w} - T_\infty)\,(D_0 + D_1 y + D_2 y^2 + D_3 y^3)\,,$$

$$u(x,y) = U(x)\,(C_0 + C_1 y + C_2 y^2 + C_3 y^3)$$

beschrieben werden. Mit den angegebenen Randbedingungen erhält man daraus

$$\frac{T_\mathrm{w}-T_\infty}{T_\mathrm{w}-T_\infty}=\left(1-\frac{y}{\delta_\mathrm{T}}\right)^2,\qquad(10.33\mathrm{a})$$

$$\frac{u}{U(x)}=\frac{y}{\delta_\mathrm{S}}\left(1-\frac{y}{\delta_\mathrm{S}}\right)^2\qquad(10.33\mathrm{b})$$

Squire (1938) hat mit diesen Profilen mittels des Integralverfahrens von Kármán und Pohlhausen eine Näherungslösung für den Wärmeübergang berechnet und für die lokale Nußeltzahl die Beziehung

$$\frac{Nu_\mathrm{x}}{Ra_\mathrm{x}^{1/4}}=f(Pr)=0{,}508\left(\frac{Pr}{0{,}952+Pr}\right)^{1/4}\qquad(10.34)$$

erhalten. Dieser Näherung liegt zudem die Annahme zugrunde, daß die Temperatur- und Strömungsgrenzschicht gleich dick sind; d.h. $\delta_\mathrm{T}=\delta_\mathrm{S}=\delta$, was strenggenommen nur für $Pr=1$, aber mit hinreichender Genauigkeit auch für $Pr\geqq 1$ zutrifft. Für die Grenzschichtdicke δ erhält Squire die Beziehung

$$\frac{\delta}{x}=\frac{2}{f(Pr)}Ra_\mathrm{x}^{-1/4},\qquad(10.35)$$

d.h. die Grenzschichtdicke δ nimmt proportional mit $x^{1/4}$ zu. Wir haben weiter oben gezeigt, daß die Wärmestromdichte an der Wand bzw. der Wärmeübergangskoeffi-

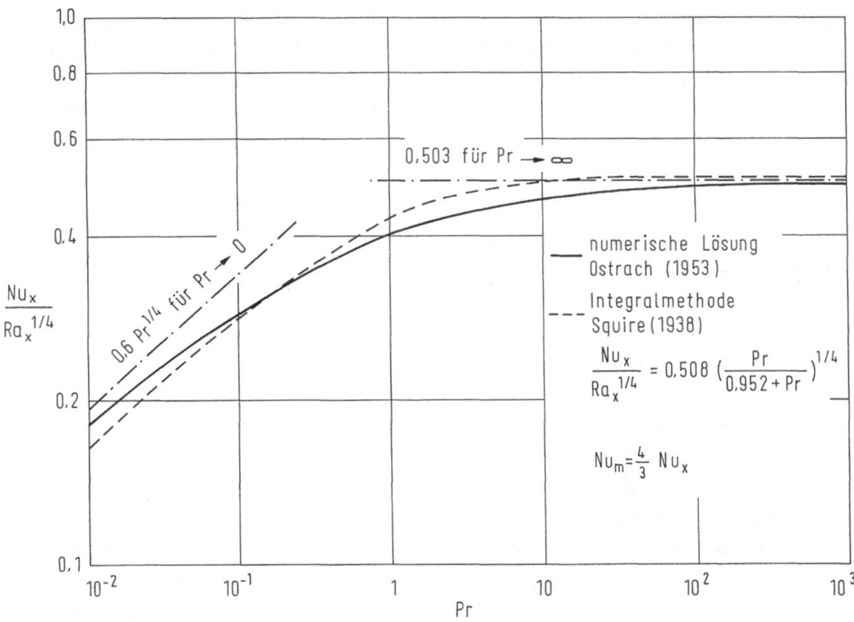

Bild 10.6. Örtliche Nußeltzahl Nu_x bezogen auf $Ra_\mathrm{x}^{1/4}$ als Funktion der Prandtlzahl für die freie Konvektion an der senkrechten Platte

zient α_x proportional zu $x^{-1/4}$ abnimmt. Damit gilt auch bei freier Konvektion für die laminare Strömung an der isothermen Platte: Der Wärmeübergangskoeffizient α_x ist umgekehrt proportional zur Grenzschichtdicke δ_x (vgl. Kap. 8). Bei vielen technischen Aufgaben interessiert weniger der örtliche Wärmeübergangskoeffizient α_x als vielmehr der mittlere α_m über die Plattenhöhe. Mit (10.28b) erhält man

$$\alpha_m = \frac{1}{L} \int_0^L \alpha_x \mathrm{d}x = \frac{4}{3} \alpha_{x=L}. \tag{10.36a}$$

Analog dazu erhält man den Zusammenhang zwischen mittlerer und örtlicher Nußeltzahl

$$Nu_m = \frac{4}{3} Nu_x. \tag{10.36b}$$

In Bild 10.6 ist der von Ostrach numerisch berechnete Verlauf der Funktion $f(Pr)$, (10.28b) bzw. (10.31), zusammen mit den beiden Asymptoten (10.32) dargestellt. Eingezeichnet ist ferner die von Squire berechnete Näherungslösung (10.34).

Die Abweichung zwischen den beiden Kurven beträgt maximal 10 %. Dies bestätigt die Erfahrung, nach der Integralverfahren in der Regel hinreichend genaue Ergebnisse für den Wärmeübergang liefern.

10.2.1.2 Vergleich zwischen theoretischen und experimentellen Daten

Bevor wir die theoretisch ermittelten Ergebnisse mit experimentellen Daten vergleichen, soll kurz auf die bei experimentellen Untersuchungen auftretenden Schwierigkeiten eingegangen werden. Genaue Messungen erfordern, daß die Bewegung des Fluids ausschließlich durch die Temperaturdifferenz zwischen Platte und Umgebung zustande kommt; d.h. alle anderweitig auftretenden Strömungen im Labor müssen vermieden werden. Dies ist in der Regel extrem schwierig und gelingt praktisch nicht vollständig. Insbesondere bei Versuchen mit Luft ist die durch freie Konvektion übertragene Wärmemenge relativ klein und der Anteil der Temperaturstrahlung an der Wärmeübertragung damit relativ groß. Desweiteren können nicht unerhebliche Wärmemengen durch Wärmeleitung in den Halterungen und Zuleitungen der Platte abfließen und die genaue Erfassung dieser Verluste kann schwierig sein. Das theoretich vorausgesetzte unendlich große Fluidvolumen ist in der Praxis oft ein verhältnismäßig kleiner Behälter. Bei größeren Platten ist es zudem meist schwierig, die Temperatur der Oberfläche vollkommen isotherm und stationär zu halten. Desweiteren hat eine endlich große Platte Ecken und Kanten und die dadurch induzierten Störungen des Strömungsfelds lassen sich nicht immer vollständig unterdrücken. Aus all diesen Gründen wird man sowohl eine Streuung der Meßergebnisse verschiedener Autoren als auch Abweichungen vom theoretisch berechneten Verlauf erwarten müssen.

Einen Vergleich zwischen den berechneten und den von Schmidt und Beckmann (1930) an einer vertikalen Platte der Abmessung 120×250 mm in Luft gemessenen Werte, zeigen die Bilder 10.7 und 10.8. Die Übereinstimmung ist sehr gut, wenn auch die gemessenen Werte geringfügig über den berechneten liegen, wobei die Übereinstimmung mit zunehmender Lauflänge besser wird. Dies ist, wie bereits

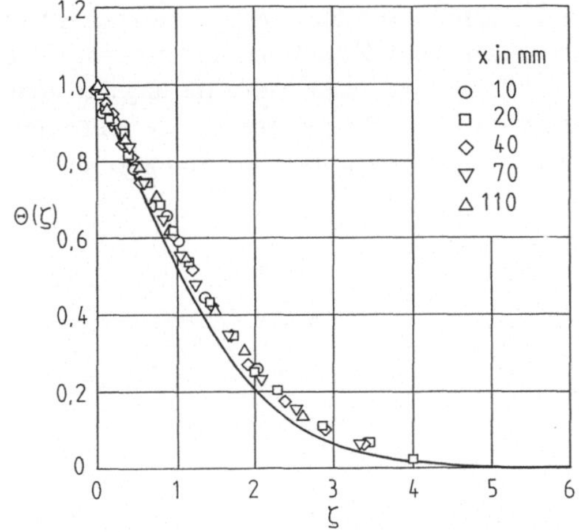

Bild 10.7. Vergleich berechneter und gemessener Temperaturprofile für die freie Konvektion an der senkrechten Platte [nach Ostrach (1953)]

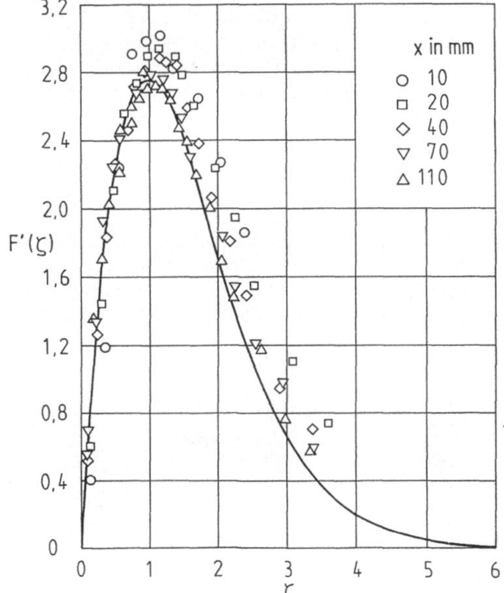

Bild 10.8. Vergleich berechneter und gemessener Geschwindigkeitsprofile für die freie Konvektion an der senkrechten Platte [nach Ostrach (1953)]

erwähnt, darauf zurückzuführen, daß wegen $Ra \to 0$ für $x \to 0$ im Bereich der Vorderkante die Voraussetzungen der linearen Grenzschichttheorie nicht mehr erfüllt sind, vgl. dazu auch Ede (1967). Nach experimentellen Untersuchungen von Gryzagoridis (1973) ist für Grashofzahlen im Bereich $Gr < 10^4$ mit einer Vergrößerung der mittleren Nußeltzahl infolge der gegenüber der Grenzschichttheorie veränderten Strömungsverhältnisse im Bereich der Vorderkante (leading edge effects) zu rechnen.

Die verfügbaren experimentellen Ergebnisse für die mittlere Nußeltzahl in Abhängigkeit der Prandtlzahl liefern nach einer Zusammenstellung von Ede (1967) eine schwach gekrümmte Kurve, die Grenzschichttheorie dagegen eine Gerade, s. Bild 10.9. Selbst im Bereich $10^6 < Ra_L < 10^8$ liegen fast alle experimentellen Daten über den theoretisch berechneten. Dies ist verständlich, da die

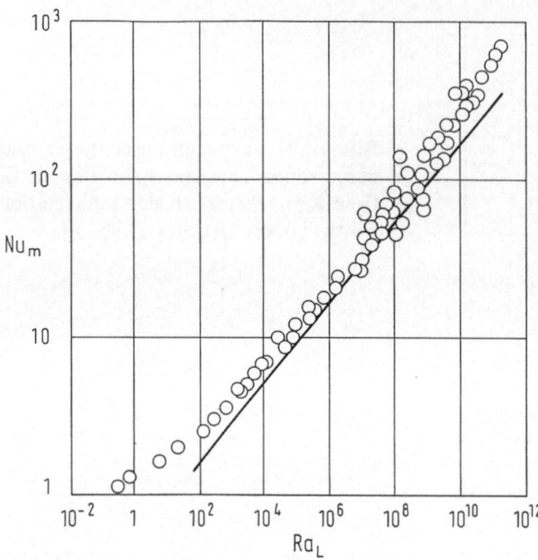

Bild 10.9. Vergleich zwischen theoretischen und experimentellen Werten für die mittlere Nußeltzahl Nu in Abhängigkeit der Rayleighzahl für die isotherme vertikale Platte in Luft [nach Ede (1967)]

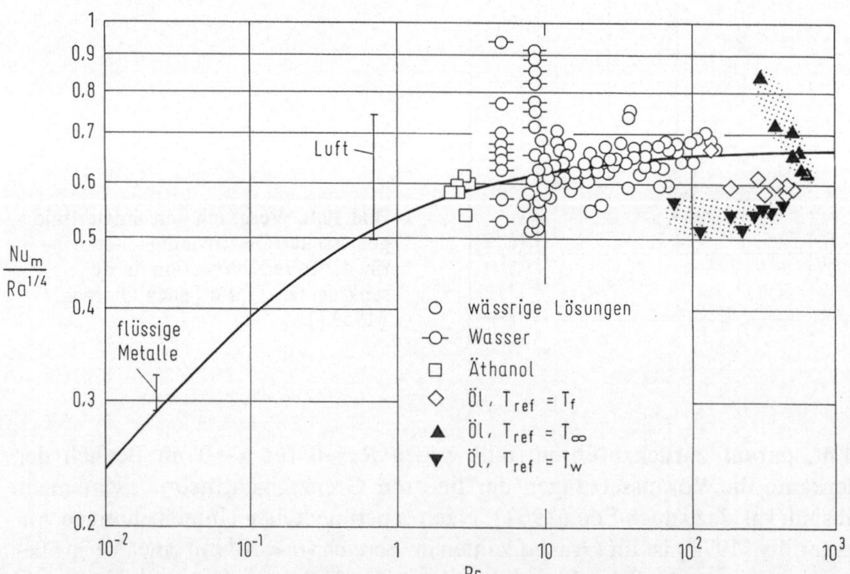

Bild 10.10. Vergleich zwischen theoretischen und experimentellen Werten für das Verhältnis $Nu_L/Ra_L^{1/4}$ für verschiedene Prandtlzahlen [nach Ede (1967)]

hauptsächliche Fehlerquelle bei Versuchen mit Luft, nämlich eine unkontrollierte Luftzirkulation, zu einer Vergrößerung der Nußeltzahl führt. Die Abweichung bei höheren Rayleighzahlen ist auf den Einfluß der sich entwickelten Turbulenz zurückzuführen, die bei kleineren Rayleighzahlen dagegen auf die gegenüber den Voraussetzungen der Grenzschichttheorie veränderten Strömungsverhältnisse im Bereich der Vorderkante. Ein weiterer Grund für die Abweichung zwischen Theorie und Experiment ist in den temperaturabhängigen Stoffwerten zu sehen. Wir kommen auf diesen Punkt in Abschn. 10.2.4 zurück.

Für andere Fluide als Luft sind nur relativ wenig Daten bekannt geworden. Bild 10.10 zeigt eine Zusammenstellung von Meßergebnissen nach Ede (1967). Die Daten für flüssige Metalle bestätigen die von Ostrach (1956) theoretisch berechnete Prandtlzahlabhängigkeit. Die vertikale Linie für $Pr = 0{,}7$ gibt den Streubereich der Meßwerte für Luft an. Bei den Daten für Öl wurden als Bezugstemperatur für die Stoffwerte sowohl die Oberflächentemperatur T_{w} als auch die Umgebungstemperatur T_∞ und ferner die arithmetische Mitteltemperatur $(T_{\mathrm{w}} + T_\infty)/2$, die sog. Filmtemperatur T_{f}, gewählt. Die mit der arithmetischen Mitteltemperatur berechneten Daten stimmen demnach am besten mit den theoretischen überein.

10.2.1.3 Gebrauchsformeln

Im Bereich $10^6 \leq Ra \leq 10^9$ werden die experimentellen Daten für alle Prandtlzahlen sehr gut durch die von Le Fevre (1956) angegebene Interpolationsgleichung (10.31)

$$\frac{Nu_{\mathrm{x}}}{Ra_{\mathrm{x}}^{1/4}} = f(Pr) = \left(\frac{0{,}13\,Pr}{1 + 2{,}006\sqrt{Pr} + 2{,}034\,Pr}\right)^{1/4}$$

wiedergegeben. Für Rayleighzahlen $Ra < 10^6$ sind die mit der Grenzschichttheorie berechneten Nußeltzahlen infolge des Einflusses der gegenüber der Theorie veränderten Strömungsbedingungen im Bereich der Vorderkante zu klein. Unter Verwendung experimenteller Daten haben deshalb Churchill und Chu (1975) die empirische Korrelationsgleichung für die mittlere Nußeltzahl

$$Nu_{\mathrm{m}} = 0{,}68 + \frac{0{,}670\,Ra^{1/4}}{\left[1 + \left(\dfrac{0{,}492}{Pr}\right)^{9/16}\right]^{4/9}} \qquad (10.37\mathrm{a})$$

entwickelt, deren Gültigkeitsbereich mit $10^{-1} \leq Ra \leq 10^9$ und $0 \leq Pr \leq \infty$ angegeben wird. Aus (10.37a) folgen die beiden Asymptoten für die Prandtlzahl

$$Nu_{\mathrm{m}} = 0{,}68 + \begin{cases} 0{,}80\,Pr^{1/4}\,Ra^{1/4} & \text{für} \quad Pr \to 0\,, \\[2mm] 0{,}67\,Ra^{1/4} & \text{für} \quad Pr \to \infty\,. \end{cases} \qquad (10.37\mathrm{b})$$

Die von Churchill und Chu anhand eines Grenzschichtmodells abgeleitete empirische Korrelationsgleichung (10.37a) liefert für den Grenzfall $Ra \to 0\!:\!Nu = \text{const}$. Im Gegensatz dazu führt die Lösung der vollständigen Navier-Stokes-Gleichungen im Grenzfall $Ra \to 0$ auf $Nu \to 0$.

Sucker (1978) hat die vollen Navier-Stokes-Gleichungen im Bereich $10^{-3} \leqq Gr \leqq 10$ numerisch integriert und anhand dieser Lösung die Beziehung

$$Nu_m = 0{,}80 \cdot Ra^{0{,}1} + f(Pr) \frac{Ra^{0{,}36}}{0{,}80 + Ra^{0{,}11}} \qquad (10.38a)$$

mit

$$f(Pr) = \frac{0{,}80\, Pr^{1/4}}{[1 + (1{,}194\, Pr^{1/4})^{5/2}]^{2/5}}$$

für die mittlere Nußeltzahl entwickelt. Der Gültigkeitsbereich wird mit $0 \leqq Ra \leqq 4 \cdot 10^8$ und $0 \leqq Pr \leqq \infty$ angegeben. Gegenüber der numerischen Lösung weicht (10.38a) um maximal 17% und im Mittel um 8% ab. Aus (10.38a) folgen die beiden Asymptoten

$$Nu_m = \begin{cases} 0{,}8\, Ra^{0{,}1} & \text{für} \quad Ra \to 0 \\ f(Pr)\, Ra^{1/4} & \text{für} \quad Ra \to \infty, \end{cases} \qquad (10.38b)$$

d.h. im Grenzfall $Ra \to 0$ wird die Nußeltzahl unabhängig von der Prandtlzahl. Im Grenzfall $Ra \to \infty$ erhält man aus (10.38a) für $f(Pr)$ die beiden Asymptoten

$$f(Pr) = \begin{cases} 0{,}8\, Pr^{1/4} & \text{für} \quad Pr \to 0 \\ 0{,}67 & \text{für} \quad Pr \to \infty, \end{cases} \qquad (10.38c)$$

die mit (10.32) identisch sind, wenn man den Zusammenhang (10.36b) zwischen der lokalen und der mittleren Nußeltzahl berücksichtigt. Für den Widerstandsbeiwert der Platte gibt Sucker (1978) die Beziehung

$$\frac{c_w}{Ra^{3/4}} = \frac{6}{(1 + Pr^{1/2})\, Pr^{3/4}} \qquad (10.39)$$

an.

Anhand einer umfangreichen Literaturauswertung (etwa 45 Arbeiten) empfehlen Lewandowski und Kubski (1983) die Beziehung

$$\frac{Nu_m}{Ra^{1/4}} = 0{,}55, \qquad (10.40a)$$

von der die experimentellen Daten im Mittel um etwa $\pm 15\,\%$ abweichen. Anhand eigener Messungen mit Wasser und Glyzerin empfehlen Lewandowski und Kubski (1984) dagegen die Beziehung

$$\frac{Nu_m}{Ra^{1/4}} = 0{,}612, \qquad (10.40b)$$

wobei der Gültigkeitsbereich mit $10^4 \leqq Ra \leqq 10^8$ angegeben wird. Wegen der fehlenden Prandtlzahlabhängigkeit dürfte (10.40a) auf Luft ($Pr \approx 0{,}7$) und (10.41b) auf Wasser ($Pa \approx 7$) beschränkt sein. Für einen großen Bereich der Prandtl- und auch der Rayleighzahl wird (10.37) und (10.38) empfohlen.

Abschließend sei als historische Anmerkung darauf hingewiesen, daß Lorenz (1881) durch rigorose Vereinfachung die mittlere Nußeltzahl für die freie Konvektion an der isothermen vertikalen Platte in Luft berechnet hat. Er findet dafür die Beziehung

$$\frac{Nu_\mathrm{m}}{Ra^{1/4}} = 0{,}548 \, , \tag{10.40c}$$

während aus (10.31) und (10.38b) für $Pr = 0{,}733$ der Wert 0,518 für die Konstante folgt. Einen historischen Überblick über die Bemühungen zur Ermittlung des Wärmeübergangs an der isothermen vertikalen Platte gibt Martin (1984).

10.2.2 Die Wandwärmestromdichte $q_\mathrm{w} = \mathrm{const}$

Bei vielen technischen Problemen, z.B. der elektrisch beheizten Platte, ist nicht die Wandtemperatur, sondern die Wärmestromdichte an der Wand konstant. Damit ändert sich die Wandtemperatur über die Plattenlänge und es existiert im Gegensatz zu vorher keine ausgezeichnete Temperaturdifferenz zwischen Wand und Umgebung. Zweckmäßigerweise bildet man in diesem Fall die Bezugstemperatur mit $q_\mathrm{w} x/\lambda$ und erhält damit für die dimensionslose Temperatur

$$\theta(x,y) = \frac{T - T_\infty}{\dfrac{q_\mathrm{w} x}{\lambda}} \, .$$

Statt der üblichen erhält man damit eine modifizierte Grashof- und Rayleighzahl entsprechend

$$Gr_\mathrm{x}^* = \frac{g\beta}{\nu^2} \frac{q_\mathrm{w} x^4}{\lambda} \quad und \quad Ra_\mathrm{x}^* = Gr_\mathrm{x}^* Pr \, .$$

Führt man in geeigneter Weise eine charakteristische Temperaturdifferenz $\overline{T_\mathrm{w} - T_\infty}$ ein, so folgt

$$Ra_\mathrm{x}^* = \left[\frac{g x^3}{a\nu} \overline{\beta(T_\mathrm{w} - T_\infty)} \right] \left[\frac{q_\mathrm{w} x}{\overline{\lambda(T_\mathrm{w} - T_\infty)}} \right] = Ra_\mathrm{x} Nu_\mathrm{x} \, , \tag{10.41}$$

d.h. die modifizierte Rayleighzahl ist das Produkt aus der üblichen Rayleigh- und der Nußeltzahl.

Die im folgenden kurz beschriebene Ähnlichkeitslösung geht weitgehend auf Sparrow und Gregg (1956) zurück. Wir gehen wieder von den Grenzschichtgleichungen aus und erfüllen durch Einführen der Stromfunktion $\Psi(x,y)$ die Kontinuitätsgleichung identisch. Mit dem Ähnlichkeitsansatz

$$\Psi(x,y) = 5\nu \left(\frac{Gr_\mathrm{x}^*}{5} \right)^{1/5} F(\zeta) = C_2 x^{4/5} F(\zeta)$$

$$\Theta(\zeta) = \theta(x,y) \left(\frac{Gr_\mathrm{x}^*}{5} \right)^{1/5} = C_1 \frac{T - T_\infty}{q_\mathrm{w}/\lambda} x^{-1/5}$$

$$\zeta = \left(\frac{Gr_\mathrm{x}^*}{5} \right)^{1/5} \frac{y}{x} = C_1 \frac{y}{x^{1/5}}$$

mit

$$C_1 = \left(\frac{g\beta q_{\mathrm w}}{5\lambda v^2} \right)^{1/5}$$

und

$$C_2 = \left(\frac{625 g\beta q_{\mathrm w} v^3}{\lambda} \right)^{1/5}$$

werden die partiellen Grenzschichtgleichungen auf die gewöhnlichen Differentialgleichungen

$$F''' + 4F''F - 3(F')^2 - \Theta = 0 \tag{10.42}$$

$$\Theta'' + Pr[4\Theta'F - \Theta F'] = 0 \tag{10.43}$$

transformiert. Diese Gleichungen sind entsprechend den Randbedingungen

$$\zeta = 0: \quad F = F' = 0, \quad \Theta' = 1,$$

$$\zeta \to \infty: \quad F' = 0, \quad \Theta = 0,$$

zu lösen. Die Definition der Ähnlichkeitsvariablen zeigt, das der Grenzwert $\zeta \to \infty$
sowohl den Fall $x = 0\,(y > 0)$ als auch $y \to \infty$ beinhaltet. Damit wird die Bedingung
$T = T_\infty$ und $u = 0$ an der Stelle $x = 0$ automatisch erfüllt.

Die Rücktransformation führt auf

$$\frac{ux}{v} = 5\left(\frac{Gr_{\mathrm x}^*}{5} \right)^{2/5} F'(\zeta),$$

$$\frac{vx}{v} = \left(\frac{Gr_{\mathrm x}^*}{5} \right)^{1/5} [\zeta F'(\zeta) - 4F(\zeta)]$$

für die Geschwindigkeitskomponenten und auf

$$T_{\mathrm w} - T_\infty = \frac{qx}{\lambda} \left(\frac{Gr_{\mathrm x}^*}{5} \right)^{-1/5} \Theta(0), \tag{10.44}$$

$$\tau_{\mathrm w} = 5\frac{v\eta}{x^2} \left(\frac{Gr_{\mathrm x}^{*3}}{5} \right)^{1/5} F''(0), \tag{10.45}$$

$$\dot m_{\mathrm x} = \frac{5\eta}{x^2} \left(\frac{Gr_{\mathrm x}^{*3}}{5} \right)^{1/5} F(\infty) \tag{10.46}$$

für die Übertemperatur $(T_{\mathrm w} - T_\infty)$, die Wandschubspannung und den Massen-
strom. $(T_{\mathrm w} - T_\infty)$ steigt demnach mit $x^{1/5}$ und $\tau_{\mathrm w}$ und $m_{\mathrm x}$ steigen mit $x^{2/5}$ an.

Durch Umstellen von (10.44) erhält man für die lokale Nußeltzahl den
Ausdruck

$$\frac{Nu_{\mathrm x}}{Ra_{\mathrm x}^{*1/5}} = -\frac{1}{(5\,Pr)^{1/5}\Theta(0)} = f(Pr). \tag{10.47}$$

Tabelle 10.2. Ähnliche Lösungen für die vertikale Platte mit konstanter Wärmestromdichte. [Nach Sparrow u. Gregg (1956)]

Pr	$-\theta'(0)$	$F''(0)$	$Nu_x/Ra_x^{1/5}$	$Nu_L/Ra_L^{1/4}$
$Pr \to 0$				
10^{-2}				
10^{-1}	2,7507	1,6434	0,4176	0,398
0,733				
1	1,3574	0,722	0,5339	0,543
2				
10	0,7675	0,3064	0,5958	0,624
10^2	0,4657	0,1262	0,6196	0,655
10^3				
$Pr \to \infty$				

Die von Sparrow und Gregg für die Prandtlzahlen 10^{-1}, 1, 10 und 100 berechneten Werte für $\Theta(0)$, $F''(0)$, $Nu_x (Ra_x^*)^{-1/5}$ und $Nu_L Ra_L^{-1/4}$ sind in Tabelle 10.2 zusammengestellt. Sparrow und Gregg haben die örtlichen Nußeltzahlen auch mit dem mehrfach erwähnten Integralverfahren berechnet und dafür die Beziehung

$$\frac{Nu_x}{Ra_x^{*1/5}} = 0{,}616 \left(\frac{Pr}{0{,}8 + Pr} \right)^{1/5} \tag{10.48a}$$

erhalten. Die Abweichung zwischen dieser Näherungs- und der exakten Lösung ist sehr gering und beträgt für $Pr > 0{,}1$ weniger als 5 %.

Bildet man die Rayleighzahl in herkömmlicher Weise mit der Temperaturdifferenz, so folgt mit (10.41) aus (10.48a)

$$\frac{Nu_x}{Ra_x^{1/4}} = 0{,}546 \left(\frac{Pr}{0{,}8 + Pr} \right)^{1/4}. \tag{10.48b}$$

Die Rayleighzahl erscheint in dieser Beziehung, wie für die laminare freie Konvektion zu erwarten ist, mit dem Exponenten 1/4.

Für viele technische Aufgabenstellungen interessiert weniger die lokale als vielmehr die mittlere Nußeltzahl für die gesamte Platte. Um diese bilden zu können benötigt man eine charakteristische Temperaturdifferenz zwischen Wand und Umgebung. Sparrow und Gregg haben gezeigt, daß es zweckmäßig ist, dafür die Differenz in halber Plattenhöhe zu nehmen. Da sich die Wandtemperatur entsprechend

$$\frac{T_w(x) - T_\infty}{T_w(L) - T_\infty} = \left(\frac{x}{L} \right)^{1/5}$$

über die Höhe ändert, erhält man

$$T_w \left(\frac{L}{2} \right) - T_\infty = \left(\frac{1}{2} \right)^{1/5} (T_w(L) - T_\infty),$$

und damit aus (10.44)

$$T_w\left(\frac{L}{2}\right) - T_\infty = \left(\frac{1}{2}\right)^{1/5} \frac{q_w L}{\lambda} \left(\frac{Ra_L^*}{5}\right)^{-1/5} Pr^{1/5} \Theta(0) \, .$$

Für die mittlere Nußeltzahl

$$Nu_m = \frac{q_w L}{\lambda \left[T_w\left(\dfrac{L}{2}\right) - T_\infty \right]} \tag{10.49}$$

folgt mit Ra^* aus (10.41) schließlich

$$\frac{Nu_m}{Ra^{1/4}} = -\left[\left(\frac{2}{5\,Pr}\right)^{1/5} \frac{1}{\Theta(0)} \right]^{5/4} . \tag{10.50a}$$

Setzt man für $f(Pr)$ die Näherungslösung aus (10.48a), so folgt

$$\frac{Nu_m}{Ra^{1/4}} = 0{,}649 \left(\frac{Pr}{0{,}8+Pr}\right)^{1/4} . \tag{10.50b}$$

Da die Näherungslösung (10.48a) von der von Sparrow und Gregg berechneten exakten Lösung im Bereich $Pr > 0{,}1$ um weniger als 5 % abweicht, dürfte (10.50b) für technische Anwendungen hinreichend genau sein. Mit (10.34) und (10.50b) erhält man für das Verhältnis der Nußeltzahlen bei konstanter Temperatur und konstanter Wärmestromdichte

$$\frac{Nu_{m,T}}{Nu_{m,q}} = 1{,}044 \left(\frac{0{,}800+Pr}{0{,}952+Pr}\right)^{1/4} , \tag{10.51}$$

das zeigt, daß die mit der Temperaturdifferenz in halber Plattenhöhe gebildete Nußeltzahl im Fall $q_w = \text{const}$ für $Pr > 0{,}1$ höchstens um 2,3 % größer ist als die mittlere Nußeltzahl $Nu_{m,T}$ für die isotherme Platte. Diese geringe Abweichung liegt in der Regel innerhalb der Meßgenauigkeit der experimentellen Untersuchungen. Damit wird verständlich, warum die in Luft und Wasser gewonnenen Meßergebnisse für den Fall $q_w = \text{const}$ so gut mit denen für $T_w = \text{const}$ übereinstimmen.

10.2.3 Der Temperaturverlauf $T_w(x)$ der Wand ist gegeben

Die bisher diskutierten Fälle $T_w = \text{const}$ und $q_w = \text{const}$ können als spezielle Lösungen der allgemeinen Wandtemperaturverteilung

$$T_w - T_\infty = N x^n$$

verstanden werden. Für $n = 0$ liegt die isotherme Platte und für $n = 1/5$ die Platte mit konstanter Wärmestromdichte vor. Sparrow und Gregg (1958a) haben für diese allgemeine Wandtemperaturverteilung eine ähnliche Lösung angegeben. Der Lösungsalgorithmus ist dabei der gleiche wie der für $T_w = \text{const}$ und $q_w = \text{const}$. Wir wollen deshalb ohne auf Einzelheiten einzugehen lediglich das Ergebnis mitteilen.

Tabelle 10.3. Ähnliche Lösung für die vertikale Platte mit $T_w - T_\infty = Nx^n$. [Nach Sparrow u. Gregg (1958a)]

n	$Pr = 0{,}7$			$Pr = 1{,}0$		
	$-\theta'(0)$	$f_1(Pr)$	$f_2(Pr)$	$-\theta'(0)$	$f_1(Pr)$	$f_2(Pr)$
3	0,92	0,936	2,230	1,08	0,962	2,29
2	0,87	0,828	1,181	0,98	0,849	1,22
1	0,75	0,688	0,688	0,84	0,707	0,707
0,5	0,65	0,607	0,563	0,73	0,626	0,582
0,2 [a]	0,57	0,553	0,524	0,65	0,573	0,543
0 [b]	0,50	0,515	0,515	0,57	0,534	0,535
−0,2	0,40	0,473	0,526	0,46	0,494	0,549
−0,5	0,16	0,405	0,622	0,18	0,428	0,657
−0,6	0	0	0	0	0	0

[a] Ist identisch mit $q_w = \text{const}$
[b] Ist identisch mit $T_w = \text{const}$

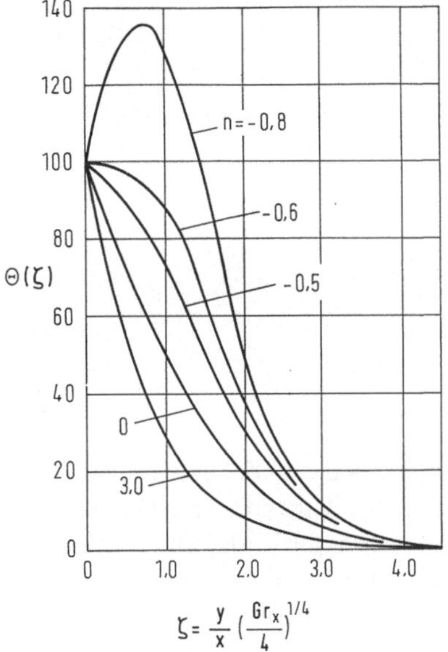

Bild 10.11. Berechnete Temperaturprofile für verschiedene Exponenten n der Wandtemperatur $T_w - T_\infty = Nx^n$ und für $Pr = 0{,}7$ [nach Sparrow und Gregg (1958)]

Für die örtliche Nußeltzahl erhält man schließlich

$$\frac{Nu_x}{Ra_x^{1/4}} = -\left(\frac{1}{4\,Pr}\right)^{1/4} \theta'(0) \,. \tag{10.52}$$

Die Funktion $\theta'(0)$ wurde von Sparrow und Gregg (1958a) für die beiden Prandtlzahlen $Pr = 0{,}7$ und $1{,}0$ und für die Exponenten $n = 3, 2, 1$, $1/2$, $1/5$, 0, $-0{,}2$, $-0{,}5$ und $-0{,}6$ berechnet. Die Zahlenwerte sind in Tabelle 10.3 zusammengestellt. Die für $Pr = 0{,}7$ und verschiedene Exponenten n berechneten Temperaturprofile sind in Bild 10.11 dargestellt. Für $n = -0{,}6$ wird die Ableitung

$\theta'(0)$ und damit die Wärmestromdichte an der Wand und folglich die Nußeltzahl gleich Null. Für $n < -0,6$ weist das Temperaturprofil ein Maximum auf. Eine Untersuchung der Grenzschichtgleichungen für $n < -0,6$ zeigt, daß dafür eine Wärmequelle mit unendlich großer Leistung an der Vorderkante der Platte auftritt. Da eine solche Wärmequelle in Wirklichkeit nicht existiert, besteht eine gewisse Unsicherheit darüber, ab welcher Entfernung von der Vorderkante Lösungen mit $n < -0,6$ gültig sind. Für die Bildung einer mittleren Nußeltzahl wird eine Temperaturdifferenz zwischen Wand und Umgebung benötigt. Da eine charakteristische Temperaturdifferenz im vorliegenden Fall nicht existiert, ist die Festlegung einer solchen Temperaturdifferenz vollkommen willkürlich.

Wählt man die über die Plattenhöhe gemittelte Temperaturdifferenz

$$T_{\mathrm{w}} - T_{\infty} = \frac{1}{L} \int_0^L (T_{\mathrm{w}} - T_{\infty})\,\mathrm{d}x$$

so erhält man für die mittlere Nußeltzahl die Beziehung

$$\frac{Nu_1}{Ra_1^{1/4}} = f_1(Pr) . \tag{10.53a}$$

Wählt man dagegen die bereits im Fall $q_{\mathrm{w}} = \mathrm{const}$ verwendete Temperaturdifferenz in halber Plattenhöhe

$$(T_{\mathrm{w}} - T_{\infty})_{L/2} = N \left(\frac{L}{2}\right)^{n}$$

so erhält man

$$\frac{Nu_2}{Ra_2^{1/4}} = f_2(Pr) . \tag{10.53b}$$

Die Zahlenwerte $f_1(Pr)$ und $f_2(Pr)$ in Abhängigkeit des Exponenten n können für die beiden Prandtlzahlen $Pr = 0,7$ und $1,0$ ebenfalls aus Tabelle 10.3 entnommen werden. Beide Funktionen sind stark vom Exponenten n abhängig. Die Funktion $f_2(Pr)$ weist darüber hinaus bei $n = 0$ ein lokales Minimum und zwischen $n = 0$ und $n = -0,6$ ein lokales Maximum auf. Zwischenwerte für andere als die angegebenen Exponenten werden deshalb besser mit der Funktion $f_1(Pr)$ berechnet.

Der Vollständigkeit halber sei noch angemerkt, daß auch für den exponentiellen Verlauf der Wandtemperatur, $T_{\mathrm{w}} - T_{\infty} = M e^{\mathrm{mx}}$ mit $m > 0$, eine Ähnlichkeitslösung existiert. Weitere Details dazu findet der interessierte Leser bei Sparrow und Gregg (1958a).

10.2.4 Der Einfluß variabler Stoffwerte

Bei den bisherigen Untersuchungen wurden die Dichte im Auftriebsterm als lineare Funktion der Temperatur und alle übrigen Stoffwerte als konstant vorausgesetzt.

Im folgenden wollen wir den Einfluß temperaturabhängiger Stoffwerte näher untersuchen.

Carey und Mollendorf (1978) haben gezeigt, daß für $T_w = \text{const}$ und linear mit der Temperatur veränderlicher Viskosität ebenfalls eine ähnliche Lösung existiert. Für die örtliche Nußeltzahl, die örtliche Wandschubspannung und den örtlichen Massendurchsatz pro m Breite erhalten sie die Ausdrücke

$$Nu_x = \left(\frac{Gr_x}{4} \right)^{1/4} [-\theta'(0)] , \qquad (10.54)$$

$$\tau_w(x) = \frac{\eta_f}{\varrho_f} \frac{4}{x^2} \left(\frac{Gr_x}{4} \right)^{3/4} \left[1 + \frac{1}{2} \gamma_{\eta,f} \right] F''(0) , \qquad (10.55)$$

$$\dot{m} = \int_0^\infty \varrho_f u \, dy = 4\eta_f \left(\frac{Gr_x}{4} \right)^{1/4} F(\infty) , \qquad (10.56)$$

mit

$$\gamma_{\eta,f} = K_{\eta,f} \cdot \varepsilon_f = \left(\frac{T}{\eta} \frac{\partial \eta}{\partial T} \right)_f \frac{T_w - T_\infty}{T_f}$$

und

$$T_f = (T_w + T_\infty)/2 .$$

Die Funktionswerte $\theta'(0)$, $F''(0)$ und $F(\infty)$ sowie das Verhältnis

$$\frac{Nu_x}{Ra_x^{1/4}} = \frac{[-\theta'(0)]}{(4 \, Pr_f)^{1/4}}$$

können für die Prandtlzahlen $1, 10, 10^2$ und 10^3 und den Parameterwerten $\gamma_{\eta,f} = -1{,}6; -0{,}8; 0; +0{,}8$ und $+1{,}6$ aus Tabelle 10.4 entnommen werden. Die Tabellenwerte zeigen, daß für Öle mit $d\eta/dT < 0$ die Nußeltzahl mit größer werdendem Viskositätsgradienten ansteigt, z.B. um 15 % für $\gamma_\eta = -1{,}6$.

Für Fluide mit $dn/dT > 0$ dagegen nimmt die Nußeltzahl ab; der Zähigkeitseinfluß ist dabei aber wesentlich geringer und die Abnahme der Nußeltzahl beträgt für $\gamma_\eta = +1{,}6$ nur etwa 6 %. Wesentlich stärker dagegen ist der Einfluß auf die Wandschubspannung, diese steigt für $\gamma_\eta = -1{,}6$ auf etwa den vierfachen Wert an bzw. sinkt für $\gamma_\eta = +1{,}6$ auf etwa die Hälfte des Wertes für $\gamma_\eta = 0$ ab. Für weitere Details sei auf die angegebene Literatur verwiesen.

Da im Gegensatz zur isothermen Platte für die Platte mit konstanter Wärmestromdichte keine Ähnlichkeitslösung existiert, haben Carey und Mollendorf (1980) diesen Fall mit einer Störungsrechnung mit γ_η als Störungsparameter untersucht. Die Ergebnisse für den Wärmeübergang sind in Tabelle 10.5 für die Prandtlzahlen 50, 100 und 500 dargestellt. Der Vergleich der Werte in Tabelle 10.5 mit denen in Tabelle 10.4 zeigt, daß sich die veränderliche Viskosität in beiden Fällen praktisch gleich auswirkt. Aus diesem Grunde sei auf die Wiedergabe weiterer Details verzichtet.

Fujii et al. (1970) haben anhand von Versuchen mit Wasser und Öl am vertikalen Zylinder für $Pr \geq 5$ die folgenden empirischen Korrelationen für den

Tabelle 10.4. Ähnliche Lösung für die vertikale isotherme Platte für ein Fluid mit linear veränderlicher dynamischer Viskosität. [Nach Carey u. Mollendorf (1978)]

Pr_f	γ_η	$-\theta'(0)$	$F''(0)$	$F(\infty)$	$Nu_x/Ra_x^{1/4}$
1	$-1{,}6$	0,6514	2,0416	0,5981	0,4606
	$-0{,}8$	0,5965	0,9256	0,5572	0,4218
	0	0,5671	0,6422	0,5230	0,4010
	0,8	0,5469	0,5050	0,4921	0,3867
	1,6	0,5315	0,4233	0,4645	0,3758
10	$-1{,}6$	2,7168	0,9686	0,1961	0,6075
	$-0{,}8$	1,2476	0,6265	0,2883	0,4961
	0	1,1693	0,4192	0,2492	0,4650
	0,8	1,1190	0,3219	0,2083	0,4450
	1,6	1,0843	0,2645	0,1591	0,4312
10^2	$-1{,}6$	2,7168	0,9686	0,1961	0,6075
	$-0{,}8$	2,3600	0,3848	0,1632	0,5277
	0	2,1914	0,2517	0,1366	0,4900
	0,8	2,0843	0,1904	0,1085	0,4661
	1,6	2,0117	0,1545	0,0707	0,4498
10^3	$-1{,}6$	4,9827	0,5770	0,1125	0,6265
	$-0{,}8$	4,2887	0,2238	0,0924	0,5393
	0	3,9654	0,1449	0,0765	0,4986
	0,8	3,7602	0,1089	0,0597	0,4728
	1,6	3,6178	0,0878	0,0367	0,4549

Tabelle 10.5. Mit der Störungsrechnung berechnete Lösung für die vertikale Platte mit konstanter Wärmestromdichte für ein Fluid mit linear veränderlicher dynamischer Viskosität. [Nach Carey u. Mollendorf (1980)]

Pr_f	γ_η	Pr_∞	$\dfrac{v_\infty}{v_0}$	$\dfrac{(Nu_x)_\infty}{(Ra_x)_\infty^{1/4}}$	%-Abweichung zu Fuji et al. (1970)
50	$-0{,}8$	70	2,199	0,6892	2,8
	$-0{,}4$	60	1,483	0,6526	1,6
	0	50	1	0,6146	0,8
	0,4	40	0,662	0,5748	0,5
	0,8	30	0,418	0,5308	0,7
100	$-0{,}8$	140	2,195	0,6956	1,8
	$-0{,}4$	120	1,482	0,6583	0,7
	0	100	1	0,6195	0,1
	0,4	80	0,661	0,5790	0,2
	0,8	60	0,417	0,5340	0,1
500	$-0{,}8$	700	2,189	0,7043	0,5
	$-0{,}4$	600	1,482	0,6658	0,4
	0	500	1	0,6261	1,0
	0,4	400	0,661	0,5844	1,1
	0,8	300	0,417	0,5388	0,8

Wärmeübergang an der isothermen Platte und an der Platte mit konstanter Wärmestromdichte entwickelt

$$T_{\mathrm{w}} = \text{const:} \quad \frac{(Nu_{\mathrm{x}})_\infty}{(Ra_{\mathrm{x}})_\infty^{1/4}} = 0{,}49 \left(\frac{v_\infty}{v_{\mathrm{w}}} \right)^{0{,}21}, \tag{10.57}$$

$$q_{\mathrm{w}} = \text{const:} \quad \frac{(Nu_{\mathrm{x}})_\infty}{(Ra^*)_\infty^{1/4}} = 0{,}62 \left(\frac{v_\infty}{v_{\mathrm{w}}} \right)^{0{,}17}, \tag{10.58}$$

wobei der thermische Ausdehnungskoeffizient entprechend

$$\beta = \frac{\varrho_\infty - \varrho_{\mathrm{m}}}{\varrho_{\mathrm{m}}(T_{\mathrm{m}} - T_\infty)}$$

definiert ist. Alle anderen Stoffwerte werden bei der Umgebungstemperatur T_∞ berechnet, was durch den Index ∞ bei der Nußelt- und Rayleighzahl zum Ausdruck gebracht werden soll. Die Abweichung zu den Ergebnissen von Carey und Mollendorf (1980) ist ebenfalls in Tabelle 10.5 angegeben und mit höchstens 3 % erstaunlich gering.

Fujii et al. haben ihre Versuchsergebnisse auch mit den aus den Beziehungen für konstante Stoffwerte folgenden Werten verglichen. Sie finden dabei für die laminare Strömung eine ähnlich gute Übereinstimmung, wenn die Stoffwerte bei der Referenztemperatur

$$T_{\mathrm{ref}} = T_{\mathrm{w}} - 0{,}25(T_{\mathrm{w}} - T_\infty)$$

ermittelt werden. Aus grundsätzlichen Erwägungen (s. Kap. 5) jedoch und auch weil sich die experimentellen Daten im Übergangsbereich und bei turbulenter Strömung besser mit einer zu (10.57) bzw. (10.58) analogen Beziehung korrelieren lassen, wird diesen der Vorrang gegeben.

Der Einfluß der temperaturabhängigen Zähigkeit bei Ölen auf den Wärmeübergang wird somit hinreichend genau durch die angegebenen Beziehungen erfaßt. Diese gelten mit guter Näherung auch für Wasser, wenn die Temperaturen genügend weit vom Dichtemaximum bei $4\,^\circ$C entfernt sind und der thermische Ausdehnungskoeffizient in der angegebenen Weise berechnet wird.

Der Einfluß der Temperaturabhängigkeit der Stoffwerte auf den Wärmeübergang bei Gasen wurde von Sparrow und Gregg (1958b) untersucht. Mit einer Ähnlichkeitstransformation erhalten sie aus den Grenzschichtdifferentialgleichungen

$$\frac{\mathrm{d}}{\mathrm{d}\zeta}\left(\frac{\varrho\lambda}{\varrho_{\mathrm{w}}\lambda_{\mathrm{w}}} \theta' \right) + 3F''F - 2(F')^2 + \frac{\dfrac{\varrho_\infty}{\varrho} - 1}{\dfrac{\varrho_\infty}{\varrho} + 1} = 0, \tag{10.59}$$

$$\frac{\mathrm{d}}{\mathrm{d}\zeta}\left(\frac{\varrho\lambda}{\varrho_{\mathrm{w}}\lambda_{\mathrm{w}}} \theta' \right) + 3\,Pr_{\mathrm{w}}\left(\frac{c_{\mathrm{p}}}{c_{\mathrm{p,w}}} \right)\theta'F = 0. \tag{10.60}$$

Für $\varrho = p/RT$, $\varrho\eta = \text{const}$, $\varrho\lambda = \text{const}$ und $c_{\mathrm{p}} = \text{const}$ vereinfachen sich diese Gleichungen auf diejenigen für konstante Stoffwerte.

Tabelle 10.6. Stoffwertfunktion der untersuchten Modellgase. [Nach Sparrow u. Gregg (1958)]

Gas	ϱ	λ	η	c	Pr
A	p/RT	$\sim T^{3/4}$	$\sim T^{3/4}$	const	const
B	p/RT	$\sim T^{2/3}$	$\sim T^{2/3}$	const	const
C	p/RT	$\sim 1/\varrho$	$\sim 1/\varrho$	const	const
D	p/RT	$\sim \dfrac{T^{3/2}}{T+A_1}$	$\sim \dfrac{T^{3/2}}{T+A_1}$	const	const
E	p/RT	$\sim \dfrac{T^{3/2}}{T+A_1}$	$\sim \dfrac{T^{3/2}}{T+A_2}$	$a+bT$	variabel

Sparrow und Gregg (1958b) haben (10.59) und (10.60) für die in Tabelle 10.6 angegebenen hypothetischen Modellgase numerisch integriert. Die Ergebnisse wurden für verschiedene Verhältnisse T_w/T_∞ mit denen für konstante Stoffwerte verglichen mit dem Ziel, eine geeignete Referenztemperatur zu finden, für die sich schließlich

$$T_{ref} = T_w - 0{,}38\,(T_w - T_\infty)$$

ergab. Für das Modellgas A wird damit die beste Übereinstimmung erzielt, und die Abweichung gegenüber dem Fall konstanter Stoffwerte beträgt für den Wärmeübergang weniger als 1 %; für die anderen Modellgase ist die Übereinstimmung unwesentlich schlechter. Die Autoren weisen darauf hin, daß mit der üblicherweise verwendeten Filmtemperatur $(T_w + T_\infty)/2$ als Bezugstemperatur nur eine geringfügig größere Abweichung auftritt.

Miyamoto (1977) hat für Luft den Einfluß temperaturabhängiger Stoffwerte auf die freie Konvektion an der vertikalen und isotermen Platte untersucht. Die Stoffwertfunktionen wurden dabei durch die Ansätze

$$\frac{\varrho}{\varrho_\infty} = \frac{T_\infty}{T}\,,$$

$$\frac{\eta}{\eta_\infty} = \frac{\lambda}{\lambda_\infty} = \left(\frac{T}{T_\infty}\right)^{n}\,,$$

$$c_p = \text{const},$$

approximiert, und die Grenzschichtdifferentialgleichungen mit dem von von Kármán und K. Pohlhausen angegebenen Integralverfahren gelöst. Für die lokale Nußeltzahl erhält Miyamoto schließlich den Ausdruck

$$\frac{(Nu_x)_\infty}{(Ra_x)_\infty^{1/4}} = f\,(Pr, \varepsilon, n) \tag{10.61}$$

mit

$$f(Pr,\varepsilon,n) = \left\{ \frac{(15+2b)^2(8+b)Pr(1+\varepsilon)^{2n-2}}{4480[3\,Pr(15+2b)-10b]} \right\}^{1/4},$$

$$b = \frac{3}{1-n}\frac{1+\varepsilon}{\varepsilon}\left[\left(1-\frac{4}{3}(1-n)\frac{\varepsilon}{1+\varepsilon}\right)^{1/2}-1\right],$$

$$\varepsilon = \frac{T_\mathrm{w}-T_\infty}{T_\infty},$$

wobei die Nußelt- und Rayleighzahl durch

$$(Nu_\mathrm{x})_\infty = \frac{qx}{\lambda_\infty(T_\mathrm{w}-T_\infty)},$$

$$(Ra_\mathrm{x})_\infty = \frac{gx^3}{v_\infty^2}\frac{T_\mathrm{w}-T_\infty}{T_\infty}Pr_\infty$$

festgelegt sind.

Mit $\varepsilon\to 0$ folgt daraus für den Fall konstanter Stoffwerte

$$\frac{Nu_\mathrm{x}}{Ra_\mathrm{x}^{1/4}} = 2\left[\frac{363\,Pr}{4480(20+33\,Pr)}\right]^{1/4}.$$

Für $Pr=0{,}733$ ist die Abweichung von der von Ostrach (1953) angegebenen Beziehung geringer als 1,5 %. Durch Vergleich mit der Beziehung für konstante Stoffwerte findet Miyamoto für die optimale Referenztemperatur

$$T_\mathrm{ref} = T_\infty + 0{,}73(T_\mathrm{w}-T_\infty).$$

Dies gilt im Bereich $-0{,}3<\varepsilon<3$ sowie für $Pr=0{,}733$ und $\omega=0{,}76$. Werden die Stoffwerte bei T_ref ermittelt und wird die Nußeltzahl aus der für konstante Stoffwerte geltenden Beziehung berechnet, so ist die Abweichung gegenüber (10.61) geringer als 0,1 %. Das Konzept der Referenztemperatur dürfte damit trotz der bereits geäußerten grundsätzlichen Bedenken für die Berücksichtigung des Einflusses der Temperaturabhängigkeit der Stoffwerte auf den Wärmeübergang von Gasen bei freier Konvektion hinreichend genaue Ergebnisse liefern.

Herwig et al. (1985) haben die Grenzschichtgleichungen (10.8) bis (10.10) bei Vernachlässigung des Reibungsterms mit einem Ähnlichkeitsansatz auf gewöhnliche Differentialgleichungen transformiert und diese für den Fall, daß die Stoffwerte lineare Funktionen der Temperatur sind, numerisch integriert. Unter Verwendung der Methode der Stoffwertverhältnisse erhalten sie für den Wärmeübergang an der vertikalen Platte

$$\frac{Nu}{Nu_\mathrm{c.p.}} = (\varrho_\omega\eta_\omega)^{n_1}\left(\frac{\varrho_\omega}{\beta_\omega}\right)^{n_2}(\varrho_\omega\lambda_\omega)^{n_3}c_\mathrm{p\omega}^{n_4}, \tag{10.62}$$

wobei die Exponenten n_1 bis n_4 Funktionen der Prandtlzahl sind und für die isotherme Platte aus Tabelle 10.7 und für die Platte mit $q_\mathrm{w}=\mathrm{const}$ aus Tabelle 10.8

Tabelle 10.7. Exponenten zu (10.56) für die vertikale Platte mit $T_w = $ const. [Nach Herwig et al. (1985)]

Pr	n_1	n_2	n_3	n_4
0	0	0,0703	0,3314	0,2233
0,01	−0,0247	−0,0703	0,3514	0,2034
0,1	−0,0652	−0,0701	0,3840	0,1710
0,7	−0,1181	−0,0690	0,4245	0,1315
1,0	−0,1275	−0,0686	0,4312	0,1252
2,0	−0,1438	−0,0676	0,4422	0,1153
5,0	−0,1613	−0,0660	0,4527	0,1063
7,0	−0,1666	−0,0655	0,4556	0,1039
10,0	−0,1716	−0,0650	0,4582	0,1019
50,0	−0,1883	−0,0632	0,4657	0,0962
100,0	−0,1930	−0,0627	0,4676	0,0948
→∞	−0,2059	−0,0613	0,4721	0,0916

Tabelle 10.8. Exponenten zu (10.56) für die vertikale Platte mit $q_w = $ const. [Nach Herwig et al. (1985)]

Pr	n_1	n_2	n_3	n_4
0	0	−0,0512	0,2593	0,1895
0,01	−0,0215	−0,0519	0,2777	0,1704
0,1	−0,0552	−0,0525	0,3058	0,1417
0,7	−0,0961	−0,0523	0,3376	0,1101
1,0	−0,1030	−0,0520	0,3426	0,1054
2,0	−0,1151	−0,0514	0,3507	0,0980
5,0	−0,1279	−0,0504	0,3583	0,0913
7,0	−0,1318	−0,0500	0,3604	0,0896
10,0	−0,1356	−0,0497	0,3623	0,0880
50,0	−0,1479	−0,0484	0,3680	0,0837
100,0	−0,1513	−0,0481	0,3692	0,0827
→∞	−0,1608	−0,0471	0,3726	0,803

entnommen werden können. Gleichung (10.62) stimmt mit der von Miyamoto angegebenen Gleichung (10.61) sehr gut überein; die geringfügige Abweichung von weit unter 1 % führen Herwig et al. auf den Näherungscharakter der Lösung von Miyamoto zurück. Für $Pr \rightarrow \infty$, d.h. für zähe Öle, folgt aus Tabelle 10.7 bzw. 10.8 für den Exponenten $n_1 = -0,206$ für $T_w = $ const und $n_1 = -0,161$ für $q_w = $ const. Diese Werte stimmen sehr gut mit den von Fujii et al. (1970) in (10.57) und (10.58) angegebenen Exponenten überein.

10.2.5 Die Umgebungstemperatur T_∞ ist über die Höhe veränderlich

Stabile Dichte- bzw. Temperaturschichtungen werden in der Natur ebenso wie in technischen Einrichtungen beobachtet. Die Atmosphäre und die Ozeane weisen vertikale Dichtegradienten auf, die Atmosphäre als das Ergebnis des vertikalen Temperaturgradienten, die Ozeane infolge von Temperatur- und Salzgehaltgradienten. (Dichteänderungen infolge Änderung des Salzgehalts von Meerwasser werden in diesem Buch nicht betrachtet. Der interessierte Leser sei auf Turner (1973) verwiesen.) Eine wichtige technische Anwendung stellt die freie Konvektion in großen Wasserspeichern dar, deren Seitenwände beheizt oder auch gekühlt sind. An einer beheizten Seitenwand strömt erwärmtes Fluid nach oben und an einer gekühlten Seitenwand abgekühltes Fluid nach unten. Dies führt zu einem nahezu bewegungslosen Kernbereich, in dem infolge der Temperaturschichtung Wärme durch Leitung vertikal transportiert wird. Wir werden darauf in Kap. 12 zurückkommen. Im Gegensatz zu den bisher betrachteten Fällen existiert für das vorliegende Problem keine Ähnlichkeitslösung. Eichhorn (1969) sowie Chen und Eichhorn (1976) haben für die isotherme vertikale Platte in linear geschichteter Umgebung mit Hilfe der lokalen Ähnlichkeitsmethode eine Näherungslösung für die beiden Prandtlzahlen $Pr = 0{,}7$ (Luft) und $Pr = 6{,}0$ (Wasser) berechnet. Die Grenzschichtgleichungen (10.15) bis (10.17) müssen für das vorliegende Problem entsprechend den Randbedingungen

$$u(x,0) = v(x,0) = 0\,,$$
$$T(x,0) = T_\mathrm{w} = \mathrm{const}\,,$$
$$u(x,\infty) = 0\,,$$
$$T(x,\infty) = T_\infty(0) + \gamma x\,,$$

gelöst werden, wobei $\gamma = \mathrm{d}T_\infty/\mathrm{d}x$ der Temperaturgradient der Umgebungstemperatur, den wir als konstant (der Fall $\gamma = \gamma(x)$ wurde von Staudt (1981) experimentell und theoretisch untersucht) voraussetzen wollen, und $T_\infty(0)$ die Umgebungstemperatur auf der Höhe $x = 0$ ist. Wir betrachten nur positive Größen von γ, da nur diese einer stabilen Schichtung entsprechen.

Die Nußeltzahl für Körper in geschichteten Fluiden läßt sich darstellen als

$$Nu = Nu(Gr, Pr, S)\,, \tag{10.63}$$

mit S als dem dimensionslosen Temperaturgradienten

$$S \equiv \frac{L}{\Delta T}\frac{\mathrm{d}T_\infty}{\mathrm{d}x} = \frac{\gamma L}{\Delta T} \tag{10.64}$$

und $\Delta T = T_\mathrm{w} - T_\infty(L/2)$, s. Bild 10.12.
Mit den Ansätzen

$$\zeta = \left(\frac{Gr_\mathrm{x}}{4}\right)^{1/4}\frac{y}{x}\,,$$

$$\xi = \frac{\gamma x}{T_\mathrm{w} - T_\infty(0)}\,,$$

$$\psi = 4v\left(\frac{Gr_\mathrm{x}}{4}\right)^{1/4}F(\zeta,\xi)\,,$$

$$\Theta = (T - T_\infty)/(T_\mathrm{w} - T_\infty(0))\,,$$

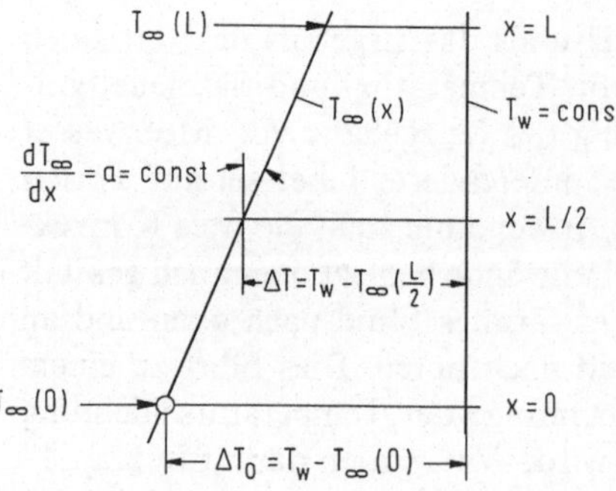

Bild 10.12. Festlegung der mittleren Temperaturdifferenz ($\Delta T = T_w - T_\infty(L/2)$) bei linear geschichteter Umgebungstemperatur

und

$$Gr_x = \frac{gx^3}{v^2}\beta(T_w - T_\infty(0))$$

werden die Grenzschichtgleichungen (10.15) bis (10.17) auf die partiellen Differentialgleichungen

$$F''' + 3F''F - 2(F')^2 + \theta = 4\xi\left[F'\frac{\partial F'}{\partial\xi} - F''\frac{\partial F}{\partial\xi}\right] \tag{10.65}$$

$$\frac{1}{Pr}\theta'' + 3\theta'F - 4F'\xi = 4\xi\left[F'\frac{\partial\theta}{\partial\xi} - \theta'\frac{\partial F}{\partial\xi}\right] \tag{10.66}$$

transformiert, die entsprechend den Randbedingungen

$$F(\xi,0) = F'(\xi,0) = 0,$$

$$\theta(\xi,0) = 1 - \xi,$$

$$F'(\xi,\infty) = 0,$$

$$\theta(\xi,\infty) = 0,$$

zu lösen sind. Die ' bedeuten dabei Ableitungen nach ζ.

Im ersten Approximationsschritt werden die rechten Seiten von (10.65) und (10.66) als Terme 2. Ordnung betrachtet und vernachlässigt. Die verbleibenden Gleichungen werden als gewöhnliche Differentialgleichungen behandelt, wobei ξ als Parameter betrachtet wird. Im zweiten Approximationsschritt werden die rechten Seiten beibehalten, wobei aber zusätzliche Gleichungen entwickelt werden müssen, um Schätzwerte für diese rechten Seiten zu erhalten. Diese zusätzlichen Gleichungen findet man durch Differentiation von (10.65) und (10.66) nach ξ und Einführung der neuen Funktionen

$$G = \frac{\partial F}{\partial\xi} \quad \text{und} \quad \Theta = \frac{\partial\theta}{\partial\xi}.$$

Als Ergebnis erhält man

$$F''' + 3F''F - 2(F')^2 + \theta + 4\xi(GF'' - F'G') = 0, \tag{10.67}$$

$$\frac{1}{Pr}\theta'' + 3\theta'F - 4F'\xi + 4\xi(G\theta' - F'\Theta) = 0, \tag{10.68}$$

$$G''' + 3F G'' - 8F'G' + 7F''G + \Theta + 4\xi[GG'' - G'G'] = 4\xi\left[F'\frac{\partial G'}{\partial\xi} - F''\frac{\partial G}{\partial\xi}\right]. \tag{10.69}$$

$$\frac{1}{Pr}\Theta'' + 3F\Theta' - 4F'\Theta + 7G\theta' - 4F - 4\xi G'$$
$$+ 4\xi(G\Theta' - G'\Theta) = 4\xi\left[F\frac{\partial\Theta}{\partial\xi} - \theta'\frac{\partial G}{\partial\xi}\right], \tag{10.70}$$

mit den Randbedingungen

$$F(\xi,0) = F'(\xi,0) = G(\xi,0) = G'(\xi,0) = 0,$$

$$\theta(\xi,0) = 1 - \xi,$$

$$\Theta(\xi,0) = -1,$$

$$F'(\xi,\infty) = G'(\xi,\infty) = 0,$$

$$\theta(\xi,\infty) = \Theta(\xi,\infty) = 0.$$

In diesem zweiten Approximationsschritt werden nun analog zu vorher, die rechten Seiten von (10.69) und (10.70) vernachlässigt. Der Rest wird als System gekoppelter gewöhnlicher Differentialgleichungen mit dem Parameter ξ behandelt. Grundsätzlich können bei diesem Verfahren beliebig viele Approximationsschritte durchgeführt werden, wenn auch der Rechenaufwand mit jedem zusätzlichen Schritt erheblich ansteigt. Chen und Eichhorn haben deshalb nur zwei Approximationsschritte berücksichtigt.

Die Rücktransformation zeigt, daß die lokalen und die mittleren Nußeltzahlen, $Nu_x = q_w x/(\lambda\Delta T_0)$ und $Nu_m = q_w L/\lambda\Delta T_0)$ durch die Beziehungen

$$\frac{Nu_x}{Ra_x^{1/4}} = -\frac{\theta'(0,0)}{(4\,Pr)^{1/4}}E(\xi), \tag{10.71}$$

$$\frac{Nu_m}{Ra^{1/4}} = -\frac{4}{3}\frac{\theta'(0,0)}{(4\,Pr)^{1/4}}H(\xi), \tag{10.72}$$

mit den Polynomen

$$E(\xi) = 1 + C_1\xi + C_2\xi^2 + C_3\xi^3 + C_4\xi^4,$$

$$H(\xi) = 1 + \frac{3}{7}C_1\xi + \frac{3}{11}C_2\xi^2 + \frac{3}{15}C_3\xi^3 + \frac{3}{19}C_4\xi^4,$$

und der Rayleighzahl

$$Ra_x = \frac{gx^3}{av}\beta\Delta T_0$$

Tabelle 10.9. Koeffizienten für die Nußeltzahl der isothermen Platte mit $T_\infty = T_\infty(x)$. [Nach Chen und Eichhorn (1976)]

Pr	C_1	C_2	C_3	C_4
0,7	$-0,7572$	$-0,7685$	2,2715	$-1,1770$
6,0	$-0,8620$	$-0,1989$	0,0865	$-0,0256$

Tabelle 10.10. Die Ableitungen $\theta'(\xi,0)$ und $F''(\xi,0)$ für die isotherme Platte mit $T_\infty = T_\infty(x)$. [Nach Chen und Eichhorn (1976)]

ξ	$Pr=6,0$		$Pr=0,7$	
	$-\theta'(\xi,0)$	$F''(\xi,0)$	$-\theta'(\xi,0)$	$F''(\xi,0)$
0,0	1,0074	0,468	0,4995	0,6789
0,1	0,9180	0,4094	0,4587	0,6249
0,2	0,8266	0,3560	0,4177	0,5705
0,3	0,7313	0,3076	0,3769	0,5152
0,4	0,6330	0,2616	0,3374	0,4587
0,5	0,5323	0,2169	0,3004	0,3994
0,6	0,4296	0,1731	0,2677	0,3331
0,7	0,3250	0,1296	0,2337	0,2513
0,8	0,2187	0,0864	0,1778	0,1606
0,9	0,1104	0,0432	0,0975	0,0764

darstellbar sind. Die Koeffizienten C_1 bis C_4 können für $Pr=0,7$ und 6,0 aus Tabelle 10.9 entnommen werden. Für die Wandschubspannung und den Massenstrom werden die Beziehungen

$$\tau_\mathrm{w} = 4\eta v \left(\frac{Gr_\mathrm{x}}{4}\right)^{3/4} \frac{1}{x^2} F''(\xi,0)\,,$$

$$\dot{m} = 4\eta \left(\frac{Gr_\mathrm{x}}{4}\right)^{1/4} F(\xi,\infty)$$

angegeben. Die Funktionswerte $\theta'(\xi,0)$, $F''(\xi,0)$ und $F(\xi,\infty)$ sind für $Pr=0,7$ und 6,0 in Tabelle 10.10 in Abhängigkeit von ξ dargestellt.

Um die Genauigkeit ihres Verfahrens zu prüfen, haben Chen und Eichhorn für $Pr=6,0$ und $\xi=0,4$ den dritten Approximationsschritt mitberechnet. Sie erhalten damit $\theta'(0.4,0) = -0,6282$ statt $-0,6330$ und $F'(0.4,0)=0,2641$ statt 0,2616. Die Verbesserung beträgt etwa 1 %; die nur mit zwei Approximationsschritten berechneten Werte können damit als ausreichend genau betrachtet werden.

Die angegebenen Beziehungen sind für $S \leq 2$ gültig. Chen und Eichhorn haben auch den Fall $S>2$ untersucht, für den die Umgebungstemperatur im oberen Bereich der Platte größer als die Plattentemperatur wird. Für $S=\infty$ ist die effektive Wärmeabgabe gleich Null, da auf der oberen Hälfte genau so viel Wärme zu- wie

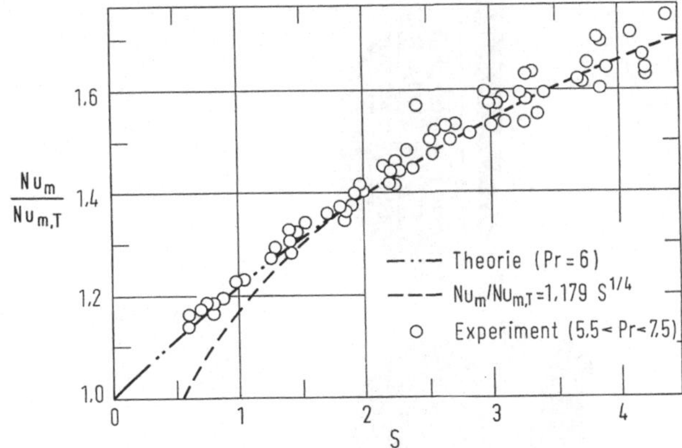

Bild 10.13. Die relative Nußeltzahl $Nu_\mathrm{m}/Nu_\mathrm{m,T}$ in Abhängigkeit des dimensionslosen Temperaturgradienten $S = L/\Delta T \cdot dT_\infty/dx$ [nach Chen und Eichhorn (1976)]

auf der unteren Hälfte abgeführt wird. Für $S > 2$ wird die Beziehung

$$\frac{Nu_\mathrm{m}}{Nu_\mathrm{m,iso}} = f(Pr)\,S^{1/4} \qquad (10.73)$$

empfohlen, die mit experimentellen Werten auf etwa $\pm 3,5\ \%$ übereinstimmt, s. Bild 10.13.

Venkatachala und Nath (1981) haben die Grenzschichtgleichungen (10.65) und (10.66) für die Prandtlzahlen $Pr = 0,7$ und $6,0$ numerisch integriert. Für $Pr = 6,0$ stimmt die numerische Lösung mit der Näherungslösung von Chen und Eichhorn (1976) sehr gut überein, für $Pr = 0,7$ und große Werte von ζ werden dagegen geringfügige Abweichungen festgestellt. Weitere Details findet der interessierte Leser bei Jaluria (1980).

10.3 Wärmeübergang bei turbulenter Strömung

Bei der turbulenten Plattenströmung unterscheiden wir zwei Fälle, nämlich die turbulente Strömung mit laminarem Anlauf und die von der Vorderkante an turbulente Strömung. Für die Platte mit laminarem Anlauf nehmen die laminare Grenzschichtdicke mit $x^{1/4}$ und die Geschwindigkeit in der Grenzschicht mit $x^{1/2}$ zu. Ab einer bestimmten Länge der Platte muß also die anfänglich laminare Grenzschicht in die turbulente umschlagen. Nach experimentellen Untersuchungen findet dieser Umschlag bei etwa $Ra_\mathrm{x} \approx 10^9$ statt, wobei ungeklärt ist, welchen Einfluß die Prandtlzahl auf den Umschlagpunkt hat. Bild 10.14 zeigt eine Interferometeraufnahme einer Grenzschichtströmung an der vertikalen Wand infolge freier Konvektion nach Mayinger und Panknin (1978). Die Grenzschicht ist im oberen Teil laminar und wird nach Durchlaufen eines Übergangsbereichs im unteren Teil turbulent.

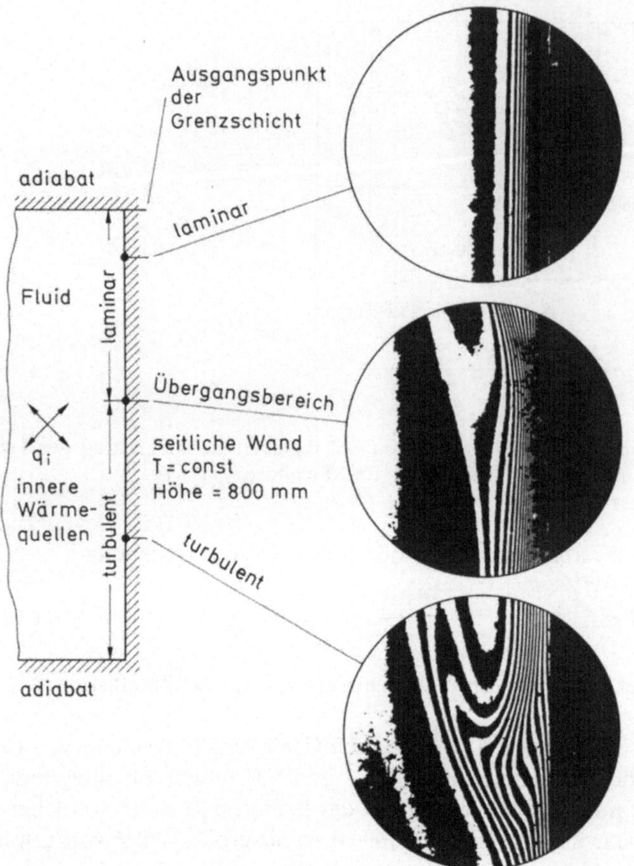

Bild 10.14. Interferometeraufnahme einer Grenzschichtströmung an der senkrechten Wand infolge freier Konvektion [nach Mayinger und Panknin (1978)]

Im Gegensatz zum laminaren Wärmeübergang sind alle für den turbulenten Wärmeübergang bekannt gewordenen Lösungen naturgemäß Näherungslösungen, da letztlich immer Annahmen bezüglich der turbulenten Transportgrößen für Impuls und Enthalpie getroffen werden müssen. Desweiteren sind praktisch nur Lösungen für die isotherme Platte bekannt geworden. Im folgenden wollen wir zunächst ein auf dem Integralverfahren basierendes Näherungsverfahren und anschließend weitere Näherungslösungen vorstellen.

10.3.1 Näherungslösung mit dem Integralverfahren

Eine erste Analyse der turbulenten Grenzschicht an der isothermen vertikalen Platte haben Eckert und Jackson (1950, 1951) mit Hilfe des in Kap. 9 vorgestellten Integralverfahrens durchgeführt. Durch Integration der Grenzschichtgleichungen

(10.12) bis (10.14), analog zum Vorgehen in Kap. 9, erhält man

$$\frac{\mathrm{d}}{\mathrm{d}x}\left(\int_0^{\delta_s} u^2 \mathrm{d}y\right) = \frac{\tau_\mathrm{w}}{\varrho} - g\int_0^{\delta_s}\beta(T-T_\infty)\mathrm{d}y \qquad (10.74)$$

und

$$\frac{\mathrm{d}}{\mathrm{d}x}\left(\int_0^{\delta_\mathrm{T}} u(T-T_\infty)\mathrm{d}y\right) = \frac{q_\mathrm{w}}{\varrho c_\mathrm{p}}. \qquad (10.75)$$

Im Gegensatz zur erzwungenen Konvektion ist die Geschwindigkeit u_δ außerhalb der Grenzschicht bei freier Konvektion gleich Null. Mit $u_\delta = 0$ folgt (10.74) damit auch aus (9.45), wenn man zusätzlich den Antriebsterm einführt. Desweiteren erhält man (10.75) formal mit $T_\delta = T_\infty$ auch aus (9.47).

Für die Integration von (10.74) und (10.75) werden geeignete Ansätze für das Temperatur- und Geschwindigkeitsprofil in der Grenzschicht sowie für die Wärmestromdichte q_w und die Wandschubspannung τ_w benötigt. Eckert und Jackson gehen bei ihrer Analyse von der Vorstellung aus, daß die Struktur der turbulenten Strömung in der unmittelbaren Umgebung der Wand unabhängig von der Art ihrer Entstehung ist. Damit sind die Geschwindigkeitsprofile in unmittelbarer Wandnähe für die erzwungene und die freie Konvektion gleich. In Übereinstimmung mit experimentellen Daten wird deshalb das von der erzwungenen Konvektion her bekannte 1/7-Potenzgesetz entsprechend

$$\frac{u(x,y)}{U(x)} = \left(\frac{y}{\delta_\mathrm{s}}\right)^{1/7}\left(1-\frac{y}{\delta_\mathrm{s}}\right)^4 \qquad (10.76)$$

für die freie Konvektion modifiziert. Unter der Voraussetzung, daß Wärme- und Impulstransport von der Wand an das Fluid analog verlaufen, erhält man für das Temperaturprofil

$$\theta = \frac{T-T_\infty}{T_\mathrm{w}-T_\infty} = 1 - \left(\frac{y}{\delta_\mathrm{T}}\right)^{1/7}. \qquad (10.77)$$

Bei freier Konvektion ist, wie die numerischen Untersuchungen von Ostrach (1953) für die laminare Strömung gezeigt haben, $\delta_\mathrm{T} \leq \delta_\mathrm{s}$. Dies dürfte auch für die turbulente Strömung zutreffen, denn ein $\delta_\mathrm{T} > \delta_\mathrm{s}$ würde eine Strömung im Bereich $\delta_\mathrm{S} < y < \delta_\mathrm{T}$ induzieren. Die von Eckert und Jackson zur Lösung der Integralgleichungen (10.74) und (10.75) getroffene Annahme $\delta_\mathrm{s} = \delta_\mathrm{T} = \delta$ sollte damit für $Pr \geq 1$ weitgehend zutreffen; für flüssige Metalle mit $\delta_\mathrm{T} \ll \delta_\mathrm{s}$ dagegen nur bedingt gültig sein.

Mit der obigen Annahme, daß die Struktur der turbulenten Strömung in unmittelbarer Nähe der Wand unabhängig von der Art der Entstehung ist, läßt sich das Gesetz von Blasius für die Wandschubspannung längs der ebenen angeströmten Platte auf die freie Konvektion übertragen,

$$\tau_\mathrm{w} = 0{,}0225\,\varrho_\infty U^2 \left(\frac{\nu}{U\delta}\right)^{1/4}. \qquad (10.78)$$

Die Reynoldsanalogie zwischen Wärme- und Impulsübertragung liefert für $Pr=1$,

$$St = \frac{q_{\mathrm{w}} U}{\tau_{\mathrm{w}} c_{\mathrm{p}} (T_{\mathrm{w}} - T_\infty)} = 1 \, . \tag{10.79}$$

Aus experimentellen Untersuchungen ist jedoch bekannt, daß $St \sim Pr^{-2/3}$ ist. Damit folgt für die Wärmestromdichte an der Wand

$$q_{\mathrm{w}} = \tau_{\mathrm{w}} c_{\mathrm{p}} \frac{T_{\mathrm{w}} - T_\infty}{U} Pr^{-2/3} \, . \tag{10.80}$$

Setzt man (10.76) bis (10.78) und (10.80) in die integralen Grenzschichtgleichungen (10.74) und (10.75) ein, so erhält man nach Ausführungen aller Integrationen die gewöhnlichen Differentialgleichungen

$$0{,}0523 \frac{\mathrm{d}}{\mathrm{d}x} (U^2 \delta) = -0{,}0225 \, U^2 \left(\frac{v}{U\delta} \right)^{1/4} + 0{,}125 \, g\beta\delta (T_{\mathrm{w}} - T_\infty) \, , \tag{10.81}$$

$$0{,}0366 \frac{\mathrm{d}}{\mathrm{d}x} (U\delta) = 0{,}0225 \, U \left(\frac{v}{U\delta} \right)^{1/4} Pr^{-2/3} \tag{10.82}$$

für die Geschwindigkeit $U(x)$ und die Grenzschichtdicke $\delta(x)$. Führt man den Lösungsansatz

$$U(x) = C_1 x^{\mathrm{m}} \, ,$$

$$\delta(x) = C_2 x^{\mathrm{n}} \, ,$$

in (10.81) und (10.82) ein und vergleicht die Potenzen von x, so erhält man zwei algebraische Gleichungen für m und n, nämlich

$$5n + m = 4 \quad und \quad 2m = 1$$

und daraus schließlich

$$m = 1/2 \quad und \quad n = 7/10 \, .$$

Damit können die beiden Koeffizienten C_1 und C_2 berechnet werden. Für die gesuchten Funktionen $U(x)$ und $\delta(x)$ erhält man schließlich

$$\frac{Ux}{v} = 1{,}185 \, Gr_{\mathrm{x}}^{1/2} \left(\frac{1}{1 + 0{,}494 \, Pr^{2/3}} \right)^{1/2} , \tag{10.83}$$

$$\frac{\delta}{x} = 0{,}565 \, Gr_{\mathrm{x}}^{-1/10} \left(\frac{1 + 0{,}494 \, Pr^{2/3}}{Pr^{8/15}} \right)^{1/10} , \tag{10.84}$$

und damit aus (10.80) mit (10.78) für die örtliche Nußeltzahl

$$\frac{Nu_{\mathrm{x}}}{Ra_{\mathrm{x}}^{2/5}} = 0{,}0295 \left(\frac{Pr^{5/6}}{1 + 0{,}494 \, Pr^{2/3}} \right)^{2/5} . \tag{10.85a}$$

Für Luft ($Pr = 0{,}7$) erhält man für die rechte Seite von (10.85a) den Zahlenwert 0,0246. Die Wärmestromdichte bzw. der Wärmeübergangskoeffizient α_{x} nehmen

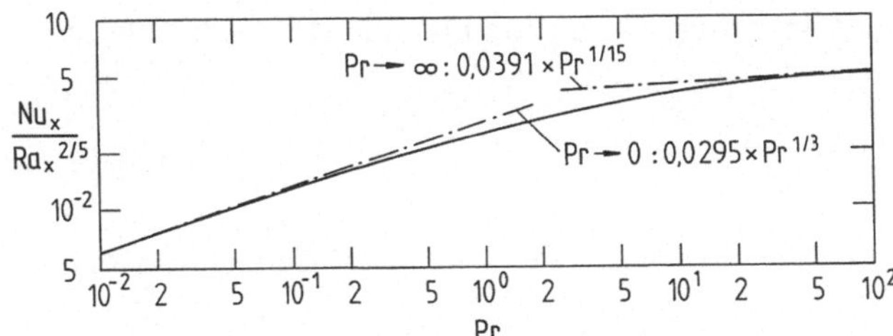

Bild 10.15. Lösung des Integralverfahrens von Eckert und Jackson (1951) für turbulente freie Konvektion an der vertikalen Platte

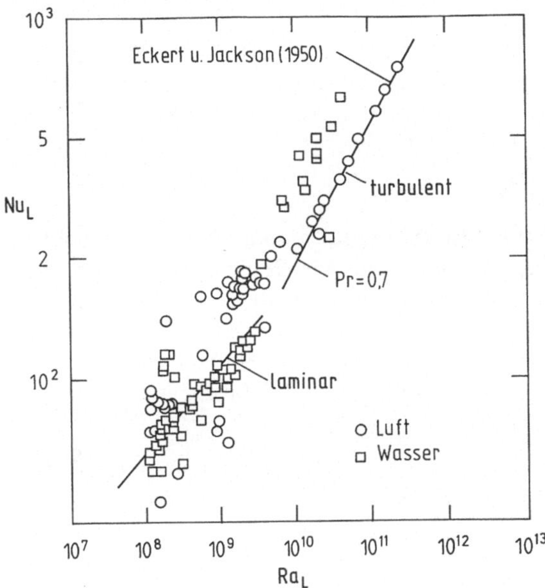

Bild 10.16. Vergleich der Lösung von Eckert und Jackson (1951) mit experimentellen Daten [nach Ede (1967)]

mit $x^{1/5}$ über die Plattenhöhe schwach zu. Die Grenzschichtdicke $\delta(x)$ steigt nach (10.84) mit $x^{7/10}$ an.

Für sehr kleine und sehr große Prandtlzahlen folgen aus (10.85a) die beiden Asymptoten

$$\frac{Nu_x}{Ra_x^{2/5}} = \begin{cases} 0,0295\, Pr^{1/3} & \text{für} \quad Pr \to 0, \\ 0,0391\, Pr^{1/15} & \text{für} \quad Pr \to \infty. \end{cases} \qquad (10.85b)$$

Der Verlauf der Beziehung (10.85) ist zusammen mit den beiden Asymptoten in Bild 10.15 dargestellt. Die Funktion verläuft sehr flach und ist für $Pr > 10$ praktisch unabhängig von der Prandtlzahl. Zusammenfassend läßt sich damit folgendes festhalten: Für $Pr \to 0$ ist die vorgestellte Integrallösung aufgrund der dafür nicht mehr zutreffenden Annahme $\delta_T = \delta_s = \delta$ vermutlich nur eine relativ grobe Abschätzung. Für $Pr \to \infty$ ist $Nu_x/Ra_x^{2/5}$ nahezu unabhängig von der Prandtlzahl.

Für die mittlere Nußeltzahl folgt durch Integration über die Höhe l der Platte aus (10.85)

$$Nu_\mathrm{m} = \frac{5}{6} Nu_\mathrm{x}, \tag{10.86}$$

d.h. die mittlere Nußeltzahl beträgt etwa 83 % der lokalen Nußeltzahl an der Hinterkante.

Bild 10.16 zeigt einen Vergleich experimenteller Daten für Luft und Wasser mit der Lösung des Integralverfahrens von Eckert und Jackson nach Ede (1967). Während die Übereinstimmung für Luft, insbesondere bei höheren Rayleighzahlen, sehr gut ist, liegen die Daten für Wasser doch deutlich über der theoretischen Lösung.

Im folgenden Abschnitt wollen wir deshalb zunächst Verbesserungen dieser Näherungslösungen diskutieren und anschließend die theoretischen Ergebnisse mit experimentellen Daten vergleichen.

10.3.2 Verbesserte Näherungslösungen

Bayley (1955) hat das obige Modell durch Einführen einer laminaren Unterschicht erweitert. Die Ansätze für die Schubspannung τ_w und das Geschwindigkeitsprofil $u(x,y)$ werden analog zu oben von der erzwungenen auf die freie Konvektion übertragen. Für die Wärmestromdichte q_w und für das Temperaturprofil werden durch Festlegung einer laminaren Unter- und einer turbulenten Oberschicht neue Beziehungen abgeleitet. Für die lokale Nußeltzahl folgt schließlich

$$\frac{1}{Nu_\mathrm{x}} = \frac{\delta_1}{x} + 0{,}186 \frac{\delta}{x} \frac{1}{1 + \dfrac{\varepsilon}{\nu} Pr} \tag{10.87}$$

mit der Dicke der laminaren Unterschicht

$$\frac{\delta_1}{x} = 26{,}9 \, Pr^{0{,}059} Gr_\mathrm{x}^{-0{,}408}$$ und der Dicke der gesamten Grenzschicht

$$\frac{\delta}{x} = 7{,}09 \, (\theta \, Gr_\mathrm{x})^{-0{,}2175} Pr^{-0{,}435},$$

wobei θ der integrale Mittelwert der Temperatur über die gesamte Grenzschicht ist,

$$\theta = \frac{1}{\delta(T_\mathrm{w} - T_\infty)} \int_0^\delta (T - T_\infty) \, \mathrm{d}y.$$

Für das Verhältnis ε/ν findet Bayley den konstanten Wert $\varepsilon/\nu = 7$. Für die lokale Nußeltzahl folgt damit die Beziehung

$$\frac{1}{Nu_\mathrm{x}} = 26{,}9 \, Ra_\mathrm{x}^{-0{,}408} Pr^{0{,}467} + \frac{2{,}073}{1 + 7 \, Pr} (Ra_\mathrm{x} \, Pr)^{-0{,}2175}. \tag{10.88}$$

Für $Pr \sim 1$ läßt sich diese Beziehung durch die empirische Korrelation für die mittlere Nußeltzahl,

$$\frac{Nu_\mathrm{m}}{Ra^{1/3}} = 0{,}10\,, \tag{10.89}$$

annähern, die im Bereich $2 \cdot 10^9 \leq Ra \leq 10^{12}$ gut mit experimentellen Daten übereinstimmt. Mit zunehmender Rayleighzahl nimmt der relative Einfluß der turbulenten Grenzschichtströmung zu, so daß Bayley im Bereich $2 \cdot 10^9 \leq Ra \leq 10^{15}$ die Beziehung

$$\frac{Nu}{Ra^{0{,}31}} = 0{,}183 \tag{10.90}$$

empfiehlt.

Während bei der oben diskutierten Näherungslösung mit dem Integralverfahren die Nußeltzahl proportional $Ra_\mathrm{x}^{2/5}$ ist, findet Bayley die Abhängigkeit $Ra_\mathrm{x}^{1/3}$. Da die Rayleighzahl selbst proportional x^3 ist, wird die Nußeltzahl proportional zu x. Damit sind die Wärmestromdichte und der Wärmeübergangskoeffizient im Bereich der voll turbulenten Strömung unabhängig von der Plattenlänge x. Über die Transportkoeffizienten bei der freien turbulenten Strömung liegen wesentlich weniger Messungen als über die bei der erzwungenen turbulenten Strömung vor. Kato et al. (1968) haben deshalb angenommen, daß die turbulente Prandtlzahl bei der freien Konvektion durch die gleiche Beziehung wie für die erzwungene Konvektion beschrieben werden kann. Die damit abgeleitete Gleichung für die mittlere Nußeltzahl

$$\frac{Nu_\mathrm{x}}{Ra_\mathrm{x}^{0{,}36}} = 0{,}138\,\frac{Pr^{0{,}175} - 0{,}55}{Pr^{0{,}36}} \tag{10.91}$$

stimmt sehr gut mit experimentellen Untersuchungen überein.

Durch numerische Integration der Grenzschichtgleichungen unter Verwendung des k-ε-Modells haben Lin und Churchill (1978) für $Pr = 0{,}7$ und $5 \cdot 10^9 \leq Ra \leq 5{,}82 \cdot 10^{11}$ die Beziehung

$$\frac{Nu_\mathrm{x}}{Ra_\mathrm{x}^{0{,}367}} = 0{,}0495 \tag{10.92}$$

für die lokale Nußeltzahl ermittelt.

Der Exponent größer als $1/3$ impliziert eine Zunahme des lokalen Wärmeübergangskoeffizienten mit der Plattenlänge x. Der untersuchte Rayleighzahlenbereich reichte jedoch nicht aus um definitiv festzustellen, ob bei größeren Rayleighzahlen der Exponent eventuell den Grenzwert $1/3$ asymptotisch erreicht.

Die Bilder 10.17 und 10.18 zeigen einen Vergleich der von Lin und Churchill für $Pr = 0{,}7$ (Luft) und $Pr = 5{,}8$ (Wasser) berechneten Nußeltzahl mit experimentellen Daten aus der Literatur. Man erkennt, daß die gemessenen Nußeltzahlen für Luft und Wasser im Mittel sehr gut wiedergegeben werden. Die Abhängigkeit von der Prandtlzahl wurde wegen der immens langen Rechenzeiten nicht weiter untersucht.

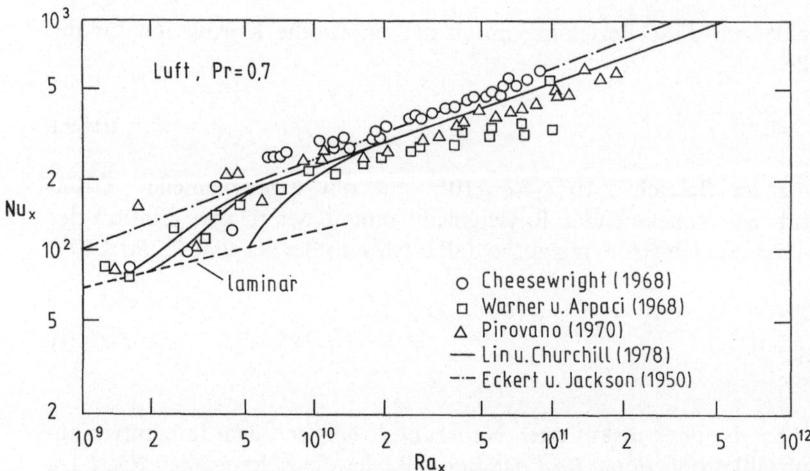

Bild 10.17. Vergleich der Lösung von Lin und Churchill (1978) für $Pr = 0,7$ mit experimentellen Daten für Luft

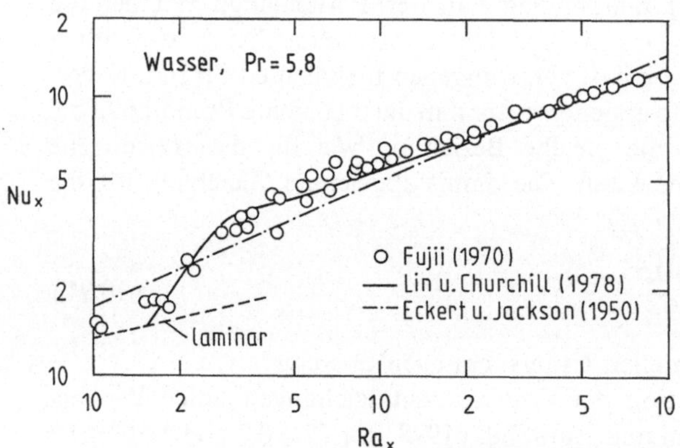

Bild 10.18. Vergleich der Lösung von Lin und Churchill (1978) für $Pr = 5,8$ mit experimentellen Daten für Wasser

Für die turbulente Plattengrenzschicht mit laminarem Anlauf bei $T_w = \text{const}$ oder $q_w = \text{const}$ empfehlen Churchill und Chu (1975) die empirische Korrelation

$$Nu_m^{1/2} = 0,825 + \frac{0,387 \, Ra^{1/6}}{\left[1 + \left(\dfrac{0,492}{Pr}\right)^{9/16}\right]^{8/27}}, \tag{10.93}$$

wobei der Gültigkeitsbereich mit $10 \leq Ra/[1 + (0,492/Pr)^{9/16}]^{8/27} \leq 10^{10}$ angegeben wird.

Neben den hier aufgeführten Beziehungen für den Wärmeübergang an der vertikalen Platte bei turbulenter Strömung sind in der Literatur noch weitere Beziehungen veröffentlicht worden, wobei zusammenfassend festgestellt werden muß, daß die Streubreite der bekanntgewordenen experimentellen Daten keine eindeutige Aussage über die Güte bzw. Rangfolge der angeführten theoretischen Beziehungen zuläßt. Für einen Überblick über neuere numerische Untersuchungen sei auf To und Humphrey (1986) verwiesen.

11 Wärmeübergang bei freier Konvektion an umströmten Körpern

Das Strömungs- und Temperaturfeld, und damit der Wärmeübergang, bei freier Konvektion an umströmten Körpern sind von der Temperaturdifferenz zwischen Körperoberfläche und Umgebung, von der Geometrie und der Orientierung des Körpers im Raum sowie vom umgebenden Fluid abhängig. In den Beziehungen für den Wärmeübergang wird der Einfluß des Fluids, in dem sich der Körper befindet, durch die Prandtlzahl bzw. eine von der Prandtlzahl abhängige Funktion $f(Pr)$ berücksichtigt. Für einen bestimmten Körper, z.B. den horizontalen Zylinder, läßt sich der Geometrieeinfluß durch eine sog. charakteristische Länge in den Kennzahlen erfassen. Mit der „treibenden" Temperaturdifferenz wird die Rayleighzahl gebildet. Über einen bestimmten Bereich der Rayleighzahl kann der Wärmeübergang bzw. die Nußeltzahl durch empirische Potenzgleichungen der Form

$$Nu_m = C_1 + C_2 f(Pr)\, Ra^n \tag{11.1}$$

dargestellt werden. Aus theoretischen Lösungen für den laminaren Wärmeübergang an der horizontalen Platte folgt für den Exponenten der Rayleighzahl der Wert 1/5; experimentelle Daten lassen sich dagegen oft mit $n = 1/4$ besser korrelieren. Die Ursache für diese grundsätzliche Abweichung dürfte in der theoretisch nur näherungsweise zu erfassenden Umströmung der seitlichen Begrenzungen zu suchen sein. Experimentelle Untersuchungen deuten ferner darauf hin, daß der Exponent n im turbulenten Bereich dem Grenzwert 1/3 zustrebt. Für $n = 1/3$ verschwindet, falls C_1 vernachlässigt werden kann, wegen $Ra \sim l^3$ und $Nu \sim l$ die charakteristische Länge aus der Beziehung für die Nußeltzahl. Die Konstante C_1 beschreibt den Wärmeübergang für $Ra \to 0$, also für reine Wärmeleitung. Für die Kugel ist, wie wir noch sehen werden, $C_1 = 2$. Für den unendlich langen horizontalen Zylinder dagegen ist $C_1 = 0$. Die in technischen Apparaten vorkommenden Zylinder haben jedoch eine endliche Länge, d.h. ein bestimmtes Verhältnis d/l, wobei dann $C_1 > 0$ für $d/l > 0$ ist. Die Konstante C_2 ist ebenfalls von der Geometrie abhängig und hat deshalb für die Kugel einen anderen Wert als für den Zylinder. Beschränkt man sich jedoch auf einen bestimmten Körper, so kann $C_2 f(Pr)$ zu einer Funktion $F(Pr)$ zusammengefaßt werden. Damit kann die Nußeltzahl für den horizontalen Zylinder durch die empirische Potenzgleichung

$$Nu_m = C(d/l) + F(Pr)\, Ra^n \tag{11.2}$$

dargestellt werden, wobei der Exponent n für die laminare Strömung den Wert $n = 1/4$ und für die turbulente den Wert $n = 1/3$ hat. Für hinreichend große

Rayleighzahlen verschwindet der Einfluß der Funktion $C(d/l)$, so daß dafür Beziehungen der Form

$$\frac{Nu_m}{Ra^n} = F\;(Pr)\tag{11.3}$$

gelten. Alle diese empirischen Potenzgleichungen gelten nur innerhalb eines bestimmten Bereiches der Rayleighzahl und in der Regel nur für einen bestimmten Körper. Bei der Verwendung dieser Beziehungen ist auf die Einhaltung dieser Bereichsgrenzen sowohl bei der Rayleigh- als auch bei der Prandtlzahl streng zu achten. Insbesondere können bei der unerlaubten Extrapolation dieser Beziehungen die damit berechneten Wärmeübergangskoeffizienten beliebig falsch sein.

11.1 Geneigte ebene Platte

Beim Wärmeübergang an geneigten und beheizten ebenen Platten unterscheiden wir zwei Fälle, nämlich Wärmeabgabe nach unten und Wärmeabgabe nach oben. Während die Grenzschicht bei der Wärmeabgabe nach unten entlang der Platte anliegt, kann sie bei der Wärmeabgabe nach oben nach einer bestimmten Lauflänge von der Platte ablösen, s. Bild 11.1. Betrachtet man neben der beheizten auch die gekühlte Platte, so gilt im einzelnen:

a) keine Ablösung tritt auf bei der beheizten (gekühlten) Platte mit Wärmeabgabe nach unten (oben); und

b) Ablösung kann auftreten bei der beheizten (gekühlten) Platte mit Wärmeabgabe nach oben (unten).

Der Wärmeübergang im Fall a) kann näherungsweise mit den Beziehungen für die vertikale Platte berechnet werden, wenn statt der Erdbeschleunigung g die zur Platte parallele Komponente $g\cos\varphi$ verwendet wird.

Fujii und Imura (1972) haben den Wärmeübergang an geneigten Platten unter Verwendung von zwei Platten, 300 mm hoch und 150 mm breit sowie 50 mm hoch und 100 mm breit, experimentell untersucht. Jede der Platten war im Zentrum eines mit Wasser gefüllten Behälters mit einer quadratischen Grundfläche von $500 \times 500\,\mathrm{m}^2$ bzw. $350 \times 350\,\mathrm{m}^2$ und einer Tiefe von 600 mm bzw. 400 mm angeordnet. Bild 11.2 zeigt, daß die Meßwerte für die mittlere Nußeltzahl bei Wärmeabgaben nach unten sehr gut durch die Beziehung

$$\frac{Nu_m}{Ra^{1/4}} = 0{,}56\;(\cos\varphi)^{1/4}\tag{11.4}$$

mit
$$10^5 < Ra\cos\varphi < 10^{11}$$
und
$$0° \leqq \varphi \leqq 89°$$

wiedergegeben werden. Die mittlere Nußeltzahl ist dabei durch

$$Nu_m = \frac{q_w L}{\lambda(T_w - T_\infty)}$$

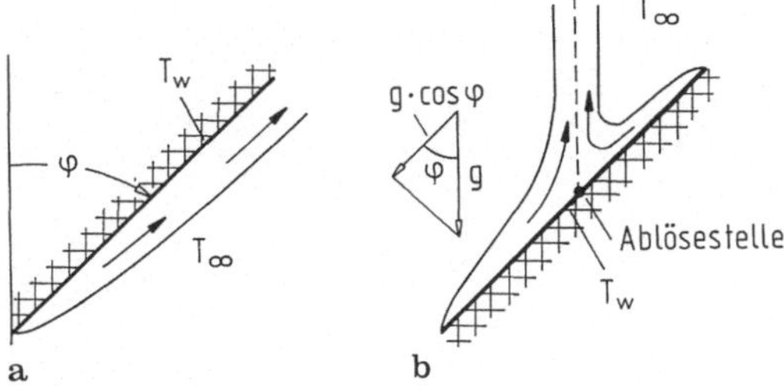

Bild 11.1. Wärmeübergang an der geneigten und beheizten ebenen Platte mit Wärmeabgabe auf der **a** Unter- und **b** Oberseite

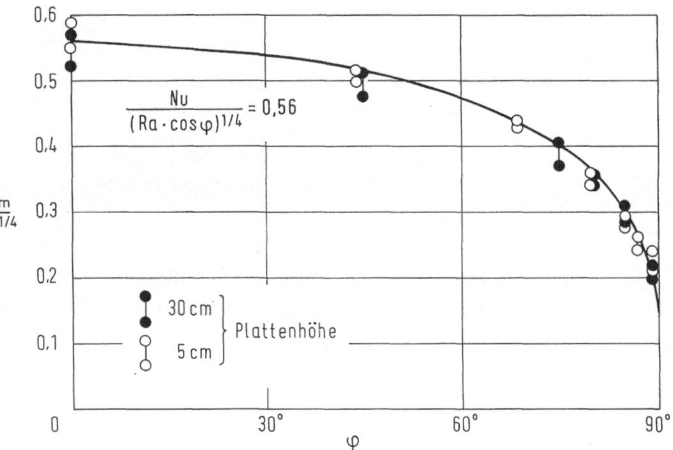

Bild 11.2. Mittlere Nußeltzahl in Abhängigkeit des Neigungswinkels für die ebene Platte mit Wärmeabgabe nach unten [nach Fujii und Imura (1972)]

festgelegt, wobei q_w die über die Höhe der Platte gemittelte Wärmestromdichte an der Wand ist. Für T_w ist die Wandtemperatur in halber Plattenhöhe und für T_∞ die Temperatur der Umgebung in der Entfernung $0,2\,L\cos\varphi$ einzusetzen. Für den thermischen Ausdehnungskoeffizienten wird der arithmetische Mittelwert zwischen $\beta\{T_\infty\}$ und $\beta\{(T_w + T_\infty)/2\}$ verwendet. Die übrigen Stoffwerte λ, v und Pr werden bei der Referenztemperatur $T_{ref} = T_w - 0,25\,(T_w - T_\infty)$ berechnet. Für die vertikale Platte mit $\cos\varphi = 1$ folgt für $Pr \approx 6$ aus der Beziehung (10.31) der Zahlenwert 0,60 für die Konstante in (11.4). Die Tatsache, daß der experimentell bestimmte Wert von 0,56 etwas kleiner ist, deutet darauf hin, daß die für die vertikale Platte gültige Beziehung (10.31) etwas zu große Werte für die geneigte Platte liefert.

Die experimentellen Ergebnisse von Fujii und Imura zeigen weiter, daß der Wärmeübergang für die Platte mit Wärmeabgabe nach oben ebenfalls mit (11.4) berechnet werden kann, wenn auch die Streuung der Meßwerte dafür etwas und die gemessenen mittleren Nußeltzahlen um einige Prozent größer sind als aus (11.4) folgt. In diesem Fall tritt, wie bereits erwähnt, schon bei relativ kleinen Neigungswinkeln Ablösung auf. Bild 11.3 zeigt die von Fujii und Imura gemessene sog.

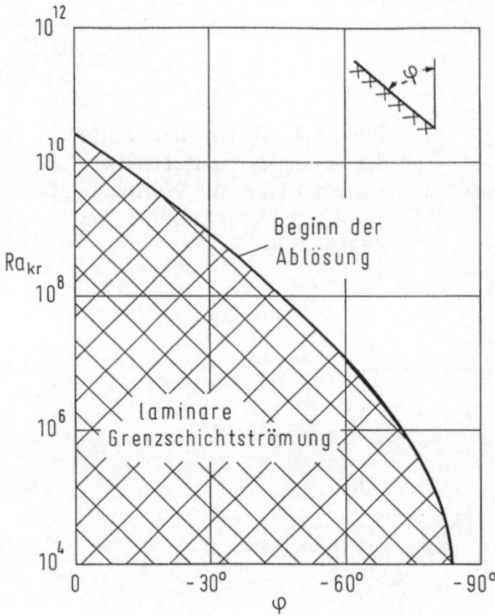

Bild 11.3. Kritische Rayleighzahl, bei der die Strömung an der Oberseite einer beheizten und geneigten, ebenen Platte ablöst in Abhängigkeit des Neigungswinkels [nach Fujii und Imura (1972)]

kritische Rayleighzahl Ra_{kr}, bei der erstmals Ablösung beobachtet wurde in Abhängigkeit des Neigungswinkels φ. Die schraffierte Fläche gibt den Bereich der nichtabgelösten laminaren Grenzschichtströmung an.

11.2 Horizontale ebene Platte

11.2.1 Grenzschicht und Staupunkt

Bei der Wärmeübertragung an der horizontalen Platte unterscheiden wir wieder die beiden grundsätzlich verschiedenen Fälle, nämlich die Wärmeabgabe (-aufnahme) nach unten und nach oben der beheizten (gekühlten) Platte. Experimentelle Untersuchungen zeigen, daß sich auf der Ober- bzw. Unterseite der horizontalen Platte eine grenzschichtähnliche Strömung ausbildet. Das Temperatur- und Strömungsfeld in der Nähe der Platte werden unter der Voraussetzung der Gültigkeit der Boussinesq-Approximation durch die in Kap. 10 abgeleiteten Grenzschichtgleichungen beschrieben, die wir hier für die horizontale Platte nochmals aufführen,

$$\frac{\partial u}{\partial x} + \frac{\partial v}{\partial y} = 0, \tag{11.5}$$

$$u\frac{\partial u}{\partial x} + v\frac{\partial u}{\partial y} = -\frac{1}{\varrho}\frac{\partial p}{\partial x} + v\frac{\partial^2 u}{\partial y^2}, \tag{11.6}$$

$$0 = -\frac{1}{\varrho}\frac{\partial p}{\partial y} - g\beta(T - T_\infty), \tag{11.7}$$

$$u\frac{\partial T}{\partial x} + v\frac{\partial T}{\partial y} = a\frac{\partial^2 T}{\partial y^2}. \tag{11.8}$$

Im Gegensatz zum Wärmeübergang an der senkrechten Platte wirkt die Auftriebskraft jetzt senkrecht zur Grenzschicht. Dadurch wird entlang der Oberfläche der Platte ein horizontaler Druckgradient aufgebaut, der die treibende Kraft für die resultierende Grenzschichtströmung ist.

Bei der beheizten Platte mit Wärmeabgabe nach unten bzw. bei der gekühlten Platte mit Wärmeaufnahme von oben tritt im Mittelpunkt der Platte ein Staupunkt auf. Für diesen ebenen Staupunkt reduzieren sich wegen $\partial p/\partial x = 0$ im Staupunkt die Grenzschichtgleichungen (11.5) bis (11.8) auf

$$\frac{\partial u}{\partial x} + \frac{\partial v}{\partial y} = 0 , \tag{11.5}$$

$$u\frac{\partial u}{\partial x} + v\frac{\partial u}{\partial y} = v\frac{\partial^2 u}{\partial y^2} , \tag{11.9}$$

$$u\frac{\partial T}{\partial x} + v\frac{\partial T}{\partial y} = a\frac{\partial^2 T}{\partial y^2} . \tag{11.10}$$

Der Druck p ist damit vollständig aus den Gleichungen verschwunden. Mit einem Ähnlichkeitsansatz, s. z.B. Herwig et al. (1984) lassen sich (11.5), (11.9) und (11.10) auf die gewöhnlichen Differentialgleichungen

$$f''' + 4ff'' - 4f'^2 + \theta = 0 \tag{11.11}$$

$$\theta'' + 4\,Prf\,\theta' = 0 \tag{11.12}$$

transformieren. Durch numerische Lösung dieser Gleichungen erhält man schließlich für die lokale Nußeltzahl im ebenen Staupunkt eine Beziehung der Form

$$\frac{Nu_x}{Ra_x^{1/5}} = f(Pr, \text{Geometrie}) \tag{11.13}$$

mit den beiden Grenzwerten

$$f(Pr) = \begin{cases} f_0(Pr), & Pr \to 0 \\ f_\infty(Pr), & Pr \to \infty \end{cases} . \tag{11.14}$$

Die Funktionswerte $Nu_x/Ra_x^{1/5}$ hängen neben der Prandtlzahl auch wesentlich von den Abmessungen (Geometrie) der Platte ab. Insbesondere kann sich bei der horizontal *unendlich* ausgedehnten Platte kein Druckgradient und damit auch kein Geschwindigkeitsfeld ausbilden. In diesem Grenzfall erfolgt die Wärmeübertragung ausschließlich durch Leitung.

Die Grenzschichtgleichungen (11.5) bis (11.8) bzw. (11.9) und (11.10) lassen sich grundsätzlich mit einem Ähnlichkeitsansatz oder mit Integralverfahren auf gewöhnliche Differentialgleichungen transformieren und dann numerisch lösen oder mit numerischen Verfahren direkt integrieren.

11.2.2 Wärmeabgabe auf der Oberseite

Stewartson (1958) hat den Wärmeübergang auf der Oberseite einer beheizten und *halbunendlich ausgedehnten*, horizontalen Platte theoretisch untersucht. Mit Hilfe der Ähnlichkeitstranformation

$$\eta = \frac{y}{x} \left[\frac{g\beta(T_w - T_\infty)}{v^2} \right]^{1/5},$$

$$\psi = [x^3 v^3 \beta g(T_w - T_\infty)]^{1/5} F(\eta), \tag{11.15}$$

$$T = T_\infty + (T_w - T_\infty)\theta(\eta),$$

$$P = -[v\beta^2 g^2 x(T_w - T_\infty)^2]^{2/5} G(\eta),$$

wobei der Druck in (11.6) und (11.7) entsprechend

$$p = p_0 - \varrho_0 gy + \varrho_0 p$$

in einen „statischen" und einen „dynamischen" Anteil aufgespalten wurde, lassen sich die Grenzschichtgleichungen (11.5) bis (11.8) in die gewöhnlichen Differentialgleichungen

$$F''' + \frac{3}{5} F F'' - \frac{1}{5} F'^2 = \frac{2}{5}(G - \eta G'),$$

$$G' = \theta, \tag{11.16}$$

$$\theta'' + \frac{3}{5} Pr\, F\, \theta' = 0$$

überführen. Die entsprechenden Randbedingungen lauten

$$\eta = 0: \quad \theta = 1, \; F = F' = 0,$$

$$\eta \to \infty: \quad \theta \to 0, \; F' \to 0, \; P \to 0. \tag{11.17}$$

Stewartson hat die Gleichungen (11.16) mit der Annahme, daß die Grenzschichtdicke am Rand der Platte gleich Null ist und zum Zentrum hin anwächst, für $Pr = 0,72$ numerisch integriert und für den dimensionslosen Temperaturgradienten an der Wand den Wert $\theta'(0) = -0,358$ erhalten. Die Grenzschicht selbst unterscheidet sich von derjenigen an der vertikalen Platte, da die Auftriebskräfte hier indirekt wirken. Wie schon erwähnt, induzieren die Auftriebskräfte einen horizontalen Druckgradienten, dessen Veränderung entlang der Platte die treibende Kraft für die Strömung liefert. Infolge der indirekten Wirkung der Auftriebskräfte ist die Grenzschicht dicker und weniger stabil als an der vertikalen Platte. Durch Integration über die Länge L einer unendlich breiten Platte folgt für die mittlere Nußeltzahl

$$Nu_m = 0,841\, Ra^{1/5}; \; Pr = 0,72. \tag{11.18}$$

Wir wollen hier anmerken, daß die Lösung der Grenzschichtgleichung immer zu einem Exponenten 1/5 für die Rayleighzahl Ra führt und deshalb durch die

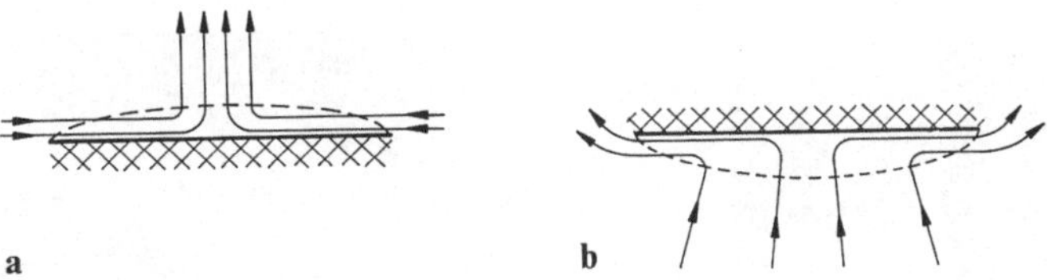

Bild 11.4. Qualitativer Verlauf der Stromlinien und der Grenzschichtdicke beim Wärmeübergang an der horizontalen ebenen Platte mit Wärmeabgabe nach **a** oben und **b** unten

Beziehung

$$\frac{Nu}{Ra^{1/5}} = f\,(\,Pr,\ \text{Geometrie}\,) \tag{11.19}$$

dargestellt werden kann. Unter „Geometrie" ist hierbei die Form der Platte (Kreisplatte, quadratische Platte usw.) zu verstehen. Daß die Nußeltzahl von der Prandtlzahl abhängig ist, ist bereits aus den Überlegungen in Kap. 10 bekannt. Pera und Gebhart (1972) haben die Stabilität dieser Grenzschicht gegen zweidimensionale Störungen mit der linearen Störungstheorie untersucht und für die kritische Grashofzahl den Wert $Gr_{x,kr} = 1{,}86 \cdot 10^6$ ermittelt. Für Grashofzahlen $Gr_x < Gr_{x,kr}$, d.h. im Bereich der Seitenkanten, ist die Grenzschicht stabil. Experimentelle Untersuchungen liefern für die kritische Grashofzahl dagegen einen deutlich niedrigeren Wert, der im mittel bei $5{,}1 \cdot 10^5$ liegt. Diese Diskrepanz dürfte darauf zurückzuführen sein, daß dreidimensionale Störungen für die Stabilität dieser Grenzschicht ausschlaggebend sind und die lineare Störungstheorie mit zweidimensionalen Störungen deshalb eine zu hohe kritische Grashofzahl liefert.

Bei einer Platte mit *endlicher Länge* bildet sich für nicht zu große Temperaturdifferenzen ebenfalls eine stabile Grenzschichtströmung aus, die, wie man sich leicht überlegt, zum Mittelpunkt der Platte symmetrisch sein muß, s. auch Bild 11.4. Da zumindest im Zentrum der Platte das Fluid nach oben abströmen muß, kann sich eine Grenzschichtströmung damit nur im Bereich der seitlichen Berandungen der Platte ausbilden.

Bild 11.5 zeigt von Koch (1986) aufgenommene Interferenzbilder einer beheizten horizontalen Platte mit Wärmeabgabe nach oben. Man erkennt, daß sich in unmittelbarer Wandnähe eine laminare Grenzschicht ausbildet, die in der Nähe der Plattenkante auch stabil ist. Ab einem bestimmten Abstand von der Plattenkante lösen sich jedoch in unregelmäßiger Reihenfolge Wirbel (thermals) ab und steigen nach oben auf. Die typische Struktur dieser aufsteigenden Wirbel zeigt sehr deutlich das Interferenzbild Bild 11.6 von Hauf und Grigull, s. Grigull (1970a). Die linke Seite der Platte ist gekühlt und die rechte Seite beheizt. Das Bild zeigt den Anlaufvorgang der Strömung. Die über der beheizten Platte mit den aufsteigenden Wirbeln abströmende Masse wird durch Nachströmen von kaltem Fluid aus dem Bereich der gekühlten Platte ersetzt. Da das Grenzschichtkonzept, wenn überhaupt, letztlich nur auf den Bereich nahe der Seitenkanten anwendbar ist, wollen wir es hier nicht weiter verfolgen.

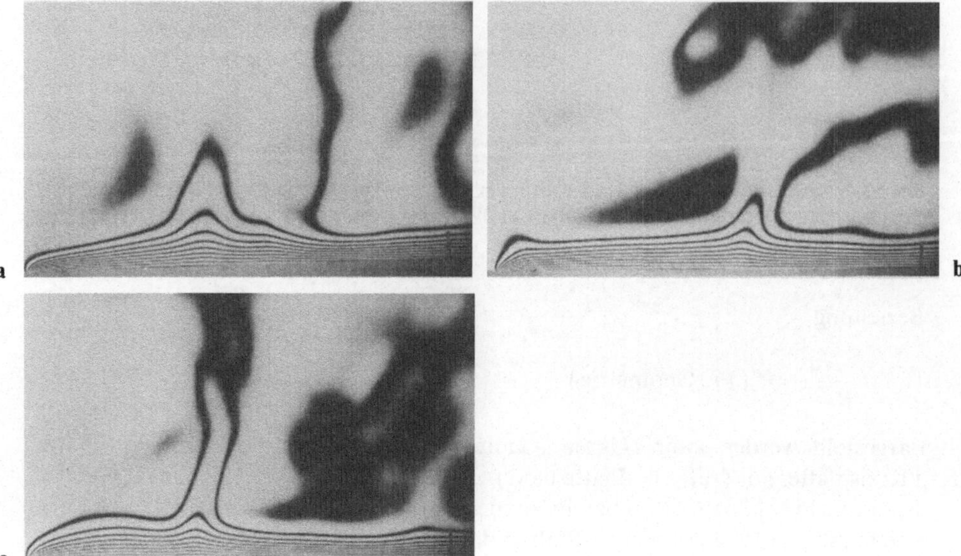

Bild 11.5a – c. Interferenzbilder der freien Konvektion an der beheizten horizontalen Platte [persönliche Mitteilung von A. Koch (1986)]

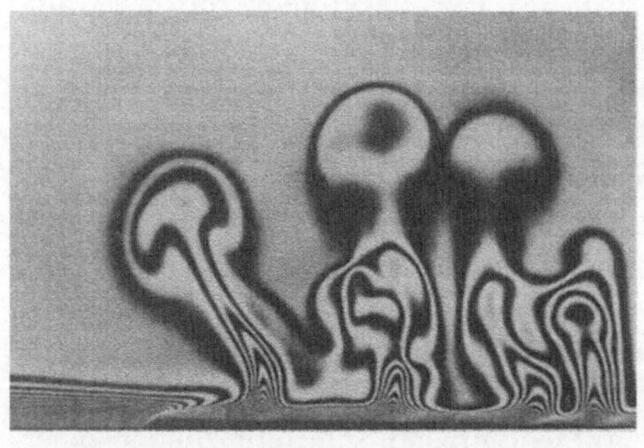

Bild 11.6. Interferenzaufnahme der freien Konvektion über einer gekühlten und beheizten horizontalen Platte [nach Grigull (1970a)]

Anhand experimenteller Untersuchungen des Stoffübergangs (Sc = 2200) mit einer elektrochemischen Methode empfehlen Lloyd und Moran (1974) für die mittlere Nußeltzahl Nu_m auf der Oberseite einer beheizten bzw. auf der Unterseite einer gekühlten Platte die Beziehungen

$$\frac{Nu_\mathrm{m}}{Ra^{1/4}} = 0,54; \quad 2 \cdot 10^4 \leqq Ra \leqq 8 \cdot 10^6 \tag{11.20a}$$

für den „laminaren" Bereich und die Beziehung

$$\frac{Nu_\mathrm{m}}{Ra^{1/3}} = 0,15, \quad 8 \cdot 10^6 < Ra < 10^{11} \tag{11.20b}$$

für den „turbulenten" Bereich. Fujii und Imura (1972) geben anhand ihrer Versuche mit Wasser für die Konstante in (11.15) den Wert 0,16 für $Ra < 2 \cdot 10^8$ und 0,13 für $Ra > 5 \cdot 0^8$ an. Die charakteristische Länge L ist dabei das Verhältnis aus wärmeübertragender Oberfläche A und Umfang der Platte U. Die Stoffwerte sind bei der Filmtemperatur $T_f = (T_w + T_\infty)/2$ zu bilden. Die Beziehung (11.20b) ist praktisch identisch mit der von Bovy und Woelk (1971) angegebenen Beziehung

$$\frac{Nu_m}{Ra^{1/3}} = 0{,}14, \quad 7 \cdot 10^8 \leq Ra < 10^{11}. \tag{11.21}$$

Infolge des Exponenten 1/3 bei der Rayleighzahl in der Beziehung (11.20b) ist der Wärmeübergang an der horizontalen Platte für $Ra > 8 \cdot 10^6$ unabhängig von der Geometrie bzw. den Abmessungen der Platte. Die Grenzschicht ist damit überall gleich dick und der Randbereich entlang der Seitenkanten so klein, daß sein Einfluß auf den mittleren Wärmeübergang vernachlässigbar ist.

Ishiguro et al. (1978) haben aufgrund experimenteller Untersuchungen mit Wasser die Beziehung

$$\frac{Nu_m}{Ra^{1/3}} = 0{,}2, \quad 2 \cdot 10^5 < Ra < 10^{10} \tag{11.22}$$

angegeben, in die die Stoffwerte bei der Bezugstemperatur $T_{ref} = T_\infty + 0{,}1(T_w - T_\infty)$ einzusetzen sind. Diese Beziehung liefert im Vergleich zu (11.20) und (11.21) deutlich größere Nußeltzahlen. Anhand der vorliegenden Ergebnisse wird die Verwendung der Beziehung (11.20) empfohlen.

12.2.3 Wärmeabgabe auf der Unterseite

Singh et al. (1969) haben für $Pr = 0{,}72$ den Wärmeübergang auf der Unterseite beheizter Platten mit Hilfe des in Kap. 9 und 10 beschriebenen Integralverfahrens näherungsweise berechnet.

Für die Geschwindigkeiten parallel zur großen und zur kleinen Achse und für die Temperatur wurden folgende Annahmen getroffen:

$$u = U \frac{z}{\delta} \left(1 - \frac{z}{\delta} \right)^2,$$

$$v = V \frac{z}{\delta} \left(1 - \frac{z}{\delta} \right)^2, \tag{11.23}$$

$$\theta = \theta_w \left(1 - \frac{z}{\delta} \right)^2,$$

wobei die Geschwindigkeitskomponenten U und V und die Grenzschichtdicke δ unbekannt sind und aus den resultierenden gewöhnlichen Differentialgleichungen berechnet werden müssen. Man erhält schließlich für die Grenzschichtdicke

$$\frac{\delta}{a} = 4{,}043 \, \psi^{1/4} \, Ra^{-1/5} \tag{11.24}$$

und für die örtliche Nußeltzahl

$$Nu_x = 0{,}495 \; \psi^{-1/4} \, Ra^{1/5} \, . \tag{11.25}$$

Die Funktion ψ ergibt sich für die quadratische Platte mit der Seitenlänge 2a zu

$$\psi = 1{,}650 \left(1 - \left(\frac{x}{a} \right)^2 \right) \left(1 - \left(\frac{y}{a} \right)^2 \right) - 0{,}271 \left(1 - \left(\frac{x}{a} \right)^2 \right)^2 \left(1 - \left(\frac{y}{a} \right)^2 \right)^2 , \tag{11.26a}$$

für die Kreisplatte mit $r = a$ zu

$$\psi = 1{,}207 \left(1 - \left(\frac{r}{a} \right)^2 \right) - 0{,}142 \left(1 - \left(\frac{r}{a} \right)^2 \right)^2 \tag{11.26b}$$

und für den unendlich langen Streifen mit der Breite 2a zu

$$\psi = 1{,}964 \left(1 - \left(\frac{x}{a} \right)^2 \right) - 0{,}143 \left(1 - \left(\frac{x}{a} \right)^2 \right)^2 . \tag{11.26c}$$

Durch Integration über die gesamte Plattenoberfläche folgt für die mittleren Nußeltzahlen die Beziehung

$$Nu_m = C Ra^{1/5} \, . \tag{11.27}$$

Die Zahlenwerte für die Konstante C sind in Tabelle 11.1 für die drei untersuchten Geometrien angegeben, wobei neben den berechneten auch experimentell ermittelte Zahlenwerte aufgeführt sind. Der Vergleich zeigt, daß die gemessenen Zahlenwerte doch ganz erheblich von den berechneten abweichen. Die Ursache dafür dürfte im

Tabelle 11.1. Zahlenwerte für die Konstante C in (11.9)

	Quadratische Platte	Kreisplatte	Unendlicher Streifen
Theorie	0,716	0,638	0,841[a]
Experiment	0,816	0,818	0,500

[a] Identisch mit der Lösung von Stewartson (1958).

Tabelle 11.2. Werte der Funktion $Nu/Ra^{1/5} = f(Pr)$ für verschiedene Geometrien der Platte. [Nach Fujii et al. (1973)]

$\dfrac{Nu}{Ra^{1/5}}$	Pr								
	10^{-3}	10^{-2}	10^{-1}	0,7	1	10	10^2	10^3	∞
Unendlich langer Streifen	0,1347	0,2135	0,332	0,447	0,463	0,518	0,526	0,527	0,527
Kreisplatte	0,1847	0,2917	0,449	0,581	0,597	0,645	0,651	0,651	0,652
Quadratische Platte	0,1735	0,2744	0,425	0,563	0,581	0,639	0,648	0,648	0,648

wesentlichen in der mit dem Integralverfahren nicht hinreichend genauen Erfassung der Strömungsverhältnisse im Bereich der Seiten- (Abström-) kanten zu sehen sein.

Fujii et al. (1973) haben die Grenzschichtdifferentialgleichungen ebenfalls mit einem Integralverfahren gelöst und dabei als Randbedingung für die Grenzschicht am Plattenrand

$$\left(\frac{\mathrm{d}\delta}{\mathrm{d}x}\right)_{\mathrm{Rand}} = \pm\infty\,.$$

angenommen. Die Bedingung resultiert aus der Annahme einer minimalen Grenzschichtdicke im Zentrum der Platte, auf die hier jedoch nicht näher eingegangen werden soll. Die Ergebnisse für die Funktion $f(Pr)$ in der Beziehung

$$\frac{Nu}{Ra^{1/5}} = f(Pr)$$

können aus Tabelle 11.2 entnommen werden.

Um die durch die Notwendigkeit der Annahme von Randbedingungen für die Grenzschichtdicke verbundenen grundsätzlichen Nachteile der Integralverfahren zu vermeiden, hat Schulenberg (1985) für die „vollständigen" Gleichungen

$$\frac{\partial u}{\partial x} + \frac{\partial v}{\partial y} = 0\,,$$

$$u\nabla u = -\frac{1}{\varrho}\frac{\partial p}{\partial x} + v\nabla^2 u\,, \tag{11.28}$$

$$u\nabla v = -\frac{1}{\varrho}\frac{\partial p}{\partial y} + v\nabla^2 v - \beta g(T - T_\infty)\,,$$

$$u\nabla T = a\nabla^2 T\,,$$

durch Reihenentwicklung eine Ähnlichkeitslösung für die beiden Grenzfälle $Pr\to 0$ und $Pr\to\infty$ berechnet. Durch Überlagerung dieser Lösungen findet Schulenberg schließlich Korrelationsgleichungen für die lokale Nußeltzahl im Staupunktsbereich, und zwar für den unendlich langen Streifen mit der Breite $l = 2R$ und konstanter Wandtemperatur

$$\frac{Nu}{Ra^{1/5}} = \frac{0{,}571\,Pr^{1/5}}{(1 + 1{,}156\,Pr^{3/5})^{1/3}} \tag{11.29}$$

und für den mit konstanter Wärmestromdichte

$$\frac{Nu}{(Ra^*)^{1/6}} = \frac{0{,}643\,Pr^{1/6}}{(1 + 1{,}132\,Pr^{1/2})^{1/3}}\,, \tag{11.30}$$

sowie für die Kreisplatte mit Radius R und konstanter Wandtemperatur

$$\frac{Nu}{Ra^{1/5}} = \frac{0{,}705\,Pr^{1/5}}{(1 + 1{,}48\,Pr^{3/5})^{1/3}} \tag{11.31}$$

und für die mit konstanter Wärmestromdichte

$$\frac{Nu}{(Ra^*)^{1/6}} = \frac{0{,}776\,Pr^{1/6}}{(1+1{,}40\,Pr^{1/2})^{1/3}}\,.$$ (11.32)

Im Fall konstanter Wandtemperatur ist die Rayleighzahl durch $Ra = g\beta(T_w - T_\infty)R^3/(av)$ und im Fall konstanter Wärmestromdichte an der Wand durch $Ra^* = g\beta q_w R^4/(\lambda av)$ festgelegt. Für die Nußeltzahl gilt in beiden Fällen $Nu = q_w R/[\lambda(T_w - T_\infty)]$.

Die von Schulenberg berechneten Lösungen gelten grundsätzlich nur in der unmittelbaren Umgebung des Staupunkts. Mit steigender Rayleighzahl nimmt der Gültigkeitsbereich jedoch zu und für $Ra > 10^7$ gelten die angegebenen Beziehungen praktisch für die gesamte Platte mit Ausnahme eines schmalen Bereichs entlang der Kanten.

Die Beziehungen (11.29) bis (11.32) weichen um bis zu 20 % von denen mit Integralverfahren berechneten ab und liefern insbesondere für Platten mit konstanter Wärmestromdichte höhere Werte für die Nußeltzahl. Sie stimmen allerdings mit experimentellen Daten besser überein.

Nach Goldstein et al. (1973) und nach Lloyd und Moran (1974) kann der Wärmeübergang auf der Unterseite einer beheizten bzw. der Oberseite einer gekühlten Platte aus der Beziehung

$$Nu_m = 0{,}27\,Ra^{1/4}$$ (11.33)

mit

$$10^5 \leqq Ra \leqq 10^{10}$$

berechnet werden, wenn für die charakteristische Länge das Verhältnis aus wärmeübertragender Oberfläche und Umfang der Platte eingesetzt wird.

Hatfield und Edwards (1981) haben kürzlich für die Wärmeabgabe einer horizontalen Platte nach unten anhand experimenteller Untersuchungen die empirische Beziehung

$$Nu_L = 6{,}5\left(1+2{,}2\frac{L}{W}\right)[(1+\psi)^{0,39}-\psi^{0,39}]Ra_L^{0,13}$$ (11.34)

mit

$$\psi = 0{,}38\,Ra_L^{-0,16}$$

angegeben, die die Meßwerte im Bereich $10^6 < Ra_L < 10^{10}$ und $0{,}7 < Pr < 4800$ mit einer mittleren Streuung von $\pm 10\%$ richtig wiedergibt. Dabei bedeutet L die Länge der kurzen und W die der langen Seite.

11.3 Der Würfel

Bovy und Woelk (1971) haben den Wärmeübergang auf der Außenseite eines Würfels mit den Kantenlängen 1 m bzw. 3 m experimentell untersucht und dabei festgestellt, daß die gegenseitige Beeinflussung der Konvektion an senkrechten und waagerechten Flächen gering ist. Die an horizontalen und vertikalen Platten ermittelten Wärmeübergangsbeziehungen können deshalb näherungsweise auch für Würfel verwendet werden. Sparrow und Stretton (1985) haben kürzlich den Wärmeübergang an unterschiedlich orientierten Würfeln experimentell untersucht. Anhand ihrer Ergebnisse entwickelten sie die empirische Korrelationsgleichung für die mittlere Nußeltzahl,

$$Nu_m^* = 6{,}65 + 0{,}623 \left(\frac{Ra^*}{F(Pr)} \right)^{0,261} \tag{11.35}$$

wobei $F(Pr)$ die von Churchill und Chu (1975) angegebene Funktion

$$F(Pr) = \left(1 - \left(\frac{0{,}492}{Pr} \right)^{9/16} \right)^{16/9}$$

ist. Der Stern bei der Nußelt- und der Rayleighzahl soll darauf hinweisen, daß diese mit einer charakteristischen Länge L^* gebildet sind, die durch

$$L^* = \frac{A}{D^*} \quad und \quad D^* = \frac{4A_{proj}}{\pi}$$

definiert ist. Dabei ist A die gesamte Oberfläche des Würfels und A_{proj} die Projektionsfläche des Würfels auf eine Fläche senkrecht zu g. Für einen Würfel mit einer Symmetrieachse parallel zu g erhält man $D^* = 2l\sqrt{\pi}$ und $L^* = 3l\sqrt{\pi}$ wenn l die Kantenlänge des Würfels ist. Ein Vergleich der Beziehung (11.35) mit experimentellen Daten im Bereich $10^5 \leq Ra^*/F(Pr) < 10^9$ zeigt, daß 78 % der Daten innerhalb eines Streubereichs von ± 2 % fallen und daß die maximale Abweichung lediglich 5,5 % beträgt. Obwohl der Zahlenwert 6,65 der Konstanten empirisch bestimmt wurde, kann dieser als asymptotische Grenze

$$Nu_m^* \to 6{,}65 \quad für \quad Ra^* \to 0$$

betrachtet werden.

Aufgrund der guten Übereinstimmung von (11.35) mit experimentellen Daten für Würfel haben Sparrow und Stretton alle verfügbaren Daten für Würfel in Wasser und Luft, kurze vertikale Zylinder in Luft und Kugeln in Wasser und Luft mit der empirischen Beziehung

$$Nu^* = 5{,}748 + 0{,}752 \left(\frac{Ra^*}{F(Pr)} \right)^{0,252} \tag{11.36}$$

korreliert. Dabei liegen 84 % aller Daten innerhalb eines Streubereichs von ± 5% und die maximale Abweichung beträgt 9,5 %. Die Funktion $F(Pr)$ ist dabei identisch mit der in (11.35); die charakteristischen Längen L^* und D^* entsprechen den bereits oben definierten. Für die Kugel erhält man z.B. $D^* = d$ und $L^* = \pi d$; d.h. die charakteristische Länge L^* ist gleich der doppelten Überströmlänge der Kugel. Mit L^* statt d als der charakteristischen Länge folgt damit die Asymptote

$$Nu^* \to 2\pi \quad für \quad Ra^* \to 0.$$

Der Grenzwert $2\pi = 6{,}283$ ist um 6,9 % größer als die Konstante 5,748 und liegt damit ebenfalls innerhalb des oben angegebenen Streubereichs von 9,5 %.

11.4 Der horizontale Zylinder

Der Verlauf der Grenzschicht am horizontalen Zylinder weist gegenüber dem an der vertikalen Platte zwei wesentliche Unterschiede auf. Da die Horizontalkomponente der Geschwindigkeit am unteren Staupunkt Null ist, existiert dort keine Strömungsgrenzschicht. Dies wird durch die von Hermann (1936) berechneten und in Bild 11.7 dargestellten Stromlinien und Isothermen deutlich. Oberhalb der horizontalen Achse löst die Grenzschicht im Bereich $90° < \varphi < 180°$ ab; dies hat eine drastische Verschlechterung des Wärmeübergangs zur Folge.

Eine anschauliche Vorstellung vom Temperaturfeld um einen horizontalen Zylinder geben die Bilder 11.8 und 11.9. Bild 11.8 zeigt eine Schlierenaufnahme von Killermann (1971), die an einem beheizten Rohr von 50 mm Durchmesser in Luft gemacht wurde. Der weißgestrichelte Kreis gibt die Außenkontur des Rohrs an, der schwarze Schlagschatten überdeckt das Gebiet der Temperaturgrenzschicht, die Entfernung von der Rohrwand zum äußeren Umriß der hellen Zone ist der Wärmeübergangszahl proportional. Eine ausführliche Beschreibung dieser Versuchstechnik geben E. Schmidt (1939) sowie Hauf und Grigull (1970). Bild 11.9 zeigt eine Interferenzaufnahme von Grigull und Hauf, s. Grigull (1970b). Man erkennt deutlich die Temperaturgrenzschicht, wobei die Linien Isothermen darstellen.

Der Wärmeübergang am horizontalen Zylinder wird bei nicht zu kleinen Temperaturdifferenzen bzw. Rayleighzahlen durch die laminaren Grenzschicht-

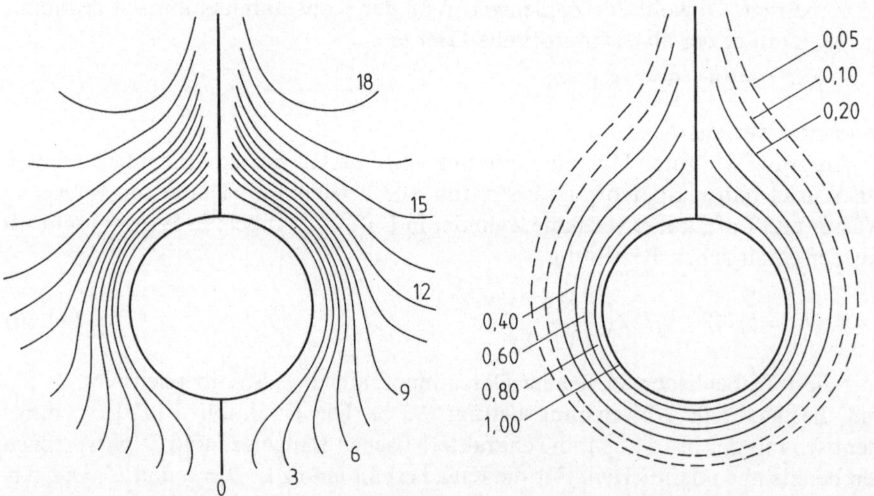

Bild 11.7. Verlauf der Stromlinien und Isothermen am horizontalen Zylinder [nach Hermann (1936)]

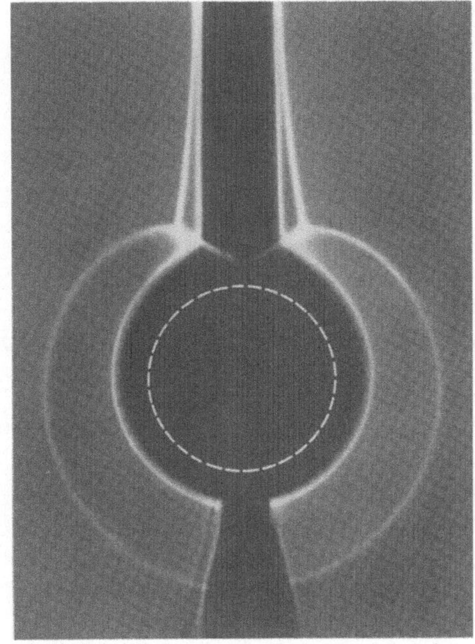

Bild 11.8. Schlierenaufnahme der freien Konvektion um einen horizontalen Zylinder [nach Killermann (1971)]

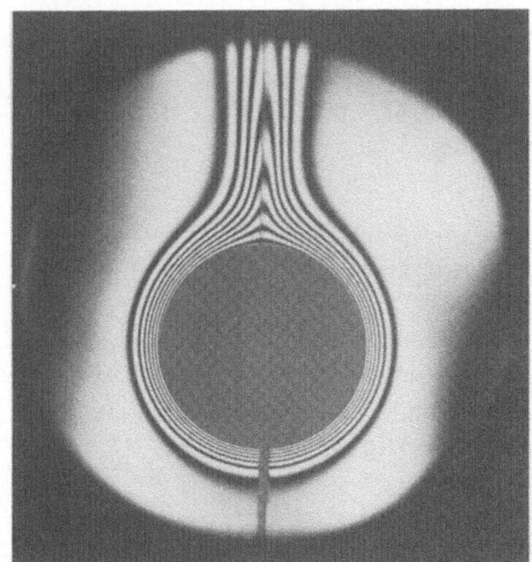

Bild 11.9. Interferenzaufnahme der freien Konvektion um einen horizontalen Zylinder [nach Grigull und Hauf (1966), vgl. auch van Dyke (1982)]

gleichungen

$$\frac{\partial u}{\partial x} + \frac{\partial v}{\partial y} = 0, \tag{11.37}$$

$$u\frac{\partial u}{\partial x} + v\frac{\partial u}{\partial y} = v\frac{\partial^2 u}{\partial y^2} + g\beta(T_w - T_\infty)\sin\frac{x}{r}, \tag{11.38}$$

$$-\frac{u^2}{r} = -\frac{1}{\varrho}\frac{\partial p}{\partial y} - g\beta(T_w - T_\infty)\cos\frac{x}{r}, \tag{11.39}$$

$$u\frac{\partial T}{\partial x} + v\frac{\partial T}{\partial y} = a\frac{\partial^2 T}{\partial y^2}, \tag{11.40}$$

beschrieben, wobei die Koordinate x, beginnend am unteren Staupunkt, parallel und die Koordinate y senkrecht zur Oberfläche verläuft.

Mit einer Ähnlichkeitstransformation, s. Hermann (1936), lassen sich (11.37) bis (11.40) in die gewöhnlichen Differentialgleichungen

$$F''' + 4F F'' - 4f'^2 + \theta\frac{\sin x}{x} = 4x\left(F'\frac{\partial F'}{\partial x} - F''\frac{\partial F}{\partial x}\right) \tag{11.41}$$

$$\frac{1}{Pr}\theta'' + 4F\theta' = 4x\left(F'\frac{\partial\theta}{\partial x} - \theta'\frac{\partial F}{\partial x}\right) \tag{11.42}$$

überführen, wobei x für die dimensionslose Koordinate x/r steht. Die rechten Seiten in (11.41) und (11.42) entstehen aufgrund der Krümmung der Grenzschicht in Strömungsrichtung. Hermann (1936) hat (11.41) und (11.42) für $Pr=0{,}72$ numerisch integriert und daraus die Beziehung

$$Nu_m = 0{,}402\, Ra^{1/4} \tag{11.43}$$

für die mittlere Nußeltzahl entwickelt, wobei als charakteristische Länge der Durchmesser des Zylinders genommen wurde.

Durch Annahme von Profilen für den Geschwindigkeits- und Temperaturverlauf in der Grenzschicht hat Squire (1938), s. auch Eckert und Drake (1959), die Grenzschichtgleichungen (11.37) bis (11.40) mit einer Integralmethode gelöst und damit für den Fall konstanter Wandtemperatur die Beziehung

$$\frac{Nu_m}{Ra^{1/4}} = 0{,}53\left(\frac{Pr}{0{,}952 + Pr}\right)^{1/4} \tag{11.44}$$

für die mittlere Nußeltzahl erhalten, die für Luft gut mit der Lösung von Hermann sowie im Bereich $10^5 < Ra < 10^8$ auch gut mit experimentellen Daten übereinstimmt. Für $Ra < 10^5$ ist die Grenzschichtdicke δ nicht mehr klein im Verhältnis zum Radius des Zylinders, und die Grenzschichttheorie ist damit nicht mehr gültig. Infolge der relativ dicken Grenzschicht ist die äußere Oberfläche der Grenzschicht

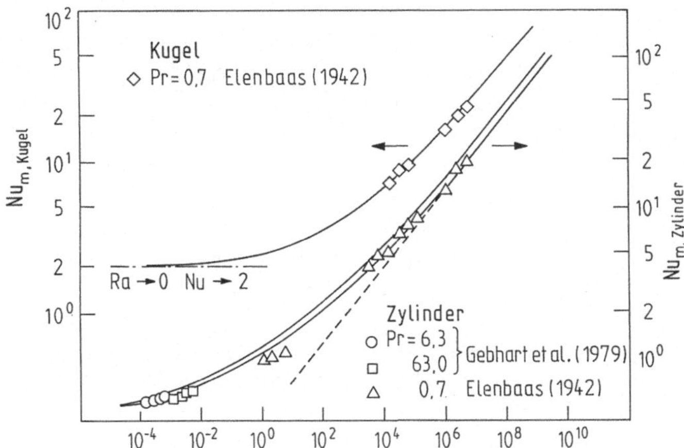

Bild 11.10. Vergleich zwischen theoretischen Beziehungen und experimentellen Daten für den Wärmeübergang bei freier Konvektion am horizontalen Zylinder und an der Kugel [nach Raithby und Hollands (1975)]

deutlich größer als die Zylinderoberfläche. Der Einfluß der Grenzschichtdicke kann näherungsweise durch Annahme einer wärmeleitenden Schicht der Dicke $\Delta(x)$ auf der Zylinderoberfläche entsprechend

$$\frac{q(x)}{A} = \frac{2\lambda(T_w - T_\infty)}{d \ln\left(1 + \left(\dfrac{\Delta(x)}{d/2}\right)\right)}$$

berücksichtigt werden. Damit läßt sich die Näherungslösung von Eckert korrigieren und man erhält nach Raithby und Hollands (1975)

$$Nu_m = \frac{2}{\ln\left(1 + 4,08\left(\dfrac{0,861 + Pr}{Ra\,Pr}\right)^{1/4}\right)}. \tag{11.45}$$

Bild 11.10 zeigt einen Vergleich dieser Beziehung mit experimentellen Daten von Elenbaas (1942) und Gebhart (1971, 1973). Die beiden vollen Kurven stellen die Beziehung (11.45) für $Pr = 0,7$ und $Pr = 6,3$ dar; die gestrichelte Linie entspricht der Beziehung (11.44). Der Vergleich zeigt, daß die Beziehung (11.45) die experimentellen Daten über den gesamten Bereich $10^{-4} \leq Ra \leq 10^7$ sehr gut wiedergibt.

Für $Pr \to 0$ und $Pr \to \infty$ folgen aus den laminaren Grenzschichtgleichungen die asymptotischen Lösungen

$$\frac{Nu_m}{Ra^{1/4}} = \begin{cases} 0,599\, Pr^{1/4} & \text{für} \quad Pr \to 0, \\ 0,518 & \text{für} \quad Pr \to \infty. \end{cases} \tag{11.46}$$

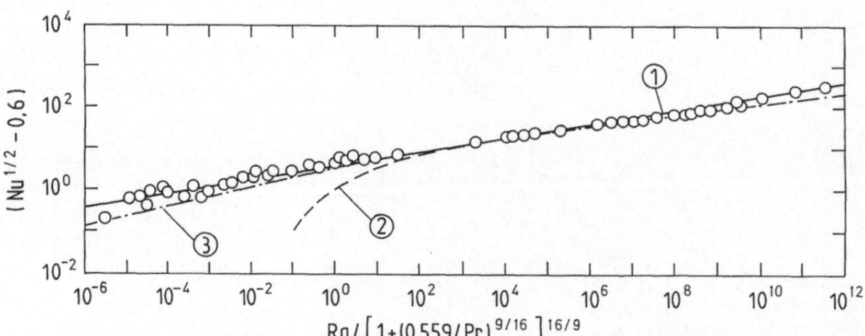

Bild 11.11. Vergleich von experimentellen Daten mit empirischen Korrelationsgleichungen für den Wärmeübergang am horizontalen Zylinder [nach Churchill und Chu (1975)]. ① Gl. (11.47c), ② Gl. (11.47a) und ③ Gl. (11.47b)

Diese beiden asymptotischen Lösungen lassen sich formal zu der Beziehung

$$\frac{Nu_\mathrm{m}}{Ra^{1/4}} = 0{,}518 \left(\frac{1}{\left[1 + \left(\frac{0{,}599}{Pr} \right)^{9/16} \right]^{16/9}} \right)^{1/4} \tag{11.47a}$$

zusammenfassen, wobei sich der Exponent 9/16 durch Anpassung der Nußeltzahl an numerisch berechnete Werte ergibt. Diese Beziehung stimmt im Bereich $10^4 < Ra < 10^8$ gut mit experimentellen Werten überein. Sowohl für kleinere als auch für größere Rayleighzahlen sind die berechneten Werte jedoch zu klein. Churchill und Chu (1975) haben deshalb durch Erweiterung von (11.47a) um eine empirische Konstante, die durch Anpassung an experimentelle Daten bestimmt wurde, die Beziehung

$$Nu_\mathrm{m} = 0{,}36 + 0{,}518 \left(\frac{Ra}{\left[1 + \left(\frac{0{,}559}{Pr} \right)^{9/16} \right]^{16/9}} \right)^{1/4} \tag{11.47b}$$

entwickelt, die die Meßwerte im Bereich $10^{-7} < Ra^* < 10^9$ sehr gut wiedergibt, s. Bild 11.11. Für die voll entwickelte turbulente Grenzschicht existiert zwar für den Grenzfall $Ra \to \infty$ keine asymptotische Lösung, experimentelle Daten legen jedoch den Grenzwert

$$Nu \sim Ra^{1/3} \quad \text{für} \quad Ra \to \infty$$

nahe. Unter Beachtung dieses Grenzwerts haben Churchill und Chu die Beziehung (11.47b) auf den turbulenten Bereich ausgedehnt und dabei die Beziehung

$$\sqrt{Nu} = 0{,}60 + 0{,}387 \left(\frac{Ra}{\left[1 + \left(\frac{0{,}559}{Pr} \right)^{9/16} \right]^{16/9}} \right)^{1/6} \tag{11.47c}$$

Tabelle 11.3. Zahlenwerte für die Konstante C in (11.48). [Nach Morgan (1975)]

Ra	C	m
$10^{-10}-10^{-2}$	0,675	0,058
$10^{-2}-10^{2}$	1,02	0,148
$10^{2}-10^{4}$	0,85	0,188
$10^{4}-10^{7}$	0,48	0,250
$10^{7}-10^{12}$	0,125	0,333

erhalten, die im Bereich $10^{-7} < Ra/[1+(0{,}559/Pr)^{9/16}]^{16/9} < 10^{13}$ sehr gut mit experimentellen Daten übereinstimmt; s. Bild 11.11.

Morgan (1975) hat etwa 70 Literaturstellen zum Wärmeübergang am horizontalen Zylinder ausgewertet und die empirische Korrelationsgleichung

$$Nu_{\mathrm{m}} = \frac{2}{\ln\left(2\dfrac{l}{d}\right)} + C\,Ra^{\mathrm{m}} \tag{11.48}$$

entwickelt. Die Konstante C und der Exponent m können in Abhängigkeit der Rayleighzahl aus Tabelle 11.3 entnommen werden. Die Kennzahlen in dieser Beziehung sind wieder mit dem Durchmesser des Zylinders und die Stoffwerte bei der Filmtemperatur $(T_{\mathrm{w}}+T_{\infty})/2$ gebildet. Sie stimmt im Mittel auf etwa $\pm 3\,\%$ mit experimentellen Daten überein. Die beiden letzten Beziehungen (11.47c) und (11.48) geben die Meßwerte etwa gleich gut wieder.

Für sehr dünne Drähte $(d=0{,}47\,\mathrm{mm})$ empfehlen Fujii et al. (1982) anhand von experimentellen und numerischen Untersuchungen die Beziehung

$$\frac{2}{Nu_{\mathrm{m}}} = \ln\left[1 + \frac{3{,}3}{f(Pr)\,Ra^{\mathrm{n}}}\right] \tag{11.49}$$

mit

$$f(Pr) = \frac{0{,}671}{\left[1+\left(\dfrac{0{,}492}{Pr}\right)^{9/16}\right]^{4/9}},$$

$$n = 0{,}25 + \frac{1{,}0}{10 + 5\,Ra^{0{,}175}},$$

$$T_{\mathrm{ref}} = T_{\mathrm{w}} - 0{,}38\,(T_{\mathrm{w}} - T_{\infty}),$$

die mit der numerischen Lösung von Kuehn und Goldstein (1980) auf 1 % und mit Meßwerten innerhalb deren Streubereich übereinstimmt.

Herwig (1984) hat den Einfluß der temperaturabhängigen Stoffwerte auf den Wärmeübergang theoretisch untersucht. Analog zur vertikalen Platte empfiehlt er dafür Stoffwertverhältnisse für die lokale und mittlere Nußeltzahl, und zwar

$$\frac{Nu}{Nu_{\text{c.p.}}} = Pr_{\text{w}}^{n_1} \left(\frac{\varrho_{\text{w}}}{\beta_{\text{w}}} \right)^{n_2} (\varrho_{\text{w}} \lambda_{\text{w}})^{n_3} c_{\text{p}_{\text{w}}}^{n_4} \tag{11.50}$$

mit

$$n_1 = -0{,}206\,(1 + 1{,}415\,Pr_\infty^{-0{,}7})^{-0{,}605}$$

$$n_2 = 0{,}07; \ n_3 = 0{,}308; \ n_4 = 0{,}202$$

für den Fall konstanter Wandtemperatur und

$$\frac{T_{\text{w}}}{T_{\text{w,c.p.}}} = Pr^{m_1} \left(\frac{\varrho_{\text{w}}}{\beta_{\text{w}}} \right)^{m_2} (\varrho_{\text{w}} \lambda_{\text{w}})^{m_3} c_{\text{p}_{\text{w}}}^{m_4} \tag{11.51}$$

mit

$$m_1 = 0{,}163\,(1 + 1{,}360\,Pr_\infty^{-0{,}695})^{-0{,}599}$$

$$m_2 = 0{,}054; \ m_3 = -0{,}244; \ m_4 = -0{,}212$$

für den Fall konstanter Wärmestromdichte an der Wand. Die Beziehungen (11.50)
und (11.51) sind bereits Näherungen, da nicht nur die Exponenten n_1 und m_1,
sondern auch n_2 bis n_4 und m_2 bis m_4 von der Prandtlzahl abhängen; s. Herwig et al.
(1985).

11.5 Die Kugel

Für den Wärmeverlust einer Kugel durch reine Wärmeleitung gilt nach Grigull und
Sandner (1979)

$$\Phi = 2\pi d\lambda\,(T_{\text{w}} - T_\infty)\,.$$

Daraus folgt für die Wärmestromdichte

$$q_{\text{w}} = \frac{\Phi}{d^2 \pi} = 2\frac{\lambda}{d}\,(T_{\text{w}} - T_\infty)$$

und damit für die Nußeltzahl

$$Nu = \frac{q_{\text{w}} d}{\lambda\,(T_{\text{w}} - T_\infty)} = 2\,. \tag{11.52}$$

Der Wärmeübergangskoeffizient bzw. die Nußeltzahlen streben demnach für
extrem kleine Temperaturdifferenzen $(T_{\text{w}} - T_\infty)$ bzw. extrem kleine Kugeldurch-
messer asymptotisch dem Grenzwert

$$Nu \to 2 \quad \text{für} \quad Ra \to 0$$

zu.

Mit einem integralen Näherungsverfahren, das jedoch wesentlich einfacher als
das in Kap. 9 und 10 beschriebene ist, und Anpassung der Konstanten an

experimentelle Daten haben Raithby und Hollands (1975) den Wärmeübergang
an der Kugel untersucht und dafür die empirische Korrelationsgleichung

$$\frac{Nu-2}{Ra^{1/4}} = 0{,}56 \left(\frac{Pr}{0{,}846 + Pr} \right)^{1/4} \tag{11.53}$$

für den Bereich der laminaren Strömung erhalten. Diese Beziehung stimmt im
Bereich $10^4 \leq Ra \leq 10^8$ gut mit experimentellen Werten für Luft überein. Bild 11.10
zeigt auch einen Vergleich der Beziehung (11.53) mit experimentellen Daten von
Elenbaas (1942) für die Kugel. Die Übereinstimmung ist sehr gut, wenn auch im
Bereich $1 \leq Ra \leq 10^3$ keine Daten bekannt geworden sind.

Farouk (1983) hat die Grenzschichtgleichung für die Kugel numerisch
integriert und die Beziehung

$$Nu = 2 + 0{,}392 \, Gr^{1/4} \tag{11.54}$$

empfohlen, die im Bereich $1 < Gr < 10^5$ gut mit den Meßwerten von Yuge (1960)
übereinstimmt. Für extrem kleine Grashofzahlen im Bereich $10^{-2} < Gr < 1$ sei auf
die numerische Lösung von Singh und Hassan (1983) für $Pr = 0{,}72$ verwiesen.

Geoola und Cornish (1982) haben die Grundgleichungen ebenfalls numerisch
integriert. Anhand dieser Lösung haben sie die empirischen Korrelationsgleichungen

$$Nu = 2 + 0{,}39 \, Ra^{0{,}42}, \tag{11.55a}$$

für

$$0{,}05 \leq Gr < 50, \quad Pr = 0{,}72$$

und

$$Nu = 2 + 0{,}75 \, Ra^{1/4}, \tag{11.55b}$$

für

$$36 \leq Ra \leq 1{,}25 \cdot 10^5$$

$$50 \leq Gr \leq 1{,}25 \cdot 10^4$$

$$0{,}72 \leq Pr \leq 100$$

entwickelt. Für größere Rayleighzahlen kann (11.36) verwendet werden. Diese
Beziehung wurde ja unter Einbeziehung von experimentellen Daten für die Kugel
aufgestellt.

12 Freie Konvektion in Behältern

Wird einem Teil der Oberfläche eines beliebig geformten Behälters Wärme zugeführt und an der restlichen Oberfläche ein gleich großer Wärmestrom abgeführt, so bildet sich nach einer Anlaufphase ein *stationärer* Strömungszustand im Behälter aus. Wird dagegen auf der gesamten Oberfläche Wärme nur zu- oder abgeführt (die Temperatur der Wand sei zeitlich konstant), so bildet sich ein quasistationärer Strömungszustand aus, der mit der Zeit jedoch in dem Maße abklingt, in dem die treibende Temperaturdifferenz zwischen Behälterwand und Fluid sinkt. Das Fluid im Behälter erreicht schließlich die Wandtemperatur und die Konvektion verschwindet vollständig.

Im folgenden werden wir zunächst die stationäre Konvektion in rechtwinkligen Behältern und anschließend das Aufheizen bzw. Abkühlen von zylindrischen und kugelförmigen Behältern behandeln.

12.1 Stationäre freie Konvektion in rechtwinkligen Behältern

Wir unterscheiden dabei drei „Grenzfälle", nämlich den vertikalen Spalt mit $H/L = A \gg 1$, den horizontalen Spalt mit $A \ll 1$ und den quadratischen Behälter mit $A = 1$, wenn H die Höhe (Länge) und L der Abstand der beiden Seitenwände ist.

12.1.1 Schlanke vertikale Behälter mit $A \gg 1$

Im Hinblick auf die Berechnung des Wärmedurchgangs durch Isolierglaseinheiten sowie der Wärmeaufnahme von Sonnenkollektoren ist der Wärmetransport in senkrechten und in geneigten ebenen Spalten zwischen parallelen Seitenwänden sehr intensiv untersucht worden. Bild 12.1 zeigt einen schlanken vertikalen Behälter (ebener Spalt) mit der Höhe H und der Breite L. Die Abmessung in der Tiefe (senkrecht zur Bildebene) sei wesentlich größer als die Breite, so daß der Wärmetransport im Spalt als zweidimensionales Problem betrachtet werden kann. Die linke und die rechte Wand werden auf konstanten aber unterschiedlichen Temperaturen T_h und T_k mit $T_h > T_k$ gehalten; die untere und obere Begrenzung sei adiabat.

Infolge der endlichen Temperaturdifferenz $(T_h - T_k)$ zwischen den vertikalen Seitenwänden bildet sich im Spalt eine Zellströmung aus. Mit steigender Temperaturdifferenz $(T_h - T_k)$ bzw. Rayleighzahl Ra_L werden dabei verschiedene Strö-

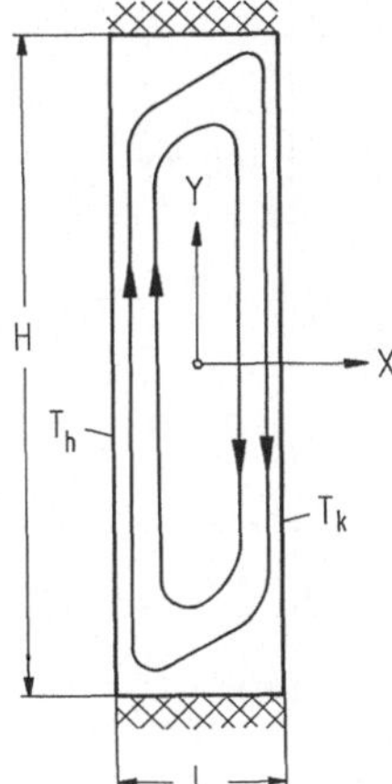

Bild 12.1. Schlanker vertikaler Behälter (ebener Spalt), dessen Seitenwände auf konstanten, aber unterschiedlichen Temperaturen mit $T_h > T_k$ gehalten werden

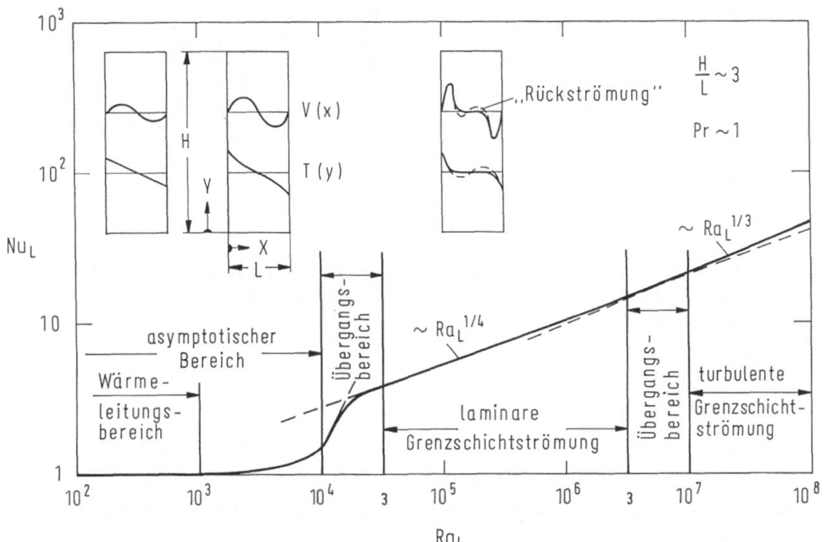

Bild 12.2. Qualitativer Verlauf der Nußeltzahl Nu_L in Abhängigkeit der Rayleighzahl Ra_L für den schlanken vertikalen Behälter

mungsbereiche durchlaufen, für die Elder (1965a, b und 1966), MacGregor und Emery (1969) und Catton (1978) die in Bild 12.2 eingetragenen Grenzen angegeben haben.

Im *Wärmeleitungsbereich* $Ra_L < 10^3$ erfüllt das Temperaturfeld die Laplace-Gleichung: $\theta = \theta(x) = 1/2 - x/L$. Infolge dieses linearen Temperaturprofils ist das Fluid nicht im hydrostatischen Gleichgewicht, die Dichte im Bereich der heißen Wand ist kleiner als die im Bereich der kalten Wand. Dies führt zu einer schwachen Zirkulationsströmung, die im Bereich $0 < x/L < +1/2$ nach unten und im Bereich

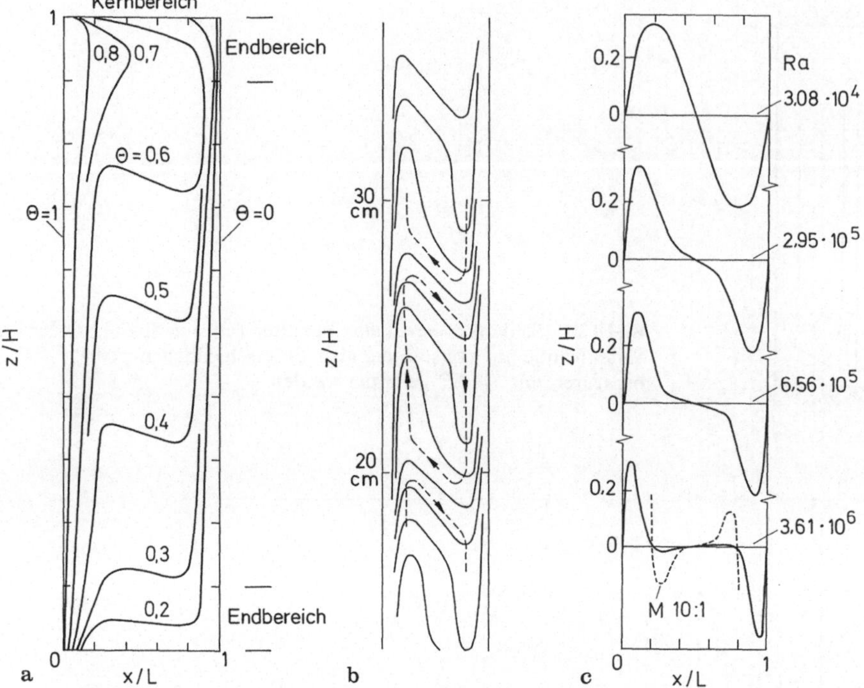

Bild 12.3. Temperatur- und Geschwindigkeitsfeld in einem vertikalen Behälter mit $H/L = 10$ [nach Elder (1965a)]. **a** Verlauf der Isothermen für $Ra_L = 4 \cdot 10^5$; **b** Verlauf der Isothermen für $Ra_L = 3,3 \cdot 10^6$ mit Andeutung der Sekundärströmung; **c** Geschwindigkeitsprofile $v(x/L)$ für erschiedene Rayleighzahlen

$-1/2 < x/L < 0$ nach oben gerichtet ist. Mit Ausnahme der beiden Endbereiche ist die Strömung rein vertikal und parallel. Durch diese Zirkulationsströmung wird Wärme nur in den beiden Endbereichen, im Kernbereich dagegen durch Leitung transportiert. In diesem sog. Wärmeleitungsbereich ist der vertikale Temperaturgradient gleich Null.

Mit steigender Rayleighzahl weicht das Temperaturfeld zunehmend vom linearen Verlauf ab, die Isothermen werden „S-förmig", s. auch Bild 12.3. Im *asymptotischen Bereich* $10^3 \leqq Ra_L \leqq 10^4$ wird mit steigender Rayleighzahl der horizontale Temperaturgradient in Behältermitte kleiner und die Zirkulationsströmung trägt zunehmend zum Wärmetransport bei. In Behältermitte bildet sich ein schwacher vertikaler Temperaturgradient aus, der — abgesehen von den beiden Endbereichen — über die Höhe des Spalts konstant ist. Das resultierende Temperatur- und Strömungsfeld ist punktsymmetrisch zum Behältermittelpunkt, $X = Y = 0$, s. Bild 12.1. Im *Übergangsbereich* $10^4 < Ra_L \leqq 3 \cdot 10^4$ fällt der horizontale Temperaturgradient im Kernbereich mit steigender Rayleighzahl bis auf den Wert Null ab; an den beiden Seitenwänden bildet sich eine grenzschichtähnliche Strömung aus.

Im *laminaren Grenzschichtbereich* $3\cdot10^4 \leq Ra_L < 3\cdot10^6$ lassen sich drei verschiedene Strömungszonen unterscheiden, nämlich die Wandzone, die Kernzone und die Endzone nahe der oberen und unteren Stirnfläche. In der Wandzone treten große horizontale Temperaturgradienten auf. Die Strömung ist ähnlich der an der senkrechten Platte. Die Grenzschichtdicke nimmt jedoch in Strömungsrichtung nur schwach zu, da im Gegensatz zur frei aufgehängten senkrechten Platte nur relativ wenig Fluid aus dem Kern in die Grenzschicht nachströmen kann. In der Kernzone wird der Temperaturgradient für $Ra > 10^6$ negativ. In diesem Bereich beobachtet man im Kern eine schwache Rückströmung, die in Bild 12.3c für $Ra = 3,61\cdot10^6$ im Maßstab 10:1 vergrößert dargestellt ist. Der vertikale Temperaturgradient nimmt im Bereich $10^4 < Ra_L < 10^5$ stark zu und erreicht für $Ra_L > 10^5$ den Wert

$$\frac{T_h - T_k}{L}\,\frac{dT}{dz}\,\frac{H}{L} = f(Pr)\,,$$

der bis zu Rayleighzahlen von etwa $Ra_L = 10^8$ konstant bleibt. Die Abhängigkeit von der Prandtzahl ist schwach, Elder (1965a) gibt für $f(Pr)$ den Wert 0,50 für Paraffin und 0,55 für ein Silikonöl mit der Viskosität von 1 cm^2/s, und Eckert und Carlson (1961) geben für Luft den Wert 0,60 an. Bei einer Rayleighzahl von etwa $Ra_L = 3\cdot10^5 \pm 30\%$ setzt eine Sekundärströmung ein. Dadurch entstehen regelmäßige und übereinanderliegende Zellen, die in gleichem Sinne drehen wie die Grundströmung; s. Bild 12.3b. Die Streubreite von $\pm 30\%$ ist auf die mit der optischen Beobachtung verbundene Unsicherheit des Einsetzens dieser Sekundärströmung zurückzuführen. Bei Rayleighzahlen von etwa $Ra_L = 10^6$ tritt eine weitere zusätzliche Zellströmung auf, die durch die gegenseitige Beeinflussung zweier übereinanderliegender Zellen der Sekundärströmung verursacht wird, s. Elder (1965a).

Im *Übergangsbereich* $3\cdot10^6 \leq Ra_L < 10^7$ wird die Grenzschicht an den Seitenwänden allmählich turbulent und für $10^7 \leq Ra_L \leq 10^9$ liegt eine *turbulente Grenzschichtströmung* vor. Für Rayleighzahlen $Ra_L > 10^9$ wird auch die Strömung im Kernbereich turbulent.

Der Übergang von einem zum anderen Strömungsbereich ist nicht nur von der Rayleighzahl, sondern auch vom Seitenverhältnis abhängig. Anhand experimenteller Untersuchungen geben Yin et al. (1978) die in Bild 12.4 dargestellten Strömungsbereiche an. Die eingezeichneten Kreise kennzeichnen Strömungszustände im Wärmeleitungsbereich, die Quadrate jene im asymptotischen und Übergangsbereich und die Kreuze diejenigen im laminaren Grenzschichtbereich. Die gestrichelte Gerade gibt die von Batchelor (1953) angegebene Abschätzung $Ra_L = 500\,H/L$ für die Grenze des Wärmeleitungsbereichs wieder. Die beiden anderen Bereichsgrenzen $Ra_L \sim H/L$ wurden in Anlehnung an die Lösung von Batchelor eingezeichnet. Da im Bereich $1 < H/L < 10$ für $Gr_L < 10^5$ keine Meßwerte bekannt geworden sind, sind diese Bereichsgrenzen, insbesondere diejenige zwischen Übergangs- und Grenzschichtbereich als vorläufig zu betrachten.

Der Wärmeübergang im vertikalen Behälter wird durch drei dimensionslose Kennzahlen, nämlich die Nußelt-, die Rayleigh- und die Prandtlzahl, sowie durch

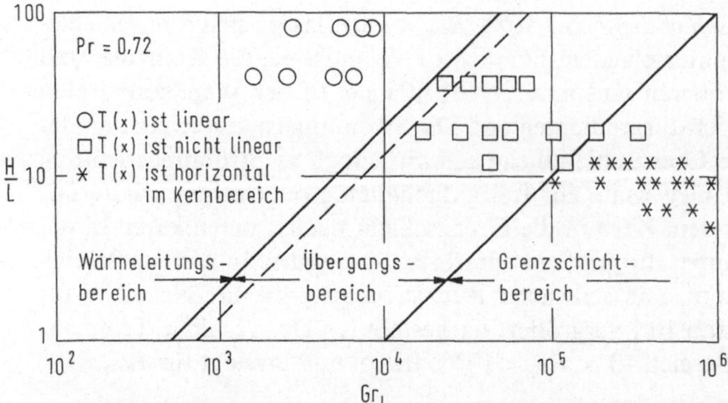

Bild 12.4. Grenzen des Übergangsbereichs zwischen dem Wärmeleitungs- und dem Grenzschichtbereich für den vertikalen Behälter [nach Yin et al. (1978)]

das Seitenverhältnis H/L beschrieben. Damit folgt für die Nußeltzahl die Abhängigkeit

$$Nu = f\left(\frac{H}{L}, Pr, Ra\right).$$

Im Wärmeleitungsbereich gilt

$$Nu_L = \frac{qL}{\lambda(T_h - T_k)} = 1. \tag{12.1}$$

Infolge der Strömungsumkehr im Bereich der oberen und unteren Begrenzung ist die Nußeltzahl im „Anlaufbereich der Grenzschicht" an der heißen und an der kalten Seitenwand (links unten und rechts oben in Bild 12.1) etwas größer und im „Endbereich" etwas kleiner als eins. Anhand interferometrischer Untersuchungen gibt Ostrach (1972) für die mittlere Nußeltzahlen in den Endbereichen $Nu_{,anl} = 1,389$ und $Nu_{,end} = 0,835$ an. Bei Berücksichtigung dieses erhöhten bzw. verminderten Wärmeübergangs durch Umkehr der Strömung in den beiden Endbereichen gilt nach Ostrach für die mittlere Nußeltzahl

$$Nu_L = 1 + 0,00166 \, \frac{L}{H} \, Gr_L^{0,9}. \tag{12.2}$$

Im Wärmeleitungsbereich existiert für den unendlich hohen Behälter bzw. bei Vernachlässigung der Strömungsumkehr in den beiden Endbereichen eine analytische Lösung für die das Strömungs- und Temperaturfeld beschreibenden Differentialgleichungen

$$\frac{\partial u}{\partial x} + \frac{\partial v}{\partial y} = 0, \tag{12.3}$$

$$u\frac{\partial v}{\partial x} + v\frac{\partial v}{\partial y} = -\frac{1}{\varrho}\frac{\partial p}{\partial y} + g\beta(T - T_0) + v\frac{\partial^2 v}{\partial x^2}, \tag{12.4}$$

$$u\frac{\partial T}{\partial x} + v\frac{\partial T}{\partial y} = a\frac{\partial^2 T}{\partial x^2}. \tag{12.5}$$

Wie bereits erwähnt, ist die Strömung für hinreichend kleine Rayleighzahl ($Ra_L < 10^3$) parallel, d.h. das Fluid strömt im Bereich der heißen Seitenwand parallel zu dieser nach oben und im Bereich der kalten Wand nach unten. Mit der Voraussetzung paralleler Strömung folgt wegen $v = v(x)$ und $u = 0$ aus (12.3) bis (12.5)

$$\frac{\partial v}{\partial y} = 0, \tag{12.6}$$

$$0 = -\frac{1}{\varrho}\frac{\partial p}{\partial y} + g\beta(T_h - T_k)\theta + v\frac{\partial^2 v}{\partial x^2}, \tag{12.7}$$

$$v\frac{\partial \theta}{\partial y} = a\frac{\partial^2 \theta}{\partial x^2}, \tag{12.8}$$

mit $\theta = (T - T_k)/T_h - T_k)$ als der dimensionslosen Temperatur. Die Strömung ist unabhängig von der Höhe y. Die Auftriebskräfte sind im Gleichgewicht mit den Reibungskräften und dem vertikalen Druckgradienten.

Durch Elimination der Temperatur folgt aus (12.6) bis (12.8) zunächst

$$v\frac{\partial^2 p}{\partial y^2} = -\varrho a v\frac{\partial^4 v}{\partial x^4}. \tag{12.9}$$

Die Voraussetzung $v = v(x)$ ist zusammen mit der Forderung $p = p(y)$ nur erfüllbar, wenn

$$\frac{\partial^2 p}{\partial y^2} = \text{const}$$

gilt. Damit folgt aus (12.7)

$$\frac{\partial \theta}{\partial y} = \text{const}.$$

Für den reinen Wärmeleitungsbereich, in dem der Einfluß der Zirkulationsströmung auf das Temperaturprofil vernachlässigbar ist, gilt damit

$$\frac{\partial \theta}{\partial y} = 0. \tag{12.10}$$

Damit folgt aus (12.8)

$$\frac{\partial^2 \theta}{\partial x^2} = 0. \tag{12.11}$$

Mit den Randbedingungen für das Temperaturfeld

$$\theta = 1 \quad \text{für} \quad x = 0,$$

$$\theta = 0 \quad \text{für} \quad x = 1$$

erhält man damit die Temperaturverteilung

$$\theta = 1 - \frac{x}{L}\,. \tag{12.12}$$

Differenziert man (12.7) nach x und setzt (12.12) ein, so folgt

$$\frac{\partial^3 v}{\partial x^3} = \frac{g\beta}{vL}\,(T_\mathrm{h} - T_\mathrm{k})\,. \tag{12.13}$$

Mit $\eta = x/L$ erhält man daraus durch Integration

$$v = \frac{gL^3}{v}\,\beta\,(T_\mathrm{h} - T_\mathrm{k})\left(\frac{\eta^3}{6} + C_1\frac{\eta^2}{2} + C_2\eta + C_3\right)\,.$$

Mit den Randbedingungen für das Geschwindigkeitsfeld

$$v = 0 \quad \text{für} \quad \eta = 0,1$$

und der Forderung, daß der effektive Volumenstrom in y-Richtung gleich Null ist,

$$\int\limits_0^1 v\,\mathrm{d}\eta = 0\,,$$

folgt schließlich das S-förmige Geschwindigkeitsprofil

$$\frac{v}{a/L} = Ra_\mathrm{L}\left(\frac{\eta^3}{6} - \frac{\eta^2}{4} + \frac{\eta}{12}\right)\,. \tag{12.14}$$

Die Geschwindigkeit im Behälter ist damit proportional der Rayleighzahl Ra_L.

Im Übergangsbereich nimmt die Nußeltzahl zunächst stark und dann schwächer zu und erreicht asymptotisch die Werte des laminaren Grenzschichtbereichs, s. Bild 12.2. Batchelor (1953) und Poots (1958) haben gezeigt, daß die Nußeltzahl zu Beginn des Übergangsbereichs durch eine asymptotische Entwicklung dargestellt werden kann. Genauer untersucht wurde jedoch nur der Fall $A = 1$.

Nach der Grenzschichttheorie ist im Bereich der Grenzschichtströmung eine Korrelation für die Nußeltzahl entsprechend $Nu_\mathrm{L} \sim Ra_\mathrm{L}^{1/4}$ für die laminare und $Nu_\mathrm{L} \sim Ra_\mathrm{L}^{1/3}$ für die turbulente Grenzschicht zu erwarten. Dies wird durch experimentelle Untersuchungen weitgehend bestätigt, die zeigen, daß die Nußeltzahl mit zunehmendem Seitenverhältnis stark abnimmt und durch die empirische Potenzgleichung

$$Nu = C\left(\frac{H}{L}\right)^{-\mathrm{m}} f(Pr)\,Ra^\mathrm{n} \tag{12.15}$$

mit $n = 1/4$ für die laminare Strömung und $m = 1/3$ für die turbulente Strömung dargestellt werden kann. Für Prandtlzahlen $Pr > 1$ ist die Funktion $f(Pr)$ näherungsweise gleich Eins; für $Pr < 1$ dagegen existiert eine signifikante Abhängigkeit von der Prandtlzahl.

Die kürzlich von Berkovsky und Polevikov (1977) angegebene Beziehung für den Wärmetransport in vertikalen Behältern

$$Nu_L = 0{,}22 \left(\frac{H}{L} \right)^{-1/4} \left(\frac{Pr}{0{,}2 + Pr} Ra_L \right)^{0{,}28} \tag{12.16a}$$

mit $2 < \dfrac{H}{L} < 10$,

$$Pr < 10^5,$$

$$Ra_L < 10^{10}$$

und

$$Nu_L = 0{,}18 \left(\frac{Pr}{0{,}2 + Pr} Ra_L \right)^{0{,}29} \tag{12.16b}$$

mit $\quad 1 < \dfrac{H}{L} < 2$,

$$10^{-3} < Pr < 10^5,$$

$$10^3 < \frac{Pr}{0{,}2 + Pr} Ra_L$$

stimmt nach Catton (1978) sowohl mit experimentellen Daten als auch mit numerischen Lösungen sehr gut überein. Diese Beziehung ist zudem eine der wenigen, die den Einfluß der Prandtlzahl berücksichtigt. Wegen des relativ schwachen Einflusses der Prandtlzahl für $Pr > 1$ ist allerdings die von MacGregor und Emery (1969) angegebene Beziehung

$$Nu_L = 0{,}38 \, (H/L)^{-1/4} \, (Ra_L)^{1/4} \tag{12.17a}$$

im Bereich der laminaren Grenzschichtströmung hinreichend genau.

Bildet man die Nußelt- und die Rayleighzahl nicht mit der Spaltweite, sondern mit der Höhe des vertikalen Behälters, so verschwindet die Geometrieabhängigkeit aus dieser Gleichung und man erhält

$$Nu_H = 0{,}38 \, Ra_H^{1/4}. \tag{12.17b}$$

Diese Feststellung läßt sich dahingehend verallgemeinern, daß die Nußeltzahl im laminaren Grenzschichtbereich praktisch nicht vom Seitenverhältnis abhängt, wenn die beiden Kennzahlen mit der Höhe der Zelle gebildet werden.

Newell und Schmidt (1970) haben das Temperatur- und Geschwindigkeitsverhältnis im vertikalen Spalt durch numerische Integration der Differentialgleichungen (12.3) bis (12.5) ermittelt und daraus die Beziehung

$$Nu_L = 0{,}155 \, Gr_L^{0{,}315} \, (H/L)^{-0{,}265} \tag{12.18}$$

mit

$$2{,}5 \leqq H/L \leqq 20,$$

$$4 \cdot 10^3 \leqq Gr_L \leqq 1{,}4 \cdot 10^5$$

abgeleitet, die für $Pr = 0,733$ und H/L = 10 praktisch mit der von Yin et al. (1978) angegebenen und weiter unten aufgeführten übereinstimmt.

Für Seitenverhältnisse im Bereich $1 < H/L < 40$ und $1 < Pr < 20$ empfehlen Raithby et al. (1977) die Beziehung

$$Nu_L = 0,375 \ (H/L)^{-1/4} \frac{1}{\left[1 + \left(\dfrac{0,49}{Pr}\right)^{9/16}\right]^{4/9}} \cdot Ra_L^{1/4} \tag{12.19}$$

für den laminaren, und

$$Nu_L = \begin{cases} 0,0406 \, Pr^{0,084} \, Ra_L^{1/3} & \text{für} \quad Pr < 2,27, \\ 0,0435 \, Ra_L^{1/3} & \text{für} \quad Pr > 2,27 \end{cases} \tag{12.20}$$

für den turbulenten Grenzschichtbereich.

Die Beziehung (12.19) stimmt mit experimentellen Daten für Luft ($Pr = 0,72$) sehr gut überein; mit zunehmender Prandtlzahl dagegen wird die Übereinstimmung schlechter. Für $Pr = 0,72$ folgt aus (12.19)

$$Nu_L = 0,41 (H/L)^{-1/4} \, Ra_L^{1/4} \, ,$$

Diese Beziehung liefert nur etwa 8 % größere Nußeltzahlen als (12.17a). Diese Abweichung liegt im Bereich der Streuung der experimentellen Daten.

Noch größere Seitenverhältnisse (bis 78,7) haben Yin et al. (1978) untersucht. Die empfohlene Beziehung

$$Nu_L = 0,23 (H/L)^{-0,131} \, Ra_L^{0,269} \tag{12.21}$$

mit

$$4,9 \leqq \frac{H}{L} \leqq 78,7 \, ,$$

$$10^3 \leqq Ra_L \leqq 5 \cdot 10^6$$

wurde aus experimentellen Untersuchungen für Luft abgeleitet. Die mittlere Streuung beträgt 7,6 % und 94,4 % aller Daten liegen innerhalb eines Streubereichs von $\pm 20 \%$. Bild 12.5 zeigt einen Vergleich der aufgeführten Beziehungen für $Pr = 0,733$ und $H/L = 10$. Nach Catton (1978) gibt die Beziehung von Berkovsky und Polevikov (1976), die zudem über einen weiten Rayleighzahlenbereich gültig ist, die in der Literatur bekannt gewordenen experimentellen und numerischen Daten im Mittel am besten wieder.

Der Fall *konstanter Wandwärmestromdichte* wurde von MacGregor und Emery (1969) experimentell untersucht. Für den Bereich der laminaren Grenzschichtströmung wird die Beziehung

$$Nu_L = 0,42 (H/L)^{-0,3} \, Pr^{0,012} \, Ra_L^{1/4}$$

mit

$$10^4 < Ra_L < 10^7 \, , \tag{12.22a}$$

$$1 < Pr < 2 \cdot 10^5 \, ,$$

$$10 < \frac{H}{L} < 40$$

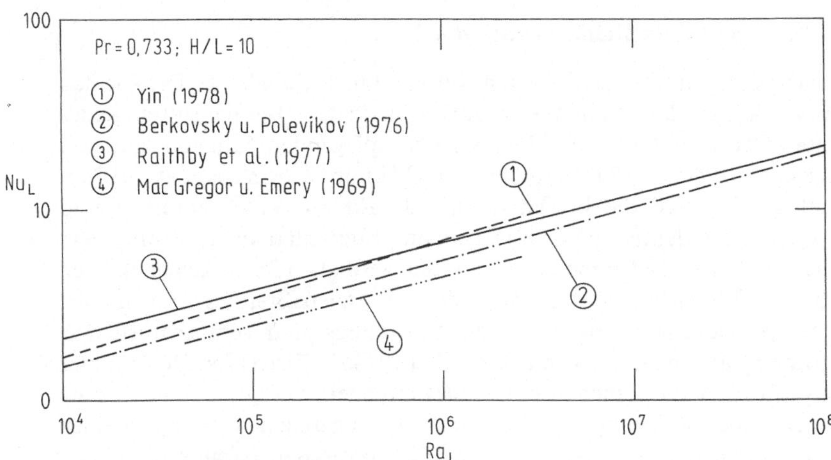

Bild 12.5. Vergleich verschiedener empirischer Korrelationsgleichungen für den Wärmeübergang im vertikalen Behälter

und für den Bereich der turbulenten die Beziehung

$$Nu_L = 0{,}046\ Ra_L^{1/3} \tag{12.22b}$$

mit

$$10^6 < Ra_L < 10^9\,,$$

$$1 < Pr < 20\,,$$

$$1 < H/L < 40$$

empfohlen. Die Standardabweichung beträgt in beiden Fällen etwa $\log Nu_L = 0{,}020$.

Der Einfluß kleiner Neigungswinkel im Bereich $-20° < \varphi < +20°$ wird hinreichend genau berücksichtigt, wenn statt der Rayleighzahl Ra_L die reduzierte Rayleighzahl $\cos \varphi\ Ra_L$ in obige Beziehung eingesetzt wird. Für größere Neigungswinkel bis 45° geben Randall et al. (1979) für den laminaren Grenzschichtbereich die Beziehung

$$Nu_L = 0{,}118\ [Ra_L \cos^2 (45 - \varphi)]^{0{,}29} \tag{12.23}$$

mit

$$3 \cdot 10^3 < Ra_L < 2{,}2 \cdot 10^5\,,$$

$$9 < H/L < 36$$

an. Diese Beziehung ist aus experimentellen Untersuchungen mit Luft abgeleitet. Ihr Gültigkeitsbereich ist deshalb auf $Pr \approx 0{,}7$ beschränkt. Für weitere Ausführungen zum geneigten Behälter sei auf die Arbeit von Catton (1978) verwiesen.

12.1.2 Flache horizontale Behälter mit $A \ll 1$

Bild 12.6 zeigt eine Skizze des flachen horizontalen Behälters. Die beiden Stirnflächen werden auf konstanten aber unterschiedlichen Temperaturen gehalten, Boden und Decke sind adiabat. Die ersten grundlegenden Arbeiten stammen von Cormack et al. (1974a, 1974b), Imberger (1974) und Cormack et al. (1975). Cormack hat gezeigt, daß die beiden Grenzfälle $Ra_H \to 0$ (H/L endlich) und $H/L \to 0$ (Ra_H endlich) identische Lösungen haben. Unterteilt man die Strömung in zwei Bereiche, nämlich in die Endbereiche nahe den vertikalen Stirnflächen und den Kernbereich, so läßt sich mit der Methode der angepaßten asymptotischen Entwicklung eine analytische Lösung für das Strömungs- und Temperaturfeld in der Kernströmung angeben, s. Cormack et al. (1974a). Die Darstellung dieses Lösungswegs würden den Rahmen dieses Buches sprengen, weshalb nur die Lösung mitgeteilt wird. Die Strömung im Behälter ist, abgesehen von den beiden Endbereichen, in denen eine Umlenkung um 180° stattfindet, parallel.

Nach Cormack et al. (1974a) erhält man im Grenzfall $A \to 0$ für das Geschwindigkeitsprofil

$$\frac{u(y)}{a/H} = K_1 Ra_H \left(\frac{\eta^3}{6} - \frac{\eta^2}{4} + \frac{\eta}{12} \right), \tag{12.24}$$

und für das Temperaturfeld

$$\theta(x,y) = K_1 \frac{x}{H} + K_2 + K_1^2 Ra_H \left(\frac{\eta^5}{120} - \frac{\eta^4}{48} + \frac{\eta^3}{72} \right) \tag{12.25}$$

mit der dimensionslosen Höhenkoordinate $\eta = y/H$ und der dimensionslosen Temperatur $\theta = T - T_k/(T_h - T_k)$. Für den horizontalen Temperaturgradienten ergibt sich

$$\frac{\partial \theta}{\partial \left(\dfrac{x}{H} \right)} = K_1 = 1 - 3,48 \cdot 10^{-6} A^3 Ra_H^2 + 0(A^5 Ra_H^4) \, .$$

Ein Vergleich mit dem Geschwindigkeitsprofil im vertikalen Behälter (12.14) zeigt, daß für $Ra \to 0$ die Strömungsfelder im Kernbereich des vertikalen und horizontalen Behälters identisch sind. Aus (12.25) erhält man für die Temperaturdifferenz ΔT zwischen Decke und Boden des Behälters

$$\Delta T = \frac{K_1^2}{720} Ra_H,$$

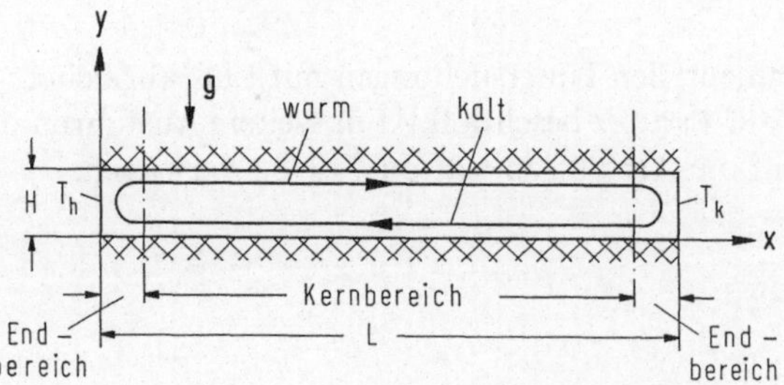

Bild 12.6. Der flache horizontale Behälter mit Wärmezu- und -abfuhr an den Stirnflächen

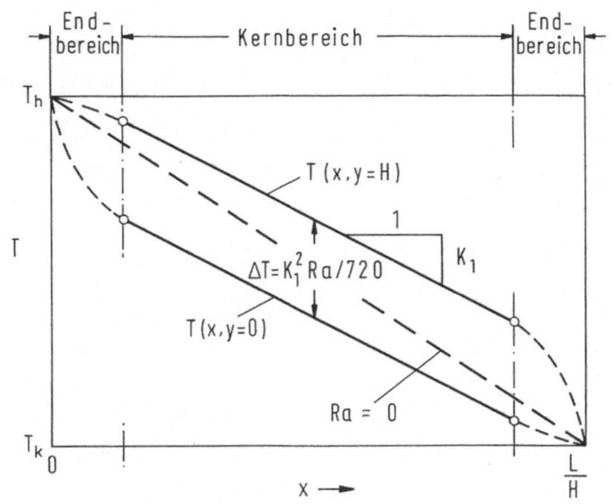

Bild 12.7. Temperaturverlauf im Kernbereich des horizontalen Behälters entlang der oberen und unteren Berandung im „asymptotischen Bereich $Ra \to 0$"

d.h. im „asymptotischen Bereich $Ra \to 0$" ist diese Temperaturdifferenz proportional der Rayleighzahl Ra_H und unabhängig von der horizontalen Koordinate x. Bild 12.7 zeigt den Temperaturverlauf im Kernbereich entlang der oberen und unteren Berandung des horizontalen Behälters. Der Temperaturverlauf im Endbereich ist angedeutet.

Im Kernbereich erfolgt der Wärmetransport durch Leitung und Konvektion. Die Nußeltzahl

$$Nu_H = \frac{qH}{\lambda(T_h - T_k)}$$

ist damit gleich dem effektiven Wärmestrom durch eine beliebige senkrechte Querschnittsfläche,

$$Nu_H = \int_{\eta=0}^{\eta=1} \left(\frac{\partial \theta}{\partial \left(\dfrac{x}{H} \right)} - \frac{u}{a/H} \theta \right) d\eta$$

und ergibt sich zu

$$\frac{Nu_H}{A} = Nu_L = (1 + 2{,}76 \cdot 10^{-6} Ra_H^2 A^2 + 0(Ra_H^4 A^4)) \, . \tag{12.26}$$

Statt $2.86 \cdot 10^{-6}$ bei Cormack et al. (1974a) muß es richtig $2{,}76 \cdot 10^{-6}$ heißen, s. Merker und Leal (1980).

Bejan und Tien (1978) haben gezeigt, daß sich die Struktur der Strömung mit steigender Rayleighzahl ändert und daß dabei vier unterschiedliche Strömungsbereiche durchlaufen werden, s. Bild 12.8. Im sog. asymptotischen Bereich, der durch die oben angegebene Lösung beschrieben wird, erfolgt der Wärmetransport überwiegend durch Wärmeleitung. Mit steigender Rayleighzahl wird der horizontale Temperaturgradient K_1 zunehmend kleiner und ab $Ra > 72(H/L)^{-2}$ erfolgt der Wärmetransport überwiegend durch Konvektion. Für diesen Übergangsbereich haben Bejan und Tien die Nußeltzahl analytisch berechnet. Diese Nußeltzahlbe-

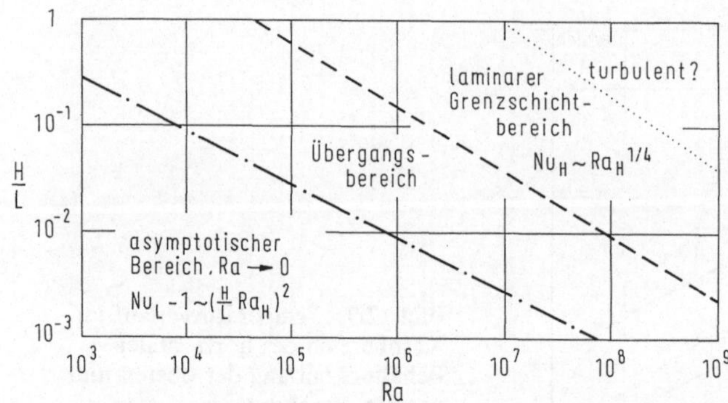

Bild 12.8. Strömungsbereiche für den horizontalen Behälter in Anlehnung an Bejan und Tien (1978)

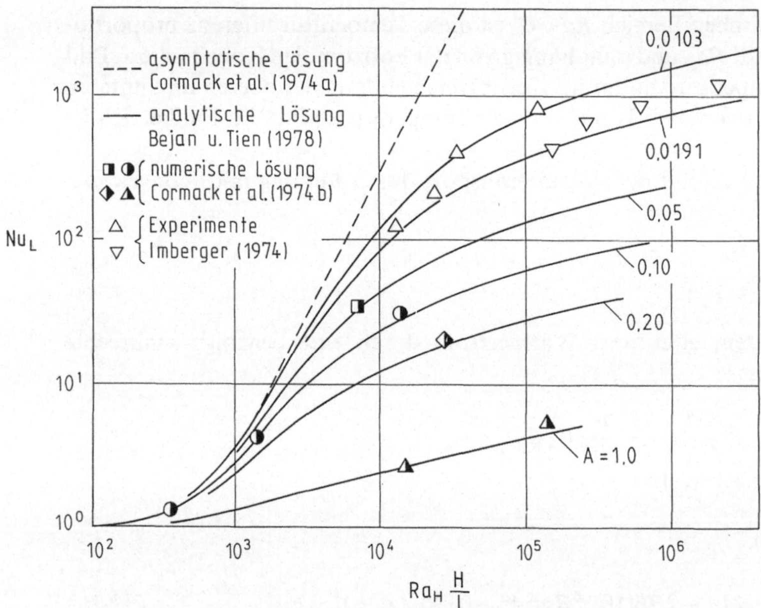

Bild 12.9. Vergleich der analytisch, numerisch und experimentell ermittelten Werte für Nußeltzahlen im Übergangsbereich für den horizontalen Behälter [nach Bejan (1983)]

ziehung ist allerdings implizit und kann nicht als einfacher algebraischer Ausdruck dargestellt werden. Die Lösung ist zusammen mit (12.26) in Bild 12.9 dargestellt. Eingezeichnet sind ferner die von Imberger (1974) für $H/L = 0,0103$ und 0,0191 experimentell und die von Cormack et al. (1974b) für $H/L = 0,05; 0,1; 0,2$ und 1,0 numerisch ermittelten Werte, die hervorragend mit der analytischen Lösung von Bejan und Tien übereinstimmen. Das Diagramm vermittelt gleichzeitig eine Vorstellung über den Gültigkeitsbereich der asymptotischen Lösung.

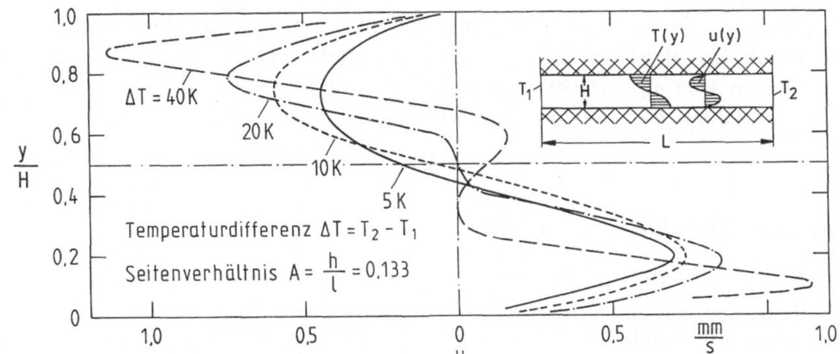

Bild 12.10. Gemessene Geschwindigkeitsprofile $u(y)$ in Abhängigkeit der Temperaturdifferenz $\Delta T = (T_\mathrm{h} - T_\mathrm{k})$ in einem mit Wasser gefüllten horizontalen Behälter ($A = 0,133$)

Mit zunehmender Rayleighzahl wird das Geschwindigkeitsprofil im Behälter grenzschichtähnlich, weshalb man für $Ra > 4,4 \cdot 10^4 (H/L)^{-5/3}$ vom Grenzschichtbereich spricht. Bejan und Tien haben in diesem Bereich für die Nußeltzahl die Beziehung

$$Nu = 0,623 \ Ra_\mathrm{H}^{1/5} \tag{12.27}$$

berechnet. Aufgrund von Analogieüberlegungen zu der Strömung im vertikalen Behälter würde man allerdings erwarten, daß die Nußeltzahl im laminaren Grenzschichtbereich proportional zu $Ra^{1/4}$ ist. Shiralkar et al. (1981) haben die Grundgleichungen numerisch gelöst und dabei festgestellt, daß die Nußeltzahl im Grenzfall $Ra \to \infty$ tatsächlich proportional zu $Ra^{1/4}$ wird. Anhand ihrer numerischen Lösung empfehlen sie für den Bereich $10^6 \leq Ra_\mathrm{H} H/L \leq 3 \cdot 10^8$ die Korrelation

$$Nu = 0,354 \ Ra_\mathrm{H}^\mathrm{p} \tag{12.28}$$

mit

$$p = 0,25 - \frac{f(A)}{Ra_\mathrm{H}^{-0,1917}}$$

und

$$f(A) = \begin{cases} 0,380 & \text{für} \quad A = 0,2 \\ 0,472 & \text{für} \quad A = 0,1 \end{cases}.$$

Die vorhandenen experimentellen Daten in diesem Bereich reichen allerdings nicht aus, um eine Aussage über die Genauigkeit dieser Beziehung zu treffen.

Bild 12.10 zeigt die von Merker (1975) in einem horizontalen und mit Wasser gefüllten Behälter ($A = 0,133$) gemessenen Geschwindigkeitsprofile für verschiedene Temperaturdifferenzen zwischen warmer und kalter Stirnfläche. Man erkennt, daß das Geschwindigkeitsprofil mit steigender Temperaturdifferenz „grenzschichtähnlicher" wird. Die Unsymmetrie der Profile ist auf die unvollkommene Isolierung entlang der oberen und unteren Berandung zurückzuführen.

Für Rayleighzahlen $Ra > 10^9$ ist die Grenzschichtströmung turbulent. In Analogie zum vertikalen Behälter ist zu vermuten, daß sich zwischen dem turbulenten und laminaren Grenzschichtbereich ein weiteres Übergangsgebiet einfügt. Für Rayleighzahlen $Ra > 10^9$ sind keine Untersuchungen bekannt geworden.

12.1.3 Der quadratische Behälter mit $A = 1$

Der quadratische Behälter, dessen Seitenwände wieder auf konstanten, aber unterschiedlichen Temperaturen gehalten werden und dessen Unter- und Oberseite adiabat sind, kann als Grenzfall sowohl des vertikalen als auch des horizontalen Behälters betrachtet werden. So haben, wie bereits erwähnt, Cormack et al. (1974a) gezeigt, daß ihre für den Grenzfall $A \rightarrow 0$ und Ra endlich berechnete asymptotische Lösung auch für den Grenzfall $Ra \rightarrow 0$ und A endlich (z.B. $A = 1$) gültig ist. Das gleiche gilt im Bereich der asymptotischen Lösung auch für den vertikalen Behälter. Deshalb verwundert es nicht, daß Lösungen für den horizontalen und vertikalen Behälter oft auch den Grenzfall $A = 1$ mit einschließen.

Aus der von Berkovsky und Polevkov (1976) für schlanke vertikale Behälter angegebenen Beziehung (12.16b) folgt für den quadratischen Behälter

$$Nu = 0{,}18 \left(\frac{Pr}{0{,}2 + Pr} Ra \right)^{0{,}29},$$

mit

$$10^{-3} < Pr < 10^5,$$

$$\frac{Pr}{0{,}2 + Pr} Ra > 10^3,$$

wobei wegen $L = H$ der Index bei der Nußelt- und Rayleighzahl entfällt.

Für den *asymptotischen Bereich* $Ra < 4 \cdot 10^3$ gibt Elder (1965a, b) für $Pr = 1$ die Beziehung

$$Nu = C\, Ra^{1/4} \tag{12.29}$$

an, wobei für die Konstante der Zahlenwert $C = 0{,}30$ aus analytischen Abschätzungen und $C = 0{,}25$ aus einer numerischen Lösung folgt.

Graebel (1981) hat den Einfluß der Prandtlzahl im Bereich der *laminaren Grenzschichtströmung* untersucht und findet mit einem analytischen Näherungsverfahren die Beziehung

$$Nu = f(Ra^{1/7}, Pr)\, Ra^{1/4}. \tag{12.30}$$

Für $Pr \geq 1$ ist die Funktion $f(Ra^{1/7}, Pr)$ praktisch unabhängig von der Prandtlzahl. Im Bereich $4 \leq Ra^{1/7} < 10^7$ liegen die Werte für $f(Ra^{1/7}, Pr)$ dafür zwischen 0,3034 und 0,3313.

Küblbeck (1981) hat das Temperatur- und Strömungsfeld im quadratischen Behälter durch numerische Lösung der Grundgleichungen berechnet und für die

Nußeltzahl die Beziehung

$$Nu = 0{,}138\, Ra^{0{,}31} \tag{12.31}$$

angegeben. Im Vergleich dazu liefert (12.30) für $Ra < 10^4$ etwas größere und für $Ra > 10^4$ etwas kleinere Werte für die Nußeltzahl.

Newell und Schmidt (1969) haben gezeigt, daß ihre ebenfalls durch numerische Integration gefundene Beziehung

$$Nu = 0{,}0619\, Ra^{0{,}397} \tag{12.32}$$

im Bereich $Ra < 5 \cdot 10^5$ sehr gut mit experimentellen Daten übereinstimmt.

Während im Bereich $10^4 < Ra < 10^5$ die Abweichungen zwischen den Beziehungen (12.30) bis (12.32) im Streubereich der experimentellen Werte liegen, liefert (12.32) für $Ra > 5 \cdot 10^5$ deutlich größere Werte als (12.30) und (12.31). Die Beziehungen (12.16b) und (12.31) fallen im Bereich $10^4 < Ra < 10^6$ praktisch zusammen. Für $Ra > 10^6$ liefert (12.16b) geringfügig kleinere Werte als (12.31) und etwas größere Werte als (12.30).

Bild 12.11 zeigt die numerische Lösung der Navier-Stokes und Energiegleichung für einen quadratischen Behälter und $Pr = 0{,}7$ nach Küblbeck et al. (1980). Dargestellt sind Temperatur- und Geschwindigkeitsprofile sowie das Temperatur-, Potential- und Wirbelfeld für verschiedene Rayleighzahlen. Für $Ra = 7$ erfolgt der Wärmetransport von der heißen zur kalten Stirnfläche durch reine Wärmeleitung, die schwache Konvektion trägt praktisch nichts bei. Im asymptotischen Bereich mit $Ra = 7 \cdot 10^3$ trägt die Konvektion deutlich zum Wärmetransport bei. Die Geschwindigkeitsprofile zeigen ferner, daß der gesamte Behälterinhalt an der Konvektion teilhat. Bei $Ra = 7 \cdot 10^5$ hat sich an den vertikalen Seitenwänden und bei $Ra = 7 \cdot 10^7$ zusätzlich auch an der unteren und oberen Wand eine Grenzschicht gebildet. Der Kernbereich ist horizontal gut durchmischt und vertikal geschichtet. Potential- und Wirbelfeld zeigen weiter, daß das Fluid im Kernbereich praktisch in Ruhe ist.

Als Zusammenfassung des bisher Gesagten zeigt Bild 12.12 eine von Bejan (1980 und 1981) angegebene Darstellung der Nußeltzahl in Abhängigkeit des Seitenverhältnisses $A = H/L$ für verschiedene Rayleighzahlen Ra_L. Die Nußelt- und die Rayleighzahl sind dabei mit dem Abstand L zwischen Heiz- und Kühlplatte gebildet. Im flachen horizontalen Behälter gilt zu Beginn des Übergangsbereichs zwischen Wärmeleitungs- und Grenzschichtbereich die von Cormack et al. (1974) angegebene asymptotische Lösung. Der Übergangsbereich selbst wird durch die implizite Lösung von Bejan und Tien (1978), s. auch Bild 12.9, beschrieben. Für rechtwinklige Behälter mit $A \geq 1$ hat Gill (1966) unter der Annahme, daß der Wärmetransport durch Wärmeleitung auf eine dünne Grenzschicht an den Seitenwänden begrenzt ist, eine analytische Lösung für das Strömungs- und Temperaturfeld ermittelt. Aufbauend auf dieser Lösung hat Bejan (1979) die Beziehung

$$Nu_\mathrm{L} = C \left(Ra_\mathrm{L} \frac{L}{H} \right)^{1/4} \tag{12.33a}$$

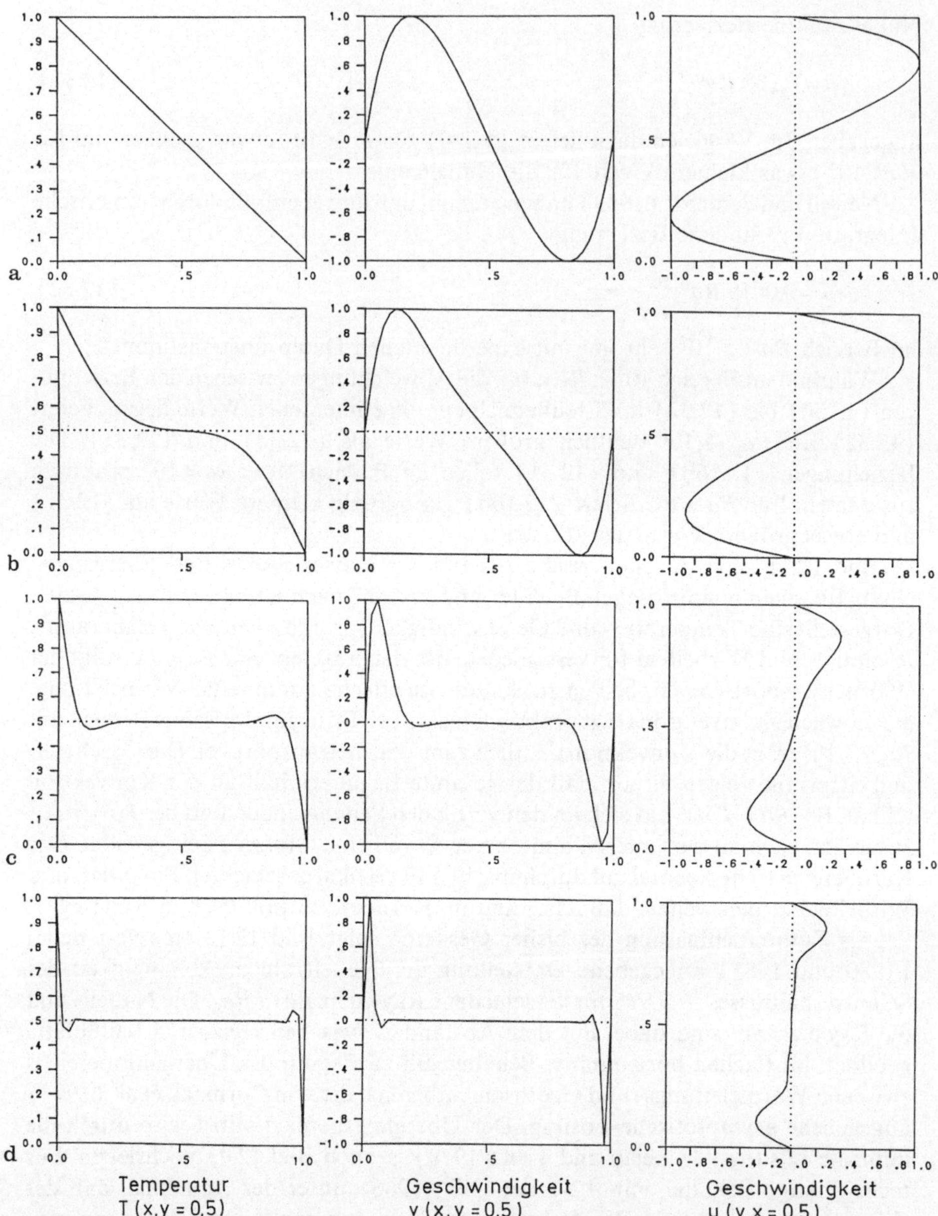

Bild 12.11. Numerische Lösung [nach Küblbeck et al. (1980)] für das Strömungs- und Temperaturfeld in einem quadratischen Behälter für $Pr = 0{,}7$ bei verschiedenen Rayleighzahlen. **a** $Ra = 7$; **b** $Ra = 7{\cdot}10^3$; **c** $Ra = 7{\cdot}10^5$ und **d** $Ra = 7{\cdot}10^7$

Bild 12.11

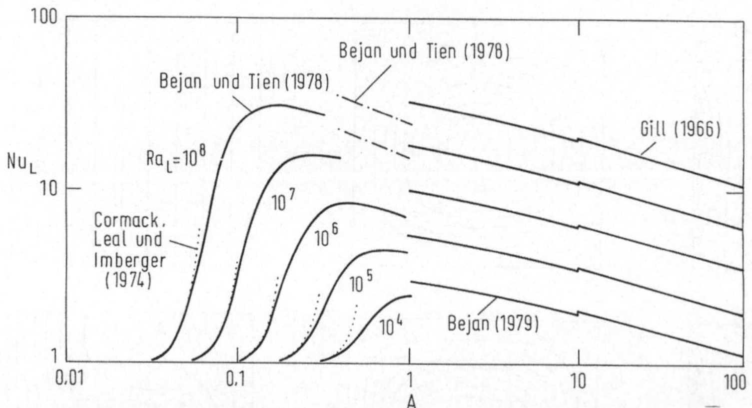

Bild 12.12. Nußeltzahl Nu_L in Abhängigkeit des Seitenverhältnisses für rechtwinklige Behälter [nach Bejan(1979)]

für die Nußeltzahl entwickelt. Die Konstante C ist eine Funktion von $Ra^{1/7}H/L$ und erreicht für $Ra^{1/7}H/L \to \infty$ den Grenzwert $C=0{,}364$. Die dafür resultierende Beziehung

$$Nu_L = 0{,}364 \left(Ra_L \frac{L}{H} \right)^{1/4}, \tag{12.33b}$$

ist mit der von Gill (1966) (Gill gibt allerdings keine Beziehung für die Nußeltzahl an) identisch und im Bereich $10 \leq A \leq 100$ in Bild 12.12 eingezeichnet. Bei größeren Rayleighzahlen entsteht eine Lücke zwischen der von Bejan und Tien (1978) angegebenen Lösung für horizontale Behälter und der von Bejan (1979) ermittelten Lösung für quadratische und vertikale Behälter. Für diesen „laminaren Grenzschichtbereich" haben Bejan und Tien (1978) die Beziehung

$$Nu_L = 0{,}623 \; A^{-2/3} \; Ra_L^{1/5} \tag{12.34}$$

angegeben, die ebenfalls in Bild 12.12 eingezeichnet ist.

12.1.4 Der horizontale zylindrische Ringspalt

Einen Überblick über experimentelle und theoretische Untersuchungen zum Wärmeübergang im zylindrischen Ringspalt (s. Bild 12.13) haben Raithby und Hollands (1975) gegeben. Danach sind relativ wenige experimentelle Arbeiten bekannt geworden. Erste Untersuchungen stammen von Beckmann (1931). Später haben Grigull und Hauf (1966) den Wärmeübergang in einem mit Luft gefüllten horizontalen Ringspalt mit Hilfe eines Mach-Zehnder Interferometers optisch untersucht. Bild 12.14 zeigt die Interferenzbilder eines Ringspalts mit $d_a/d_i = 6{,}3$; $s = 53$ mm und $\Delta T_s = 11$ K. Die geschlossenen Linien entsprechen dabei Isothermen. Man erkennt deutlich die Grenzschicht am inneren Zylinder, die im Verhältnis zum Durchmesser relativ dick ist. Am äußeren Zylinder ist die Grenzschicht am oberen Staupunkt relativ dünn, wächst aber über dem Umfang schnell an. Bild 12.15 zeigt

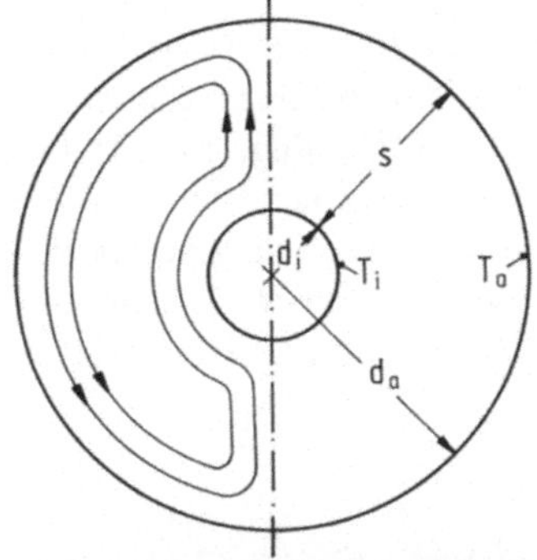

Bild 12.13. Wärmeübergang im horizontalen zylindrischen Ringspalt

Bild 12.14. Interferenzbild der freien Konvektion im horizontalen zylindrischen Ringspalt mit $d_a/d_i = 6{,}3$; $s = 53$ mm und $\Delta T_s = 11$ K [nach *Grigull* und *Hauf* (1966), s. auch *Grigull* (1966, 1968)]

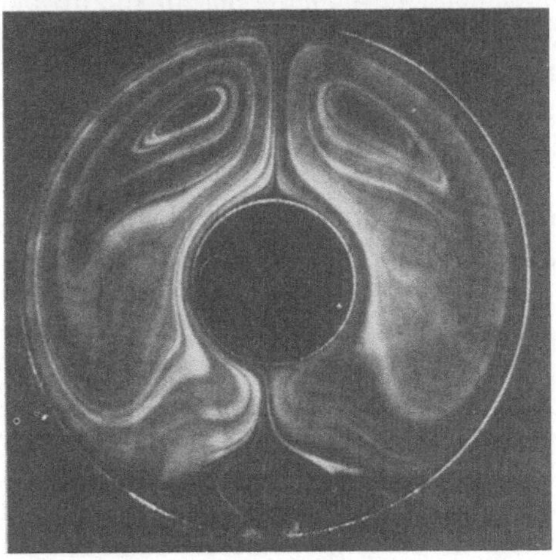

Bild 12.15. Stromlinienbild der freien Konvektion im horizontalen Ringspalt. $Gr_\delta = 1{,}84 \cdot 10^5$, $T_\delta = 27{,}5$ K und $\delta/d_i = 1{,}0$ [nach *Grigull* (1968)]

das mit Zigarettenrauch nach dem Lichtschnittverfahren sichtbar gemachte Strömungsfeld. Bei allen Versuchen war der innere Zylinder elektrisch beheizt und der äußere mit Wasser gekühlt. Beide Zylinder waren aus Messing, so daß ihre Oberflächen näherungsweise auf einheitlicher Temperatur waren.

Mit dem Temperaturgradienten $(\partial T/\partial r)_\mathrm{w}$ an der Wand des Innenzylinders, der Temperaturdifferenz ΔT_s zwischen Innen- und Außenzylinder und der Spaltweite s als der charakteristischen Länge erhält man für die Nußelt- und Grashofzahl

$$Nu_\mathrm{s} = \left(\frac{\partial T}{\partial r}\right)_\mathrm{w}\frac{s}{\Delta T_\mathrm{s}}\ ,$$

$$Gr_\mathrm{s} = g\beta s^3 \Delta T_\mathrm{s}/v^2\ .$$

Den von ihnen untersuchten Bereich $320 \leqq Gr_\mathrm{s} \leqq 716\,000$ unterteilen Grigull und Hauf in einen zweidimensionalen asymptotischen Bereich mit $Gr_\delta < 2400$, einen Übergangsbereich mit $2400 < Gr_\delta < 30\,000$ und dreidimensionaler Konvektion und in einen voll entwickelten Bereich mit $Gr_\delta > 30\,000$ und stabiler zweidimensionaler Konvektion.

Im *zweidimensionalen asymptotischen* Bereich ist die Nußeltzahl weitgehend unabhängig von der Grashofzahl. Sowohl die Rauchversuche als auch die Interferenzbilder zeigen eine schwache Konvektion, die aber offensichtlich keinen wesentlichen Beitrag zur Wärmeübertragung liefert. Rauchaufnahmen und Interferenzbilder im Übergangsbereich zeigen, daß eine dreidimensionale Wirbelbewegung mit Oszillation auftritt. Für Grashofzahlen $Gr_\mathrm{s} > 30\,000$ wird für alle untersuchten Spaltweiten $0,15 \leqq s/d_\mathrm{i} \leqq 2,65$ eine *laminare und zweidimensionale Konvektion* beobachtet, die in hohem Maße stabil ist. Mit größer werdender Spaltweite und zunehmender Grashofzahl nehmen die Stromlinien mehr und mehr Nierenform an; s. dazu Bild 12.15. Den Verlauf der örtlichen Nußeltzahl über dem Umfang des Ringspalts zeigt Bild 12.16. Im Bereich des unteren Staupunkts, $\varphi \leqq \pm 60°$, ist die örtliche Nußeltzahl in allen drei Bereichen praktisch konstant. Im asymptotischen Bereich nimmt sie mit zunehmendem Winkel φ gleichmäßig ab und ist im Bereich des oberen Staupunkts, $180° < \varphi < 150°$, wieder konstant. Im Übergangsbereich nimmt die Nußeltzahl ab $\varphi = 90°$ zunächst ebenfalls ab, hat jedoch am oberen Staupunkt ein schwaches Maximum. Im Bereich der voll entwickelten laminaren Strömung hat die Nußeltzahl $Nu(\varphi)$ am oberen Staupunkt ihren kleinsten Wert.

Beckmann (1931) hat zur Berechnung des Wärmeübergangs im Ringspalt eine effektive Wärmeleitfähigkeit entsprechend

$$\frac{q}{L} = \frac{2\pi\lambda_\mathrm{eff}}{\ln(d_\mathrm{a}/d_\mathrm{i})}\,(T_\mathrm{i} - T_\mathrm{a}) \tag{12.35}$$

definiert. Raithby und Hollands (1975) haben den Wärmeübergang im Ringspalt mit einem Dreischichtenmodell, das je eine Grenzschicht konstanter Dicke am inneren und äußeren Zylinder und einen isothermen Ring zwischen diesen beiden Grenzschichten annimmt, berechnet und für die effektive Wärmeleitfähigkeit die

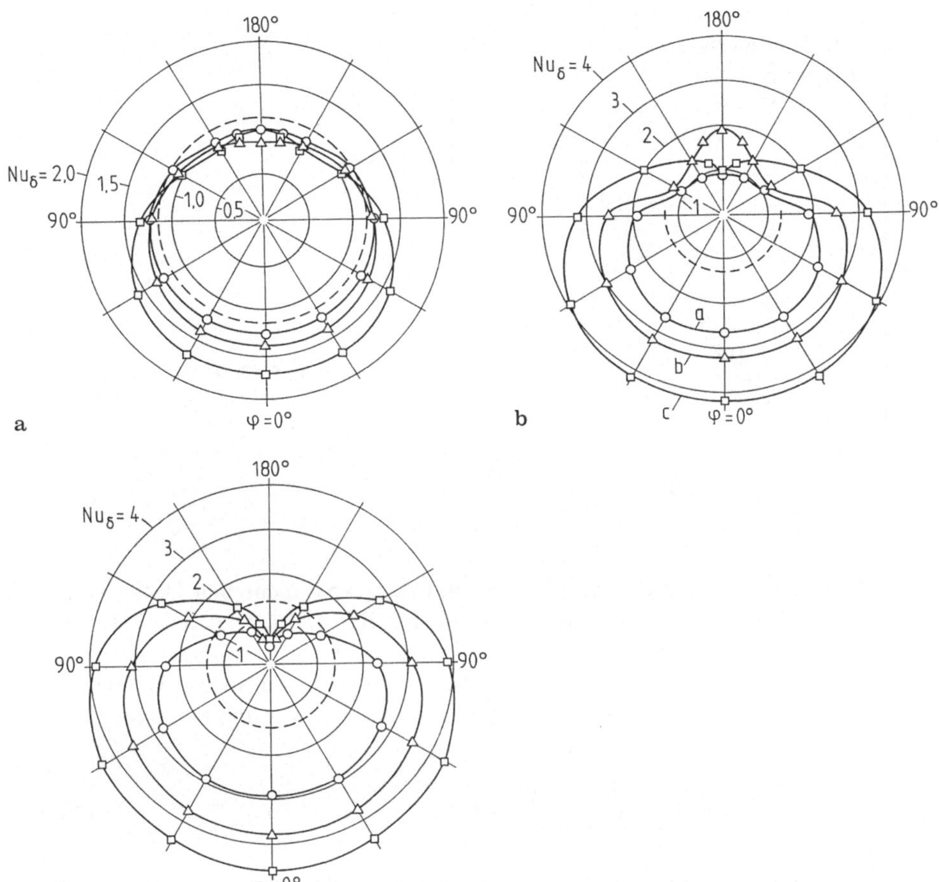

Bild 12.16. Verlauf der örtlichen Nußeltzahl bei freier Konvektion im horizontalen Ringspalt. **a** asymptotischer Bereich mit zweidimensionaler Strömung; **b** Übergangsbereich mit dreidimensionaler Strömung; **c** voll entwickelter Bereich mit stabiler zweidimensionaler Strömung [nach Grigull und Hauf (1966)]

Beziehung

$$\frac{\lambda_{\text{eff}}}{\lambda} = 0{,}317\ Ra_*^{1/4} \tag{12.36a}$$

mit

$$Ra_* = \frac{[\ln(d_a/d_i)]^4}{s^3 [d_i^{-3/5} + d_a^{-3/5}]^5}\ Ra_s$$

und

$$Ra_s = \frac{gs^3}{av}\,\beta\,(T_i - T_a)$$

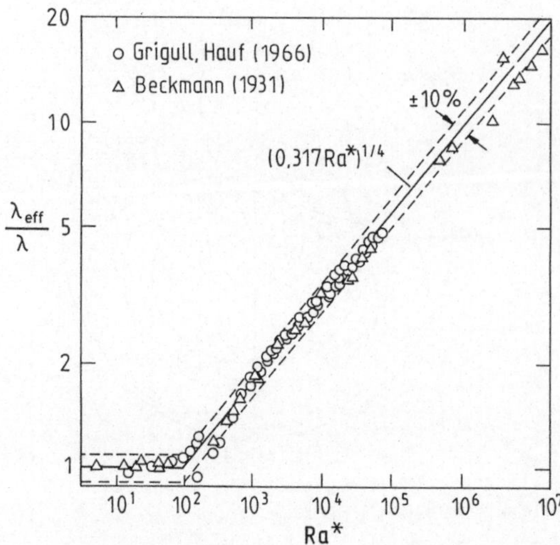

Bild 12.17. Effektive Wärmeleitfähigkeit für den horizontalen Ringspalt [nach Raithby und Hollands (1966)]

erhalten. Ein Vergleich von (12.36a) mit den experimentellen Daten von Beckmann (1931) und Grigull und Hauf (1966), s. Bild 12.17, zeigt, daß fast alle Daten innerhalb eines Streubereichs von $\pm 10\,\%$ liegen. Eine geringfügig bessere Übereinstimmung wird erreicht, wenn in (12.36a) statt des Zahlenwerts 0,317 eine von der Prandtlzahl abhängige Funktion eingeführt wird. Raithby und Hollands empfehlen dafür

$$\frac{\lambda_{\text{eff}}}{\lambda} = 0{,}386 \left(\frac{Pr}{0{,}861 + Pr} \right)^{1/4} Ra_*^{1/4} \,. \tag{12.36b}$$

Kuehn und Goldstein (1976) haben ebenfalls mit Hilfe eines Dreischichtenmodells eine empirische Beziehung für den Wärmetransport im Ringspalt entwickelt, die wir jedoch wegen ihres relativ komplizierten Aufbaus hier nicht aufführen wollen.

Für sehr kleine Innenzylinder bzw. für große Ringspalte im Bereich $s/d_{\text{i}} > 0{,}3$ müssen Krümmungseffekte in der Grenzschicht am Innenzylinder berücksichtigt werden. Für diesen Fall gelten nach Raithby und Hollands die Beziehungen

$$\frac{q}{L} = \frac{2\pi\lambda\,(T_{\text{i}} - T_{\text{M}})}{\ln\left[1 + \dfrac{2}{0{,}634\,Ra_{d_{\text{i}}}^{1/4}} \right]} \,, \tag{12.37a}$$

$$\frac{q}{L} = \frac{2\pi\lambda\,(T_{\text{M}} - T_{\text{a}})}{\ln\left[1 + \dfrac{2}{0{,}634\,Ra_{d_{\text{a}}}^{1/4}} \right]} \,, \tag{12.37b}$$

mit

$$Ra_{d_{\text{i}}} = \frac{g d_{\text{i}}^3}{a v}\,\beta\,(T_{\text{i}} - T_{\text{M}})$$

und

$$Ra_{d_a} = \frac{g d_a^3}{av} \beta (T_M - T_a) \ .$$

Die Temperatur T_M muß dabei iterativ aus (12.37) berechnet werden, und zwar derart, daß die mit (12.37a) und (12.37b) berechneten Wärmestromdichten q gleich groß sind.

Boyd (1981) hat gezeigt, daß sich experimentelle Daten im Rayleighzahlenbereich $10 < Ra < 10^7$ sehr gut durch eine einzige Funktion korrelieren lassen, wenn unterschiedliche charakteristische Längen in der Nußelt- und Rayleighzahl verwendet werden. Mit der Spaltweite $(r_2 - r_1)$ als der charakteristischen Länge für die Nußeltzahl

$$Nu = \frac{r_2 - r_1}{T_2 - T_1} \left(\frac{\partial T}{\partial y} \right)_{y = r_1} ,$$

der charakteristischen Länge

$$R^3 = \frac{(r_2 - r_1)^4}{r_1} \left[1 - \left(\frac{r_2}{r_1} \right)^{1/5} \right]^{-4}$$

sowie der charakteristischen Temperaturdifferenz

$$\Delta T = (T_2 - T_1) \left[1 + \left(\frac{r_2}{r_1} \right)^{1/5} \right]$$

für die Rayleighzahl

$$Ra = \frac{g R^3}{av} \beta \Delta T$$

erhält Boyd die empirische Korrelationsgleichung

$$Nu = 0{,}796 \ Ra^{1/4} Pr^{f(Pr)} \tag{12.38}$$

mit

$$f(Pr) = 0{,}00663 - \frac{0{,}0351}{Pr^{1/3}} \ ,$$

die die experimentellen Werte sehr gut wiedergibt. Im Gegensatz zu älteren Korrelationsgleichungen entfällt bei Verwendung unterschiedlicher charakteristischer Längen in der Nußelt- und der Rayleighzahl ein weiterer geometrischer Parameter in der Nußeltbeziehung.

12.2. Die Rayleigh-Bénard-Konvektion

Im Gegensatz zur freien Konvektion an vertikalen Wänden setzt bei der Heizung einer horizontalen Fluidschicht endlicher Höhe H von unten erst nach Überschreiten eines bestimmten (sog. kritischen) Temperaturgradienten Konvektion ein. Die dann auftretende regelmäßige Zellstruktur der Strömung wurde experimentell erstmals von Bénard (1900) beobachtet (Neuere Untersuchungen zeigen, daß die von Bénard beobachtete hexagonale Zellstruktur weniger auf thermische als vielmehr auf Oberflächenspannungseffekte (Marangoni-Konvektion) zurückzuführen ist, s. z.B. Joseph (1978).); das Stabilitätsproblem wurde später analytisch von Lord Rayleigh (1916) und Jeffreys (1926) gelöst. Seitdem ist dieses sogenannte Rayleigh-Bénard-Problem sehr intensiv untersucht worden, und zwar von seiten der Astrophysik im Hinblick auf das Verständnis der in den oberen Bereichen der Sonne beobachteten Granulation, von seiten der Strömungsmechanik mit dem Ziel, aus der Kenntnis der mit steigender Temperaturdifferenz zwischen Heiz- und Kühlplatte immer komplizierter werdenden Zellkonfigurationen ein besseres Verständnis der Entstehung der Turbulenz zu gewinnen. Zusätzlich zu diesen Fragen interessiert den Ingenieur die Wärmeübertragung zwischen der unteren und der oberen Wand in Abhängigkeit der Temperaturdifferenz und der Geometrie. Eine Zusammenfassung der bisher gewonnenen Ergebnisse haben Chandrasekhar (1961), Koschmieder (1974) und Catton (1978) gegeben. Für eine sehr anschauliche Übersicht über Instabilitäten in Strömungen sei auf Zierep (1978) verwiesen.

12.2.1 Einsetzen der Konvektion

Die analytische Untersuchung des Einsetzens der Konvektion, d.h. die Beantwortung der Frage, unter welchen Bedingungen das lineare Temperaturprofil instabil wird, erfolgt mit Hilfe der linearen Stabilitätstheorie, als deren Ergebnis man einen sogenannten kritischen Parameter (üblicherweise die Rayleighzahl) erhält. Ist die tatsächliche Rayleighzahl kleiner als die kritische, so ist die Temperatur- bzw. Dichteschichtung stabil und der Wärmetransport erfolgt ausschließlich durch Wärmeleitung. Für Rayleighzahlen größer als die kritische ist das lineare Profil instabil; es setzt eine durch Dichteunterschiede bedingte Strömung (Bénardkonvektion) ein.

Bei der linearen Stabilitätsanalyse werden dem zu untersuchenden System infinitesimal kleine Störamplituden aufgeprägt. Das System (hier: Dichte- bzw. Temperaturschichtung) wird als stabil bezeichnet, wenn alle Frequenzen der aufgeprägten Störamplituden mit der Zeit abklingen und als instabil, wenn die Störamplitude nur einer einzigen Frequenz mit der Zeit ansteigt. Diese Stabilitätsanalyse wird als linear bezeichnet, weil infolge der als infinitesimal klein vorausgesetzten Störamplituden alle Produkte und Potenzen von Störgrößen vernachlässigt werden können und die resultierenden Störungsdifferentialgleichungen deshalb linear sind.

Wird die kritische Rayleighzahl überschritten, so wachsen die infinitesimal kleinen Amplituden der Störgrößen mit der Zeit zu endlichen Amplituden an. Stabilisieren sich diese bei einem bestimmten endlichen Wert, so ist das System in einen neuen stabilen Zustand (hier: stationäre Konvektion) übergegangen. Die lineare Theorie kann prinzipiell keine Aussagen über den neuen stabilen Zustand machen. Die Beantwortung der Frage, in welchen Zustand das System nach dem

Einsetzen der Konvektion übergeht, bleibt der nichtlineare Stabilitätsanalyse vorbehalten, nichtlinear deshalb, weil bei der Untersuchung von Störungen endlicher Amplituden die nichtlinearen Terme in den Differentialgleichungen nicht mehr vernachlässigbar sind. Als Ergebnis erhält man weitere kritische Rayleighzahlen (höherer Ordnung), die den Übergang von einer stabilen Konfiguration in die nächste (z.B. hexagonale Zellen in zweidimensionale Walzen) beschreiben, s. z.B. Segel (1967), Roberts (1967) und Palm (1975).

Zur analytischen Lösung der linearen Störungsdifferentialgleichungen wird zumeist das Galerkinverfahren, das ein Sonderfall der Methoden der gewichteten Residuen ist, herangezogen; s. Denn (1975) und Finlayson (1972). In den letzten Jahren haben Prigogine (1967) sowie Glansdorf und Progogine (1971) mit Hilfe der Variationsrechnung die „Methode des lokalen Potentials" zur Untersuchung von Stabilitätsproblemen entwickelt. Damit lassen sich für das Einsetzen der Konvektion zwei Stabilitätskriterien formulieren, nämlich ein hydrodynamisches Stabilitätskriterium: „Instabilität (Konvektion) setzt bei einem minimalen Temperaturgradienten ein, für den ein Gleichgewicht zwischen der kinetischen Energiedissipation infolge der Wirkung der Viskosität und der freiwerdenden potentiellen Energie infolge von Auftriebskräften herrscht" und ein thermodynamisches Stabilitätskriterium: „Instabilität (Konvektion) setzt bei einem minimalen Temperaturgradienten ein, für den ein Gleichgewicht zwischen der erzeugten Entropie infolge von Wärmeleitung der Temperatur-Fluktuationen und der abtransportierenden Entropie infolge von Geschwindigkeitsfluktuationen herrscht". Finlayson und Roberts haben gezeigt, daß beide Kriterien als gleichwertig zu betrachten sind. Sie führen auf dieselben Differentialgleichungen und damit auch auf dasselbe Ergebnis.

Im folgenden soll der Lösungsweg zur Berechnung der kritischen Rayleighzahl für das Einsetzen der Konvektion kurz skizziert werden. Wir betrachten dazu eine horizontal unendlich ausgedehnte Fluidschicht, deren untere und obere Begrenzung isotherm sind und auf den Temperaturen $T(z=0)=T_1$ bzw. $T(z=H)=T_2$ mit $T_1 > T_2$ gehalten werden, s. Bild 12.18. Der Wärmetransport von der Unter- zur Oberseite erfolge ausschließlich durch Wärmeleitung. Alle Stoffwerte werden als konstant betrachtet mit Ausnahme der Dichte im Auftriebsterm, die eine lineare Funktion der Temperatur sei,

$$\varrho = \varrho_{\text{bez}}[1 - \beta(T - T_{\text{bez}})] \, . \qquad (12.39)$$

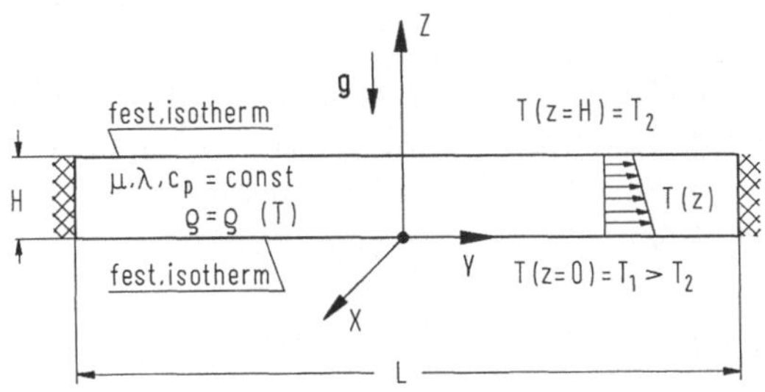

Bild 12.18. Zum Rayleigh-Bénard-Problem

Für diese Stoffwertvereinbarung hat sich in letzter Zeit der Begriff „Boussinesq-Approximation" eingebürgert, s. Kap. 9. Da die resultierenden Strömungsgeschwindigkeiten sehr klein sind, kann das Fluid im horizontalen Spalt als inkompressibel betrachtet und die Dissipation vernachlässigt werden. Das Strömungs- und Temperaturfeld wird dann durch die Kontinuitäts-, Bewegungs- und Energiegleichung beschrieben, die wir hier der Vollständigkeit halber nochmals angeben,

$$\nabla \boldsymbol{u} = 0, \tag{12.40}$$

$$\frac{\partial \boldsymbol{u}}{\partial t} + \boldsymbol{u}\nabla \boldsymbol{u} = -\frac{1}{\varrho_0}\nabla p + v^2 \boldsymbol{u} - \boldsymbol{g}\beta(T - T_{\text{bez}}) \tag{12.41}$$

$$\frac{\partial T}{\partial t} + \boldsymbol{u}\nabla T = a\nabla^2 T. \tag{12.42}$$

Für den Fall der reinen eindimensionalen Wärmeleitung zwischen den beiden Platten erhält man aus (12.42) für das Temperaturprofil

$$T_0(z) = T_1 - (T_1 - T_2)\frac{z}{H}. \tag{12.43}$$

Diesem „Wärmeleitungszustand" werden infinitesimal kleine Störamplituden $T_*(x,t)$ überlagert. Dies geschieht formal durch eine Potenzreihenentwicklung der Temperatur nach dem Störungsparameter ε.

$$T(x,t) = T_0(z) + \varepsilon T_*(x,t) + \ldots$$

Analoge Ansätze werden für den Druck und die Geschwindigkeit gemacht, wobei $\boldsymbol{u}_0$ natürlich identisch Null ist. Setzt man diese Ansätze in die Differentialgleichungen (12.40) und (12.42) ein und vergleicht Terme gleicher Größenordnung, so liefern die Terme der Ordnung $0(1)$ diejenigen die reine Wärmeleitung beschreibenden Differentialgleichungen und die Terme der Ordnung $0(\varepsilon)$ die linearen Störungsdifferentialgleichungen.

$$\nabla \boldsymbol{u}_* = 0, \tag{12.44}$$

$$\left(\frac{\partial}{\partial t} - v\nabla^2\right)\boldsymbol{u}_* = \boldsymbol{g}\beta T_* - \frac{1}{\varrho}\nabla p_*, \tag{12.45}$$

$$\left(\frac{\partial}{\partial t} - a\nabla^2\right)T_* = -\frac{dT_0}{dz}w_*. \tag{12.46}$$

Aus der Bewegungsgleichung wird zunächst der Druck eliminiert. Addiert man unter Beachtung der Kontinuitätsgleichung die nach x differenzierte x-Komponenten und die nach y differenzierte y-Komponente der Bewegungsgleichung und differenziert das Ergebnis nach z, so folgt

$$\left(\frac{\partial}{\partial t} - v\nabla^2\right)\frac{\partial^2 w_*}{\partial z^2} = \frac{1}{\varrho_0}\nabla_2^2\left(\frac{\partial p_*}{\partial z}\right) \tag{12.47}$$

mit

$$\nabla_2^2 = \frac{\partial^2}{\partial x^2} + \frac{\partial^2}{\partial y^2} \, .$$

Wendet man den Laplace-Operator ∇_2^2 auf die z-Komponente der Bewegungsgleichung an, so folgt wegen $\nabla_2^2 T = 0$

$$\left(\frac{\partial}{\partial t} - v\nabla^2 \right) \nabla_2^2 w_* = g\beta\nabla_2^2 T_* - \frac{1}{\varrho_0} \nabla_2^2 \left(\frac{\partial p_*}{\partial z} \right) \, . \tag{12.48}$$

Addiert man (12.47) und (12.48), so erhält man zusammen mit (12.41) die das lineare Stabilitätsproblem beschreibenden Störungsdifferentialgleichungen

$$\left(\frac{\partial}{\partial t} - v\nabla^2 \right) \nabla^2 w_* = -g\beta\nabla_2^2 T_* \, , \tag{12.49}$$

$$\left(\frac{\partial}{\partial t} - a\nabla^2 \right) T_* = -\frac{\mathrm{d}T_0}{\mathrm{d}z} w_* \, . \tag{12.46}$$

Diese Gleichungen werden mit den dimensionslosen Ausdrücken

$$\tilde{x} = x/H, \ \tilde{u} = u_*/(a/H), \ \theta = (T_* - T_1)/(T_2 - T_1) \, , \quad \tau = t/(H^2/a)$$

entdimensioniert und man erhält (die Tilde zur Kennzeichnung der dimensionslosen Größen wird der Einfachheit halber weggelassen)

$$\left(\frac{1}{Pr} \frac{\partial}{\partial \tau} - \nabla^2 \right) \nabla^2 w = -Ra\nabla_2^2 \theta \, , \tag{12.50}$$

$$\left(\frac{\partial}{\partial \tau} - \nabla^2 \right) \theta = -\theta_0' w \tag{12.51}$$

mit dem Temperaturgradienten $\theta_0' = \mathrm{d}\theta_0/\mathrm{d}z = -1$. Da diese Störungsdifferentialgleichungen linear sind, lassen sich die Störgrößen mit einem Separationsansatz (Produktansatz) von Bernoulli in

$$w = F(z,\tau) \, H(x,y) \, ,$$

$$\theta = G(z,\tau) \, H(x,y)$$

zerlegen. Damit folgt unter Beachtung der Identität

$$\nabla^2 = \nabla_2^2 + \frac{\partial}{\partial z}$$

aus (12.50)

$$\left(\frac{1}{Pr} \frac{\partial}{\partial \tau} - \nabla^2 \right) \left(F\nabla_2^2 H + H\frac{\partial^2 F}{\partial z^2} \right) = -Ra \, G \, \nabla_2^2 H \, .$$

Diese Gleichung ist nur separierbar, wenn $H \sim \nabla_2^2 H$ gilt; d.h. die Funktion H muß die elliptische Differentialgleichung

$$\nabla_2^2 H + k^2 H = 0 \, ,$$

mit k als dem Separationsparameter bzw. der Wellenzahl erfüllen, deren allgemeine Lösung mit

$$H(x,y) = \exp[i(k_x x + k_y y)] \,,$$

$$k^2 = k_x^2 + k_y^2$$

gegeben ist. Die Funktion $H(x,y)$ muß demnach periodisch in x und y sein. Die Störungsdifferentialgleichungen reduzieren sich somit auf

$$\left[\frac{1}{Pr}\frac{\partial}{\partial\tau} - (D^2 - k^2)\right](D^2 - k^2)F = -Ra\,k^2 G\,, \qquad (12.52)$$

$$\left[\frac{\partial}{\partial\tau} - (D^2 - k^2)\right]G = F\,. \qquad (12.53)$$

Die Funktionen F und G müssen die Randbedingungen an den Stellen $z=0$ und $z=1$ erfüllen, wobei wir voraussetzen, daß beide Begrenzungen feste und isotherme Berandungen sind. An einer festen Wand sind die Normalkomponente und wegen der kinematischen Haftbedingung, auch die Tangentialkomponenten der Geschwindigkeit gleich Null. Da dies für jede beliebige Stelle x gilt, folgen mit der Kontinuitätsgleichung die Randbedingungen

$$\frac{\partial w}{\partial z} = w = 0: \quad z = 0,1$$

und damit

$$\frac{\partial F}{\partial z} = F = 0: \quad z = 0,1\,.$$

Ist die Wand isotherm, so ist die Störungstemperatur dort gleich Null und es gilt

$$G = 0: \quad z = 0,1\,.$$

Da die resultierenden Störungsdifferentialgleichungen (12.52) und (12.53) ebenfalls linear sind, können die Funktionen F und G durch den Produktansatz

$$F(z,\tau) = f(z)\exp(\sigma\tau)\,,$$

$$G(z,\tau) = g(z)\exp(\sigma\tau)\,,$$

dargestellt werden. Für die Funktionen $f(z)$ und $g(z)$ erhält man die gewöhnlichen Differentialgleichungen

$$\left[\frac{\sigma}{Pr} - (D^2 - k^2)\right](D^2 - k^2 f) = -Ra\,k^2 g\,, \qquad (12.54)$$

$$[\sigma - (D^2 - k^2)]g = f\,. \qquad (12.55)$$

Diese beiden Gleichungen stellen ein Eigenwertproblem für σ, k und Ra dar, d.h. nur für gewisse Wertetripel $\{\sigma, k, Ra\}$ existieren Lösungen für $f(z)$ und $g(z)$. Der Eigenwert σ (Stabilitätsparameter) ist dabei im allgemeinen Fall komplex

$(\sigma = \sigma_{\mathrm{reell}} + i\sigma_{\mathrm{imag}})$ und beschreibt den zeitlichen Verlauf der Störungsamplituden. Dabei bedeutet

$$\sigma_{\mathrm{reell}} \begin{cases} > 0: & \text{Störungsamplituden werden angefacht} \\ & (\text{der Wärmeleitungszustand ist instabil}), \\ < 0: & \text{Störungsamplituden werden gedämpft} \\ & (\text{der Wärmeleitungszustand ist stabil}), \\ = 0: & \text{Stabilitätsgrenze.} \end{cases}$$

Die Störungsamplituden können aperiodisch $(\sigma_i = 0)$ oder oszillierend $(\sigma_i \neq 0)$ gedämpft bzw. verstärkt werden. Chandrasekhar (1961) hat gezeigt, daß der Eigenwert an der Stabilitätsgrenze reell ist, somit $\sigma_i = 0$ gilt.

Zur Berechnung der kritischen Rayleighzahl an der Stabilitätsgrenze wird deshalb in (12.54) und (12.55) $\sigma = 0$ gesetzt. Damit erhält man

$$(D^2 - k^2)^2 f = Ra\, k^2 g, \tag{12.56}$$

$$(D^2 - k^2) g = -f. \tag{12.57}$$

Da mit $\sigma = 0$ die Prandtlzahl aus (12.54) und (12.55) verschwindet, wird die kritische Rayleighzahl unabhängig von der Prandtlzahl. Dies wird durch experimentelle Untersuchungen bestätigt.

Die Aufgabe ist damit auf die Ermittlung der Eigenwerte eines Systems von zwei linearen, homogenen und gewöhnlichen Differentialgleichungen zurückgeführt. Diese Eigenwerte lassen sich z.B. mit dem Galerkinverfahren beliebig genau berechnen. Die unbekannten Eigenfunktionen $f(z)$ und $g(z)$ werden dabei durch Reihenansätze der Form

$$f(z) = \sum_{l=1}^{L} C_l \Phi_l(z), \tag{12.58}$$

$$g(z) = \sum_{m=1}^{M} D_m \psi_m(z), \tag{12.59}$$

approximiert. Diese Ansätze entsprechen physikalisch einer Spektralzerlegung der Störungsamplituden $f(z)$ und $g(z)$. Die Approximations- oder auch Testfunktionen $\Phi_l(z)$ und $\psi_m(z)$ müssen dabei linear unabhängig sein, einen Satz vollständiger Funktionen bilden und die Randbedingungen erfüllen. Im Rahmen dieser Forderungen sind sie frei wählbar. Die Forderung der Vollständigkeit ist wesentlich, da das System als stabil bezeichnet wird, wenn alle „Frequenzen" gedämpft werden, und als instabil, wenn nur eine einzige verstärkt wird.

Setzt man die Ansätze (12.58) und (12.59) in (12.56) und (12.57) ein, so entsteht auf den rechten Seiten ein Rest (Residuum), da diese Ansätze keine exakten Lösungen der Stördifferentialgleichungen sind. Die Koeffizienten C_l und D_m müssen nun so gewählt werden, daß diese Residuen für $L, M \to \infty$ verschwinden. Die Forderung, daß die Residuen orthogonal zu den Approximationsfunktionen $\Phi_l(z)$ und $\psi_m(z)$ sind, liefert ein geeignetes System algebraischer Gleichungen zur Bestimmung der Koeffizienten C_l und D_m, s. z.B. Denn (1975).

Mit den Orthogonalitätsbedingungen

$$\int\limits_{z=0}^{1} \mathrm{Res}_1\{C_l,D_m\}\,\Phi_p(z)\,\mathrm{d}z=0; \quad p=0,\dots,L,$$

$$\int\limits_{z=0}^{1} \mathrm{Res}_2\{C_l,D_m\}\,\psi_q(z)\,\mathrm{d}z=0; \quad q=0,\dots,M,$$

erhält man schließlich nach Ausführung aller Integrationen unter mehrmaliger Anwendung der partiellen Integration das Gleichungssystem

$$\sum_{l=0}^{L} C_l[I_{lp}^{(2)}+2k^2 I_{lp}^{(1)}+k^4 I_{lp}^{(0)}]-k^2 Ra \sum_{m=0}^{M} D_m L_{mp}=0, \tag{12.60}$$

$$\sum_{m=0}^{M} D_m[K_{mq}^{(1)}+k^2 K_{mq}^{(0)}]-\sum_{l=0}^{L} C_l L_{lm}=0, \tag{12.61}$$

mit

$$I_{lp}^{(i)}=\int\limits_{z=0}^{1} \Phi_l^{(i)}\Phi_p^{(i)}\mathrm{d}z, \quad i=0,1,2,$$

$$K_{mq}^{(i)}=\int\limits_{z=0}^{1} \psi_m^{(i)}\psi_q^{(i)}\mathrm{d}z, \quad i=0,1,$$

$$L_{mq}=\int\limits_{z=0}^{1} \psi_m\Phi_p\,\mathrm{d}z.$$

Mit $L=M$ sind dies $2\cdot M$ lineare, homogene und algebraische Gleichungen zur Bestimmung der Konstanten C_l und D_m. Für dieses Gleichungssystem existiert nur dann eine Lösung, wenn die Koeffizientendeterminante verschwindet. Die Bedingung

$$\det[\mathrm{Koeff}(k,Ra)\}=0 \tag{12.62a}$$

liefert somit einen funktionalen Zusammenhang zwischen kritischer Rayleigh- und Wellenzahl. Verwendet man nur den ersten Term in (12.58) und (12.59), so erhält man

$$Ra\,k^2=[I_{11}^{(2)}+2k^2 I_{11}^{(1)}+k^4 I_{11}^{(0)}]\,[K_{11}^{(1)}+k^2 K_{11}^{(0)}]\,L_{11}^{-2}. \tag{12.62b}$$

Wählt man als Testfunktionen die einfach zu integrierenden Potenzansätze

$$\Phi_0=\sum_{i=0}^{4} a_i z^i,$$

$$\psi_0=\sum_{i=0}^{2} b_i z^i,$$

so folgt dafür unter Beachtung der Randbedingungen

$$\Phi_0=(1-z)^2 z^2,$$

$$\psi_0=(1-z)z.$$

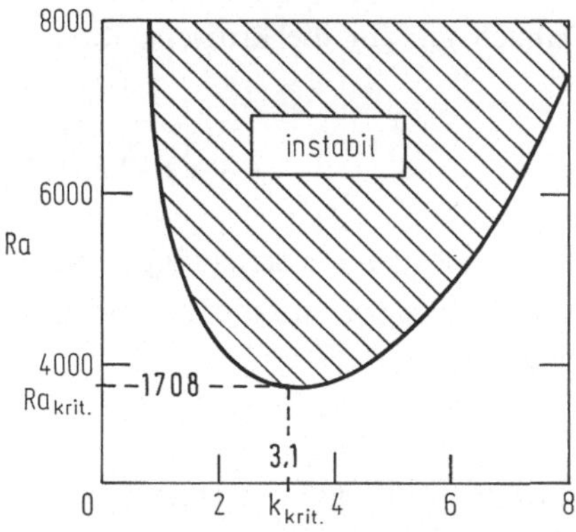

Bild 12.19. Stabilitätskarte $Ra(k)$ für eine horizontale Fluidschicht zwischen zwei festen und isothermen Wänden

Tabelle 12.1. Rayleigh-Bénard-Problem. Kritische Rayleigh- und Wellenzahlen für eine horizontal unendlich ausgedehnte Fluidschicht mit isothermen Wänden

Randbedingungen	Ra_{krit}	k_{krit}
Fest – fest	1707,7	3,117
Fest – frei	1100,6	2,68
Frei – frei	657,5	2,22

Die Forderung der linearen Unabhängigkeit ist gewährleistet, wenn die höheren Terme mit entsprechenden Potenzen von z multipliziert werden, z.B. durch

$$\Phi_1 = (1-z)^2 z^{2+1}, \tag{12.63}$$

$$\psi_{\mathrm{m}} = (1-z) z^{1+\mathrm{m}}. \tag{12.64}$$

Mit den so festgelegten Testfunktionen konvergieren die Reihenansätze (12.58) und (12.59) mit steigendem l und m sehr gut, so daß bereits mit nur drei Termen eine gute Näherungslösung erzielt wird. Bild 12.19 zeigt die Rayleighzahlen in Abhängigkeit der Wellenzahl für eine durch zwei feste Wände begrenzte und horizontal unendlich ausgedehnte Fluidschicht. Unterhalb der eingezeichneten Kurve ist die Temperaturschichtung im Fluid stabil. Oberhalb der Kurve ist die Schichtung instabil, d.h. Konvektion setzt ein. Als kritische Rayleighzahl Ra_{krit} wird der Wert im Minimum der Stabilitätskurve bezeichnet. Für unterschiedliche hydrodynamische Randbedingungen an der Unter- und Oberseite der Fluidschicht erhält man unterschiedliche kritische Rayleigh- und Wellenzahlen, s. Tabelle 12.1. Die angegebenen Werte gelten für eine horizontal unendlich ausgedehnte Fluidschicht. Bei seitlicher Begrenzung der Fluidschicht steigen die kritischen Rayleighzahlen an und die durch Konvektion übertragene Wärmemenge wird kleiner. Dieser Einfluß wurde intensiv von Oertel jr. (1979) und von Catton (1972a, b) untersucht. Churchill und Ozoe (1984) haben anhand der Berechnungen von

Catton Korrelationsbeziehungen entwickelt. Danach gilt für die kritische Rayleighzahl bei *nichtleitenden* Seitenwänden

$$Ra_{\mathrm{krit}} = 1708 \left(1 + \frac{0{,}425}{H_1^{3/2}}\right) \left(1 + \frac{3}{H_2^2}\right)^{1/4} \tag{12.65}$$

mit $H_1 = b/d$ und $H_2 = w/d$, wobei b die größere und w die kleinere Seitenlänge und d die Dicke der Fluidschicht. Für *leitende* Seitenwände dagegen wird die Beziehung

$$Ra_{\mathrm{krit}} = 1708 \left(1 + \frac{0{,}116}{H_1}\right)^8 \left(1 + \frac{22}{H_2^2}\right)^{1/6} \tag{12.66}$$

angegeben. Die mit diesen Beziehungen berechneten kritischen Rayleighzahlen weichen von denjenigen von Catton berechneten um weniger als 1 % ab.

Sind die obere und untere Begrenzung zwei feste Wände, so beobachtet man nach dem Einsetzen der Konvektion parallele Rollzellen; ist die obere Begrenzung

Bild 12.20. Vergleich zwischen beobachteten (Interferenzbild) und numerisch berechneten Rollzellen in einer von unten beheizten horizontalen Fluidschicht [nach Jahn und Reinecke (1974)]

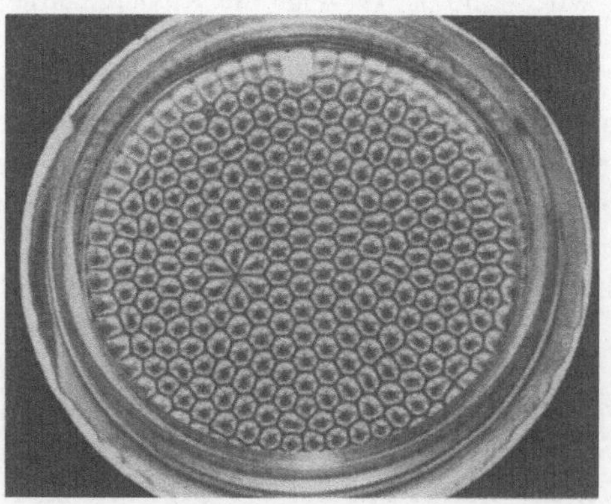

Bild 12.21. Hexagonale Konvektionszellen in einer horizontalen Ölschicht mit freier Oberfläche [nach Koschmieder (1974)]

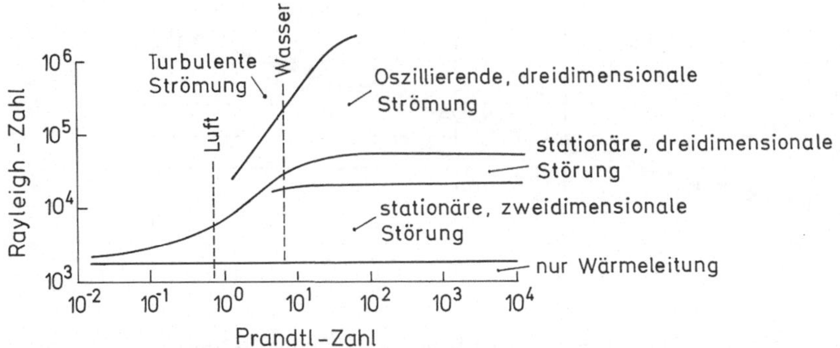

Bild 12.22. Stabilitätsdiagramm für die von unten beheizte und horizontal unendlich ausgedehnte Fluidschicht [nach Krishnamurti (1973)]

dagegen eine freie Oberfläche, so tritt die bereits von Bénard beobachtete hexagonale Zellstruktur auf. Bild 12.20 zeigt einen Vergleich zwischen beobachteten (Interferenzbild) und numerisch berechneten Rollzellen in einer horizontalen Fluidschicht nach Jahn und Reinecke (1974). Auf Bild 12.21 erkennt man das regelmäßige Muster der bereits von Bénard beobachteten Sechseckzellen in einer horizontalen Ölschicht mit freier Oberfläche.

Erhöht man die Temperaturdifferenz zwischen Unter- und Oberseite, so schlägt die stationäre und zweidimensionale Zellstruktur bei einer bestimmten Temperaturdifferenz bzw. Rayleighzahl in eine dreidimensionale Struktur um. Bei weiterer Erhöhung der Temperaturdifferenz treten neue und komplexere Strukturen auf. Diese weiteren Übergänge sind im Gegensatz zum Einsetzen der Konvektion von der Prandtlzahl abhängig. Bild 12.22 zeigt das von Krishnamurti (1973) entwickelte Stabilitätsdiagramm für eine horizontal unendlich ausgedehnte Fluidschicht.

Bei den bisherigen Überlegungen wurde vorausgesetzt, daß die Temperaturdifferenz zwischen Unter- und Oberseite so langsam erhöht wird, daß das resultierende Temperaturprofil im Bereich der reinen Wärmeleitung immer linear, d.h. stationär ist. Im Gegensatz dazu erhält man bei der „schnellen" Aufheizung einer Fluidschicht von unten ein örtlich und zeitlich veränderliches Temperaturfeld. Auch für diesen Fall können Stabilitätsdiagramme angegeben werden, s. Merker (1979).

12.2.2. Wärmeübergang

Nach dem Einsetzen der Konvektion nimmt mit steigender Rayleighzahl die Nußeltzahl ständig zu. Hollands et al. (1975) empfehlen folgende empirische Korrelationsbeziehungen (die Abkürzung [ ]˙ soll bedeuten, daß der Klammerausdruck gleich Null ist, wenn das Argument negativ wird) für den Wärmetransport durch eine Luft-

$$Nu_{\mathrm{Luft}} = 1 + 1{,}44\left[1 - \frac{1708}{Ra}\right]^{\cdot} + \left[\left(\frac{Ra}{5830}\right)^{1/3} - 1\right]^{\cdot} \tag{12.67a}$$

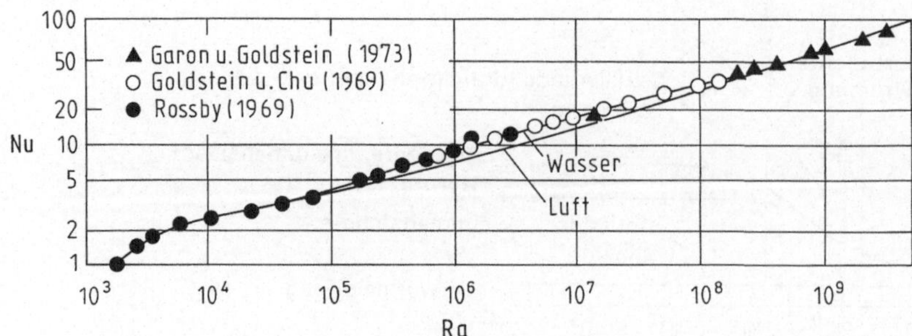

Bild 12.23. Nußeltzahl in Abhängigkeit der Rayleighzahl für den Wärmetransport durch eine horizontale Wasserschicht bei der Bénardkonvektion [nach Hollands et al. (1975)]

und durch eine Wasserschicht

$$Nu_{\text{Wasser}} = Nu_{\text{Luft}} + 2\left[\left(\frac{Ra}{140}\right)^{1/3}\right]^a \tag{12.67b}$$

mit $a = 1 - \ln\left(\left(\frac{Ra}{140}\right)^{1/3}\right)$.

Der zusätzliche Term für die Wasserschicht beschreibt den Wärmetransport durch sog. „Thermals". Diese sind offensichtlich von der Prandtlzahl abhängig und treten in einer Luftschicht nicht auf bzw. liefern dort keinen Beitrag zum Wärmetransport. Diese Beziehungen stimmen mit experimentellen Daten im untersuchten Rayleighzahlenbereich bis $Ra \approx 10^9$ sehr gut überein, s. Bild 12.23. Das Bild zeigt ferner, daß der Einfluß des Zusatzterms in (12.67b) auf den Bereich $10^5 \leqq Ra \leqq 10^8$ beschränkt ist.

12.2.3 Grenzen der Boussinesq-Approximation

Bei theoretischen Untersuchungen über die freie Konvektion wird in der Regel vorausgesetzt, daß das Fluid inkompressibel ist, Dissipation vernachlässigt werden kann und alle Stoffwerte mit Ausnahme der Dichte im Auftriebsterm konstant sind. Im Auftriebsterm wird die Dichte als lineare Funktion der Temperatur (12.39) angenommen. Diese Vereinfachungen werden, wie bereits erwähnt, auch als Boussinesq-Approximation bezeichnet. Wir wollen im folgenden die Zuverlässigkeit dieser Approximation untersuchen.

Gray und Giorgini (1978) haben durch Reihenentwicklung der temperatur- und druckabhängigen Stoffwertfunktionen den Gültigkeitsbereich der Boussinesq-Approximation für die Rayleigh-Bénard-Konvektion abgeschätzt. Entwickelt man die Zähigkeit in eine Taylorreihe um den Referenzpunkt $\{T_0, p_0\}$, so erhält man bei Vernachlässigung der Terme höherer Ordnung

$$\frac{\eta}{\eta_0} = 1 + \left(\frac{T}{\eta}\frac{\partial\eta}{\partial T}\right)_0 \frac{T - T_0}{T_0} + \left(\frac{p}{\eta}\frac{\partial\eta}{\partial p}\right)_0 \frac{p - p_0}{p_0}. \tag{12.68}$$

Mit den in Kap. 5 definierten neuen Stoffwerten

$$K_\eta = \frac{T}{\eta}\frac{\partial \eta}{\partial T} \quad \text{und} \quad L_\eta = \frac{p}{\eta}\frac{\partial \eta}{\partial p},$$

sowie mit der dimensionslosen Temperatur- und Druckdifferenz

$$\varepsilon = \frac{T_1 - T_2}{T_0} \quad \text{und} \quad \delta = \frac{p_1 - p_2}{p}$$

erhält man aus (12.68) den dimensionslosen Ausdruck

$$\frac{\eta}{\eta_0} = 1 + K_\eta\varepsilon + L_n\delta. \tag{12.69}$$

Nach Gray und Giorgini beschränken die Forderungen

$$|K_\eta\varepsilon| \leqq 0,1 \quad \text{und} \quad |L_n\delta| \leqq 0,1 \tag{12.70}$$

den resultierenden Fehler im Mittel auf 10 %. Die Untersuchung zeigt weiter, daß der aus der Vernachlässigung der Energiedissipation und der Druckänderungsenergie resultierende Fehler im Mittel kleiner als 10 % ist, wenn zusätzlich die Forderungen

$$\left|K_\beta \frac{gL}{c_p T_0} Pr\right| \leqq 0,1$$

und

$$\left|K_\beta \frac{gL}{c_p(T_1 - T_2)}\right| \leqq 0,1 \tag{12.71}$$

erfüllt sind.

Für eine mittlere Fluidtemperatur von 15°C und einen mittleren Druck von 1 bar ermitteln sie die Grenzen für Wasser zu: $T_1 - T_2 \leqq 1,25$ K, $L \leqq 2400$ m und für Luft zu: $T_1 - T_2 \leqq 28,6$ K, $L \leqq 830$ m. Diese Bereichsgrenzen für Wasser und Luft sind in den Bildern 12.24 und 12.25 dargestellt. Der schraffierte Bereich stellt den Gültigkeitsbereich der Boussinesq-Approximation dar.

Jäger (1982) hat gezeigt, daß die von Gray und Giorgini angegebenen Grenzen offensichtlich zu eng sind. Selbst bei deutlicher Überschreitung der Bereichsgrenzen konnten im Experiment keine wesentlichen Abweichungen vom Boussinesq-Modell festgestellt werden. Dieses Ergebnis ist in Übereinstimmung mit Untersuchungen von Booker (1976) und Ahlers (1980). Booker hat für das Rayleigh-Bénard-Problem experimentell nachgewiesen, daß die mit der mittleren Fluidtemperatur gebildete Nußeltzahl selbst bei einem Anstieg des Verhältnisses der Zähigkeit an der Ober- und Unterseite, $v(T_2)/v(T_1)$, auf den Wert 300 (!) um maximal 12 % abnimmt. Bei experimentellen Untersuchungen mit ^{4}He-Gas fand Ahlers ebenfalls keine Abweichungen vom Boussinesq-Modell, wenn die Stoffwerte mit der in halber Schichthöhe herrschenden Temperatur $T_{1/2}$ gebildet werden.

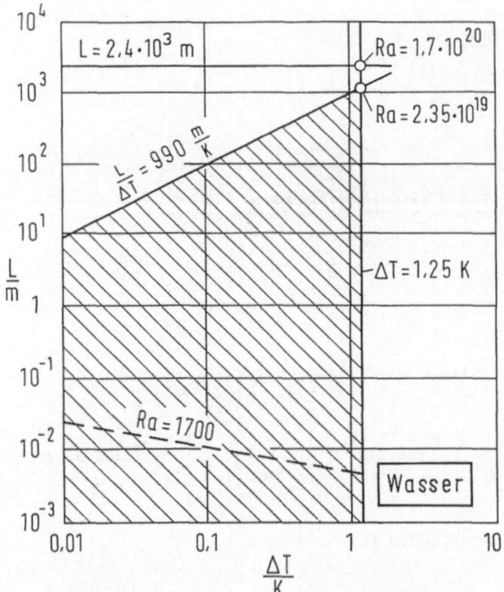

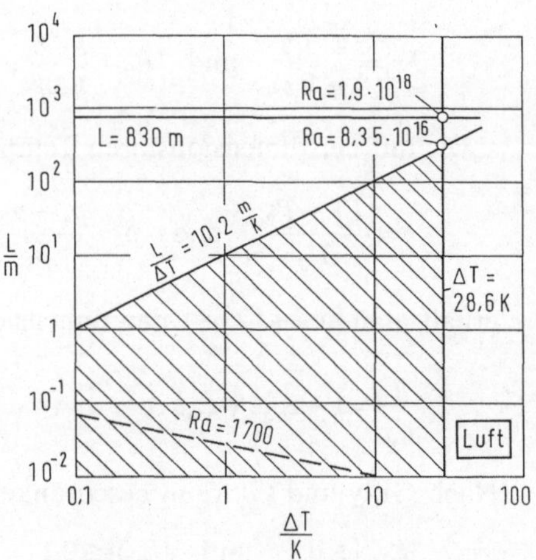

Bild 12.24. Bereichsgrenzen der
Boussinesq-Approximation für Wasser
[nach Gray und Giorgini (1976)]

Bild 12.25. Bereichsgrenzen der
Boussinesq-Approximation für Luft
[nach Gray und Girogini (1976)]

Wegen $\lambda(T)$ ist diese jedoch nicht die arithmetische Mitteltemperatur. Mit

$$\lambda(T) = \lambda_1 \left[1 + K_\lambda(T_1) \frac{T - T_1}{T_1} \right]$$

folgt dafür vielmehr

$$T_{1/2} = (T_1 + T_2)/2 + \frac{1}{8} K_\lambda \frac{T_1 - T_2}{T_1} .$$

Neuere Untersuchungen von Merker und Mey (1987), die die freie Konvektion
sowohl in seitlich beheizten flachen ($A \ll 1$) als auch in quadratischen Behältern
($A = 1$) durch analytische und durch numerische Lösung der „vollständigen"
Grundgleichungen untersucht haben, zeigen, daß die „exakte" Lösung nur minimal
von der Boussinesq-Approximation abweicht, wenn die arithmetische Mitteltemperatur als Bezugstemperatur für die Stoffwerte verwendet wird. Diese theoretischen
und experimentellen Befunde lassen darauf schließen, daß der Gültigkeitsbereich
der Boussinesq-Approximation offensichtlich wesentlich größer ist als von Gray
und Giorgini angegeben. Dies könnte darauf zurückzuführen sein, daß sich die
Einflüsse der temperatur- und druckabhängigen Stoffwerte zum Teil gegenseitig
kompensieren.

12.3 Aufheizen und Abkühlen von Behältern

Im Gegensatz zum Wärmetransport in ebenen und zylindrischen Spalten stellt die Wärmeübertragung an das in einem geschlossenen Behälter befindliche Fluid ein instationäres Problem dar. Wird die Temperatur der Behälterwand zum Zeitpunkt $t=0$ geändert und dann zeitlich konstant gehalten, so nimmt das Fluid durch Erwärmung bzw. Abkühlung allmählich diese Wandtemperatur an. Der übertragene Wärmestrom wird zunächst infolge der durch die Über- bzw. Untertemperatur hervorgerufenen freien Konvektion im Behälter ansteigen, ein Maximum erreichen und für große Zeiten infolge der ständig abnehmenden Temperaturdifferenz zwischen Wand und Fluid und der dadurch schwächer werdenden Konvektion wieder abnehmen und für $t\to\infty$ schließlich asymptotisch gegen Null gehen. Grundsätzlich lassen sich zwei Grenzfälle unterscheiden. Im Fall eines als erstarrt gedachten extrem zähen Fluids ($v_\mathrm{F}\to\infty$) ist das vorliegende Problem identisch mit dem instationären Temperaturausgleichsvorgang in Behältern, s. Grigull (1965). Im Fall des reibungslosen Fluids ($v_\mathrm{F}\to0$) wird das Problem identisch mit Aufheiz- bzw. Abkühlvorgang eines als „ideal durchmischt" gedachten Behälters.

12.3.1 Der horizontale zylindrische Behälter

Bild 12.26 zeigt das Schema eines horizontal liegenden zylindrischen Behälters. Der Behälter samt Inhalt befindet sich zum Zeitpunkt $t<0$ auf der Temperatur T_0. Zum Zeitpunkt $t=0$ wird die Temperatur der Umgebung des Behälters auf $T_\infty\neq T_0$ angehoben bzw. abgesenkt und für alle Zeiten $t>0$ auf diesem Wert festgehalten. Unter der Voraussetzung, daß in der Behälterwand nur eindimensionaler Wärmetransport in radialer Richtung stattfindet und daß das Fluid im Behälter, abgesehen von einer dünnen Schicht an der Innenwand, als ideal durchmischt betrachtet werden kann, liefert eine Wärmebilanz für das Fluid

$$2\pi r_\mathrm{i}\lambda_\mathrm{F}\left(\frac{\partial T_\mathrm{F}}{\partial r}\right)_{r=r_\mathrm{i}}=r_\mathrm{i}^2\pi\varrho_\mathrm{F}c_\mathrm{F}\frac{\partial T_\mathrm{F}}{\partial t} \tag{12.72}$$

und für die Behälterwand

$$\lambda_\mathrm{w}\frac{1}{r}\frac{\partial}{\partial r}\left(r\frac{\partial T_\mathrm{w}}{\partial r}\right)=\varrho_\mathrm{w}c_\mathrm{w}\frac{\partial T_\mathrm{w}}{\partial t}, \tag{12.73}$$

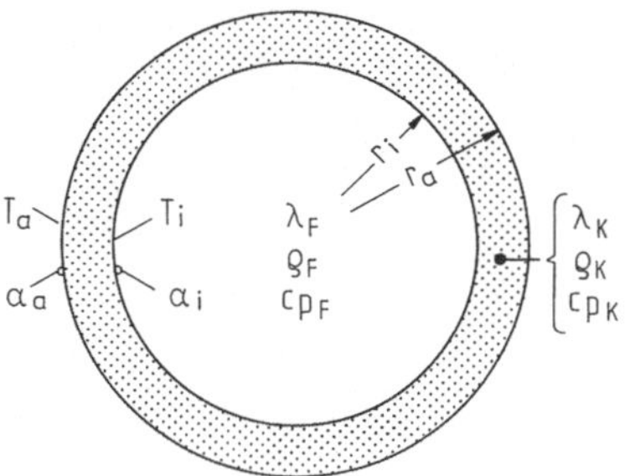

Bild 12.26. Horizontaler zylindrischer Behälter

mit den Anfangsbedingungen

$$T_w(r,t=0) = T_F(r,t=0) = T_0$$

und den Randbedingungen

$$\lambda_w \left(\frac{\partial T_w}{\partial r} \right)_{r=r_a} = \alpha_a [(T_w)_{r=r_a} - T_\infty] ,$$

$$\lambda_w \left(\frac{\partial T_w}{\partial r} \right)_{r=r_i} = \lambda_F \left(\frac{\partial T_F}{\partial r} \right)_{r=r_i} ,$$

$$(T_w)_{r=r_i} = (T_F)_{r=r_i} .$$

Die mittlere (kalorische) Temperatur T_F des Fluids im Behälter folgt durch Integration von (12.72) zu

$$2 r_i \lambda_F \int_0^t \left(\frac{\partial T_F}{\partial r} \right)_{r=r_i} \mathrm{d}t = r_i^2 \varrho_F c_F (T_F - T_0) , \qquad (12.74)$$

falls die Stoffwerte als unabhängig von der Temperatur betrachtet werden können.

Der über den Umfang gemittelte Temperaturgradient im Fluid an der Innenwand und damit die mittlere Nußeltzahl können mit dem Mach-Zehnder-Interferometer untersucht werden, s. Hauf und Grigull (1965, 1966). Bei dicker und schlecht leitender Wand ist der Wärmestrom durch die Wand und damit die Nußeltzahl klein, bei dünner und gut leitender Wand dagegen groß. Um den Einfluß der Wand auf die Nußeltzahl möglichst einfach beschreiben zu können, haben Hauf und Grigull die Wand durch ein Ersatzmodell berücksichtigt. Dabei wird der tatsächliche Widerstand der Wand in einen kapazitiven und einen konduktiven Widerstand aufgespalten, so daß man sich die Behälterwand aus einer rein leitenden Schicht der Dicke $d = r_a - r_i$ mit angenommenem logarithmischen Temperaturprofil und einer zweiten Schicht mit ebenfalls der Dicke d, die die Wärmekapazität der Wand in sich vereinigt, vorstellen kann. Eine Wärmebilanz für dieses Ersatzmodell der Wand liefert dann, s. z.B. Grigull und Sandner (1979):

$$\frac{2\pi \lambda_w (T_\infty - \bar{T}_w)}{\dfrac{\lambda_w}{\alpha_a r_a} + \ln \dfrac{r_a}{r_i}} - 2 r_i \pi \lambda_F \left(\frac{\partial T_F}{\partial r} \right)_{r=r_i} = (r_a^2 - r_i^2) \pi \varrho_w c_w \frac{\partial \bar{T}_w}{\partial t} . \qquad (12.75a)$$

Eine Umformung dieser Beziehung führt auf

$$\frac{[T_\infty - T_0 - (\bar{T}_w - T_0)]}{\dfrac{\lambda_F}{\alpha_a r_a} + \dfrac{\lambda_F}{\lambda_w} \ln \dfrac{r_a}{r_i}} - r_i \left(\frac{\partial T_F}{\partial r} \right)_{r=r_i} = \frac{(r_a^2 - r_i^2) \varrho_w c_w}{2 r_i^2 \varrho_F c_F} \frac{\partial \bar{T}_w}{\partial t} \frac{\varrho_F c_F r_i^2}{\lambda_F} .$$

$$(12.75b)$$

Mit den dimensionslosen Temperaturen

$$\theta_F = \frac{T_F - T_0}{T_\infty - T_0} \quad \text{und} \quad \theta_w = \frac{\bar{T}_w - T_0}{T_\infty - T_0} ,$$

sowie den dimensionslosen Kennzahlen

Fourierzahl $\quad Fo = \dfrac{\lambda_F t}{\varrho_F c_F r_i^2}$,

Nußeltzahl $\quad Nu = \left(\dfrac{\partial \theta_F}{\partial r/r_i} \right)_{r/r_i = 1}$,

Biotzahl $\quad Bi = \dfrac{\alpha_a r_a}{\lambda_F}$,

bzw. der reduzierten Biotzahl $Bi^* = \dfrac{1}{\dfrac{1}{Bi} + R}$, mit $R = \dfrac{\lambda_F}{\lambda_w} \ln \dfrac{r_a}{r_i}$

und der Wandspeicherzahl

$$K = \frac{(r_a^2 - r_i^2)\,\varrho_w c_w}{2 r_i^2 \varrho_F c_F} \ ,$$

erhält man die dimensionslosen Gleichungen

$$\frac{\partial \bar{\theta}_F}{\partial Fo} = 2 Nu \ , \tag{12.76}$$

$$\frac{\partial \bar{\theta}_w}{\partial Fo} = \frac{Nu}{K} + \frac{Bi}{K}\,(1 - \bar{\theta}_w) \ . \tag{12.77}$$

Die kalorische Mitteltemperatur $\bar{\theta}_F$ des Fluids folgt analog zu (12.74) durch Integration von (12.76) zu

$$\bar{\theta}_F = 2 \int\limits_0^{Fo} Nu \, dFo \ .$$

Für den Grenzfall, daß die Wärmekapazität der Behälterwand sehr klein und ihre Wärmeleitfähigkeit sehr groß ist, und daß der äußere konvektive Wärmewiderstand vernachlässigt werden kann, ist die Nußeltzahl lediglich von der Rayleigh-, Prandtl- und Fourierzahl abhängig,

$$Nu = f\,(Ra, Pr, Fo) \ .$$

Ist der Wandeinfluß dagegen nicht vernachlässigbar, so gilt entsprechend den obigen Ausführungen

$$Nu = f\,(Ra, Pr, Fo, Bi, R, K) \ .$$

Während die oben definierte Nußeltzahl zu Beginn des Temperaturausgleichsvorgangs stark zunimmt, ein Maximum erreicht, anschließend wieder abnimmt und für $t \to \infty$ asymptotisch gegen Null geht, erreicht die auf die mittlere kalorische Temperaturdifferenz

$$T_\infty - \bar{T}_F = T_\infty - \left(T_0 + \frac{Q(t)}{r_i^2 \pi l \varrho_F c_F} \right) \tag{12.78}$$

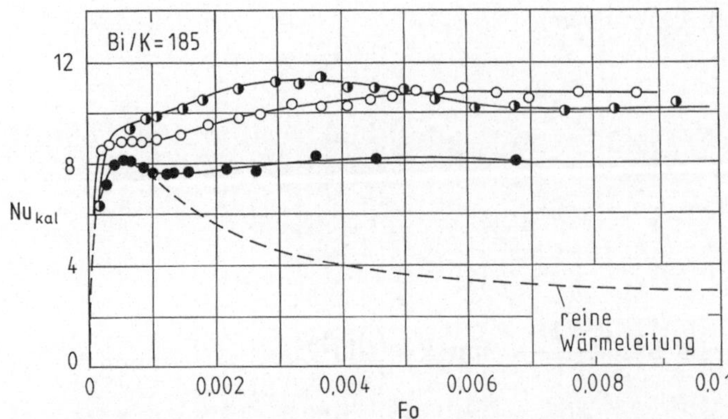

Bild 12.27. Verlauf der kalorischen Nußeltzahl $Nu_{kal}(Fo)$ bei der instationären Aufheizung eines horizontalen zylindrischen Behälters [nach Hauf und Grigull (1975)] $B_i = 143$; $K = 0{,}771$; $\psi_i = 20$ mm; $\Delta T_{kal} = 1{,}25$ K ($\bullet$); 2,50 K ($\circ$); und 5,02 K ($\circledcirc$)

bezogene Nußeltzahl

$$Nu_{kal} = Nu \frac{T_\infty - T_0}{T_\infty - \bar{T}_F} \tag{12.79}$$

nach einem Anlaufvorgang einen konstanten Wert, s. Bild 12.27. Dies ist dadurch zu erklären, daß zwar mit steigender Rayleighzahl die Konvektion schneller in Gang kommt, aber auch das treibende Temperaturgefälle in Wandnähe schneller abgebaut wird; der Gesamtwärmeübergang erhöht sich somit nicht mehr wesentlich ab einer bestimmten Rayleighzahl. Dies ist ferner im Einklang mit der von Graetz untersuchten Aufheizung einer Kolbenströmung für die die Nußeltzahl für große Zeiten den konstanten Wert $Nu_{kal} = 2{,}89$ erreicht, wenn sie nicht mit der konstanten Temperaturdifferenz $T_w - T_0$, sondern mit der zeitlich abnehmenden Temperaturdifferenz $T_w - T_F$ gebildet wird.

Hauf und Grigull haben anhand ihrer experimentellen Ergebnisse gezeigt, daß sich die drei den Wandeinfluß beschreibenden Parameter mit guter Näherung zu einem einzigen Parameter zusammenfassen lassen,

$$\frac{Bi^*}{K} = \frac{Bi}{K(1 + R\,Bi)}. \tag{12.80}$$

Vernachlässigt man den Einfluß der Prandtlzahl, so gilt für die kalorische Nußeltzahl im Bereich $Fo \geqq 0{,}01$

$$Nu_{kal} = f\left(Ra, \frac{Bi^*}{K}\right). \tag{12.81}$$

Bei vernachlässigbarem Wandeinfluß geben Hauf und Grigull (1975) für den laminaren Bereich $5 \cdot 10^4 \leqq Ra \leqq 10^6$ die Beziehung

$$Nu_{kal} = 0{,}14 \cdot Ra^{0,338}, \quad \frac{Bi^*}{K} \geqq 300$$

und für den Übergangsbereich, $10^6 \leq Ra \leq 10^9$, die Beziehung

$$Nu_{kal} = 0,44 \, Ra^{0,25}, \quad \frac{Bi^*}{K} \geq 10^5$$

für die kalorische Nußeltzahl an; s. dazu Bild 12.28.

Während für Rayleighzahlen im Bereich $Ra < 10^9$ der Wandeinfluß durch den Parameter Bi^*/K hinreichend genau erfaßt wird, muß dies für größere Rayleighzahlen durch weitere Untersuchungen bestätigt werden.

Um die recht komplexen Strömungsvorgänge bei der Aufheizung eines zylindrischen Behälters zu veranschaulichen, zeigen die Bilder 12.28a und b einige Interferenzbilder von Hauf und Grigull. In Bild 12.28a erwärmt sich das Fluid an der Zylinderwand und strömt infolge freier Konvektion entlang der Wand nach oben. Aus Gründen der Kontinuität muß kühleres Fluid im Achsenbereich von oben nach unten strömen. Es entstehen zwei zur vertikalen Achse symmetrische Konvektionszellen. In der reinen Wärmeleitungsphase ($0 \leq t \leq 11$ s) und in der Übergangsphase (11 s $\leq t \leq 99$ s) ist die Grenzschicht an der Zylinderwand relativ dünn. In der quasistationären Endphase ($t \geq 99$ s) ist das Fluid im Zylinder horizontal durchmischt und vertikal gleichmäßig geschichtet. Mit der Zeit wird diese vertikale Schichtung schwächer, bis sie schließlich vollständig verschwindet und das Fluid im Behälter damit auf die Endtemperatur aufgeheizt ist. Im Gegensatz zu Bild 12.28a ist der Behälter in Bild 12.28b mit Äthylalkohol ($Pr = 15,5$) statt Wasser ($Pr = 6,8$) gefüllt. Die Grenzschicht erscheint infolge des jetzt größeren Behälters dünner. Infolge der höheren Prandtlzahl unterscheidet sich die Übergangsphase von der in Bild 12.28a dargestellten. Nach $t = 90$ s tritt im Wandbereich der unteren Zylinderhälfte eine instabile Bewegung auf, die den örtlichen Wärmeübergang dort stark erhöht. Das Einsetzen und die Dauer dieser Instabilität sind von der Rayleigh- und Prandtlzahl abhängig. Die Konvektion zeigt eine gewisse Periodizität, wobei Turbulenzballen, die entlang der Wand aufsteigen, die seitliche Grenzschicht beeinflussen und dadurch eine Zunahme des örtlichen Wärmeübergangs hervorrufen. Insbesondere anhand von Bild 12.28b wird deutlich, daß die Konvektion im Behälter recht komplex ist.

12.3.2 Der Kugelbehälter

Zum Wärmeübergang bei freier Konvektion im Inneren einer Kugel sind sehr wenige Untersuchungen bekannt geworden. Nach Schmidt (1937) kann im Bereich niedriger Rayleighzahl der Wärmeübergang näherungsweise mit der Beziehung

$$Nu = 0,65 \, Ra^{1/4} \tag{12.82}$$

berechnet werden. Eckelmann (1955) empfiehlt anhand seiner kalorischen Messungen im turbulenten Bereich $10^9 \leq Ra \leq 10^{13}$ die Beziehung

$$Nu = 0,476 \, Ra^{1/3}. \tag{12.83}$$

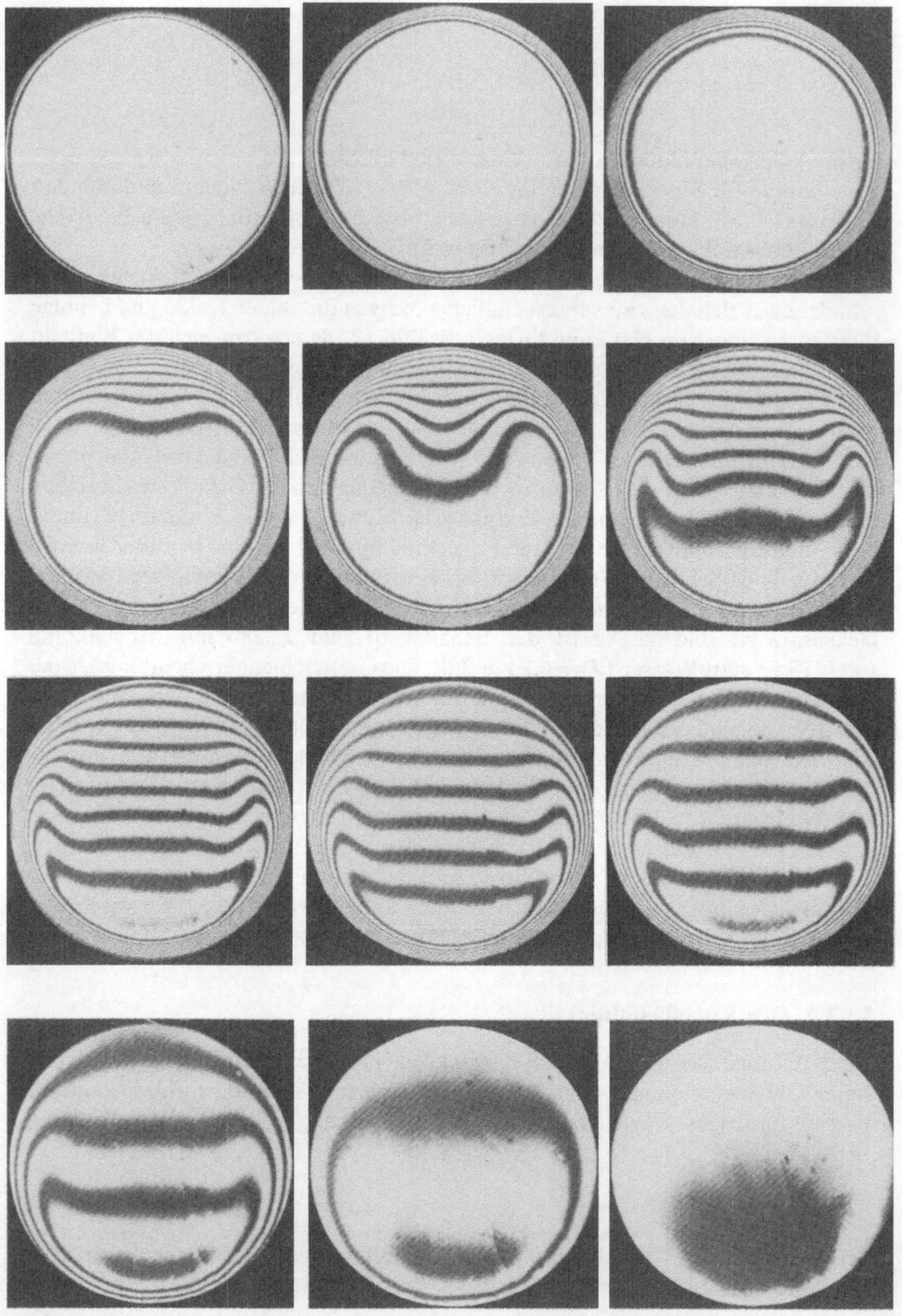

Bild 12.28a

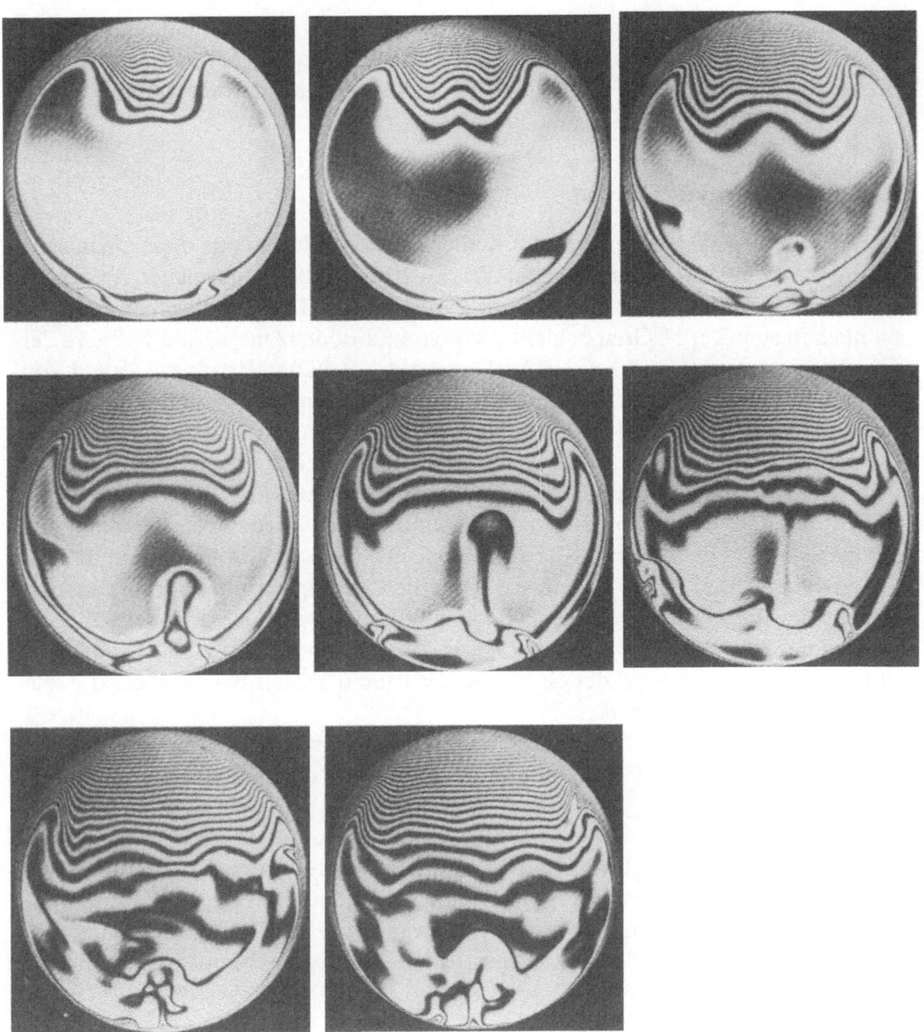

Bild 12.28b

Bild 12.28. Interferenzbilder zur Aufheizung eines horizontalen zylindrischen Behälters. **a** $\Delta T_0 = 1,25$ K; $Ra = 0,159 \cdot 10^6$, $Bi/K = 185$, $r_i = 0,02$ m; $Pr = 6,8$ (Wasser); **b** $\Delta T_0 = 1,25$ K; $Ra = 0,76 \cdot 10^6$, $Bi/K = 284$; $r_i = 0,25$ m; $Pr = 15,5$ (Äthylalkohol); [nach Hauf und Grigull (1966)]

In (12.82) und (12.83) sind die Kennzahlen mit dem Durchmesser der Kugel und der Temperaturdifferenz zwischen Wand- und kalorischer Mitteltemperatur zu bilden. Die Stoffwerte sind ebenfalls bei der kalorischen Mitteltemperatur einzusetzen.

12.3.3 Der vertikale Zylinder

Der Wärmeübergang in vertikalen Zylindern ist von Interesse, da diese Geometrie häufig als Warmwasserbereiter oder Warm- bzw. Heißwasserspeicher verwendet wird. Das Strömungsfeld im Behälter kann in vier Bereiche eingeteilt werden, nämlich in eine Kern-, Grenzschicht-, Misch- und Bodenzone; s. Bild 12.29. In der Grenzschichtzone strömt bei der Aufheizung des Behälters erwärmtes Fluid von unten nach oben. Die Kernzone ist analog zum horizontalen Zylinder horizontal durchmischt und vertikal gleichmäßig geschichtet. In der Mischzone wird die Grenzschichtströmung um 90° umgelenkt und dabei horizontal und vertikal gemischt. Die Grenzschichtdicke nimmt in unmittelbarer Nähe des Behälterbodens wegen der dort extrem niedrigen Geschwindigkeiten wieder zu. Innerhalb der Bodenzone wird die Strömung der Kernzone ebenfalls um 90° umgelenkt. Da die Geschwindigkeiten in der Kernzone wesentlich niedriger sind als in der Grenzschicht, ist die Höhe der Bodenzone ebenfalls wesentlich niedriger als die der Mischzone. Alles in allem ist das Strömungs- und Temperaturfeld im Zylinder sehr komplex. Dies dürfte auch der Grund sein, warum über den Wärmeübergang sehr wenig bekannt geworden ist.

Hiddink et al. (1976) empfehlen anhand ihrer experimentellen Untersuchungen im Bereich $0{,}25 \leq H/D \leq 2{,}00$ und $5 \leq Pr < 83000$ die Beziehung

$$Nu_{\mathrm{kal}} = 0{,}44\, Ra^{1/4}\,. \tag{12.84}$$

Die Nußelt- und Rayleighzahl ist dabei mit der Differenz aus der Wand- und der kalorischen Mitteltemperatur für den Behälter zu bilden. Umfangreiche experimentelle Untersuchungen wurden ferner von Evans et al. (1968) sowie von Staudt (1981) durchgeführt. Für den dimensionslosen vertikalen Temperaturgradienten

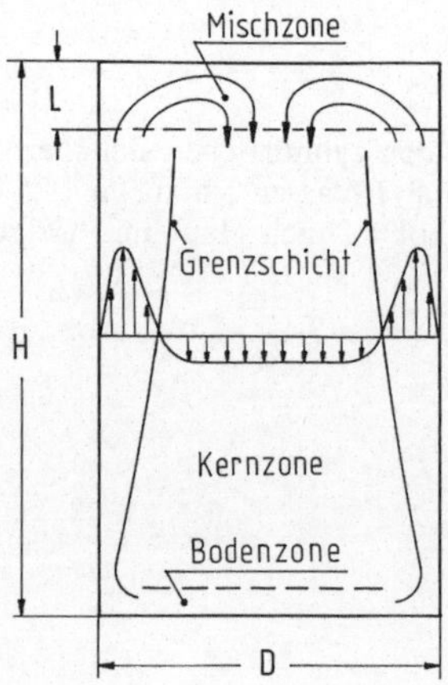

Bild 12.29. Der vertikale Zylinder

in der Kernzone,

$$\theta' = \frac{\lambda}{q_{\mathrm{w}}} \left(\frac{\lambda v^2}{g \beta q_{\mathrm{w}}} \right)^{1/4} \frac{\mathrm{d}T}{\mathrm{d}y} \qquad\qquad (12.85)$$

geben Evans et al. die Beziehung

$$\theta' = 4 \, F o^{4/9} \, Ra^{1/9} \qquad\qquad (12.86)$$

an, wobei die Kennzahlen wieder mit der kalorischen Mitteltemperatur zu bilden sind. Beziehungen für lokale oder mittlere Nußeltzahlen sind nicht bekannt geworden.

Anhang

Anhang A. Gradient, Divergenz und Rotation

1. Definitionen

Skalar T: Größe (z.B. die Temperatur), die durch Angabe ihres Betrags (Zahlenwerts) vollständig beschrieben ist.

Vektor u: Größe (z.B. Geschwindigkeit), die durch Betrag *und* Richtung bzw. durch die Angabe der Beträge ihrer drei Komponenten im Raum vollständig beschrieben ist.

Tensor τ_{ij}:   Größe (z.B. Schubspannungstensor), die durch die Angabe der Beträge ihrer neun Komponenten vollständig beschrieben ist.

2. Vektorprodukte

Für das skalare Produkt zweier Vektoren a und b gilt

$$(ab) = ab \cos \varphi_{ab},$$

wobei φ_{ab} der Winkel zwischen den beiden Vektoren ist. Wegen $\cos \varphi_{ab} = 1$ für $\varphi_{ab} = 0$ gilt

$$(aa) = |a|^2 = a^2,$$

wenn a der Betrag $|a|$ des Vektors a ist.

Für das vektorielle Produkt zweier Vektoren a und b gilt

$$[a \times b] = (ab \sin \varphi_{ab}) n_{ab},$$

wenn mit n_{ab} der Einheitsvektor (Vektor mit dem Betrag 1) bezeichnet wird, der senkrecht auf der durch die beiden Vektoren a und b aufgespannten Ebene steht.

Während das skalare Produkt zweier Vektoren einen Skalar darstellt, stellt das Vektorprodukt einen Vektor dar, der senkrecht auf der von a und b aufgespannten Ebene steht.

Wegen $\sin \varphi_{ab} = 0$ für $\varphi_{ab} = 0$ gilt

$$[a \times a] = 0.$$

Einheitsvektoren im rechtwinkligen Koordinatensystem:

$$i = (1,0,0); \quad j = (0,1,0); \quad k = (0,0,1)$$

3. Differentialoperatoren

Nabla-Operator (auch Delta-Operator)

$$\nabla \equiv i\frac{\partial}{\partial x} + j\frac{\partial}{\partial y} + k\frac{\partial}{\partial z} = \left(\frac{\partial}{\partial x}, \frac{\partial}{\partial y}, \frac{\partial}{\partial z} \right)$$

Laplace-Operator

$$\Delta \equiv \nabla^2 \equiv \frac{\partial^2}{\partial x^2} + \frac{\partial^2}{\partial y^2} + \frac{\partial^2}{\partial z^2}$$

Gradient eines Skalars $\varphi(x,y,z)$

$$\operatorname{grad} \varphi \equiv \nabla\varphi \equiv i\frac{\partial\varphi}{\partial x} + j\frac{\partial\varphi}{\partial y} + k\frac{\partial\varphi}{\partial z} = \left(\frac{\partial\varphi}{\partial x}, \frac{\partial\varphi}{\partial y}, \frac{\partial\varphi}{\partial z} \right)$$

Divergenz eines Vektors a

$$\operatorname{div} a \equiv \nabla a = \left(\frac{\partial}{\partial x}, \frac{\partial}{\partial y}, \frac{\partial}{\partial z} \right) (a_1, a_2, a_3)$$

$$= \frac{\partial a_1}{\partial x}, \frac{\partial a_2}{\partial y}, \frac{\partial a_3}{\partial z}$$

Rotation eines Vektors a

$$a \equiv \nabla \times a = \left(\frac{\partial}{\partial x}, \frac{\partial}{\partial y}, \frac{\partial}{\partial z} \right) \times (a_1, a_2, a_3)$$

$$= \begin{vmatrix} i & j & k \\ \dfrac{\partial}{\partial x} & \dfrac{\partial}{\partial y} & \dfrac{\partial}{\partial z} \\ a_1 & a_2 & a_3 \end{vmatrix}$$

$$= i\begin{vmatrix} \dfrac{\partial}{\partial y} & \dfrac{\partial}{\partial z} \\ a_2 & a_3 \end{vmatrix} - j\begin{vmatrix} \dfrac{\partial}{\partial x} & \dfrac{\partial}{\partial z} \\ a_1 & a_3 \end{vmatrix} + k\begin{vmatrix} \dfrac{\partial}{\partial x} & \dfrac{\partial}{\partial y} \\ a_1 & a_2 \end{vmatrix}$$

$$= i\left(\frac{\partial a_3}{\partial y} - \frac{\partial a_2}{\partial z} \right) - j\left(\frac{\partial a_3}{\partial x} - \frac{\partial a_1}{\partial z} \right) + k\left(\frac{\partial a_2}{\partial x} - \frac{\partial a_1}{\partial y} \right)$$

Weitere Beziehungen

$$\nabla(\varphi a) = (\nabla\varphi)a + \varphi(\nabla a)$$

$$\nabla x(\varphi a) = (\nabla\varphi)xa + \varphi(\nabla xa)$$

$$\nabla(ab) = b(\nabla xa) - a(\nabla xb)$$

$$\nabla x(axb) = (b\nabla)a - b(\nabla a) - (a\nabla)b + a(\nabla b)$$

$$\nabla(a \times b) = (b\nabla)a + (a\nabla)b + bx(\nabla xa) + ax(\nabla xb)$$

$$\nabla x(\nabla\varphi) = 0$$

$$\nabla(\nabla xa) = 0$$

$$\nabla x(\nabla xa) = \nabla(\nabla a) - \nabla^2 a$$

4. Tensoren

Summationskonvention

$$a_1 x^1 + a_2 x^2 + \ldots + a_n x^n = \sum_{i=1}^{n} a_i x^i \equiv a_i x^i$$

Über gleiche Indizes in einem Produkt wird von $i=1$ bis $i=n$ summiert.

Tensoren 2. Ordnung

$$a_{ij} \equiv \begin{pmatrix} a_{11} & a_{12} & a_{13} \\ a_{21} & a_{22} & a_{23} \\ a_{31} & a_{32} & a_{33} \end{pmatrix}$$

Einheitstensor

$$\delta \equiv \begin{pmatrix} 1 & 0 & 0 \\ 0 & 1 & 0 \\ 0 & 0 & 1 \end{pmatrix}$$

Kronecker-Symbol

$$\delta_{ij} \equiv \begin{cases} 1 & \text{für} \quad i=j \\ 0 & \text{für} \quad i \neq j \end{cases}$$

Invarianten des Tensors a_{ij}

$$J_1 = a_{ii} = a_{11} + a_{22} + a_{33}$$

$$J_2 = a_{11}a_{22} + a_{22}a_{33} + a_{33}a_{11} - a_{12}^2 - a_{23}^2 - a_{31}^2$$

$$J_3 = \det(a_{ij})$$

Skalares Produkt

$$(a_{ij} \cdot b_{ij}) = \sum_i \sum_j a_{ij} b_{ij}$$

Tensorielles Produkt

$$(a_{ij} \cdot b_{ij}) = \sum_i \sum_l \delta_i \delta_l \left(\sum_j a_{ij} b_{jl} \right)$$

5. Differential-Ausdrücke

$$[\nabla a_{ij}] = \sum_k \delta_k \left(\sum_i \frac{\partial}{\partial x_i} a_{ik} \right)$$

$$[a \nabla b] = \sum_i \sum_k \delta_k a_i \frac{\partial}{\partial x_i} b_k$$

$$(a_{ij} \cdot \nabla b) = \sum_i \sum_j a_{ij} \frac{\partial}{\partial x_j} b_i$$

Anhang B. Kalorische Zustandsgleichung

1. Innere Energie

Betrachtet man die innere Energie als Funktion von Temperatur und Volumen, $e_i = e_i(T,v)$, so folgt für das vollständige Differential

$$\mathrm{d}e_i = \left(\frac{\partial e_i}{\partial T} \right)_v \mathrm{d}T + \left(\frac{\partial e_i}{\partial v} \right)_T \mathrm{d}v, \tag{B1}$$

worin der erste Term auf der rechten Seite die spezifische Wärmekapazität

$$c_v = \left(\frac{\partial e_i}{\partial T} \right)_v$$

bei konstantem Volumen ist.

Im folgenden wird nun die Ableitung $(\partial e_i / \partial v)_T$ berechnet. Dazu setzt man (B1) in die Gibbsche Hauptgleichung

$$\mathrm{d}s = \frac{1}{T} \mathrm{d}e_i + \frac{p}{T} \mathrm{d}v$$

ein und erhält

$$\mathrm{d}s = \frac{1}{T} c_v \mathrm{d}T + \frac{1}{T} \left[\left(\frac{\partial e_i}{\partial v} \right)_T + p \right] \mathrm{d}v. \tag{B2}$$

Betrachtet man die Entropie als Funktion von Temperatur und spezifischem Volumen, $s = s(T,v)$, so folgt für das vollständige Differential

$$\mathrm{d}s = \left(\frac{\partial s}{\partial T} \right)_v \mathrm{d}T + \left(\frac{\partial s}{\partial v} \right)_T \mathrm{d}v. \tag{B3}$$

Ein Koeffizientenvergleich zwischen (B 2) und (B 3) liefert

$$\left(\frac{\partial s}{\partial T}\right)_v = \frac{c_v}{T},$$

$$\left(\frac{\partial s}{\partial v}\right)_T = \frac{1}{T}\left[\left(\frac{\partial e_i}{\partial v}\right)_T + p\right].$$

Für die gemischten Ableitungen folgt daraus

$$\frac{\partial}{\partial v}\left(\frac{\partial s}{\partial T}\right)_v = 0$$

$$\frac{\partial}{\partial T}\left(\frac{\partial s}{\partial v}\right)_T = -\frac{1}{T^2}\left[\left(\frac{\partial e_i}{\partial v}\right)_T + p\right] + \frac{1}{T}\left(\frac{\partial p}{\partial T}\right)_v$$

und damit für die gesuchte Ableitung

$$\left(\frac{\partial e_i}{\partial v}\right)_T = T\left(\frac{\partial p}{\partial T}\right)_v - p. \tag{B 4}$$

Setzt man (B 4) in (B 1) ein, so folgt schließlich

$$de_i = c_v dT + \left[T\left(\frac{\partial p}{\partial T}\right)_v - p\right]dv \tag{B 5a}$$

bzw. unter Beachtung von $v = 1/\varrho$

$$\frac{De_i}{Dt} = c_v \frac{DT}{Dt} - \frac{1}{\varrho^2}\left[T\left(\frac{\partial p}{\partial T}\right)_v - p\right]\frac{D\varrho}{Dt}. \tag{B 5b}$$

2. Enthalpie

Betrachtet man die Enthalpie als Funktion von Druck und Temperatur, $h = h(p,T)$, so folgt für das vollständige Differential

$$dh = \left(\frac{\partial h}{\partial T}\right)_p dT + \left(\frac{\partial h}{\partial p}\right)_T dp, \tag{B 6}$$

worin der erste Ausdruck auf der rechten Seite gleich der spezifischen Wärme bei konstantem Druck ist,

$$c_p = \left(\frac{\partial h}{\partial T}\right)_p.$$

Analog zu vorher wird in folgendem die Ableitung $(\partial h/\partial p)_T$ berechnet. Dazu setzt man (B 6) in die Gibbsche Hauptgleichung

$$ds = \frac{1}{T}dh - \frac{v}{T}dp$$

ein und erhält

$$\mathrm{d}s = \frac{1}{T}c_\mathrm{p}\mathrm{d}T + \frac{1}{T}\left[\left(\frac{\partial h}{\partial p}\right)_\mathrm{T} - v\right]\mathrm{d}p.$$

(B 7)

Betrachtet man die Entropie wieder als Funktion von Temperatur und Druck, $s = s(T,p)$, so folgt für das vollständige Differential

$$\mathrm{d}s = \left(\frac{\partial s}{\partial T}\right)_\mathrm{p}\mathrm{d}T + \left(\frac{\partial s}{\partial p}\right)_\mathrm{T}\mathrm{d}p.$$

(B 8)

Ein Koeffizientenvergleich zwischen (B 7) und (B 8) liefert

$$\left(\frac{\partial s}{\partial T}\right)_\mathrm{p} = \frac{c_\mathrm{p}}{T}$$

$$\left(\frac{\partial s}{\partial p}\right)_\mathrm{T} = \frac{1}{T}\left[\left(\frac{\partial h}{\partial p}\right)_\mathrm{T} - v\right].$$

Für die gemischten Ableitungen folgt daraus

$$\frac{\partial}{\partial p}\left(\frac{\partial s}{\partial T}\right)_\mathrm{p} = 0$$

$$\frac{\partial}{\partial T}\left(\frac{\partial s}{\partial p}\right)_\mathrm{T} = -\frac{1}{T^2}\left[\left(\frac{\partial h}{\partial p}\right)_\mathrm{T} - v\right] + \frac{1}{T}\left(\frac{\partial v}{\partial T}\right)_\mathrm{p}$$

und damit für die gesuchte Ableitung

$$\left(\frac{\partial h}{\partial p}\right)_\mathrm{T} = -T\left(\frac{\partial v}{\partial T}\right)_\mathrm{p} + v.$$

(B 9)

Setzt man (B 9) in (B 6) ein, so erhält man

$$\mathrm{d}h = c_\mathrm{p}\mathrm{d}T - \left[T\left(\frac{\partial v}{\partial T}\right)_\mathrm{p} - v\right]\mathrm{d}p.$$

Mit dem isobaren thermischen Ausdehnungskoeffizienten

$$\beta = \frac{1}{v}\left(\frac{\partial v}{\partial T}\right)_\mathrm{p}$$

folgt damit

$$\mathrm{d}h = c_\mathrm{p}\mathrm{d}T + \frac{1}{\varrho}(1 - \beta T)\mathrm{d}p$$

(B 10a)

bzw. unter Beachtung von $v = 1/\varrho$

$$\frac{\mathrm{D}h}{\mathrm{D}t} = c_\mathrm{p}\frac{\mathrm{D}T}{\mathrm{D}t} + (1 - \beta T)\frac{\mathrm{D}p}{\mathrm{D}t}.$$

(B 10b)

Mit (B 5b) wird die innere Energie e_i und mit (B 10b) die Enthalpie h durch Temperatur T, Druck p und Dichte ϱ bzw. thermischen Ausdehnungskoeffizienten β ausgedrückt. Mit der thermischen Zustandsgleichung in der Form $\varrho = \varrho(T,p)$ läßt sich die Dichte eliminieren und man erhält die innere Energie und die Enthalpie als Funktion von Temperatur und Druck.

Für ein thermisch ideales Gas folgt mit $(\partial e_i/\partial v)_T = 0$ aus (B 5b)

$$\frac{De_i}{Dt} = c_v \frac{DT}{Dt} \qquad\qquad (\text{B 5c})$$

und mit $\beta = 1/T$ aus (B 10b)

$$\frac{Dh}{Dt} = c_p \frac{DT}{Dt} \; . \qquad\qquad (\text{B 10c})$$

Anhang C. Die Grundgleichungen in Kartesischen-, Zylinder- und Polarkoordinaten

1. Kontinuitätsgleichung

Kartesische Koordinaten (x,y,z), Bild C.1

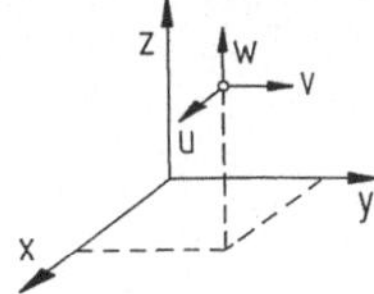

Bild C.1. Kartesische Koordinaten

$$\frac{\partial \varrho}{\partial t} + \frac{\partial}{\partial x}(\varrho u) + \frac{\partial}{\partial y}(\varrho v) + \frac{\partial}{\partial z}(\varrho w) = 0$$

Zylinderkoordinaten (r,φ,z), Bild C.2

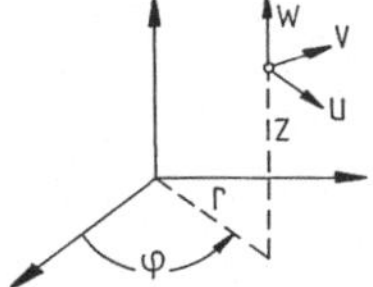

Bild C.2. Zylinderkoordinaten

$$\frac{\partial \varrho}{\partial t} + \frac{1}{r}\frac{\partial}{\partial r}(\varrho r u) + \frac{1}{r}\frac{\partial}{\partial \varphi}(\varrho v) + \frac{\partial}{\partial z}(\varrho w) = 0$$

Polarkoordinaten (r,φ,ϑ), Bild C.3

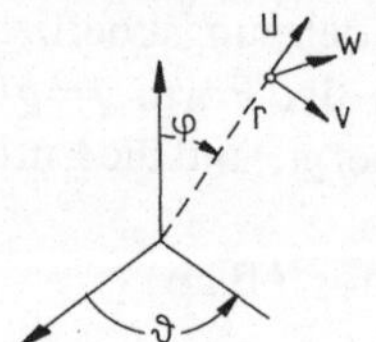

Bild C.3. Polarkoordinaten

$$\frac{\partial\varrho}{\partial t} + \frac{1}{r^2}\frac{\partial}{\partial r}\left(\varrho r^2 u\right) + \frac{1}{r\sin\varphi}\frac{\partial}{\partial\varphi}\left(\varrho v \sin\varphi\right) + \frac{1}{r\sin\varphi}\frac{\partial}{\partial\vartheta}\left(\varrho w\right) = 0$$

2. Bewegungsgleichung

Für ein Newtonsches Fluid mit konstanten Stoffwerten.

Kartesische Koordinaten (x,y,z)

x-Komponente:

$$\varrho\left(\frac{\partial u}{\partial t} + u\frac{\partial u}{\partial x} + v\frac{\partial u}{\partial y} + w\frac{\partial u}{\partial z}\right) = -\frac{\partial p}{\partial x} + \eta\left(\frac{\partial^2 u}{\partial x^2} + \frac{\partial^2 u}{\partial y^2} + \frac{\partial^2 u}{\partial z^2}\right) + \varrho g_x.$$

y-Komponente:

$$\varrho\left(\frac{\partial v}{\partial t} + u\frac{\partial v}{\partial x} + v\frac{\partial v}{\partial y} + w\frac{\partial v}{\partial z}\right) = -\frac{\partial p}{\partial y} + \eta\left(\frac{\partial^2 v}{\partial x^2} + \frac{\partial^2 v}{\partial y^2} + \frac{\partial^2 v}{\partial z^2}\right) + \varrho g_y.$$

z-Komponente:

$$\varrho\left(\frac{\partial w}{\partial t} + u\frac{\partial w}{\partial x} + v\frac{\partial w}{\partial y} + w\frac{\partial w}{\partial z}\right) = -\frac{\partial p}{\partial z} + \eta\left(\frac{\partial^2 w}{\partial x^2} + \frac{\partial^2 w}{\partial y^2} + \frac{\partial^2 w}{\partial z^2}\right) + \varrho g_z.$$

Zylinderkoordinaten (x,φ,z)

r-Komponente (Zentrifugalkraft $\varrho v^2/r$):

$$\varrho\left(\frac{\partial u}{\partial t} + u\frac{\partial u}{\partial r} + \frac{v}{r}\frac{\partial u}{\partial\varphi} - \frac{v^2}{r} + w\frac{\partial u}{\partial z}\right)$$

$$= -\frac{\partial p}{\partial r} + \eta\left[\frac{\partial}{\partial r}\left(\frac{1}{r}\frac{\partial}{\partial r}(ru)\right) + \frac{1}{r^2}\frac{\partial^2 u}{\partial\varphi^2} - \frac{2}{r^2}\frac{\partial v}{\partial\varphi} + \frac{\partial^2 u}{\partial z^2}\right] + \varrho g_r.$$

φ-Komponente (Corioliskraft $\varrho uv/r$):

$$\varrho\left(\frac{\partial v}{\partial t} + u\frac{\partial v}{\partial r} + \frac{v}{r}\frac{\partial v}{\partial\varphi} + \frac{uv}{r} + w\frac{\partial v}{\partial z}\right)$$

$$= -\frac{1}{r}\frac{\partial p}{\partial\varphi} + \eta\left[\frac{\partial}{\partial r}\left(\frac{1}{r}\frac{\partial}{\partial r}(rv)\right) + \frac{1}{r^2}\frac{\partial^2 v}{\partial\varphi^2} + \frac{2}{r^2}\frac{\partial u}{\partial\varphi} + \frac{\partial^2 v}{\partial z^2}\right] + \varrho g_\varphi.$$

z-Komponente:

$$\varrho\left(\frac{\partial w}{\partial t}+u\frac{\partial w}{\partial r}+\frac{v}{r}\frac{\partial w}{\partial \varphi}+w\frac{\partial w}{\partial z}\right)$$

$$=-\frac{\partial p}{\partial z}+\eta\left[\frac{1}{r}\frac{\partial}{\partial r}\left(r\frac{\partial w}{\partial r}\right)+\frac{1}{r^2}\frac{\partial^2 w}{\partial \varphi^2}+\frac{\partial^2 w}{\partial z^2}\right]+\varrho g_z.$$

Polarkoordinaten (r,φ,ϑ)

r-Komponente:

$$\varrho\left(\frac{\partial u}{\partial t}+u\frac{\partial u}{\partial r}+\frac{v}{r}\frac{\partial u}{\partial \varphi}+\frac{w}{r\sin\varphi}\frac{\partial u}{\partial \vartheta}-\frac{v^2+w^2}{r}\right)=-\frac{\partial p}{\partial r}$$

$$+\eta\left(\nabla^2 u-\frac{2}{r^2}u-\frac{2}{r^2}\frac{\partial v}{\partial \varphi}-\frac{2}{r^2}v\cot\varphi-\frac{2}{r^2\sin\varphi}\frac{\partial w}{\partial \vartheta}\right)+\varrho g_r.$$

φ-Komponente:

$$\varrho\left(\frac{\partial v}{\partial t}+u\frac{\partial v}{\partial r}+\frac{v}{r}\frac{\partial v}{\partial \varphi}+\frac{w}{r\sin\varphi}\frac{\partial v}{\partial \vartheta}+\frac{uv}{r}-\frac{w^2\cot\varphi}{r}\right)=-\frac{1}{r}\frac{\partial p}{\partial \varphi}$$

$$+\eta\left(\nabla^2 v+\frac{2}{r^2}\frac{\partial u}{\partial \varphi}-\frac{v}{r^2\sin^2\varphi}-\frac{2\cos\varphi}{r^2\sin^2\varphi}\frac{\partial w}{\partial \vartheta}\right)+\varrho g_\vartheta.$$

ϑ-Komponente:

$$\varrho\left(\frac{\partial w}{\partial t}+u\frac{\partial w}{\partial r}+\frac{v}{r}\frac{\partial w}{\partial \varphi}+\frac{w}{r\sin\varphi}\frac{\partial v}{\partial \vartheta}+\frac{uw}{r}+\frac{vw}{r}\cot\varphi\right)=-\frac{1}{r\sin\varphi}\frac{\partial p}{\partial \vartheta}$$

$$+\eta\left(\nabla^2 w-\frac{w}{r^2\sin^2\varphi}+\frac{2}{r^2\sin\varphi}\frac{\partial u}{\partial \vartheta}+\frac{2\cos\varphi}{r^2\sin^2\varphi}\frac{\partial v}{\partial \vartheta}\right)+\varrho g_\vartheta.$$

$$\nabla^2=\frac{1}{r^2}\frac{\partial}{\partial r}\left(r^2\frac{\partial}{\partial r}\right)+\frac{1}{r^2\sin\varphi}\frac{\partial}{\partial \varphi}\left(\sin\varphi\frac{\partial}{\partial \varphi}\right)+\frac{1}{r^2\sin^2\varphi}\left(\frac{\partial^2}{\partial \vartheta^2}\right).$$

3. Energiegleichung

Für ein Newtonsches Fluid mit konstanten Stoffwerten.

Kartesische Koordinaten (x,y,z)

$$\varrho c_{\mathrm{p}} \left(\frac{\partial T}{\partial t} + u\frac{\partial T}{\partial x} + v\frac{\partial T}{\partial y} + w\frac{\partial T}{\partial z} \right)$$

$$= \lambda \left[\frac{\partial^2 T}{\partial x^2} + \frac{\partial^2 T}{\partial y^2} + \frac{\partial^2 T}{\partial z^2} \right]$$

$$+ 2\eta \left[\left(\frac{\partial u}{\partial x} \right)^2 + \left(\frac{\partial v}{\partial y} \right)^2 + \left(\frac{\partial w}{\partial z} \right)^2 \right]$$

$$+ \eta \left[\left(\frac{\partial u}{\partial y} + \frac{\partial v}{\partial x} \right)^2 + \left(\frac{\partial u}{\partial z} + \frac{\partial w}{\partial x} \right)^2 + \left(\frac{\partial v}{\partial z} + \frac{\partial w}{\partial y} \right)^2 \right].$$

Zylinderkoordinaten (r,φ,z)

$$\varrho c_{\mathrm{p}} \left(\frac{\partial T}{\partial t} + u\frac{\partial T}{\partial r} + \frac{v}{r}\frac{\partial T}{\partial \varphi} + w\frac{\partial T}{\partial z} \right)$$

$$= \lambda \left[\frac{1}{r}\frac{\partial}{\partial r}\left(r\frac{\partial T}{\partial r} \right) + \frac{1}{r^2}\frac{\partial^2 T}{\partial \varphi^2} + \frac{\partial^2 T}{\partial z^2} \right]$$

$$+ 2\eta \left[\left(\frac{\partial u}{\partial r} \right)^2 + \left(\frac{1}{r}\left(\frac{\partial v}{\partial \varphi} + u \right) \right)^2 + \left(\frac{\partial w}{\partial z} \right)^2 \right]$$

$$+ \eta \left[\left(\frac{\partial v}{\partial z} + \frac{1}{r}\frac{\partial w}{\partial \varphi} \right)^2 + \left(\frac{\partial w}{\partial r} + \frac{\partial u}{\partial z} \right)^2 + \left(\frac{1}{r}\frac{\partial u}{\partial \varphi} + r\frac{\partial}{\partial r}\left(\frac{v}{r} \right) \right)^2 \right].$$

Polarkoordinaten (r,φ,ϑ)

$$\varrho c_{\mathrm{p}} \left(\frac{\partial T}{\partial t} + u\frac{\partial T}{\partial r} + \frac{v}{r}\frac{\partial T}{\partial \varphi} + \frac{w}{r\sin\varphi}\frac{\partial T}{\partial \vartheta} \right)$$

$$= \lambda \left[\frac{1}{r^2}\frac{\partial}{\partial r}\left(r^2\frac{\partial T}{\partial r} \right) + \frac{1}{r^2\sin\varphi}\frac{\partial}{\partial \varphi}\left(\sin\varphi\frac{\partial T}{\partial \varphi} \right) + \frac{1}{r^2\sin^2\varphi}\frac{\partial^2 T}{\partial \vartheta^2} \right]$$

$$+ 2\eta \left[\left(\frac{\partial u}{\partial r} \right)^2 + \left(\frac{1}{r}\frac{\partial v}{\partial \varphi} + \frac{u}{r} \right)^2 + \left(\frac{1}{r\sin\varphi}\frac{\partial w}{\partial \vartheta} + \frac{u}{r} + \frac{v\cot\varphi}{r} \right)^2 \right]$$

$$+ \eta \left[\left(r\frac{\partial}{\partial r}\left(\frac{v}{r} \right) + \frac{1}{r}\frac{\partial u}{\partial \varphi} \right)^2 + \left(\frac{1}{r\sin\varphi}\frac{\partial u}{\partial \vartheta} + r\frac{\partial}{\partial r}\left(\frac{w}{r} \right) \right)^2 \right.$$

$$\left. + \left(\frac{\sin\varphi}{r}\frac{\partial}{\partial \varphi}\left(\frac{w}{\sin\varphi} \right) + \frac{1}{r\sin\varphi}\frac{\partial v}{\partial \vartheta} \right)^2 \right].$$

Literaturverzeichnis

Kapitel 1

Baehr, H.D.: Thermodynamik. 5. Aufl. Berlin: Springer 1985
Biot, J.B.: Mémoire sur la propagation de la chaleur, lu à la Classe des Sciences Mathématiques et Physiques de l'Institut National. Bibl. Br. Sci. Arts 27 (1804), 310—329
Biot, J.B.: Traité de Physique Expérimentale et Mathématique. Tome I et IV. Paris: Deterville 1816
van Dyke, M.: An album of fluid motion. Stanford: Parabolic Press 1982
Eckert, E.R.G.; Soehngen, E.E.: U.S. Air Force Tech. Rep. 5747, 1948
Fourier, J.B.: Théorie analytique de la chaleur. Paris: Gauthier-Villar 1822
Grigull, U.: Ernst Schmidt zum Gedächtnis. Wärme- Stoffübertragung. 8 (1975)
Grigull, U.: Technische Thermodynamik. 3. Aufl. Berlin: de Gruyter 1977
Grigull, U.; Sandner, H.: Wärmeleitung. Berlin: Springer 1979
Grigull, U.; Sandner, H.; Straub, J.; Winkler, H.: Origins of dimensionless groups of heat and mass transfers. Lehrstuhl A für Thermodynamik der Technischen Universität München 1982
Grigull, U.: Selected publications of Wilhelm Nusselt and Ernst Schmidt. Washington: Hemisphere 1983
Grigull, U.: Newton's temperature scale and the law of cooling. Wärme Stoffübertrag. 18(1984) 195—199
Hauf, W.; Grigull, U.: Optical methods in heat transfer. Adv. Heat Transfer 6(1970) 133—366
Hausen, H.: Ein allgemeiner Ausdruck für den Wärmedurchgang durch ebene, zylindrische und kugelförmig gekrümmte Wände. Arch. Gesamte Wärmetech. 2(1951) 123—124
Kling, G.: Aus der Entwicklungsgeschichte der Wärmeübertragung. Chem.-Ing. Tech. 24(1952) 597—608
Knaff, G.G.: Stoffübertragung bei der Extraktion von Feststoffen mit überkritischem Kohlendioxid. Diss. TH Karlsruhe 1986
Mollier, R.: Über den Wärmeübergang und die darauf bezüglichen Versuchsergebnisse. VDI Z. 41(1897) 153—162 und 197—202
Schlichting, H.: Grenzschicht-Theorie. 8. Aufl. Karlsruhe: Braun 1982
Schmidt, E.: Wilhelm Nußelt. VDI Z. 99(1957) 1741—42

Kapitel 2

Becker, E.; Bürger, W.: Kontinuumsmechanik. Leitfäden der angewandten Mathematik und Mechanik. Bd. 20 Stuttgart: Teubner 1975
Bird, G.A.: Molecular gas dynamics. Oxford: Clarendon Press 1976
Bird, R.B.; Stewart, W.E.; Lightfoot, E.N.: Transport phenomena. New York: Wiley 1960

Hirschfelder, J.O.; Curtiss, C.F.; Bird, R.B.: Molecular theory of gases and liquids. New York: Wiley 1954

Jischa, M.: Konvektiver Impuls-, Wärme- und Stoffaustausch. Braunschweig: Vieweg 1982

Roache, P.J.: Computational fluid dynamics. Albuquerque N.M., USA: Hermosa 1976

Schlichting, H.: Grenzschicht-Theorie. 8. Aufl. Karlsruhe: Braun 1982

Smith, G.D.: Numerical solution of partial differential equations. Oxford: Clarendon Press 1978 (deutsche Ausgabe: Numerische Lösung von partiellen Differentialgleichungen. Braunschweig: Vieweg 1970)

White, F.M.: Viscous fluid flow. New York: McGraw-Hill 1974

Kapitel 3

Boussinesq, J.: Essai sur la théorie des eaux courantes. Mem. Pres. Acad. Sci. XXIII, 46 (1877) 179

Fenstermacher, P.; Swinney, H.; Gollub, J.: Dynamical instabilities and the transition to chaotic Taylor vortex flow. J. Fluid Mech. 94 (1979) 103 – 128

Gollub, J.; Benson, S.: Many routes to turbulent convection. J. Fluid Mech. 100 (1980) 449 – 470

Harlow, F.H.; Nakayama, P.I.: Turbulent transport equations. Phys. Fluids 10 (1967) 2323

Jäger, W.: Oszillatorische und turbulente Konvektion. Diss., Univ. Karlsruhe 1982

Jischa, M.; Rieke, H.B.: About the prediction of turbulent Prandtl- and Schmidt numbers from modeled transport equations. Int. J. Heat Mass Transfer 22 (1979) 1547 – 1555

Jischa, M.: Konvektiver Impuls-, Wärme- und Stoffaustausch Braunschweig: Vieweg 1982, S. 276 – 279

Jischa, M.: Turbulenter Wärme- und Stoffaustausch. Chem.-Ing.-Tech. 55 (1983) 202 – 211

Kolmogorov, A.N.: Equations of turbulent motion of an incompressible fluid. Izv. Akad. Nauk. SSSR, Ser. Fiz. Vi (1942) 56 – 58 (Engl. transl.: Imperial College, Mech. Eng. Dept. Rept. ON/6 (1968))

Landau, L.; Lifschitz, E.: Lehrbuch der Theoretischen Physik. Bd. VI, Hydrodynamik. Berlin: Akademie-Verlag 1971, Kap. III

Launder, B.E.; Spalding, D.B.: Lectures in mathematical models of turbulence. New York: Academic Press 1972

Launder, B.E.; Spalding, D.B.: The numerical computation of turbulent flow. Comp. Math. in Appl. Mech. and Eng. 3 (1974) 269

Lorenz, E.N.: Deterministic nonperiodic flow. J. Atmos. Sci. 20 (1963) 130

Mayer, D.H.: Turbulenz: Durchbruch in einem lange ungelösten Problem? Teil I + II Phys. Bl. 38 (1982) 55 – 59 und 87 – 92

Patankar, S.V.; Spalding, D.B.: Heat and mass transfer in boundary layers. 2nd edn. London: Intertext Books 1970

Prandtl, L.: Über die ausgebildete Turbulenz. Z. Angew. Math. Mech. 5 (1925) 136 – 139

Prandtl, L.: Über ein neues Formelsystem für die ausgebildete Turbulenz. Göttingen: Nachr. Akad. Wiss. Math.-Phys. Klasse 1945

Reynolds, W.C.: Computation of turbulent flows. Ann. Rev. Fluid Mech. 8 (1976) 183 – 208

Rieke, H.B.: Bestimmung des Wärmeübergangs bei turbulenter Rohrströmung mit Hilfe der Transportgleichungen. Diss. Univ. GHS-Essen 1981

Rodi, W.: Turbulence models and their application in hydraulics – a state of the art review. 2nd edn. Inst. Hydromech. Univ. Karlsruhe 1984

Ruelle, D.; Takens, F.: On the nature of turbulence. Commun. Math. Phys. 20 (1971) 167

Schlichting, H.: Grenzschicht-Theorie. 8. Aufl. Karlsruhe: Braun 1982

Swinney, H.L.; Gollub, J.P.; ed.: Hydrodynamik instabilities and the transitions to turbulence. Top. Appl. Phys. 45 Berlin: Springer 1981

Kapitel 4

Brauer, H.; Sucker, D.: Umströmung von Platten, Zylindern und Kugeln. Chem.-Ing.-Tech. 48(1976) 665−736

Coles, D.E.: The law of the wake in the turbulent boundary layers. J. Fluid Mech. 1(1956) 191−226

Gröber, H.; Erk, S.; Grigull, U.: Die Grundgesetze der Wärmeübertragung. 3. Aufl. Berlin: Springer 1963 (Reprint 1981)

Hinze, J.O.: Turbulence, New York: McGraw-Hill 1959

Jischa, M.: Konvektiver Impuls-, Wärme- und Stoffaustausch. Braunschweig: Vieweg 1982

Kays, W.M.; Crawford, M.E.: Convective heat und mass transfer. 2nd edn. New York: McGraw-Hill 1980

Küblbeck, K.: Laminare und turbulente Ausbreitungsvorgänge infolge freier und erzwungener Konvektion. Diss. Univ. München 1981

Lindgren, E.R.: Experimental study on turbulent pipe flow of destilled water. Okla. State Univ. Civ. Eng. Dept. Rep. 1AD 621071, 1965

Moses, H.L.: Behavior of turbulent boundary layer in adverse pressure gradients. Ph.D. thesis, Mass. Inst. of Technol. Cambridge, Mass. 1964

Patankar, S.V.; Spalding, D.B.: Heat and mass transfer in boundary layers. London: Morgan-Grampian 1967

Prandtl, L: Zur turbulenten Strömung in Rohren und längs Platten. Ergebnisse d. Aerodynamischen Versuchsanstalt Göttingen. 4(1932) 18−29

Reichardt, H.: a) Grundlagen des turbulenten Wärmeübergangs. Arch. Gesamte Wärmetech. 2 (1951) 129−143

Reichardt, H.: b) Vollständige Darstellungen der turbulenten Geschwindigkeitsverteilung in glatten Rohren. Z. Angew. Math. Mech. 31(1951) 208−219

Rotta, J.C.: Turbulente Strömungen. Stuttgart: Teubner 1972

Schlichting, H.: Grenzschicht-Theorie. 8. Aufl. Karlsruhe: Braun 1982

Spalding, D.B.: A single formula for the law of the wall. J. Appl. Mech. 28(1961) 455−457

Van Driest, E.R.: On turbulent flow near a wall. J. Aeronaut. Sci. 23(1956) 1007−1011 und 1036

White, F.M.: Viscous fluid flow. New York: McGraw-Hill 1974

Kapitel 5

Boussinesq, J.: Mise en équation des phénoménes de convection et apercu sur le pouvoir refroidissant des fluids. C.R. Acad. Sci., Paris 132(1901) 1382−1387

Bridgman, P.W.: Theorie der physikalischen Dimension. Berlin: Springer 1932

Buckingham, E.: On physically similar systems; Illustrations of the use of dimensional equations. Phys. Rev. 4(1914) 345

Gersten, K.; Herwig, H.: Impuls- und Wärmeübertragung bei variablen Stoffwerten für die laminare Plattenströmung. Wärme- Stoffübertrag. 18(1984) 25−35

Gröber, H.: Die Grundgesetze der Wärmeleitung und des Wärmeübergangs. Berlin: Springer 1921

Herwig, H.: Asymptotische Theorie zur Erfassung des Einflusses variabler Stoffwerte auf Impuls- und Wärmeübertragung. Fortschr.-Ber. VDI Z. 7(1985)

Kraussold, H.: Wärmeabgabe von zylindrischen Flüssigkeitsschichten bei natürlicher Konvektion. Forsch. Ingenieurwes. 5(1934) 186−191

Lorenz, L.: Über das Leitungsvermögen der Metalle für Wärme und Elektrizität. Ann. Phys. 13(1881) 422−447 und 582−606

Nußelt, W.: Der Wärmeübergang in Rohrleitungen. VDI-Forschungsh. 89(1910) 1−38

Nußelt, W.: Das Grundgesetz des Wärmeübergangs. Gesund. Ing. 38(1915) 477−482 und 490−496

Pawlowski, J.: Die Ähnlichkeitstheorie in der physikalisch-technischen Forschung. Berlin: Springer 1971

Schmidt, E.: Verdunstung und Wärmeübergang. Gesund. Ing. 52(1929) 525−529

Schuhmacher, R.: Der Wärmeübergang an Gase in Füllkörper- und Kontaktrohren. Erdöl Kohle 2(1949) 189−193

Zlokarnik, M.: Modellübertragung in der Verfahrenstechnik. Chem.-Ing.-Tech. 55(1983) 363−372

Zlokarnik, M.: Modellübertragung bei partieller Ähnlichkeit. Chem.-Ing.-Tech. 57(1985) 410−416

Kapitel 6

Bergles, A.E.; Simonds, R.R.: Combined forced and free convection for laminar flow in horizontal tubes with uniform heat flux. Int. J. Heat Mass Transfer 14(1971) 1989−2000

Brinkman, H.C.: Heat effects in capillary flow. Appl. Sci. Res., Sect. A 2(1951) 120−124

Brown, A. R.; Thomas, M.A.: Combined free and forced convection heat transfer for laminar flow in horizontal tubes. J. Mech. Eng. Sci. 7(1965) 440−448

Chen, R.-Y.: Flow in the entrance region at low Reynolds numbers. J. Fluids Eng. 95(1973) 153−158

Churchill, S.W.; Ozoe, H.: Correlations for laminar forced convection in flow over an isothermal flat plate and in developing and fully developed flow in an isothermal tube. J. Heat Transfer 95(1973) 416−419

Ebadian, M.A.; Topakoglu, H.C.; Arnas, O.A.: Convective heat transfer for laminar flows in a multipassage circular pipe subjected to an external uniform heat flux. Int. J. Heat Mass Transfer 29(1986) 107−117

Gnielinski, V.: Wärmeübergang im konzentrischen Ringspalt. VDI-Wärmeatlas, 4. Aufl., Gd1−Gd5. Düsseldorf: VDI-Verlag 1984

Grigull, U.: Wärmeübergang in laminarer Strömung mit Reibungswärme. Chem.-Ing.-Tech. 27(1955) 480−483

Grigull, U.; Tratz, H.: Thermischer Einlauf in ausgebildeter laminarer Rohrströmung. Int. J. Heat Mass Transfer 8(1965) 669−678

Graetz, L.: Über die Wärmeleitungsfähigkeit von Flüssigkeiten. Ann. Phys. Chem., Teil 1 in 18(1883) 79−84 und Teil 2 in 25(1885) 337−357

Gröber, H.; Erk, S.; Grigull, U.: Die Grundgesetze der Wärmeübertragung. 3. Aufl. Berlin: Springer 1963 (Reprint 1981)

Hausen, H.: Neue Gleichungen für die Wärmeübertragung bei freier und erzwungener Strömung. Allg. Wärmetechn. 9(1959) 75−79

Hennecke, D.K.: Heat transfer by Hagen-Poiseuille flow in the thermal developement region with axial conduction. Wärme- Stoffübertrag. 1(1968) 177−184

Herwig, H.: The effect of variable properties on momentum and heat transfer in a tube with constant heat flux across the wall. Int. J. Heat Mass Transfer 28(1985) 423−431

Hornbeck, R.W.: An all-numerical method for heat transfer in the inlet of a tube. Am. Soc. Mech. Eng. Pap. 65−WA/HT−36, 1965

Jakob, M.: Heat transfer. Vol. 1. New York: Wiley 1949

Kays, W.M.: A study of the heat transfer and friction power characteristics of high rating heat transfer surfaces. Stanford Univ. Dept. Mech. Eng. Techn. Rep. 14, 1951

Kays, W.M.; Crawford, M.E.: Convective heat and mass transfer. 2. edn. New York: McGraw-Hill 1980

Lamb, H.: Hydrodynamics. Cambridge University Press 1879. Nachdruck der 6. Aufl. (1932) durch New York: Dover Publ. 1945

Lévêque, M.A.: Les lois de la transmission de chaleur par convection. Ann. Mines, Mem., Ser. 12, 12(1928) 201—299; 305—362; 381—415

Metais, B.; Eckert, E.R.G.: Forced, mixed and free convection regimes. J. Heat Transfer 86(1964) 295—296

Michelsen, M.L.; Villadsen, J.: The Graetz problem with axial heat conduction. Int. J. Heat Mass Transfer 17 (1974) 1391—1402

Morcos, S.M.; Bergles, A.E.: Experimental investigation of combined forced and free laminar convection in horizontal tubes. J. Heat Transfer 97(1975) 212—219

Mori, Y.; Futagami, K.; Tokuda, S.; Nakamura, M.: Forced convective heat transfer in uniformly heated horizontal tubes: 1st report — experimental study on the effect of buoyancy. Int. J. Heat Mass Transfer 9(1966) 453—463

Münzberg, H.G.; Kurzke, J.: Gasturbinen — Betriebsverhalten und Optimierung. Berlin: Springer 1977 Kap. B.4. und E.1

Nußelt, W.: Die Abhängigkeit der Wärmeübergangszahl von der Rohrlänge. VDI-Z. 54(1910) 1154—158

Ou, J.W.; Cheng, K.C.: Viscous dissipation effects on thermal entrance region heat transfer in pipes with uniform wall heat flux. Appl. Sci. Res. 28(1973) 289—301

Ou, J.W.; Cheng, K.C.: Viscous dissipation effects on thermal entrance heat transfer in laminar and turbulent pipe flows with uniform wall temperature. Am. Soc. Mech. Eng. Pap. 74—HT—50, 1974

Shah, R.K.: Thermal entry length solutions for the circular tube and parallel plates. Proc. 3rd. Nat. Heat Mass Transfer Conf., Indian Inst. Technol. Bombay, Vol. 1, paper HMT—11—75, 1975

Shah, R.K.: A correlation for laminar hydrodynamic entry length solutions for circular and noncircular ducts J. Fluid Mech. 100(1978) 177—179

Shah, R.K.; London, A.L.: Laminar flow forced convection in ducts. In: Advances in Heat Transfer, Suppl. 1. New York: Academic Press 1978

Shapiro, A.H.; Siegel, R.; Kline, S.J.: Friction factor in the laminar entry region of a smooth tube. Proc. U.S. 2nd Nat. Congr. Appl. Mech. Am. Soc. Mech. Eng. (1954) 733—741

Siegel, R.; Sparrow, E.M.: Simultaneous development of velocity and temperature distributions in a flat duct with uniform wall heating. AIChE J. 5(1959) 73—75

Stephan, K.: Wärmeübergang und Druckabfall bei nicht ausgebildeter Laminarströmung in Rohren und ebenen Spalten. Chem.-Ing.-Tech. 31(1959) 773—778

Kapitel 7

Blasius, H.: Das Ähnlichkeitsgesetz bei Reibungsvorgängen in Flüssigkeiten. Forsch. Ingenieurwes. 134(1913) 1—40

Colebrook, C.F.: Turbulent flow in pipes with particular reference to the transition region between the smooth and rough pipe laws. J. Inst. Civ. Eng. 12(1939) 133 156

Colburn, A.P.: A method of correlating forced convection heat transfer data and a comparison with fluid friction. Trans. AIChE 29(1933) 174

Dipprey, D.F.; Sabersky, R.H.: Heat and momentum transfer in smooth and rough tubes at various Prandtl numbers. Int. J. Heat Mass Transfer 6(1963) 329—353

Dittus, F.W.; Boelter, L.M.K.: Univ. Calif. Publ. Eng. 2(1930) 443 siehe auch: Boelter, L.M.K.; Cherry, V.H.; Johnson, H.A.; Martinelli, R.C.: Heat transfer notes. New York: McGraw-Hill 1965

Gnielinski, V.: Neue Gleichungen für den Wärme- und den Stoffübergang in turbulent durchströmten Rohren und Kanälen. Forsch. Ingenieurwes. 41(1975) 8—16

Hausen, H.: Neue Gleichungen für die Wärmeübertragung bei freier und erzwungener Strömung. Allg. Wärmetech. 9(1959) 75—79

von Kármán, Th.: Mechanische Ähnlichkeit und Turbulenz. Göttingen: Nachr. Ges. Wiss. Math.-Phys. Klasse 30(1930) 58—76

Kays, W.M.; Crawford, M.E.: Convective heat and mass transfer. 2nd edn. New York: McGraw-Hill 1980

Kutateladse, S.S.; Leont'ev, A.I.: Turbulent boundary layers in compressible gases. Translated from Russian by D.P. Spalding. London: Arnold Publ. 1964

Lehmann, J.: Widerstandsgesetze der turbulenten Strömung in geraden Stahlrohren. Gesund.-Ing. 82(1961) 276–286

Mayinger, F.; Panknin, W.: Holography in heat and mass transfer. Heat Transfer 1974, Vol. VI, pp. 28–43, Washington: Hemisphere 1974

Mc Adams, W.H.: Heat transmission. 3rd ed. New York: McGraw-Hill 1954

Nikuradse, J.: Gesetzmässigkeiten der turbulenten Strömung in glatten Rohren. Forsch. Ingenieurwes. 356(1932)

Norris, R.H.: Augmentation of convective heat and mass transfer. Am. Soc. Mech. Eng. 2(1971) 16–26

Notter, R.H.; Sleicher, C.A.: A solution to the turbulent Graetz problem-III. Fully developed and entry region heat transfer rates. Chem. Eng. Sci. 27(1972) 2073–2093

Panknin, W.; Jahn, M.; Reineke, H.H.: Forced convection heat transfer in the transition from laminar to turbulent flow in closely spaced circular tube bundles. Heat Transfer 1974, Vol. II, pp. 325–329, Washington: Hemisphere 1974

Petukhov, B.S.: Heat transfer and friction in turbulent pipe flow with variable physical properties. Adv. Heat Transfer 6(1970) 503–565

Prandtl, L.: The mechanics of viscous fluids. In: Durand, W.F.: Aerodynamic Theory. III(1935) 142. Durand reprinting commitee, Pasadena, California Inst. Technol. 1944 (siehe auch: Prandtl, L.: Neuere Ergebnisse der Turbulenzforschung.) VDI Z. 77(1933) 105–114

Prandtl, L.; Schlichting, H.: Das Widerstandsgesetz rauher Platten. Werft, Reederei, Hafen, 1–4(1934) (siehe auch Prandtl, L.: Neuere Ergebnisse der Turbulenzforschung VDI Z. 77(1933) 105–114)

Reichardt, H.: Vollständige Darstellung der turbulenten Geschwindigkeitsverteilung in glatten Leitungen. Z. Angew. Math. Mech. 31(1951) 208–219

Rieke, H.B.: Bestimmung des Wärmeübergangs bei turbulenter Rohrströmung mit Hilfe von Transportgleichungen. Diss. Univ. GHS-Essen 1981

Schiller, L.: Rohrwiderstand bei hohen Reynoldsschen Zahlen. Lectures on aerodynamics and related fields 69(1930) (siehe auch: Handbuch der experimentellen Physik IV, 1/210, Leipzig)

Sieder, E.N.; Tate, G.E.: Heat transfer and pressure drop of liquids in tubes. Ind. Eng. Chem. 28(1936) 1429–1436

Sleicher, C.A.; Tribus, M.: Heat transfer in a pipe with turbulent flow and arbitrary wall-temperatur distribution. Trans. ASME 79(1957) 789

Sleicher, C.A.; Rouse, M.W.: A convenient correlation for heat transfer to constant and variable property fluids in turbulent pipe flow. Int. J. Heat Mass Transfer 18(1975) 677–683

Sparrow, E.M.; Hallmann, T.M.; Seigel, R.: Turbulent heat transfer in the thermal entrance region of a pipe with uniform heat flux. Appl. Sci. Res. Sect. A. 7(1957) 37–52

White, F.M.: Viscous fluid flow. New York: McGraw-Hill 1974

Kapitel 8

Blasius, H.: Grenzschichten in Flüssigkeiten mit kleiner Reibung. Z. Angew. Math. Phys. 56(1908) 1

Eckert, E.R.G.; Drake, R.M.: Analysis of heat and mass transfer. New York: McGraw-Hill 1972

Gersten, K.; Herwig, H.: Impuls- und Wärmeübertragung bei variablen Stoffwerten für die laminare Plattenströmung. Wärme- Stoffübertrag. 18(1984) 25–35

Gnielinski, V.: Berechnung mittlerer Wärme- und Stoffübergangskoeffizienten an laminar und turbulent überströmten Einzelkörpern mit Hilfe einer einheitlichen Gleichung. Forsch. Ingenieurwes. 41(1975) 145−153

Grigull, U.; Sandner, H.: Wärmeleitung. Berlin: Springer 1979

Howarth, L.: On the solution of the laminar boundary layer equations, Proc. R. Soc. London, Ser. A 164 (1938) 547−579

Kays, W.M.; Crawford, M.E.: Convective heat and mass transfer. 2nd edn. New York: McGraw-Hill 1980

Lévêque, M.A.: Les lois de la transmission de chaleur par convection Ann. Mines, Mem., Ser. 12, 13(1928) 201−299, 305−362; 381−415

Petukhov, B.S.; Popov, V.N.: Teplofiz. Uysok. Temperatur (High temperature heat physics) 1 (1963) (siehe auch: Petukhov, B.S.: Heat transfer and friction in turbulent pipe flow with variable physical properties. Adv. Heat Transfer 6(1970) 503−565

Pohlhausen, E.: Der Wärmeaustausch zwischen festen Körpern und Flüssigkeiten mit kleiner Reibung und kleiner Wärmeleitung. Z. Angew. Math. Mech. 1(1921) 115−121

Roache, P.J.: Computational fluid dynamics. Albuquerque, N.M. USA: Hermosa 1976

Schlichting, H.: Grenzschicht-Theorie. Karlsruhe: Braun 1982

Sparrow, E.M.; Yu, H.S.: Local non-similarity thermal boundary layer solutions. J. Heat Transfer 93(1971) 328−334

Specht, E.; Jeschar, R.: Ähnlichkeitskennzahlen zur Beschreibung des Einflusses der Temperaturabhängigkeit von Stoffwerten beim Wärmeübergang an umströmten Körpern. Wärme- Stoffübertrag. 18(1984) 75−81

Wehle, F.; Brandt, F.: Einfluß der Temperaturabhängigkeit der Stoffwerte auf den Wärmeübergang an der laminar überströmten ebenen Platte. Wärme- Stoffübertrag. 16(1982) 129−136

Wehle, F.; Brandt, F.: Einfluß der Temperaturabhängigkeit der Stoffwerte auf den Wärmeübergang an der turbulent überströmten ebenen Platte. Wärme- Stoffübertrag. 18(1984) 141−148

Whitaker, S.: Elementary Heat Transfer Analysis New York: Pergamon Press 1976

Zhukauskas, A.A.; Ambrazyavichyus, A.B.: Heat Transfer of a plate in a liquid flow. Int. J. Heat Mass Transfer 3(1961) 305−309

Zhukauskas, A.: Forced convection heat transfer in viscous fluids. In: Heat Transfer 1982, Vol. 1. pp. 181−193 Washington: Hemisphere 1982

Kapitel 9

Brunn, P.O.; Isemin, D.: Dimensionless heat-mass transfer coefficients for forced convection around a sphere: a general low Reynolds number correlation. Int. J. Heat Mass Transfer 27(1984) 2339−2345

Brauer, H.; Sucker, D.: a) Umströmung von Platten, Zylindern und Kugeln. Chem.-Ing.-Tech. 48(1976) 665−736

Brauer, H.; Sucker, D.: b) Stoff- und Wärmeübergang an unströmten Platten, Zylindern und Kugeln. Chem.-Ing.-Tech. 48(1976) 737−826

Cebeci, T.; Bradshaw, P.: Physical and computational aspects of convective heat transfer. Berlin: Springer 1984

Chao, B.T.; Fagbenle, R.O.: On Merk's method of calculating boundary layer transfer. Int. J. Heat Mass Transfer 17(1974) 223−240

Drew, T.B.; Ryan, W.P.: The mechanism of heat transmission: Distribution of heat flow about the circumference of a pipe in a stream of fluid. AIChE 26(1931) 118

Eckert, E.R.G.: Die Berechnung des Wärmeübergangs in der laminaren Grenzschicht umströmter Körper. VDI-Forschungsh. 416, 1942

Eckert, E.R.G.; Drake, R.M.: Analysis of heat and mass transfer. New York: McGraw-Hill 1972

Evans, H.L.: Laminar boundary layer theory. Reading, Mass.: Addision-Wesley 1968

Falkner, U.M.; Skan, S.W.: Some approximate solutions of the boundary layer equations. Br. Aero. Res. Counc. Reports and Memoranda 1314 (siehe auch: Philos. Mag. 12(1931) 865)

Gersten, K.; Kerner, H.: Wärmeübertragung unter Berücksichtigung der Reibungswärme bei laminaren Keilströmungen mit veränderlicher Temperatur und Normalgeschwindigkeit entlang der Wand. Int. J. Heat Mass Transfer 11 (1968) 655–673

Fössling, N.: Verdunstung, Wärmeübertragung und Geschwindigkeitsverteilung bei zweidimensionaler und rotationssymmetrischer Grenzschichtströmung. Lunds Univ. Arsskr. Avd. 2(1940) 655–673

Gnielinski, V.: Berechnung mittlerer Wärme- und Stoffübergangskoeffizienten an laminar und turbulent überströmten Einzelkörpern mit Hilfe einer einheitlichen Gleichung. Forsch. Ingenieurwes. 41(1975) 145–153

Grigull, U.: Visualisation of heat transfer. In: Heat Transfer 1970. Vol. 9. Amsterdam: Elsevier 1970, p. 7–21

Grigull, U.: Wärmeübertragung. Rückblick und Ausblick von der 4. Int. Konf. f. Wärmeübertragung. Chem.-Ing.-Techn. 4(1971) 234–240

Grigull, V.; Sandner, H.: Wärmeleitung. Berlin: Springer 1979

Hanke, H.: Wärmeübergang und Druckverlust in quer angeströmten Ovalrohrbündeln. Diss. Univ. Karlsruhe 1986

Hartree, D.R.: On an equation occuring in Falkner and Skan's approximate treatment of the equations of the boundary layer. Proc. Cambridge Philos. Soc. 33(1937) 223

Herwig, H.: Näherungsweise Berücksichtigung des Einflusses variabler Stoffwerte bei der Berechnung ebener laminarer Grenzschichtströmungen um zylindrische Körper. Forsch. Ingenieurwes. 50(1984) 160–166

Herwig, H.; Wickern, G.: The effect of variable properties on laminar boundary layer flow. Wärme- Stoffübertrag. 20(1986) 47–57

Holstein, H.; Bohlen, T.: Ein einfaches Verfahren zur Berechnung laminarer Reibungsschichten, die dem Näherungsverfahren von K. Pohlhausen genügen. Ber. Lilienthal Ges. Luftfahrtforsch. S–10(1940) 5–16

von Kármán, Th.: Über laminare und turbulente Reibung. Z. Angew. Math. Mech. 1(1921) 233

Klein, V.: Bestimmung der örtlichen Wärmeübergangszahl an Rohren im Kreuzstrom durch Abschmelzversuche. Diss. TH Hannover 1933

Krujilin, G.: Der Wärmeübergang von einem querangeströmten Kreiszylinder an Luft bei Reynoldszahlen zwischen 6000 und 425000. Tech. Phys. USSR, 5(1938) 289–297

Lohrisch, W.: Bestimmung von Wärmeübergangszahlen durch Diffusionsversuche. VDI-Forschungsh. 322(1929) 46–48

Merk, H.J.: Rapid calculations for boundary layer transfer using wedge solutions and asymptotic expansions. J. Fluid Mech. 5(1959) 460–480

Merker, G.P.; Hanke, H.: Measurements of local mass transfer coefficients and pressure distribution along the shell-side of ovalshaped tubes in cross flow heat exchangers. In: Heat Transfer 1986. Vol. 6, pp. 2721–2726 Washington: Hemisphere 1986

Morgan, V.T.: The overall convective heat transfer from smooth circular cylinders. Adv. Heat Transfer 11(1975) 199–264

Pohlhausen, K.: Zur näherungsweisen Integration der Differentialgleichungen der laminaren Grenzschicht. Z. Angew. Math. Mech. 1(1921) 252–268

Richardson, P.D.: Estimation of the heat transfer from the rear of an immersed body to the region of separated flow. WADD, TN–59–1, 1968

Schad, O.: Zum Wärmeübergang an elliptischen Rohren. Diss. TH Stuttgart 1967

Schlichting, H.: Grenzschicht-Teorie. Karlsruhe: Braun 1982

Schmidt, E.; Wenner, K.: Wärmeabgabe über den Umfang eines angeblasenen geheizten Zylinders. Forsch. Ingenieurwes. 12(1941) 65–73

Schönauer, W.: Ein Differenzverfahren zur Lösung der Grenzschichtgleichungen für stationäre, laminare, inkompressible Strömung. Ing.-Arch. 33(1964) 173—189

Schuh, H.: A new method for calculating laminar heat transfer on cylinders of arbitrary cross-section and on bodies of revolution at constant and variable wall temperatur. Kungl. Tekniska Högskolan Stockholm, Aero. TN 33(1953)

Skopets, M.B.: Approximate methods for integrating the equation of a laminar boundary layer in an incompressible gas in the presence of heat transfer. Sov. Phys. Tech. Phys. 4(1959) 411—419

Smith, A.G.; Spalding, D.B.: Heat Transfer in a laminar boundary layer with constant fluid properties and constant wall temperature. J. R. Aeronaut. Soc. 62(1958) 60—64

Spalding, D.B.; Evans, H.L.: Mass transfer through laminar boundary layers. Part 3. Similar solutions to the b-equation. Int. J. Heat Mass Transfer 2(1961) 314—441

Spalding, D.B.; Pun, W.M.: A review of methods for predicting heat-transfer coefficients of laminar uniform-property boundary layer flows. Int. J. Heat Mass Transfer 5(1962) 239—249

Squire, H.B.: (In: Goldstein, S. (ed.): Modern developments in fluids dynamics, Vol. 2. Oxford: Clarendon Press 1938 (auch: New York: Dover Publ. 1965))

Squire, H.B. (1942) (siehe: Heat transfer calculation for aerofoils. ARC RM 1986)

Sucker, D.; Brauer, H.: Stationärer Stoff- und Wärmeübergang an stationär quer angeströmten Zylindern. Wärme- Stoffübertrag. 9(1976) 1—12

Sundén, B.: Influence of buoyancy forces and thermal conductivity on flow field and heat transfer of circular cylinders at small Reynolds numbers. Int. J. Heat Mass Transfer 26(1983) 1329—1338

Walz, A.: Ein neuer Ansatz für das Geschwindigkeitsprofil der laminaren Reibungsschicht. Ber. Lilienthal Ges. Luftfahrtforsch. 141(1941) 8—12

Walz, A.: Strömungs- und Temperaturgrenzschichten. Karlsruhe: Braun 1966

Whitaker, S.: Elementary heat transfer analysis. New York: Pergamon Press 1976

White, F. M.: Viscous fluid flow. New York: McGraw-Hill 1974

Zhukauskas, A.; Makarevicius, V.J.; Slančiauskas, A.A.: Teplootdacha puchkov trub v poperechnom potoke zhidkosti (Heat transfer in cross-flow tube banks). Vilnius, Mintis 1968

Zhukauskas, A.; Žingžda, J.: Heat transfer of a cylinder in crossflow. Washington: Hemisphere und Berlin: Springer 1985

Kapitel 10

Bayley, F.J.: An analysis of turbulent free-convection heat-transfer. Inst. Mech. Eng. 169(1955) 361—370

Boussinesq, M.J.: Theorie Analytique de la chaleur. Vol. 2, Paris: Gauthier-Villars 1903

Carey, Van P.; Mollendorf, J.C.: Natural convection in liquids with temperature dependent viscosity. In: Heat Transfer 1978. Vol. 2, pp 211—216 Washington: Hemisphere 1978

Carey, Van P.; Mollendorf, J.C.: Variable viscosity effects in several natural convection flows. Int. J. Heat Mass Transfer 23(1980) 95—109

Chen, C.C.; Eichhorn, R.: Natural convection from a vertical surface to a thermally stratified fluid. J. Heat Transfer 98(1976)446—451

Churchill, S.W.; Chu, H.H.: Correlating equations for laminar and turbulent free convection from a vertical plate. Int. J. Heat Mass Transfer 18 (1975) 1323—1329

Eckert, E.R.G.; Jackson, T.W.: Free convection boundary layer on flat plate. NACA-TN 2207 (1950)

Eckert, E.R.G.; Jackson, T.W.: Free convection boundary layer on flat plate. NACA-TR 1015 (1951)

Ede, A.J.: Advances in free convection. Adv. Heat Transfer 4(1967) 1—64

Eichhorn, R.: Natural convection in a thermally stratified fluid. Prog. Heat Mass Transfer 2(1969) 41—53

Fevre, Le E.J.: Laminar free convection from a vertical plane surface. 9th Int. Congr. Appl. Mech. Brüssel, paper I, 1956, p. 168

Fujii, T.; Takeuchi, M.; Fujii, M.; Suzaki, K.; Vehara, H.: Experiments on natural convection heat transfer from the outer surface of a vertical cylinder to liquids. Int. J. Heat Mass Transfer 13(1970) 753—787

Gebhart, B.: Effects of viscous dissipation in natural convection. J. Fluid Mech. 14(1962) 225—232

Gryzagoridis, J.: Leading edge effects on the Nußelt number for a vertical plate in free convection. Int. J. Heat Mass Transfer 16(1973) 517—520

Hauf, W.; Grigull, U.: Optical methods in heat transfer. Adv. Heat Transfer 6(1970) 133—366

Herwig, H.; Wickern, G.; Gersten, K.: Der Einfluß variabler Stoffwerte auf natürliche Konvektionsströmungen. Wärme- Stoffübertrag. 19(1985) 19—30

Jaluria, Y.: Natural convection heat and mass transfer. Oxford: Pergamon Press 1980

Joseph, D.D.: Stability of fluid motions. Vol. 1 and 2. Berlin: Springer 1976

Kato, H.; Nishiwaki, N.; Hirata, M.: On the turbulent heat transfer by free convection from a vertical plate. Int. J. Heat Mass Transfer 11(1968) 1112—1125

Koch, P.; Straub, I.: Experimentelle Untersuchung des Einflusses der Nebelbildung auf den Wärme- und Stofftransport an einer senkrechten gekühlten Platte bei freier Konvektion. Erscheint in Wärme- Stoffübertrag. 21(1987)

Lewandowski, W.M.; Kubski, P.: Methodical investigation of free convection from vertical and horizontal plates. Wärme- Stoffübertrag. 17(1983) 147—154

Lewandowski, W.M.; Kubski, P.: Effect of the use of the balance and gradient methods as a result of experimental investigations of natural convection action with regard to the conception and construction of measuring apparatus. Wärme- Stoffübertrag. 18(1984) 247—256

Lin, S.-J.; Churchill, S.: Turbulent free convection from a vertical, isothermal plate. Numerical Heat Transfer 1(1978) 129—145

Lorenz, L.: Über das Leitungsvermögen der Metalle für Wärme und Elektrizität. Ann. Phys. Chem. 13(1881) 582—606

Martin, B.W.: An appreciation of advances in natural convection along an isothermal vertical surface. Int. J. Heat Mass Transfer 27(1984) 1583—1586

Mayinger, F.; Panknin, W.: Holographische Interferometrie. Ein neues Meßverfahren und seine Anwendung in Fluiddynamik und Wärmeübertragung. In: Neue Methoden der Strömungsmeßtechnik. SFB-DFG Fach-Kolloquium, Aachen 1978, Aachen: Fotodruck Mainz 1978

Miyamoto, M.: Influence of variable properties upon transient and steady-state free convection. Int. J. Heat Mass Transfer 20(1977) 1258—1261

Oberbeck, A.: Über die Wärmeleitung der Flüssigkeiten bei Berücksichtigung der Strömung infolge von Temperaturdifferenzen. Ann. Phys. Chem. 7(1879) 271—292

Ostrach, S.: An analysis of laminar free convection flow and heat transfer about a flat plate parallel to the direction of the generating body force. NACA—TR 1111, 1953

Schmidt, E.; Beckmann, W.: Das Temperatur- und Geschwindigkeitsfeld vor einer wärmeabgebenden senkrechten Platte bei natürlicher Konvektion. Techn. Mech. Thermodyn. 1(1930) 341—349, 391—406

Sparrow, E.M.; Gregg, J.L.: Laminar free convection from a vertical plate with uniform surface heat flux. J. Heat Transfer 78(1956) 435—440

Sparrow, E.M.; Gregg, J.L.: Simular solutions for free convection from a nonisothermal vertical plate. J. Heat Transfer 80(1958) 379—386

Sparrow, E.M.; Gregg, J.L.: The variable fluid-property problem in free convection. J. Heat Transfer 80(1958) 879—886

Sparrow, E.M.; Gregg, J.L.: Details of exact low Pr boundary layer solutions for forced and for free convection. NASA Memo 2—27—59E, 1959

Squire, H.B.: In: Goldstein, S. (ed.): Modern developments in fluid dynamics. Oxford: Clarendon Press 1938 (auch: New York: Dover 1965)
Staudt, A.: Ein Modell zur Berechnung des Temperaturverhaltens von Warmwasser-Wärmespeichern. Diss. TU München 1981
Sucker, D.: Freie Strömung und Wärmeübergang an lotrechten ebenen Platten. VDI-Forschungsh. 585 (1978)
Turner, J.S.: Buoyancy effects in fluids. Cambridge: Cambridge Univ. Press 1973
Venkatachala, B.J.; Nath, G.: Nonsimilar laminar natural convection in a thermally stratified fluid. Int. J. Heat Mass Transfer 24(1981) 1848—1850

Kapitel 11

Bovy, A.J.; Woelk, G.: Untersuchungen zur freien Konvektion an ebenen Wänden. Wärme-Stoffübertrag. 4(1971) 105—112
Churchill, S.W.; Chu, H.H.S.: Correlating equations for laminar and turbulent free convection from a horizontal cylinder. Int. J. Heat Mass Transfer 18(1975) 1049—1053
van Dyke, M.: An album of fluid motion. Stanford, Ca.: Parabolic Press 1982
Eckert, E.R.G.; Drake, R.M.: Heat and mass transfer. New York: McGraw-Hill 1959
Elenbaas, W.: The dissipation of heat by free convection of spheres and horizontal cylinders. Physica (Utrecht) 9(1942) 285—296
Farouk, B.: Natural convection heat transfer from an isothermal sphere. In: Platten, J.K.; Legros, J.C.; (ed): Convection in liquids. New York: Springer 1983
Fujii, T.; Imura, H.: Natural-convection heat transfer from a plate with arbitrary inclination. Int. J. Heat Mass Transfer 15(1972) 755—766
Fujii, T.; Honda, H.; Morioka, I.: A theoretical study of natural convection heat transfer from downward-facing horizontal surfaces with uniform heat flux. Int. J. Heat Mass Transfer 16(1973) 611—627
Fujii, T.; Fujii, M.; Honda, T.: Theoretical and experimental studies of the free convection around a long horizontal thin wire in air. Heat Transfer 1982, Vol. II, pp. 311—316, Washington: Hemisphere 1982
Gebhart, B.; Audunson, T.; Pera, L.: Forced, mixed and natural convection from long horizontal wires; experiments at various Prandtl-numbers. In: Heat Transfer 1970, Vol. IV, paper NC 3.2 Amsterdam: Elsevier 1970
Gebhart, B.: Heat transfer. 3rd edn. New York: McGraw-Hill 1971
Gebhart, B.: Natural convection flows and stability. Adv. Heat Transfer 9(1973) 273—346
Geoola, F.; Cornish, A.R.H.: Numerical simulation of free convective heat transfer from a sphere. Int. J. Heat Mass Transfer 25(1982) 1677—1687
Goldstein, R.J.; Sparrow, E.M.; Jones, D.C.: Natural convection mass transfer adjacent to horizontal plates. Int. J. Heat Mass Transfer 16(1973) 1025—1034
Grigull, U.; Hauf, W.: Proc. 3rd Int. Heat Transfer Conf., Chicago, Vol. II, pp. 182—195, 1966
Grigull, U.: a) Visualization of heat transfer. In: Heat Transfer 1970, Vol. IX, pp. 7—71, Amsterdam: Elsevier 1970
Grigull, U.: b) Wärmeübertragung. Rückblick und Ausblick von der 4. Int. Konf. Wärmeübertragung. Chem.-Ing.-Technik 43(1970) 234—240
Grigull, U.; Sandner, H.: Wärmeleitung. Berlin: Springer 1979
Hatfield, D.W.; Edwards, D.K.: Edge and aspect ratio effects on natural convection from the horizontal heated plate facing downwards. Int. J. Heat Mass Transfer 24(1981) 1019—1024
Hauf, W.; Grigull, U.: Optical methods in heat transfer. Adv. Heat Transfer 6(1970) 133—366
Hermann, R.: Wärmeübergang bei freier Strömung am waagerechten Zylinder in zweiatomigen Gasen. Forsch. Ingenieurwes. 379 (1936)

Herwig, H.: Näherungsweise Berücksichtigung des Einflusses variabler Stoffwerte bei der Berechnung ebener laminarer Grenzschichtströmungen um zylindrische Körper. Forsch. Ingenieurwes. 50(1984) 160–165

Herwig, H.; Wickern, G.; Gersten, K.: Der Einfluß variabler Stoffwerte auf natürliche laminare Konvektionsströmungen. Wärme- Stoffübertrag. 19(1985) 19–30

Ishiguro, R.; Abe, T.; Nagase, H.; Nakanishi, S.: Heat Transfer and flow instability of natural convection over upward-facing horizontal surfaces. In: Heat Transfer 1978, Vol. II, pp. 229–234, Washington: Hemisphere 1978

Killermann, F.: Wärmeabgabe von waagerechten, beheizten Rohren bei freier Konvektion in Luft unter dem Einfluß von parallel zur Rohrachse verlaufenden Begrenzungswänden. Diss. TH München 1971

Koch, P. persönliche Mitteilung 1986

Kuehn, T.H.; Goldstein, R.J.: Numerical solution to the Navier-Stokes equations for laminar natural convection about a horizontal isothermal circular cylinder. Int. J. Heat Mass Transfer 23(1980) 971–979

Lloyd, J.R.; Moran, W.R.: Natural convection adjacent to horizontal surface of various planforms. Am. Soc. Mech. Eng. Pap. 74–WA/HT–66 (1974)

Morgan, U.T.: The overall convective heat transfer from smooth circular cylinders. Adv. Heat Transfer 11(1975) 199–264

Pera, L.; Gebhart, B.: a) Natural convection boundary layer flow over horizontal and slightly inclined surfaces. Int. J. Heat Mass Transfer 16(1973) 1131–1146

Pera, L.; Gebhart, B.: b) On the stability of natural convection boundary layer flow over horizontal and slightly inclined surfaces. Int. J. Heat Mass Transfer 16(1973) 1147–1163

Raithby, G.D.; Hollands, K.G.T.: A general method of obtaining approximate solutions to laminar and turbulent free convection problems. Adv. Heat Transfer 11(1975) 265–315

Schmidt, E.: Wärmeübertragung Proc. 4th Int. Congr. Appl. Mech. Cambridge, England 1934, pp. 92–112

Schulenberg, T.: Natural convection heat transfer below downward facing horizontal surfaces. Int. J. Heat Mass Transfer 28(1985) 467–477

Shankatullah, H.; Gebhart, B.: An experimental investigation of natural convection flow on an inclined surface. Int. J. Heat Mass Transfer 21(1978) 1481–1490

Singh, S.N.; Birkebach, R.C.; Drake, Jr., R.M.: Laminar free convection heat transfer from downward-facing horizontal surfaces of finite dimensions. Prog. Heat Mass Transfer 2(1969) 87–98

Singh, S.N.; Hassan, M.M.: Free convection about a sphere at small Grashof-numbers. Int. J. Heat Mass Transfer 26(1983) 781–783

Sparrow, E.M.; Stretton, A.J.: Natural convection from variously oriented cubes and from other bodies of unity aspect ratio. Int. J. Heat Mass Transfer 28(1985) 741–752

Squire, H.B.: In: Goldstein, S. (ed.): Modern development in fluids dynamics, Vol. II. Oxford: Clarendon Press 1938 (auch: New York: Dover 1965)

Stewartson, K.: On the free convection from a horizontal plate. Z. Angew. Math. Phys. 9(1958) 276–281

Yuge, T.: Experiments on heat transfer from spheres including combined natural and forced convection. Trans. ASME, Ser. C, 82(1960) 214–220

Kapitel 12

Ahlers, G.: Effect of departures from the Oberbeck-Boussinesq approximation on the heat transport of horizontal convecting fluid layers. J. Fluid Mech. 98(1980) 137–148

Batchelor, G.K.: Heat transfer by free convection across a closed cavity between vertical boundaries at different temperatures. Q. Appl. Math. 12(1953) 209–233

Beckmann, W.: Die Wärmeübertragung in zylindrischen Gasschichten bei natürlicher Konvektion. Forsch. Ingenieurwes. 2(1931) 165–178

Bejan, A.; Tien, C.L.: Laminar natural convection heat transfer in a horizontal cavity with different end temperatures. J. Heat Transfer 100(1978) 641

Bejan, A.: Note on Gill's solution for free convection in a vertical enclosure. J. Fluid Mech. 90(1979) 561

Bejan, A.: A synthesis of analytical results for natural convection heat transfer across rectangular enclosures. Int. J. Heat Mass Transfer 23(1980) 723−726

Bejan, A.: Reply to comments on „A synthesis of analytical results for natural convection heat transfer across rectangular enclosures". Int. J. Heat Mass Transfer 24(1981) 1557−1558

Bénard, H.: Les tourbillons cellulaires dans une nappe liquide. Rev. Gen. Sci. Pures Appl. 11(1900) 1261−1271

Berkovsky, B.M.; Polevikov, V.K.: Numerical study of problems on high-intensive free convection. In: Spalding, D.B.; Afghan, H. (eds.): Heat transfer and turbulent buoyant convection, Vol. 1 and 2. Washington: Hemisphere 1976

Booker, J.R.: Thermal convection with strongly temperature-dependent viscosity. J. Fluid Mech. 76(1976) 741−754

Boyd, R.D.: A unified theory for correlating steady laminar natural convective heat transfer data for horizontal annuli. Int. J. Heat Mass Transfer 24(1981) 1545−1548

Catton, I.: a) The effect of Insulating vertical walls on the onset of motion in a fluid heated from below. Int. J. Heat Mass Transfer 15(1972) 665−672

Catton, I.: b) Effect of wall conduction on the stability of a fluid in a rectangular region heated from below. J. Heat Transfer 94(1972) 446−452

Catton, I.: Natural convection in enclosures. In: Heat Transfer 1978, Vol. VI, pp. 13−32 Washington: Hemisphere 1978

Chandrasekhar, S.: Hydrodynamic and hydromagnetic stability. Oxford: Clarendon Press 1961

Churchill, S. W.: Free convection in layers and enclosures. Heat exchanges design handbook. Washington: Hemisphere 1983, Vol. II, Chapt. 2.5.8

Cormack, D.E.; Leal, L.G.; Imberger, J.: a) Natural convection in a shallow cavity with differentially heated end walls. Part 1. Asymptotic theory. J. Fluid Mech. 65(1974) 209−229

Cormack, D.E.; Leal, L.G.; Seinfeld, J.H.: b) Natural convection in a shallow cavity with differentially heated and walls. Part 2. Numerical solutions. J. Fluid Mech. 65(1975) 231−246

Cormack, D.E.; Stone, G.P.; Leal, L.G.: The effect of upper surface conditions on convection in a shallow cavity with differentially heated end-walls. Int. J. Heat Mass Transfer 18(1975) 635−648

Denn, M.M.: Stability of reaction and transport processes. Englewood Clifts, New Jersey: Prentice-Hall 1975

Eckelmann, G.: Wärmeübergang in Kugelgefäßen. Diss. TU München 1975

Eckert, E.R.G.; Carlson, W.O.: Natural convection in an air layer enclosed between two vertical plates with different temperaturs. Int. J. Heat Mass Transfer 2(1961) 106

Elder, J.W.: a) Laminar free convection in a vertical slot. J. Fluid Mech. 23(1965) 77−98

Elder, J.W.: b) Turbulent free convection in a vertical slot. J. Fluid Mech. 23(1965) 99−111

Elder, J.W.: Numerical experiments with free convection in a vertical slot. J. Fluid Mech. 24(1966) 823−843

Evans, L.B.; Reid, R.C.; Drake, E.M.: Transient natural convection in a vertical cylinder. AIChE−J. 14(1968) 251−259

Finlayson, B.A.: The method of weighted residuals and variational principles. New York: Academic Press 1972

Gill, A.E.: The boundary layer regime for convection in a rectangular cavity. J. Fluid Mech. 26(1966) 515−536

Glansdorff, P.; Prigogine, I.: Thermodynamic theory of structure, stability and fluctuations. New York: Wiley 1971

Graebel, W.P.: The influence of Prandtl-number on free convection in a rectangular cavity. Int. J. Heat Mass Transfer 24(1981) 125−131

Gray, D.D.; Giorgini, A.: The validity of the Boussinesq approximation for liquids and gases. Int. J. Heat Mass Transfer 19(1976) 545−551

McGregor, R.K.; Emery, A.F.: Free convection through vertical plane layers-moderate and high Prandtl-number fluids. J. Heat Transfer 91(1969) 391−403

Grigull, U.:Temperaturausgleich in einfachen Körpern. Berlin: Springer 1964

Grigull, U.; Hauf, W.: Natural convection in horizontal cylindrical annuli. Proc. 3rd Int. Heat Transfer Conf. Chicago Vol. 2, 1966, p. 182−195

Grigull, U.: Wärmeübergang − optisch gemessen. VDI-Nachrichten 22(1968) 17

Grigull, U.: Wärmeübertragung 1970. Rückblick und Ausblick von der 4. Int. Konf. f. Wärmeübertragung. Chem.-Ing.-Tech. 43(1971) 234−240

Grigull, U.; Sandner, H.: Wärmeleitung. Berlin: Springer 1979

Hauf, W.; Grigull, U.: Instationärer Wärmeübergang durch freie Konvektion in horizontalen zylindrischen Behältern. In: Heat Transfer 1970, Vol. IV, paper NC 1.3 Amsterdam: Elsevier 1970

Hauf, W.; Grigull, U.: Instationärer Wärmeübergang in horizontalen zylindrischen Behältern. Wärme- und Stoffübertrag. 8(1975) 57−68

Hauf, W.; Grigull, U.: Wärmeübergangsmessungen am horizontalen, zylindrischen Behälter, Maßgebliche Parameter. Wärme- Stoffübertrag. 9(1976) 21−28

Hiddink, J.; Schenk, J.; Bruin, S.: Natural convection heating of liquidis in closed containers. Appl. Sci. Res. 32(1976) 217−237

Hollands, K.G.T.; Raithby, G.D.; Konicek, L.: Correlation equations for free convection heat transfer in a horizontal layers of air and water. Int. J. heat Mass Transfer 18(1975) 879−884

Imberger, J.: Natural convection in a shallow cavity with differentially heated end walls. Part 3. Experimental results. J. Fluid Mech. 65(1974) 247−260

Jäger, W.: Oszillatorische und turbulente Konvektion. Diss. Univ. Karlsruhe 1982

Jeffreys, H.: The stability of a layer of fluid heated below. Philos. Mag. 2(1926) 833−844

Joseph, D.D.: Stability of fluid motions. Vol. 1 and 2 Berlin: Springer 1976

Koschmieder, E.L.: Bénard Convection. Adv. Chem. Phys. 26(1974) 177−212

Küblbeck, K.; Straub, J.: Natural convection in an enclosed cavity: A comparison problem. Ber. Lehrstuhl A für Thermodynamik, TU München 1980

Küblbeck, K.; Merker, G.P.; Straub, J.: Advanced numerical computation of two-dimensional time-dependent free convection in cavities. Int. J. Heat Mass Transfer 23(1980) 203−217

Küblbeck, K.: Laminare und turbulente Ausbreitungsvorgänge infolge freier und erzwungener Konvektion. Diss. TU München 1981

Kuehn, T.H.; Goldstein, R.J.: Correlation equations for natural convection heat transfer between horizontal circular cylinders. Int. J. Heat Mass Transfer 19(1976) 1127−1134

Krishnamurti, R.: Some further studies on the transition to turbulent convection. J. Fluid Mech. 60(1973) 285−303

Merker, G.P.; Grigull, U.: Freie Konvektion in einem flachen Behälter mit und ohne Rotation. Wärme- Stoffübertrag. 8(1975) 101−112

Merker, G.P.: Das Einsetzen der Konvektion in einer horizontalen Wasserschicht im Bereich der Dichteanomalie. VDI-Forschungsh. 598, 1980

Merker, G.P.; Leal, L.G.: Natural convection in a shallow annular cavity. Int. J. Heat Mass Transfer 23(1980) 677−686

Merker, G.P.; Mey, St.: Free convection in a shallow cavity with variable properties. Part 1: Newtonion fluid. To be published in Int. J. Heat Mass Transfer 30(1987)

Newell, M.E.; Schmidt, F.W.: Heat transfer by laminar natural convection within rectangular enclosures. J. Heat Transfer 92(1970) 159−168

Oertel, H. jr.: Steady and time-dependent convection in a rectangular box. In: Heat Transfer 1978, Vol. II. Washington: Hemisphere 1979, pp. 281−286

Ostrach, S.: Natural convection in enclosures. Adv. Heat Transfer 8(1972) 161−227

Palm, E.: Nonlinear thermal convection. Ann. Rev. Fluid Mech. 7(1975) 39−61

Poots, G.: Heat transfer by laminar free convection in enclosed plane gas layers. Q. J. Mech. Appl. Math. 11(1958) 257−273

Prigogine, I.: Evolution criteria, variational properties, and fluctuations. In: Donnelly, R.J.; Herman, R.; Prigogine, I. (eds): Non-equilibrium thermodynamics, variational techniques and stability. Chicago: Univ. Chicago Press 1967

Raithby, G.D.; Hollands, K.G.T.: A general method of obtaining approximate solutions to laminar and turbulent free convection problems. Adv. Heat Transfer 11 (1975) 265—315

Raithby, G.D.; Hollands, K.G.T.; Unny, T.E.: Analysis of heat transfer by natural convection across vertical fluid layers. J. Heat Transfer 99 (1977) 287—293

Randall, K.R.; Mitchell, J.W.; El-Wakil, M.M.: Natural convection heat transfer characteristics of flat plate enclosures. J. Heat Transfer 101 (1979) 120—125

Rayleigh, Lord: On convective currents in a horizontal layer of fluids when the higher temperature is on the under side. Philos. Mag. 32 (1916) 529—546

Roberts, P.H.: On non-linear Bénard convection. In: Donnelly, R.J.; Herman, R.; Prigogine, I.; (eds): Non-equilibrium thermodynamics, variational techniques and stability. Chicago: Univ. Chicago Press 1967

Schmidt, E.: Versuche über die Wärmeübertragung durch natürliche Konvektion in kugelförmigen Gefäßen. VDI Z. 81 (1937) 1041—1042

Segel, L.A.: Non-linear hydrodynamic stability theory and its application to thermal convection and curved flows. In: Donnelly, R.J.; Herman, R.; Prigogine, I.; (eds): Non-equilibrium thermodynamics, variational techniques and stability. Chicago: Univ. Chicago Press 1967

Shiralkar, G.; Gadgil, A.; Tien, C.L.: High Rayleigh number convection in shallow enclosures with different end temperatures. Int. J. Heat Mass Transfer 21 (1981) 1621—1629

Staudt, A.: Ein Modell zur Berechnung des Temperaturverhaltens von Warmwasser-Wärmespeichern. Diss. TU München 1981

Yin, S.H.; Wung, T.Y.; Chen, K.: Natural convection in an air layer enclosed within rectangular cavities. Int. J. Heat Mass Transfer 21 (1978) 307—315

Zierep, J.: Instabilitäten in Strömungen zäher, wärmeleitender Medien. Z. Flugwiss. Weltraumforsch. 2 (1978) 143—150

Anhang A

Für weiterführende Literatur siehe z.B.:

Spiegel, M.R.: Vector analysis. Schaum's outline series. New York: McGraw-Hill 1959

Klingbeil, E.: Tensorrechnung für Ingenieure. Hochschultaschenbücher, Bd. 197/197a. Mannheim: Bibliographisches Inst. 1966

Bronstein, I.N.; Semendjajew, K.A.: Taschenbuch der Mathematik., 22. Aufl., Gemeinschaftsausgabe, Moskau: Nauka und Leipzig: Teubner 1985

Sachverzeichnis